ARCHIV FÜR TIERERNÄHRUNG

UNTER MITWIRKUNG VON

Prof. Dr. A. Hock, Berlin. Prof. Dr. Dr. W. Lenkeit, Göttingen.

Prof. Dr. Dr. h. c. K. Nehring, Rostock. Prof. Dr. Dr. W. Wöhlbier, Stuttgart-Hohenheim.

HERAUSGEGEBEN VON

ERNST MANGOLD

Prof. Dr. med. Dr. phil. Dr. med. vet. h. c. Dr. agr. h. c. Dr. agr. h. c.

Direktor em. des Instituts für Tierernährungslehre

der Humboldt-Universität Berlin

9. BAND

1959

AKADEMIE-VERLAG · BERLIN

ARCH. TIERERNÄHRUNG - 9. BAND HEFT 1–6 - BERLIN - JANUAR BIS DEZEMBER 1959

Inhalt des 9. Bandes

Herausgeber und verantwortlich für den Inhalt: Prof. Dr. med. Dr. phil. Dr. med. vet. h. c. Dr. agr. h. c. Dr. agr. h. c. Ernst Mangold, Berlin N 4, Invalidenstraße 42 (Fernruf 42 49 64). Verlag: Akademie-Verlag GmbH, Berlin W 1, Leipziger Str. 3–4 (Fernruf: 22 04 41; Postscheckkonto Berlin: 350 21). Bestellnummer dieses Bandes: 1010/IX. Das Archiv für Tierernährung erscheint vorläufig jährlich in 1 Band zu 6 Heften. Bezugspreis je Einzelheft DM 8.50, ausschließlich Porto und Verpackung. Satz und Druck: Robert Noske, Borna (Bez. Leipzig). Veröffentlicht unter der Lizenznummer ZLN 5003 des Ministeriums für Kultur, Hauptverwaltung Verlagswesen. Printed in Germany.

ARCHIV FÜR TIERERNÄHRUNG

UNTER MITWIRKUNG VON

Prof. Dr. A. Hock, Berlin. Prof. Dr. Dr. W. Lenkeit, Göttingen.

Prof. Dr. Dr. h. c. K. Nehring, Rostock. Prof. Dr. Dr. W. Wöhlbier, Stuttgart-Hohenheim

HERAUSGEGEBEN VON

ERNST MANGOLD

Prof. Dr. med. Dr. phil. Dr. med. vet. h. c. Dr. agr. h. c. Dr. agr. h. c.

Direktor em. des Instituts für Tierernährungslehre der Humboldt-Universität Berlin

9. BAND

Ausgegeben am 15. FEBRUAR 1959

HEFT

1

AKADEMIE-VERLAG · BERLIN

ARCH. TIERERNÄHRUNG · 9. BAND NR. 1 · S. 1–82 · BERLIN · 15. FEBRUAR 1959

INHALT

Das Archiv für Tierernährung erscheint zweimonatlich in Heften zu 80 Seiten im Format 17,5 × 25 cm. Der Preis des Heftes beträgt DM 8,50. 6 Hefte werden zu einem Band vereinigt. Der Besteller muß sich zur Abnahme eines Bandes verpflichten. Die Hefte werden jeweils einzeln berechnet. Im Jahre erscheint nicht mehr als 1 Band. Bestellungen werden direkt an den Akademie-Verlag GmbH., Berlin W 8, Mohrenstraße 39, oder über eine wissenschaftliche Buchhandlung erbeten.

Manuskriptsendungen — zugelassen sind die vier Kongreßsprachen — sind an den Herausgeber, Herrn Prof. Dr. Ernst Mangold, Berlin N 4, Invalidenstr. 42, zu richten. Mit der Veröffentlichung geht das alleinige Verlagsrecht an das Archiv für Tierernährung über. Daher müssen Arbeiten, die bereits an anderer Stelle veröffentlicht worden sind, zurückgewiesen werden. Die Verfasser verpflichten sich, Manuskripte, die vom Archiv für Tierernährung angenommen worden sind, nicht an anderer Stelle zu veröffentlichen.

Die Verfasser erhalten von größeren wissenschaftlichen Arbeiten 50 Sonderdrucke unentgeltlich. Den Manuskripten beiliegende Zeichnungen müssen sauber, in zweifacher Größe ausgeführt sein. Wenn sie nicht voll reproduktionsfähig nach den Vorschriften des Normblattes DIN 474 eingereicht werden, ist die Beschriftung nur mit Bleistift einzutragen. Zur Herstellung von Netzätzungen sind nur einwandfreie Photographien brauchbar.

Für alle Literaturzitate sind die Vorschriften des Normblattes DIN 1502 und 1502 Beiblatt I maßgebend. Die Zitate müssen den Verfasser (mit den Anfangsbuchstaben der Vornamen), den vollständigen Titel der Arbeit und die Quelle mit Band, Seitenzahl und Erscheinungsjahr enthalten. Das Literaturverzeichnis soll alphabetisch geordnet sein.

Herausgeber und verantwortlich für den Inhalt: Prof. Dr. med. Dr. phil. Dr. med. vet. h. c. Dr. agr. h. c. Dr. agr. h. c. Ernst Mangold, Berlin N 4, Invalidenstraße 42 (Fernruf 42 49 64). Verlag: Akademie-Verlag GmbH., Berlin W 8, Mohrenstraße 39 (Fernruf: 20 03 86; Postscheckkonto: 350 21). Bestell- und Verlagsnummer dieses Bandes: 1010/IX/1. Das Archiv für Tierernährung erscheint vorläufig jährlich in 1 Band zu 6 Heften. Bezugspreis je Einzelheft DM 8.50, ausschließlich Porto und Verpackung. Satz und Druck: Robert Noske, Borna (Bez. Leipzig). Veröffentlicht unter der Lizenznummer ZLN 5003 des Ministeriums für Kultur, Hauptverwaltung Verlagswesen. Printed in Germany.

Aus dem Institut für Physiologie und Ernährung der Tiere der Universität München
(Direktor: Prof. Dr. Dr. J. BRÜGGEMANN)

J. BRÜGGEMANN, K. BARTH, K. DREPPER

Zur Frage der Futterwertermittlung

Die jahrzehntelangen Bemühungen der Tierernährungswissenschaft um die Schaffung einer Futtereinheit haben die Schwierigkeiten und Grenzen erkennen lassen, die mit dem Streben nach einer einheitlichen Wertermittlungsmethode verbunden sind.

Es soll in diesem Rahmen darauf verzichtet werden, alle bekannten, in ihrer Aussagebreite immer weiter entwickelten Futterwerteinheiten näher zu beschreiben (Heuwert, Rohnährstoffe, Stärkewert, skandinavische Futtereinheit, Therms-Kellner-Einheit, Verwertungszahl, TDN, Einheit Futterverzehr je Einheit Gewichtszunahme u. a. m.). Die Anwendung dieser Maßstäbe in der Tierernährungswissenschaft hat bei kritischer Bewertung immer wieder zu der Erkenntnis geführt, daß es unmöglich ist, eine *einzige* Futterwerteinheit für *alle* Tierarten und die von diesen zu erbringenden Leistungen zu finden, denn schon die anatomisch unterschiedlichen Verdauungstrakte unserer landwirtschaftlichen Nutztiere bedingen ein von Tierart zu Tierart abweichendes Verwertungsvermögen einer gleichartig zusammengesetzten Kost. Hinzu kommt, daß der Bedarf an verdaulichen Futterinhaltsstoffen für die *verschiedenen* zu erbringenden Leistungen (Wachstum, Milchleistung, Fettansatz usw.) schon bei *einer* Tierart ein ganz unterschiedlicher und auch für die *gleiche Leistung* bei *verschiedenen Tierarten* ein anderer ist (z. B. Rohproteinbedarf zur Erzeugung von einem kg Körpergewicht bei wachsenden Tieren). Aus dieser Erkenntnis heraus ergibt sich die Konsequenz, daß eine exakte Futtereinheit nur für jeweils eine Leistung bei einer bestimmten Tierart von Gültigkeit sein kann.

Es sollen hier die Fortschritte, die durch die Anwendung der bisher verwendeten Futtereinheiten in der praktischen Tierfütterung erzielt wurden, in ihrer Bedeutung keinesfalls verkannt werden; sie haben ermöglicht, daß überhaupt Rationsrezepturen aufgestellt werden konnten. Mit fortschreitender Erkenntnis auf fütterungstechnischem und ernährungsphysiologischem Gebiet muß man aber bekennen, daß Rationen, die nach den derzeit anerkannten Wertmaßstäben (z. B. verd. Rohprotein und Stärkewert beim Rind, Gesamtnährstoff beim Geflügel) völlig übereinstimmen, selbst bei konstanter Umwelt oftmals zu recht unterschiedlichen und nicht vergleichbaren Leistungen bei derselben Tierart führen.

Die wissenschaftlichen Ergebnisse der letzten Jahre haben mehr und mehr Klarheit darüber geschaffen, daß dem tierischen Organismus für seine physiologischen Funktionen Bau- und Betriebsstoffe nicht nur in einer bestimmten *Menge* mit der Nahrung zugeführt werden sollten, sondern daß darüber hinaus in dieser Kost ein bestimmtes *Verhältnis* der einzelnen Rationsbestandteile zueinander eingehalten werden muß. Der Körper kann bei Zufuhr einer Mindestmenge an exogen notwendigen Futterinhaltsstoffen ein unphysiologisch zusammengesetztes Angebot innerhalb seines Regulationsvermögens mehr oder weniger gut ausgleichen. Es können sich einzelne Substanzen in ihren Funktionen teilweise vertreten (z. B. Energieerzeugung, prinzipiell aus allen Nährstoffen; der Bedarf an labilen Methylgruppen kann aus verschiedenen Substanzen gedeckt werden); das Vorliegen pathologischer (evtl. subklinischer) Zustände variiert den Bedarf an gewissen Stoffen (z. B. höherer Bedarf an essentiellen Stickstoffverbindungen bei Regeneration von Geweben bei Infektionen); die übermäßige Zufuhr einzelner Nahrungsinhaltsstoffe erhöht den Bedarf für andere; die zum Ansatz, Abbau und zur Ausscheidung nötig sind u. a. m. (z. B. bei höherem Energieangebot in der Ration muß mehr Rohprotein zugeführt werden, hohe Kaliumzufuhr beim Rind erhöht den Bedarf für Natrium).

Zusammenfassend führen diese Überlegungen dahin, daß für die Erbringung bestimmter Stoffwechselleistungen durch die angebotenen und resorbierten Nahrungsbestandteile alle physiologischen Funktionen gewährleistet werden müssen, also ein „funktioneller Bedarf“ befriedigt werden muß, wobei ein exogener Bedarf für einzelne Futterinhaltsstoffe nur insofern besteht, als diese in ihren Aufgaben nicht durch andere vertreten werden können.

Dieser definierte funktionelle Bedarf, gewissermaßen ein spezifischer Sog, muß durch die Ration nicht nur der Menge nach, sondern auch qualitativ gedeckt werden. Nur dann kann die Harmonie des Stoffwechsels durch eine entsprechende Harmonie der verdaulichen Futterinhaltsstoffe gewährleistet werden. Daher ist es unmöglich, mit *einzelnen* Futterinhaltsstoffen (z. B. Rohprotein (Nx 6,25), und Stärkewert als energetisches Maß) die Stoffwechselleistung einer *gesamten* Ration zu charakterisieren. Hier spielen *alle* Futterbestandteile bzw. die Relation aller Inhaltsstoffe zueinander eine entscheidende Rolle. Diese Kenntnis vom Zusammenspiel aller Nährstoffe läßt es heute nicht mehr zu, daß bei einer Futterbewertung immer einzelne definierte Bestandteile der Ration im Vordergrund stehen (z. B. Stärkewert, Rohfaser, verdauliches Rohprotein, Rohproteinqualität, Gesamtnährstoff u. a. m.).

Die Beurteilung von einzelnen Futterkomponenten nach diesen Wertmaßstäben ergibt mehr oder weniger gute Schätzwerte, da die Rationskomponenten für sich allein praktisch gar nicht zur Verfütterung kommen. Dazu können die als Wertmaßstab herangezogenen Inhaltsstoffe in ihrem Futterwert durch solche aus anderen Rationskomponenten verändert werden. Diese Veränderung kann sowohl zu einer Verbesserung der Gesamtdiät führen (positive Ergänzungswirkung), als auch das Futter in seiner Ernährungswirkung verschlechtern (Verminderungswirkung).

Wenn demnach für den tatsächlichen nutritiven Wert einer Ration eine Futterwertbeurteilung weder nach den einzelnen Inhaltsstoffen noch nach den für sich allein zu beurteilenden Futtermittelkomponenten möglich ist, bleibt praktisch nur die Möglichkeit zur Beurteilung der *Gesamtration*. Da für diese aber auch keine absolute Bewertung erfolgen kann, weil das Tier mit seinem individuellen Gesundheitszustand unter den jeweiligen Haltungsbedingungen einen Einfluß auf die Verwertung der Ration ausübt, kann wohl die Leistungsfähigkeit einer Diät nur im Vergleich zu einer *Standarddiät* geprüft werden.

Die Relation Versuchsdiät : Standarddiät (= „Futterwert") unterscheidet sich von allen anderen bisher gebräuchlichen Futtereinheiten grundlegend dadurch, daß die Bezugsgröße (Standarddiät) eine volle Ernährung gewährleistet, also für sich allein verabreicht den physiologischen Erfordernissen – soweit man dies zur Zeit beurteilen kann – gerecht wird. Demgegenüber ist keine der klassischen Futtereinheiten in der Lage, bei alleiniger Verfütterung ein Tier vollwertig zu ernähren. Sie sind lediglich Berechnungsgrößen für einige Nährstoffe. Dazu gibt bei Verwendung einer Standarddiät das Tier selbst Auskunft über die Qualität der Versuchsdiät im Vergleich zur Standarddiät. Die Voraussetzung dazu ist, daß diese Standarddiät in möglichst absolut reproduzierbarer Zusammensetzung ständig zur Verfügung steht. Außerdem ist es notwendig, daß bei den einzelnen Nutztierarten für jede der zu erbringenden Leistungen derartige Standarddiäten aufgestellt werden, die eine dem heutigen Stand der wissenschaftlichen Erkenntnisse entsprechende Zusammensetzung haben müssen.

Zweckmäßigerweise sollte die Standardration in ihren Bestandteilen auf möglichst wenige Komponenten beschränkt werden, die ihrerseits in ihrer Zusammensetzung weitestgehend konstant sein müssen. Die Provenienz, die Arbeitsgänge zur Bereitung der einzelnen Rationsbestandteile, der Herstellungsort und die Jahreszeit dürfen demnach von nur geringgradigem Einfluß auf die Inhaltsstoffe der einzumischenden Komponenten sein.

Zur Bereitung einer Standarddiät müssen bestimmte, in nur sehr engen Grenzen schwankende Anforderungen an die Zusammensetzung der Einzelkomponenten gestellt werden. Sind diese erfüllt, so kann durch einen genau festgelegten Mischplan eine befriedigende Standardration erhalten werden. Soll z. B. als tierisches Rohprotein Fischmehl Verwendung finden, so wären etwa folgende Forderungen an dieses zu stellen: gutes Dorschmehl mit einem Rohproteingehalt von 64 bis 68%, einem Rohfettgehalt von nicht mehr als 3,5%, einem NaCl-Gehalt von 1–2% und einem genau bekannten Calcium und Phosphor (Ca, P)-Gehalt. Dorschmehle die diesen Anforderungen nicht gerecht werden, dürfen für die Herstellung einer Standardration nicht verwendet werden. Wird für eine Standardration Gerste vorgeschlagen, so müßten z. B. folgende Anforderungen erfüllt sein: La Plata-Gerste, Rohproteingehalt von 10–12%, Rohfasergehalt von 3–5%.

Trotz dieser Anforderungen ist die jeweilige Standarddiät nicht als absolut reproduzierbar zu bezeichnen. Es erscheint daher notwendig, einen Maßstab zu finden, der es gestattet, die gegebenenfalls auftretenden Schwankungen in der biologischen Wirksamkeit der Standarddiät zu erkennen. Dieser absolute Maßstab ist nur in einer ständig reproduzierbaren, vollsynthetischen Diät, einem „Urstandard", gegeben. Dieser „Urstandard" muß aus reiner definierter Stärke, Rübenzucker, bestimmten Fettarten, reinen Vitaminen, einer Mineralstoff- und Spurenelementmischung bekannter Zusammensetzung, synthetischen essentiellen und nicht essentiellen Aminosäuren, ggf. Zellulose bestehen.

Wünschenswert wäre es, den Urstandard für alle Vergleichsuntersuchungen zu verwenden, doch sind seiner Verwendung wegen der hohen Kosten enge Grenzen gesetzt, so daß für laufende Untersuchungen die oben erwähnte am Urstandard geeichte Standarddiät Verwendung finden kann.

Mit der angegebenen Futterwertbeurteilungsmethode erscheint es also möglich festzustellen, welchen Wert eine Ration für die Hervorbringung einer bestimmten Leistung bei einer bestimmten Tierart im Vergleich zu einer Standarddiät hat.

Dieser „Futterwert", Relation Standardration – Versuchsration, sollte bei allen Untersuchern – normale Bedingungen in bezug auf Tiermaterial und Stallverhältnisse vorausgesetzt – unabhängig von Ort und Jahreszeit gleich sein. Entscheidend ist nur der biologische Effekt der Versuchsration, die Zusammensetzung des zu prüfenden Futters findet bei der Bewertung keine Berücksichtigung, wenn sie nicht der Gesetzgebung widerspricht.

Mit Hilfe einer Standardration kann entschieden werden, ob die zu untersuchende Diät *besser* oder *schlechter* für die Hervorbringung einer Leistung geeignet ist, als die Standardration; *warum* die Futterwirksamkeit anders war, bedarf einer exakten, bis ins einzelne gehenden chemischen Analyse (Rohnährstoffe, Aminosäuren, Mineralien, Wirkstoffe u. a.) in beiden Rationen (Standarddiät, zu prüfende Diät)). Aus den möglicherweise gefundenen Differenzen in der Zusammensetzung lassen sich dann Hinweise erhalten, worauf gegebenenfalls die unterschiedliche biologische Wirksamkeit beruht.

Für die Aufstellung derartiger Standarddiäten wäre es notwendig, daß ein wissenschaftliches Gremium die Ausarbeitung übernimmt (evtl. Gesellschaft für Ernährungsphysiologie der Haustiere), und diese Ration jährlich an den neuesten Stand der Ernährungsforschung angleicht. Für die Zulassung von Leistungsfuttern und die Prüfung von Futtermittelzusätzen sollte in jedem Fall der Vergleich mit einer derartigen Standarddiät obligatorisch sein. Futtermischungen, die aus vom Gesetzgeber zugelassenen Komponenten bestehen, lassen sich mit Hilfe der Standarddiät auf ihren wirklichen biologischen Wert überprüfen, ohne daß an Hand der Zusammensetzung mit theoretischen Erwägungen über Vorteile und Gefahren dieser Mischung bzw. über eine Zulassung diskutiert zu werden braucht.

Vorschläge zur praktischen Durchführung einer Futterwertprüfung

Im folgenden Abschnitt sollen einige Vorschläge zur praktischen Durchführung derartiger Vergleichsprüfungen zur Diskussion gestellt werden. Geeignete Rationsrezepturen werden Gegenstand einer weiteren Veröffentlichung sein. Die Zeitdauer der Prüfung derartiger Vergleichsuntersuchungen muß so lange gewählt werden, wie es der Verwendungszweck des zu prüfenden Futters vorschreibt. Ist z. B. die Aufgabe gestellt, ein Schweinemastfertigfutter für die Anfangsmast (Gewichtsabschnitt 20–50 kg) zu bewerten, so muß die Prüfung über diesen gesamten Wachstumsabschnitt erfolgen. Eine Untersuchung während eines kürzeren Zeitraumes, etwa zu Anfang oder am Ende dieses Abschnittes oder gar während eines noch später liegenden Zeitraumes, ergibt ungültige Resultate.

Die endgültige Rezeptur eines industriellen Mischfutters wird oftmals von am Markt befindlichen Komponenten diktiert. Hier hilft die Prüfung von 2 oder 3 Rezepturen, die dann je nach der marktpolitischen Situation zum Verkauf angeboten werden können.

Wie weit Laboratoriumstiere an Stelle der landwirtschaftlichen Nutztiere zur Ermittlung des Futterwertes Verwendung finden können, bedarf einer exakten Überprüfung.

Am leichtesten gelingt die Aufstellung derartiger Standarddiäten bei Tieren, die normalerweise mit einem Fertigfutter ernährt werden (Geflügel, Schweine). Wir sehen aber auch bei Wiederkäuern keine grundsätzlichen Schwierigkeiten, ein einheitliches Mischfutter zusammenzustellen.

A. Geflügel

Hier sind es 4 Hauptleistungen, die berücksichtigt werden müssen:

1. Jungtiermast
2. Legetieraufzucht
3. Legeleistung
4. Mast älterer Tiere.

Dementsprechend würden für das Geflügel 4 Standarddiäten aufzustellen sein (ggf. ein oder zwei Standarddiäten mehr, nämlich dann, wenn die Jungtieraufzucht bzw. -mast in zwei oder drei Abschnitte geteilt werden soll).

Als Maßstab bei der Jungtiermast, der Legetieraufzucht und der Mast älterer Tiere wird der „Futterwert“ vorgeschlagen. Dieser wird durch den Ausdruck:

$$\left(\frac{1}{2} \times \frac{\text{Gewichtszunahme der Versuchsgruppe i. g}}{\text{Gewichtszunahme der Standardgruppe i. g}} + \frac{1}{2} \times \frac{\text{Futterverwertung der Standardgruppe}}{\text{Futterverwertung der Versuchsgruppe}} \right) \times 100$$

berechnet, wobei unter Futterverwertung der Quotient aus

$$\frac{\text{Futterverzehr - Trockensubstanz i. g}}{\text{Gewichtszunahme i. g}}$$

zu verstehen ist. Der Futterverzehr soll als absolute Trockensubstanz angegeben werden, um Unterschiede in der Nährstoffkonzentration der Futtermittel, wie sie sich auf Grund der verschiedenen Feuchtigkeitsgehalte ergeben, auszuschalten. Anders liegen die Verhältnisse bei Legeleistung, hier wird als Futterwert der Ausdruck:

$$\left(\frac{1}{2} \times \frac{\text{Eierleistung der Versuchsgruppe i. g}}{\text{Eierleistung der Standardgruppe i. g}} + \frac{1}{2} \times \frac{\text{Futterverwertung der Standardgruppe}}{\text{Futterverwertung der Versuchsgruppe}} \right) \times 100$$

in Vorschlag gebracht, wobei unter Futterverwertung

$$\frac{\text{Futterverzehr - Trockensubstanz i. g}}{\text{Eierleistung i. g}}$$

stehen ist. Hierbei liegt der Futterverzehr vom Anfang der Legeperiode bis zum Beginn der nächsten Legeperiode zugrunde.

Es sei vermerkt, daß der Futterwert nur dann brauchbare Ergebnisse liefern kann, wenn Gewichtszunahmen und Futterverwertung nicht außerhalb einer wirtschaftlich diskutablen Grenze stehen. Es ist deshalb notwendig, gewisse Mindestanforderungen an die absoluten Gewichtszunahmen (Eierleistung) und die Futterverwertung zu stellen. Bei Geflügelmast sollten z. B. folgende Grenzwerte eingehalten werden:

Gewichtszunahme in 8 Wochen nicht unter 600 g
Futterverwertung nicht über 1 : 3,50

Es bleibt einer Diskussion vorbehalten, inwieweit der Preis des Futters bzw. des erzeugten Produktes berücksichtigt werden muß. Er spielt bei der Bewertung ohne Zweifel eine bedeutende Rolle, wenn Qualitätsfutter, die beim Tier wesentlich bessere Leistungen erzeugen, auf Grund wertvoller Komponenten zu einem höheren Preis angeboten werden müssen *).

Die praktische Versuchsdurchführung bei der Prüfung einer Diät wird wie folgt vorgeschlagen:

1. Jungtiermast

Eintagsküken einer einheitlichen Zucht werden nach den für eine statistische Auswertung notwendigen Grundsätzen in 2 Hauptgruppen eingeteilt. Nach Möglichkeit soll Einzelfütterung durchgeführt werden (wenn diese Möglichkeit nicht besteht, Gruppen mit mehreren Wiederholungen). Eine Gruppe erhält die Standarddiät, die zweite das zu prüfende Futter.

Soll darüber hinaus geprüft werden, ob z. B. ein Wirkstoffzusatz oder andere Zusätze die zu prüfende Ration verbessern, so ist eine 3. Gruppe mit in den Versuch zu nehmen. Auch diese wird mit der Standarddiät verglichen und ihr Futter erhält eine entsprechende Bewertungszahl.

Zur Erläuterung wird noch ein Berechnungsbeispiel für den „Futterwert" für Mast angeführt:

Berechnungsbeispiel

	Gewichtszunahme in g	Futterverzehr: Trockensubst. in g	Futtertrockensubstanzverwertung	Futterwert
Standarddiät	800	1 971	2,46	100
Versuchsdiät I . . .	700	1 725	2,46	94
Versuchsdiät II . . .	900	2 340	2,60	98

*) Bei dem oben genannten „Futterwert" liegt das Schwergewicht auf der Gewichtszunahme in der Zeiteinheit, da sie die Rentabilität weitaus stärker beeinflußt wie der absolute Futterverzehr.

2. *Legetieraufzucht*

Hierbei gelten die gleichen Grundsätze wie unter Ziffer 1. Als Mindesanforderungen für die absoluten Gewichtszunahmen und die Futterverwertung werden vorgeschlagen:

Gewichtszunahme in 8 Wochen nicht unter 400 g,

Futterverwertung nicht über 1 : 3,75.

3. *Mast älterer Tiere*

Aus einer einheitlichen Zucht stammende Hühner werden nach den gleichen Grundsätzen wie unter 1. eingeteilt und gefüttert, die Diäten werden entsprechend beurteilt. Versuchszeit nicht über 4 Wochen.

4. *Legeleistung*

Gleich alte, aus einer einheitlichen Zucht stammende Hühner werden nach den gleichen Grundsätzen wie unter 1. eingeteilt und gefüttert. Der „Futterwert" wird entsprechend dem o. a. Wert berechnet. Versuchszeit soll 1 Jahr (Beginn einer Legeperiode bis zu Beginn der darauf folgenden) sein.

Berechnungsbeispiel

	Eierleistung in g	Futterverzehr: Trockensubst. in g	Futtertrocken-substanz-verwertung	Futterwert
Standarddiät	12 720	32 266	2,54	100
Versuchsdiät I . . .	10 725	27 242	2.54	92
Versuchsdiät II . . .	13 000	36 400	2,80	96

B. Schweine

Dieselben Bewertungsgrößen wie für Aufzucht und Mast von Geflügel können auch bei Schweinen Anwendung finden.

Hier sind als Hauptleistungen anzuführen:

1. Schweinemast bis zu einem Endgewicht von 110 kg.
2. Schweinemast bis zu einem Endgewicht von 150–180 kg.
3. Wurfleistung der Muttersauen.
4. Eberleistung.

Zunächst soll von einer Diskussion von 3. und 4. Abstand genommen werden, da hier neben einer vollwertigen Ernährung erbliche Faktoren eine bedeutende Rolle spielen. Hier müßte vom Tierzüchter in Zusammenarbeit mit dem Tierernährungswissenschaftler ein richtiges Bewertungskriterium gefunden werden.

1. Schweinemast bis 110 kg

Der vorgeschlagene Vergleich mit einer Standarddiät stellt in etwa eine Parallele zu der schon seit längerem in den Schweinemastanstalten geübten Praxis dar. Dort wird ein Tiermaterial mit Hilfe einer festgelegten Ration (nicht einer Futtereinheit) auf seine erbliche Tauglichkeit zur Mast überprüft, während in unserem Falle anstelle des Tiermaterials Schweinemastrationen hinsichtlich ihrer Brauchbarkeit im Vergleich zu einer Standardration bewertet werden sollen. Für die praktische Durchführung derartiger Prüfungen werden Tiere aus möglichst wenigen Würfen einer Zucht entnommen, wobei das Geburtsdatum der Würfe nahe zusammenliegen muß. Diese werden mit ca. 20 kg Anfangsgewicht auf zwei Gruppen verteilt (6 Tiere / Gruppe bei Einzelfütterung). Eine Gruppe erhält die Standarddiät, die zweite das zu prüfende Futter. Als Leistungsmaß findet der „Futterwert" Verwendung, der bei der Mast bzw. Aufzucht des Geflügels angegeben wurde.

Als Mindestanforderung sollten für Schweinemastfutter bei Schnellmast bis 110 kg durchschnittliche Zunahmen von 600 g verlangt werden. (Verwertung der Futtertrockensubstanz nicht über 1 : 4,5.) Die Versuchszeit soll ca. 5 Monate betragen.

2. Schweinemast bis zu einem Endgewicht von 150—180 kg

Tiere aus möglichst wenigen Würfen einer Zucht, wobei das Geburtsdatum der Würfe möglichst nahe zusammenliegen soll, werden nach Ende der Läuferung auf zwei Gruppen verteilt (6 Tiere pro Gruppe bei Einzelfütterung). Eine Grruppe erhält die Standarddiät, die zweite das zu prüfende Futter. Hier kann ebenfalls der „Futterwert" als Maßstab Verwendung finden. Bei der Bewertung der für diese Mastart oft verwandten voluminösen und geringer konzentrierten Nährstoffe muß unbedingt beim Futterverzehr von der Trockensubstanz ausgegangen werden. Die Versuchszeiten für die Mastwirkung von Diäten betragen für die Mast bis 150 kg etwa 7 Monate.

Evtl. steht mit der Ratte ein Laboratoriumstier zur Verfügung, das in seinem ernährungsphysiologischen Verhalten dem Schwein ähnlich ist, so daß die Prüfung von Schweinediäten an der Ratte zu Resultaten führt, die dann möglicherweise auf Schweine übertragen den kostspieligen Großtierversuch ersetzen. Bis jetzt fehlen aber darüber noch exakte Unterlagen.

C. Rinder

Bei den Rindern unterscheidet man im wesentlichen folgende Leistungen:

1. Kälberaufzucht.
2. Kälbermast.
3. Jungrindmast.
4. Milchleistung.
5. Evt. Mast älterer Tiere.

Bei Wiederkäuern stößt diese Art der Futterbewertung insofern auf Schwierigkeiten, als hier die Rationen vorwiegend aus wirtschaftseigenem, voluminösem

Futter und nicht aus fertiggemischten Diäten bestehen. Die Kälbermast läßt am einfachsten den Vergleich einer Standarddiät zu, da hier in ihrem Wert sehr einheitliche Futtermittel zur Verwendung gelangen. Evtl. kann hier Vollmilch bei genau festgelegtem Tränkplan als Standardration genommen werden.

Es bleibt einer weiteren Diskussion vorbehalten, welche Futtermittel für Standardrationen und welche Kriterien bei den oben angeführten, nicht weiter beschriebenen Leistungen herangezogen werden können, um auch mit den im Rinderstall verwendeten Kraftfuttergemischen eine Wertprüfung durchzuführen.

Die vorstehend beschriebene Methode zur Durchführung von Futterwertbeurteilungen bietet neben der praktischen Bedeutung für eine rationelle Leistungsfütterung noch zusätzlich die Möglichkeit der Prüfung der erblichen Veranlagung einzelner Rassen und Kreuzungen für die Hervorbringung bestimmter Leistungen, soweit dies bei Konstanzhaltung von Umwelt und Ernährung möglich ist. Soll z. B. festgestellt werden, ob eine reine Geflügelrasse oder eine F_1 (aus dieser und einer zweiten) eine bestimmte Ration besser zum Wachstum in der Jungtiermast verwenden kann, so wären die Tiere der reinen Rasse und die F_1 jeweils in zwei Hauptgruppen einzuteilen, von denen je eine die Standarddiät und die andere die zu prüfende Diät erhält. Auf diese Art kann festgestellt werden:

1. ob die Reaktion der beiden Gruppen etwa gleich ist, oder ob sich schon hier Unterschiede in der Nahrungsverwertung abzeichnen,
2. ob die Versuchsdiät überhaupt geeignet ist, für die Jungtiermast dieser Gruppen („Futterwert" über 100) und
3. ob die Tiere der reinen Rasse oder der F_1 die Versuchsdiät besser auszunützen vermögen.

Es besteht die Möglichkeit, daß einzelne Rassen oder Kreuzungen auf Grund ihrer erblichen Veranlagung auf einen Wirkstoffzusatz zu einem an sich gleichen Grundfutter unterschiedlich reagieren. Soll diese Frage geprüft werden, so müßten zu den o. a. vier Gruppen zwei weitere hinzukommen, die das Versuchsfutter + Wirkstoffzusatz erhalten. Es kann dann über die oben angegebenen Auswertungen hinaus festgestellt werden, ob der Zusatz des Wirkstoffes überhaupt eine Wirkung erbracht hat (erhöhter oder erniedrigter Futterwert) und in welcher Größenordnung dieser Zusatz gewirkt hat. Auch die Frage ist zu beantworten, ob er bei der ersten Gruppe eine andere Wirkung ausübte als bei der zweiten.

Die im Tierversuch zur Prüfung von Wirkstoffzusätzen oft zu Unrecht geübte Praxis, daß unterwertige Rationen verwendet werden und an ihnen der leistungssteigernde Effekt der Beigabe eines Wirkstoffes demonstriert wird, hat schon häufig zu Fehlschlüssen Anlaß gegeben. Es hat sich nämlich gezeigt, daß einige als wachstumsfördernd angepriesene Wirkstoffe bei Verwendung von normalen handelsüblichen Diäten in vielen Fällen keine Wirkung auf die Leistung hatten. Die gleichzeitige Verfütterung von einer Standarddiät bei derartigen Prüfungen läßt eindeutig erkennen, ob die Versuchsdiät ihrerseits als vollwertig anzusehen ist, und ob der Wirkstoffzusatz eine darüber hinausgehende Leistungssteigerung bewirkt hat, oder ob er, wenn die Versuchsdiät unterwertig war, diese bis zu einer vollwertigen (Vergleich zur Standarddiät) aufgewertet hat.

Diese Methode der Rationsbeurteilung wird es gestatten, durch nicht zu widerlegende, am Tier selbst gewonnene Ergebnisse den „Futterwert" einer Mischung zu erkennen, und damit den von allen Seiten erwünschten Begriff des Qualitätsfutters zu unterstützen.

Zusammenfassung

Mit fortschreitender Erkenntnis auf ernährungsphysiologischem und fütterungstechnischem Gebiet muß man bekennen, daß Rationen, die nach den derzeit anerkannten Wertmaßstäben (z. B. verd. Rohprotein und Stärkewert, Gesamtnährstoff) völlig übereinstimmen, selbst bei konstanter Umwelt bei derselben Tierart zu recht unterschiedlichen Leistungen führen. Diese Tatsache ist darauf zurückzuführen, daß in einer Ration sämtliche Nahrungsinhaltsstoffe zusammenwirken, um das Tier zu einer bestimmten Leistung zu befähigen. Bei einer Futterwertermittlung ist es deshalb unmöglich, durch *einzelne* Futterinhaltsstoffe (z. B. Rohprotein) oder Energiewerte die Stoffwechselleistung einer *gesamten* Ration zu charakterisieren. Die Leistungsfähigkeit einer Diät ist nur im Vergleich zu einer nach dem heutigen Kenntnisstand ernährungsphysiologisch optimal zusammengesetzten *Standardration* zu ermitteln, wobei die Relation Versuchsdiät : Standarddiät ein objektives Maß für den Futterwert darstellt.

Die Verfasser machen im 2. Teil der Arbeit Vorschläge, wie die Prüfung von Rationen praktisch durchgeführt werden soll.

Eingegangen am 26. 7. 1958

Aus dem Institut für Tierernährung der Martin-Luther-Universität Halle-Wittenberg
(Direktor: Prof. Dr. A. COLUMBUS)

J. WAGNER und E. FRANZEN

Die Bestimmung einiger Stickstoffkomponenten des Harns in vermischten Geflügelexkrementen mit Hilfe der Papierchromatographie und der Papierelektrophorese

Die Bestimmung der Verdaulichkeit des Rohproteins von Futtermitteln bei Geflügel stößt auf Schwierigkeiten, da die Stoffwechselendprodukte nicht getrennt als Kot und Harn ausgeschieden werden. Es ist demnach eine Trennung von Kot- und Harnbestandteilen notwendig. Dafür sind eine Reihe von Verfahren vorgeschlagen worden, die sich grundsätzlich in mechanische und chemische Methoden einteilen lassen.

Von den mechanischen Verfahren ist die Einführung eines Katheters in den Harnleiter [10, 11, 25, 35] oder die Anlegung eines künstlichen Afters (Anus praeternaturalis) [13, 14, 22, 25, 27, 32, 34, 38, 39, 46] zu nennen, wobei für das Tier anormale Lebensverhältnisse geschaffen werden [8, 30]. Deshalb fand die Anwendung der chemischen Trennungsverfahren eine größere Resonanz. Hierbei ist zwischen einer indirekten und einer direkten Methode zur Bestimmung des Kotstickstoffs in vermischten Exkrementen zu unterscheiden.

Bei dem indirekten Verfahren kommt es auf die analytische Erfassung des Harnsäure-N an. Nach Abzug dieser N-Menge vom Gesamt-N der Geflügelexkremente läßt sich der Kot-N zur Bestimmung der N-Verdaulichkeit ermitteln. Die Harnsäure kann mit Hilfe von KOH-[23] oder LiOH-Lösung [49], aber auch mit Piperazin [22] oder größeren Mengen heißen Wassers [12, 40] herausgelöst werden und wird dann entweder auf Grund ihres N-Gehaltes nach KJELDAHL [23] oder durch Überführung in Ammoniumurat [22, 36, 49] bestimmt. Zu erwähnen sei weiterhin die Differential-Extraktions-Methode nach FRITZ [20] und die Möglichkeit, den Harnsäuregehalt direkt in vermischten Geflügelexkrementen durch oxydative Titration nach BOSE [7] zu ermitteln.

Bei den direkten Methoden kann der *Harnstickstoff* durch Behandlung der Faeces mit geeigneten Mitteln aus dem Exkrementgemisch entfernt und der verbleibende *Reststickstoff als Kotstickstoff* nach KJELDAHL bestimmt werden. ENGLER [14] extrahiert die Harnbestandteile mit einer 1%igen Piperazinlösung und behandelt den Extraktionsrückstand wie reinen Kot. Das Filtrat wird dabei verworfen. Bei STOTZ [37, 38] erfolgt die Trennung des Kot- und Harn-N durch Oxydation der Harnsäure mit Salpetersäure zu wasserlöslichen Abbauprodukten, die vom unlöslichen Rückstand durch Filtration getrennt werden. Wie weit in diesem Falle die Oxydation verläuft und welche Stoffe im Filtrat vorliegen, wurde vom Autor nicht untersucht. Die Fällung der mit in Lösung gehenden Eiweißmenge geschieht mit Phosphorwolframsäure. Die N-Werte des Kotrückstandes nach der Oxydation und des gefällten Eiweißanteils werden addiert und daraus die Verdauungskoeffizienten errechnet.

Die bei Anwendung von Salpetersäure auftretende Gelbfärbung resultiert nach STOTZ aus einer Oxydation des Eiweißmoleküls. Nimmt man jedoch eine Nitrierung von der Art der Xanthoproteinreaktion an, die bei der vorliegenden HNO_3-Konzentration von 2% durchaus im Bereich des Möglichen liegt, so könnten Verluste des Harn-N dadurch eintreten, daß das nitrierte Produkt einen höheren N-Gehalt des Kotes vortäuscht. Eine Verminderung des Kot-N läßt sich annehmen durch hydrolytische Einwirkung der Salpetersäure auf die Eiweißkörper des Kotes. Nach STOTZ tritt hierbei Abbau nur bis zu den Polypeptiden ein. Durch die Wahl der Versuchsbedingungen (Erhitzen) besteht jedoch die Möglichkeit eines weiteren hydrolytischen Abbaus bis zu den Aminosäuren, die im Filtrat nur teilweise durch Phosphorwolframsäure ausgefällt werden.

Bei fast allen beschriebenen Bestimmungsverfahren wird kein Wert auf die *neben der Harnsäure im Geflügelharn enthaltenen N-haltigen Stoffwechselprodukte* gelegt. Da diese jedoch einen merklichen Anteil am N-Gehalt des Harnes darstellen können, lag es nahe, mit Hilfe der Papierchromatographie und Papierelektrophorese diese N-haltigen Stoffe qualitativ und quantitativ zu bestimmen. Dabei handelt es sich um Abbauprodukte der Nukleinsäuren und Proteine, die sehr verschiedene chemische Verbindungen darstellen. Die Nucleinsäuren können als N-haltige Komponenten entweder Purinbasen – im wesentlichen Adenin und Guanin, aber auch Xanthin und Hypoxanthin – oder Pyrimidinbasen – Cytosin, Uracil und Thymin – enthalten. Während die Purinbasen im Stoffwechsel des Geflügels in Harnsäure bzw. bei den meisten Haustieren in Allantoin umgewandelt werden, ist der Abbauweg der Pyrimidinabkömmlinge noch nicht sicher bekannt; deshalb wurden zunächst nur die Purinderivate berücksichtigt. Als Abbauprodukte der Proteine kommen neben der Harnsäure Harnstoff, Guanidin, Kreatin(in), Aminosäuren und Ammoniak in Betracht. Die Zusammenhänge zwischen diesen N-haltigen Verbindungen ergeben sich aus Abb. 1.

I. Trennungsschema

1. *Extraktion der Stickstoffkomponenten*

Vor der Trennung und Bestimmung der genannten N-haltigen Verbindungen findet eine Extraktion dieser Stoffe aus den vermischten Geflügelexkrementen statt. Das Herauslösen von Kreatin, Kreatinin, Guanidin und Harnstoff usw. geschieht im Soxhlet-Apparat mit Äthylalkohol unter Zusatz von 1n HCl. Die Salzsäure hat die Aufgabe, das Kreatin in Kreatinin überzuführen [4]. Da das Kreatin-Kreatinin-Gleichgewicht in den Exkrementen von einer Reihe von Faktoren abhängig ist, wurde nur das Gesamtkreatinin bestimmt.

Etwas schwieriger ist die Extraktion der schwerlöslichen Harnsäure. Aus den einleitend zitierten Methoden haben wir dafür das Lithiumhydroxyd als am geeignetsten befunden. Es ergibt sich die Frage nach der Zahl der Ausschüttelungen,

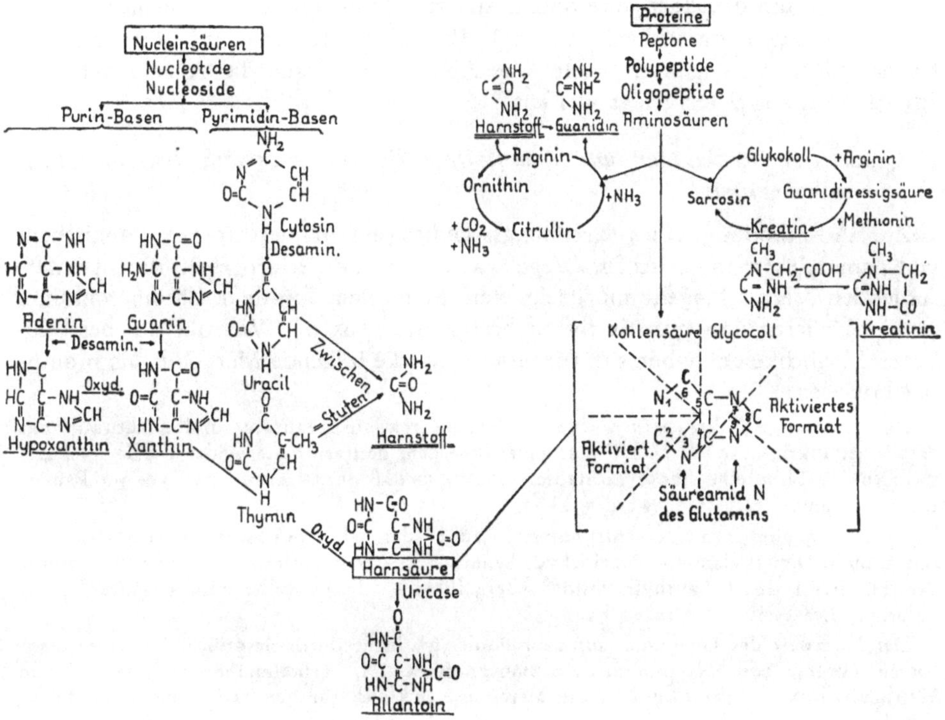

Abb. 1. Die N-haltigen Stoffwechselprodukte im Harn

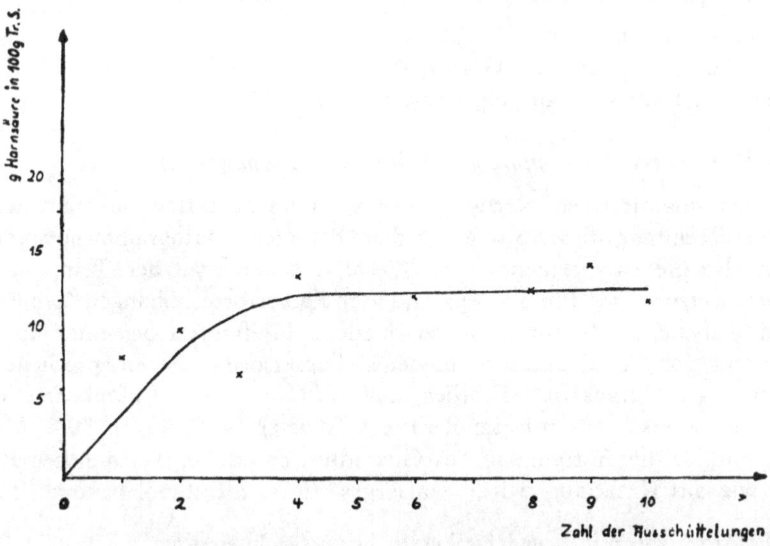

Abb. 2. Extraktion der Harnsäure

die nötig ist, um die Harnsäure quantitativ zu extrahieren. Durch Versuche wurde der extrahierte Harnsäuregehalt von 1–10 Ausschüttelungen mit jeweils 25 ml frischer LiOH-Lösungen ermittelt. Wie Abb. 2 zeigt, kann die Anzahl der Ausschüttlungen auf 9 festgelegt werden.

2. *Qualitative Reaktionen und quantitative Bestimmungsmethoden der Stickstoffkomponenten*

Zur Ausarbeitung eines Trennungsschemas auf papierchromatographischem und papierelektrophoretischem Wege war es zunächst erforderlich, die zu untersuchenden Verbindungen mit geeigneten Methoden auf dem Chromatogramm zu identifizieren und quantitativ zu bestimmen. Aus der Vielzahl der beschriebenen Möglichkeiten haben sich für unsere Zwecke folgende Methoden als brauchbar erwiesen:

Das *Kreatin und Kreatinin* wurde als Gesamtkreatinin qualitativ und quantitativ mit alkalischer Pikrinsäure [6, 9, 15, 24, 29] bestimmt, außerdem besitzen diese beiden Stoffe im kurzwelligen UV-Licht eine starke Lichtabsorption [33], so daß auch hiermit die Lage im Papierchromatogramm festgestellt werden kann.

Für den qualitativen *Harnstoffnachweis* wurde das sehr spezifische „Ehrlich-Reagens", salzsaurer p-Dimethylamino-benzaldehyd, benutzt [2, 3]. Zur quantitativen Auswertung wurde der Harnstoff in Dixanthylharnstoff übergeführt [26], dessen gelbe schwefelsaure Lösung kolorimetrisch bestimmt werden kann.

Der Nachweis des *Guanidins* auf dem Papier geschieht durch Besprühen mit einer alkalischen Lösung von Natriumnitrosopentacyanoferrat-III, Trikaliumhexacyanoferrat und Natriumhydroxyd nach WEBER [45], die Methode eignet sich für qualitative und quantitative Zwecke.

Die Purinbase *Guanin* wurde als Quecksilberkomplex fixiert [41] und das *Xanthin* mit Fluoreszein sichtbar gemacht [48].

Der qualitative Nachweis der *Harnsäure* geschah mit einer ammoniakalischen Silbernitratlösung [5], die quantitative Auswertung wurde durch Kolorimetrieren der blauen Farbe, die mit Phosphorwolframsäure entsteht [16, 17, 18, 19] durchgeführt.

Die mit den quantitativen Bestimmungsmethoden erzielten Färbungen gehorchten dem Lambert-Beerschen Gesetz, die kolorimetrisch bestimmten Eichkurven konnten statistisch sehr gut abgesichert werden [28] *).

3. *Die Fließmittel zur Trennung der Stickstoffkomponenten*

Für den quantitativen Nachweis der zu untersuchenden Substanz war eine maximale Trennung dieser Stoffe auf dem Papierchromatogramm notwendig. Es mußten also die entsprechenden R_f-Werte, die u. a. von der Temperatur, der Zusammensetzung des Fließmittels und der Papiersorte abhängen [50], ausgetestet werden. Tabelle 1 gibt für zehn verschiedene Fließmittel bei einer konstanten Temperatur von 20° C und verschiedenen Papiersorten die entsprechenden R_f-Werte wieder. Daraus ist ersichtlich, daß sich für unsere Aufgabenstellung am besten ein Gemisch aus n-Butanol/Eisessig/Wasser (4 : 1 : 5) + 30% Methanol eignet; nur für die Abtrennung des Guanidins, das dabei den gleichen R_f-Wert besitzt wie das Kreatinin, wurde wassergesättigtes n-Butanol benutzt. Zur Ver-

*) Die Arbeitsvorschriften und Eichkurven liegen für Interessenten im Institut für Tierernährung der Martin-Luther-Universität Halle-Wittenberg zur Einsichtnahme aus.

Tabelle 1. *R_f-Werte der Harn-N-Komponenten*

Schleicher & Schüll: a) 2043 b b) 602 hp.	n-Butanol-Eisessig-Wasser (4 : 1 : 5)		n-Butanol-Eisessig-Wasser (4 : 1 : 5) + 20% Methanol		n-Butanol-Eisessig-Wasser (4 : 1 : 5) + 30% Methanol		n-Butanol-Wasser-Ameisensäure (77 : 13 : 10)		n-Butanol-Äthylen-glycol-Wasser (4 : 1 : 1)		n-Butanol-Äthylen-glycol - 0,1 n HCl (4 : 1 : 1)		n-Butanol, wasser-gesättigt		Methanol		n-Butanol-Eisessig-Wasser (8 : 2 : 2)		Mischung aus wasserges. n-Butanol u. wasserges. Phenol (20 : 7), obere Phase benutzt	
	a	b	a	b	a	b	a	b	a	b	a	b	a	b	a	b	a	b	a	b	a	b
Kreatin	0,29	—	0,42	—	0,44	0,42	0,37	0,30	0,40	0,53	0,55	0,54	0,17	0,41	—	—	—	—	0,22	—
Kreatinin . . .	0,37	0,43	0,45	0,44	0,46	0,46	0,31	0,32	0,57	0,60	0,53	0,60	0,37	0,41	0,56	—	0,44	—	0,44	—
Harnsäure . . .	0,23	0,30	0,22	0,35	0,30	0,33	0,28	0,28	0,18	0,35	0,34	0,39	0,16	0,05	0,40	—	—	—	0,13	—
Harnstoff . . .	0,39	0,47	0,40	0,51	0,52	0,51	—	0,44	0,57	0,64	0,57	0,63	0,32	0,42	0,37	0,58	—	—	0,59	0,41
Guanidin . . .	0,34	0,35	0,42	0,50	0,44	0,49	0,28	0,45	0,55	0,56	0,57	0,53	0,29	0,33	0,65	—	—	—	0,30	0,31
Sarkosin	0,18	0,24	0,28	0,35	0,19	0,34	0,17	0,31	0,49	0,49	0,55	0,55	0,10	—	0,51	0,37	—	—	0,20	0,23
Guanin	—	0,37	—	0,38	0,00	0,38	—	0,33	—	0,52	—	0,50	0,00	0,27	—	—	—	—	—	0,30
Xanthin	0,00	—	—	—	—	—	—	0,00	0,00	0,01	—	0.49	—	0,00	—	—	—	—	—	—
Allantoin . . .	—	0,14	—	0,28	—	0,53	—	0,16	—	0,29	—	0,40	—	—	—	—	—	—	—	0,18

besserung des Trenneffektes haben wir uns der Keilmethode nach MATTHIAS[31] bedient. Mit diesen Systemen konnten fast alle zu untersuchenden Substanzen getrennt werden (Abb. 3).

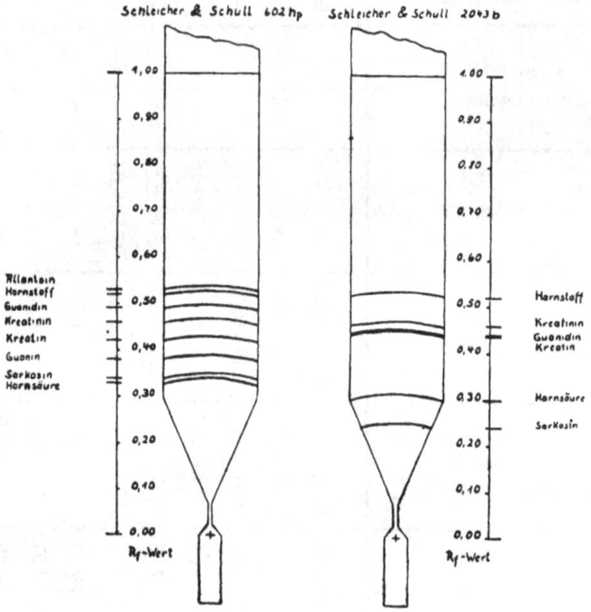

Abb. 3. Die Lage der N-haltigen Harnbestandteile im Papierchromatogramm

Nur die papierchromatographische Abtrennung der Harnsäure bereitete insofern Schwierigkeiten, als durch die Ionenaustauschwirkung des Papiers leicht Schwanzbildung auftreten kann.

Erst der Einsatz der Papierelektrophorese konnte diese Schwierigkeiten beseitigen. Dafür wurden modifizierte Elektrophoresekammern [42, 43, 44] nach dem Prinzip von WIELAND [47] benutzt. Es gelang die Abtrennung der Harnsäure von Kreatin, Kreatinin und Harnstoff mit einem Natriumborat-Natronlauge-Puffer nach SÖRENSEN und CLARK vom pH- 10,0 mit 600 V in 4 Stunden. Dabei wanderte die Harnsäure als einzige Verbindung anodisch (Tabelle 2, Abb. 4a). Auch die Trennung des Harnstoffs (Abb. 4b) sowie die des Kreatins und Kreatinins Abb.4c) war elektrophoretisch möglich. Dabei genügte schon eine Spannung von 220 V während 15 Stunden mit einem Pyridinpuffer von pH 3,7.

Tabelle 2. *Wanderungsgeschwindigkeit (in cm/h) und -richtung einiger Harn-N-Komponenten bei 600 V*

pH	3,7	5,0	8,4	10,0
Kreatin	+ 0,2	— 0,5	— —	— 0,5
Kreatinin	— 1,3	— 2,3	— 1,5	— 0,7
Harnstoff	— 0,3	— 0,4	— 0,4	— 0,5
Harnsäure	+ 0,3	± 0,0	+ 0,7	+ 1,1

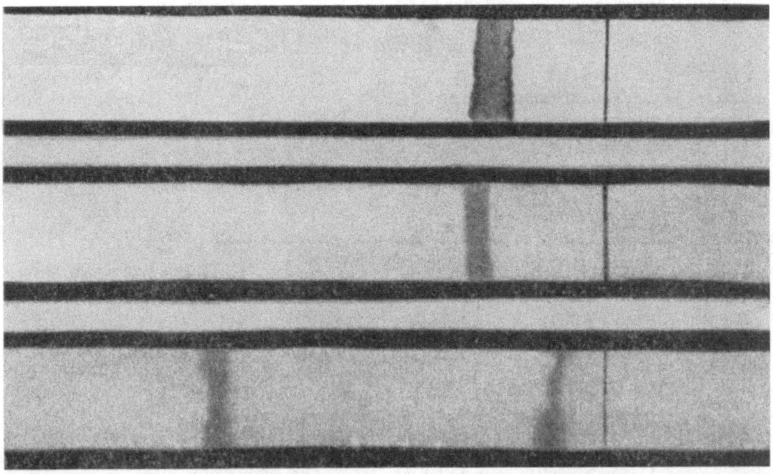

Abb. 4. Papierelektropherogramme von N-haltigen Harnbestandteilen

II. Die Bestimmung einiger N-Komponenten in vermischten Geflügelexkrementen

1. Das Untersuchungsmaterial

Es wurden vier Proben von Geflügelexkrementen mit der beschriebenen Methodik untersucht. Die Tiere waren unterschiedlich gefüttert [21]: Einer Normalgruppe wurden sowohl mit N-freier Nahrung als auch mit qualitativ unterschiedlichen Eiweißmengen ernährte Tiere gegenübergestellt. Die Eiweißmenge betrug bei jedem der nicht N-frei ernährten Tiere 3 g N pro Tag. Dabei kamen von jeder Futterzusammenstellung die Exkremente von zwei Paralleltieren zur Untersuchung (Tabelle 3). Als Versuchstiere wurden Hennen (Kennfarbige Italiener) mit einem Durchschnittsgewicht von 1500 g eingesetzt.

2. Versuchsergebnisse

Die nach der beschriebenen Methodik erhaltenen Versuchsergebnisse sind in Tabelle 4 und Tabelle 5 zusammengefaßt.

Nach den vorliegenden Untersuchungen scheint die Harnsäureausscheidung von der Ernährung abhängig zu sein. Niedrige Harnsäuregehalte treten naturgemäß in den Exkrementen der N-frei ernährten Tiere auf. Die einzige Quelle für die Harnsäurebildung ist in diesem Falle der ständige Eiweißverlust des Körpers. Da bei den anderen drei Versuchsgruppen stets die gleiche Eiweißmenge gegeben wurde, ist die unterschiedliche Harnsäureausscheidung nur in dem qualitativ verschiedenen Eiweiß zu suchen. Neben einer verschieden hohen Verdaulichkeit und Verwertung des Rohproteins scheint das unterschiedliche Mengenverhältnis der Aminosäuren ebenfalls die Harnsäurebildung zu beeinflussen; denn wie eingangs (s. Abb. 1) schon gezeigt wurde, kann die Harnsäure auch aus Aminosäurefragmenten synthetisiert werden [1]. Diese Gründe können für die Erklärung der gesteigerten Harnsäureausscheidung von 2,22% auf 3,88%

Tabelle 3. *Futtermittelzusammensetzung und Gesamt-N-Gehalt der untersuchten Proben*

Probe	Futterzusammenstellung	%	Gesamt-N-Ausscheidung in der Exkrement-Trockensubst.
1a, 1b	Legemehl	65,05 g Tr.S./2,505 g N	1a: 6,193
	Gerste	13,08 g Tr.S./0,328 g N	1b: 5,897
	Hafer	12,95 g Tr.S./0,219 g N	
		91,08 g Tr.S./3,052 g N	
2a, 2b	Ackerbohnen	31,22 g Tr.S./1,501 g N	2a: 8,284
	Sojaschrot	18,89 g Tr.S./1,496 g N	2b: 7,663
	N-freies F.	30,00 g Tr.S./0,000 g N	
		80,11 g TrS./2,997 g N	
3a, 3b	Ackerbohnen	18,73 g Tr.S./0,901 g N	3a: 11,790
	Sojaschrot	11,38 g Tr.S./0,901 g N	3b: 9,209
	Fischmehl	10,79 g Tr.S./1,197 g N	
	N-freies F.	20,00 g Tr.S./0,000 g N	
		60,90 g Tr.S./2,999 g N	
4a, 4b	N-freies F.	60,00 g Tr.S./0,000 g N	4a: 2,619
			4b: 1,550

Tabelle 4. *Die Verteilung des Harn-N in Geflügelexkrementen und Summierung zum Harn-N-Gehalt (in % der Exkrementtrockensubstanz)*

Probe	1a	1b	2a	2b	3a	3b	4a	4b
Ammoniak-N	0,93	0,74	1,76	1,14	2,49	1,53	0,08	0,08
Harnsäure-N	2,47	1,97	4,70	3,05	6,63	4,08	0,22	0,21
Harnstoff-N	0,02	0,02	0,01	0,06	0,02	0,07	0,05	0,05
Kreatin(in)-N	0,01	0,02	0,04	0,02	0,05	0,04	0,08	0,08
Summe	3,43	2,74	6,51	4,26	9,19	5,72	0,44	0,43

Tabelle 5. *Die Verteilung des Harn-N in Geflügelexkrementen und Summierung zum Harn-N-Gehalt (in % des Gesamt-N)*

Probe	1a	1b	2a	2b	3a	3b	4a	4b
Ammoniak-N	15,02	12,55	21,25	14,88	21,12	16,61	3,05	5,16
Harnsäure-N	39,88	33,41	56,74	39,80	56,23	44,30	8,40	13,55
Harnstoff-N	0,37	0,32	0,11	0,73	0,20	0,71	1,79	5,10
Kreatin(in)-N	0,18	0,25	0,49	0,20	0,38	0,45	3,13	3,10
Summe	55,45	46,53	78,59	55,61	77,93	62,07	16,91	27,56

und 5,35% (bezogen auf Exkrementtrockensubstanz) beim Übergang vom Grundfutter zum Futtergemisch aus Ackerbohnen-Sojaschrot und Ackerbohnen-Sojaschrot-Fischmehl mit berücksichtigt werden. Die Steigerung der Harnsäureausscheidung drückt sich sowohl in Tabelle 4 (bezogen auf Exkrementtrockensubstanz) als auch in Tabelle 5 (bezogen auf Gesamtstickstoff) aus.

Die Harnstoff-N-Ausscheidung, bezogen auf Exkrementtrockensubstanz, liegt sowohl bei den N-frei wie bei den mit Eiweiß ernährten Tieren in der gleichen Dimension. Bezogen auf die Gesamt-N-Auscheidung dagegen liegen die Werte bei dem N-freien Versuch naturgemäß höher, da die Gesamt-N-Ausscheidung niedriger ist.

Die Kreatin(in)-N-Ausscheidung liegt in der gleichen Größenordnung wie die des Harnstoffs. Die Werte bei den einzelnen Versuchsgruppen verhalten sich analog denen der Harnstoff-N-Ausscheidung.

Bemerkenswert ist noch das Auftreten des Guanidins beim N-freien Versuch. Eine Erklärung dafür kann noch nicht gegeben werden.

Es ist natürlich von Interesse, die nach dieser Methode bestimmten *Werte mit den nach dem Verfahren von* STOTZ *erhaltenen zu vergleichen.* Tabelle 6 gibt darüber einen Überblick. Wenn auch die Schwankungen schon zwischen den Paralleltieren recht groß sind, so läßt sich doch sagen, daß die Stotzschen Werte etwas höher liegen, und zwar bei Betrachtung aller von uns untersuchten Substanzen um ungefähr 15%. Inwieweit dafür vielleicht die schon erwähnte hydrolytische Wirkung der Salpetersäure oder die Fehler der papierchromatographischen Methode verantwortlich zu machen sind, läßt sich augenblicklich noch nicht endgültig entscheiden.

Tabelle 6. *Vergleich der nach* STOTZ *ermittelten Harn-N-Werte mit den nach vorliegenden Untersuchungen gefundenen Harn-N-Werte in % des Gesamt-N (mit Ausnahme der N-freien Probe)*

Probe:	1a	1b	2a	2b	3a	3b
Harn-N in % des Gesamt-N n. STOTZ	78,36	78,29	83,58	80,56	84,90	78,61
Harn-N in % des Gesamt-N n. vorliegenden Unters.	55,45	46,53	78,59	55,61	77,93	62,07

Die Untersuchungen über die Auftrennung der N-haltigen Harnkomponenten in gemischten Geflügelexkrementen mit Hilfe der Papierchromatographie und Papierelektrophorese stehen noch am Beginn. Sie sollen zunächst die Methode nach STOTZ bei der Bestimmung des Verdauungskoeffizienten des Rohproteins ergänzen, zum anderen erlaubt aber das Verfahren auch einen Einblick in die Veränderungen der Mengenverhältnisse der ausgeschiedenen Harn-N-Bestandteile bei unterschiedlicher Ernährung und damit in die Zusammenhänge des intermediären Stoffwechsels des Eiweiß und der Nucleinsäuren beim Geflügel.

III. Zusammenfassung

Mit Hilfe der Papierchromatographie und Papierelektrophorese konnten einige N-haltige Harnbestandteile in vermischten Hühnerexkrementen getrennt und bestimmt werden. Der durch Summierung der einzelnen Komponenten erhaltene Harnstickstoff wurde den entsprechenden Werten nach STOTZ gegenübergestellt. Das Verfahren erlaubt weiterhin, die beim intermediären Protein- und Nucleinsäurestoffwechsel auftretenden Substanzen in Abhängigkeit von der Ernährung zu erfassen.

IV. Literaturverzeichnis

[1] BÄUMLER, J.: Die Biosynthese der Purine. Chimia **8**, 236 (1954).

[2] BARRENSCHEEN, H. K.: Über eine Reaktion des Harnstoffs mit p-Dimethylamidobenzaldehyd II. Biochem. Z. **140**, 426 (1923).

[3] BARRENSCHEEN, H. K. und O. WELTMANN: Über eine Reaktion des Harnstoffs mit p-Dimethylamidobenzaldehyd I. Biochem. Z. **131**, 591 (1922).

[4] BARRERO GONZALEZ, A.: Valeración del nitrôgéno de la creatina y amoniacal contenido en las excretas eliminadas por las aves. An. Fac. Vet. Univ. Madrid **3**, 247 (1951).

[5] BERRY, H. K.: The quantitative Estimation of Uric Acid by Paper Chromatographic Methods, with Applications to Human Urine and Saliva. Univ. Tex. Pub. No. **5109**, 84 (1951).

[6] BERRY, H. K. u. L. CAIN: The quantitative Determination of Creatinine in Urine using Paper Chromatography. Univ. Tex. Pub. No. **5109**, 80 (1951).

[7] BOSE, S.: An Iodometric Estimation of Uric Acid in Poultry Excreta. Poultry Sci. **23**, 130 (1944).

[8] BRÜGGEMANN, H.: Die Verdaulichkeit der Rohfaser bei Hühnern, Tauben, Gänsen und Enten. Arch. f. Tierzucht und Tierernährung, Abt. B, **5**, 89 (1931).

[9] CAIN, L.: The quantitative Determination of Creatine in Urine using Paper Chromatography. Univ. Tex. Pub. Nr. **5109**, 82 (1951).

[10] COULSON, E. J. u. J. S. HUGHES: Collection and Analysis of Chicken Urine. Poultry Sci. **10**, 53 (1930).

[11] DAVIS, R. E.: The Nitrogenous Constituents of Hen Urine. J. Biol. Chem. **74**, 509 (1927).

[12] DIAKOW, M. J.: Untersuchungen über Verdaulichkeit, Stoff- und Energiewechsel bei Hühnern als Grundlagen für die rationelle Fütterung des Geflügels. Arch. f. Tierzucht u. Tierernährung, Abt. B. **7**, 571 (1932).

[13] EKMAN, P.: A new Chemical Method for Separating Faecal Nitrogen from Urinary Nitrogen in Poultry Excreta. Proc. 8th World's Poultry Congreß **1948**, 220.

[14] ENGLER, H.: Quantitative Verdauungsversuche am Haushuhn. Biedermanns Zentralblatt, Abt. B, Tierernährg. **5**, 329 (1933).

[15] EPSTEIN, J. A. u. M. P. FOMINA: Kolitschestwennoje rasdelenije kreatinina, kreatina i kreatinfosfata na bumagje. Biochimia **15**, 321 (1950).

[16] FOLIN, O. u. W. DENIS: On Phosphotungstic-phosphomolybdic Compounds as Color Reagents. J. Biol. Chem. **12**, 239 (1912).

[17] FOLIN, O. u. W. DENIS: Die kolorimetrische Bestimmung der Harnsäure im Harn. J. Biol. Chem. **14**, 95 (1913).

[18] FOLIN, O. u. A. B. MACCALLUM: Über die blaue Farbreaktion der Phosphorwolframsäure mit Harnsäure und anderen Substanzen. J. Biol. Chem. **11**, 265 (1912).

[19] FOLIN, O. u. A. B. MACCALLUM: A New Method for the (colorimetric) Determination of Uric Acid in Urine. J. Biol. Chem. **13**, 363 (1913).

[20] FRITZ, J. C.: Determination of Uric Acid in the Mixed Excrements of Birds. J. Ind. and Eng. Chem., Anal. Ed. **7**, 123 (1935).

[21] GÖBEL, G.: Die biologische Eiweißwertigkeit verschiedener Futtermischungen nach Versuchen an wachsenden Hähnchen und Legehennen. Diss. 1958, Landw. Fak. d. Martin-Luther-Universität Halle-Wittenberg.

[22] KATAYAMA, T.: Über die Verdaulichkeit der Futtermittel bei Hühnern. Bull. of the imp. agric. Exper. Stat. in Japan **3**, 1 (1924).

[23] KNIERIEM, W. VON: Der Roggen als Kraftfuttermittel. Landw. Jb. **29**, 483 (1900).

[24] KOSTIR, J. V. u. V. RALEK: The Detection of Jaffé-positive Substance in Blood Serum by Paper Partition Chromatography. The Problem of apparent Creatinine. Biochem. et Biophys. Acta **5**, 210 (1950).

[25] KOWALEWSKI, K. u. S. SALASKIN: Über den Ammoniak- und Milchsäuregehalt im Blute und über die Stickstoffverteilung im Harn von Gänsen unter verschiedenen Verhältnissen. Z. physiol. Chem. **35**, 552 (1902).

[26] LEE, M. H. u. E. M. WIDDOWSON: The Micro-Determination of Urea in Blood and other Fluids. Biochem. J. **31**, 2035 (1937).

[27] LEHMANN, F.: Versuche über die Ernährung von Geflügel. Biedermanns Zentralblatt f. Agrikulturchemie **33**, 417 (1904).

[28] LINDER, A.: Statistische Methoden für Naturwissenschaftler, Mediziner und Ingenieure, Basel 1951.

[29] MAKISUMI, S.: Paper Chromatography of Guanidine Compounds. J. Chem. Soc. Japan, Pure Chem. Sect. **73**, 737 (1952).

[30] MANGOLD, E.: Die Verdauung des Geflügels. Im Handbuch der Ernährung und des Stoffwechsels der landwirtschaftlichen Nutztiere B. 2. (Herausgegeben von E. Mangold.) Berlin 1929, S. 93.

[31] MATTHIAS, W.: Serienuntersuchungen mit Hilfe einer neuen Form der Streifen-Papierchromatographie = Quedlinburger Beiträge zur Pflanzenzüchtung Nr. 17. Naturwiss. **41**, 17 (1954).

[32] PARUSCHTSCHUK, S.: Die Verdauung des Mais bei Hühnern. J. f. Landw. **50**, 15 (1902).

[33] PFEIL, D.: Beitrag zur Bestimmung des Gesamtkreatinins in Lebensmitteln. Z. anal. Chem. **154**, 5 (1957).

[34] ROTCHILD, J.: The Artificial Anus in the Bird. Poultry Sci. **26**, 157 (1947).

[35] SHARPE, N. C., Die Harnsekretion bei Vögeln. Am. J. Physiol. **31**, 75 (1912).

[36] ST. JOHN, J. L. u. O. JOHNSON: J. Biol. Chem. **92**, 42 (1931). Zit. b. H. J. Wetterau, Diss. Halle 1953.

[37] STOTZ, H.: Ein neues Verfahren zur Bestimmung der Verdauungskoeffizienten für Rohprotein beim Geflügel. Arch. f. Tierzucht und Tierernährung, Abt. B, **7**, 29 (1932).

[38] STOTZ, H.: Ergänzende Untersuchungen zum chemischen Trennungsverfahren von Harn und Kot beim Geflügel für die Bestimmung der Verdaulichkeit des Eiweißes. Arch. f. Tierzucht und Tierernährung, Abt. B **9**, 426 (1933).

[39] SZALAGYI, K. u. A. KRIWUSCHA: Über die Ausnutzung des Maises bei Hühnern, Enten und Gänsen. Biochem. Z. **88**, 286 (1918).

[40] TROITZKAJA, A. G., A. K. DANILOWA und K. J. PALMOVA: Die Verdaulichkeit der Futtermittel bei Enten. Biedermanns Zentralblatt, Abt. B, Tierernährg. **8**, 69 (1936).

[41] VISCHER, E. und E. CHARGAFF: The Separation and quantitative Estimation of Purines and Pyrimines in minute Amounts. J. Biol. Chem. **176**, 703 (1948).

[42] WAGNER, J.: Aminosäuregehalt einiger Futtermittel und deren biologische Verwertung. (Beitrag zur Eiweiß-Analytik und Problematik der biologischen Eiweißwerte.) Kühn-Archiv **71**, 1 (1957).

[43] WAGNER, J.: Eine Kombinationsmöglichkeit von Papierelektrophorese und Papierchromatographie zur Trennung von Aminosäuren. Naturwiss. **45**, 110 (1958).

[44] WAGNER, J. u. G. STERNKOPF: Chemische und physiologische Untersuchungen über das Saponin der Zuckerrübe. Die Nahrung **2**, 338 (1958).

[45] WEBER, C. J.: The Determination of the Guanidine Bases in Urine. J. Biol. Chem. **78**, 465 (1928).

[46] WETTERAU, H. J.: Stickstoff-Grundumsatz und biologische Eiweißwertigkeit bei wachsendem Geflügel. Kühn-Archiv **68**, 202 (1954).

[47] WIELAND, TH.: Die Retentionsanalyse und ihre Brauchbarkeit zur quantitativen Auswertung von Papierchromatogrammen und Papierionopherogrammen künstlicher Aminosäuregemische. Angew. Ch. **60**, 313 (1948).

[48] WIELAND, TH. u. L. BAUER: Weitere Versuche zur Stofftrennung und -ionophorese. Purine und Aminosäuren. Angew. Ch. **63**, 511 (1951).

[49] WOODMAN, H. E.: A Method for the Estimation of Uric Acid in Poultry Excreta. J. agric. Sci. **14**, 413 (1924).

[50] ZIMMERMANN, G.: Zur Kenntnis und Kritik der R_f-Werte in der Papierchromatographie. Z. anal. Chem. **138**, 321 (1953).

Eingegangen am 14. 9. 58

Aus dem Physiologischen Institut der Tierärztlichen Hochschule Wien
(Vorstand: Prof. Dr. A. KMENT)

A. MÜLLER-SETTELE

Über die Anwendung der parameterfreien Varianzanalyse in der Ernährungsforschung

Liegt eine Versuchsanordnung vor, die so beschaffen ist, daß gleichzeitig an einer Anzahl von Versuchsgruppen verschiedene Versuchsbedingungen geprüft werden, so ist es Zweck der statistischen Datenanalyse zu untersuchen, ob zwischen den einzelnen Gruppenergebnissen wirkungsbedingte signifikante Unterschiede bestehen. Sind nun N Werte in k Gruppen gegeben, wobei der Gruppenumfang von der Größe n_i ist, so könnte man einfach so verfahren, daß man jeweils zwei Gruppen miteinander vergleicht, dazu müßte aber ein geeignetes Testverfahren $\binom{k}{2}$ mal angewendet werden; dies bedeutet aber einen erheblichen Rechenaufwand. Für solche Untersuchungen ist daher die einfache Varianzanalyse das Testverfahren der Wahl.

Grundsätzlich kann man zwei Arten der einfachen Varianzanalyse unterscheiden:

a) die klassische parametrische Varianzanalyse deren Verfahrenstechnik hauptsächlich auf R. A. FISHER zurückgeht;

b) die parameterfreie Varianzanalyse, die vorwiegend von amerikanischen Statistikern entwickelt wurde wie z. B. FRIEDMANN, N. [2] und KRUSKAL, W. H. und WALLIS, W. A. [3].

Die parametrische Varianzanalyse setzt voraus, daß die Einzelwerte in jeder Gruppe normal verteilt und voneinander unabhängig sind und weiters, daß alle Stichprobenwerte mit der gleichen Streuung behaftet sind, d. h. diese Werte entstammen einer Grundgesamtheit mit dem Mittelpunkt $m + a_i$ und der Streuung σ^2, dabei sind die a_i von Gruppe zu Gruppe verschieden, die Streuung aber ist in allen Gruppen gleich groß.

Soll nun überprüft werden, ob zwischen den einzelnen Gruppen signifikante Unterschiede vorliegen, so muß mit Hilfe des F-Testes untersucht werden, ob die Streuung zwischen den einzelnen Gruppen wesentlich von der Streuung innerhalb der Gruppen verschieden ist. Ergibt sich hierbei ein signifikanter Unterschied, so müssen dann die einzelnen Gruppendurchschnitte mit dem t-Test weitergeprüft werden.

Die parameterfreie Varianzanalyse von KRUSKAL und WALLIS erlaubt die Überprüfung der Nullhypothese, nämlich, daß alle Stichprobenwerte der k-Gruppen aus ein und derselben Grundgesamtheit stammen, auf eine rechentechnisch einfachere Art als der F-Test. Die Bedingungen für die Anwendung dieser

Methode sind nicht so streng, wie die für den F-Test. Es wird nur angenommen, daß die Stichprobenwerte einer stetigen Verteilung angehören, wobei keine anderen einschränkenden Voraussetzungen bestehen.

Gerade aber für die statistische Auswertung von Daten, die von lebenden Wesen gewonnen wurden, ist das Wegfallen der Voraussetzung einer normalen Verteilung der Stichprobenwerte von großer Bedeutung, da in sehr vielen Fällen eine Normalverteilung der Variablen nicht angenommen werden kann.

Methodik: Sind N Einzelwerte in k Gruppen gegeben, so wird zuerst jedem Einzelwert eine entsprechende Rangnummer zugeordnet; die Werte werden der Größe nach geordnet und dann mit den entsprechenden Rangnummern versehen, der kleinste Wert erhält die Rangnummer 1, der größte die Rangnummer N.

Sodann werden die Einzelwerte in den Gruppen durch ihre Rangnummern ersetzt und für jede Gruppe die Summe der Rangnummern gebildet. Ist die Anzahl der Stichprobenwerte n_i in den k Gruppen nicht zu klein, d. h. $n_i > 5$ und $k > 3$, so ergibt sich für die Prüfgröße H der Ausdruck:

$$H = \frac{12}{N(N+1)} \sum_{i=1}^{k} \frac{R_i^2}{n_i} - 3(N+1) \quad \text{. . . Form. 1)}$$

H. ist eine chiquadrat-verteilte Größe, mit k − 1 Freiheitsgrade.

Es bedeutet: N = Gesamtzahl der Stichprobenwerte
k = Anzahl der Gruppen
n_i = Anzahl der Einzelwerte in jeder Gruppe
R_i = Summe der Rangnummern jeder Gruppe.

Die Nullhypothese wird verworfen, sobald der Wert von H gleich oder größer als der entsprechende Tabellenwert von Chiquadrat ist, wobei die in der Statistik üblichen Irrtumswahrscheinlichkeiten zu wählen sind.

Beispiel: In der Tabelle 1 werden die Endgewichte in kg von elf Wochen alten Ferkeln ausgewiesen, die gruppenweise verschiedene Futtermittelzusätze

Tabelle 1. *Endgewchte von 35 Ferkeln*

Gruppe	I	II	III	IV	V	VI	
	11	12,3	13	14	15	13,9	
	9	12,1	16,1	17	17	14	
	10	15	15,3	16	21	16	
	8	13,8	14	14	17,1	14,9	k = 6
	11	17	12,1	17	23	12,4	N = 35
	13	13,8	14	14,6	19	—	
Summe	62	84,0	84,5	92,6	112,1	71,2	506,4
$\overline{X}_i$	10,6	13,9	14,07	15,4	18,7	14,2	$\overline{X} = 14,4$

erhielten. Es sollte untersucht werden, ob die Futtermittelzusätze in ihrer Wirkung auf das Endgewicht signifikante Gewichtsdifferenzen der einzelnen Gruppen zeigen.

Die Versuchsergebnisse wurden sowohl mit der parametrischen als auch mit der parameterfreien Varianzanalyse geprüft. Die Rechenergebnisse der parametrischen Varianzanalyse sind in nachfolgender Tabelle übersichtlich zusammengefaßt.

	Summe der Quadrate	Fg	Streuung
zwischen den Gruppen . .	205,93	5	41,18
innerhalb der Gruppen . .	113,91	29	3,92
total	319,84	34	

$$F = \frac{41,18}{3,92} = 10,50$$

Ein F = 10.5 mit 5/29 Freiheitsgraden zeigt wegen $F_{001} = 5.59$ mit $n_1 = 5$, $n_2 = 29$ einen signifikanten Unterschied zwischen den einzelnen Gruppen an. Auf Grund dieser Aussage sind mindestens zwei von den Gruppendurchschnitten wesentlich voneinander verschieden.

Führt man die parameterfreie Varianzanalyse durch, so muß zuerst jedem Stichprobenwert eine Rangnummer zugeordnet werden. In Tabelle 2 findet man die entsprechenden Rangnummern für die in Tabelle 1 ausgewiesenen Werte.

Tabelle 2. *Rangnummern*

Gruppe	I	II	III	IV	V	VI
	4,5	8	10,5	17	22,5	14
	2	6,5	27	29,5	29,5	17
	3	22,5	24	25,5	34	25,5
	1	12.5	17	17	32	21
	4,5	29,5	6,5	29,5	35	9
	10,5	12,5	17	20	33	—
Summe d. Ri	25,5	91,5	102,0	138,5	186,0	86,5

Theoretisch ist wegen der Annahme der Stetigkeit der Verteilungsfunktion F (x) die Wahrscheinlichkeit für ein Ereignis $x_i = x_j$ Null, da aber die beobachteten Werte stets mit einem Meßfehler behaftet sind, können bestimmte Werte mehrfach vorkommen, man spricht von sog. „Bindungen“, diese bereiten aber dann bei der Zuordnung der Rangnummern gewisse Schwierigkeiten, Abhilfe dafür kann durch Einführen gebrochener Rangzahlen geschaffen werden, denn eine fortlaufende Zuteilung der Rangnummern an gleiche Werte würde zu einer groben Verzerrung der Testgröße führen.

Im angeführten Beispiel kommt u. a. der Wert 14 fünf Mal vor, auf diese fünf Werte würden die Rangnummern 15 bis 19 entfallen, daher teilt man jeden Wert „14" das arithmetische Mittel aus den Rangnummern 15 bis 19, das ist 17, zu. Analog bildet man für jede andere Bindung die entsprechenden Rangnummern. Sodann berechnet man die Prüfgröße H nach Formel 1 und findet

$$H = \frac{12}{35 \cdot 36} \left[\frac{(25,5)^2}{6} + \cdots + \frac{(86,5)^2}{5}\right] - 3,36 = 21,72$$

H ist chiquadrat verteilt mit 5 Fg.

Der Tabellenwert für ein χ^2 mit 5 Fg. bei $p = 0.001$ beträgt 20.51, auf Grund dieser Aussage wird die Nullhypothese verworfen, d. h. es sind mindestens zwei Gruppen voneinander wesentlich verschieden. Man sieht aber auch, daß beide Methoden in diesem Fall mit denselben Vertrauensgrenzen arbeiten. Ist der Wert von H berechnet und ergibt sich auf Grund dessen ein signifikanter Unterschied zwischen den Gruppen, so muß nun weiterhin untersucht werden zwischen welchen Gruppen ein solcher besteht; man testet dann zuerst jene beiden Gruppen, deren Rangnummernsumme die größte Differenz aufweisen, usw. Die Signifikanzprüfung erfolgt dann wieder mit Hilfe einer geeigneten parameterfreien Testmethode z. B. Wilcoxontest.

Bezüglich des Auftretens von Bindungen muß noch erwähnt werden, daß der Wert von H eine Verminderung erfährt, wenn die Anzahl der vorkommenden Bindungen groß ist. Für die Praxis ist dies aber erst von Bedeutung, wenn mehr als 25% der beobachteten Werte an Bindungen beteiligt sind [4]. Um dies zu vermeiden, ist der gefundene Wert von H durch ein Korrektionsglied von der Form $K = 1 - \frac{\Sigma T}{N^3 - N}$ zu dividieren. Dabei ist $T = t^3 - t$ und t gibt die Anzahl der an einer Bindung beteiligten Werte an. Die korrigierte Prüfgröße lautet somit: $H_k = \frac{H}{K}$ Für obiges Beispiel lauten die Bindungen: (11.11), (12.1, 12.1), (13.13), (13.8, 13.8), (14, 14, 14, 14, 14) usw.

t	2	2	2	2	5	2	2	4
T	6	6	6	6	120	6	6	60

weiter ist $\Sigma T = 216$ und $K = 1 - \frac{\Sigma T}{N^3 - N} = 1 - \frac{216}{42875} = 0,995$ endlich findet man für den korrigierten Wert von H die Größe

$$H_k = \frac{H}{k} = \frac{21,72}{0,935} = 21,93$$

Die bereits durch H getroffene Aussage wird durch H_k kaum verbessert. Ein nicht korrigierter Wert von H kann manchmal nur zu einer nicht notwendigen Verschärfung des Testes führen bzw. könnte unter Umständen eine tatsächlich bestehende Signifikanz nicht zum Ausdruck kommen. Für das praktische Arbeiten ist die Berechnung der Korrektur meist nicht notwendig. Das Anbringen der Korrektur ist nur dann angezeigt, wenn die Anzahl der Bindungen in den Gruppen groß ist und weiters dann, wenn die berechnete Größe H den Wert von χ^2_α um einen geringen Betrag unterschreitet. Selbst dann, wenn mehr als 25%

Bindungen vorhanden sind, ist die Differenz zwischen H_k und H meist so gering, daß einer dadurch bedingten Änderung von H keine Bedeutung zukommt. Untersucht man den Ausdruck $1 - \frac{\Sigma T}{N^3 - N} \ldots . A'$, so findet man, daß dessen Wert von der Länge der Bindungen abhängt; es gilt aber immer die Beziehung $0 \leqslant 1 - \frac{\Sigma T}{N^3 - N} \leqslant 1$. Wird ΣT sehr klein, so strebt der Wert von A gegen 1, d. h. die Änderung des Wertes von H ist so gering, daß die Korrektur unterbleiben kann. Wird ΣT sehr groß, so wird der Wert von A sehr klein und das Anbringen der Korrektur kann unter Umständen eine bedeutende Änderung von H bewirken. Für den speziellen Fall, daß $\Sigma T = N^3 - N$, das ist der Fall, wenn $t = N$, nimmt das Korrektionsglied den Wert Null an; für diesen Fall ist aber auch $H = 0$, so daß eine Korrektur sinnlos wäre. Die Wirksamkeit des Kruskal-Wallis-Testes beträgt gegenüber dem F-Test 95,5% [1], d. h. mit dem F-Test könnte dieselbe Schärfe mit ca. 95.5% der Werte des Stichprobenumfanges erzielt werden.

Abschließend soll noch jener Fall betrachtet werden, bei welchem nur eine kleine Anzahl von Gruppen mit nur wenigen Werten gegeben ist und zwar $k = 3$ und $n_i \leqslant 5$, berechnet man in einem solchen Fall den Wert von H nach Formel 1, so ist die Approximation durch die Chiquadratverteilung nicht mehr hinreichend genau. In diesem Fall müssen die kritischen Werte für H geeigneten Tabellen entnommen werden [3]. Man kann sich aber auch an Hand der Tabelle für die Chiquadratverteilung orientieren und dann jeweils zwei Gruppen mit Hilfe eines parameterfreien Testverfahrens weiter prüfen.

Diskussion: Für die parameterfreie Varianzanalyse nach KRUSKAL-WALLIS gelten nicht dieselben strengen Voraussetzungen wie für die parametrische einfache Varianzanalyse. Die Bedingung der normalen Verteilung der Stichprobenvariablen, sowie die Annahme, alle Werte wären mit der gleichen Streuung behaftet, fallen weg. Es besteht nur die Bedingung, der Unabhängigkeit der N-Stichprobenwerte. Daher soll die parameterfreie Varianzanalyse vor allem bei solchen Versuchsergebnissen angewendet werden, bei welchen die Voraussetzung der Normalverteilung der Stichprobenvariablen nicht realisiert ist. Auf Grund neuerer Untersuchungen [5] kann aber der F-Test auch dann noch angewandt werden, wenn die Stichprobenvariablen nicht normal verteilt sind; der dadurch entstehende Fehler ist unbedeutend.

Der besondere Vorteil der parameterfreien Methode liegt aber darin, daß das Rechenverfahren äußerst einfach und der zugehörige Arbeitsaufwand äußerst gering ist; wobei nochmals zu bemerken wäre, daß dieser Test eine asymptotische Wirksamkeit von 95.5% gegenüber dem F-Test besitzt.

Zusammenfassung

In vorliegender Arbeit werden parametrische und parameterfreie einfache Varianzanalyse miteinander verglichen. Die Methodik der parameterfreien Varianzanalyse nach KRUSKAL und WALLIS wird an Hand eines Beispieles erläutert.

Literaturverzeichnis

[1] ANDREWS, F. C.: Ann. Math. Statist. **25**, 724—736 (1954).

[2] FRIEDMANN, M.: J. Amer. Statist. Ass. **32**, 675—701, (1937).

[3] KRUSKAL, W. H. and WALLIS, W. A.: J. Amer. Statist. Ass. **47**, 583—621 (1952).

[4] SIEGEL, S.: Nonparametric Statistics Mc. Graw-Hill Book Comp. Inc. New York, Toronto, London 1956.

[5] VAN DER WAERDEN, BL.: Math. Statistik. Springer Verlag: Berlin-Göttingen-Heidelberg (1957).

Eingegangen am 8. 10. 58

Aus dem Institut für Tierernährung der Friedrich-Schiller-Universität Jena
(Direktor: Prof. Dr. A. WERNER †)
und dem Institut für Tierernährung der Martin-Luther-Universität Halle
(Direktor: Prof. Dr. A. COLUMBUS)

A. HENNIG

Versuche über den Stickstoff-Grundumsatz und zur biologischen Eiweißwertigkeit bei Schweinen, unter besonderer Berücksichtigung volljähriger weiblicher Tiere

In einer Untersuchungsreihe über den N-Stoffwechsel von güsten, tragenden und säugenden Sauen wurde unter anderem die minimale N-Ausscheidung, die nach COLUMBUS (54a) als Stickstoff-Grundumsatz bezeichnet wird, von weiblichen volljährigen Schweinen ermittelt. Einige Untersuchungsergebnisse wurden von uns schon berichtet (HENNIG 56, 57a, 56b, 58a, 58b). Die Untersuchung des N-Stoffwechsels wurde als notwendig empfunden, da die bisherigen Fütterungsvorschriften für Sauen sich in erster Linie auf praktische Beobachtungen und Fütterungsversuche stützen. Es zeigte sich deutlich, daß die in Lehrbüchern und Leitfäden namhafter Autoren (KELLNER-FINGERLING 43, BÜNGER 48, RICHTER 52, ZORN 49 und SCHMIDT-KLIESCH-GOERTTLER 45) mitgeteilten Vorschriften nicht in allen Teilen einheitlich und vergleichbar sind bzw. die gleiche Auffassung über Sauenfütterung und die Versorgung der Sauen mit Nährstoffen verraten. Der Grund hierfür mag verschiedener Art sein. Vor allem wird man in Betracht ziehen müssen, daß zum Beispiel großrahmige Schweine mehr fressen, also mehr voluminöses Futter aufnehmen können als kleinere Sauen, die mehr konzentriertes Futter brauchen, um gleiche Leistungen hervorzubringen. Rechnet man Rationen nährstoffmäßig durch, so trifft man auf Unterschiede, die besonders für das Eiweiß beträchtlich sind. Es lag daher nahe, durch eigene Versuche bestimmte Fragen zu klären. Es darf hier noch ergänzend berichtet werden, daß inzwischen von LENKEIT und Mitarbeitern (55a, 55b, 55c) mehrere Arbeiten über den äußeren und inneren Stoffwechsel des graviden und laktierenden Schweines erschienen sind.

Die Untersuchung der Biologischen Wertigkeit des Futtereiweißes für Erhaltung und Milchbildung setzt die Kenntnis der Höhe der minimalen N-Ausscheidung voraus. Das Fehlen entsprechender Werte veranlaßte uns, in *eigenen Versuchen mit sechs Sauen* im Gewichtsabschnitt von 110–330 kg die *Höhe der minimalen N-Ausscheidung*, die dem Stickstofferhaltungsbedarf (NEB) entspricht (COLUMBUS 51), zu ermitteln.

Die bisher benutzten Erhaltungswerte für Sauen, die aus praktischen Fütterungsversuchen abgeleitet oder mit Hilfe der Formel von LUND (35) errechnet wurden, schienen uns für unsere Arbeiten nicht geeignet oder verständlicherweise nicht ausreichend.

Auf die geschichtliche Entwicklung der Eiweißwertbestimmung kann hier nicht eingegangen werden; einen erschöpfenden Abriß gibt die im Züricher Institut für Tierernährung erschienene Arbeit von ZIMMERMANN (52). Über die Problematik der Bestimmung des endogenen Harn-N (EHN), des Darmverlust-N (DVN) und der Biologischen Wertigkeit ist sehr ausführlich von COLUMBUS (51, 54 a), MITCHELL (54) und NEHRING (52) berichtet worden. Im Rahmen dieser Arbeit werden infolgedessen methodische Fragen nur bei bestimmten, neue Gesichtspunkte ergebenden Abschnitten berührt.

1. Versuchstiere und Versuchsdurchführung

Neben den geeigneten Versuchstieren waren für die Versuchsdurchführung bestimmte Einrichtungen notwendig. Sie mußten gewährleisten, daß das Futter quantitativ aufgenommen wurde und die Ausscheidungen, Kot und Harn für sich, ohne Verluste aufgefangen werden konnten.

1,1 Versuchstiere

Für die Versuche wurden 6 Sauen des Deutschen Edelschweines aus der Stammzucht des Versuchsgutes Lettin des Instituts für Tierernährung Halle verwandt. Die sechs Sauen wurden mit römischen Ziffern gekennzeichnet. Zwei Sauen, Nr. V und X, hatten bereits auf dem Versuchsgut zwei Würfe gebracht, als sie für unsere Versuche Verwendung fanden. Die Sauen Nr. II, III und XX brachten im Laufe des Versuchszeitraumes den ersten Wurf, und Sau Nr. I wurde in scheinbar tragendem Zustand in die Versuche genommen. Später stellte es sich jedoch heraus, daß der Deckakt ohne Erfolg gewesen war. Da mehrfaches wiederholtes Belegen zu keiner Trächtigkeit führte, wurde das Tier zum Vergleich mit niedertragenden Sauen herangezogen. Die Sauen V und X sowie II und III waren Wurfgeschwister. Das unterschiedliche Verhalten der Sauen wird unter 1.3 näher gekennzeichnet.

1,2 Versuchsstall

Für die Versuche wurden mit einer Ausnahme die schon von ZAUSCH (54) beschriebenen Versuchsbuchten verwandt. Die für wachsende Schweine vorgesehenen Buchten im Stoffwechselraum waren allerdings für die größeren Sauen gerade noch ausreichend.

1,3 Gewinnung von Harn und Kot

Bei größeren weiblichen Tieren bereitet die exakte, nach Kot und Harn getrennte, Erfassung der Exkremente beträchtliche Schwierigkeiten.

Von HÜRTER (30) und THOMANN und Mitarbeitern (34) wurden die Sauen in etwas größeren Stoffwechselbuchten als sonst üblich gehalten. Der Harn wurde über ein leichtes Gefälle des zementierten Stallbodens in einem Gefäß aufgefangen. PIELOK (52) sah bei dieser Methode nicht die exakte Trennung von Kot und Harn gewährleistet, da die Sauen oft auch nach Kotabgabe harnen. Unsere Erfahrungen mit einer der Sauen zeigten dagegen, daß eine dahingehend abgerichtete Sau in einer genügend großen Bucht den Kot immer an einer Stelle absetzt. Getrennt davon erfolgte in einer anderen Ecke der Bucht die Harnentleerung. Es ist jedoch aus Gründen der Sauberkeit und der Gefahr des Ausgleitens — insbesondere der hochtragenden Tiere — und wegen der möglichen Harn-N-Verluste, die allerdings nach MÖLLGAARD (55) nicht sehr groß sind, vorteilhaft, diese Technik des Auffangens von Kot unt Harn nicht zu wählen.

Einen anderen Weg hatte PIELOK (52) bei seinen Arbeiten mit Sauen beschritten. Er konstruierte einen von einem Riemenzeug gehaltenen zweiteiligen Behälter, mit dem er die Trennung der beiden Ausscheidungsprodukte durch die beim Koten bzw. Harnen unterschiedliche Belastung einer Klappe erreichte. Wir haben das einfache, aber sehr sinnvoll gebaute Gerät anfertigen lassen. In der praktischen Handhabung bewährte es sich jedoch nicht in gleichem Maße. Die jüngeren Sauen waren zu Beginn der Versuche sehr unruhig und zerrissen einige Male die Halteriemen.

In der Veröffentlichung von MITCHELL und Mitarbeitern (31) über umfangreiche N- und Mineralstoffbilanzversuche mit trächtigen Sauen fehlen leider Angaben über die Gewinnung und Sammlung der Exkremente. Da die Methode PIELOKS uns nach längerer Erprobungszeit nicht in allen Fällen genügte, versuchten wir ähnlich wie BYKOW und ALEXEJEW-BERKMAN (30, 31) durch die Anwendung eines bedingten Reflexes die getrennte quantitative Gewinnung des Harnes und Kotes zu erreichen. Nach 4—16 rectalen Wassereinläufen erfolgte nach Angabe der Autoren die Harnabsonderung allein durch das Führen des Hundes in das Arbeitszimmer und die dazu notwendigen Manipulationen. Bei einer Katze erreichten BACHRACH und MOREN (zit. BYKOW 53) eine bedingt-reflektorische Kotabsonderung. Von einem gemeinsam bedingt-reflektorischen Harn- und Kotreflex waren in der Literatur keine Aufzeichnungen zu finden.

Unsere Bemühungen, bei Sauen durch eine rectale Zufuhr von 100 cm^3 körperwarmen Wassers je 12 kg Körpergewicht (BYKOW verwandte bei Hunden die gleiche Menge) einen bedingten Harn- und Kotentleerungsreflex auszulösen, blieben erfolglos. Eine Variation der Wassermenge nach oben und unten zeigte keinen Erfolg.

Bei unseren Sauen gelang es nach einiger Zeit des Experimentierens einen bedingten Miktions- und Defäkationsreflex dadurch auszulösen, daß wir die Waage als „aktiven Raum" im Sinne Bykows benutzten. Nachdem die Sau auf die Waage getrieben war, wurde ein Pfeifton erzeugt. In einigen Fällen wurde noch zusätzlich ein akustischer Reiz durch das Geräusch laufenden Wassers angewandt.

Nach 1–10 Tagen – die Dauer zur Festigung des bedingten Reflexes war bei den einzelnen Tieren verschieden – wurden Harn und Kot täglich zu bestimmten Zeiten auf der Waage in bereitgehaltene Gefäße abgesetzt. Die Zeitabstände für die Harn- und Kotabgabe wurden nach den bei der Sau X mit einer normalen Futterration und bei der Wassergabe von 8 l auftretenden Harn- und Kotabgaben festgelegt. Die Sauen wurden fünfmal täglich (6.30, 10.00, 15.00, 20.00, 23.00 Uhr) zur Waage getrieben und gaben dort in der Regel ihren Harn und Kot ab. Zu Beginn der Versuche erwies es sich bei Sau II als notwendig, um 12.30 Uhr noch eine Harn- und Kotentleerung einzuschieben.

Die Sauen wurden jeweils nacheinander zur Waage geführt. Die jüngeren bzw. die säugenden Sauen wurden immer zuerst abgefertigt. Diese Reihenfolge erwies sich als zweckmäßig, da die jüngeren Sauen mit Ausnahme der Sau XX etwas unruhiger waren. Sie standen, nachdem der Versuchsraum vom Betreuer betreten wurde, sofort auf und warteten an der Tür. Bei den säugenden Sauen war dieselbe Erscheinung festzustellen, welche auf die gegenüber den anderen Tieren höhere Flüssigkeits- und Futteraufnahme zurückzuführen war. Von Interesse war auch die Feststellung, daß eine Sau, die erst geharnt hatte und vorzeitig in den Stall zurückgetrieben wurde, aus eigenem Antrieb auf die Waage zurückkehrte, um nunmehr noch den Kot abzusetzen.

Die bedingt-reflektorische Harn- und Kotabsonderung war auch dann sofort wieder vorhanden, wenn das Tier längere Zeit im sogenannten Erholungsstall gehalten wurde.

Die Sau V war beispielsweise vom 11. 12. 54 bis 26. 3. 1955, also insgesamt $3^1/_2$ Monate, außerhalb des Versuchsraumes und wurde dann wieder zu Versuchen benutzt. Die Harn- und Kotabgabe auf der Waage war sofort wieder vorhanden. Es wurde bis zum 20. 8. 55 kein Kot und Harn in der Versuchsbucht abgesetzt.

Ein vorübergehendes Aussetzen der bedingt-reflektorischen Harn- und Kotabgabe wurde während der Brunst und 1–3 Tage vor der Geburt festgestellt. Die durch die Brunst bedingte Störung war nach dem Deckakt nicht mehr vorhanden. Die Versuche wurden, um Harnverluste auszuschalten, so angeordnet, daß während solcher Brunstzeiten eine Vorperiode oder eine Übergangsfütterung durchgeführt wurde. LOTIS (54) berichtet, daß während der Brunst bedingte Reflexe für kurze Zeit unterbrochen sein können. LENKEIT und GÜTTE (55) berichten auch, daß bei ihren Versuchen während der Brunst und kurz vor der Geburt Störungen bei der Kot- und Harnabgabe auftraten. Kurz vor der Geburt war es daher nicht zu umgehen, die Sau in Abständen von 1–2 Stunden auf die Waage zu treiben, um den Harn quantitativ zu erhalten, oder der Harn mußte im Stall aufgefangen werden.

Auch bei anderen Anlässen, wie beim unzeitgemäßen Betreten des Versuchsraumes kurze Zeit vor dem Abgabetermin, kam es gelegentlich zu Störungen. Wurde der Harn auf dem Liegebrett abgesetzt und ging teilweise verloren, so entfiel der betreffende Tag bei der Aufrechnung. Bei N-Bilanzversuchen wurde in diesem Falle der Versuch um einen Tag verlängert. Jede Harn- und Kotabgabe einer jeden Sau wurde während der Versuchsperioden, aber auch während der Vor- und Übergangsperioden, aufgezeichnet.

Bei der Sau III gelang es nicht, einen voll wirksamen, den Versuchserfordernissen genügenden Harn- und Kotabgabereflex auszulösen. Die Ursache dieser Störung konnte nicht ermittelt werden. Da das Tier aber sonst durchaus zu Stoffwechselversuchen zu gebrauchen war und keine Abnormitäten in der N-Verwertung, Ferkelzahl und Milchleistung festzustellen waren, wurde die Sau in einer von uns angefertigten größeren Stoffwechselboxe im Erholungsstall gehalten.

1,31 Verarbeitung der Harn-, Kot- und Futtermittelproben

Der Harn wurde sofort nach der Gewinnung in eine braune mit Schliffstopfen verschlossene Flasche gefüllt. Zur Vermeidung von N-Verlusten wurde Toluol hinzugefügt. Die Analyse des Harns erfolgte täglich. Die Proben wurden im Kühlschrank aufbewahrt. Der Kot wurde tagsüber in gutschließenden Präparatengläsern gesammelt. Bei der Verarbeitung des Tageskotes wurde ein aliquoter Teil entnommen und bei 65° im Trockenschrank getrocknet, der N-Gehalt wurde täglich im Frischkot bestimmt. Bei der Veraschung im Kjeldahlkolben verwandten wir Hg als Katalysator, zur Destillation benutzten wir die Apparatur von PARNAS-WAGNER. Die übrigen Analysen wurden nach den von WIESSMANN-NEHRING (52) beschriebenen Methoden zur Futtermitteluntersuchung ausgeführt.

1,4 Praktische Durchführung der Versuche

Die Versuche mit Sauen begannen Ende September 1953 und wurden Anfang September 1955 beendet. Die mit den einzelnen Tieren durchgeführten Perioden wurden fortlaufend numeriert. Die kleinen Buchstaben a und b bringen zum Ausdruck, daß ein über 10 oder mehr Tage laufender Versuch in zwei Abschnitte unterteilt wurde.

Die Futterration wurde jeweils für eine Versuchsperiode vor Beginn der Versuche in Papiertüten eingewogen. Die Fütterung erfolgte um 8^{00} Uhr und 15^{30} Uhr. Das Wasser wurde den Tieren in den ersten zwei Tagen der Vorperiode ad libitum verabreicht. Nach dem so die vom Tier bei der jeweiligen Ration aufgenommene Wassermenge ermittelt war, wurde die Gabe während des ganzen Versuches konstant gehalten.

Die Futteraufnahme der Sauen war im allgemeinen recht gut. Besondere Schwierigkeiten waren bei N-freien Versuchen in den Sommermonaten vorhanden. Wir mußten ebenso wie PIELOK (52) feststellen, daß die Schweine in der heißen Jahreszeit schlechter fressen. Eine große Bedeutung besitzt gerade bei N-freien Versuchen die Beimischung der richtig bemessenen Wassermenge zum Stärkezucker-Gemisch. In einigen Fällen mußte das Tier mit der Hand gefüttert werden, um einen vollständigen Verzehr des N-freien Materials zu erreichen.

Bei N-freien Versuchen wurde in den meisten Fällen 1–2 Tage vor Beginn der Vorperiode eine zusätzliche Zellstoffabgabe von 300 g verabreicht, um die insbesondere in den Schleimhautfalten des Darmes zurückgehaltenen Spelzenteile schneller zu entfernen. Wir sehen die Zellstoffgabe vor Beginn der Vorperiode als zweckmäßig an, weil sich in unseren ersten N-freien Versuchen bisweilen noch am 8. Tage nach Beginn der Verfütterung restliche Spelzen im Kot zeigten, obwohl der typische Kot vom Stärkefutter schon am 5. Tag an Farbe und Konsistenz einwandfrei erkennbar war (Versuch Nr. V/1/3, V/2/7, X/1/13, X/2/17a).

Die N-freien Versuche wurden mit güsten und niedertragenden Sauen durchgeführt. Zwischen den einzelnen N-freien Versuchen erfolgten N-Bilanz-Versuche mit verschiedenen Futtermitteln. Im hochtragenden und säugenden Zustand wurden ebenfalls N-Bilanzversuche durchgeführt. Die Versuchssauen wurden also während der fast zweijährigen Versuchszeit auch zu anderen Versuchen herangezogen. Um die von MITCHELL (28) und LINTZEL und RECHENBERGER (40) beschriebenen Möglichkeiten der Beeinflussung der N-Bilanz durch die Versuche mit eiweißfreier oder eiweißarmer Fütterung auszuschließen, wurden Übergangsperioden mit einer Eiweißgabe von 400–500 g verdaulichem Rohprotein (je Tier und Tag) eingeschaltet.

Die im Versuch befindlichen Tiere wurden täglich, mit Ausnahme der Sau III, bei der die Wägung aus besonderen Gründen in zweitägigem Abstand erfolgte, gewogen. Die Wägung erfolgte im Anschluß an die um 6^{30} Uhr auf der Waage stattgefundene Harn- und Kotentleerung.

1,5 Angewandte statistische Verfahren

Die statistische Auswertung der Versuche wurde nach den von LINDER (51, 53), MATHER (54) und WEBER (56) gegebenen Richtlinien vorgenommen. Zur Ermittlung zufälliger und signifikanter Unterschiede wurden verschiedene Prüfverfahren benutzt. Es wurden insbesondere die Prüfung des Unterschiedes zweier Durchschnitte, die Berechnung des mittleren Fehlers, das Verfahren der Korrelationsrechnung, die Prüfung des Unterschiedes zweier Regressionskoeffizienten und die Streuungszerlegung angewandt.

Die benutzten Symbole und Formeln sind den zahlreich vorliegenden statistischen Lehrbüchern zu entnehmen. Eine Wiedergabe und Erklärung wurde daher im Rahmen dieser Arbeit nicht für erforderlich gehalten. Für die Beurteilung der Ergebnisse wurde neben dem Bestimmtheitsmaß (B), das den Anteil der Streuung von y wiedergibt, der sich aus der Veränderung von x erklären läßt, die P-Werte benutzt. Die Intervalle für die statistische Sicherheit wurde wie folgt festgelegt:

$P = < 0{,}05$	95%	gesichert
$P = < 0{,}01$	99%	gut gesichert
$P = < 0{,}001$	99,9%	sehr gut gesichert

2. Die Ermittlung des Stickstofferhaltungsbedarfs

Die Kenntnis der Höhe des N-Erhaltungsbedarfes (NEB) ist zur Messung des Biologischen Eiweißwertes nach der THOMAS/MITCHELL-Methode erforderlich. Zur Ermittlung des NEB wurden N-freie Versuche mit leeren und niedertragenden Sauen durchgeführt. Ein Versuch mit einer hochtragenden Sau mußte wegen Eintritt der Geburt vorzeitig abgebrochen werden. Auf Versuche mit säugenden Sauen wurde verzichtet, da eine verfahrensmäßig bedingte Unterbrechung der Eiweißzufuhr, wie sie bei wachsenden Tieren ohne nachhaltige Beeinflussung des Wachstums für kürzere Zeit möglich ist, zur Einstellung der Milchsekretion führen würde.

2,1 Angewandte Methode bei den N-freien Versuchen

Bei der Durchführung der N-freien Versuche mit Sauen kamen uns die von MANGOLD und COLUMBUS (37, 38) und COLUMBUS (51) gegebenen methodischen Hinweise sehr zustatten. Die Versuchstiere erhielten eine *weitgehend aus N-freiem Futter bestehende Ration,* die sich aus reiner Kartoffelstärke, Rubaquell (einem aus aufgeschlossener Stärke bestehenden Präparat), Rohrzucker (10%), Zellstoff, Pflanzenöl (20 g je Tier und Tag) und aus dem von ZAUSCH (54) für N-freie und N-Bilanzversuche vorgeschlagenen Mineralstoffgemisch und den Vitaminen A, D und E zusammensetzte. Die wasserlöslichen Vitamine, insbesondere des B-Komplexes, waren für die Vielzahl der N-freien und N-Bilanzversuche nicht in ausreichender Menge zu beschaffen und konnten deshalb nicht verabreicht werden. Die tägliche Gabe an Vitamin A betrug 6000 I.E. und an Vitamin D 300 I.E. Die Dosierung des Vitamin E erfolgte nach Angaben der Herstellerfirma *). Die Höhe des Zellstoffanteiles wurde auf 2% der lufttrockenen Substanz des Kohlenhydratanteils festgelegt, um unsere Resultate mit den von COLUMBUS (51) erzielten Daten vergleichen zu können. Die Mineralstoffgabe betrug 50 g je Tier und Tag.

Die N-freie Futterration erhielten die Tiere in aufgequollener Form. Der Zellstoff wurde vor der Verfütterung im Wasser fein zerkleinert. Die zum Anrühren des Futterbreies benötigte Wassermenge war bei den einzelnen Tieren verschieden. Einige Tiere nahmen das Futter gern in gallertartiger Form auf, andere in Form eines steifen Breies. Die Beachtung dieser fütterungstechnischen Einzel-

*) Firma Neugebauer, Halle (Saale).

heiten ist eine wesentliche Voraussetzung für eine gleichbleibend gute Futteraufnahme in N-freien Versuchen. Die Zuteilung wurde dem Körpergewicht der Tiere angepaßt. Die Futtermenge wurde demnach mit steigendem Lebendgewicht erhöht. Über 250 kg Lebendgewicht war keine Erhöhung des Futterverzehrs mehr möglich; die Freßlust hatte wahrscheinlich auch durch die starke Versuchsbeanspruchung der Tiere nachgelassen. Die für den Erhaltungsstoffwechsel notwendige Energiemenge wurde aber in jedem Falle aufgenommen.

Der Erhaltungsbedarf an umsetzbarer Energie wurde nach der Formel von BREIREM (36) errechnet und die Norm nach BREIREMS Vorschlag 20% höher angesetzt. Die Menge an umsetzbarer Energie in der verabreichten Futterration wurde auf der Basis der für diese Futtermittel von FINGERLING (14) im Respirationsversuch festgestellten Werte errechnet. Die Errechnung wurde so vereinfacht, daß die zu 99–100% verdauten Kohlenhydrate und das verfütterte Fett (das zugeführte Fett dürfte auch vollständig resorbiert werden, „endogenes Fett", welches mit dem Kot ausgeschieden wird, täuscht jedoch bei niedrigen Tagesgaben eine geringere Ausnutzung im Verdauungskanal vor) mit dem von FINGERLING ermittelten Kalorienwert der umsetzbaren Energie multipliziert wurden. Der dabei auftretende Fehler dürfte bei unserer Beweisführung zu vernachlässigen sein. Die Zufuhr in kcal umsetzbarer Energie betrug im Durchschnitt sämtlicher Versuche das 2,22 (± 0,03) fache des Erhaltungsbedarfes.

Die von GEBHARDT (55) bei Ratten vorgefundene Beziehung zwischen Körpergewicht und Futtertrockensubstanzaufnahme ließ sich auch in unseren Versuchen in einer sehr gut gesicherten Regressionsgleichung wiedergeben (Abb. 1). Die für die statistische Auswertung benutzten Logarithmen des Gewichts und der Futtertrockensubstanz ergaben ein besseres Bestimmtheitsmaß als die numerischen Werte. In Abb. 1 sind die Zusammenhänge graphisch dargestellt.

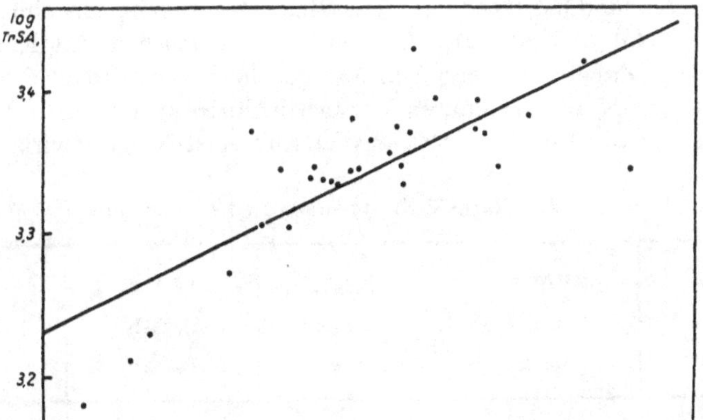

Abb. 1. Beziehungen zwischen dem Körpergewicht (x) und der Futtertrockensubstanzaufnahme (y) der Versuchssauen (unter Verwendung der Logarithmen der Einzelwerte).

Bei der statistischen Auswertung ergaben sich folgende Werte:

$N = 32$

$\bar{X} = 2{,}31986$

$\bar{y} = 3{,}34112$ $\quad\quad B = 0{,}68$

$\log a = 2{,}24755$ $\quad\quad t = 7{,}94$

$b = 0{,}4715$ $\quad\quad P = < 0{,}001$

Der geprüfte Zusammenhang erweist sich bei einem Bestimmtheitsmaß von 0,68 mit $P = < 0{,}001$ sehr gut gesichert. Die Transformation der Werte und die von diesen Zahlen abgeleitete Beziehung ist berechtigt. Die errechnete Gleichung lautet logarithmisch:

$$Y = 2{,}24755 + 0{,}4715 \cdot x$$

numerisch ausgedrückt:

$$\text{Tr.S.-Aufnahme in g je Tag} = 180{,}85\ (\text{Körpergewicht in kg})^{0{,}4715}$$

Die von SCHIFTAN (32), MANGOLD und COLUMBUS (l. c.) und COLUMBUS (51) bei Börgen angewandte Methode wurde von uns etwa abgeändert. Es zeigte sich, daß die Kotabgabe der Versuchssauen im N-freien Versuch sehr unregelmäßig war. Die Kotabsonderung von 2–3 Tagen bot keine ausreichende Gewähr, brauchbare Durchschnittswerte für den DVN zu erhalten. Wir entschlossen uns daher, die *Sammlung des Kotes und Harnes im N-freien Versuch auf 6 Tage* auszudehnen.

Um jedoch die Tiere nicht übermäßig zu beanspruchen, wurde eine *Vorperiode* eingeschaltet, in welcher die Sauen neben der N-freien Ration eine Magermilchgabe in der Höhe der zu erwartenden N-Ausscheidung erhielten. Die Dauer dieser Vorperiode betrug 5 Tage. Nach dieser Vorfütterung erhielten die Tiere nur die N-freie Ration. Am 4. Tage nach Beginn der Verfütterung des N-freien Materials wurde mit der Sammlung der Exkremente begonnen, welche dann bis zum 9. Tag des N-freien Versuches fortgesetzt wurde. Die Versuchsdauer wurde bei Harnverlusten und bei sehr unregelmäßiger Kotabgabe um einen Tag verlängert. Wie MITCHELL und BERT (54) in ihren Versuchen mit Ratten zeigen konnten, tritt bei Zugabe von geringen Mengen hochverdaulichen Proteins keine Erhöhung des Kot-N auf. In unseren Versuchen dürfte sich deshalb diese methodische Variante nicht auf die Höhe des Darmverlust-N ausgewirkt haben.

Tabelle 1. *Vergleich der Harn-N-Ausscheidung in der Vor- und Hauptperiode*

Versuchstag des N-freien Versuches	V/2/7 Harn-N in g	X/2/17a Harn-N in g	III/1/4 Harn-N in g	I/1/7 Harn-N in g
1	3,876	3,344	2,290	2,872
2	3,516	3,932	2,490	2,556
3	3,978	3,100	2,563	1,863
Mittel 4 – 9	3,310	3,215	2,385	1,989

Die *Harn-N-Ausscheidung* des 1.–3. Tages war nur ein wenig höher als am 4.–9. Tag (Tabelle 1). Es war also möglich, mit Hilfe der „Vorfütterung“ die Harn-N-Ausscheidung zu reduzieren und damit die Länge der N-freien Versuchsperiode zu verkürzen.

2,2 Der endogene Harn-N

In unseren N-freien Versuchen zur Bestimmung des endogenen Harn-N (EHN) verzichteten wir auf die Untersuchung der einzelnen Harn-N-Fraktionen. Die relativ schnelle Einstellung der minimalen Harn-N-Ausscheidung und ihre über längere Zeit gleichbleibende Höhe erlaubte uns, die Bestimmung des Harnstoff-N und Ammoniak-N zu umgehen. Eine Übersicht über den Versuch X/2/17, welcher über insgesamt 14 Tage ausgedehnt wurde, zeigt über eine längere Periode eine konstante Harn-N-Ausscheidung (Tab. 2).

Tabelle 2. *Das Verhalten der Harn-N-Ausscheidung während einer länger andauernden Periode eiweißfreier Ernährung (Versuch X/2/17)*

Versuchstag des N-freien Versuches	Harn-N g	Versuchstag des N-freien Versuches	Harn-N g	Versuchstag des N-freien Versuehes	Harn-N g
1	3,344	6	3,726	11	3,348
2	3,932	7	2,994	12	3,203
3	3,100	8	3,820	13	3,709
4	3,100	9	2,868	14	3,572
5	—*)	10	3,455		

Die von uns angewandte Methode scheint bei fast ausgewachsenen Schweinen unter Einschaltung einer N-armen Ernährung in einer Vorperiode, wie sie auch von COLUMBUS (51) für wachsende Schweine gefordert wird, geeignet zu sein, die fraktionierte Ermittlung der Harn-N-Komponenten zu umgehen.

2,21 Das Wesen des endogenen Harn-N und die endogene Supplementation

Im Harn werden die bei ausreichendem N-freiem Futter im Stoffwechsel anfallenden N-haltigen Abbauprodukte ausgeschieden. Die Herkunft dieser Abbauprodukte ist noch nicht einwandfrei geklärt. NEHRING (55) führt sie „aus den Umsetzungen des Tierkörpers zur Durchführung physiologischer Vorgänge“ zurück. Nach COLUMBUS (54a) sind es N-Reste, die durch die bei der Neubildung von Blutkörperchen, Fermenten und Hormonen stattfindenden somatischen Umschmelzungsprozesse anfallen. LANG (52) rechnet dazu noch die bei der Synthese von Haaren, Nägeln usw. entstehenden Abfallprodukte. LINTZEL (39) führt die endogene N-Abgabe auf die Ausscheidung der bei der Verwendung

*) Harn-Verlust.

des Körpereiweißes (nach Abbau zu Aminosäuren) für die Bedürfnisse des Erhaltungsstoffwechsels nicht verwendbaren N-haltigen Substanzen zurück. Es sind nach LINTZEL vorwiegend die prosthetischen Gruppen der eingeschmolzenen Proteide, der Nukleinsäuren und Hämine, zu denen noch die abgebauten und ausgeschiedenen Hormone und überschüssige „endogene Aminosäurereste" kommen.

Die Annahme, daß diese endogenen Aminosäurereste bei Zufuhr von bestimmten Aminosäuren oder Eiweißfuttermitteln noch für eine Neosynthese Verwendung finden können, erklärt die bei verschiedenen N-Bilanzversuchen mit Futtermitteln (ALLISON und Mitarb. 47, ANDERSON und NASSET 48) gefundene, unter dem EHN liegende Harn-N-Abgabe. Diese endogene Ergänzung bei Verabreichung von eiweißhaltigen Substanzen wirft die Frage auf, ob der im N-freien Versuch ermittelte EHN für die Proteinwertbeurteilung nach der N-Bilanz-Methode von THOMAS-MITCHELL repräsentativ ist und bei der Errechnung der BW nicht zu hohe Wertigkeitszahlen ergibt. G. ZIMMERMANN (52) ist der Ansicht, daß diese Möglichkeit nicht den Vergleichswert des Wertbeurteilungsverfahrens von MITCHELL abschwäche. Die Methode ist deshalb nur ein relativer Bewertungsmaßstab für die BW des Eiweißes, weil die Größe der in synthetische Prozesse eingehenden harnfähigen N-Bestandteile von der Aminosäuregarnitur des resorbierten Proteinanteils abhängt und demnach verschieden sein wird. Eine Ermittlung der die Überbewertung ausschaltenden Korrekturfaktoren ist aus diesem Grunde nicht möglich.

MÜLLER und MASSBERG (54) vertreten die Auffassung, daß der EHN als eine „schwer zu bestimmende Größe", bei der Ermittlung der Eiweißwertigkeit im N-Bilanzversuch entbehrlich ist. Eine vergleichende Gegenüberstellung der errechneten Maßzahlen zur Beurteilung der Eiweißwertigkeit einiger Futtermittel nach MÜLLER/MASSBERG und der konventionellen Methode wurde in Tab. 3 vorgenommen.

Tabelle 3. *Vergleich zwischen Eiweißwert und Biologischer Wertigkeit nach Ergebnissen von N-Bilanzversuchen mit Sauen* (HENNIG 57b)

Versuchs-Nr.	V/24/25	X/32/33	V/17/18	X/25
Versuchsfutter	Gerste	Gerste	Fischmehl	Fischmehl
Gewicht . . . kg	242,00	275,70	210,50	241,20
BW . . . . . %	83,33	82,43	75,41	76,14
Eiweißwert . . %	35,23	28,64	34,24	24,12

Aus der Tabelle 3 ist zu ersehen, daß der von beiden Autoren vorgeschlagene Wegfall des EHN und DVN bei der Wertbeurteilung des Futtereiweißes für Erhaltung nicht angebracht ist. Bei einer negativen N-Bilanz ist die Errechnung des Eiweißwertes nicht möglich, und bei Verwendung verschieden schwerer Tiere sind die Ergebnisse durch den unterschiedlichen NEB beeinflußt. Die Anwendungsmöglichkeit des vereinfachten Verfahrens für die Wertigkeitsbeurteilung bei wachsenden Schweinen mit gleichem Gewicht sollte durch unsere Feststellungen keineswegs angezweifelt werden.

In unseren N-Bilanzversuchen ergibt sich bei Tieren mit unterschiedlichem Lebendgewicht und gleicher Futtergabe nicht immer eine gesicherte Beziehung zwischen dem Körpergewicht und der Harn-N-Ausscheidung (HENNIG 57b). Die Harn-N-Ausscheidung im N-Bilanzversuch variiert ähnlich wie bei EHN. Diese Schwankungen, die unter Umständen additiv wirken, ergeben dann eine größere Streuung. Eine Vielzahl von Versuchen, die im Rahmen unserer Arbeit nicht möglich war, würde zweifellos die individuellen Beeinflussungen ausschalten und damit auch die Aufstellung entsprechender Regressionsgleichungen ermöglichen.

Eine Nichtberücksichtigung des EHN scheint auch deshalb nicht zweckmäßig zu sein, weil die ermittelte Senkung der Harn-N-Ausscheidung unter das Niveau des EHN in den Bilanzversuchen nicht erheblich ist (ALLISON und Mitarbeiter 47, ANDERSON und NASSET 48). Das von OSBORNE und MENDEL (12, 14) angenommene Fehlen des endogenen N-Katabolismus bei Zuführung von Eiweiß wird zumindest von einer Anzahl unserer Versuche widerlegt, denn eine Korrelation zwischen Harn-N-Ausscheidung und Gewicht läßt immer die Annahme zu, daß die Mehrausscheidung an Harn-N- bei kalorisch ausreichender Fütterung dem endogenen Abbau zuzuschreiben ist, wie er auf der Grundlage der von den meisten Autoren festgestellten Beziehung zwischen EHN und Gewicht im N-freien Versuch zu erwarten ist.

Eine größere Versuchsreihe mit ausgewachsenen Tieren ist allerdings erst in der Lage, die angedeuteten Beziehungen einwandfrei zu beweisen. Das wachsende Tier kann als Versuchsobjekt nicht herangezogen werden, weil das Ausmaß der struktursynthetischen Prozesse eine deutliche Abhängigkeit vom Lebensalter zeigt (MÖLLGAARD 55) und hier die Harn-N-Ausscheidung bei gleicher N-Gabe und bei verschiedenem Gewicht weitgehend von der unterschiedlichen N-Retention abhängt, die bei den deutschen Schweinerassen in den einzelnen Mastabschnitten verschieden ist (SCHMIDT und Mitarbeiter 33, RICHTER 56).

Die an Schweinen erhaltenen EHN-Werte variieren erheblich, wie eine Zusammenstellung der von verschiedenen Autoren erzielten Ergebnisse zeigt (MÜLLER und MASSBERG 54). Die aus deutschen Arbeiten vorliegenden Zahlen (LINTZEL und MANGOLD 35, MANGOLD und LINTZEL 35, COLUMBUS 51) stimmen dagegen gut überein. Etwas höher liegen die von TREICHLER und DAIGHTON und TREICHLER und BRODY (zit. MÜLLER und MASSBERG 54) publizierten EHN-Werte, sie weichen jedoch nur wenig von den ermittelten Zahlen der deutschen Forscher ab. Wesentlich höhere Werte werden nach den Berechnungen von BELL und LOOSLI (zit. MÜLLER und MASSBERG 54) erhalten. Beispielsweise wurde eine EHN-Ausscheidung von 7 g je Tag bei einem Lebendgewicht des Schweines von 70 kg in keinem unserer Versuche mit Sauen bis zu einem Gewicht von 330 kg erreicht. Die Berechnung des EHN nach BELL und LOOSLI ist, wie schon MÜLLER und MASSBERG anführen, sehr unsicher.

2.22 Besprechung der eigenen Ergebnisse

Eine zusammenfassende Übersicht über die Ergebnisse unserer 32 N-freien Versuche befindet sich in der Tabelle 4.

Tabelle 4. *Die Größe der endogenen Harn-Stickstoff-Ausscheidung in den einzelnen Gewichtsklassen*

Gewichts-klasse kg	Zahl der Versuche	Durchschnitts-gewicht kg	Ober-fläche m²	EHN g	EHN je kg Körpergewicht g	EHN je m² Oberfläche g
111—150	3	127,0	2,28	2,189	0,0172	0,960
151—175	2	171,6	2,79	3,754	0,0219	1,346
176—200	6	189,0	2,98	3,906	0,0207	1,311
201—225	9	210,4	3,20	3,630	0,0173	1,134
226—250	5	229,8	3,34	3,942	0,0172	1,180
251—329	7	277,8	3,85	4,315	0,0155	1,121
Mittelwert		213,9	3,21	3,753	0,0175	1,169

Die Übersicht läßt ein Ansteigen des EHN mit zunehmendem Lebendgewicht erkennen. Die Gewichtsklasse von 176–200 kg unterbricht den sonst kontinuierlichen Anstieg des EHN, da gerade bei beiden Tieren der Gewichtsklasse eine resultierende Ergänzung des EHN zur Gesamt-N-Ausscheidung vorhanden ist. Auf diese interessanten Zusammenhänge wird noch eingegangen. Eine relativ geringe Harn-N-Ausscheidung ergaben die in der niedrigsten Gewichtsklasse durchgeführten Versuche. Weitere Versuche müssen zeigen, ob die niedrige Harn-N- und DVN-Abgabe charakteristisch für diese Gewichtsklasse ist.

Zur Erreichung einer besseren Vergleichbarkeit ist es üblich, die *EHN-Abgabe auf die Körperoberfläche zu beziehen,* wobei diese nach der MEEHschen Formel errechnet wird. Im Durchschnitt sämtlicher 32 Versuche war eine Abgabe von 1,169 g N/m² Oberfläche als Mittelwert festzustellen. COLUMBUS (51) fand bei Börgen im Gewichtsabschnitt von 20–60 kg 1,70–1,79 g N/m², bis zu einem Gewicht von 100 kg nahm der Wert bis zu 1,55 g N ab. Eine analog abnehmende Tendenz ist bei den von uns geprüften Tieren nur andeutungsweise vorhanden. Die geringe Abnahme des EHN g/m² mit zunehmendem Lebendgewicht war statistisch nicht gesichert. Vergleichen wir unsere Ergebnisse mit der bei anderen Tierarten gefundenen EHN-Abgabe je m² Oberfläche, so ist der von COLUMBUS (54b) an wachsenden Ratten ermittelte Wert von unserem Durchschnitt kaum verschieden. Der Mittelwert für Hühner (WETTERAU 54) liegt mit 2,02 g N wesentlich höher und die für Kaninchen (COLUMBUS 54c) ermittelten Daten mit durchschnittlich 0,73 bis 1,03 g N sind etwas geringer.

Nach COLUMBUS (51) ist die Abhängigkeit der EHN-Ausscheidung von der Oberfläche durch die Beziehung beider Größen zum Lebendgewicht bedingt. Da unsere experimentell ermittelten Gruppenwerte der EHN-Ausscheidung je kg Lebendgewicht mit Zunahme des Gewichts eine deutlichere Abnahme ergeben, scheint es gerechtfertigt zu sein, die von COLUMBUS vorgeschlagene und von ihm angewandte Methode zu übernehmen. Die Abnahme des EHN je kg Lebendgewicht mit zunehmendem Körpergewicht ist bei einer statistischen Bearbeitung der Einzelwerte gesichert. Die aufgestellte Gleichung für den untersuchten Bereich lautet:

$$Y = 0{,}02348 - 0{,}0000265 \cdot x$$

Y ist für die das Lebendgewicht (x) zu erwartende EHN-Ausscheidung in g je kg Lebendgewicht.

Die statistische Auswertung hat folgendes Ergebnis:

N =	32		
$\bar{x}$ =	213,92	B =	0,17
$\bar{y}$ =	0,0178	t =	2,474
b =	0,0000265	P =	< 0,05
a =	0,02348		

Der EHN je kg Lebendgewicht bei weiblichen fast ausgewachsenen Schweinen ist verglichen mit dem von COLUMBUS (51) bei wachsenden Börgen erhaltenen Wert geringer. In diesen Versuchen sinkt der EHN je kg Gewicht von 0,05 auf 0,03 g bei entgegengesetzt steigendem Lebendgewicht. Die bei anderen Tierarten rechnerisch ermittelte EHN-Ausscheidung je kg Gewicht beläuft sich nach COLUMBUS (54b) bei 50 g schweren Ratten auf 0,353 g und nimmt linear bis zu 0,150 g N bei 240 g schweren Ratten ab. NEHRING und HAESLER (54) finden bei ihren N-freien Rattenversuchen ähnliche Zahlen, wenn auch bei ihren Ergebnissen die gegenläufige Tendenz nicht so ausgeprägt ist wie bei COLUMBUS. ZIMMERMANN (52) erhielt bei schwereren Tieren von 230—270 g Körpergewicht 155 mg N/kg Lebendgewicht. Bei Kaninchen nimmt der EHN je kg Gewicht von 103 mg—62 mg mit Zunahme des Lebengewichtes ab (COLUMBUS 54c). Die gleiche Tendenz ist bei wachsendem Geflügel vorhanden, die Abnahme bewegt sich von 249 mg bis auf 144 mg (WETTERAU 54).

Die in den zitierten Arbeiten und in unseren Ergebnissen zum Ausdruck kommende abnehmende EHN-Ausscheidung je kg Gewicht mit zunehmendem Lebendgewicht erlaubt uns, die *EHN-Ausscheidung mit dem Gewicht in Beziehung* zu bringen. Eine Transformation der numerischen EHN-Werte ergibt eine normalere Verteilung und eine besser gesicherte Beziehung, die uns gestattet, eine gerade verlaufende Regressionslinie zu erhalten.

Da der Anstieg des EHN bei Znahme des Lebendgewichts mit einer Potenz des Gewichts erfolgt, kann man annehmen, daß die Gleichung

$$Y = a \cdot x^b$$

angebracht ist. Die geradlinige Regressionsgleichung wäre dann

$$EHN = \log a + b \cdot \log x.$$

Der Regressionskoeffizient (b) gibt an, wie groß die durchschnittliche Zunahme des EHN (y) ist, wenn das Gewicht (x) um eine Einheit wächst. Die Größe a läßt sich mit Hilfe von b in einfacher Weise errechnen.

Die Verwendung unserer Werte ergibt für die Berechnung des EHN die Gleichung

$$Y = 0{,}88189 - 2 + 0{,}7253 \cdot x.$$

Das Einsetzen der Numeri in die Bestimmungsgleichung führt zu einer gekrümmten Linie, die durch die Formel

$$\text{EHN (in g)} = 0{,}07619 \text{ (Gewicht in kg)}^{0{,}7253}$$

wiedergegeben wird.

Die statistische Auswertung ergab bei Benutzung der Logarithmen des Gewichts (kg) und des EHN (g):

$N = 32$

$\bar{x} = 2{,}319855$ $B = 0{,}55$

$\bar{y} = 0{,}564477$ $t = 6{,}016$

$b = 0{,}7253$ $P = < 0{,}001$

$\log \alpha = 0{,}88189 - 2$

Von Interesse dürfte es in diesem Zusammenhang sein, ob die EHN-Ausscheidung der Einzeltiere trotz der geringen Anzahl der Freiheitsgrade sich in Beziehung zum Gewicht sichern läßt. De Auswertung unter Verwendung der Logarithmen des EHN und des Gewichts ergab nur für 2 Tiere sehr gut gesicherte Beziehungen zwischen beiden Größen. Die oft erhobene Forderung, recht zahlreiche Versuche mit genügender Anzahl von Tieren und mehrmaliger Wiederholung durchzuführen, findet damit wieder ihre Bestätigung. Die bei den einzelnen Tieren nicht vorhandene Beziehung ist neben der geringen Zahl von Einzelversuchen auch auf die gegenseitige Beeinflussung der beiden N-Erhaltungsbedarfskomponenten zurückzuführen. Eine Ermittlung von Unterschieden in der EHN-Ausscheidung der einzelnen Versuchstiere ist schwierig. Die Prüfung der Unterschiede der für die einzelnen Tiere errechneten Regressionskoeffizienten ist nicht möglich, da nur zwei "gesicherte Gleichungen" errechnet werden konnten. Eine andere Möglichkeit besteht im Vergleich der EHN-Abgabe je kg Lebendgewicht. Die Zulässigkeit dieses Verfahrens kann allerdings angezweifelt werden. Da ein besserer Vergleichsmaßstab nicht gegeben scheint, wurde dieser angewendet (Tab. 5).

Tabelle 5. *Die EHN-Ausscheidung der einzelnen Versuchssauen*

Sau Nr.	Zahl der Versuche	EHN je kg Lebendgewicht mg	mittlerer Fehler
I	4	18,7	1,1
II	5	19,4	1,9
III	7	19,0	1,4
V	5	17,2	1,0
X	8	16,2	0,8
XX	3	16,6	1,4

Die Prüfung der Unterschiede in der EHN-Abgabe je kg Lebendgewicht wurde mit Hilfe der Streuungszerlegung vorgenommen.

Streuung	FG	SQ	DQ	F
Zwischen den Gruppen	5	0,530 457	0,1069	1,206
Innerhalb der Gruppen	26	2,304 535	0,0886	
Insgesamt	31	2,834 992		

Beim Vergleich des ermittelten F-Wertes mit dem F-Wert = 2,587 für P = 0,05 ist zu erkennen, daß keine statistisch gesicherten Unterschiede nachweisbar sind. Die Benutzung des EHN g je kg Lebendgewicht als Maßtsab für die endogene Harn-N-Ausscheidung ergibt, daß die vorhandenen Unterschiede in der EHN-Ausscheidung der Einzeltiere zufällig sind.

Mit Hilfe der Formel für die EHN-Ausscheidung läßt sich der *EHN für das jeweilige Lebendgewicht* errechnen. Die Gegenüberstellung der gefundenen und durch Rechnung ermittelten EHN-Werte für die einzelnen Gewichtsklassen wurde in Tabelle 6 vorgenommen.

Tabelle 6. *Vergleich der errechneten mit den beobachteten EHN-Werten in den einzelnen Gewichtsklassen*

Gewichtsabschnitt kg	Zahl der Versuche	EHN ermittelt g	EHN errechnet g	Abweichung %
100—150	3	2,189	2,257	— 3,0
151 - 175	2	3,754	3,181	+ 18,1
176—200	6	3,906	3,412	+ 14,4
201—225	9	3,630	3,688	— 1,6
226—250	5	3,942	3,932	+ 0,2
251—330	7	4,315	4,512	— 4,4

Die Abweichungen in den Gewichtsklassen zeigen die bei Versuchen dieser Art auftretenden Differenzen. Die größere Abweichung in der Gewichtsklasse von 151–175 kg ist auf die geringe Zahl der Versuchstiere zurückzuführen.

Zusammenfassend darf festgestellt werden, daß der EHN in unseren Versuchen eine Abhängigkeit vom Lebendgewicht zeigte. Eine Regressionsgleichung gibt den Zusammenhang wieder und ermöglicht die Umgehung N-freier Versuche bei der Prüfung der Eiweißwertigkeit von Futtermitteln mit volljährigen Sauen durch Errechnung des EHN. Der EHN je kg Lebendgewicht ist bei Sauen geringer als bei Börgen. In Versuchen zur Ermittlung der BW für Erhaltung ist der EHN erforderlich. Die Wertigkeitsermittlung bei volljährigen Schweinen kann keinesfalls durch die Errechnung des Eiweißwertes nach MÜLLER-MASSBERG ersetzt werden.

2,3 Der Darmverlust-N

2,31 Herkunft und Bestimmung des DVN

Der Stoffwechsel-N (metabolic fecal nitrogen) oder Darmverlust-N (DVN), wie er von MANGOLD (38) treffender und unmißverständlich bezeichnet wurde, ist die mit dem Kot abgegebene N-haltige Substanz im N-freien Versuch. Der Kot im N-freien Versuch besteht nach SHEFFNER und Mitarbeitern (48) aus nicht resorbierten Verdauungssäften, Abschilferungen der Darmschleimhaut, Schleim und abgetöteten Bakterien. Nach STRASSBURGER (zit. COLUMBUS 54a) können 25% bis 33% der Kottrockensubstanz aus Bakterien bestehen. COLUMBUS und Mitarbeiter (58) konnten allerdings in N-freien Versuchen an Albinoratten diese Befunde nicht bestätigen. Der Bakterien-N beträgt nur 0,27–0,48% des DVN. Die Ernährung der Bakterien mit N-haltiger Substanz erfolgt durch die nicht resorbierten Säfte und abgeschilferten Epithelien (COLUMBUS 54a).

Bereits 1880 hatte KELLNER die Ansicht vertreten, daß nicht die Gallenstoffe allein, sondern vielmehr die Epithelien und Schleimstoffe den Hauptbestandteil des Darmverlust-N bilden. MITCHELL und BERT (54) nehmen an, daß unter den „Bedingungen eines ausreichenden Erhaltungsfutters offenbar die Verdauungsprozesse der vorherrschenden Quellen der N-Bestandteile des Kotes im N-freien Versuch sind"; es sollen beträchtliche Mengen nicht resorbierter Rückstände der Galle und der übrigen Verdauungssäfte ausgeschieden werden. Aus den Versuchen von PAWLOW (54) und anderer sowjetischer Autoren geht hervor, daß der abgesonderte Darmsaft, dessen nicht resorbierte N-haltige Substanz anteilmäßig am DVN beteiligt ist, vom Darminhalt abhängt. Mit Hilfe einer Thiryfistel konnte bei Verabreichung ganzer Erbsen ermittelt werden, daß diese Erbsen am Ende der Fistel in einem Darmsaftniederschlag ohne Flüssigkeitszusatz eingebettet sind. Eingeführte Haarkügelchen führten zur Absonderung eines dünnflüssigen Niederschlages mit wenig festen Darmsaftbestandteilen. Der Darmsaft wird daher in Menge und Qualität, je nach Art und Konsistenz der Nahrung und des Kotes, in unterschiedlichem Maße die Größe der DVN-Fraktion beeinflussen.

Es ist allgemein üblich, die Menge des *DVN in Beziehung zur aufgenommenen Menge an Futtertrockensubstanz* zu setzen. Dieses Verfahren wird auch heute noch benutzt, obwohl die Unzulänglichkeit dieser Beziehung bekannt ist. Die Zusammensetzung der Futtertrockensubstanz, insbesondere der Anteil der einzelnen Rohnährstoffe, vermag die erhaltenen Ergebnisse auch zu beeinflussen. Für die einzelnen Tierarten werden verschiedene Resultate erhalten, und BOAS-FIXSEN und JACKSON (32) nehmen an, daß die abgesonderte DVN-Menge tierspezifisch ist. Eine weitere Ursache für die Variation der Ergebnisse ist die unterschiedliche Kotausscheidung an den einzelnen Versuchstagen. Bei mehrfacher Wiederholung des Versuches mit gleichschweren Tieren und bei unveränderter Futteraufnahme treten nicht unerhebliche Schwankungen auf. COLUMBUS (54a) ist deshalb der Ansicht, „daß dem sogenannten Darmverlust-N eine etwas fragliche Rolle zukommt".

2,32 Ergebnisse eigener Versuche

Wir haben bei der Auswertung unserer Arbeit die Beziehung zwischen der Trockensubstanzaufnahme und dem Darmverlust-N einer näheren Untersuchung unterzogen, da die Fehlergrenze in unseren Versuchen wegen des relativ großen Futteraufnahmevermögens der älteren Tiere geringer als bei Börgen ist. Die Beziehung zwischen der Futtertrockensubstanzaufnahme und der DVN-Ausscheidung wurde mit Hilfe des schon angewandten und erläuterten Verfahrens untersucht. Es ergaben sich auf Grund der statistischen Berechnung für

$N = 31$

$\bar{x} = 3{,}34124$ $\qquad B = 0{,}33$

$\bar{y} = 0{,}51253$ $\qquad t = 3{,}785$

$b = 1{,}032$ $\qquad P = < 0{,}001$

$\log a = 0{,}06437-3$

Die Gleichung würde dann

$$Y = 0{,}06437-3 + \log \text{Futter-Tr.-S.-A.} \cdot 1{,}032$$

ergeben. Die Gleichung für den Zusammenhang zwischen der Futtertrockensubstanzaufnahme und dem DVN lautet dann numerisch:

$$\text{DVN (g)} = 0{,}00116 \cdot (\text{Futter-Tr.-S.-A. in g})^{1{,}032}$$

Die Formel gilt nur für den untersuchten Bereich und die von uns angewandte Futterzusammensetzung. Ein Vergleich der gefundenen Werte in den einzelnen Gewichtsklassen mit den nach der Formel berechneten Werten wurde in Tabelle 7 vorgenommen.

Tabelle 7. *Vergleich der errechneten und beobachteten DVN-Ausscheidung bezogen auf Futtertrockensubstanzmenge*

Klassenbereich g	Anzahl der Versuche	Futtertrockensubstanzaufnahme im Durchschnitt g	DVN ermittelt g	DVN errechnet g	Abweichung %
1400—1700	2	1535,5	2,110	2,252	+ 6,3
1701—2000	2	1792,2	2,474	2,642	+ 6,4
2001—2200	7	2122,9	3,246	3,146	— 3,2
2201—2300	8	2221,6	3,742	3,297	— 13,5
2301—2400	6	2359,5	3,635	3,509	— 3,6
2401—2600	4	2446,7	3,098	3,642	+ 14,9
2601—2800	2	2694,8	3,898	4,024	+ 3,1

Da eine statistisch gesicherte Korrelation zwischen der Futtertrockensubstanzaufnahme und dem Körpergewicht besteht, ist anzunehmen, daß auch zwischen *Körpergewicht und Darmverlust-N* eine Beziehung vorhanden ist. In der Tabelle 8 erfolgte eine Zusammenstellung über die Größe der DVN-Ausscheidung in den einzelnen Gewichtsklassen.

Die Klassenmittelwerte und auch die Einzelwerte zeigen eine Beziehung zwischen beiden Größen, so daß es nahe lag, diese Beziehung zu überprüfen. Die statistische Bearbeitung ergab folgende Werte:

$N = 31$

$\bar{x} = 2{,}32070 \qquad B = 0{,}33$

$\bar{y} = 0{,}51253 \qquad t = 3{,}817$

$b = 0{,}5952 \qquad P = < 0{,}001$

$\log \alpha = 0{,}13126-1$

Die Benutzung der Logarithmen des Gewichts (x) und des DVN (y) ergab folgende Gleichung:

$$Y = 0{,}13126-1 + 0{,}5952 \cdot x$$

und numerisch ausgedrückt

$$\text{DVN (g)} = 0{,}13553\ (\text{Körpergewicht in kg})^{0{,}5952}$$

Tabelle 8. *Übersicht über Gewicht, Futtertrockensubstanzaufnahme und DVN-Ausscheidung*

Gewichtsklasse kg	Anzahl der Versuche	Durchschnittsgewicht kg	Futtertrockensubstanzaufnahme g	DVN g	DVN je 100 g Trockensubstanzaufnahme g
100—150	3	127,0	1593,0	2,077	0,130
151–175	2	171,6	2117,4	3,126	0,148
176–200	5	187,4	2133,9	2,888	0,135
201—225	9	210,4	2257,1	3,811	0,169
226—250	5	229,8	2391,9	3,522	0,147
251—330	7	277,8	2380,6	3,526	0,148

Es wurde ebenso wie beim EHN untersucht, ob sich für die einzelnen Tiere eine gesicherte Regressionsgleichung errechnen läßt. Nur bei zwei Sauen wurde eine sehr gut gesicherte Abhängigkeit des DVN vom Körpergewicht nachgewiesen. Die in Abschnitt 2,22 getroffenen Feststellungen über die bei einzelnen Tieren nicht gesicherte Korrelation zwischen EHN und Körpergewicht sind auch für den DVN akzeptabel. Die Prüfung der zwischen den einzelnen Tieren bestehenden Unterschiede in der Größe des DVN kann auf verschiedener Basis vorgenommen werden. Wir haben uns entschlossen, die konventionelle Bezugsgröße DVN je 100 g Trockensubstanzaufnahme zu benutzen, weil das Bestimmtheitsmaß der Regressionsgleichung Körpergewicht/DVN und der Regressionsgleichung Trockensubstanzaufnahme/DVN nicht verschieden war.

Die Prüfung der DVN-Ausscheidung je 100 g Trockensubstanz ergab mit Hilfe der Varianzanalyse:

Streuung	F	SQ	DQ	F
Zwischen den Gruppen	5	4 180,6	836,12	
Innerhalb der Gruppen	25	17 847,26	713,89	1,171
Gesamt	30	22 027,86		

Bei einem $n_1 = 5$ und $n_2 = 25$ liegt der F-Wert für ein P = 0,05 bei 2,603. Das Ergebnis der Streuungszerlegung besagt, daß in der Höhe der DVN-Ausscheidung – bezogen auf 100 g Trockensubstanz – zwischen den einzelnen Tieren nur zufällige Unterschiede bestehen.

Die Mittelwerte für die Einzeltiere und ihr mittlerer Fehler sind in Tabelle 9 zusammengefaßt.

Tabelle 9. *DVN-Ausscheidung je 100 g Trockensubstanz der Einzeltiere*

Tier-Nr.	DVN je 100 g Trockensubstanz mg	mittlerer Fehler	Tier-Nr.	DVN- je 100 g Trockensubstanz mg	mittlerer Fehler
I	155	3,0	X	135	12,2
II	162	12,3	XX	146	9,9
III	145	9,4			
V	168	14,4	Gesamt	151	4,9

Die Mittelwerte der Einzeltiere weichen nicht unbeträchtlich vom Gesamtmittel ab. Es scheint daher berechtigt zu sein, die Frage aufzuwerfen, ob der DVN unter den vorhandenen Versuchsbedingungen eine exakt zu messende Größe ist.

Ein Vergleich mit dem bei Börgen von COLUMBUS (51) erhaltenen DVN-Abstoß ergibt, daß bei 1%igem Zellstoffanteil in der Futterration die Mehrzahl der Werte geringer als bei unseren Sauen ist. Bei 2%igem Zellstoffanteil ist die DVN-Ausscheidung je 100 g aufgenommener Futtertrockensubstanz um $\approx$ 40 mg höher als der von uns gefundene Mittelwert von 0,151 g DVN. Eine bessere Übereinstimmung unseres Mittelwertes finden wir mit dem von NEHRING und SCHRAMM (40) bei Börgen errechneten Durchschnittswert, der gut mit den Ergebnissen amerikanischer Forscher übereinstimmt.

In den Versuchen zur Errechnung der Biologischen Eiweißwertigkeit für das Wachstum oder die Milchbildung dürfte die von COLUMBUS (54a) bzw. von uns angegebene Formel zur Berechnung des DVN den versuchsmäßigen Anforderungen genügen.

2,321 Die Beeinflussung der Höhe des Darmverlust-N durch einige exogene Faktoren

Bei der Bestimmung der Eiweißwertigkeit der Futtermittel für Erhaltung nimmt der DVN mit Abnahme des Gesamtproteingehaltes der Ration einen zunehmenden Einfluß auf die errechneten Werte. Entspricht der DVN-Anteil am Kot-N nicht dem Formelwert, so wird die Aussage über die wahre Verdaulichkeit des Proteins bzw. jegliche Aussage über den Proteinwert äußerst fragwürdig, obwohl angenommen werden kann, daß die Menge und Art der resorbierten Aminosäuren eines Futtermittels nicht verschieden ist.

Die bisher ermittelten Wertzahlen für den Erhaltungsbedarf zeigen, verursacht durch die unzureichenden Kenntnisse über die Höhe des resorbierten N, eine größere Schwankungsbreite als die entsprechenden Wertzahlen für das Wachstum. Die Streuung der Ergebnisse kann durch die gleichbleibende Zusammensetzung des N-freien Beifutters, eine auf das Lebendgewicht abgestellte Gabe an Futtertrockensubstanz und der Ergänzung der Futterration mit Mikronährstoffen verringert werden. Jedoch ist immer zu bedenken, daß das geprüfte Futtermittel in der Regel nicht nur aus der N-haltigen Trockensubstanz besteht, sondern noch aus einer Anzahl weiterer Nährstoffe, die zur Verdauung spezifische Enzyme benötigen und deren nicht resorbierten N-haltigen Anteile additiv auf den DVN wirken. Weiterhin sind Schleimstoffe für den Durchgang des unverdauten Versuchsfutters durch den Darmkanal erforderlich (MITCHELL 26, PAWLOW 54).

Den Einfluß der Rohfaser auf die Höhe des DVN haben insbesondere NEVENS (21), MURLIN und MATILL (38), BEHM (54) und MANGOLD und BEHM (55) untersucht. BEHM fand in seinen Versuchen mit Börgen bei Zellstoffzulage kaum eine Erhöhung des Darmverlust-N. Die Befunde von MANGOLD und BEHM zeigen allerdings, daß der DVN von 105 mg/100 g Trockensubstanzaufnahme bei 5% Zellstoff auf 199 mg/100 g Trockensubstanzaufnahme bei 20% Zellstoff ansteigt, und daß mit der Zunahme des Gehaltes an Rohfaser im Futter sich der prozentische DVN-Gehalt im Kot verringert. Bei der vergleichenden Prüfung von Zellulose und Sägemehl fanden MANGOLD und BEHM, daß die verschiedene Beanspruchung der Darmschleimhaut durch beide Testsubstanzen die Höhe des DVN beeinflußt.

BEHM (54) führt auch die von COLUMBUS (51) gefundenen höheren DVN-Werte auf die rein physikalische Einwirkung des Kotbreies auf das Darmepithel zurück. Die höhere DVN-Abgabe soll auf die geringer als in seinen eigenen Versuchen bemessene Wassermenge zur Zubereitung des Futters zurückzuführen sein. Der Kot soll durch die verminderte Wassergabe eine festere Konsistenz aufgewiesen haben, die zu einer größeren Kratzwirkung auf die Darmschleimhaut führte. Diese spezifische Wirkung ist für die vermehrte Sekretion der Darmdrüsen verantwortlich, die den Kot mit der erforderlichen Spülflüssigkeit versehen (PAWLOW 54). In diesem Zusammenhang soll noch auf die älteren Arbeiten von PRAUSSNITZ (1897) und RENVALL (04) hingewiesen werden, die bereits die Höhe der Kot-N-Ausscheidung mit der Wirkung bestimmter Kot- bzw. Futtermittelbestandteile in Beziehung brachten.

Die Bestandteile und die Herkunft des endogenen Koteiweißes war im vorigen Jahrhundert Gegenstand zahlreicher Untersuchungen (Zusammenfassung siehe BEHM 54). KELLNER (24) wies damals nach, daß die aus dem Körper stammenden Eiweißbestandteile des Kotes vor allem Schleimstoffe sind, die den Kot mit einer Gleitschicht versehen. Eine Umhüllung des Kotes durch schleimige Bestandteile war auch bei unseren N-freien Versuchen oft festzustellen. In einigen

Versuchen wies der Kot eine dem Schafkot ähnliche Struktur auf, und von der eigentlichen Kotsubstanz waren Schleimteile zu trennen.

Der Einfluß der Kotkonsistenz und der Intensität der Kratzwirkung auf die Höhe des DVN kann auch zur Streuung unserer Versuchsergebnisse beigetragen haben. In unseren N-freien Versuchen war die verabreichte tägliche Wassermenge in der Regel gleich. Die zum Anrühren des Futters benutzte Wassermenge war jedoch unterschiedlich (siehe unter 2,1). Neben der gereichten Wassergabe dürfte vor allem die Größe der Wasserresorption die Kotkonsistenz und damit die Schleimabsonderung beeinflussen.

Bei der Prüfung des Einflusses des Trockensubstanzgehaltes des Kotes auf die Höhe des DVN konnten wir feststellen, daß die DVN-Ausscheidung je 100 g Kottrockensubstanz an den einzelnen Tagen eines Versuches nur wenig variierte (Tab. 10).

Tabelle 10. *Zusammenhang zwischen DVN-Ausscheidung und Kottrockensubstanz, Versuch V/4 (N-freie Futterration + 750 g Magermilch)*

Tag des Versuches	Frischkot g	DVN gesamt g	Trockenkot g	DVN je 100 g Kottrockensubstanz g
2	246	2,444	73,2	3,339
3	380	4,307	114,7	3,755
4	315	3,279	90,1	3,639
5	339	3,707	98,9	3,748
6	347	4,035	107,9	3,740
7	381	3,731	112,0	3,331

Dieses Ergebnis veranlaßte uns, den Kot der N-freien Versuche bei 65° im Trockenschrank zu trocknen und auf seinen Rohnährstoffgehalt zu untersuchen. Die Tabelle 11 zeigt die Ergebnisse der durchgeführten Analysen. Die Analysenwerte für die einzelnen Kotproben – bezogen auf Trockenmasse – schwankten vor allem im Rohfasergehalt beträchtlich.

Die durchschnittliche tägliche Ausscheidung der einzelnen Rohnährstoffe im Kot wurde in Tabelle 12 zusammengestellt.

Bei einem Vergleich der einzelnen Komponenten und ihrer Korrelierung zum DVN wurde geprüft, ob die von MITCHELL (26) behauptete *Beeinflussung des DVN-Gehaltes durch die unverdauliche organische Substanz* festzustellen war. Die Auswertung ergab eine sehr gut gesicherte Beziehung zwischen beiden Größen, das Bestimmtheitsmaß war mit 0,44 besser als das B für die Beziehung Gewicht–DVN. Das berechnete Verhältnis ist jedoch mit einem Fehler behaftet, denn der DVN ist auch in der unverdaulichen organischen Substanz enthalten. Der Anteil des Rohproteins (N · 6,25) beträgt im Ballast immerhin $\approx 30\%$.

Tabelle 11. *Die Zusammensetzung des Kotes der N-freien Versuche*
(Angaben in % der Trockensubstanz)

Versuchs-Nr.	Organische Substanz %	Roh-protein %	Rohfett %	Rohfaser %	N-freie Extrakt-stoffe %	Rohasche %
I/2/16	47,65	17,34	4,04	16,46	9,81	52,35
I/3/20	72,31	32,88	2,83	22,87	13,73	27,69
I/4/24	73,33	31,38	4,62	17,52	19,81	26,67
II/1/6	81,94	20,89	5,26	33,00	22,79	18,06
II/2/11	73,89	28,14	1,76	14,69	29,30	26,11
II/3/21	83,47	22,87	3,33	39,73	17,54	16,53
II/4/27	75,54	28,71	2,39	14,55	29,89	24,46
II/5/28	79,29	23,71	4,86	31,71	19,01	20,71
III/3/13	81,81	19,71	4,54	39,87	17,69	18.19
III/4/16	78,40	19,79	1,19	34,64	22,78	21,60
III/5/17	74,93	19,22	3,92	34,17	17,62	25,07
III/6/23	77,21	22,78	4,61	27,72	22,10	22,79
III/7/36	66,72	24,12	3,65	21,68	17,27	33,28
V/2/7	82,08	23,58	5,06	35,11	18,33	17,92
V/4/23	87,38	22,55	2,91	38,68	23,24	12,62
V/5/26	81,26	22,41	3,08	35,92	19,85	18,74
X/2/17a	80,82	18,96	2,56	34,59	24,71	19,18
X/2/17b	81,42	18,86	3,31	36,34	22,91	18,58
X/4/22	72,08	28,12	5,16	10,90	27,90	27,92
X/5/29	80,07	19,79	2,40	35,44	22,44	19,93
X/6/34	78 69	31,98	2,66	30,90	13,15	21,31
X/7/39	67,41	25,69	3,14	15,56	23,02	32,59
X/8/44	67,90	27,55	3,88	8,99	27,48	32,10
XX/1/12	79,80	19,48	2,77	32,43	25,12	20,20
XX/2/27	87,50	22,19	3,96	40,95	20,40	12,50

Es schien deshalb angebracht, den DVN mit der eiweißfreien organischen Substanz im Kot (eiweißfreier Ballast) in Beziehung zu bringen, da aus der Tabelle 11 zu ersehen ist, daß der N-Gehalt im Ballast durchaus nicht konstant ist. Die statistische Auswertung ergab das erwartete Bild, welches aus der graphischen Darstellung (Abb. 2) zu entnehmen ist.

Die Beeinflussung der DVN-Werte durch den N-freien Anteil des Ballastes ist mit einem Bestimmtheitsmaß von 0,19 gering. Die angenommene Beziehung

Tabelle 12. *Die Ausscheidung an Trockenkot + Kotbestandteilen während der N-freien Versuche im Durchschnitt je Tag*

Versuchs-Nr.	Kot-Trocken-substanz g	Organische Substanz g	Roh-protein g	Rohfett g	Rohfaser g	N-freie Extrakt-stoffe g	Rohasche g
I/2/16	105,8	50,4	18,3	4,3	17,4	10,4	55,4
I/3/20	69,3	50,1	22,8	2,0	15,8	9,5	19,2
I/4/24	75,9	55,7	23,8	3,5	13,3	15,1	20,2
II/1/6	86,4	70,8	18,0	4.5	28,5	19,8	15,6
II/2/11	90,6	66,9	25,5	1,6	13,3	26,5	23,7
II/3/21	102,8	85,8	23,5	3,4	40,8	18,1	17,0
II/4/27	64,3	48,6	18,5	1,5	9,4	19,2	15,7
II/5/28	110,7	87,8	26,2	5,4	35,1	21,1	22,9
III/3/13	78,4	64,1	15.5	3,6	31,3	13,7	14,3
III/4/16	122,0	95,6	24,1	1,5	42,3	27,7	26,4
III/5/18	130,1	97,5	25,0	5,1	44,5	22,9	32,6
III/6/23	91,0	70,3	20,7	4,2	25,2	20,2	20,7
III/7/36	98,0	65,4	23,6	3,6	21,2	17,0	32,6
V/2/7	120,8	99,2	28,5	6,1	42.4	22,2	21,6
V/4/23	106,0	92,6	23,9	3,1	41,0	24,6	13,4
V/5/26	98,3	79,9	22,0	3,0	35,3	19,6	18,4
X/2/17a	106,0	85,7	20,1	2,7	36,7	26,2	20,3
X/3/17b	100,6	81,9	19,0	3,3	36,6	23,0	18,7
X/4/22	44,0	31,7	12,4	2,3	4,8	12,2	12,3
X/5/29	84,0	67,3	16,6	2,0	29,8	18,9	16,7
X/6/34	80,2	63,1	25,6	2,1	24,8	10,6	17,1
X/7/39	86,8	58,5	22,3	2,7	13,5	20,0	28,3
X/8/44	83,4	56,6	23,0	3,2	7,5	22,9	26,8
XX/1/12	113,7	90,7	22,1	3,1	36,9	28,6	23,0
XX/2/27	119,1	104,2	26,4	4,7	48,8	24,3	14,9

scheint nach der Ausschaltung des Rohproteins weniger stark vorhanden zu sein. Bei der Betrachtung der graphischen Darstellung kann jedoch unschwer festgestellt werden, daß die Menge der ausgeschiedenen N-freien organischen Substanz stärker mit dem DVN korreliert als aus dem errechneten Bestimmtheitsmaß hervorgeht. Dies ist der Fall, wenn die Werte der N-freien organischen Substanz in zwei Gruppen von > 45 und < 45 unterteilt werden. Die statistische

Auswertung ergibt für eine Ausscheidung an eiweißfreiem Ballast > 45 g (Gruppe A):

$N = 15$ | $B = 0{,}61$
$\bar{x} = 62{,}76$ | $t = 4{,}482$
$\bar{y} = 3{,}539$ | $P = < 0{,}001$
$b = 0{,}0513$
$a = 0{,}3198$

und > 45 g (Gruppe B):

$N = 10$ | $B = 0{,}65$
$\bar{x} = 33{,}08$ | $t = 3{,}881$
$\bar{y} = 3{,}454$ | $P = < 0{,}01$
$b = 0{,}0783$
$a = 0{,}8635$

Beide Regressionskoeffizienten stimmen überein. Es ist daher nicht anzunehmen, daß im untersuchten Bereich der Ansteig der DVN-Ausscheidung bei Gruppe A und B verschieden schnell vor sich geht. Eine Überprüfung der Mittelwerte für beide Gruppen ergibt eine gut gesicherte Differenz, was bedeutet, daß die Regressionslinien im Koordinatensystem einen parallelen Verlauf aber verschiedene Lagen haben (Abb. 2). Das Ergebnis der statistischen Auswertung erlaubt die Aussage, daß bei den unter gleichen äußeren Bedingungen gehaltenen Sauen in N-freien Versuchen die Höhe des DVN von der ausgeschiedenen eiweißfreien organischen Substanz beeinflußt wird.

Aus Tabelle 13 geht hervor, daß in Gruppe B täglich 14,1 g und in Gruppe A 37,0 g Kotrohfaser ausgeschieden wurden. Die Differenz der Mittelwerte ist mit $t = 8{,}882$ statistisch sehr gut gesichert.

Für die Abhängigkeit des DVN von der Kotrohfaser wurde in beiden Gruppen ein Bestimmtheitsmaß von 0,52 bzw. 0,54 errechnet. Für den eiweißfreien Ballast ergab sich ein B von 0,44 bzw. 0,64. Die Höhe des DVN ist in unseren Versuchen also von der Kotrohfaser bzw. vom N-freien Ballast abhängig. Dic

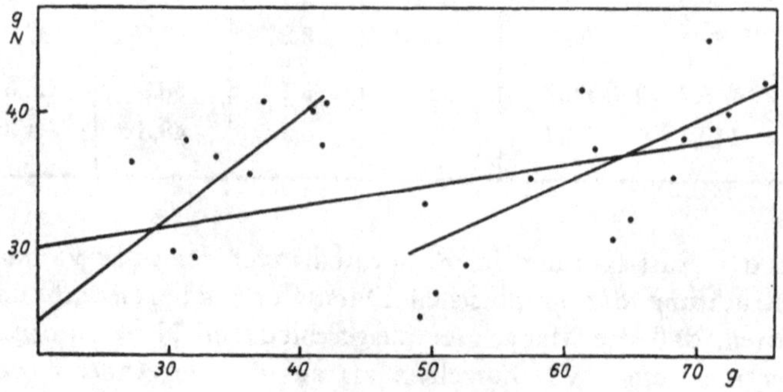

Abb. 2. Beziehung zwischen der ausgeschiedenen eiweißfreien organischen Substanz (x) im Kot und der täglichen DVN-Abgabe (y)

Mittelwerte für die im Kot ausgeschiedenen Rohnährstoffe sind in Tabelle 13 zusammengefaßt.

Tabelle 13. *Zusammensetzung des Tageskotes bei N-freier Fütterung*

	Gruppe A		Gruppe B	
	Durchschnitt	mittl. Fehler	Durchschnitt	mittl. Fehler
Frischkot . . . . g	408,6	25,7	235,6	16,3
Trockenkot . . . . g	104,7	3,93	79,8	4,58
Organische Substanz . . . . . g	84,9	3,19	54,7	3,26
Rohprotein . . . . g	22,1	0,98	21,6	1.29
Rohfett . . . . g	3,7	0,33	2,7	0,30
Rohfaser . . . . g	37,0	1,67	14,1	1,92
N-freie Extraktstoffe . . . . . g	22,1	1,01	16,3	1,83
Rohasche . . . . g	19,8	1,32	25,1	3,89
N-freie organische Substanz . . g	62,8	2,38	33,1	2,13

Um die unterschiedliche Trockensubstanzaufnahme zu eliminieren, wurde der DVN/100 g Trockensubstanzaufnahme mit dem prozentischen Anteil des N-freien Ballast-Gehaltes der Gesamtration in Beziehung gebracht (Abb. 3). Die graphische Darstellung ist wiederum durch das Vorhandensein von zwei Punktescharen gekennzeichnet. Bei 2% N-freiem Ballast in der Ration ist wieder ein Wendepunkt nachzuweisen. Es wurde deshalb wieder eine gesonderte Auswertung vorgenommen, sie ergab für

Gruppe A ($< 2\%$)

$N = 15$ $\quad B = 0,58$

$\bar{x} = 2,86$ $\quad t = 4,260$

$\bar{y} = 157,5$ $\quad P = < 0,001$

Gruppe B ($> 2\%$)

$N = 10$ $\quad B = 0,71$

$\bar{x} = 1,46$ $\quad t = 4,449$

$\bar{y} = 149,0$ $\quad P = < 0,01$

Das Bestimmtheitsmaß ist relativ groß. Es muß angenommen werden, daß die Ausscheidung des N-freien Ballastes in unseren Versuchen beträchtlichen Einfluß auf die DVN-Werte je 100 g Trockensubstanz ausgeübt hat. Leider liegen unseres Wissens keine Analysen des Kotes aus N-freien Versuchen anderer Autoren vor, so daß auf einen Vergleich verzichtet werden muß. Es dürfte daher in zukünftigen Versuchen von Bedeutung sein, die Schwankungen der DVN-Werte unter diesem Gesichtspunkt zu betrachten.

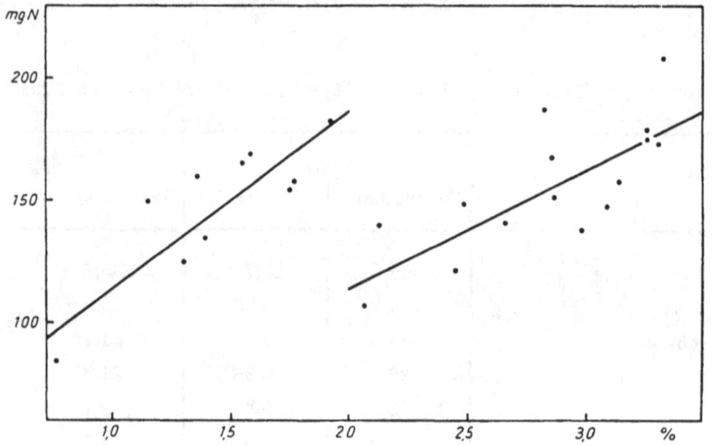

Abb. 3. Zusammenhang zwischen der DVN-Ausscheidung je 100 g Trockensubstanzaufnahme (x) und dem prozentischen Gehalt an N-freier unverdaulicher organischer Substanz (y) in der Gesamtration

Von J. H. MEYER (56) konnte in Versuchen an Ratten nachgewiesen werden, daß bei einem mit verschiedenen Zelluloseanteilen ergänzten Grundfutter die Größe der DVN-Ausscheidung je 100 g Trockensubstanzaufnahme, obwohl der Verzehr an Grundfutter in allen Versuchsgruppen gleich war, mit steigendem Zellulosanteil zunahm, und daß aus diesem Grunde der Korrelationskoeffizient für die Relation Futteraufnahme/DVN geringer war als für die Beziehung Kottrockenmasseausscheidung/DVN. Es lag daher nahe, unsere Versuche in derselben Weise auf das Vorhandensein dieser Beziehung zu überprüfen. Wir wählten aber aus schon im Abschnitt 2,32 erwähnten Gründen die DVN-Ausscheidung je 1 g N-freie organische Substanz als Bezugsgröße. Aus der Abbildung 4 ist zu ersehen, daß eine Beziehung zwischen beiden Größen vorhanden ist.

Bei der Auswertung ergibt sich für

N = 25	
$\bar{x}$ = 0,5049	B = 0,64
$\bar{y}$ = 76,302	t = 6,453
b = 90,635	P = < 0,001
a = 30,269	

Die Gleichung lautet folglich

$$Y = 30{,}269 + 90{,}635 \cdot 1/x$$

Wobei Y der DVN in mg je g N-freier organischer Kotsubstanz und x der Prozentgehalt an N-freiem Ballast der Futterration ist.

Für die prozentische Abgabe des N-freien Ballastes wurden bei der Auswertung die reziproken Zahlen benutzt. Die Gleichung ist statistisch sehr gut gesichert. In der Größe des Bestimmtheitsmaßes zeigten sich keine Unterschiede bei der Verwendung der transformierten Werte. Beide Verfahren sind deshalb in gleicher Weise verwendbar. Die Umrechnung hat allerdings den Vorteil, daß die Größe der Ausscheidung an N-freier organischer Kotsubstanz unabhängig von der verwandten Gleichung ist.

Die durchgeführte statistische Auswertung besagt, daß im Rahmen der von uns getroffenen Versuchsanordnung die *DVN-Ausscheidung stärker von der Ausscheidung des N-freien Ballastes als von der Futtertrockensubstanzaufnahme beeinflußt* wird. Für erstere Beziehung ergab sich ein B von 0,64 und für letztere nur ein B von 0,33. MEYER (56) stellte in Versuchen mit Ratten die gleiche Tendenz fest. HEUPKE (33) hat schon seit längere Zeit, fußend auf seinen Versuchen beim Menschen, darauf hingewiesen, daß die „Ausnützung" des Rohproteins von dem abgegebenen Stuhlvolumen abhängig ist. Die Errechnung des DVN aus dem Rohfasergehalt der Futterration und aus der Kotmenge des betreffenden Futters, wie sie von MANGOLD und BEHM (55) vorgeschlagen wird, beruht im Grunde auf demselben Prinzip.

Es sei allerdings in diesem Zusammenhang vermerkt, daß in unseren Versuchen der N-Gehalt des Trockenkotes bei gleichem Zelluloseanteil nicht die von MANGOLD und BEHM ermittelte Stabilität aufwies. Der Gehalt des Trockenkotes an N betrug im Durchschnitt sämtlicher 25 ausgewerteten Versuche 3,79% ± 0,14. In Versuchen an Börgen ermittelten MANGOLD und BEHM bei 5% Zelluloseanteil 1,87%. In unseren Versuchen betrug der niedrigste Wert 2,78% und der höchste belief sich mit 5,12% N fast auf das Zweifache des geringsten Wertes.

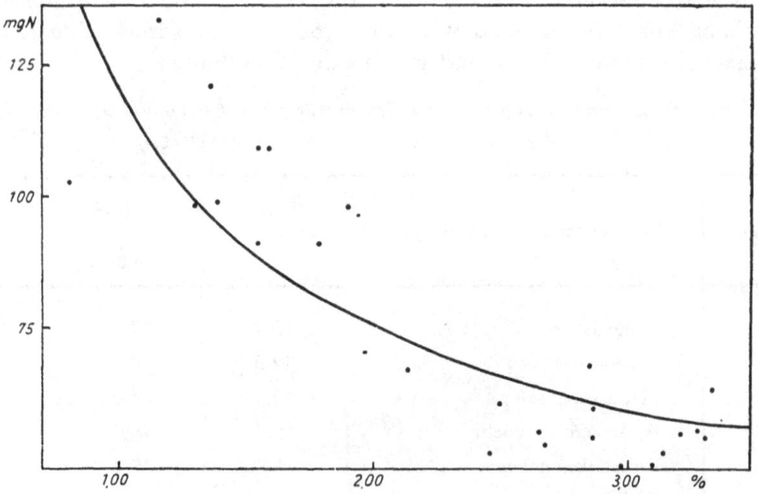

Abb. 4. Abhängigkeit der DVN-Ausscheidung vom N-freien Ballastgehalt (in %) der Futterration (x = % N-freier Ballast in der Futterration, y = DVN mg je g N-freier organischer Kotsubstanz)

Daraus ergibt sich für künftig anzustellende Versuche, daß möglichst eine gleichmäßige Abgabe an N-freiem Ballast – ein Bezug auf N-freie Trockensubstanz dürfte bei Versuchstieren mit demselben Gewicht und gleicher Mineralstoffzufuhr auch hinreichend sein – gewährleistet werden. Für Versuche mit Sauen muß der Zellstoffanteil an der Gesamtaufnahme größer als für Börge sein, da unsere Versuchstiere stärkere Schwankungen in der Kotausscheidung aufwiesen, als jene von COLUMBUS (51) und BEHM (54) in den mit Börgen durchgeführten N-freien Versuchen. Eine weitere Ursache für die Streuung der DVN-Ausscheidung war beim Vergleich der EHN-, DVN- und NEB-Werte zu ermitteln. In einigen Versuchen war festzustellen, daß extrem niedrige DVN-Werte mit einem relativ hohen Harn-N-Wert zusammenfielen (Tabelle 14).

Tabelle 14. *Beziehung zwischen DVN und EHN in N-freien Versuchen*

Versuchs-Nr.	DVN g	EHN g	Mittel des vorhergehenden und nachfolgenden Versuches DVN g	EHN g
X/4/22	1,980	4,912	2,848	3,599
II/1/6	2,887	4,949	4,079	3,833

Die Ursache für diese Ergänzung könnte eine vergrößerte Rückresorption von endogenen Darminhaltsstoffen sein, deren NH_2-Gruppen nach Desaminierung in Form von N-haltigen Verbindungen im Harn wieder ausgeschieden werden. In einem noch stärkeren Maße kommt die resultierende Ergänzung in einer Untersuchung von WOMACK und MARSHALL (55) zum Ausdruck. Die Ergebnisse einer Versuchsserie mit Ratten sind in Tabelle 15 enthalten.

Tabelle 15. *Zusammenhang der Art des verfütterten Kohlenhydrates und der Höhe des DVN (nach* WOMACK *und* MARSHALL*)*

Gruppe	Verabreichtes Kohlenhydrat *)	Futter-aufnahme g	Harn-N mg	Kot-N mg
1 a	Rohrzucker	10,6	57,8	11,8
2 a	Maisdextrin	12,9	50,4	18,0
3 a	Maisstärke, roh	12,6	54,0	13,7
4 a	Maisstärke, gekocht . . .	12,9	48,0	22,9
5 a	Reisstärke, gekocht	11,3	46,2	21,0
6 a	Weizenstärke, gekocht . .	9,3	44,3	20,8
7 a	Kartoffelstärke, gekocht . .	11,0	39,4	25,6

Die Versuche zeigen, daß auch bei Verfütterung verschiedener Kohlenhydrate eine resultierende Ergänzung zur Gesamt-N-Ausscheidung stattfinden kann. Diese gegenseitige Beeinflussung scheint allerdings nur unter bestimmten Ver-

*) 80,65% Kohlenhydrate, dazu 3% Maisöl, 12% Schweinefett, Mineralstoffe und Vitamine.

suchsbedingungen stattzufinden, sie konnte von den zitierten Autoren auch bei einer Zugabe von je 0,1 % essentiellen und nicht essentiellen Aminosäuren nachgewiesen werden. Die Höhe der N-Gabe beträgt in dieser Versuchsreihe allerdings nur die Hälfte des Erhaltungsbedarfes, die Ratten in den mit Aminosäuren ergänzten Gruppen waren zudem proteinverarmt.

MEYER (56) konnte bei der Untersuchung des Rohfaser-Einflusses auf die Höhe des DVN keine Beeinflussung der EHN-Fraktion durch den DVN feststellen. MEYER verfütterte an seine Tiere als Proteinquelle entfettetes Volleiprotein (4% des Gesamtfutters), die Trockensubstanzaufnahme war in der Versuchsreihe mit einer Zellulosegabe geringer als nach den Formelwerten von GEBHARDT (55) zu erwarten war. Bei WOMACK und MARSHALL fehlen allerdings Angaben über die Höhe des Zellstoffanteiles in der Futterration. Es ist daher möglich, daß der fehlende Ballastgehalt und damit die verlängerte Durchgangszeit (MANGOLD und BEHM 54) für eine resultierende Ergänzung verantwortlich ist.

Aus den von verschiedenen Autoren (l. c.) durchgeführten Versuchen und aus dieser Arbeit geht hervor, daß die Höhe des DVN von verschiedenen Faktoren bestimmt wird. Neben dem Lebendgewicht, der Futtertrockensubstanzaufnahme und dem Rohfaserverzehr scheinen vor allem die Menge und die Bestandteile des abgegebenen Kotes einen Einfluß auf die Höhe des DVN auszuüben. Die Abhängigkeit des DVN von der ausgeschiedenen Kotsubstanz läßt sich durch errechnete Korrelationen nachweisen. Die Korrelation Trockenkot–DVN bzw. Ballast–DVN ist nicht fehlerfrei, da der Ballast in N-freien Versuchen zu fast einem Drittel aus Eiweißsubstanz besteht. Die Abhängigkeit der Höhe des DVN von der Kotmenge ist, wie nachgewiesen wurde, in erster Linie auf die im Kot enthaltene Rohfaser zurückzuführen. In Serienversuchen genügt es, die N-freie organische Substanz des Kotes im Laboratorium zu bestimmen, da eine enge Korrelation zwischen der Ausscheidung an N-freiem Ballast und der Höhe des DVN besteht. Die vorhandenen Beziehungen wurden durch statistisch sehr gut gesicherte Gleichungen wiedergegeben.

2.33 Zusammenhänge zwischen Darmverlust-N und Verdauungsdepression

PFEIFFER (1885), der wohl die ersten N-freien und N-Bilanzversuche mit Schweinen durchführte, nahm an, daß bei einer gleichen Menge verdauter Trockensubstanz „gleiche Mengen Stoffwechselprodukte dem Kote zugefügt" sind. WÖHLBIER (49) steht auf dem Standpunkt, daß die Menge der Stoffwechselprodukte im Kot weitgehend von der Art des Futtermittels abhängig ist.

Auch in einer Arbeit von SMUTS (35) wird der Gedanke ausgesprochen, daß der Stoffwechselkot-N ein Maß für die Gesamtheit der geleisteten Verdauungsarbeit ist. Diese Feststellung schließt ein, daß die Komponenten der Futterration im isolierten Versuch unterschiedliche Resultate ergeben. MITCHELL (34) konnte nachweisen, daß eine Verminderung der DVN-Ausscheidung eintrat, wenn das Verhältnis Kohlenhydrate zu Fett, zugunsten des Fettanteils verschoben wurde. Seine Beobachtungen konnten von ZIMMERMANN (52) bestätigt werden.

Die gleichen Befunde können auch bei geringer N-Zufuhr gemacht werden, wie aus Versuchen von McCLELLAN und HANNON (32) am Menschen sowie MENG und YOUMANS (55) an Ratten hervorgeht. MENG und YOUMANS fütterten zu einer protein- und kohlenhydrathaltigen Ration synthetische Triglyceride oder Schweinefett in bestimmten Prozentsätzen. Bei der fettfreien Diät errechneten wir aus den Mittelwerten eine N-Ausscheidung von 161 mg je 100 g Gesamtfutterverzehr; bei einem Anteil von 5% Schweinefett in der Gesamtration war die entsprechende Zahl 121 mg, bei 25% Schweinefettanteil 110 mg. Für die Triglyceride wurden bei einem 5%igem Anteil 131 mg und bei 25% 82 mg errechnet.

Es entsteht bei Fortführung dieser Betrachtungsweise die Frage, *ob das Nahrungsfett einen Einfluß* auf den DVN besitzt. Da Versuchsreihen des Instituts (WERNER und HENNIG) erst angelaufen sind, sollen zur Beurteilung der Wirkung des Fettes auf die Höhe des DVN die Versuche von FINGERLING (14, 38) herangezogen werden. FINGERLING ermittelte die Ansatzwirkung von Fettzulagen in Form von Erdnußöl im Differenzversuch. Da in der Zulageperiode zur gleichen Futterration 180 g Erdnußöl zugelegt wurden, war es möglich, die Verdauungsquotienten des Rohproteins in beiden Versuchsreihen zu vergleichen. Die Prüfung des Unterschiedes der Durchschnitte ergab $t = 0{,}359$, welches einem $P = > 0{,}05$ entspricht.

Es sind also keine Unterschiede vorhanden; die Fettzulage hat zu keiner Verminderung der Verdaulichkeit des N geführt. Eine Beeinflussung des Verdauungsquotienten ist in Versuchen am Wiederkäuer bei größeren Fettzulagen nicht vorhanden, wie Versuche von KELLNER (1900) bei einer Zulage von 800 g Erdnußöl ergaben. Bei KELLNER (24) findet sich eine Zusammenstellung der mit einer Fettzulage im Futter von landwirtschaftlichen Nutztieren durchgeführten Untersuchungen. Es scheint nach den vorliegenden Versuchen wenig wahrscheinlich zu sein, daß die Fettzulage eine Ausscheidung von N-haltigen Substanzen im Kot bewirkt. Die für die Fettverdauung erforderlichen Enzyme und Gallensäfte bzw. ihre Spaltprodukte müßten dann auf dem Wege der Resorption dem Körper wieder nutzbar gemacht und gegebenenfalls im Harn ausgeschieden werden.

2,331 Einfluß der Rohfaserzulage auf den DVN

Auf einen Einfluß der verzehrten Rohfaser auf die Höhe des DVN wurde in den Arbeiten von MURLIN und MATILL (38) und COLUMBUS (51) hingewiesen; eine Literaturzusammenfassung findet sich bei BEHM (54). Bei Zulage eines proteinarmen zellulosereichen Futtermittels ist eine sogenannte *Verdauungsdepression* zu verzeichnen, welche sich auch auf die N-haltige Substanz erstreckt (KELLNER 24).

Die von FINGERLING (14, 51) an Schweinen mit einer Futterstoff- oder Zellmehlzulage durchgeführten Versuche zeigen in allen Fällen eine vermehrte Kot-N-Ausscheidung in der Zulageperiode. Eine höhere (8–10fache) Verdaulichkeit der organischen Substanzen beider Futtermittel bei einem Versuchstier bewirkte nur eine etwas geringere Kot-N-Ausscheidung als beim Vergleichstier. Die zusätzlich erhaltene N-Ausscheidung je 100 g Trockensubstanzzulage beträgt das Mehrfache des bei Schweinen im N-freien Versuch ermittelten DVN-Wertes je 100 g Trockensubstanzaufnahme. Eine Verdauungsdepression tritt auch beim Wiederkäuer durch Zulage rohfaserreicher proteinarmer Futtermittel auf, wie aus den Ergebnissen von KELLNER und KÖHLER (1900) und FINGERLING und Mitarbeitern (36) hervorgeht. Wenn die zwei von KELLNER veröffentlichten Versuche mit der bei einer Stärkezulage erhaltenen Verdauungsdepression verglichen werden, so fällt auf, daß die zusätzliche N-Ausscheidung im Zulageversuch für den Strohstoff geringer als für die Stärke ist. Die Höhe der Verdauungsdepression wurde dabei immer auf 100 g Trockensubstanzzulage bezogen.

Schwein und Wiederkäuer scheinen, wenn man die geringe Zahl von Ergebnissen für eine vorläufige Aussage als ausreichend ansieht, gewisse Unterschiede in der Reaktion auf eine Zulage rohfaserreicher Futtermittel aufzuweisen. Man darf annehmen, daß die Verdauungsdepression beim Wiederkäuer nicht nur auf der vermehrten Ausscheidung von Stoffwechselprodukten und einer möglichen Minderverdauung, bedingt durch eine beschleunigte Passage des Darmkanals, beruht, sondern daß die Störung der symbiotischen Vorgänge im „vorgeschalteten Pansen" zu einer tatsächlichen Minderverdauung bestimmter Nährstoffe führt. In den „nachgeschalteten Gärkammern" der Tiere mit einhöhligem Magen ist die Beeinflussung der Verdaulichkeit des Gesamtfutters durch die Abbauprozesse weniger deutlich. Es tritt bei Wiederkäuern eine allgemeine Depression der Verdaulichkeit ein, die sich auch auf die anderen Futtermittelkomponenten erstreckt.

2,332 Einfluß von Kohlenhydratzulagen auf den DVN

Die Wirkung der Zugabe von leichtverdaulichen Futtermitteln auf die Verdauung wurde schon von HENNEBERG und Mitarbeitern (1864) beschrieben. Sie stellten eine erniedrigende Wirkung auf den Verdauungskoeffizienten des Rohproteins fest, der durch eine Vermehrung der Eiweißzufuhr teilweise entgegengewirkt werden konnte. Die Ergebnisse der „relativen Ausnutzungsdepression", wie die Verdauungsdepression bezeichnet wurde, stellte HENNEBERG tabellarisch zusammen. Die Ergebnisse haben für eine Auswertung nur einen bedingten Wert, da keine echten Differenzversuche vorliegen. HENNEBERG benutzte deshalb eine Formel, um die Beziehungen auf eine allgemeinere Basis zu bringen.

Tabelle 16. *Verdauungsdepression des Rohproteins in Versuchen an Wiederkäuern*

Versuchs-Nr.	N-Mehrausscheidung je 100 g Stärkezulage mg	Versuchs-Nr.	N-Mehrausscheidung je 100 g Stärkezulage mg
I/II a	157	III/II	536
I/II b	129	IV/II	542
II/II	313	V/II a	403
VI/II a	722	V/II b	654
VI/II b	629	VI/III	531
V/III	779	XX/III	613

KÜHN und Mitarbeiter (1894) kamen bei ihren methodisch schon besser entwickelten Untersuchungen zu den gleichen Ergebnissen wie HENNEBERG. Ihre Versuche mit Wiesenheu und einer Stärkezulage haben wir in Tabelle 16 zusammengestellt.

Das Ausmaß der Verdauungsdepression — bezogen auf 100 g Stärketrockensubstanz — zeigt beträchtliche Schwankungen. Der Mittelwert beläuft sich auf 500,7 (± 57,6) mg N. KELLNER und KÖHLER (1900) beziffern die N-Mehrausscheidung für 100 g verdaute Stärke auf 910 mg und für 100 g verdaute Melasse auf 1060 mg. In seinem Lehrbuch gibt KELLNER (24) auf Grund seiner vergleichenden Versuche mit der STUTZERschen Methode die Mehrausscheidung mit 0,3—0,5 g N, im Mittel 0,4 Teile Stickstoff je 100 g Trockensubstanz an. Die Befunde zeigen also bei durchaus gleicher Futterzusammensetzung eine sehr große Streuung, die nicht allein auf Versuchsfehlern und der geringen Streuung in der Ausscheidung an N-freiem Ballast beruhen kann.

Bei der Auswertung der Versuche von FINGERLING mit Schweinen ist auch eine größere Schwankung der N-Mehrausscheidung vorhanden. Sie dürfte auch auf der bei Respirationsversuchen nicht ins Gewicht fallenden Verwendung höher konzentrierter Lösungen zur Titration beruhen. Die Tabelle 17 gibt die von FINGERLING (14, 32) erhaltene Mehrausscheidung bei einer Stärkezulage wieder. Die N-Mehrausscheidung je 100 g Stärkezulage beträgt 355 (± 68) mg N. Der aus den Versuchen von FINGERLING (41) errechnete Mittelwert von 94,6 mg je 100 g Rohrzucker liegt im Bereich der in N-freien Versuchen mit Schweinen ermittelten DVN-Ausscheidung (Tab. 18). Der mittlere Fehler von 24,8 mg ist erheblich. Die Prüfung der Abweichung des Mittelwertes von Null ergab ein t von 3,820, dazu $P = 0{,}05 : t = 2{,}776$ erforderlich ist, und wir einen höheren t-Wert erhielten, kann der Unterschied als gesichert betrachtet werden. Es scheint trotz der großen Streuung wissenswert zu sein, ob in den Versuchen FINGERLINGS mit Schweinen der Unterschied in der N-Mehrausscheidung je 100 g Trockensubstanzzulage bei Stärke- und Zuckerzulage zufällig ist oder ob ein tatsächlicher Unterschied angenommen werden kann. Bei einem errechneten t von 3,586 ist die Differenz der Mittelwerte mit $P = < 0{,}01$ gut gesichert. Es kann auf Unterschiede in der N-Mehrausscheidung bei Stärke und Zucker geschlossen werden.

Tabelle 17. *Verdauungsdepression des Rohproteins im Versuch an Schweinen* (FINGERLING)

Versuchs-Nr.	III/2	I/3	III/5	V/2	V/6
N-Mehrausscheidung je 100 g Stärkezulage mg	178	485	203	424	487

Nach Abschluß dieser Arbeit erschien von NEHRING und FRANKE (57) eine Mitteilung über den Einfluß gestaffelter Stärkegaben auf die Verdaulichkeit der Futterration. Die Versuche mit Ochsen beestätigen im wesentlichen die Ergebnisse von KÜHN und KELLNER (l. c.). Die Verdauungsdepression des Rohproteins des Grudfutters ist von der Höhe der Stärkegabe abhängig. Je 100 g Stärkezulage beträgt die N-Mehrausscheidung 643–800 mg.

Tabelle 18. *Verdauungsdepression des Rohproteins im Versuch an Schweinen* (FINGERLING)

Versuchs-Nr.	43/8	47/8	42/7	44/7	50/7
N-Mehrausscheidung je 100 g Rohrzuckerzulage mg	30	100	120	53	170

Die drei mit Schweinen durchgeführten Versuchsreihen zeigen in jedem Falle eine Beeinflussung des Verdauungsquotienten des Rohproteins durch die Stärkezulage. In der Versuchsreihe 1 wurde die Stärke dem Grundfutter trocken beigemischt, in der Versuchsreihe 2 und 3 wurde die Stärke mit heißem Wasser aufgequollen, in der dritten Versuchsreihe erfolgte die Zugabe des Vitaminpräparates „Citosan". In der ersten Versuchsreihe steigt mit Erhöhung der Zulage auch die N-Mehrausscheidung je 100 g Stärkezulage, sie beträgt 411—618 mg. In der zweiten Versuchsreihe beträgt die N-Mehrausscheidung 213—485 mg N und in der dritten Versuchsreihe 140—309 mg N je 100 g Stärkezulage. In den beiden letzten Versuchsreihen nimmt eigenartigerweise die N-Mehrausscheidung je Zulageeinheit ab. Bei der dritten Versuchsreihe ist zudem bei einer Zulage von 900 g Stärke keine Verdauungsdepression der Rohfaser eingetreten. Die N-Mehrausscheidung von 140 mg je 100 g Stärkezulage entspricht in diesem Versuch dem bei unseren Sauen erhaltenen DVN-Abstoß.

Die von NEHRING und FRANKE mitgeteilten Ergebnisse erbringen den Nachweis, daß die N-Mehrausscheidung je 100 g Stärkezulage bei aus mehreren Futtermitteln zusammengesetzten Futterrationen größer ist als bei Zulage der Stärke zu einem rohfaserarmen Futtermittel (Tab. 20). Bei der Zulage von Kohlenhydraten zum rohfaserreichen Haferschrot (Tab. 20) war die N-Mehrausscheidung größer. Bei eigenen Versuchen (HENNIG 58a) mit einer kombinierten Futterration war bei der Zulage von 400 und 800 g Rubaquell die N-Mehrausscheidung je 100 g Zulage geringer als bei FINGERLING (Tabelle 17) oder bei NEHRING und FRANKE (57). Die von WOMACK und MARSHALL (55) und WOMACK und Mitarbeitern (53) nachgewiesenen Unterschiede in der Kot-N-Ausscheidung bei verschieden behandelter Stärke dürfte für diese Abweichungen zutreffend sein.

Weitere Anhaltspunkte über die unterschiedliche Ausscheidung von N-haltigen Stoffwechselprodukten bei Verfütterung verschiedener Kohlenhydrate finden sich bei WOMACK und MARSHALL (55) und WOMACK und Mitarbeitern (53). Wir haben den in den Versuchen der Autoren ermittelten Kot-N bzw. DVN in Beziehung zur Trockensubstanzaufnahme gesetzt (Tabelle 19), und es ergab sich

Tabelle 19. *Unterschiede in der DVN-Ausscheidung bei Zufuhr verschiedener Kohlenhydrate (nach* WOMACK, MARSHALL *und* PARKS)

Kohlenhydrat	Zahl der Gruppen	DVN je 100 g Trockensubstanzaufnahme mg
Rohrzucker	22	99
Glukose	3	87
Fruktose	3	96
Maisstärke, roh	2	112
Maisdextrin	11	129
Maisstärke, gekocht	3	172
Reisstärke, gekocht	3	171
Weizenstärke, gekocht	5	191
Kartoffelstärke, gekocht	3	219

Tabelle 20, *Ermittlung des Darmverlust-N im Differenzversuch*

Versuchs-Nr.	Versuchsfuttermittel	Zu erwartende N-Verdaulichkeit auf Grund des Verdauungsquotienten im isolierten Versuch g	N-scheinbar verdaut im N-Bilanzversuch g	N-Minderverdauung g	Zugabe an N-freier Trockensubstanz g	N im Kot je 100 g Trockensubstanzzulage g
V/24/25	Gerstenschrot	12,446	9,759	2,687	1387,5	0,194
X/32/33	Gerstenschrot	12,136	9,619	2,517	1387,5	0,181
X/37/38	Kartoffelflocken	9,994	7,853	2,141	1383,2	0,155
XX/23/24	Kartoffelflocken	10,220	8,554	1,666	1383,2	0,120
II/25/26	Kartoffelflocken	9,994	7,913	2,081	1383,2	0,150
X/19	Weizenkleie III	5,539	2,989	2.550	1962,8	0,130
I/4	Weizenkleie II	18,624	17,449	1,175	615,9	0,191
X/9	Weizenkleie I	8,156	5,601	2,555	1799,6	0,142
V/1	Weizenkleie I	8,156	4,633	3,523	1799,6	0,196
III/3	Weizenkleie II	7,567	5,242	2,325	1498 8	0,155
I/3	Weizenkleie II	5,616	4,379	1,237	1373,2	0,090
I/5	Weizenkleie II	9,236	7,657	1,579	1241,1	0,127
V/8	Weizenkleie II	7,496	4,662	2,834	1855,4	0,153
II/9/10	Haferschrot	7,333	2,616	4,717	1484,0	0,318
V/15/16	Haferschrot	7,335	3,018	4,317	1521,0	0,284

ein eindeutiges Bild über die verschiedenartige Beeinflussung des DVN durch die gefütterten Kohlenhydrate.

Die Versuche mit Ratten bestätigen die für das Schwein aufgestellte Vermutung, daß der DVN für die vorwiegend aus Stärke oder Zucker bestehenden Rationen verschieden ist. Die Unterschiede für die einzelnen Stärkearten sind gleichfalls interessant, da aber der Aussagebereich durch das Fehlen der Einzelwerte – und damit auch der Kenntnis der Varianz – eingeengt ist, erübrigen sich weitere Darlegungen.

Die Ergebnisse der beiden Arbeiten bestätigen die von MITCHELL und BERT (53) aufgestellte These, daß der DVN bei geringen Zulagen hochverdaulichen Proteins kaum eine Erhöhung erfährt. Andererseits ist aus dem sehr umfangreichen Zahlenmaterial zu ersehen, daß der DVN bei längerer Verabreichung der gleichen Kost mit zunehmender Versuchsdauer abnimmt. ZIMMERMANN (52), der bei seinen Versuchen für die Mehrzahl seiner Versuchsratten das gleiche Symptom feststellen konnte, sagt, daß diese Erscheinung „eventuell als eine Anpassung des Organismus an die Beschaffenheit des stets gleichbleibenden Versuchsfutters gewertet werden kann". In unseren Versuchen ist die Ermittlung eines solchen Einflusses sehr schwierig, da Lebendgewicht und Futteraufnahme sich im Verlauf der Versuchszeit änderten. Bei einigen Tieren tritt aber mit der Zunahme der Versuchszeit trotz steigender Futteraufnahme eine Verminderung der Ausscheidung an N-freiem Ballast auf. Da dieser stark mit dem DVN korreliert, ist auch bei unseren Tieren mit einer Einflußnahme der Versuchszeit zu rechnen.

Die Abnahme des DVN könnte durch eine verstärkte Aufschließung der Zellulose oder eine verlängerte Durchgangszeit des rohfaserarmen Verdauungsbreies hervorgerufen werden. Die von ZIMMERMANN (52) berichtete Abnahme in 14 seiner 19 N-freien Versuche ist in jedem Falle durch einen Anstieg des EHN kompensiert worden, wenn auch eine allgemeine Tendenz zur Steigerung der EHN-Ausscheidung im zweiten Experiment wegen des höheren Lebendgewichts auftritt. Da auch bei WOMACK und Mitarbeitern (53) die gleiche Erscheinung festzustellen ist, kann die Verminderung des DVN bei länger andauernder Verabreichung rohfaserarmer Diäten im Sinne einer resultierenden Ergänzung zur Gesamt-N-Ausscheidung gesehen werden.

Wenn wir eine Kenntniszusammenfassung vornehmen, so kann gesagt werden, daß die einzelnen Nährstoffe im Tierversuch durchaus nicht eine adäquate DVN-Ausscheidung hervorrufen. Es bestehen Unterschiede, über deren Größe erst nach Experimenten mit einer speziellen Fragestellung Aussagen gemacht werden können.

2,34 Die Ermittlung des DVN im Differenzversuch

Da die Befunde zahlreicher Autoren gezeigt haben, daß beim Schwein eine Gleichsetzung der Verdauungsdepression des Rohproteins mit der DVN-Absonderung eine zumindest untersuchungswürdige Frage ist, haben wir die N-Bilanzversuche zur Feststellung des Erhaltungsbedarfes durch Verdauungsversuche mit Futtermitteln ergänzt. Sie sollten darüber Auskunft geben, in welchem Maße durch die Zulage der Kohlenhydrate der scheinbare Verdauungsquotient des Prüffuttermittels reduziert wird und wie groß die N-Mehrausscheidung je 100 g Kohlenhydratzulage ist. Die Ergebnisse der Auswertung finden sich in der nachfolgenden Tabelle 20 und der graphischen Darstellung 5. Weitere Angaben über die Errechnung der zusätzlichen N-Ausscheidung und die Biologische Wertigkeit der geprüften Futtermittel sind in einer anderen Veröffentlichung zu finden (HENNIG 57b).

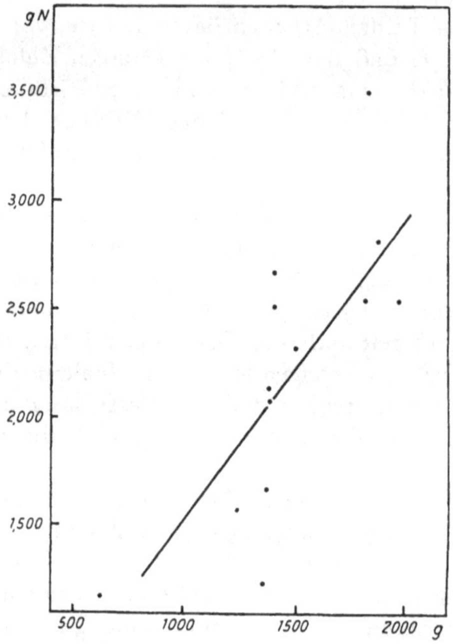

Abb. 5. Abhängigkeit der zusätzlichen N-Ausscheidung von der Höhe der Kohlenhydratzulage (x = Zulage an Stärke- und Zuckertrockensubstanz in g, y = zusätzliche N-Ausscheidung g)

Aus der Tabelle 20 und Abb. 5 ist zu entnehmen, daß mit steigender Kohlenhydratzulage die N-Ausscheidung im Kot vermehrt wird. Die Untersuchung der Abhängigkeit der zusätzlichen N-Ausscheidung von der Höhe der Zulage ergab ein Bestimmtheitsmaß von 0,56 (unter Ausschluß der beiden Versuche mit Haferschrot). Im N-Grundumsatzversuch war ein großer Teil der Schwankungen in der DVN-Ausscheidung je 100 g Trockensubstanzaufnahme durch die variierende Ausscheidung der Kotrohfaser bedingt. Bei der Errechnung der Mittelwerte der DVN-Ausscheidung, getrennt nach dem Grundfutter der Ration, erhalten wir durchaus nicht einheitliche Zahlen (Tabelle 21).

Werden bei der Errechnung des Durchschnittes die Versuche mit Hafer nicht berücksichtigt, so erhalten wir eine DVN-Ausscheidung je 100 g Trockensubstanz, die etwas größer als der Mittelwert der N-freien Versuche ist.

Tabelle 21. *DVN-Ausscheidung im Differenzversuch bei verschiedenem Grundfutter*

Grundfutter	Zahl der Versuche	DVN je 100 g Trockensubstanzzulage g
Gerste	4	0,188
Kartoffelflocken	5	0,142
Hafer	3	0,301
Weizenkleie	8	0,148

Die tägliche Ausscheidung an Kotrohfaser betrug im Mittel sämtlicher Differenzversuche 38,4 g, in den N-freien Versuchen betrug sie 27,8 g, in der Gruppe A reichte sie mit 37,0 an den in den Differenzversuchen ermittelten Wert heran, obwohl die Rohfaseraufnahme etwas größer war.

Die DVN-Werte für die Differenzversuche zeigen für jedes Futtermittel eine unterschiedliche Größe und nehmen mit der Rohfaserausscheidung im Kote zu. In den Versuchen mit Hafer, Gerste und Kartoffelflocken wurden gleiche Gaben an Grundfutter und N-freiem Futter verabfolgt, bei Weizenkleie erwiesen sich aus methodischen Gründen unterschiedliche Gaben erforderlich, deshalb ist die Kotrohfaserausscheidung mit den übrigen drei Versuchsreihen nur bedingt vergleichbar. Für die drei ersteren Versuchsreihen ergibt sich eine eindeutige Abhängigkeit der DVN-Ausscheidung vom Kotrohfasergehalt. Die statistische Analyse ergibt ein Bestimmtheitsmaß von 0,73.

Dabei ist zu berücksichtigen, daß die mit Sau II und V durchgeführten Versuche mit Haferschrot eine etwas größere Streuung, bedingt durch die unterschiedliche Verdauung der übrigen Nährstoffe und des daraus resultierenden Gesamtkotvolumens, aufweisen. Die Beziehung zwischen dem prozentischen Rohfasergehalt in der Ration und der DVN-Ausscheidung je 100 g Futtertrockensubstanzaufnahme ist für die drei Versuchsreihen ebenfalls gut gesichert. Dies bedeutet, daß der verzehrte Rohfaseranteil unter ähnlichen Versuchsbedingungen zu Aussagen herangezogen werden kann.

Die Versuche mit Weizenkleie können, wie schon erwähnt, wegen verschieden hoher Gaben an Weizenkleie und N-freiem Material nicht gemeinsam mit den übrigen Versuchen zur Ermittlung des Einflusses der Kotrohfaser auf den DVN herangezogen werden. Sie lassen jedoch erkennen, daß die DVN-Ausscheidung je 100 g Trockensubstanzaufnahme mit der Kotrohfaser korreliert, was durch das errechnete B von 0,67 auch zum Ausdruck kommt.

Unsere Versuche haben gezeigt, daß die Größe der *Verdauungsdepression der N-haltigen Substanz bei Zulage von Stärke und Zucker* etwa der im N-freien Versuch ermittelten DVN-Ausscheidung entspricht. Die Verdauungsdepression der N-haltigen Substanz ist bei einer Kohlenhydratzulage zur Grundfutterration des Schweines nicht im Sinne HENNEBERGs und KÜHNs eine eigentliche „Deprimierung" der Verdauung, sondern ein Ergebnis der für die zugelegten Kohlenhydrate erforderlichen „Verdauungsarbeit", die vorwiegend in der enzymatischen Spaltung der Polysaccharide und Oligosaccharide bestehen dürfte. Bei rohfaserreichen Futterrationen (Versuche mit Haferschrot und FINGERLINGs (14, 32) Respirationsversuche) ist gegenüber den N-freien und anderen Differenzversuchen (Tab. 21) ein erhöhter DVN-Abstoß je 100 g Stärkezulage festzustellen. Eine bessere Verdauung der N-haltigen Substanz im isolierten Versuch ist kaum anzunehmen. Die von uns erzielten Ergebnisse stimmen mit den Befunden von MANGOLD und BEHM (5) gut überein. Bei deren Untersuchungen trat bei steigenden Zellulosegaben eine Erhöhung der DVN-Ausscheidung je 100 g rohfaserreiche Trockensubstanz auf.

2,35 *Zusammenfassung der Ergebnisse und Schlußfolgerung*

Am Ende dieses Abschnittes soll eine Zusammenfassung der Kenntnisse über die *Methode der DVN-Bestimmung* vorgenommen werden. Die Versuchsergebnisse werden dabei in Zusammenhang mit der Wirkung der Gesamtration gebracht. Eine Ganzheitsbetrachtung der Futterration, wie sie von WERNER (55) gefordert wird, war Anlaß zu der von uns vorgenommenen Auswertung der Versuchsergebnisse. Die genaue Errechnung der DVN-Abgabe ist für Versuche, die eine Ermittlung der Eiweißwertigkeit für Zwecke der Erhaltung anstreben, von größerer Bedeutung als für Versuche, in denen die Eiweißwertermittlung für Wachstum, Eier- und Milcherzeugung vorgenommen wird. Der DVN wird in letzteren Versuchen kaum zu einer wesentlichen Fehlerquelle, da er nur einen geringen Anteil des umgesetzten Eiweißes bildet. Bei Versuchen zur Bestimmung der Eiweißwertigkeit für Erhaltung beträgt er aber immerhin 40–50% des umgesetzen Eiweißes.

Der *DVN* steht, das kann nach den vorliegenden Versuchsergebnissen mit Bestimmtheit gesagt werden, *in engem Zusammenhang mit der Menge und Art der zugeführten Kohlenhydrate.* Wobei anzunehmen ist, daß Polysaccharide und Oligosaccharide durchaus unterschiedliche Effekte hervorrufen. Das Nahrungsfett hat keinen oder nur einen sehr geringen Einfluß auf die Höhe der DVN-Ausscheidung. Bei vorwiegend aus Einfachzuckern bestehenden Rationen findet trotz der fehlenden „Verdauungsarbeit" eine Ausscheidung N-haltiger Kotsubstanz statt. Auch im Hunger wird nach Befunden von MÜLLER (1884) Kot ausgeschieden, welcher sehr stickstoffreich ist.

SCHNEIDER (35), SEEGERS (38), ALBANESE und Mitarbeiter (48) und MITCHELL und BERT (54) vertreten deshalb die Ansicht, daß der DVN eine von der Art des Futters unabhängige Fraktion enthält, die nach Befunden amerikanischer Forscher mit dem Lebendgewicht korreliert. Eine Erklärung für diese konstante von exogenen Faktoren unabhängige DVN-Abgabe gibt die kürzlich erschienene Arbeit von LEBLOND und STEVENS (53) über die fortwährende Erneuerung des Darmepithels. Die Untersuchungen wurden an weiblichen weißen Ratten verschiedenen Gewichts vorgenommen.

Da die Ergebnisse der amerikanischen Autoren in der deutschen Literatur bisher noch nicht erwähnt wurden, sollen sie kurz dargestellt werden.

LEBLOND und STEVENS untersuchten histologisch die Zahl der im intestinalen Epithel vorsichgehenden indirekten Zellteilungen, und mit Hilfe der Colchicinmethode wurde die durchschnittliche Dauer der Mitose je Zeiteinheit ermittelt. Danach befinden sich durchschnittlich 3,07% der Epithelzellen im Duodenum und 3,49% im Ileum im Zustande der Teilung. Die Messungen zu verschiedenen Tageszeiten (8^{00}, 16^{00} und 24^{00} Uhr) ergaben ein Maximum bei der Morgenzählung. Die individuellen Unterschiede zwischen den Tieren waren jedoch größer als die tageszeitlichen Schwankungen.

Die Absonderung der Zellen in das Darmlumen erfolgte in einer Ausstoßungszone (extrusion zone) an der Spitze der Darmzotten, da nur hier degenerierte Zellen histologisch sichtbar waren. Die Zellen wandern dabei aus den LIEBERKÜHNschen Krypten entlang der Oberfläche der Darmzotten zur Spitze der Zotten. Bei fastenden Tieren findet trotz Gewichtsverlust die Mitose weiter statt. Im Darmvolumen wurde dabei das häufige Vorkommen von einer großen Zahl von abgestorbenen aber unverdauten Zellen vermerkt. Die abgestoßenen Epithelzellen dürften damit einen nicht unbeträchtlichen Teil des Hungerkotes bilden. Die von den Darmzotten bei Nahrungszufuhr ausgestoßenen Zellen sind bei ausreichender Nahrungszufuhr nur schwer im Darmlumen nachzuweisen, weil sie wahrscheinlich durch die wirksamen eiweißspaltenden Fermente sehr schnell abgebaut werden. Sollten bei einer eiweißfreien Ernährung die gleichen Ergebnisse erzielt werden, so würde die bei Zufuhr von N-freiem Futter ausgeschiedene Kot-N-Menge auf die abgestoßenen Zellen der hinteren Darmabschnitte oder andere Quellen entfallen und die von SCHNEIDER, SEEGERS und ALBANESE (l. c.) angenommene futterunabhängige Fraktion des DVN aus erwähnten Darmabschnitten stammen.

Der Arbeit von LEBLOND und STEVENS ist weiter zu entnehmen, daß bei einer errechneten Dauer der Mitose von 1,13 Stunden die Epithelzellen im Zwölffingerdarm durchschnittlich 37,7 Stunden und im Krummdarm durchschnittlich 32,4 Stunden von Bestand sind. Die Resultate lassen nach Aussage der Autoren auch einen Schluß auf die „turnover time" des gesamten intestinalen Epithels zu. Von Bedeutung ist weiterhin, daß keine wesentlichen Unterschiede in der mitotischen Aktvität im Epithel der Zellkerne von wachsenden (50—90 g Lebendgewicht) und ausgewachsenen (230—260 g) Ratten gefunden wurde.

Eine Beeinflussung der je 100 g Kohlenhydrataufnahme ermittelten DVN-Ausscheidung ist in starkem Maße durch die mitausgeschiedene Rohfaser des Kotes zu erwarten. Diese steht in rohfaserarmen Rationen in Zusammenhang mit der Kotausscheidung. Bei geringer, vor allem unregelmäßiger Kotausscheidung, ist an eine zusätzliche Resorption N-haltiger Substanzen zu denken, die sich im Sinne einer resultierenden Ergänzung des EHN und DVN zur Gesamt-N-Ausscheidung äußert. Ein weiterer DVN-Anteil entfällt nach vorliegender Konzeption sicherlich auch auf die im Testfuttermittel enthaltenen Nährstoffe. Es ist deshalb zu erwarten, daß proteinarme, aber kohlenhydratreiche Futtermittel durch einen größeren DVN-Anteil belastet werden als reine Eiweißfuttermittel. Ein Vergleich der Verdauungsquotienten dieser Futtermittelgruppe in den Futtertabellen (WERNER 49) zeigt, daß ein Einfluß des Nährstoffverhältnisses der Futterration oder des Futtermittels auf den scheinbaren Proteinverdauungsquotienten angenommen werden kann. Es muß auch erwähnt werden, daß die Verdauungsquotienten des Rohproteins von kohlenhydratreichen proteinarmen Futtermitteln für Wiederkäuer in der Regel etwas geringer sind als die der Schweine, was ungeachtet sonstiger Einflüsse, als ein Ausdruck für die größere N-Mehrausscheidung bei Versuchen mit Stärkezulage bei Wiederkäuern gewertet werden kann.

Die Zusammenfassung der vorliegenden Ergebnisse ergibt, daß die *Höhe des DVN von zahlreichen Faktoren abhängig* ist. Bei ausreichender, auf die Erzielung einer tierischen Leistung abgestellten Ernährung, dürfte der DVN-Anteil, welcher auf das gefressene Futter entfällt, am größten sein. Bei Untersuchungen zur Ermittlung der Biologischen Wertigkeit muß deshalb in dieser Kategorie auf eine konventionell festgelegte Trockensubstanzaufnahme und eine einheitliche Zusammensetzung des verabreichten N-freien Futters geachtet werden. Da ein weiterer Faktor der Rohfasergehalt des Kotes und damit auch des Futters ist, sind Vorschläge für eine Standardisierung der Methodik, wie sie von MANGOLD und BEHM (55) gemacht wurden, von großer Bedeutung. Die Einhaltung eines minimalen Rohfasergehaltes der Ration, der eine regelmäßige Kotabsonderung ermöglicht, scheint zumindest für die Errechnung repräsentativer und vergleichbarer Ergebnisse der „wahren" Verdaulichkeit notwendig.

Der bestehende Einfluß der endogenen futterunabhängigen DVN-Fraktion dürfte bei ausreichendem Ernährungsregime keine Streuung der Ergebnisse bewirken. Der auf den Kohlenhydratanteil des Prüffuttermittels zurückzuführende DVN-Anteil ist mit Hilfe der Bilanzmethodik kaum exakt erfaßbar, wenn nicht an einen schematischen Zuschlag je 100 g verdaulicher Kohlenhydrate gedacht werden soll. Eine ähnliche Stellung muß zum Rohfasergehalt des Futtermittels bezogen werden. Wie am Beispiel des Haferversuches gezeigt werden konnte, nimmt er einen nicht unbedeutenden Einfluß auf die Gesamt-DVN-Ausscheidung. Es erweist sich vielleicht als zweckmäßig, da eine Ermittlung des resorbierten Anteils mit markierten Futtermitteln kaum in größerem Maße möglich ist, im Sinne von WÖHLBIER (49) den DVN-Anteil als charakteristisch für das betreffende Futtermittel anzusehen. Eine isolierte Beurteilung des Futtereiweißes ist damit durch den Tierversuch nicht möglich. Bei einem Vergleich der resorbierten Eiweißanteile mehrerer Futtermittel ist insbesondere bei weitem Nährstoffverhältnis eine Aussage über die BW der Aminosäuregarnitur äußerst fragwürdig.

Die serienweise Durchführung von BW-Versuchen erfordert aus diesem Grunde die Einhaltung eines gleichen Nährstoffverhältnisses und die Bemessung des Futterverzehrs nach dem Lebendgewicht. Die Anwendung einer tierspezifischen Formel, wie sie von COLUMBUS und seinen Schülern (l. c.) errechnet wurde, ist zur Festlegung der Höhe der DVN-Abgabe unumgänglich. Die Berücksichtigung der möglichen N-Mehrausscheidung kann durch die von uns angegebenen Formeln rechnerisch vorgenommen werden.

2,4 Die Ermittlung des Stickstofferhaltungsbedarfes

Der N-Erhaltungsbedarf (NEB) ist ein Ausdruck für den gesamten bei N-freier, aber energetisch ausreichender Ernährung im Harn und Kot ausgeschiedenen Stickstoff. Der NEB setzt sich demnach aus dem endogenen Harnstickstoff und dem Darmverlust-Stickstoff zusammen. Die Menge des abgebauten Körpereiweißes muß sich in eine Beziehung zum Gewicht bringen lassen, da sich für beide Summanden eine statistisch gesicherte Abhängigkeit vom Lebendgewicht errechnen läßt. Die Korrelierung des NEB mit dem Lebendgewicht muß enger als bei DVN und EHN sein, da durch die nachgewiesene resultierende Ergänzung beider Bestandteile der Korrelationskoeffizient verringert wird.

2,41 Eigene Ergebnisse

Die Verrechnung der Versuche wurde nach der Methode der kleinsten Quadrate vorgenommen. Es wurden die Logarithmen des Gewichts (x) und des NEB (y) für die Auswertung benutzt, da sie die vorhandene Beziehung besser als die numerischen Werte wiedergeben. Zur Anwendung kam also das gleiche statistische Verfahren wie im Abschnitt 2,22. Es ergab sich für:

$$N = 31$$

$$\bar{x} = 2{,}32070 \qquad B = 0{,}67$$

$$\bar{y} = 0{,}84482 \qquad t = 7{,}719$$

$$b = 0{,}6657 \qquad P = < 0{,}001$$

$$\log a = 0{,}29993-1$$

Unter Einsetzung der errechneten Werte ergibt sich die folgende Gleichung:

$$Y = 0{,}29993 - 1 + 0{,}6657 \cdot x$$

Die Gleichung ist mit einem $P = < 0{,}001$ sehr gut gesichert. Das Bestimmtheitsmaß übertrifft mit 0,67 die für den EHN (0,55) und DVN (0,33) ermittelten Zahlen. Der errechnete NEB ist also besser gesichert als seine Summanden.

Die Gleichung ergibt, wie aus Abb. 6 entnommen werden kann, eine lineare Regressionslinie. Für die numerische Wiedergabe des Zusammenhangs zwischen Körpergewicht und Erhaltungsbedarf bei sättigender Futteraufnahme ergibt sich folgende Gleichung:

$$\text{NEB (in g)} = 0{,}1995 \cdot \text{G (Lebendgewicht in kg)}^{0.6657}$$

Mittels der errechneten Exponenten und der Konstanten läßt sich der NEB zum Lebendgewicht in Beziehung bringen und errechnen. Der NEB kann dann bei N-Bilanzversuchen in die BW-Formel eingesetzt werden und braucht nicht in N-freien Vor- oder Nachversuchen ermittelt werden.

Die Abweichungen der errechneten von den beobachteten Mittelwerten liegt in der bei N-freien Versuchen festzustellenden Größenordnung (Tabelle 22).

Tabelle 22. *Gesamt-Ausscheidung in den einzelnen Gewichtsklassen und Abweichung der errechneten Werte von den beobachteten Werten*

Gewicht kg	Zahl der Versuche	Gewicht im Mittel kg	N-Ausscheidung im Versuch g	NEB errechnet g	Abweichung der errechneten von beobachteten Werten %
110—150	3	127,0	4,266	5,017	+ 14,97
151—175	2	171,6	6,880	6,088	— 13,30
176 - 200	5	187,4	6,895	6,500	— 6,08
201—225	9	210,4	7,441	7,021	— 5,98
226—250	5	229,8	7,464	7,445	— 0,26
251—280	7	277,8	7,842	8,447	+ 7,16

Auffällig ist die starke Abweichung in der niedrigen Gewichtsklasse, die auch für die Differenzen in der nächsthöheren Gewichtsklasse verantwortlich ist.

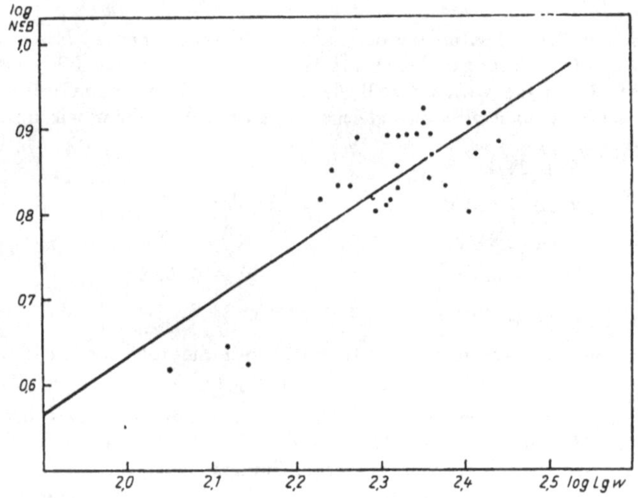

Abb. 6. Zusammenhang zwischen Lebendgewicht (x) und dem NEB (y) bei Sauen im Gewicht von 110—330 kg

COLUMBUS (51) ermittelte bei wachsenden Schweinen in bestimmten Gewichtsabschnitten EHN-Werte, die aus dem allgemeinen Anstieg der N-Ausscheidung mit zunehmendem Gewicht herausfielen. Diese periodisch bedingten Schwankungen unterliegen wahrscheinlich Einflüssen auf den Entwicklungsrhythmus. Die Höhe der N-Retention zeigt bei wachsenden Schweinen eigenartigerweise ähnliche Schwankungen (SCHMIDT und Mitarbeiter (33) und MÖLLGAARD (55).

Die nachgewiesene Beziehung zwischen NEB und der N-Ausscheidung je kg Lebendgewicht und je m² Oberfläche ist in Tabelle 23 für die einzelnen Gewichtsklassen zusammengestellt.

Tabelle 23. *Die Höhe des NEB je kg Lebendgewicht, je m² Körperoberfläche, je 100 g Trockensubstanzaufnahme und je kcal Grundumsatz*

Durchschnitts-gewicht kg	N-Ausscheidung je kg Lebendgew. mg	N-Ausscheidung je m² Oberfläche g	N-Ausscheidg. je 100 g Trockensubstanzaufnahme mg	N/je kcal Grundumsatz mg
127,0	33,6	1,871	268	1,76
171,6	40,1	2,466	325	2,38
187,4	36,8	2,332	323	2,27
210,4	35,4	2,325	330	2,29
229,8	32,5	2,235	312	2,19
227,8	28,2	2,037	329	2,07

Die Gesamt-N-Ausscheidung nimmt je kg Lebendgewicht mit zunehmendem Lebendgewicht ab. Eine Ausnahme bilden wieder die drei Versuche der Gruppe von 110–150 kg. Die Abnahme der N-Ausscheidung ist unter Einschluß dieser Tiere statistisch sehr gut gesichert. Das Bestimmtheitsmaß beträgt für alle 31 Versuche 0,41.

Die Abnahme der N-Ausscheidung mit zunehmendem Gewicht in g je m² Oberfläche ist nicht so deutlich ausgeprägt wie je kg Lebendgewicht. Eine Einflußnahme des Trockensubstanzverzehrs auf die N-Ausscheidung ist, wie auch auf Grund der reichlichen Energiezufuhr zu erwarten war, nicht nachzuweisen. Je 100 g aufgenommene Trockensubstanz werden in allen Gewichtsklassen – mit Ausnahme der leichteren Tiere – 312–329 mg N ausgeschieden. Die Mittelwerte für die einzelnen Gewichtsklassen sind in Tabelle 23 zusammengestellt.

Da die endogene N-Ausscheidung eine ähnliche charakteristische Größe wie die Körpertemperatur und der Grundumsatz ist, wurde sie von TERROINE und SORG-MATTER (28) mit dem Grundumsatz in Beziehung gebracht. Es ergaben sich dabei für unsere Sauen, die in Tabelle 23 errechneten Werte. Die von den französischen Autoren für Ratte, Hund, Kaninchen und Mensch ermittelten Daten werden in Tabelle 24 mit unseren Resultaten verglichen. Der Grundumsatz der Schweine wurde nach BREIREM (36) und der N-Grundumsatz der Börge nach COLUMBUS (51) errechnet.

Tabelle 24. *NEB je kcal Grundumsatz beim Menschen und verschiedenen Säugetieren*

Tierart	Minimale N-Ausscheidung in g pro kg und Stunde	Kalorien pro kg und Stunde	N 1000 / Kalorien
Mensch	0,00217	0,93	2,33
Ratte	0,0188	7,80	2,41
Hund	0,0067	2,39	2,80
Kaninchen	0,0090	3,40	2,65
Sau, 210 kg	0,00139	0,64	2,17
Borg, 50 kg	0,00311	1,10	2,83

Die ausgewachsenen Sauen zeigen eine relativ niedrige N-Ausscheidung je kcal Grundumsatz. Die etwas höhere Ausscheidung des wachsenden Schweines gegenüber dem ausgewachsenen liegt wahrscheinlich in dem höheren Eiweißanteil je kg Körpersubstanz begründet. Der Grundumsatz ist allerdings nach Versuchen von BENEDICT und LEE (37) nicht von der Eiweißsubstanz des Körpers, sondern vom Lebendgewicht abhängig. Ein hoher Fettanteil bewirkt nach diesen Versuchen an Gänsen und Mäusen keine Senkung der Wärmebildung je Lebendgewichtseinheit.

Ein Einfluß des Geschlechts könnte im gleichen Sinne wirken, da nach den von LANG und RANKE (50) zusammengefaßten Untersuchungsergebnissen der Grundumsatz für Frauen in der Regel unter dem der Männer liegt.

Keinen geschlechtsbedingten Einfluß auf den Energieumsatz konnte BREIREM (36) bei Schweinen im Gewicht bis zu 196 kg nachweisen. LUDVIGSEN und THORBECK (55) ermittelten bei wachsenden Schweinen und SCHNEIDER (32) bei Ratten Unterschiede im N-Stoffwechsel männlicher und weiblicher Tiere. Die dänischen Autoren stellten bei weiblichen Schweinen im Mastabschnitt von 20—90 kg eine um 4 g höhere tägliche N-Retention fest. MÖLLGAARD (55) konnte in seinen Untersuchungen über die Methodik der Wachstumsmessung ähnliche Unterschiede feststellen.

Über einen weiteren Unterschied zwischen den Geschlechtern berichtet LONDON (zit. LANG 452). Er ermittelte, daß die Halbwertzeiten der Plasmaproteine beim Manne geringer sind als bei der Frau. Aus der Arbeit von MÖLLGAARD geht hervor, daß die bei kastrierten männlichen Tieren erhaltenen Werte nicht zutreffend für Eber sind. Es darf auf Grund der bisher veröffentlichten Arbeiten nicht mit Sicherheit angenommen werden, daß die von uns im Vergleich zum wachsenden Schwein gefundene geringere N-Ausscheidung je kcal Grundumsatz auf einen geschlechtsbedingten Unterschied zurückzuführen ist. Die Einflüsse des unterschiedlichen Proteingehaltes und der im Wachstumsstadium zu erwartende höhere Grundumsatz (LANG und RANKE 50) sind weitere Faktoren, die eine Aussage über die Ursache der Unterschiede in der Höhe der N-Ausscheidung je kcal Grundumsatz erschweren. Die Abnahme der N-Ausscheidung je kcal Grundumsatz mit der Zunahme des Lebendgewichts unserer Versuchstiere ist untersuchungswürdig. Sie wurde überprüft und ist bei einem $t = 2{,}681$, welches einem $P = < 0{,}05$ entspricht, nicht als zufällig anzusehen. Die offensichtlich vorhandene Abnahme des NEB erschwert die Überprüfung anderer Einflüsse, wie Trächtigkeit und individueller Reaktion des Einzeltieres, auf die Höhe der N-Ausscheidung.

Die Größe des NEB wurde auch in mehreren Versuchen während der ersten drei Monate der Trächtigkeit untersucht (Tab. 25). Bei der graviden Frau konnten einige Beobachter (Zusammenfassung von ZUNTZ 36) eine Erhöhung des Grundumsatzes ermitteln, andere Versuche ergaben keine Erhöhung. Ein Vergleich der Größe der N-Ausscheidung auf der Basis NEB je kcal Grundumsatz empfiehlt sich deshalb nicht. Wir haben uns daher entschlossen, die Abweichungen der ermittelten Werte von den aus der Gleichung errechneten Zahlen für den Vergleich heranzuziehen. Sollten alle oder die Mehrzahl der Werte über der Regressionslinie zu finden sein, so wäre mit Bestimmtheit anzunehmen, daß während der Trächtigkeit an eine Erhöhung der minimalen N-Ausscheidung zu denken ist. Eine Zusammenstellung für die während der Trächtigkeit in 10 Versuchen ermittelten Werte findet sich in Tabelle 25.

Es ist aus der Tabelle zu ersehen, daß sowohl eine Mehr-Ausscheidung gegenüber dem Formelwert als auch eine geringere N-Ausscheidung festzustellen ist. Die Abweichungen in der Trächtigkeit ergaben im Mittel der zehn Versuche eine Mehrausscheidung von täglich 0,358 g N. Die geringe Mehrausscheidung war statistisch nicht gesichert. Zur vorgenommenen Auswertung ist jedoch noch hinzuzufügen, daß im Durchschnitt sämtlicher Versuche die größten Abweichungen gegenüber dem errechneten Formelwert auf die Versuche während der Tragezeit entfallen.

Tabelle 25. *Minimale N-Ausscheidung während der Trächtigkeit*

Versuchs-Nr.	Trächtigkeitswoche	N-Ausscheidg. im Versuch ermittelt g	NEB errechnet g	Abweichung g	NEB nach beendeter Laktation g
II/1/6	2	7,836	6,468	+ 1,368	8,084
II/2/11	10	7,912	7,012	+ 0,900	8,084
II/4/27	6	7,464	8,042	— 0,578	—
II/5/28	13	8,319	8,166	+ 0,153	—
III/4/16	3	6,807	6 967	— 0,160	7,145
III/5/18	7	7,862	7,254	+ 0,608	7,145
V/1/3	4	6,594	6,652	— 0,058	7,886
V/2/7	9	7,867	6,855	+ 1,012	7,886
XX/1/12	1	6,806	6,398	+ 0,408	6,312
XX/2/27	4	7,379	7,450	— 0,071	
Durchschnitt				+ 0,358	

Die Höhe der minimalen N-Ausscheidung nach beendeter Laktation ist in der Regel nicht geringer als bei den tragenden Tieren. Dieser Vergleich verstärkt den Eindruck, daß der NEB während der Trächtigkeit nicht mit Sicherheit erhöht ist.

Ein N-freier Versuch, welcher infolge einer unrichtigen Angabe des Deckdatums bei einer Jungsau durch den Eintritt der Geburt unterbrochen wurde, ergab keine höhere N-Ausscheidung im Harn (Tab. 26). Der Kot-N und die Kotmenge zeigten den während der letzten Tage vor der Geburt fast regelmäßig zu bobachtenden Anstieg.

Tabelle 26. *N-Ausscheidung bei N-freier Ernährung kurz vor der Geburt (Sau XX)*

Tag vor der Geburt	Gewicht kg	EHN ermittelt g	EHN errechnet g	Kot-N g	Gesamt-N-Ausscheidung
4	199,0	3,348	3,542	2,602	5,950
3	201,0	2,942	3,568	5,912	8,854
2	203,5	3,012	3,600	5,770	8,782
1	204,0	3,404	3,606	8,635	12,039

Die EHN-Ausscheidung liegt nicht höher als die nach unserer Formel errechneten EHN-Werte. Dies ist auch dann nicht der Fall, wenn die erhöhte Wasserretention des Körpers berücksichtigt wird. In einer älteren Untersuchung von

LAUTER (22) wurde bei schwangeren Frauen im 7.–9. Monat kein Einfluß auf die „Abnutzungsquote", wie der Autor die endogene N-Ausscheidung noch im Sinne RUBNERS bezeichnet, konstatiert. Über die Ergebnisse der N-Bilanzversuche im letzten Drittel der Tragzeit und der sich daraus ergebenden Schlußfolgerungen wurde bereits berichtet (HENNIG 57a).

Ein weiterer wichtiger Faktor ist die Beeinflussung der Ergebnisse durch das *individuelle Reaktionsvermögen der Tiere.* Für drei der sechs Versuchstiere (Sauen I, III, X) konnte die Beziehung zwischen dem Lebendgewicht und dem ermittelten N-Grundumsatz statistisch gut bzw. sehr gut gesichert werden. Das Bestimmtheitsmaß betrug 0,83 bei Sau X, 0,85 bei Sau III und 0,98 bei Sau I. In den übrigen beiden Versuchen war die Beziehung zwischen Lebendgewicht und N-Ausscheidung noch eng, aber die geringe Zahl der Versuche (Sau XX) bzw. die etwas größere Streuung (Sau V) erlaubte keine statistische Sicherung der Korrelation. Die Ergebnisse bei Sau II lassen im Gegensatz zu allen anderen Tieren die enge Abhängigkeit der N-Ausscheidung vom Gewicht nicht deutlich erkennen. Die Mehrzahl der Versuche wurde im trächtigen Zustand durchgeführt und gerade bei dieser Sau war in den niedrigen Gewichtsklassen eine höhere N-Ausscheidung zu verzeichnen.

Die exakte Ermittlung individueller Unterschiede im N-Grundumsatz, die von einigen anderen Einflüssen – wie sie für das Gewicht nachgewiesen wurden – abhängen, ist sehr schwierig zu bewerkstelligen. Da auch mit Hilfe der Varianzanalyse diese Faktoren nicht eliminiert werden können, sollen nur die bei den einzelnen Versuchssauen ermittelte durchschnittliche N-Ausscheidung je kcal Grundumsatz in Tabelle 27 angegeben werden. Die Werte sind jedoch, wie schon erwähnt, nur bedingt vergleichbar.

Tabelle 27. *N-Ausscheidung je kcal Grundumsatz beim Einzeltier*

Sau Nr.		I	II	III	V	X	XX
N je kcal Grundumsatz	mg	2,18	2,34	2,17	2,26	2,00	2,16

Auffällig ist der relativ große Unterschied zwischen den Geschwistertieren V und X, sowie II und III.

2,42 Zusammenfassung und Schlußfolgerung

Die N-Ausscheidung im N-freien Versuch wird nach COLUMBUS (54a) und LUND (35) als Ausgangspunkt für die Festlegung des Eiweißerhaltungsbedarfes benutzt. Die von LUND angegebenen Proteinbedarfsnormen wurden oft zur Errechnung des Erhaltungsbedarfes der Sauen herangezogen. LUND hat seine Bedarfsnorm aus Versuchen errechnet, die in der Literatur zu finden waren. Er hat bei insgesamt 162 Perioden N-freier Fütterung im Gewicht von 8,3–230 kg die Harn-N-Menge in Beziehung zum Gewicht gebracht und die Gleichung in bekannter Weise errechnet.

Die Gleichung lautet: $Y = 101 + 3{,}1\,x$

wobei Y = cg N und x = kg Lebendgewicht.

Die nach LUND errechneten Werte sind für wachsende und ausgewachsene Schweine größer als die von COLUMBUS (51) für wachsende Schweine bzw. die von uns für ausgewachsene Schweine ermittelten Zahlen. Die nach LUND errechnete Harn-N-Ausscheidung entspricht in den unteren Gewichtsklassen unserer Gesamt-N-Ausscheidung. Für die schwereren Sauen gibt die Gleichung von LUND höhere Werte, da unsere Exponentialgleichung sich der abnehmenden N-Ausscheidung je kg Körpergewicht mit Zunahme des Lebendgewichts besser anpaßt.

LUND hat für die Bemessung der Größe des Erhaltungsoptimums die doppelte minimale N-Ausscheidung im Harn vorgeschlagen. Die Bedarfszahlen nach LUND und unserer Formel sind in Tabelle 34 für das Gewicht von 100–300 kg gegenübergestellt.

Tabelle 34. *N-Erhaltungsbedarf der Sauen im Gewicht von 100—300 kg*

Gewicht	Stickstofferhaltungsbedarf	
	nach Formel von LUND (35) berechnet	nach unserer Formel berechnet
kg	g	g
100	8,222	4,279
150	11,320	5,605
200	14,420	6,788
250	17,520	7,875
300	20,620	8,891

Der N-Erhaltungsbedarf ist nach dieser Norm allerdings nur dann optimal gedeckt, wenn das verdauliche Rohprotein in der Aminosäuregarnitur dem desaminierten und im Darm ausgeschiedenen Eiweiß adäquat ist oder der Tierkörper durch rechtzeitige Transaminierung die Ausscheidung des resorbierten und nicht verwertbaren Futter-N verhindert.

Für die praktische Fütterung muß die Bedarfsnorm eine ausreichende Sicherheit besitzen (WERNER 40). Die Bedarfsnormen für unsere landwirtschaftlichen Nutztiere sind aus diesem Grunde immer mit einer ausreichenden Sicherheit – insbesondere in Bezug auf das Eiweiß – versehen worden (KELLNER 24, WERNER 49). Von WERNER wurde die Bedarfsnorm für güste und niedertragende Sauen im Gewicht von 150–200 kg Lebendgewicht mit 100–220 g verdaulichem Rohprotein angesetzt. Höhere Bedarfszahlen sind aus der amerikanischen Literatur (Recommended nutrient allowances 1950, Heft 2) zu entnehmen. Für 135 kg schwere Erstlingssauen und ausgewachsene Sauen mit 240 kg Lebendgewicht wird der Proteinbedarf mit 410 g Roheiweiß angegeben. Die amerikanischen Bedarfsangaben dürften jedoch den Bedarf wesentlich übersteigen und kaum aus Stoffwechselversuchen errechnet sein. Weitere Angaben über den Bedarf der Zuchtsauen an verdaulichem Eiweiß unter Berücksichtigung der Biologischen Wertigkeit des Futtermitteleiweißes für die Erhaltung finden sich bei HENNIG (57b).

3. Zusammenfassung der Ergebnisse

Unsere Untersuchungen sind ein Beitrag zu den Grundlagen der Eiweißfütterung weiblicher volljähriger Schweine. Die vergleichende Prüfung verschiedener Eiweißfuttermittel bei verschieden schweren Tieren setzt die Kenntnis des N-Erhaltungsbedarfes voraus. Dieser wurde in 31 N-freien Versuchsperioden an 6 Sauen ermittelt. Hinsichtlich der Vorfütterung und der Länge der Vorperioden der N-freien Versuche wurden für uns zweckmäßig erscheinende Änderungen vorgenommen.

Um den versuchstechnischen Schwierigkeiten bei der Gewinnung von Kot und Harn weiblicher Schweine zu begegnen, wurde zur Abgabe des Kotes und Harns jeweils ein bedingter Harn- und Kotreflex ausgelöst. Die Gewinnung der Ausscheidungen erfolgte also ohne die üblichen Geschirre.

A. Ergebnisse der N-freien Versuche

1. Für die Futtertrockensubstanzaufnahme in den N-freien Versuchen ließ sich in Abhängigkeit vom Gewicht folgende Gleichung errechnen:
   Tr.-S.A. in $g = 180{,}85$ (Lebendgewicht in kg)$^{0.4715}$
2. Der endogene Harn-N (EHN) betrug durchschnittlich 1,17 g je m^2 Oberfläche und durchschnittlich 17,5 mg je kg Lebendgewicht. Der EHN je kg Gewicht nimmt mit zunehmendem Lebendgewicht ab.
3. Der EHN läßt sich deshalb in Beziehung zum Lebendgewicht setzen, wobei EHN in $g = 0{,}07619$ (Lebendgewicht in kg)$^{0.7253}$
4. Die Darmverlust-N-Ausscheidung steht in einer gesicherten Beziehung zur Trockensubstanzaufnahme und zum Lebendgewicht. Je 100 g Trockensubstanzaufnahme wurde durchschnittlich 0,151 g N im Kot ausgeschieden.
5. Zur Errechnung der DVN-Ausscheidung wird in N-Bilanz-Versuchen die folgende Gleichung für zweckmäßig erachtet:
   DVN in $g = 0{,}13553$ (Lebendgewicht in kg)$^{0.5952}$
6. Für die Beziehung zwischen DVN-Ausscheidung und Futtertrockensubstanzaufnahme errechnet sich nur ein relativ niedriges Bestimmtheitsmaß. Es wurden deshalb die Schwankungen der DVN-Ausscheidung einer weiteren Untersuchung unterzogen. Es ergabt sich, daß die DVN-Ausscheidung sehr stark von der im Kot mit ausgeschiedenen Rohfaser bzw. der N-freien organischen Kotsubstanz (N-freier Ballast) beeinflußt wird. Die Schwankungen der DVN-Ausscheidung je 100 g Trockensubstanzaufnahme lassen sich zum größten Teil durch die Höhe der Abgabe an N-freiem Ballast erklären.

7. Der DVN je g N-freier organischer Kotsubstanz und der prozentische Gehalt der Futterration an N-freier organischer Kotsubstanz lassen sich zueinander in Beziehung bringen. Der bestehende Zusammenhang wird durch folgende Gleichung wiedergegeben:

   DVN in mg je g eiweißfreier Ballast = 30,269 + 90,635 · 1/x

   (x = % eiweißfreier Ballast in der Futterration).

8. In einigen Versuchen zeigten EHN und DVN eine resultierende Ergänzung zur Gesamt-N-Ausscheidung. Man versteht darunter, daß ein geringer Kot-N-Wert durch einen höheren Harn-N-Wert ausgeglichen wird bzw. umgekehrt.

9. Auf die Abnahme der DVN-Ausscheidung je 100 g Trockensubstanzaufnahme bei höherem Fettanteil in der Futterration wurde hingewiesen. Rohrzucker scheint einen geringeren DVN-Abstoß als Stärke hervorzurufen.

10. Die Verdauungsdeprssion der N-haltigen Substanz beim Schwein ist identisch mit dem Darmverlust-N, wobei Schwankungen in der N-Ausscheidung auf den unterschiedlichen Rohfasergehalt des Futters bzw. des Kotes zurückzuführen sind. Die Ermittlung des DVN ist im Differenzversuch möglich.

11. Zur Errechnung des N-Erhaltungsbedarfes wird folgende Formel empfohlen:

    NEB in g = 0,1995 (Lebendgewicht in kg) ^{0,6651}

12. Die N-Ausscheidung je kcal Grundumsatz beträgt in den N-freien Versuchen durchschnittlich 2,17 mg.

13. Die etwas erhöhte endogene N-Ausscheidung in der Trächtigkeit war statistisch nicht gesichert.

Literatur

ALBANESE, A. A., DAVIS, V. J., LEIN, M. und E. SMETAK (1948): The biochemistry of the metabolic fecal protein nitrogen. J. Biol. Chem. **176**, 1189.

ALLISON, J. B., ANDERSON, J. A. und R. D. SEELEY (1947): Some effect of methionine on the utilization of nitrogen in the adult dog. J. Nutrit. **33**, 361.

ANDERSON, J. T. und E. S. NASSET (1948): Nitrogen balance index and specific dynamic action in rats receiving amino acid mixtures low in isoleucine, methionine and valine. J. Nutrit. **36**, 703.

BEHM, G. (1954): Über den Einfluß der Rohfaser im Futter auf die Menge des Darmverlust-Stickstoffs, nach Versuchen an Ratten, Kaninchen und Schweinen. Arch. Tierernährung, **4**, 197.

BENEDICT, F. G. und R. C. LEE (1937): Die Bedeutung des Körperfettes für die Wärmebildung. Bioch. Zschr. **213**, 405.

BOAS-FIXSEN, M. A. und H. M. JACKSON (1932): The biological value of the proteins of wheat, maize and milk. Biochem. J. **26**, 1923.

BREIREM, K. (1936): Erhaltungs-Stoffwechsel des wachsenden Schweines. Tierern. 8, 463.

BÜNGER, H. (1948): Praktische Viehfütterung. Parey, Berlin.

BYKOW, K. M. und I. A. ALEXEJEW-BERKMAN (1931): Die Ausbildung bedingter Reflexe auf die Harnausscheidung I. Mitt. Pflügers Arch. **224**, 710.

BYKOW, K. M. und I. A. ALEXEJEW-BERKMAN (1931): Die Ausbildung bedingter Reflexe auf die Harnausscheidung. II. Mitt. Pflügers Arch. **226**.

BYKOW, K. M. (1952): Großhirnrinde und innere Organe. Volk und Gesundheit, Berlin.

COLUMBUS, A. (1951): Die Variabilität der biologischen Eiweißwertigkeit unter verschiedenen Bedingungen, nach Stoffwechselversuchen an wachsenden Schweinen. Arch. Tierern. **1**, 36 und 84.

COLUMBUS, A. (1954a): Problematik der Methoden zur Bestimmung der biologischen Eiweißwertigkeit. Wiss. Abhandl. der DAL **V/2**, 327.

COLUMBUS, A. (1954b): Stickstoff-Grundumsatz und Methodik der Bestimmung der biologischen Eiweißwertigkeit nach dem N-Bilanz-Verfahren bei wachsenden Ratten. Beih. Arch. Tierern. **4**, 51.

COLUMBUS, A., WAGNER, J. und J. ROJAHN (1958): Der bakterielle Stickstoffanteil des Darmverluststickstoffs. Arch. Tierernährung **8**, 249.

COLUMBUS, A. (1954c): Der Stickstoff-Grundumsatz bei wachsenden Kaninchen und eine Bilanz-Methodik zur Bestimmung der biologischen Eiweißwertigkeit. Beih. Arch. Tierern. **5**, 146.

FINGERLING, G., KÖHLER, A und F. REINHARDT (1914): Untersuchungen über den Stoff- und Energieumsatz wachsender Schweine. Ldw. Versst. **84**, 149.

FINGERLING, G. (1932): Stoff- und Energieumsatz wachsender Schweine. II. Versuchsreihe. Die Verwertung der Kartoffelstärke. Ldw. Versst. **84**, 149.

FINGERLING, G. (1941): Stoff- und Energieumsatz wachsender Schweine. IV. Versuchsreihe. Die Verwertung der Kartoffelstärke. Ldw. Versst. **113**, 273.

FINGERLING, G. (1951): Ergebnis der Versuche zur Ermittlung des Nährwertes des Herbst'schen Holzzellmehles bei Schweinen. Arch. Tierern. **1**, 22.

FINGERLING, G., EISENKOLBE, P., JUST, M., HIENTZSCH, B. und F. KRETZSCHMANN (1936): Aufschließen des Strohes ohne Chemikalien. Ldw. Versst. **125**, 235.

FINGERLING, G., Just, M., Eisenkolbe, P., Hientzsch, B. und G. Knaut (1938): Stoff- und Energieumsatz wachsender Schweine. III. Versuchsreihe. Tierern. Futtermittelk. **1**, 193.

GEBHARDT, G. (1955): Untersuchungen über den Einfluß einiger Vitamine auf den endogenen und exogenen Eiweißumsatz an wachsenden Albinoratten. Arch. Tierern. **5**, 71 und 125.

HENNEBERG, W. und F. STOHMANN (1864): Beiträge zur Begründung einer rationellen Fütterung der Wiederkäuer. Braunschweig.

HENNIG, A. (1956): Ein Beitrag zum Eiweißstoffwechsel auf Grund von Versuchen bei weiblichen Schweinen. 6. Tagg. der Gesellsch. für Ernährungsphysiologie in Gießen 1956.

HENNIG, A. (1957a): Die N-Bilanz vor und nach der Geburt. Tagungsber. der DAL **8**, 32.

HENNIG, A. (1957b): Über die Biologische Wertigkeit des Eiweißes verschiedener Futtermittel für die Erhaltung bei volljährigen Schweinen. Tierernährung und Futtermittelk. **12**, 340.

HENNIG, A. (1958a): Ein Beitrag zur Mast abgesäugter Sauen. Jahrb. Arbeitsg. Fütterungsber. **1**, 198.

HENNIG, A. (1958b): Ein Beitrag zur Problematik der Ermittlung des Darmverluststickstoffs bei Schweinen. 10. Tagung der Gesellschaft für Ernährungsphysiologie in Gießen 1958.

HEUPKE, W. (1933): Über die Abhängigkeit der Menge des Kotstickstoffs von der Größe des Stuhlvolumens. Arch. Hyg. Bakteriol. **111**, 188.

HÜRTER, F. (1930): Über das Eiweißoptimum beim trächtigen Schwein. Landw. Dissertation, Bonn.

KELLNER, O. (1880): Beitrag zur quantitativen Bestimmung des verdauten Proteins. Landw. Versst. **24**, 434.

KELLNER, O. (1924): Die Ernährung der landwirtschaftlichen Nutztiere. Herausgegeben von G. Fingerling, 10. Auflage Parey, Berlin.

KELLNER-FINGERLING (1943): Grundzüge der Fütterungslehre. Parey, Berlin.

KÜHN, G., THOMAS, A., MARTIN, E. und H. LANKISCH (1894): Fütterungs- und Respirationsversuche an volljährigen Ochsen. I. Versuche mit Wiesenheu und Stärke. Landw. Versst. **44**, 318.

LANG, K. (1952): Physiologie der Ernährung. In Lang-Schoen: Die Ernährung. Springer, Berlin/Heidelberg.

LANG, K. und O. F. RANKE (1950): Stoffwechsel und Ernährung. Springer, Berlin/Heidelberg, 1950.

LAUTER, S. (1922): Die Abnutzungsquote bei Kindern und Schwangeren. Dtsch. Arch. Klin. Med. **139**, 46.

LEBLOND, C. P. und C. E. STEVENS (1953): The constant reneval of the intestinal epithelium of the rat. Anat. Rec. 100, 357.

LENKEIT, W. und J. O. GÜTTE (1955a): Langfristige Untersuchungen zum äußeren und inneren Stoffwechsel des graviden und laktierenden Schweines. I. Mitt. Tierern. Futtermittelk. **10**, 94.

LENKEIT, W., GÜTTE, J. O. und A. STREUTER-PETERMÖLLER (1955b): Langfristige Untersuchungen zum äußeren und inneren Stoffwechsel des graviden und laktierenden Schweines. II. Mitt. Tierern. Futtermittelk. **10**, 228.

LENKEIT, W., GÜTTE, J. O., WARNECKE, W. und KIRCHHOFF (1955c): Langfristige Untersuchungen zum äußeren und inneren Stoffwechsel des graviden und laktierenden Schweines. III. Mitt. Tierern. Futtermittelk. **10**, 351.

LINDER, A. (1951): Statistische Methoden. Birkhäuser, Basel.

LINDER, A. (1953): Planen und Auswerten von Versuchen. Birkhäuser, Basel.

LINTZEL, W. (1939): Über einige Gesichtspunkte und Möglichkeiten der Erforschung des Eiweißstoffwechsels der landwirtschaftlichen Nutztiere. Tierern. Futtermittelk. **2**, 32.

LINTZEL, H. und E. MANGOLD (1935): Die Biologische Wertigkeit der Süßlupinensamen bei der Verfütterung an Schweine. Landw. Versst. **123**, 133.

LINTZEL, W. und J. RECHENBERGER (1940): Die eiweißsparende Wirkung unvollständiger Eiweiße (Zein und Gelatine) beim Menschen. Biochem. Zsch. **304**, 214.

LOTIS, V. M. (1953): Die Regulierung der motorischen Funktion des Uterus durch die Großhirnrinde. Akus. i. Genek. 1953, H. 3.

LUDVIGSEN, J. und G. THORBECK (1955): Virkningen af aureomycin pa stofskiftet hos svin og stofskiftet hos galt og sogrise. Beretning fra forsogslabor **283**.

LUND, A. (1935): Fysiologske Undersøgelser vedrorende Svinenes Vaekst. Beretning fra N. J. F. s. Kongres i Kopenhagen, 1935. Fortryk. Sektion VII Nr. 4.

MANGOLD, E. (1938): Helles oder dunkles Brot? Forschungsd. Sh. **10**, 20.

MANGOLD, E. und LINTZEL, W. (1935): Die Verdaulichkeit der Nährstoffe in Süßlupinenschrot bei Schweinen. Tierern. **7**, 84.

MANGOLD, E. und A. COLUMBUS (1937): Verdaulichkeit und Biologische Wertigkeit von Kartoffeleiweiß beim Schwein. Landw. Versst. **129**, 12.

MANGOLD, E. und A. COLUMBUS (1938): Verdaulichkeit und Biologische Eiweißwertigkeit der Samenkörner einer neuen gelben Süßlupine (Weiko) beim Schwein. Landw. Versst. **129**, 110.

MANGOLD, E. und G. BEHM (1954): Der Einfluß des Rohfasergehaltes auf die Durchgangszeiten beim Schwein. Arch. Tierern. Beih. **5**, 10.

MANGOLD, E. und G. BEHM (1955): Beziehungen zwischen Darmverluststickstoff und Rohfasergehalt des Futters. Arch. Tierern. **5**, 159.

MATHER, K. (1946): Statistische Analysen in der Biologie. Springer, Wien.

McCLELLAN, W. S. und R. R. HANNON (1932): Clinical calorimetry XLVIII. Nitrogen equilibrium with a low protein diet. J. biol. Chem. **95**, 327.

MENG, H. C. und J. B. YOUMANS (1955): Utilization of a synthetic triglyceride preparation by weanling rats. J. Nutrit. **55**, 527.

MEYER, J. H. (1956): Influence of dietary fiber on metabolic and endogenous nitrogen excretion. J. Nutrit. **58**, 407.

MITCHELL, H. H. (1926): The determination of the requirements of animals and of the protein values of farm feeds and rations. Bull. Nat. Res. Counc. Nr. 55.

MITCHELL, H. H. (1928): A note on qualitive methode of measuring the nutritive value of proteins. Biochem. J. **22**, 1323.

MITCHELL, H. H. (1934): The effect of the proportions of fat and carbohydrate in the diet upon the excretion of metabolic nitrogen in the feces. J. Biol. Chem. **105**, 537.

MITCHELL, H. H. (1954): The dependence of the biological value of food proteins upon their content of essential amino acids. Wiss. Abh. **V, 2**, 279.

MITCHELL, H. H., CAROLL, W. E., HAMILTON, T. S. und G. E. HUNT (1931): Food requirements of pregnancy in swine. Bull. Univ. Illinois Agric. Exp. Stat. 375.

MITCHELL, H. H. und M. H. BERT (1954): The determination of metabolic fecal nitrogen. J. Nutr. **52**, 483.

MÖLLGAARD, H. (1955): Den kvanitiative veakstmalings metodik. Virkningen af indre og ydre faktorer pa vaekstprocesserne. Beretning fra forsogslabor. **282**.

MURLIN, J. R. und H. A. MATILL (1938): Digestibility and nutritional value of cereal proteins in the human subject. J. Nutrit. **16**, 15.

MÜLLER, F. (1884): Über den normalen Koth des Fleischfressers. Zschr. Biol. XX. 327.

MÜLLER, R. und J. MASSBERG (1954): Der Einfluß von Methionin und Lysin auf den Eiweißwert einer Gerste-Magermilchration bei wachsenden Schweinen. Arch. Tierern. **4**, 241

NEHRING, K. (1952): Probleme der Eiweißforschung in der Tierhaltung. Sitzungsb. der DAL. **1**, Heft 11.

NEHRING, K. (1955): Lehrbuch der Tierernährung und Futtermittelkunde. 5. Auflage, Neumann, Radebeul/Berlin.

NEHRING, K. und W. SCHRAMM (1940): Über die biologische Wertigkeit verschiedener Gerstensorten bei wachsenden Schweinen und ihre Beeinflussung durch Stickstoffdüngung. Tierern. **12**, 478.

NEHRING, K. und E. HAESLER (1954): Untersuchungen über die biologische Wertigkeit von Eiweißfutterstoffen. I. Mitt. Die Bestimmung der biologischen Wertigkeit und der Ergänzungswirkung von Eiweißfutterstoffen durch Versuche an wachsenden Ratten. Arch. Tierern. Beih. **5**, 110.

NEHRING, K. und E. R. FRANKE (1957): Der Einfluß reiner Nährstoffe auf die Verdaulichkeit der Futterration. I. Mitt. Der Einfluß der Stärke. Arch. Tierern. **7**, 104.

NEVENS, W. B. (1921): The proteins of cottonseed meal. J. Dairy Sc. **4**, 552.

OSBORNE, T. B. und L. B. MENDEL (1912): The role of gliadin in nutrition. J. Biol. Chem. **12**, 473.

OSBORNE, T. B. und L. B. MENDEL (1914): Amino acids in nutrition and growth. J. biol. Chem. **17**, 325.

PAWLOW, J. (1954): Gesammelte Werke. Bd. 5. Akademie-Verlag, Berlin.

PFEIFFER, T. (1885): Beiträge zur Frage über die Bestimmung der Stoffwechselprodukte im tierischen Koth. J. Landw. **33**, 149.

PIELOK, J. (1952): Untersuchungen zum Energie- und Stoffwechsel des säugenden und tragenden Schweines. Arch. Tierern. Beih. 2.

RENVALL, C. A. (1904): Zur Kenntniss des Phosphor-, Calcium- und Magnesiumumsatzes beim erwachsenen Menschen. Skand. Arch. Physiol., **16**, 94.

RICHTER, K. (1952): Praktische Viehfütterung. 27. Aufl., Ulmer, Stuttgart.

RICHTER, K. (1956): Eiweißnormen in der Schweinemast. 6. Tagung Gesellsch. Ernährungsphysiol., Gießen.

SCHIFTAN, H. (1932): Über die Biologische Wertigkeit des Futtereiweißes bei wachsenden Schweinen. Wiss. Arch. Landw. B **8**, 212.

SCHMIDT, J., VON SCHLEINITZ, M., LAGNEAU, E. und C. ZIMMERMANN (1933): Über die Zusammensetzung des Schweinekörpers bei Mastschweinen verschiedener Gewichtsklassen. Arb. Gesellsch. f. Züchtungskunde 59.

SCHMIDT — KLIESCH — GOERTTLER (1945): Schweinezucht. Paul Parey, Berlin.

SCHNEIDER, B. H. (1932): Nitrogen balance-studies with various fish meals. J. Agr. Res. **44**, 591.

SCHNEIDER, B. H. (1935): The subdivision of the metabolic nitrogen in the feces of the rat, swine and man. J. biol. Chem. **109**, 249.

SEEGERS, W. H. (1938): Nitrogen excretion on a nitrogen free diet. Am. J. Physiol. **123**, 233.

SHEFFNER, A. L., KIRSNER, J. B. und W. W. PALMER (1948): Amino acids in feces. J. Biol. Chem. **176**, 89.

SMUTS, D. B. (1935): The relation between the basal metabolism and the endogen nitrogen metabolism with particular reference of the estimation of the maintenance requirement of proteins. J. Nutrit. **9**, 403.

TERROINE, E. F. und H. SORG-MATTER (1928): Influence de la grandeur des dépenses de thermogénése sur le métabolisme azoté endogéne. C. R. Ac. Sc. **186**, 1017.

THOMANN, W., LUTZ, J. und F. KAEGI (1934): Beiträge zur Kenntnis des Stoffwechsels beim Schwein unter besonderer Berücksichtigung der Magermilchfütterung. Verbandsdruckerei, Bern.

WEBER, E. (1956): Grundriß der Biologischen Statistik. VEB Fischer, Jena.

WERNER, A. (1940): Mittel und Wege der Futterberatung. Züchtungsk. **16**, 1.

WERNER, A. (1949): Richtig füttern, Futterbedarfs- und Futterwerttabellen. Bauernverlag, Berlin.

WERNER, A. (1955): Diskussionsbeitrag wissenschaftliche Tagung über Probleme der Steigerung der tierischen Produktion, Berlin.

WETTERAU, H. (1955): Stickstoff-Grundumsatz und biologische Eiweißwertigkeit bei wachsendem Geflügel. Kühn-Archiv **64**, 202.

WÖHLBIER, W. (1949): Einführung in die Fütterungslehre. Ulmer, Stuttgart, 1949.

WOMACK, M., MARSHALL, W. M. und A. P. PARKS (1953): Some factors affecting nitrogen balance in adult rat. J. Nutrit. **51**, 117.

WOMACK, M. und M. W. MARSHALL (1955): Starches, sugars and related factors affecting liver fat and nitrogen balances in adult rat fed low levels of amino acid. J. Nutrit. **57**, 193.

WIESSMANN-NEHRING (1951): Agrikulturchemisches Praktikum. Parey, Berlin.

ZAUSCH, M. (1954): Der Einfluß verschiedenartiger Mineralstoffgaben auf den endogenen und exogenen Stickstoff-Stoffwechsel nach Versuchen an Albinoratten und Schweinen. Kühn-Archiv **68**, 141.

ZIMMERMANN, G. (1952): Die Wirkung der Hitzebehandlung auf den Nährwert des Eiweißes in Nahrungs- und Futtermitteln. Juris-Verlag, Zürich.

ZORN, W. (1949): Schweinezucht- und Schweinemast. Ulmer, Stuttgart.

ZUNTZ, L. (1936): Stoffwechsel und Sexualität des Weibes. Handb. Biochem. Erg. Bd. **3**, 319.

Eingegangen am 12. 8. 58

ARCHIV FÜR TIERERNÄHRUNG

UNTER MITWIRKUNG VON

Prof. Dr. A. Hock, Berlin. Prof. Dr. Dr. W. Lenkeit, Göttingen.

Prof. Dr. Dr. h. c. K. Nehring, Rostock. Prof. Dr. Dr. W. Wöhlbier, Stuttgart-Hohenheim

HERAUSGEGEBEN VON

ERNST MANGOLD

Prof. Dr. med. Dr. phil. Dr. med. vet. h. c. Dr. agr. h. c. Dr. agr. h. c.

Direktor em. des Instituts für Tierernährungslehre

der Humboldt-Universität Berlin

9. BAND

Ausgegeben am 1. JUNI 1959

HEFT

2/3

AKADEMIE-VERLAG · BERLIN

ARCH. TIERERNÄHRUNG · 9. BAND NR. 2/3 · S. 83–250 · BERLIN · 1. JUNI 1959

INHALT

Herausgeber und verantwortlich für den Inhalt: Prof. Dr. med. Dr. phil. Dr. med. vet. h. c. Dr. agr. h. c. Dr. agr. h. c. Ernst Mangold, Berlin N 4, Invalidenstraße 42 (Fernruf 42 49 64). Verlag: Akademie-Verlag GmbH., Berlin W 8, Mohrenstraße 39 (Fernruf: 20 03 86; Postscheckkonto: 350 21). Bestell- und Verlagsnummer dieses Bandes: 1040/IX/2/3. Das Archiv für Tierernährung erscheint vorläufig jährlich in 1 Band zu 6 Heften. Bezugspreis je Einzelheft DM 8.50, ausschließlich Porto und Verpackung. Satz und Druck: Robert Noske, Borna (Bez. Leipzig). Veröffentlicht unter der Lizenznummer ZLN 5003 des Ministeriums für Kultur, Hauptverwaltung Verlagswesen. Printed in Germany.

Druckfehlerberichtigung.

Archiv für Tierernährung, 9. Band, Heft 2/3, Seite 90.

Die 8. Zeile von unten muß lauten:

Energiegleichgewichtes eliminiert und nur die Anpassung der Meßwerte an eine

Sie werden gebeten, obenstehende Zeile in das Heft einzukleben.

FESTSCHRIFT
zum 80. Geburtstag

von Nationalpreisträger

Prof. Dr. med. Dr. phil. Dr. med. vet. h. c. Dr. agr. h. c. Dr. agr. h. c.

ERNST MANGOLD

Herausgegeben von

Professor Dr. Dr. h. c. Kurt Nehring, Rostock
und
Professor Dr. Dr. Walter Lenkeit, Göttingen

Zum 80. Geburtstag von Professor Dr. Ernst MANGOLD

Am 5. Februar 1959 vollendet der Altmeister der deutschen Tierernährungslehre und Ernährungsphysiologie der Haustiere, Nationalpreisträger Dr. med. Dr. phil. Ernst Mangold, mehrfacher Dr. h. c. der Landwirtschaft und der Tierheilkunde, sein 80. Lebensjahr. Das Archiv für Tierernährung hat in einer besonderen Festschrift anläßlich des 75. Geburtstages von Prof. Mangold das Leben und die Wirkung dieses hervorragenden Forschers eingehend gewürdigt. Verlag der Zeitschrift wie auch die Herausgeber dieses Sonderheftes als Vertreter der Tierernährungswissenschaft wollten es sich aber nicht nehmen lassen, auch zu seinem 80. Geburtstag seiner zu gedenken. Unter Hinweis auf die eingehende Würdigung des Jubilars von seinem Schüler und langjährigen engen Mitarbeiter Prof. Dr. A. Columbus in der obigen Festschrift soll hier von einer nochmaligen Würdigung seines Lebensweges und seiner wissenschaftlichen Entwicklung Abstand genommen werden.

Betrachtet man zusammenfassend das wissenschaftliche Lebenswerk Prof. Mangolds, wie es heute vor uns liegt, so verdanken wir ihm in der Tierernährungslehre vor allem eins, das sich aus seiner vielseitigen naturwissenschaftlichen und biologischen Ausbildung heraus entwickelt hat, nämlich das Hineinbringen physiologischer Forschungsmethoden und Erfahrungen in die Arbeit der Tierernährung. Ein besonderes Beispiel hierfür stellen seine Arbeiten zur Physiologie der Verdauung dar. Hier bildete von vornherein die komplexe Betrachtung der Probleme von physiologischer, biologischer, chemischer und landwirtschaftlicher Seite die Grundlage für die Durchführung seiner Untersuchungen. Die vergleichende Betrachtung der Verdauungsvorgänge bei Geflügel, beim Wiederkäuer und Schwein hat zu wesentlichen Erkenntnissen über Grundfragen der Verdauungsphysiologie geführt. Überall dort, wo man sich heute mit physiologischen Fragen des Verdauungsprozesses beschäftigt, stößt man auf die Arbeiten von Mangold und seinen Mitarbeitern. Dabei galt seine Liebe im besonderen dem Geflügel, und er hat hier in tiefschürfenden Arbeiten die Grundlage für dieses Gebiet geschaffen. Gerade hierbei hat es sich gezeigt daß er seine Arbeiten nicht mit der Erforschung der physiologischen Grundprobleme abschloß, sondern daß er diese auch für die praktische Nutzanwendung in der Geflügelhaltung und Fütterung auszudeuten verstand.

So haben ihn vielfach seine Untersuchungen von den Grundproblemen allmählich mehr und mehr zu Fragen geführt, die für die Tierernährung und die praktische Fütterung von wesentlichem Nutzen geworden sind. Hier sollen nur seine Arbeiten über die biologische Wertigkeit des Eiweißes sowie über den Mineralstoffwechsel der Tiere genannt werden.

Ein weiterer Zug seiner wissenschaftlichen Tätigkeit sei hier herausgestellt, für den gerade der wissenschaftliche Nachwuchs ihm dankbar sein muß. Er versuchte vielfach, nachdem er die verschiedenen Gebiete eingehend bearbeitet hatte, die erhaltenen Ergebnisse von seiner hohen Warte aus zusammenfassend zu bewerten und darzustellen. So entstand das „Handbuch der Ernährung und des Stoffwechsels der landwirtschaftlichen Nutztiere", das von ihm in Zusammenarbeit mit anderen namhaften Forschern 1929/32 herausgegeben worden ist und das auch heute noch als ein wichtiges Standardwerk angesehen werden kann. Hierher gehören auch sein Werk „Die Verdauung bei den Nutztieren" und das „Handbuch der Kaninchenfütterung", das er zusammen mit Fangauf herausgegeben hat, wie auch die verschiedenen zusammenfassenden Abhandlungen in sonstigen Handbüchern und Zeitschriften.

Auf seine großen Erfolge als Lehrer der studentischen Jugend und des wissenschaftlichen Nachwuchses, die sich in der großen Zahl von Doktoranden wie auch in der erheblichen Zahl von Lehrstuhlinhabern auf dem Gebiet der Tierernährung, die aus seiner Berliner Schule hervorgegangen sind, dokumentieren, hier im einzelnen einzugehen, davon sei im Hinblick auf die frühere Würdigung durch Prof. Columbus Abstand genommen. Hier soll noch des Jubilars als Menschen gedacht werden, der jedem, der mit Wünschen und Fragen an ihn herantrat, aus seinem reichen Können und Wissen etwas zu geben wußte und ihm gegebenenfalls durch sein persönliches Mitverstehen auch menschlich weiterzuhelfen verstand. Gewiß, es war sein Urteil bei der Bewertung von wissenschaftlichen Arbeiten ein klares und unbestechliches; aber er hat dabei in all den vielen Jahren, in denen der Verfasser dieses Beitrages mit ihm zusammenarbeiten konnte, nie ein verletzendes Wort gefunden, sondern immer zu verstehen und zu helfen versucht.

Alle, die mit Prof. Mangold in den letzten Jahren persönlich oder bei Besprechungen zusammenkamen, sind erfreut über den Gesundheitszustand, die geistige Frische und die Teilnahme, die er auch heute noch den Problemen der Tierernährung entgegenbringt. Bis in die letzte Zeit hinein nimmt er fast regelmäßig an den Sitzungen der Akademie teil, nimmt er auch auf Tagungen der Sektion Tierzucht und Tierernährung zu den verschiedenen Fragen Stellung und weiß aus dem großen Schatz seiner Erfahrungen und wissenschaftlichen Erkenntnisse Wichtiges zu sagen. Die Herausgabe des Archivs für Tierernährung, das er zu internationaler Geltung gebracht hat, liegt noch heute in seinen Händen.

So sind sich Freunde, Verehrer und Schüler des großen Wissenschaftlers einig in dem Wunsch, daß Prof. Mangold seine seltene Frische und sein guter Gesundheitszustand noch viele Jahre erhalten bleiben und daß ihm noch längere Zeit der Mitarbeit an den verschiedenen Aufgaben zu seiner persönlichen Freude und zum Nutzen der deutschen Tierernährung und der praktischen Landwirtschaft beschieden sein möge. Die deutsche Tierernährungswissenschaft und die befreundeten Gebiete der Tierzucht entbieten ihrem E. Mangold zu seinem 80. Geburtstag ihre Grüße und besten Wünsche für seine weiteren Lebensjahre.

K. Nehring

Aus dem Oskar Kellner-Institut für Tierernährung, Rostock
(Direktor: Prof. Dr. Dr. h. c. K. NEHRING)

K. NEHRING, L. HOFFMANN und R. SCHIEMANN

Die Verwertung der Futterenergie in Abhängigkeit vom Ernährungsniveau

1. Mitteilung: Versuche mit Kaninchen und Ratten

A. Einleitung und Literaturbesprechung

Das Oskar Kellner-Institut für Tierernährung betrachtet es als eine seiner wichtigsten Aufgaben, das Werk und die Lehre Oskar KELLNER's weiterzuführen und weiterzuentwickeln. KELLNER hat die Stärkewertlehre auf seinen grundlegenden Respirationsversuchen mit Ochsen aufgebaut, in denen er als methodisches Meßprinzip zur Produktionswertbestimmung von Futterstoffen das Differenzverfahren gewählt hat, das in der späteren Zeit fast ausschließlich von den verschiedensten Forschern, die diese Problematik bearbeitet haben, angewendet worden ist. KELLNER hat sich bewußt in der Anwendung des Differenzverfahrens auf den *Ernährungsabschnitt der Fettmast ausgewachsener Tiere* beschränkt, da in der Fettmast eine Produktionsleistung vorliegt, die am wenigsten durch andere Faktoren beeinflußt wird und bei der – physiologisch gesehen – die geringste Korrelation zwischen dem Gehalt der Ration an einzelnen Nährstoffen und ihrer Verwertung besteht. Der Bedarf für die Fettbildung ist im wesentlichen ein energetischer, während bei anderen Leistungen des Tieres, wie z. B. Wachstum, Milchproduktion usw., der Bedarf sowohl ein energetischer als auch ein speziell stofflicher ist.

Die Anwendung des Differenzverfahrens zur Produktionswertbestimmung von Futterstoffen hat weiterhin die Vorteile, daß der schwer bestimmbare Erhaltungsbedarf der Versuchstiere eliminiert wird und daß auch ohne besondere Schwierigkeiten Versuche mit solchen Futterstoffen durchgeführt werden können, deren alleinige Verabreichung wegen ihrer physikalischen oder chemischen Beschaffenheit nicht möglich ist.

Eine Verallgemeinerung der durch das Differenzverfahren ermittelten Fettproduktionswerte von reinen Nährstoffen oder Futterstoffen setzt einmal voraus, daß eine Reihe von methodischen Bedingungen bei der Versuchsdurchführung (z. B. Vollwertigkeit der Ration; das Tier muß sich erst mit der Ration in ein stoffwechselphysiologisches Gleichgewicht gesetzt haben usw.), die u. a. von H. MØLLGAARD [17, 18] oder auch von R. SCHIEMANN [24] eingehend diskutiert worden sind, eingehalten werden muß. Sie setzt zum anderen voraus, daß zwischen der Höhe der Futtergabe und der damit erzielten Produktionsleistung im Organismus (Nettoenergie) im untersuchten Ernährungsbereich, nach KELLNER im Bereich der Fettmast ausgewachsener Tiere, eine direkte Proportionalität besteht. Nur wenn die Beziehung zwischen Futtermenge und Leistung linear ist, sind die mittels des Differenzverfahrens erzielten Meßwerte zur Produktionswertbestimmung der Futterstoffe unter Einhaltung der sonstigen methodischen Forderungen verallgemeinerungsfähig. KELLNER war der Auffassung, daß diese Beziehung linear ist und daß unter Beachtung der notwendigen methodischen Voraussetzungen die Messung der Fettproduktionswerte der Futterstoffe zu reproduzierbaren Ergebnissen führt; er hat aber wegen der nur beschränkten experimentellen Möglichkeiten den eindeutigen Nachweis für seine Konzeption nicht erbringen können.

In der Folgezeit ist dieses Problem der Abhängigkeit der Leistung vom Ernährungsniveau von einer Reihe von Forschern experimentell an verschiedenen Tierarten bearbeitet worden. Die Auswertung der Versuchsergebnisse hat dabei im wesentlichen zu den folgenden 3 Auffassungen geführt:

1. *Die Bezeichnung zwischen Höhe der Futterzufuhr und Leistung ist linear* (z. B. KELLNER [14], MØLLGAARD [17,18], MARSTON [15]). Dazu gehört z. T. die Einschränkung auf den Bereich der Fettmast ausgewachsener Tiere, z. T. die Auffassung, daß oberhalb und unterhalb des Energiegleichgewichtes unterschiedliche Proportionalitätsfaktoren vorliegen, so daß die graphische Darstellung der Abhängigkeit das Bild zweier sich im Erhaltungsgleichgewicht schneidender Geraden ergibt.
2. *Der Leistungszuwachs fällt über den gesamten Ernährungsbereich mit steigender Futterzufuhr* (z. B. GHONEIM [9,28], FORBES [6,7,8], MITCHELL [16], BLAXTER [2]). Die mathematische Auswertung der Beziehung ergibt eine Funktion höheren Grades mit konkavem Kurvenzug. Die Forscher dieser Gruppe haben als Ausgangspunkt der Betrachtung jeweils den Hungerstoffwechsel gewählt.
3. Über dem gesamten Ernährungsbereich lösen sich steigende und fallende Verwertungstendenzen ab (z. B. HELLBERG [10]). Demzufolge erscheint ein einfacher mathematischer Ausdruck als Darstellung der Meßergebnisse nicht möglich.

Die Gegensätzlichkeiten in der Aussage erklären sich, wie später noch besprochen wird, insbesondere daraus, daß die Forscher der 1. Gruppe ihre Betrachtungen hauptsächlich auf den Bereich der Fettmast eingeschränkt, während die Forscher der 2. Gruppe den Hungerstoffwechsel als Basis der Betrachtungen gewählt haben.

Diese Wahl des Hungerumsatzes als Basis der Betrachtung des Verwertungsproblems in Abhängigkeit von der Höhe der Futtergabe erscheint bereits vom theoretischen Standpunkt aus wenig geeignet, da hierbei versucht wird, für ganz verschiedene physiologische Bereiche mit ihren unterschiedlichen enzymatischen und humoralen Bedingungen – Hunger, Unterernährung, Erhaltung und Fettmast – eine gemeinsame Gesetzmäßigkeit zu finden, abgesehen davon, daß weder im Hungerzustand, noch im Zustand extremer Unterernährung ein konstanter Wärmeumsatz existiert. Mit fortschreitender Hungerzeit fällt vielmehr die Stoffwechselintensität der Tiere rascher, als durch ihre Gewichtsabnahme erklärt werden kann, wie es von HELLBERB [10] in umfangreichen Stoffwechseluntersuchungen an Kaninchen im totalen und partiellen Hungerzustand gezeigt werden konnte. Demzufolge können Stoffwechselergebnisse in diesem Bereich nur unter Beachtung des

Zeitpunktes der Messung beurteilt werden, und es gibt keine sichere Möglichkeit, den Eintritt des „wahren Hungerns" zu erkennen. Ist beispielsweise der gemessene Hungerumsatz niedriger als der, der sich aus der Geradengleichung durch Extrapolation errechnen läßt, die den Meßwerten oberhalb des Erhaltungsbedarfs angepaßt ist, so ergeben sich a priori bei der Wahl dieses Meßwertes als Bezugswert der Verwertung abnehmende Verwertungskoeffizienten für den Überernährungsbereich, auch wenn im Überernährungsbereich eine Verwertungskonstanz besteht.

Die Wahl des Hungerumsatzes als Basis der Betrachtung des Verwertungsproblems erscheint auch vom Standpunkt der Fütterungspraxis der landwirtschaftlichen Nutztiere ungeeignet. Für die Praxis der Tierernährung haben weder der Hungerumsatz noch der gesamte Unterernährungsbereich eine Bedeutung. Die Kenntnis der Erhaltungsforderung der Tiere und die Kenntnis des Produktionswertes der Futterstoffe oberhalb des Energiegleichgewichtes bilden die Grundlagen einer rationellen Fütterung, die sich auf dem absoluten Leistungsmaßstab aufbaut. Vom Standpunkt der Tierernährung konzentriert sich folglich das Gesamtinteresse an der Verwertungsfrage auf den Ernährungsbereich oberhalb des Energiegleichgewichtes und auf die Bestimmung des Erhaltungsbedarfs, der durch Meßpunkte in unmittelbarer Nähe des Energiegleichgewichtes bestimmt werden kann.

Diese Kritik an der Wahl des Hungerumsatzes als Basis der Betrachtung des Verwertungsproblems schließt aber nicht aus, daß die Größe des Hungerumsatzes der Tiere und die Verwertungsverhältnisse im Unterernährungsbereich allgemeines wissenschaftliches Interesse verdienen. Nur bei der Betrachtung der Verwertungsfrage in Abhängigkeit vom Ernährungsniveau soll man vom Erhaltungsgleichgewicht ausgehen und von diesem Punkt aus, dem vom Blickpunkt der landwirtschaftlichen Fütterungspraxis aus eine weit größere Bedeutung zukommt als dem Hungerumsatz, die Verwertungstendenz in beide Bereiche der Ernährung von Meßpunkt zu Meßpunkt verfolgen. Für das Problem der Produktionswertbestimmung der Futterstoffe nach der von KELLNER entwickelten Meßmethodik interessiert nur der Bereich der Überernährung.

Versucht man, die von den verschiedensten Forschern (RUBNER [23], KELLNER [14], ARMSBY [4,5], MØLLGAARD [17,18], FORBES u. Mitarb. [6,7,8], GHONEIM [9,28], MITCHELL und HAMILTON [16], MARSTON [15], HELLBERG [10], MORRISON [20], BLAXTER und GRAHAM [2], TSCHUGUNKOW [27]) durchgeführten Gesamtstoffwechselversuche an verschiedenen Tierarten unter diesem Blickpunkt insgesamt zu ordnen, so lassen sich, ohne daß hier auf die Einzelheiten eingegangen werden kann, folgende zwei Aussagen gewinnen:

1. Im Unterernährungsbereich liegt eine höhere Verwertungstendenz vor als im Ernährungsabschnitt der Mast. Für den Übergangsbereich kann aus dem gesamten Versuchsmaterial – als Einheit betrachtet – keine sichere Deutung gewonnen werden.
2. Für den Mastbereich gibt es kaum Anhaltspunkte, die einer einfachen linearen Beziehung zwischen Futtermenge und produktiver Wirkung, d. h. einer Verwertungskonstanz, entgegenstehen.

Für den wichtigen Bereich der Überernährung soll diese Aussage durch eine zusammenfassende Darstellung der von den verschiedenen Forschern und an unterschiedlichen Tierarten gewonnenen Ergebnisse veranschaulicht werden. Bevor diese Darstellung gegeben wird, erscheint es wichtig, den im folgenden verwendeten *Verwertungsbegriff* zu präzisieren sowie die Korrekturen der direkten Meßergebnisse zu besprechen.

Da die dem tierischen Organismus über das Futter zugeführte Energie nicht vollständig für den Leistungsprozeß (Lebenderhaltung, Fettmast, Wachstum, Arbeit, Milchproduktion usw.) verwendet werden kann, ist die Höhe der Verwertung durch das Verhältnis der Leistung zur Energiezufuhr gegeben. Sie hängt von der Tierart, der Leistungsrichtung und der Zusammensetzung und Art des Futters ab. Die Erörterung der Frage, ob auch eine *Abhängigkeit der Verwertungsgröße von der Höhe der Energiezufuhr* besteht, ist Gegenstand der vorliegenden Untersuchung. Sie beschränkt sich auf die für die Bewertung der Futterstoffe entscheidende Leistungsrichtung, nämlich auf die Fettmast am ausgewachsenen Organismus und weiterhin auf den Leistungsprozeß der Lebenderhaltung.

Der Quotient $\frac{\triangle\ \text{Leistung}}{\triangle\ \text{Energiezufuhr}}$ als Verwertungsausdruck ist in seiner praktischen Anwendung nicht eindeutig festgelegt. Während die Leistung in Nettokalorien (= $\triangle$ Energiebilanz) gemessen wird, stehen für die Energiezufuhr als Bezugsbasis der Leistung mehrere Energiegrößen zur Verfügung. Sowohl der Quotient $\frac{\triangle\ \text{Nettoenergie}}{\triangle\ \text{Bruttoenergie}}$ als auch der Quotient $\frac{\triangle\ \text{Nettoenergie}}{\triangle\ \text{umsetzbare Energie}}$ werden in der Literatur als Verwertungsausdruck gebraucht. Für eine zusammenfassende Auswertung von Daten, die an verschiedenen Tierarten gewonnen wurden, ist die Wahl eines einheitlichen Quotienten notwendig.

Der Quotient $\frac{\triangle\ \text{Nettoenergie}}{\triangle\ \text{Bruttoenergie}}$ ist von großem praktischen Interesse. Auf der Annahme der Konstanz dieses Quotienten fußen alle Bewertungssysteme der Futterstoffe, die das Differenzverfahren als Meßprinzip zur Grundlage haben. Dadurch aber, daß der Quotient $\frac{\triangle\ \text{Nettoenergie}}{\triangle\ \text{Bruttoenergie}}$ die Verdaulichkeit mit einschließt, ist er kaum geeignet, als Verwertungsausdruck zu dienen, wenn die Abhängigkeit der Leistung von der Höhe der Futterzufuhr zwischen verschiedenen Tierarten zusammenfassend beurteilt werden soll. Denn bei Kaninchen nimmt die Verdaulichkeit über den gesamten Ernährungsbereich mit steigender Futtergabe ab. In Einzelfällen ist auch eine schwache Verdaulichkeitsminderung bei Erhöhung der Futtergabe bei anderen Tierarten beobachtet worden.

Dem wissenschaftlichen Begriff des Wirkungsgrades steht der Ausdruck $\frac{\triangle\ \text{Nettoenergie}}{\triangle\ \text{umsetzbare Energie}}$ näher, weil in ihm die Leistung zu der energetischen Größe in Beziehung gesetzt wird, die unmittelbar für den Leistungsprozeß verfügbar ist, wobei unter dem Leistungsprozeß alle energetischen Vorgänge zu verstehen sind, denen die aufgenommene und verdaute Nahrung unterworfen ist, bis ihr Produktionswert in Erscheinung tritt. Mit dem Ausdruck $\frac{\triangle \text{ Nettoenergie}}{\triangle \text{ umsetzbare Energie}}$ bietet sich eine sichere Grundlage für vergleichende Untersuchungen, weil er die Verdaulichkeit als Variable ausschließt und somit für alle Tierarten einheitliche Ausgangsbedingungen schafft.

Diese Gründe geben Veranlassung, die umsetzbare Energie für eine zusammenfassende Darstellung der aus der Literatur zum Verwertungsproblem in Abhängigkeit vom Ernährungsniveau bekannten Ergebnisse als Bezugsbasis der Leistung zu benutzen. Die umsetzbare Energie ist auch bei der Auswertung der eigenen experimentellen Arbeiten als Bezugsbasis der Leistung verwendet worden. Grundsätzlich wird in der folgenden Arbeit, wenn kein besonderer Hinweis erfolgt, unter Verwertung der Quotient $\frac{\triangle \text{ Nettoenergie}}{\triangle \text{ umsetzbare Energie}} = \frac{\triangle \text{ Energiebilanz}}{\triangle \text{ umsetzbare Energie}}$ verstanden, der in Anlehnung an den Begriff des Verdauungskoeffizienten durch Multiplikation mit 100 auch als Verwertungskoeffizient gebraucht wird.

An Korrekturen wurde lediglich die unvermeidliche Gewichtskorrektur einheitlich angewendet.

Der für Rinder gebrauchte Korrekturwert von 12 kcal/kg Lebendgewichtsänderung stützt sich auf Versuche von KELLNER [24], ARMSBY und BENEDICT [1] und RITZMANN und FORBES [21]. Zur Gewinnung eines experimentell begründeten Korrekturwertes für die Lebendgewichtsveränderungen bei Schafen wurden die von MARSTON [15] mitgeteilten Ergebnisse mit Ausnahme der Werte am Beobachtungspunkt $^1/_2$ Erhaltung (insgesamt 27 Wertetripel) einer Mehrfachkorrelation unterworfen und der errechnete partielle Regressionskoeffizient von 15 kcal/kg Lebendgewichtsänderung ($r_{yz;\,x} = 0{,}859$) als Korrekturwert verwendet. Die für Kaninchen benutzte Korrekturgröße von 22 kcal/kg Lebendgewichtsänderung ist der Arbeit von HELLBERG [10] entnommen. Grundsätzlich sind alle Energiebilanzen auf das mittlere individuelle Lebendgewicht der Tiere bezogen worden.

Im folgenden soll die erwähnte zusammenfassende Darstellung der von verschiedenen Forschern und an unterschiedlichen Tierarten aus Gesamtstoffwechselversuchen gewonnenen Ergebnisse zum Verwertungsproblem für den Bereich der Mast gegeben werden. Es wurden für diese Darstellung alle aus der Literatur bekannten Versuche herangezogen, bei denen wenigstens 3 Meßwerte oberhalb des Energiegleichgewichtes vorliegen. Es handelt sich dabei um Versuche an Rindern, Schafen und Kaninchen von FORBES und Mitarbeitern [6,7,8], MITCHELL und HAMILTON [16], MARSTON [15], BLAXTER und GRAHAM [2] und HELLBERG [10]. (In der Versuchsreihe von MITCHELL und HAMILTON wurde der äußerste Meßwert, der durch eine extrem hohe Futteraufnahme gekennzeichnet ist, ausgeschaltet, um die Relation nicht zu stark zu verschieben).

Da das Verhältnis $\frac{\text{maximale Einnahme an umsetzbarer Energie}}{\text{umsetzbare Energie der Erhaltung}}$ mit der Tierart variiert, ist es zweifelhaft, ob es mit der Wahl des Erhaltungsbedarfs als Relativ-Maßstab möglich ist, die Verhältnisse des Energieumsatzes unter der Bedingung variierender Futterzufuhr bei den verschiedenen Tierarten zusammenfassend wiederzugeben. Vielmehr scheint die Annahme gerechtfertigt, daß für jede Tierart im Erhaltungsgleichgewicht und bei maximaler Futteraufnahme (umsetzbare Energie) etwa vergleichbare physiologische Bedingungen vorliegen. Darum wurden die umsetzbare Energie der Erhaltung und die maximale Einnahme an umsetzbarer Energie als Fix-Punkte gewählt und alle Meßwerte einer Meßreihe relativ zu diesen Größen aufgetragen. Für jede Meßreihe wurde dann die den Meßwerten oberhalb des Energiegleichgewichtes nach der Methode der kleinsten Quadrate am günstigsten angepaßte Gerade gezogen. Alle so gewonnenen Geraden wurden – das Erhaltungsgleichgewicht (Schnittpunkt der Geraden mit der x-Achse) als Drehpunkt benutzend – zur Deckung gebracht und in ein einziges Diagramm übertragen. Die so vereinheitlichten Einzelwerte sind in Abbildung 1 aufgetragen:

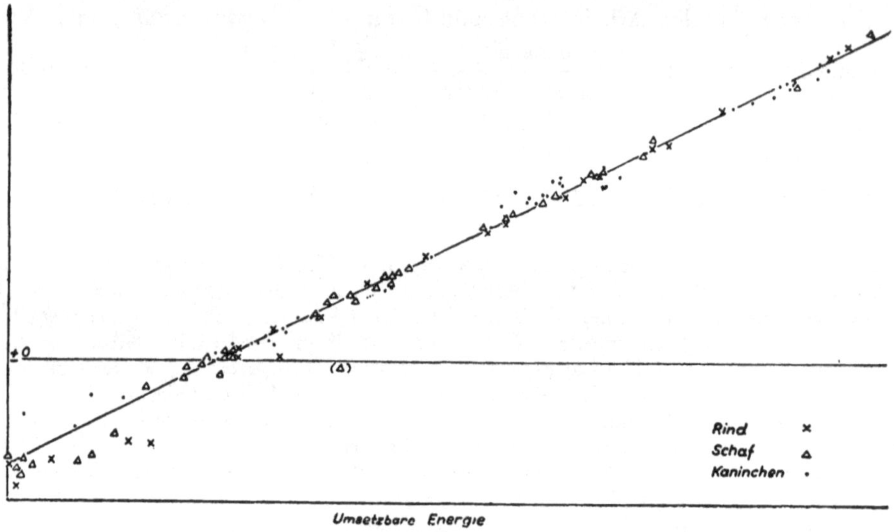

Abbildung 1.

Die Beziehung zwischen Energiebilanz und umsetzbarer Energie, ausgedrückt in Einheiten der maximalen Energieeinnahme bei unterschiedlichen Tierarten, Versuche von FORBES und Mitarb., MITCHELL und HAMILTON, MARSTON, BLAXTER und GRAHAM und HELLBERG

Durch diese Darstellung werden die Differenzen zwischen den absoluten kalorischen Größen des Energieumsatzes unter den Tierarten als auch die absoluten und relativen Verwertungsunterschiede innerhalb einer Tierart oberhalb des
und relativen Verwertungsunterschiede innerhalb einer Tierart oberhalb des
Gerade demonstriert. Dabei ist es ohne Belang, ob im Einzelfall eine geradlinige Beziehung angenommen werden darf oder nicht. Die Anordnung der Meßwerte einer Versuchsreihe zueinander wird durch dieses Verfahren nicht berührt. Bei konkavem Verlauf der Verwertungskurve müßte die überwiegende Zahl der Meßwerte im Bereich der maximalen Energieeinnahme unterhalb der Geraden liegen.

Abbildung 1 zeigt jedoch, daß sich alle Meßwerte gut einer Geraden anpassen. Als Ausdruck des Zusammenhanges zwischen den beiden Variablen: Futterzufuhr und Leistung wurde auf der Annahme einer linearen Beziehung ein Korrelationskoeffizient von 0,985 berechnet. Die Streuung der Meßwerte um die Gerade beträgt 2 % der maximalen Einnahmen an umsetzbarer Energie.

Um dem Einwand zu begegnen, daß mit der Wahl einer anderen Funktion als der einer linearen unter Umständen eine noch bessere Anpassung an die Meßpunkte erreicht werden könnte, ist korrelativ eine quadratische Funktion berechnet worden. Der Koeffizient des quadratischen Gliedes der gefundenen Gleichung

$$y = 0{,}49\,x - 0.0000034\,x^2 - 0.8$$

ist so klein, daß er innerhalb des Beobachtungsbereiches keinen Einfluß ausübt und somit die Anpassung einer quadratischen Funktion an die Meßwerte auch nur eine Gerade liefert.

Somit ergibt die Gesamtauswertung der in der Literatur vorliegenden Ergebnisse zum Verwertungsproblem in Abhängigkeit vom Ernährungsniveau für den Ernährungsabschnitt der Mast den wichtigen Hinweis, daß die Beziehung zwischen Futtermenge und produktiver Wirkung als linear aufgefaßt werden kann, wie es KELLNER getan hat. Immerhin erscheint das vorliegende Material nicht ausreichend, eine völlig eindeutige Aussage zu dieser wichtigen Frage zu treffen.

Es erschien uns daher eine umfassende Bearbeitung dieses Grundlagenproblems als dringende Notwendigkeit, bevor mit systematischen Versuchen zur Produktionswertbestimmung von Futterstoffen an Großtieren begonnen werden sollte.

B. Eigene Untersuchungen

Die eigenen Untersuchungen zum Verwertungsproblem in Abhängigkeit vom Ernährungsniveau wurden mit Kaninchen (Klein-Chinchilla) und weißen Ratten durchgeführt. Für die Wahl von Kleintieren als Versuchsobjekte war vor allem die Tatsache maßgebend, daß die Durchführung von Gesamtstoffwechselversuchen mit diesen Tierarten eines wesentlich geringeren apparativen Aufwandes bedarf; daher kann mit einer größeren Anzahl von Paralleltieren gearbeitet werden. Bei der kürzeren Periodendauer läßt sich ferner verhältnismäßig schnell ein breites Versuchsmaterial mit der Möglichkeit der biostatistischen Sicherung der Versuchsergebnisse erarbeiten, worauf von NEHRING und SCHIEMANN [22] bereits früher ausdrücklich hingewiesen wurde. Es erhebt sich aber gleich die Frage, inwieweit sich die an Kleintieren gewonnenen Beobachtungen auf die landwirtschaftlichen Nutztiere übertragen lassen. Einer direkten Übertragung von Versuchsergebnissen von einer Tierart auf eine andere muß vielfach mit Skepsis begegnet werden. Es steht aber zu erwarten, daß eine Reihe von stoffwechselphysiologischen Grundvorgängen, insbesondere des Energiestoffwechsels, bei den hier zu vergleichenden Säugetierarten ähnlich verläuft, so daß der Umfang analoger Untersuchungen an den landwirtschaftlichen Nutztierarten mit dem hohen apparativen und versuchstechnischen Aufwand durch die Kleintierversuche erheblich eingeschränkt werden kann.

In unseren Versuchen mit Kaninchen und Ratten zum Verwertungsproblem in Abhängigkeit vom Ernährungsniveau lag der Schwerpunkt des Messungen oberhalb des Energiegleichgewichtes, da eine Klärung der Abhängigkeit der Nettoenergie von der Futtermenge in diesem Bereich für die Futterwertmessung von ausschlaggebender Bedeutung ist. Darüber hinaus wurden in einigen Versuchsserien Stoffwechselversuche im Bereich der Unterernährung und im Hungerzustand durchgeführt, da diese einmal von allgemeinem wissenschaftlichen Interesse sind, zum anderen auch die Möglichkeit geben, am eigenen experimentellen Material die Auffassungen der verschiedenen Forscher, die sich mit der Verwertung der Futterenergie über den gesamten Bereich der Ernährung beschäftigt haben, zu prüfen. Die Periodenanordnung wurde im allgemeinen so gewählt, daß durch zyklische Wiederkehr einer Futterration gleicher Menge einmal die Möglichkeit der Berechnung von Gewichtskorrekturen gegeben war, zum anderen aber auch Änderungen im Energiestoffwechsel unmittelbar in Erscheinung treten mußten. Neben dieser zyklischen Wiederkehr von Perioden erwies es sich aus später eingehend zu erörternden Gründen als notwendig, die gesamte Periodenfolge zu wiederholen, denn die Erfahrung am eigenen Material hat gelehrt, daß eine signifikante Beurteilung der experimentellen Ergebnisse bei langen Untersuchungszeiträumen den Nachweis der Reproduzierbarkeit der individuellen Meßwerte verlangt, da sonst die Möglichkeit falscher Schlußfolgerungen besteht.

Der Umfang der vorliegenden Arbeit wird durch die Gesamtzahl von 450 durchgeführten Gesamtstoffwechselversuchen (Respirationsversuche) gekennzeichnet, von denen 321 auf Ratten und 129 auf Kaninchen entfallen.

Im folgenden wird zunächst eine orientierende Übersicht über die durchgeführten Versuchsserien gegeben:

A. Kaninchen

1. Versuchsserie: bestehend aus 58 Gesamtstoffwechselversuchen, durchgeführt mit 2 Tieren über den gesamten Bereich der Ernährung in der Zeit von September 1954 bis August 1956.

2. Versuchsserie: bestehend aus 32 Gesamtstoffwechselversuchen, durchgeführt mit 4 Tieren fast ausschließlich oberhalb des Energiegleichgewichtes in der Zeit von Juli 1955 bis Januar 1956.

3. Versuchsserie: bestehend aus 39 Gesamtstoffwechselversuchen, durchgeführt mit 4 Tieren fast ausschließlich oberhalb des Energiegleichgewichtes in der Zeit von Februar 1956 bis August 1956.

B. Ratten

1. Versuchsserie: bestehend aus 80 Gesamtstoffwechselversuchen, durchgeführt mit 8 Tieren nahezu ausschließlich oberhalb des Energiegleichgewichtes in der Zeit von September 1954 bis Juli 1955.

2. Versuchsserie: bestehend aus 154 Gesamtstoffwechselversuchen, durchgeführt mit 8 Tieren über den gesamten Bereich der Ernährung in der Zeit von Juli 1955 bis Juni 1956.

3. Versuchsserie *): bestehend aus 18 Gesamtstoffwechselversuchen, durchgeführt mit einem Tier über einen weiten Bereich der Ernährung oberhalb und unterhalb des Energiegleichgewichtes in der Zeit von März 1956 bis Juli 1956.

---

*) Über die Ergebnisse dieser Versuchsserie, die insbesondere der Klärung des Einflusses der Umgebungstemperatur auf den Energiestoffwechsel der Ratte diente, wurde bereits von HOFFMANN und SCHIEMANN [13] berichtet.

4. Versuchsserie: bestehend aus 69 Gesamtstoffwechselversuchen, durchgeführt mit 8 Tieren über den gesamten Bereich der Ernährung oberhalb und unterhalb des Energiegleichgewichtes in der Zeit von Juli 1956 bis November 1956.

I. Methodischer Teil

1. *Methodik der Versuchsdurchführung*

1.1 *Periodendauer*

Die Hauptperioden, die die Tiere ohne Unterbrechung im Respirationskasten verbrachten, dauerten bei den Kaninchen 10 Tage, bei den Ratten 8 Tage. Die Perioden mit extrem niedrigen Futterquantitäten erfuhren eine entsprechende Kürzung, um physiologische Schädigungen und deren Einfluß auf die folgenden Perioden zu vermeiden.

Jeder Hauptperiode ging eine Vorperiode voraus, die für Kaninchen im allgemeinen 8 Tage, für Ratten 4 Tage betrug, wobei eine Kürzung der Zeit z. T. sowohl bei den extrem niedrigen Rationen, aber auch bei den extrem hohen Rationen erforderlich wurde, um im letzten Falle eine sichere Futteraufnahme über die Zeit der Hauptperiode zu gewährleisten.

1.2 *Futterzubereitung und Fütterung*

Für die Dauer einer Versuchsserie wurde eine Futtermischung konstanter Zusammensetzung verwendet. Zur Erzielung eines möglichst vollwertigen Futtergemisches wurde auf die Verwendung einer größeren Anzahl einzelner Futterkomponenten Wert gelegt. Die Tatsache, daß auch bei längerer ununterbrochener Verfütterung dieser Mischungen keine Schädigungen zu beobachten waren, beweist die genügende Erfüllung der obigen Zielsetzung.

Die einzelnen Futtermittel wurden fein gemahlen, durch ein 1-mm-Sieb gegeben und entsprechend dem festgelegten prozentualen Verhältnis innig gemischt. Für die Kaninchen erwies sich zur besseren Futteraufnahme eine Krümelung, die durch vorsichtige Trocknung bei 50—60° C der angefeuchteten und geformten Futtermasse erreicht wurde, als notwendig. Das Futter, in dieser Struktur verabreicht, wurde von den Tieren bereitwillig aufgenommen.

Das gesamte Futter einer Periode wurde auf Grund der Trockensubstanzbestimmung mit einer Genauigkeit von ± 5 mg beim Rattenfutter und von ± 100 mg beim Kaninchenfutter auf einmal eingewogen und in Tüten aufbewahrt. Kleine Differenzen zwischen der Höhe der verabreichten Ration und der aufgenommenen Futtermenge sind auf Futterrückstände zurückzuführen, die in der Bilanzaufrechnung Berücksichtigung fanden.
Die Fütterung erfolgte täglich einmal zur gleichen Zeit. Wasseraufnahme ad libitum.

1.3 *Sammlung und Aufarbeitung des Kotes*

Der Kot wurde während der Hauptperiode täglich quantitativ dem Respirationskasten entnommen und in einem Pulverglas im Eisschrank bei 0° C aufbewahrt. Die Trocknung der gesamten Kotmenge einer Periode erfolgte im Vakuumschrank bei 40° C (in Spezialversuchen ermittelte C- und N-Verluste erwiesen sich unter diesen Bedingungen als so gering, daß von ihrer Erfassung Abstand genommen werden konnte). Das gesamte Material wurde fein gemahlen, daraus gezogene Durchschnittsproben in Pulvergläsern aufbewahrt und der Analyse (Bestimmung der Trockensubstanz, der Asche, des C- und N-Gehaltes und des Brennwertes) unterworfen.

Die N-Analyse erfolgte nach Kjeldahl, die Bestimmung des Brennwertes durch direkte Verbrennung im Kalorimeter nach BERTHELOT-MAHLER-KRÖCKER unter gleichzeitiger Kopplung mit der Kohlenstoffbestimmung.

1.4 *Sammlung und Aufarbeitung des Harnes*

Der Harn wurde während der Hauptperiode täglich quantitativ dem Respirationskasten entnommen, gesammelt und im Eisschrank bei 0° C aufbewahrt. Aus der Sammelprobe erfolgten in aliquoten Teilen die Analysen (Ermittlung des spezifischen Gewichtes, des C- und N-Gehaltes sowie des Brennwertes).

Der N-Gehalt wurde nach KJELDAHL bestimmt, der C-Gehalt durch nasse Verbrennung mit Bichromatschwefelsäure nach dem üblichen Verfahren. Zur Ermittlung des Brennwertes wurde der Harn im Vakuumexsikkator über konz. Schwefelsäure durch wiederholtes Aufträufeln auf Zelluloseblöcke mit konstantem Brennwert bei Zimmertemperatur eingetrocknet. Der bei dem Eintrocknen freiwerdende Ammoniak-Stickstoff wurde bestimmt und calorisch als Harnstoff-N mit dem Wärmewert 5.421 cal/mg N zu dem gefundenen Brennwert addiert.

1.5 *Sammlung von Haaren*

Da bei den Ratten der Haarausfall mehr als ein kontinuierlicher Prozeß angesehen werden kann, sind die Haare gesammelt worden und haben in der Bilanzaufrechnung eine entsprechende Berücksichtigung gefunden.

Im Gegensatz dazu wurde der mehr jahreszeitlich bedingte Haarausfall bei den Kaninchen nicht erfaßt. Aus einer langen Sammelperiode konnte ein durchschnittlicher Haarabgang von 100 mg (= 15 mg N) täglich errechnet werden. Gegenüber der Höhe der sonstigen Ausscheidungen kann der Energieverlust durch den Haarausfall vernachlässigt werden.

1.6 *Die Respirationsapparate*

Bezüglich Aufbau, Funktion und Meßgenauigkeit der verwendeten Respirationsapparate wird auf die ausführliche Veröffentlichung von SCHIEMANN, HOFFMANN und SCHMIDT [26] verwiesen. Für die hier erforderliche Kenntnis der Anordnung und Durchführung der Respirationsversuche werden die folgenden Angaben gemacht:

Kaninchenversuche

Zur Messung des Gasstoffwechsels der Kaninchen standen 3 Respirationsapparate zur Verfügung, von denen einer nach dem Haldane-Prinzip und zwei nach dem PETTENKOFER-Prinzip arbeiteten. Die Messungen der Versuchsserie 1 wurden nach HALDANE, die der Versuchsserie 2 und 3 nach PETTENKOFER vorgenommen. Die Versuchsanordnung sowie der Versuchsablauf gestalteten sich im einzelnen wie folgt:

a) *Respirationssystem nach* HALDANE

Im allgemeinen wurden in die Hauptperiode 6—8 Tage dauernde und fortlaufend geführte Respirationsversuche eingeschaltet. Durch die Konstruktion geeigneter Futtergefäße und von kombinierten Kot- und Harnblechen, die ein rasches Auswechseln ermöglichen ($^1/_2$ bis 1 Minute) und durch eine die Wägung nicht beeinflussende weiche Gummischlauchverbindung zu den Wägesystemen, die eine Bestimmung des respiratorischen Gaswechsels bei laufendem Versuch gestattet, konnte eine tägliche Unterbrechung vermieden werden. Weiterhin war durch eine Trennung des Wasserabsorptionssystems vom Respirationskasten die tägliche Ermittlung des Tiergewichtes mit einer Genauigkeit von ± 5 g möglich.

b) *Respirationssystem nach* PETTENKOFER

An jedem 2. Tag der Hauptperiode wurde ein genau 24^h dauernder Respirationsversuch durchgeführt, so daß zur Mittelwertbildung der respiratorischen Daten je Periode 5 Beobachtungswerte zur Verfügung standen.

Die gasanalytische Untersuchung der aus dem Gesamtdurchsatz gezogenen Teilproben erfolgte mit Hilfe einer modifizierten, von CARPENTER, LEE und FINNERTY [3] angegebenen Gasanalyseapparatur, die von SCHIEMANN [25] ausführlich beschrieben worden ist.

Rattenversuche

Zur Messung des Gasstoffwechsels der Ratten standen 4 nach dem HALDANE-Prinzip arbeitende Respirationsapparate zur Verfügung, so daß durch den Turnus Vorfutter-Hauptfutter die Möglichkeit gegeben war, mit 8 Paralleltieren die Untersuchungen durchzuführen. Während der ganzen Dauer der Hauptperiode wurde der Gasstoffwechsel der Tiere täglich erfaßt; somit stellen die Zahlenangaben im allgemeinen Mittelwerte aus 8 Einzelbestimmungen dar. Die Ermittlung des täglichen Umsatzes an CO_2 und O_2 auf gravimetrischem Wege sowie die Kot- und Harnentnahme und die Feststellung des Tiergewichtes machten täglich eine Unterbrechung des Versuchsablaufes von 20 Minuten erforderlich. Die mitgeteilten Werte sind auf 24^h korrigiert. Die Fütterung der Tiere erfolgte bei Beginn der Tagesmessung.

1.7 *Die Gewichtsbestimmung der Tiere*

Die Gewichtsbestimmung der Ratten und Kaninchen erfolgte täglich unmittelbar vor Beginn des folgenden Respirationsversuchs. Die Angaben der Tiergewichte in den verschiedenen Perioden stellen das Mittel der jeweiligen Gewichtsfeststellungen dar.

1.8 *Die Kontrolle der Umgebungstemperatur der Tiere*

Durch elektrische Raumbeheizung mittels automatischer Schaltung der Heizelemente über Relais und Kontakt-Thermometer war das Einhalten konstanter Temperaturbedingungen im Respirationskasten fast ohne Ausnahme möglich.

Kontrollablesungen erfolgten 3 mal täglich.

1.9 *Die Kontrolle der Aktivität der Tiere*

Die Aktivität der Tiere (als terminus technicus für das gesamte äußere Verhalten des Tieres) wurde keiner systematischen Kontrolle unterworfen. Visuelle Beobachtungen zeigten weder besondere Unruhe einzelner Tiere noch erhöhte Aktivität in den Unterernährungsperioden an, mit Ausnahme einer kurzen Zeitspanne direkt vor dem Füttern, so daß ein systematischer Einfluß auf die Energiebilanz nicht anzunehmen ist.

1.10 *Der Einfluß der Fehlerstreuung (analytischer Fehler) und der Varationsstreuung (physiologischer Fehler, biologische Streubreite) auf den Fehler der C-Bilanz*

In Tabelle 1 sind die an die Analytik gestellten Genauigkeitsanforderungen und der davon ableitbare Fehler des Mittels einer Doppelanalyse ($\bar{s}_1$%) und ein durchschnittlicher Fehler der Mittel entsprechender Direktbestimmungen ($\bar{s}_2$%) der 3. Versuchsserie bei Kaninchen mit ihrer Auswirkung auf die C-Bilanz aufgeführt.

Die durchschnittlichen absoluten C-Fehler der Mittel ($\bar{s}_{1C}$; $\bar{s}_{2C}$) beziehen sich auf eine Futtereinnahme von 120 g Trockensubstanz und auf die Größe der durchschnittlich beobachteten Ausscheidungen der Stoffwechselprodukte bei diesen Futtermengen. Der Fehler des Mittels der respiratorischen C-Bestimmungen wurde aus einer Eichserie (6 Versuche) berechnet und für die analytische Genauigkeitsanforderung sowie auch für den durchschnittlichen mittleren apparativen Fehler der Direktbestimmungen als gültig betrachtet.

Die Fehler der Mittel sind über das Fehlerfortpflanzungsgesetz mit dem Fehler der C-Bilanz verbunden, der kalorisch als Fehler der Energiebilanz durch Multiplikation mit 12,4 ausgdrückt wurde unter der Annahme, daß der C-Fehler sich im wesentlichen als Fehler des Fettansatzes äußert.

Die Aufstellung in Tabelle 1 zeigt, daß die an die Analytik gestellten Anforderungen erfüllt wurden. Auf die Einnahme von 120 g Trockensubstanz bezogen, beträgt der analytisch zulässige Fehler (2,4 kcal) 0,5 %, der direkt gefundene Fehler (1,7 kcal) nur 0,3 %.

Tabelle 1. *Die analytischen Fehler und ihre Auswirkung auf die C-Bilanz*

Bestimmungsstück		Maximal zulässige Ungenauigkeit			Direkt gefundene Ungenauigkeit	
		%-Abw. zw. Doppelbest.	$\bar{s}_{1\%}$	$\bar{s}_{1C}$	$\bar{s}_{2\%}$	$\bar{s}_{2C}$
1. Futter	Einwaage . . .			± 0,015	± 0,10	± 0,015
	Tr.-S 1 (Ration)	0,25	± 0,13	± 0,066	± 0,06	± 0,032
	Tr.-S. 2 (Analyse)	0,25	± 0,13	± 0,066	± 0,02	± 0,011
	Asche	1,00				
	C	0,50	± 0,25	± 0,133	± 0,16	± 0,085
	N	1,00				
	cal	0,50				
„Futterfehler"				± 0,163		± 0,093
2. Kot	Einwaage . . .			± 0,004		± 0,004
	Tr.-S.	0,25	± 0,13	± 0,021	± 0,04	± 0,007
	Asche	1,00				
	C	0,50	± 0,25	± 0,042	± 0,19	± 0,032
	N	1,00				
	cal	0,50				
„Kotfehler"				± 0,047		± 0,033
3. Harn	C	1,00	± 0,50	± 0,011	± 0,25	± 0,006
	N	1,00				
	eal	2,00				
„Harnfehler"				± 0,011		± 0,006
4. Respiration	C		± 0,30	± 0,090		± 0,090
Analytischer Fehler der C-Bilanz:			± 0,193 g			± 0,133 g
Analytischer Fehler der C-Bilanz · 12,4			± 2,4 kcal			± 1,7 kcal

Weiterhin ist die Kenntnis eines durchschnittlichen Gesamtfehlers (Periodenfehler) der Energiebilanz von Interesse, der sich aus der analytisch bedingten Fehlerstreuung und der durch das Tier bedingten Variationsstreuung zusammensetzt. Hierfür die Streuung der Periodenmittel der Stoffwechselprodukte zu berechnen, ist für die festen und flüssigen Ausscheidungen mit ihren großen Variationen nicht statthaft, weil eine unmittelbare Beziehung der Kot- und Harnmengen zur Futtereinnahme nicht täglich, sondern erst über einen längeren Versuchszeitraum erfüllt ist. Die Variationsstreuung für diese Komponenten kann also nicht sicher bestimmt, sondern nur abgeschätzt werden. Das eingeschlagene Verfahren beruht auf der Hypothese, daß der Mittelwert der täglichen Ausscheidungen einer Untersuchungsperiode fehlerlos ist. Bei Verlängerung der Versuchszeit um 1 Tag ist der neue Mittelwert der Tagesausscheidungen mit einem Fehler behaftet, der um so größer ist, je mehr sich der neu hinzugekommene Wert von dem vorliegenden Mittelwert unterscheidet. Dieser Fehler ist durch Differenzbildung beider Mittelwerte leicht zu bestimmen. Durch Verwendung der Ausscheidungsgröße, die die stärkste Abweichung vom Mittelwert zeigt, als zusätzliche Tagesausscheidung läßt sich mit guter Annäherung ein maximal möglicher Fehler berechnen und durch Multiplikation mit $^2/_3$ angenähert die Streuung des Mittelwertes. Dieses Verfahren ist für die Kot- und Harnausscheidungen der 35 Perioden der 3. Versuchsserie angewendet worden. Die durchschnittliche Variationsstreuung der Mittelwerte der respiratorischen C-Ausscheidung wurde aus der durchschnittlichen Streuung der Mittelwerte der Direktbestimmungen und der Streuung des Mittelwertes der Eichserie berechnet $\left(\bar{s}_{\text{total}} = \sqrt{\bar{s}_1^2 + \bar{s}_2^2}\right)$

In Tabelle 2 sind die durchschnittlichen Fehlerstreuungen und die Variationsstreuung der Mittelwerte der Stoffwechselkomponenten der 3. Versuchsserie in ihrer Auswirkung auf den C-Anteil zusammenfassend aufgeführt.

Tabelle 2. *Fehler- und Variationsstreuung ($\bar{s}$) des C-Anteils der Stoffwechselkomponenten und ihre Auswirkung auf die Energiebilanz*

(3. Versuchsserie mit Kaninchen)

	Fehlerstreuung g C	Variationsstreuung g C	Partielle Gesamtstreuung g C
Futter	± 0,093	—	± 0,093
Kot	± 0,033	± 0,243	± 0,245
Harn	± 0,006	± 0,080	± 0,080
Respiration	± 0,090	± 0,130	± 0,158
Gesamtstreuung (Periodenfehler)	± 0,133	± 0,287	± 0,316
„	± 1,7 kcal	± 3,6 kcal	± 3,9 kcal

Die Variationsstreuung macht das Doppelte der Fehlerstreuung aus. Die Gesamtstreuung, die über das Fehlerfortpflanzungsgesetz gewonnen wurde, ist gegenüber der Variationsstreuung nicht nennenswert erhöht. Das heißt, daß eine Verfeinerung der analytischen Verfahren keine bedeutende Fehlerverminderung der Bilanz nach sich zieht und somit die gestellten Genauigkeitsforderungen an die Analytik in einem richtigen Verhältnis zu der durch das Tier bedingten Variationsstreuung stehen. Es ist damit zu rechnen, daß die Energiebilanz der Einzelperiode bei den Kaninchenversuchen bei 120 g Trockensubstanzeinnahme ($\triangleq$ 535 kcal) mit einem durchschnittlichen Fehler von $\pm$ 3,9 kcal behaftet ist, das sind 0,7 % der calorischen Einnahmen. In Perioden mit kleineren Futtermengen wächst der prozentuale Fehler, weil die Variationsstreuung nicht von der Größe der Futterzufuhr abhängig ist. Im Erhaltungsgleichgewicht z. B. muß etwa mit einem Fehler der Energiebilanz von $\pm$ 3,6 kcal = 1 % der Einnahmen gerechnet werden.

Das von den Kaninchenversuchen gesagte gilt sinngemäß für die Rattenversuche, nur daß bei etwa gleichen Relationswerten die absoluten Werte um eine Zehnerpotenz kleiner sind.

2. *Methodik der Versuchsauswertung*

2.1 *Die Faktoren der Bilanzaufrechnung*

Für die Aufrechnung der Einzelanalysen zur N-, C- und calorischen Bilanz und zur Kontrolle der erhaltenen Resultate über das Gesetz der Erhaltung der Energie wurde im Prinzip nach der von MØLLGAARD [17] eingehend beschriebenen Methode verfahren. Die den Berechnungen zugrundeliegenden Konstanten sind aus folgenden Werten abgeleitet:

Fett: C-Gehalt 76,50 %; Brennwert 9,50 kcal/g

Protein: N-Gehalt 16,00 %; C-Gehalt 52,54 %; Brennwert 5,678 kcal/g; physiologischer Brennwert 4,5 kcal/g.

Gaswechsel: Gewicht von 1 l CO_2 1,9768 g, von 1 l O_2 1,4290 g; bei der Proteinoxydation werden pro g 0,781 l CO_2 gebildet und 0,971 l O_2 verbraucht.

2.2 *Die Berechnung der Wärmeproduktion*

Die Berechnung der Gesamtwärmeproduktion, die sich additiv aus den beiden Wärmekomponenten des Fett-Kohlenhydratumsatzes und des Proteinumsatzes zusammensetzt, wurde nach folgenden modifizierten Gleichungen*) vorgenommen, wobei Gleichung (a) bei der volumetrischen und Gleichung (b) bei der gravimetrischen Messung des respiratorischen Umsatzes angewandt wird:

$$(a)\ Q = 1{,}250 \cdot l\ CO_2 + 3{,}841 \cdot l\ O_2 - 1{,}26 \cdot g\ N_H$$

$$(b)\ Q = 0{,}631 \cdot g\ CO_2 + 2{,}688 \cdot g\ O_2 - 1{,}26 \cdot g\ N_H$$

*) Über die Ableitung dieser Gleichungen wurde von HOFFMANN [12] berichtet.

2.3 *Die Bilanzkontrolle über das Gesetz der Erhaltung der Energie*

Da in fast allen Gesamtstoffwechselversuchen neben der C-, N- und Cal-Bilanz auch der O_2-Verbrauch der Tiere gemessen wurde, besteht die Möglichkeit, neben der energetisch ausgedrückten stofflichen Bilanz auch die energetische Bilanz durch Berechnung der Wärmeproduktion zu ermitteln. Dadurch können die Versuche über das Energieerhaltungsgesetz kontrolliert werden, eine Forderung, die insbesondere von MØLLGAARD [17] erhoben worden ist. Nach MØLLGAARD sollte die Abweichung zwischen der energetischen Bilanz und der energetisch ausgedrückten stofflichen Bilanz 1% der Bruttoenergie nicht überschreiten, wenn die Bilanz als wesentlichstes Bestimmungsstück eines Gesamtstoffwechselversuchs als gesichert angesehen werden soll.

Es sei aber darauf hingewiesen, daß die Bilanzkontrolle über das Gesetz der Erhaltung der Energie allein kein absolut sicherer Weg ist, die Sicherheit des Ergebnisses eines Gesamtstoffwechselversuchs abzuschätzen, da die einzelnen Größen zur doppelten Bilanzaufrechnung nicht vollständig unabhängig voneinander sind, worüber HOFFMANN [12] in jüngerer Zeit ausführlich berichtet hat. Zur Erzielung einer größeren Sicherheit ist neben der Bilanzkontrolle die *Durchführung von Parallelversuchen* eine notwendige Forderung.

In den folgenden Tabellen 3 und 4 sind die Größe und die Verteilung der Abweichungen zwischen der energetischen und der energetisch ausgedrückten stofflichen Bilanz der mit Kaninchen und Ratten durchgeführten Gesamtstoffwechselversuche mit Ausnahme der Hungerumsatzbestimmungen mitgeteilt. Als Bezugsbasis wurde einheitlich für Kaninchen 350 kcal und für Ratten 50 kcal (entspricht etwa der Bruttoenergie der Erhaltung) gewählt, da sich die Versuche auf den gesamten Ernährungsbereich erstrecken und es unkorrekt erscheint, die jeweils dem Tier zugeführte Bruttoenergie als Relativmaßstab zu nehmen, da weder die Variationsstreuungen in den Kot- und Harnauscheidungen noch die Fehler der respiratorischen Bestimmungen mit der Verminderung der Futtermenge kleiner werden. Die

Tabelle 3. *Kaninchenversuche*

Mittelwert und Verteilung der Abweichungen zwischen der energetischen Bilanz und der energetisch ausgedrückten stofflichen Bilanz (bezogen auf 350 kcal)

Vers.-Serie	Mittel der Abweichung %	Verteilung der Abweichung abs. und relativ		
		0—1,0%	1,1—2,0%	〉 2%
1	−0,7 ± 0,96	33 67,3%	12 24,5%	4 8,2%
2	−0,3 ± 0,83	25 78,1%	7 21,9%	— —
3	−0,4 ± 0,75	28 80,0%	6 17,1%	1 2,9%
Durchschnitt	— 0,50	74,1%	21,6%	4,3%

Tabelle 4. *Rattenversuche*

Mittelwert und Verteilung der Abweichungen der energetischen und der energetisch ausgedrückten stofflichen Bilanz (bezogen auf 50 kcal)

Vers.-Serie	Mittel der Abweichung %	Verteilung der Abweichung abs. und relativ		
		0—1,0%	1,1 - 2,0%	〉2%
1	+0,2 ± 0,96	55 76,4%	12 16,7%	5 6,9%
2	+0,4 ± 1,15	87 59,2%	46 31,3%	14 9,5%
3	+0,1 ± 1,10	9 60,0%	6 40,0%	— —
4	—0,3 ± 0,81	50 82,0%	10 16,4%	1 1,6%
Durchschnitt	+ 0,19	68,1%	25,1%	6,8%

in den Tabellen angeführten Vorzeichen beziehen sich nicht auf die Übereinstimmung mit dem Energieerhaltungsgesetz, sondern auf den Vergleich der energetischen Bilanz mit der energetisch ausgedrückten stofflichen Bilanz, wobei letztere als Bezugsbasis für die Vorzeichenwahl diente.

Die Übereinstimmung zwischen den beiden berechneten Bilanzen ist als für derartige Versuche völlig zufriedenstellend anzusehen. Bei 74% aller Versuche mit Kaninchen und bei 68% aller Versuche mit Ratten liegt die Abweichung unter der konventionellen 1%-Grenze und nur 4% bzw. 7% aller Versuche übersteigen eine Abweichung von 2% der Erhaltungsforderung der Tiere. Die Prüfung, ob die letzteren Versuche bei der Auswertung des Versuchsmaterials auszuschalten sind, ergab aus dem Vergleich der Bilanzgrößen mit denen der entsprechenden Paralleltiere, daß eine Ausschaltung der Versuche nicht gerechtfertigt ist.

Bei den Kaninchenversuchen ist der Mittelwert der Abweichungen negativ. Eine Ursache für diese systematische Verschiebung kann nicht mit Sicherheit angegeben werden. Die Mittelwerte der Abweichungen in den 4 Versuchsserien mit Ratten gruppieren sich eng um den Nullpunkt. Auffallend war bei den Bilanzaufrechnungen der Versuche mit Ratten, daß die überwiegende Zahl der Bilanzvergleiche mit hohen Futterrationen, bei denen der respiratorische Quotient 1 übersteigt, positive Abweichungen ergab. Die statistische Analyse zeigte, daß die Abweichungen mit dem respiratorischen Quotienten in quantitativem korrelativen Zusammenhang stehen. In 10 von 12 Respirationsperioden mit respiratorischem Quotienten über 1 (jeweils 8 Tiere) ist der errechnete Korrelationskoeffizient größer als 0,6.

Es läßt sich nicht entscheiden, welche der beiden Bilanzaufrechnungen den größeren Fehler enthält. Wenn vom theoretischen Standpunkt auch kein Einwand gegen die Berechnung der Wärmeproduktion der Tiere aus dem Gasstoffwechsel bei respiratorischen Quotienten über 1 erhoben werden kann, so führen jedoch die gefundenen korrelativen Beziehungen bei den Versuchen mit Ratten zu der Vermutung, daß diese Beziehungen die energetische Bilanz mit einer größeren Unsicherheit belasten als die energetisch ausgedrückte stoffliche Bilanz.

Die Auswertung der Ergebnisse aller Versuchsserien wurde daher einheitlich über die energetisch ausgedrückte stoffliche Bilanz vorgenommen, die durch Multiplikation des Proteinansatzes mit 5,678 kcal/g und des Fettansatzes mit 9,50 kcal/g und Summierung der so erhaltenen Energiegrößen gewonnen wurde. Zur Vereinfachung des Ausdrucks wird im folgenden Teil der Arbeit unter „Energiebilanz“ ausschließlich die energetisch ausgedrückte stoffliche Bilanz verstanden.

2.4 *Die Anwendung von Korrekturen*

Grundsätzlich müssen 2 Korrekturarten unterschieden werden:

1. Korrekturen, die zum Energiewechsel in Beziehung stehen und deren Anwendung zu einer Reduktion der Streuung der Wärmeproduktion paralleler Beobachtungen führt.
2. Korrekturen, die im Zusammenhang mit Definitionen der Nährwertmessung von Futterstoffen gebraucht werden und nur unter besonderem Aspekt Anwendung finden.

Von den Korrekturen erster Art, zu denen die Korrektur für verändertes Lebendgewicht, die Korrektur für Aktivitätsunterschiede und die Korrektur für Futterverzehr und Verdauungsdepressionen (Differenzmethode) gerechnet werden müssen, fand bei der Auswertung der eigenen Versuche ausschließlich eine Lebendgewichtskorrektur Anwendung. Für die Einführung von Korrekturen zweiter Art bestand keine Veranlassung.

Die Bestimmung der Korrektur für den Mehraufwand an Nettoenergie für die Erhaltung je Zuwachseinheit ist aus den experimentellen Unterlagen auf zwei Wegen möglich:

1. durch die Differenzauswertung der Perioden mit konstanter Futterzufuhr bei genügenden Lebendgewichtsunterschieden,
2. durch Mehrfachkorrelation unter der Voraussetzung, daß eine Linearkombination der Meßwerte erlaubt ist.

Sowohl für Kaninchen als auch für Ratten wurde die Lebendgewichtskorrektur nach beiden Verfahren berechnet.

Für Kaninchen ergab die Berechnung der individuellen Korrekturwerte der 3 Versuchsserien nach der Methode der Mehrfachkorrelation aus den entsprechenden partiellen Regressionskoeffizienten einen Mittelwert von 30,7 cal (Schwankungen: 13 bis 47 cal), nach dem Differenzverfahren einen Mittelwert von 30,1 $\pm$ 5 cal/g Lebendgewichtsänderung, wobei im ersten Fall 10 Linearkombinationen der entsprechenden Wertetripel (umsetzbare Energie, Nettoenergie, Lebendgewicht) und im zweiten Fall 31 Wertepaare mit Gewichtsdifferenzen über 150 g herangezogen wurden. Beide Mittelwerte stimmen trotz der nicht unerheblichen Streuung gut überein. Es wurde daher als einheitlicher, für alle Tiere gültiger Korrekturwert der

Energiebilanz bei der Umrechnung der Einzelergebnisse auf gleiches Lebendgewicht 30 cal je g Lebendgewichtsänderung verwendet.

Die nach dem Differenzverfahren entsprechend berechneten Korrekturwerte der von HELLBERG durchgeführten umfangreichen Gesamtstoffwechselversuche mit Kaninchen ergaben einen Mittelwert von 23 ± 3 cal/g Lebendgewichtsänderung. Ein statistischer Vergleich mit dem eigenen Ergebnis zeigt,

HELLBERG	23 ± 3	$n = 44$	$t_e = 1{,}33;\ t_{0,05} = 1{,}99$
eigene Versuche	30 ± 5	$n = 30$	

daß der Unterschied zwischen beiden Werten nicht gesichert ist. Für Ratten ergab die Berechnung der individuellen Korrekturwerte nach der Methode der Mehrfachkorrelation in der 1., 2. und 4. Versuchsserie Mittelwerte von 120 cal (90 bis 181), 125 cal (84 bis 178) und 117 cal (62 bis 224). Das Differenzverfahren konnte nur bei der 2. Versuchsserie angewendet werden, da die Gewichtsänderungen nur in dieser Serie genügend hoch waren. Als Mittelwert errechnet sich 121 ± 7 cal pro g Lebendgewichtsänderung.

Trotz unterschiedlicher Umgebungstemperatur in den 3 Versuchsserien (21° C, 25° C und 29° C) errechnen sich praktisch die gleichen mittleren Korrekturwerte, obwohl der Erhaltungsstoffwechsel der Tiere mit steigender Umgebungstemperatur fiel (s. S. 41). MORRISON [20] stellte ebenfalls ein Anwachsen der Energieabgabe bei Ratten von 0,120 kcal/g Lebendgewichtszunahme fest. Es wurde daher als einheitlicher Korrekturwert der Energiebilanz bei der Umrechnung der Einzelergebnisse auf gleiches Lebendgewicht in allen Versuchsserien 120 cal je g Lebendgewichtsänderung angewendet.

Insbesondere von HELLBERG [10] wurde das Problem der Korrektur des Lebendgewichtes der Tiere auf gleiche Futtereinnahmen diskutiert, um temporäre Gewichtsvariationen, bedingt durch die Höhe der verabreichten Futterration, zu eliminieren. Die Prüfung dieser Frage am eigenen Versuchsmaterial bei 5 Kaninchen ergab bei Wechsel der Futtergabe von 45 auf 90 g und umgekehrt unterschiedliche Korrekturfaktoren; jedoch war die Differenz der Faktoren nicht signifikant. Eine analoge Prüfung dieser Frage bei Ratten mit Futterwechsel von 4 auf 12 g und umgekehrt ergab eine schwach gesicherte Differenz in den Korrekturfaktoren. Wegen der hohen Streuung und der sich daraus ergebenden Unsicherheit der Festlegung eines einheitlichen Korrekturfaktors für temporäre Gewichtsveränderungen wurde von einer Umrechnung des jeweils ermittelten Lebendgewichtes auf gleiche Futtereinnahme Abstand genommen.

II. Experimenteller Teil

1. Die Stoffwechseluntersuchungen mit Kaninchen

1.1 *Anlage der Versuche*

Die mit Kaninchen durchgeführten Gesamtstoffwechseluntersuchungen zerfallen in 3 Versuchsserien. In der 1. Versuchsserie wurde an 2 Tieren über den gesamten Bereich der Ernährung vom Hungern bis zur maximalen Nahrungsaufnahme die Energiebilanz bestimmt. Die 2. und 3. Versuchsserie mit jeweils 4 Paralleltieren, in denen fast ausschließlich der Ernährungsbereich oberhalb des Energiegleichgewichtes untersucht wurde, sind als wesentliche Ergänzungen der 1. Versuchsserie aufzufassen und sollten eine gesicherte Aussage der Verwertungsverhältnisse unter der Bedingung der Mast gestatten.

Die Besonderheit der eigenen Versuche mit Kaninchen gegenüber den bisher durchgeführten Untersuchungen über die Abhängigkeit der Verwertung vom Ernährungsniveau besteht in der Wiederholung der Einzelperioden bzw. der gesamten Periodenfolge. Mit Ausnahme der 9. und 10. Periode (Hunger und maximale Futtereinnahme) der 3. Versuchsserie liegen alle individuellen Ergebnisse wenigstens in einfacher Wiederholung vor. Diese Versuchsanordnung gestattet neben der größeren Sicherheit einer Aussage die Frage nach der Reproduzierbarkeit der Meßergebnisse zu beantworten und gibt gleichzeitig die Möglichkeit, innerhalb einer Versuchsfolge Änderungen im Erhaltungsstoffwechsel eines Tieres zu erkennen. Die Bedeutung dieser Art der Versuchsanlage wird an Hand des Versuchsmaterials veranschaulicht werden.

In Tabelle 5 sind alle in bezug auf die Versuchsanlage wichtigen Einzelheiten der 3 mit Kaninchen durchgeführten Versuchsserien zusammenfassend mitgeteilt.

Tabelle 5. *Angaben zur Versuchsanlage der Serien 1—3*

Versuchs-Serie	Anz. d. Tiere	Bezeichnung der Tiere	Alter i. Mon. bei Vers.-Beg.	Temperaturbedingung in °C	Versuchszeit	Futtereinnahme in g Tr.-Subst.	Zahl der Perioden	Gesamtstoffwechseluntersuchungen
1	2	K I, II	7	23 ± 1	11. 10. 54—16. 8. 56	0—120	30	58
2	4	K III—VI	15	23 ± 1	7. 6. 55—17. 12. 55	60—120	8	32
3	4	K III—VI	22	23 ± 1	16. 1. 56—13. 8. 56	0 u. 60—130	10	39
								129

Prinzipielle Unterschiede in der Versuchsanlage zwischen den 3 Versuchsserien bestehen nicht. Gegenüber den Versuchsserien 2 und 3, bei denen die Beobachtungspunkte zwischen 60 und 120 g Futtereinnahme um 20 g differieren, wurde in der 1. Versuchsserie zur Gewinnung einer ausgeglichenen Abhängigkeitskurve über den gesamten Bereich der Ernährung die Futtergabe um jeweils 10 g Tr.-Sbst. von Beobachtungspunkt zu Beobachtungspunkt variiert.

Entgegen dem ursprünglichen Versuchsplan wurden in der 3. Versuchsserie noch 2 Perioden nachgeschaltet (9. und 10. Periode) mit dem Zweck, über eine längere Hungerzeit die Tiere stark zu entfetten und anschließend zu versuchen, eine Futteraufnahme von 130 g Tr.-Subst. zu erreichen.

Nur 1 Tier (K V) erfüllte mit 128,6 g Futterverzehr fast die gestellten Anforderungen. Bei 2 weiteren Tieren (K III u. K IV) betrug die Futteraufnahme 126,7 g bzw. 125,9 g Trockensubstanz, während mit K VI die Hauptperiode bereits im 1. Drittel wegen bedeutender Futterrückstände abgebrochen werden mußte.

Tabelle 6 gibt Auskunft über die Zusammensetzung des Versuchsfutters in allen 3 Versuchsserien.

Tabelle 6. *Zusammensetzung des Versuchsfutters*

Futtermischung der Versuchsserien 1 und 2	Futtermischung der Versuchsserie 3
20% Kleemehl	20% Kleemehl
20% Luzernemehl	20% Luzernemehl
20% Haferschrot	15% Maisschrot
15% Gerstenschrot	15% Getreidestärke
10% Maisschrot	10% Haferschrot
10% Sojabohnenschrot	10% Gerstenschrot
4% Trockenhefe	5% Sojabohnenschrot
1% Citosan (Vitaminmischung)	4% Trockenhefe
	1% Citosan

Der Grund für die Änderung der Futtermischung in der 3. Versuchsserie war der relativ hohe Proteinansatz in den ersten beiden Serien. –

Auf Fragen im Zusammenhang mit der Versuchsdurchführung wird auf den methodischen Teil verwiesen.

1.2 *Die Beziehung zwischen der Energiebilanz und der umsetzbaren Energie in der 1. Versuchsserie*

Tabelle 7 enthält die Werte der 1. Versuchsserie zur Beurteilung der Verwertung in Abhängigkeit vom Ernährungsniveau. Die Energiebilanzen sind auf das mittlere Lebendgewicht der Tiere korrigiert. Die Notwendigkeit der Zweiteilung der 1. Versuchsserie wird auf S. 104 näher erläutert.

Die Abbildungen 2 und 3 veranschaulichen die Beziehung zwischen der Energiebilanz und der umsetzbaren Energie der 1. Versuchsserie. Und zwar sind einmal – soweit es statthaft war – die Mittel der Meßwerte jedes Beobachtungspunktes eingetragen (oberes Kurvenbild) und zum anderen die Einzelwerte des 2. Versuchsabschnittes mit den entsprechenden Regressionsgeraden (unteres Kurvenbild).

Zunächst soll auf die Unvergleichbarkeit der Meßergebnisse des 1. und 2. Versuchsabschnittes innerhalb der 1. Versuchsserie eingegangen werden. Die bei beiden Tieren mit Kreuzen gekennzeichneten Meßwerte wurden in der Zeit vom Versuchsbeginn im Oktober 1954 bis Mai 1955 erhalten, die mit Punkten gekennzeichneten in der folgenden Zeit bis zum Versuchsende im August 1956.

Besonders bei K II treten die Differenzen im Ansatz zwischen den in beiden Zeiträumen durchgeführten Stoffwechselperioden scharf hervor. Die mittleren calorischen Ansatzdifferenzen bei beiden Tieren wurden auf ihre statistische Sicherheit geprüft:

K I $d = 8{,}96 \pm 2{,}03$ $t_e = 4{,}41$ $n = 4$ $t_{0,05} = 2{,}78$
$t_{0,01} = 4{,}60$

K II $d = 18{,}73 \pm 1{,}07$ $t_e = 17{,}50$ $n = 5$ $t_{0,01} = 4{,}03$

Tabelle 7. *Umsetzbare Energie und Energiebilanz in der 1. Versuchsserie*
(Energiebilanz auf 3 kg Lebendgewicht korrigiert)

Periode	Tier	Futter Tr.-Subst. g	Umsetzb. Energie kcal	Energie-bilanz kcal	Energie-bilanz, korr. kcal	Gewicht kg
1. Versuchsabschnitt:						
6	K I	Hunger				
	K II	„				
5	K I	50	154,8	−22,3	−21,4	3,03
	K II	50	150,2	−22,6	−32,8	2,66
8	K I	60	176,5	−16,3	−16,0	3,01
	K II	60	170,1	−23,7	−30,3	2,78
3	K I	70	195,7	− 3,4	− 5,2	2,94
	K II	70	202,7	3,0	− 6,9	2,67
7	K I	70	197,5	− 8,9	− 6,5	3,08
9	K II	80	215,6	3,8	− 1,0	2,84
1	K I	90	253,8	47,7	42.6	2,83
	K II	90	251,5	38,0	24,5	2,55
4	K I	90	257,9	30,3	34,2	3,13
	K II	90	240,1	14,4	8,7	2,81
2	K I	110	309,7	62,5	66,1	3,12
	K II	110	279,6	44,6	34,4	2,66
2. Versuchsabschnitt:						
30	K I	Hunger				
	K II	„				
13	K I	20	65,6	−62,8	−65,2	2,92
	K II	20	66,8	−66,8	−69,5	2,91
23	K I	20	64,6	−84,4	−84,4	3,00
	K II	20	62,8	−70.9	−75,4	2,85
16	K I	30	98,7	−37,5	−38,4	2,97
	K II	30	88,9	−62,6	−62,9	2,99
29	K I	30	98,3	−54,2	−47,9	3,21
	K II	30	98,3	−42,2	−41.0	3,04
10	K I	40	121,1	−21,3	−28,5	2,76
	K II	40	122,4	−17,2	−27,7	2,65
27	K I	40	127,4	−33,1	−28,9	3,14
	K II	40	125,9	−20,5	−19,3	3,04
25	K I	50	149,2	−22,7	−20,9	3,06
	K II	50	151,9	−16,2	−16,2	3,00
19	K I	60	169,8	−19,8	−13,8	3,20
	K II	60	164,5	−26,0	−17,6	3,28
21	K I	70	206,9	11,3	16,7	3,18
	K II	70	201,4	4,0	10,6	3,22
12	K I	80	236,6	33,3	37,5	3,14
	K II	80	229,7	25,0	28,0	3,10
15	K I	80	225,0	15,9	23,7	3,26
	K II	80	211,9	4,9	10,9	3,20

Täbelle 7 (Fortsetzung)

Periode	Tier	Futter Tr.-Subst. g	Umsetzb. Energie kcal	Energie-bilanz kcal	Energie-bilanz, korr. kcal	Gewicht kg
18	K I	80	226,5	16,1	24,8	3,29
	K II	80	223,9	11,8	20,2	3,28
22	K I	80	224,3	14,2	21,7	3,25
	K II	80	218,7	9,2	10,4	3,04
26	K I	80	229,0	20,3	26,6	3,21
	K II	80	227,0	21,9	26,1	3,14
20	K I	90	257,0	41,4	50,7	3,31
	K II	90	248,8	31,0	38,5	3,25
11	K I	100	271,6	49,1	50,9	3,06
	K II	100	274,0	54,6	53,1	2,95
28	K I	100	275,4	45,1	55,0	3,33
	K II	100	268,7	48,4	54,1	3,19
17	K I	110	303,8	61,3	70,0	3,29
	K II	110	294,6	58,1	66,8	3,29
14	K I	120	331,4	79,5	88,8	3,31
	K II	120	320,8	76,4	83,6	3,24
24	K I	120	333,5	90,2	96,8	3,22
	K II	120	320,1	81,1	82,9	3,06

Der tägliche Hungerumsatz in kcal/kg der 6. und 30. Periode war folgender:

Tier	Periode	Tag									
		1	2	3	4	5	6	7	8	9	10
K I	6	60,7	53,3	50,1	47,5	45,8	43,9	—	—	—	—
K I	30	57,9	52,9	50,7	48,4	46,5	46,8	43,1	44,4	42,6	44,5
K II	6	65,1	58,4	56,3	53,7	52,1	49,4	—	—	—	—
K II	30	58,7	52,3	50,5	48,4	47,6	44,7	45,2	44,1	43,2	43,3

Je ein Versuch mit jedem Tier konnte nicht ausgewertet werden. Die Gründe dafür waren einmal bei K II in der 7. Periode technischer Art und in der 9. Periode bei K I die Verweigerung der Futteraufnahme.

Der empirische t-Wert (t_e) ist bei beiden Tieren größer als der Tafelwert bei einer Grenzwahrscheinlichkeit von 5% ($t_{0\,05}$), d. h. die mittlere Ansatzdifferenz (d) ist signifikant und die Meßwerte auf dem niedrigen Ansatzniveau müssen getrennt von den zeitlich folgenden Versuchsergebnissen behandelt werden. In den weiteren Ausführungen wird zwischen dem 1. und 2. Versuchsabschnitt der 1. Versuchsserie unterschieden.

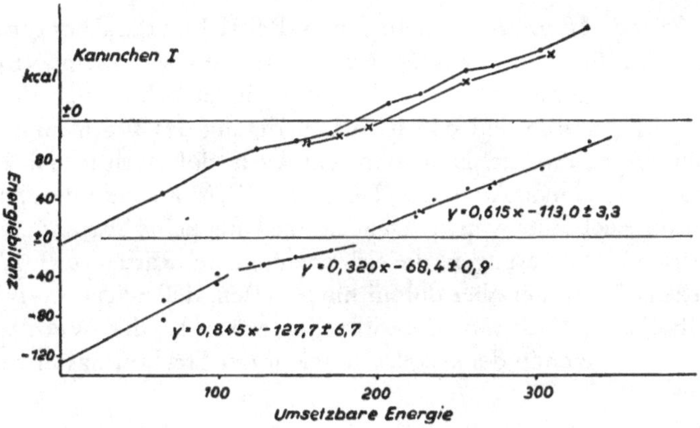

Abbildung 2.

Die Beziehung zwischen Energiebilanz und umsetzbarer Energie

oberes Kurvenpaar: Mittel des 1. und 2. Versuchsabschnittes
untere Kurve: Einzelwerte des 2. Versuchsabschnittes

Es erhebt sich die Frage, ob die beobachtete Energiebilanzverschiebung bei beiden Tieren auf eine Änderung im Erhaltungsstoffwechsel oder auf einer Änderung in der Verwertung des Futters zurückgeführt werden kann. Eine statistische Prüfung der berechneten Regressionskoeffizienten für die Meßpunkte beider Versuchsabschnitte oberhalb des Energiegleichgewichtes gab keine signifikante Differenz an, d. h., daß eine Änderung in der Verwertung des Futters als Ursache der Energiebilanzverschiebung nicht besteht. Demzufolge kann nur der Erhaltungsstoffwechsel der Tiere eine Änderung erfahren haben.

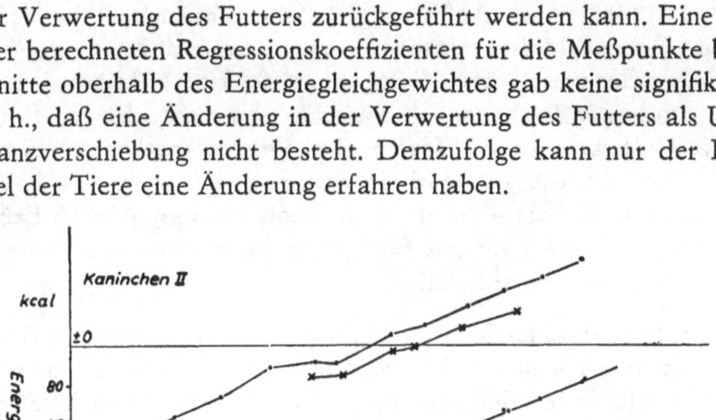

Abbildung 3.

Die Beziehung zwischen Energiebilanz und umsetzbarer Energie

oberes Kurvenpaar: Mittel des 1. und 2. Versuchsabschnittes
untere Kurve: Einzelwerte des 2. Versuchsabschnittes

Auffallend ist die ausgesprochen sprunghafte Änderung der Stoffwechselintensität bei K II, die sich innerhalb der kurzen Zeitspanne der Zwischen- und Vorfütterung in Periode 10 vollzogen haben muß. Bei K I ist die Änderung der Stoffwechselintensität nicht so kraß ausgeprägt. Da die Tiere zu diesem Zeitpunkt etwa 1jährig waren, könnte man daran denken, daß sie zu Beginn der Versuche noch nicht ausgewachsen waren und daß nach Beendigung des Wachstums eine solche Stoffwechseländerung eintritt. Dem steht entgegen, daß auch in der 2. Versuchsserie (s. S. 110) bei einem Alter der Tiere von 17 Monaten eine analoge Stoffwechseländerung beobachtet wurde. Demzufolge kann keine begründete Erklärung für diese Stoffwechseländerungen, die sich ebenfalls bei Ratten (s. S. 122) zeigten, gegeben werden. Es sei hier aber darauf hingewiesen, daß MØLLGAARD [19] in seinen Versuchen über das Wachstum der Schweine während der Wachstumsperiode sprunghafte Änderungen in der Geschwindigkeit der Strukturmassenvergrößerung beobachtet hat.

Die beobachteten Änderungen in der Stoffwechselintensität weisen auf die Notwendigkeit hin, langdauernde Gesamtstoffwechselversuche durch Wiederholung gleicher Perioden am gleichen Tier zu kontrollieren. Die eigenen Versuche zeigen, daß ohne eine Periodenwiederholung unkorrekte Aussagen unvermeidbar gewesen wären.

Eine Beurteilung der Meßreihen von K I und K II des 2. Versuchsabschnittes (s. Abb. 2 und 3) führt zu der Auffassung, daß übereinstimmend bei beiden Tieren oberhalb des Energiegleichgewichtes die Interpretation einer geradlinigen Beziehung zwischen der umsetzbaren Energie und der Energiebilanz den experimentellen Daten am besten Rechnung trägt. Unmittelbar unterhalb des Energiegleichgewichtes verläuft bei beiden Tieren die Verwertungskurve außerordentlich flach, – eine Tendenz, die sich auch in den Kurvenbildern des 1. Versuchsabschnittes deutlich abzeichnet – um dann am Beobachtungspunkt $^1/_2$ Erhaltung mit größerer Steigung als oberhalb des Energiegleichgewichtes in etwa geradlinigem Verlauf zum Hungerumsatz abzufallen.

Die unteren Kurvenbilder in Abb. 2 und 3 zeigen, daß der über den gesamten Ernährungsbereich als krummlinig beobachtete Kurvenverlauf in 3 Abschnitte geradliniger Verteilung der Meßwerte aufgespalten werden kann. Die Gruppierung der Meßwerte um die entsprechenden Regressionsgeraden ist befriedigend. Die Streuung um die Geraden beträgt im Mittel 3,6 kcal, wobei die maximalen Streuungen im extrem niedrigen Ernährungsbereich auftreten. Die Ursache dieser größeren Streuung ist auf Unregelmäßigkeiten der respiratorischen C-Ausscheidungen zurückzuführen.

Die Verwertungshöhe in den einzelnen Ernährungsabschnitten kann aus den Regressionskoeffizienten der in Abb. 2 und 3 angegebenen Geradengleichungen entnommen werden. Bei jeder Gleichung ist ferner die Streuung der Einzelmeßwerte um die entsprechende Gerade angegeben.

Die Ähnlichkeit der Kurvenbilder bei beiden Tieren (s. Abb. 2 und 3) läßt vermuten, daß keine individuellen Unterschiede existieren und daß das an beiden Tieren gewonnene Beobachtungsmaterial als eine einzige homogene Probe behandelt werden kann. Die statistische Analyse (Varianzanalyse) ergab, daß zwischen beiden Tieren weder signifikante Differenzen in der absoluten Höhe des Energieansatzes noch im relativen Energieansatz (Verwertung) bestehen.

Die Ergebnisse des 2. Versuchsabschnittes beider Tiere sind in Abb. 4 zusammenfassend graphisch dargestellt. In das Koordinatennetz sind die Mittelwerte der Beobachtungen an jedem Beobachtungspunkt von beiden Tieren eingetragen. Entsprechend dem Vorgehen bei der Darstellung der Meßwerte der Einzeltiere wurden 3 Regressionsgeraden auf der Basis der Einzelwerte berechnet und mit Hilfe eines Kurvenlineals im Bereich der Schnittwinkel durch kontinuierliche Kurvenzüge ineinander übergeführt. Dieses Verfahren, das nur als ein Hilfsmittel für die Auswertung benutzt wurde, bietet eine gute Möglichkeit, mit einfachen rechnerischen Mitteln eine graphische Darstellung der Verwertungsverhältnisse des gesamten Ernährungsbereiches bei guter Anpassung der Meßwerte zu erreichen, ohne eine komplizierte polynome Näherungsformel zu berechnen.

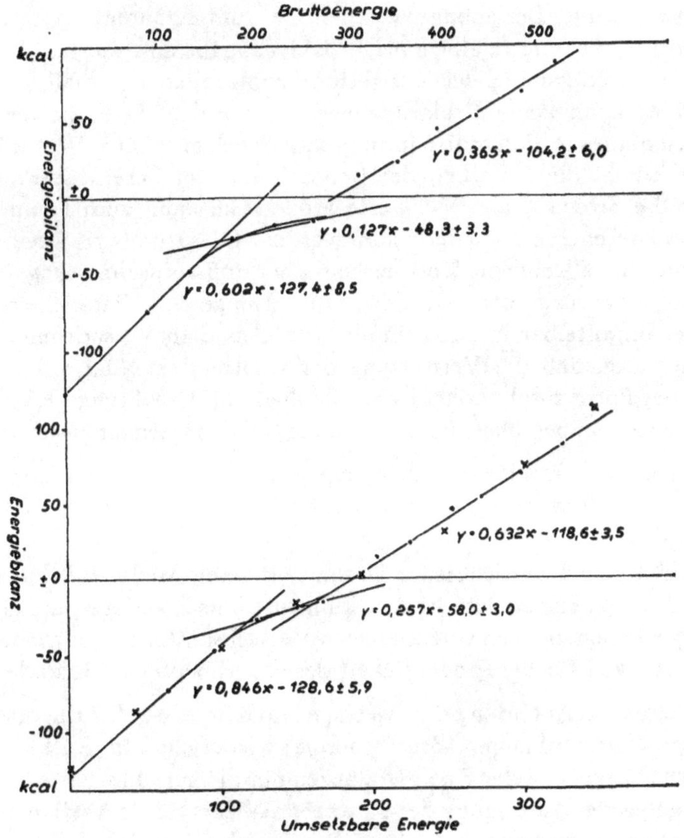

Abbildung 4.

Die Energiebilanz des 2. Versuchsabschnittes in Beziehung zur umsetzbaren Energie und zur Bruttoenergie

(X Mittelwerte der 1. Versuchsserie von HELLBFRG zum Vergleich)

Bei derWahl des Hungerumsatzes als Berechnungsgrundlage der Verwertung würde sich über den gesamten Ernährungsbereich eine fallende Tendenz der Verwertungskoeffizienten äußern. *Vom Erhaltungszustand ausgehend* ist dagegen die *Verwertung oberhalb des Energiegleichgewichtes* im Rahmen der unvermeidlichen Streuung *unabhängig von der Höhe der Futterzufuhr.*

Für die Praxis der Futterwertmessung mit dem Differenzverfahren als Meßprinzip ist nur dieses Ergebnis – wie auch bereits im 1. Teil der Arbeit ausführlich auseinandergesetzt – *von ausschlaggebender Bedeutung.* Der Regressionskoeffizient 0,632 ist der quantitative Ausdruck der Beziehung zwischen der umsetzbaren Energie und der Energiebilanz im Ernährungsbereich der Mast und sagt aus, daß unabhängig von der absoluten Höhe der Futterzufuhr von 100 kcal umsetzbarer Energie im Mittel 63,2 kcal in Form von Körpersubstanz angesetzt wurden, d. h. die Verwertung der zugeführten umsetzbaren Energie beträgt 63,2%.

Im Unterernährungsbereich hängt die Verwertung vom Ernährungsniveau ab und die quantitative Beziehung zwischen der umsetzbaren Energie und der Energiebilanz ist nicht durch eine einzige Zahlenangabe ausdrückbar. Für den auffallend starken Rückgang in der Verwertung unmittelbar unterhalb des Energiegleichgewichtes kann keine Erklärung gegeben werden. Daß die Tendenz des Verwertungsabfalles in diesem Ernährungsbereich sich auch im 1. Versuchsabschnitt abzeichnete, erhöht die Sicherheit der Beobachtung. Im Bereich starker Unterernährung ist die Streuung der Meßwerte größer; sie kann auch kaum durch die Wahl einer anderen Funktion reduziert werden. Diese größere Streuung ist ein Ausdruck für die allgemeine Unsicherheit der Stoffwechselmessung im Bereich starker Unterernährung, die erst durch die Anlage von Parallelversuchen am gleichen Tier unmittelbar in Erscheinung tritt. Aus dem Versuchsmaterial ergibt sich nur eindeutig, daß die Verwertung der resorbierten Nährstoffe bei starker Drosselung der Futterzufuhr höher ist als oberhalb des Ernährungsgleichgewichtes; genauere Zahlenangaben über die Verwertungshöhe erscheinen unsicher.

Die eigenen Beobachtungen sind in sehr guter Übereinstimmung mit den von HELLBERG mitgeteilten Ergebnissen seiner 1. Versuchsserie, die mit 5 Tieren gewonnen wurden (s. Abb. 4).

Die in Abbildung 4 durch Kreuze gekennzeichneten Meßwerte sind die Mittel seiner in 8 Gruppen eingeteilten Beobachtungen. Ohne Zweifel ist die Gleichartigkeit von Ergebnissen, die von verschiedenen Versuchsanstellern gewonnen wurden, ein sicherer Hinweis für die Eindeutigkeit des experimentellen Befundes.

In der oberen in Abbildung 4 eingetragenen Kurve ist die Energiebilanz im Verhältnis zur Futteraufnahme (Bruttoenergie) wiedergegeben. Auffallend ist einmal die größere Streuung der Energiebilanzen um die geradlinigen Abschnitte der Kurve gegenüber der Auftragung der umsetzbaren Energie als Abszissenwert. Zum anderen ist bemerkenswert, daß es im Bereich der Erhaltung Schwierigkeiten macht, die Meßwerte durch einen kontinuierlichen Kurvenzug zu verbinden. Die sprunghafte Änderung der Energiebilanz im Verhältnis zur Bruttoenergie ist bedingt durch einen starken Rückgang in der Verdaulichkeit in diesem Ernährungsbereich.

Die starke Abhängigkeit der Höhe der Verdaulichkeit von der Höhe der Futtergabe bei Kaninchen ergibt sich aus der folgenden Abbildung 5, in der die Verdauungskoeffizienten der organischen Substanz in Abhängigkeit von der Futterzufuhr der 1. Versuchsserie graphisch dargestellt sind*). Diese starke Abhängigkeit der Verdaulichkeit von der Höhe der Futtergabe hat insbesondere HELLBERG [10] bei seinen Versuchen mit Kaninchen übereinstimmend nachgewiesen.

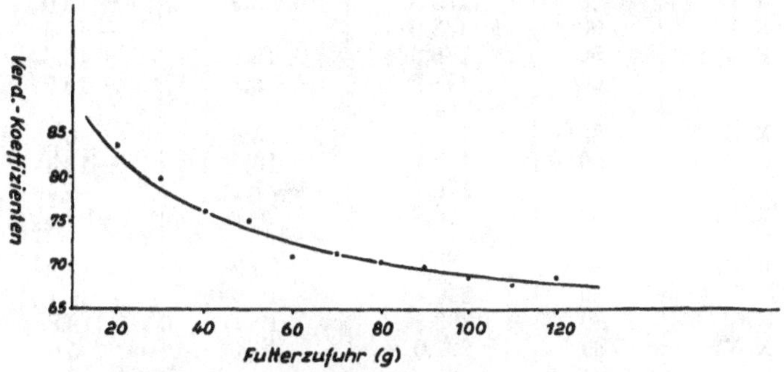

Abbildung 5.
Die Verdauungskoeffizienten der organischen Substanz in Abhängigkeit von der Futterzufuhr (1. Versuchsserie)

Diese hohe Variation der Verdaulichkeit in Beziehung zur Rationshöhe wurde bisher nur bei Kaninchen festgestellt. Bei den wichtigsten landwirtschaftlichen Nutztierarten gibt es zwar auch in einigen Versuchen Hinweise auf eine geringe Verminderung der Verdaulichkeit bei steigender Futtergabe; dieser Effekt kann aber im Hinblick auf die Produktionswertbestimmung von Futterstoffen bei den landwirtschaftlich genutzten Großtierarten im allgemeinen vernachlässigt werden.

Auf Grund der Verdaulichkeitsunterschiede von Tierart zu Tierart ist zu schlußfolgern, daß grundsätzlich die *Energiebilanz zur umsetzbaren Energie* und nicht zur Bruttoenergie in Beziehung zu setzen ist, da sonst ein exakter Verwertungsvergleich zwischen den Tierarten nicht möglich ist und sich verschiedene Einflüsse überlagern können.

1.3 *Die Beziehungen zwischen der Energiebilanz und der umsetzbaren Energie in der 2. und 3. Versuchsserie*

In den Tabellen 8 und 9 sind die Ergebnisse der Untersuchungen über die Abhängigkeit der Energiebilanz von der Größe der umsetzbaren Energie der 2. und 3. Versuchsserie mitgeteilt. Durch die Wiederholung der Periodenfolge liegen in jeder Versuchsserie jeweils für jedes Tier 2 Meßreihen vor.

---

*) Um den Umfang dieser Abhandlung nicht zu stark auszuweiten, ist von einer eingehenden Diskussion der mit der Verdaulichkeit, den Harnausscheidungen und der Wärmeproduktion zusammenhängenden Fragen Abstand genommen worden. Es wird hierzu auf die ausführliche Darstellung in der Dissertation von L. HOFFMANN [11] verwiesen.

Tabelle 8. *Energiebilanz und umsetzbare Energie in der 2. Versuchsserie (Energiebilanz auf 3,4 kg Lebendgewicht korrigiert)*

Periode	Tier	Futter Tr.-Sbst. g	Umsetzbare Energie kcal	Energie-bilanz kcal	Energiebilanz korrigiert kcal	Gewicht kg
3	K III	60	185,3	5,9	2,0	3,27
	K IV	60	182,0	4,0	— 2,9	3,17
	K V	60	168,6	—16,8	—16,5	3,41
	K VI	60	171,2	— 2,2	—13,9	3,01
7	K III	60	179,9	6,6	6,1	3,39
	K IV	60	169,1	—10,0	—12,4	3,32
	K V	60	174,2	— 7,1	0,4	3,65
	K VI	60	168,7	—20,1	—22,8	3,31
1	K III	80	230,9	26,9	18,2	3,11
	K IV	80	219,9	19,3	9,1	3,06
	K V	80	233,5	19,4	18,8	3,18
	K VI	80	221,0	26,4	6,0	2,72
5	K III	80	234,1	23,4	24,9	3,45
	K IV	80	227,9	10,5	9,9	3,38
	K V	80	223,7	20,9	28,7	3,66
	K VI	80	218,1	23,7	21,0	3,31
2	K III	100	274,3	44,0	42,8	3,36
	K IV	100	282,2	42,8	36,8	3,20
	K V	100	284,2	56,6	56.9	3,41
	K VI	100	276,9	51,0	39,3	3,01
6	K III	100	267,9	34,4	38,9	3,55
	K IV	100	276,7	42.5	44,0	3,45
	K V	100	277,0	53,0	64,7	3,79
	K VI	100	275,1	49,1	48,8	3,39
4	K III	120	318,5	71,6	74,0	3,48
	K IV	120	325,6	65,4	64,8	3,38
	K V	120	333,3	89,2	97,6	3,68
	K VI	120	332,9	90,5	86,9	3,28
8	K III	120	316,6	64,2	69,9	3,59
	K IV	120	312,2	59,6	61,7	3,47
	K V	120	314,9	64,5	81,0	3,95
	K VI	120	315,8	68,8	70,3	3,45

In den Abbildungen 6 und 7 sind die individuellen Meßwerte der beiden Versuchsserien aufgetragen. Ferner sind in den Abbildungen die entsprechenden Regressionsgeraden eingezeichnet und die Gleichungen dieser Geraden mit den Streuungen angegeben. Jede Abbildung enthält weiterhin die graphische Verteilung aller Meßwerte der jeweiligen Versuchsserie um eine gemeinsame Gerade, deren Gleichung ebenfalls angegeben ist.

Die in Abbildung 6 mit + gekennzeichneten Meßwerte von K V und K VI, die zur 1. Meßreihe der 2. Versuchsserie gehören, sind nicht in die Regressionsberechnungen mit einbezogen. Sie weichen beträchtlich von ihren Parallelen in der 2.

Tabelle 9. *Energiebilanz und umsetzbare Energie in der 3. Versuchsserie (Energiebilanz auf 3,5 kg Lebendgewicht korrigert)*

Periode	Tier	Futter Tr.-Sbst. g	Umsetzbare Energie kcal	Energie-bilanz kcal	Energiebilanz korrigiert kcal	Gewicht kg
3	K III	60	178,1	−22,9	—24,4	3,45
	K IV	60	169,8	—44,8	—52,3	3,25
	K V	60	178,0	—15,6	—10 5	3,67
	K VI	60	164,4	—33,4	—42,7	3,19
7	K III	60	181,2	—22,4	−22,4	3,50
	K IV	60	176,9	—18,3	—18,9	3,48
	K V	60	173,8	—29,1	—18,3	3,86
	K VI	60	169,0	—38,0	—41,3	3,39
1	K III	80	226,3	11,6	11,0	3,48
	K IV	80	221,9	7,6	4,9	3,41
	K V	80	221,4	9,1	14,5	3,68
	K VI	80	212,0	— 4,6	—13,6	3,20
5	K III	80	237,8	17,1	16,8	3,49
	K IV	80	228,3	3,5	— 0,4	3,37
	K V	80	228,3	0,6	13,2	3,92
	K VI	80	222,6	5,6	2,3	3,39
2	K III	100	274,0	27,2	30,2	3,60
	K IV	100	264,2	23,5	21,7	3,44
	K V	100	283,2	46,5	56,7	3,84
	K VI	100	273,4	36,1	29,5	3,28
6	K III	100	282,2	32,8	35,2	3,58
	K IV	100	282,9	34,9	34,9	3,50
	K V	100	289,0	36,2	52,7	4,05
	K VI	100	275,4	32,3	32,0	3,49
4	K III	120	337,2	67,8	68,7	3,53
	K IV	120	324,5	61,2	57,0	3,36
	K V	120	332,6	64,1	75,8	3,89
	K VI	120	326,0	65,2	61,0	3,36
8	K III	120	328,4	57,4	63,4	3,70
	K IV	120	318,8	54,6	57,0	3,58
	K V	120	327,4	55,9	76.0	4,17
	K VI	120	323,6	63,5	65,3	3,56
10	K III	130	339,1	62,1	72,0	3,83
	K IV	130	325,3	54,8	63,2	3,78
	K V	130	337,2	62,5	85,0	4,25
	K VI*)	—	—	—	—	—

*) Die 10. Periode mit K VI konnte wegen mangelnder Freßlust nicht durchgeführt werden.

Der tägliche Hungerumsatz in kcal/kg der 9. Periode war folgender:

Tier	Hungertage							
	1	2	3	4	5	6	7	8
K III	56,9	51,9	50,1	48,8	46,4	45,2	44,8	44,8
K IV	54,8	50,9	49,5	47,3	44,7	44,2	43,6	42,5
K V	49,9	45,3	44,8	45,2	44,2	42,9	42,1	41,4
K VI	56,2	54,2	53,3	52,7	51,2	52,1	51,2	51,6

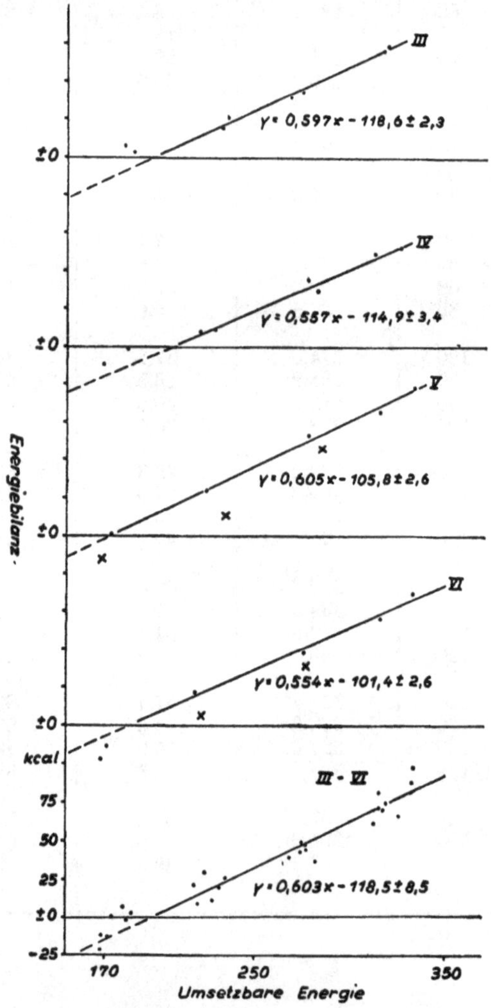

Abbildung 6.
Die Beziehung zwischen Energiebilanz und umsetzbarer Energie der 2. Versuchsserie

Meßreihe ab. Sowohl die Systematik der Abweichung als auch ihre zeitliche Folge läßt vermuten, daß analog den Beobachtungen in der 1. Versuchsserie eine Änderung im Erhaltungsstoffwechsel die Ursache ist. Zeitlich gesehen fiel die Stoffwechselumstellung in beiden Versuchsserien nicht zusammen, obgleich die Tiere gleichen Alters waren; sie erfolgte bei K V und K VI erst 4 Monate später. Eine mögliche Erklärung dafür und gleichzeitig für das Ausbleiben der Beobachtung ähnlicher Ereignisse bei K III und K IV ist durch Unterschiedlichkeit im Geschlecht gegeben. Bei K I bis K IV handelt es sich um männliche, bei K V und K VI um

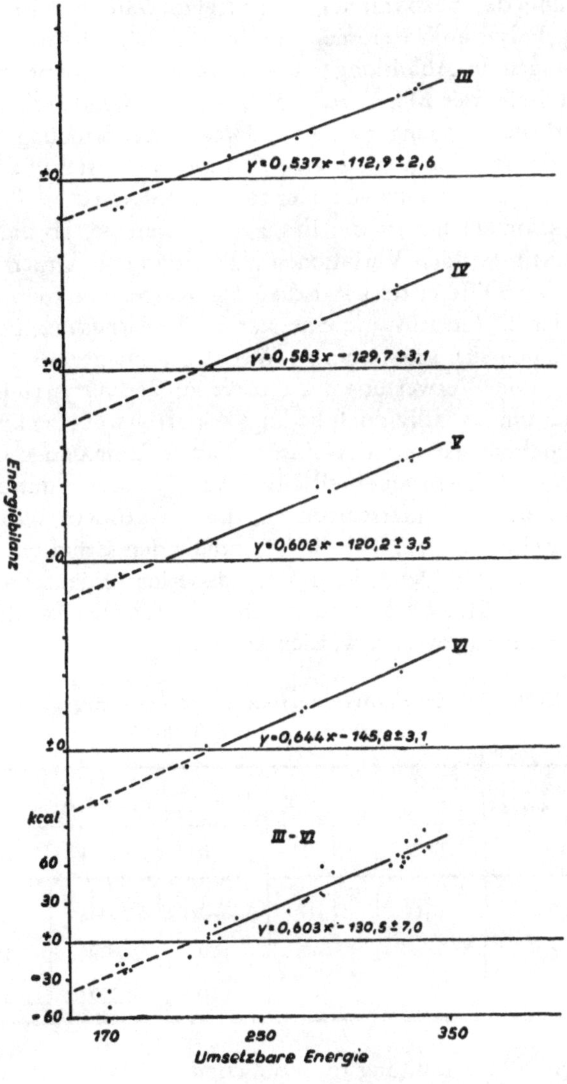

Abbildung 7.

Die Beziehung zwischen Energiebilanz und umsetzbarer Energie der 3. Versuchsserie

weibliche Tiere. – Auf die Bedeutung der individuellen Periodenwiederholung im Zusammenhang mit Stoffwechseländerungen ist bereits auf S. 106 hingewiesen worden.

Im Übergangsbereich von der Mast zur Unterernährung unterscheiden sich beide Versuchsserien voneinander. Die in der 1. Versuchsserie beobachtete abfallende Verwertung unmittelbar unterhalb des Energiegleichgewichtes ist auch in der 2. Versuchsserie angedeutet, allerdings bereits im Überernährungsbereich einsetzend. In der 3. Versuchsserie dagegen tritt eine gegenteilige Tendenz auf. Eine sichere Beurteilung der beobachteten Gegensätze wäre nur bei Vorhandensein weiterer Meßergebnisse im Unterernährungsbereich möglich.

Die Darstellungen in Abbildung 6 und 7 lassen insgesamt gesehen eine befriedigende Verteilung der Meßwerte um die entsprechenden Geraden erkennen. Die durchschnittliche Streuung beträgt 2.9 kcal. Die Streuung aller Meßwerte einer Versuchsserie um eine gemeinsame Gerade ist verständlicherweise größer, weil die Höhe der Energiebilanz von Tier zu Tier differiert.

In diesem Zusammenhang ist die Frage von Interesse, ob diese die Gesamtstreuung stark bestimmenden Variationen als individuelle Unterschiede gedeutet werden können. Der Differenztest zwischen den Regressionskoeffizienten gibt nur für K III/K IV der 2. Versuchsserie eine statistische Sicherung; bei allen anderen Vergleichen errechnen sich größtenteils t-Werte, die kleiner als 1 sind, d. h., daß die Unterschiede in der Verwertung des Futters im Verhältnis zu ihren Fehlern zu unbedeutend sind, um als individuell bedingt erklärt werden zu können. Der Vergleich der Energiebilanzen auf der Basis gleicher Einnahmen an umsetzbarer Energie zwischen den Tieren innerhalb der 2 Versuchsserien mittels der Varianzanalyse zeigt individuelle Unterschiede an, die auf größere Variationen im Erhaltungsstoffwechsel hindeuten. Tabelle 10 enthält den Erhaltungsbedarf an umsetzbarer Energie ($y = 0$) der beiden Versuchsserien, ergänzend dazu auch die Werte von K I und K II, zwischen denen im Erhaltungsstoffwechsel kein individueller Unterschied nachgewiesen werden konnte.

Tabelle 10. *Der Erhaltungsbedarf an umsetzbarer Energie in den* Versuchsserien 1, 2 und 3 (kcal)

Versuchs-serie	Tiergewicht	Kaninchen					
	kg	K I	K II	K III	K IV	K V	K VI
1	3,00	184	191	—	—	—	—
2	3,40	—	—	199	206	175	183
3	3,50	—	—	210	222	200	228

Die Differenzen in der Erhaltungsforderung sind z. T. beträchtlich und bestätigen die auf Grund der Varianzanalyse gemachte Aussage. Auch die varianzanalytische Behandlung der Hungerumsätze deuten auf individuelle Unterschiede im Erhaltungsstoffwechsel hin.

Als wesentlichstes Ergebnis der Gesamtstoffwechseluntersuchungen mit Kaninchen, die in 3 Versuchsserien gewonnen wurden, *ist als entscheidender Befund herauszustellen, daß im Ernährungsbereich der Mast die Beziehungen zwischen der Energiebilanz und der umsetzbaren Energie in guter Anpassung eine lineare Funktion ergeben.*

Nachfolgend sind die entsprechenden Regressionsgleichungen der 3 Versuchsserien zusammengestellt:

1. Versuchsserie (s. S. 107) $y = 0{,}632x - 118{,}6 \pm 3{,}5$
2. Versuchsserie (s. S. 112) $y = 0{,}603x - 118{,}5 \pm 8{,}5$
3. Versuchsserie (s. S. 113) $y = 0{,}603x - 130{,}5 \pm 7{,}0$

Um diese Auffassung der linearen Abhängigkeit zu sichern, sind für die Meßwerte oberhalb des Energiegleichgewichtes aller 3 Versuchsserien auch die quadratischen Funktionen korrelativ berechnet worden:

1. Versuchsserie $y = 0{,}686x - 0{,}000089\,x^2 - 126{,}40$
2. Versuchsserie $y = 0{,}384x + 0{,}001781\,x^2 + 15{,}36$
3. Versuchsserie $y = 0{,}478x + 0{,}000224\,x^2 + 113{,}39$

Die Errechnung der linearen und quadratischen Funktionswerte für den Bereich der Mast (Erhaltung bis maximale Futtereinnahme) ergibt, daß in der 1. und 3. Versuchsserie die Differenzen der Energiebilanz zwischen den beiden Berechnungsverfahren kleiner als 0,6 kcal sind. In der 2. Versuchsserie macht die größte Differenz mit 2,7 kcal bei 275 kcal Einnahme an umsetzbarer Energie nur etwa $^1/_2$ der Streuung der Meßwerte um die Gerade aus. Es besteht daher keine Veranlassung, die Beziehung zwischen der Energiebilanz und der umsetzbaren Energie durch eine andere Kurve als eine Gerade zu deuten.

Um weiterhin ein Urteil über die Variation des Verwertungskoeffizienten in Abhängigkeit vom Ernährungsniveau im Abschnitt der Mast zu ermöglichen, die man durch Anwendung des Differenzverfahrens gewinnt, sind in allen 3 Versuchsserien die mittleren Verwertungskoeffizienten vom Erhaltungsgleichgewicht aus berechnet und in der folgenden Übersicht mitgeteilt (Tab. 11).

Tabelle 11. *Mittlere Verwertungskoeffizienten nach dem Differenzverfahren vom Erhaltungsgleichgewicht (E) aus berechnet*

Vers.-serie	Zahl d. Tiere	E—80 g	n*)	E—100 g	n*)	E—120 g	n*)	E—130 g	n*)	im Mittel
1	2	61,0	10	62,9	4	63,4	4	—	—	62,4
2	4	63,5	8	58,2	8	60,8	8	—	—	60,8
3	4	(72,6)	8	59,4	8	59,1	8	62,5	3	60,3

*) n = Zahl der Differenzbildungen.

Eine systematische Abhängigkeit der Verwertungskoeffizienten vom Ernährungsniveau ist nicht nachweisbar.

Im Rahmen der unvermeidlichen Streuung führt die Auswertung der Ergebnisse über das Differenzverfahren ebenfalls zu der Auffassung, daß im Ernährungsbereich der Mast beim Kaninchen die Verwertung der umsetzbaren Energie zum Körperansatz sich unabhängig von der Höhe der Futterzufuhr vollzieht.

1.4 *Die Streuung der Energiebilanz*

Für alle experimentellen Untersuchungen ist das Kriterium der Reproduzierbarkeit der Ergebnisse von wesentlicher Bedeutung. Durch Wiederholung der Einzelperioden in der vorliegenden Untersuchung ist es möglich, die durchschnittliche Streuung innerhalb der individuellen Parallelversuche zu berechnen und dadurch einen Einblick zu gewinnen, mit welcher Sicherheit die Versuchsergebnisse reproduziert werden können. Weiter ist es von Interesse, die durch Wiederholung der Perioden über längere Zeiträume bedingte Variation der Energiebilanz mit dem Periodenfehler (s. S. 95) zu vergleichen.

Die zum Nachweis der individuellen Unterschiede durchgeführten Varianzanalysen gestatten auf der Basis gleicher Einnahmen an umsetzbarer Energie die Streuung der Energiebilanzen in allen 3 Versuchsserien zu berechnen. In Tabelle 12 sind die Streuungen der Energiebilanzen der drei Versuchsserien zusammengestellt.

Tabelle 12. *Streuung der Energiebilanzen (kcal)*

Versuchs-Serie			Mittel	Perioden-fehler
1 (2. Vers.-Abschnitt)	2	3		
± 5,5	± 6,4	± 5,7	± 5,9	± 3,9

Die Streuungen liegen ziemlich übereinstimmend in allen Versuchsserien bei ± 6 kcal. Gegenüber dem Fehler der Einzelperiode ist die Streuung der Periodenfolge mit den Wiederholungen der Einzelperioden am gleichen Tier um etwa 60% erhöht. Diese Erhöhung ist ein Ausdruck der Variation des Energiestoffwechsels über einen längeren Versuchszeitraum. Demzufolge muß mit dieser Streuungsgröße im Hinblick auf die Reproduzierbarkeit der Versuchsergebnisse gerechnet werden.

Die Größe der Streuung interessiert uns hauptsächlich hinsichtlich der fehlerkritischen Beurteilung von Gesamtstoffwechselversuchen zur Produktionswertbestimmung von Futterstoffen nach der Differenzmethodik; denn die Kenntnis der Fehlergröße gestattet, die Zahl der Paralleltiere abzuschätzen, mit denen gearbeitet werden muß, wenn die als notwendig erachtete Sicherung von Meßwerten zur Verwertung von Futterstoffen mit 95% erreicht werden soll. Wenn dieser Frage bei Kaninchen keine große Bedeutung zukommt, so glauben wir aber, entsprechende Analogieschlüsse zu den gleichen Fragen bei den landwirtschaftlich genutzten Großtieren ziehen zu können.

Bei straffer Versuchsdurchführung kann bei der verwendeten Kaninchenrasse unter Einhaltung der von KELLNER geforderten Bedingungen für die Messung der Verwertung von Futterstoffen nach dem Differenzverfahren bei den meisten Futterstoffen eine Ansatzdifferenz zwischen Grundfutter- und Zulageperiode von 60–70 kcal erreicht werden. Da die ermittelte Streuung von ± 6 kcal sich sowohl auf die Grundfutter- als auch die Zulageperiode auswirkt, errechnet sich durch Fehlerfortpflanzung eine mittlere Unsicherheit der Einzelmessung von $\pm$ 8,5 kcal. Für eine Unsicherheit des Mittelwertes von $\pm$ 5% ergibt sich die absolute Streuung bei 60–70 kcal Ansatzdifferenz zu $\pm$ 3 - 3,5 kcal. *Daraus ist die Schlußfolgerung zu ziehen, daß mit 6–8 Paralleltieren gearbeitet werden muß, um eine 95%ige Sicherung von Meßergebnissen zur Verwertung von Futterstoffen zu erzielen.*

Um dieses zu prüfen, sind die Verwertungskoeffizienten, die sich aus der 2. und 3. Versuchsserie bei Erhöhung der Futterzufuhr von 80 g auf 120 g Trockensubstanz errechnen lassen, im folgenden zusammengestellt:

	2. Versuchsserie	*3. Versuchsserie*
	63,7	52,0
	54,5	51,8
	52,7	50,8
	61,4	63,4
	57,3	55,1
	50,5	63,4
		65,4
		62,4
Mittel:	56,7 $\pm$ 2,1	58,0 $\pm$ 2,2

Die Aufstellung läßt erkennen, daß mit 6–8 Paralleltieren die geforderte Sicherung der Mittelwerte gut erreicht ist.

2. *Die Stoffwechseluntersuchungen mit Ratten*

2.1 *Anlage der Versuche*

Die mit Ratten durchgeführten Gesamtstoffwechseluntersuchungen sind in 4 Versuchsreihen gegliedert. Über die 3. Versuchsserie, in der der Energiestoffwechsel einer Ratte unter Variation der Rationshöhe in Abhängigkeit von der Temperatur untersucht wurde, ist bereits von HOFFMANN und SCHIEMANN [13] berichtet worden, worauf verwiesen wird.

In Tabelle 13 sind alle in bezug auf die Versuchsanlage wichtigen Einzelheiten der 1., 2. und 4. Versuchsserie zusammenfassend mitgeteilt. Bis auf den Unterschied in der Höhe der Umgebungstemperatur und die geringfügige Variation in der Zusammensetzung der Futtermischung, die der Tabelle 14 zu entnehmen ist, wurden alle 3 Versuchsserien prinzipiell nach einheitlichem Versuchsplan ausgeführt. Auf Grund der in der 2. Versuchsserie beobachteten Stoffwechselumstellung erwies sich eine Periodenwiederholung in der 2. Versuchsserie als unbedingt notwendig. In der 1. und 4. Versuchsserie dagegen ist die Periodenwiederholung unvollständig.

Tabelle 13. *Angaben zur Versuchsanlage der Serien 1, 2 und 4*

Versuchs-Serie	Anzahl der Tiere	Bezeichnung der Tiere	Alter i. Mon. b. Vers.-Beg.	Temperatur-bedingungen	Versuchs-zeit	Futterein-nahme i. g Tr.-Subst.	Zahl der Perioden	Zahl d. Ges.-Stoffwechsel-untersuchg.
1	8	I–VIII	4½	21° ± 0,5	29. 10. 54 –15. 5. 55	0 und 8–15	10	80
2	8	IX–XVI	6½	25° ± 0,5	25. 5. 55 – 7. 6. 56	0–15	21	154
4	8	IX–XVI	19	29° ± 0,5	14. 6. 56 – 9. 11. 56	0–12	9	69
								303

Die Stoffwechseländerungen waren der Grund, daß für die Durchführung der 2. Versuchsserie ältere Tiere herangezogen wurden, die auch weiterhin in der 4. Versuchsserie als Versuchstiere dienten.

Tabelle 14. *Zusammensetzung des Versuchsfutters*

Futtermischung der Versuchsserie 1	Futtermischung der Versuchsserien 2 und 4
50% Maisschrot	40% Maisschrot
25% Getreidestärke	25% Getreidestärke
10% Gerstenschrot	10% Gerstenschrot
5% Sesamschrot	10% Haferschrot
5% Kokosexpeller	10% Sojabohnenschrot
1% Fischmehl	1% Fischmehl
1% Fleischmehl	1% Fleischmehl
1% Citosan (Vitaminmischung)	1% Citosan
1% Mineralsalzmischung	1% Mineralsalzmischung
0,5% Trockenhefe	0,5% Trockenhefe
0,5% Trockenmilch	0,5% Trockenmilch

2.2 *Die Beziehungen zwischen der Energiebilanz und der umsetzbaren Energie*

In den folgenden Tabellen 15–17 sind die notwendigen Angaben zur Beurteilung der Beziehung zwischen der Energiebilanz und der umsetzbaren Energie für die 1., 2. und 4. Versuchsserie zusammengestellt. Die korrigierten Energiebilanzen beziehen sich in der 1. Versuchsserie auf ein mittleres Lebendgewicht von 220 g und in der 2. und 4. Versuchsserie auf ein solches von 275 g. Tabelle 18 enthält die ermittelten Hungerumsatzwerte der 3 Versuchsserien.

Tabelle 15. *Energiebilanz und umsetzbare Energie in der 1. Versuchsserie (Energiebilanz auf 220 g Lebendgewicht korrigiert)*

Abkürzungen: UE = Umsetzbare Energie
E-Bil. = Energie-Bilanz

Periode	Tier	Futter g Tr.-S.	UE kcal	E-Bil. kcal	Periode	Tier	Futter g Tr.-S.	UE kcal	E-Bil. kcal
1. Vers.-Abschnitt					*1. Vers.-Abschnitt*				
2	I	10	37,28	−4,86	1	I	12	44,74	−0,75
	II	10	38,04	−3,44		II	12	44,90	−1,95
	III	10	37,96	−3,50		III	12	44,35	−0,62
	IV	10	37,44	−4,60		IV	12	43,49	−2,49
	V	10	37,56	−5,17		V	12	44,88	−3,40
	VI	10	37,22	−3,10		VI	12	45,09	−3,67
	VII	10	36,93	−3,58		VII	12	44,84	−1,43
	VIII	10	37,90	−4,28		VIII	12	45,06	−2,50
4	I	10	37,13	−3,60	3	I	14	52,47	7,76
	II	10	37,86	−4,01		II	14	53,25	8,69
	III	10	37,48	−4,27		III	14	52,53	9,08
	IV	10	37,10	−5,82		IV	14	53,00	8,50
	V	10	37,37	−5,42		V	14	52,94	4,78
	VI	10	37,07	−4,61		VI	14	52,87	6,57
	VII	10	36,96	−2,76		VII	14	52,51	8,93
	VIII	10	37,08	−4,94		VIII	14	52,45	6,26
2. Vers.-Abschnitt					*2. Vers.-Abschnitt*				
5	I	8	29,51	−8,87	7	I	10	36,73	−2,99
	II	8	30,51	−8,38		II	10	37,50	−4,89
	III	8	30,25	−8,44		III	10	37,37	−2,24
	IV	8	29,93	−9,46		IV	10	36,89	−2,43
	V	8	29,70	−12,51		V	10	36,90	−4,98
	VI	8	29,21	−8,82		VI	10	36,75	−2,90
	VII	8	29,87	−7,12		VII	10	36,85	−1,59
	VIII	8	29,95	−8,34		VIII	10	37,24	−2,17
9	I	12	43,54	0,78	8	I	14	51,46	7,96
	II	12	44,54	0,75		II	14	52,62	7,65
	III	12	44,85	4,29		III	14	51,98	10,72
	IV	12	44,00	2,36		IV	14	51,56	8,89
	V	12	44,44	−1,16		V	14	51,71	6,35
	VI	12	44,66	4,10		VI	14	51,75	8,56
	VII	12	44,41	5,03		VII	14	51,90	10,56
	VIII	12	44,58	4,24		VIII	14	52,03	10,01
6	I	15	56,77	12,04					
	II	15	57,47	12,60					
	III	15	56,46	14,32					
	IV	15	57,07	12,32					
	V	15	56,49	8,28					
	VI	15	56,51	11,75					
	VII	15	55,83	13,93					
	VIII	15	56,31	11,76					

Tabelle 16. *Energiebilanz und umsetzbare Energie in der 2. Versuchsserie (Energiebilanz auf 275 g Lebendgewicht korrigiert)*

Abkürzungen: UE = Umsetzbare Energie
E-Bil. = Energie-Filanz

Periode	Tier	Futter g Tr.-S.	UE kcal	E-Bil. kcal	Periode	Tier	Futter g Tr.-S.	UE kcal	E-Bil. kcal
1. Vers.-Abschnitt					*1. Vers.-Abschnitt*				
3	IX	10	29,95	−6,89	5	IX	12	45,35	3,85
	X	10	30,77	−6,77		X	12	45,42	3,12
	XI	10	30,20	−6,56		XI	12	44,95	5,86
	XII	10	30,27	−7,53		XII	12	45,66	4,80
	XIII	10	39,07	−7,74		XIII	12	45,36	1,68
	XIV	10	30,05	−6,45		XIV	12	—	—
	XV	10	30,55	−7,12		XV	12	44,14	2,61
	XVI	10	30,12	−6,61	4	XVI	12	45,68	3,99
1	IX	10	37,74	−3,65		IX	14	52,55	10,57
	X	10	37,71	−4,16		X	14	53,79	11,05
	XI	10	37,66	−5,24		XI	14	53,26	11,77
	XII	10	37,75	−4,62		XII	14	53,47	10,81
	XIII	10	37,81	−2,77		XIII	14	53,68	8,30
	XIV	10	37,93	−3,00		XIV	14	52,62	12,56
	XV	10	38,04	−4,20		XV	14	53,80	11,57
	XVI	10	38,26	−3,95		XVI	14	54,28	11,72
2	IX	12	15,48	3,48					
	X	12	46,04	3,52					
	XI	12	45,10	3,32					
	XII	12	45,95	0,71					
	XIII	12	45,95	3,24					
	XIV	12	45,80	5,60					
	XV	12	46,04	4,46					
	XVI	12	45,87	3,82					
2. Vers.-Abschnitt					*2. Vers.-Abschnitt*				
21	IX	2	6,73	−24,26	13	IX	8	30,48	−4,53
	X	2	6,68	−26,54		X	8	30,34	−6,19
	XI	2	7,09	−24,07		XI	8	30,03	−5,34
	XII	2	7,03	−24,66		XII	8	30,41	−5,80
	XIII	2	6,97	−24,34		XIII	8	30,26	−5,10
	XIV	2	7,03	−23,54		XIV	8	30,24	−3,12
	XV	2	7,05	−24,22		XV	8	30,59	−2,18
	XVI	2	6,53	−25,64		XVI	8	30,57	−2,76
17	IX	–	—	—	11	IX	10	37,47	0,09
	X	2	6,39	−24,58		X	10	38,05	1,97
	XI	2	6,75	−21,85		XI	10	37,15	0,88
	XII	2	6,38	−23,44		XII	10	38,03	0,35
	XIII	2	6,98	−23,41		XIII	10	38,08	−0,35
	XIV	2	7,25	−20,84		XIV	10	38,39	0,84
	XV	2	7,34	−19,34		XV	10	38,44	1,28
	XVI	2	6,59	−22.45		XVI	10	38,22	1,59

Fortsetzung nächste Seite

2. Vers.-Abschn. (Forts.)

Periode	Tier	Futter g Tr.-S.	UE kcal	E-Bil. kcal	Periode	Tier	Futter g Tr.-S.	UE kcal	E-Bil. kcal
6	IX	4	14,26	—18,48	8	IX	12	45,43	7,95
	X	4	14,60	—18,44		X	12	46,25	6,75
	XI	4	14,26	—17,58		XI	12	45,72	7,68
	XII	4	14,69	— 17,90		XII	12	46,19	7,98
	XIII	4	14,78	—17,49		XIII	12	45,88	7,59
	XIV	4	14,25	—17,14		XIV	12	46,24	9,25
	XV	4	14,67	—17,50		XV	12	45,93	7,91
	XVI	4	14,52	— 17,99		XVI	12	45,92	7,36
19	IX	–	—	—	12	IX	12	44,91	6,80
	X	4	14,58	—17,25		X	12	45,68	6,24
	XI	4	14,29	— 16,33		XI	12	45,04	6,87
	XII	4	14,95	—15,79		XII	12	45,86	7,79
	XIII	4	14,83	—16,60		XIII	12	45,88	5,59
	XIV	4	14,69	—14,54		XIV	12	46,37	9,16
	XV	4	14,95	—13,58		XV	10	37,60	0,87
	XVI	4	14,17	— 17,74		XVI	12	46,28	7,62
7	IX	6	22,43	— 9,78	16	IX	—	—	—
	X	6	22,63	—10,84		X	12	46,08	8,21
	XI	6	22,17	—10,53		XI	12	45,38	7,65
	XII	6	22,22	—10,74		XII	12	46,24	9,14
	XIII	6	22,34	—10,53		XIII	12	45,93	6,90
	XIV	6	22,68	— 9,82		XIV	12	46,43	10,33
	XV	6	23,09	—10,12		XV	12	45,90	11,24
	XVI	6	22,45	—10,49		XVI	12	45,67	8,08
15	IX	6	22,75	— 9,78	20	IX	—	—	—
	X	6	22,33	—10,64		X	12	45,65	8,34
	XI	6	22,56	—10,09		XI	12	45,36	8,81
	XII	6	22,67	— 8,07		XII	12	45,57	8,10
	XIII	6	22,80	— 11,11		XIII	12	45,86	7,44
	XIV	6	22,75	— 7,71		XIV	12	45,92	9,85
	XV	6	23,07	— 7,04		XV	12	46,86	13,77
	XVI	6	22,54	—10,12		XVI	12	45,66	7,69
14	IX	14	53,61	15,22	10	IX	15	56,63	14,20
	X	—	—	—		X	15	55,27	9,61
	XI	14	53,60	13,78		XI	15	56,98	12,12
	XII	—	—	—		XII	15	56,19	12,02
	XIII	14	53,69	11,94		XIII	15	57,45	11,70
	XIV	—	—	—		XIV	—	—	—
	XV	—	—	—		XV	15	55,92	13,94
	XVI	14	52,49	13,99		XVI	15	56,98	13,44
18	IX	—	—	—					
	X	14	53,56	15,03					
	XI	14	53,47	15,62					
	XII	14	53,98	16,45					
	XIII	14	53,77	12,07					
	XIV	—	—	—					
	XV	—	—	—					
	XVI	14	53,51	15,05*)					

*) mit Ausnahme von Ratte IX sind die fehlenden Perioden durch mangelnde Freßlust der Tiere bedingt.

Tabelle 17. *Energiebilanz und umsetzbare Energie in der 4. Versuchsserie (Energiebilanz auf 275 g Lebendgewicht korrigiert)*

Abkürzungen: UE = Umsetzbare Energie
E-Bil. = Energie-Bilanz

Periode	Tier	Futter g Tr.-S.	UE kcal	E-Bil. kcal	Periode	Tier	Futter g Tr.-S.	UE kcal	E-Bil. kcal
7	IX	2	6,76	- 16,30	2	IX	10	37,62	8,94
	X	2	6,37	—19,26		X	10	36,63	6,22
	XI	2	6,72	—17,18		XI	10	37,37	7.22
	XII	2	6,67	—17,39		XII	10	37,92	6,93
	XIII	2	6,67	—18,32		XIII	10	38,25	7,93
	XIV	2	6,89	—15,46		XIV	10	38,11	9.41
	XV	2	6,90	—14,49		XV	10	38,21	10,95
	XVI	2	6,76	—18,94		XVI	10	38,00	6,69
5	IX	4	14,87	—10,14	6	IX	10	37,61	7,59
	X	4	14,27	—12,41		X	10	37,60	5,01
	XI	4	14,34	—11,07		XI	10	37,42	7,50
	XII	4	14,76	—10,58		XII	10	37,66	8,63
	XIII	4	14,80	—12,26		XIII	10	38,03	6,14
	XIV	4	14,37	—10,29		XIV	10	37,94	9.41
	XV	4	14,94	— 8,20		XV	10	35,50	7,99
	XVI	4	14,48	—12,21		XVI	10	38,04	5,07
3	IX	6	22,79	— 3,45	4	IX	12	44,92	14,60
	X	6	22,50	— 4,63		X	12	42,78	11,20
	XI	6	22,41	— 4,46		XI	12	45,20	13,56
	XII	6	22,86	— 4,36		XII	12	45,26	14,72
	XIII	6	22,61	— 4,83		XIII	12	45,81	12,59
	XIV	6	22,71	— 2,81		XIV	12	44,83	13,71
	XV	6	22,54	— 1,65		XV	—	—	—
	XVI	6	22,11	— 4,74		XVI	12	45,17	13,03
1	IX	-	—	—	8	IX	8	30,64	3,02
	X	8	29,92	0,89		X	12	44,02	11,38
	XI	8	29,74	0,57		XI	12	45,20	14,90
	XII	8	30,25	0,51		XII	12	41,11	12,25
	XIII	8	30,62	0,42		XIII	12	45,13	12,35
	XIV	8	30,59	2.67		XIV	12	44,94	15,13
	XV	8	30,46	3,86		XV	—	—	—
	XVI	8	30,18	0,85		XVI	12	45,25	10,68

Analog den Beobachtungen bei Kaninchen (s. S. 103) wurden auch bei den Ratten in der 1. und 2. Versuchsserie Änderungen im Erhaltungsstoffwechsel während des Versuchsablaufs festgestellt. Wegen der damit verbundenen Unvergleichbarkeit der Meßwerte wurden beide Versuchsserien in einen 1. und 2. Versuchsabschnitt gespalten. Diese Stoffwechseländerungen waren in beiden Fällen sprunghaft. Die statistische Analyse (Varianzanalyse) ergab in beiden Fällen eine eindeutige Signifikanz bei der Gegenüberstellung der mittleren Energiebilanz an den gleichen Beobachtungspunkten vor und nach der plötzlichen Stoffwechseländerung. Demzu-

Tabelle 18. *Hungerumsatz (Energiebilanz) in cal/g und Tag*

Ratte	Hungertage				
	1	2	3	4	5
1. Versuchsserie (Umgebungstemperatur 21° C)					
I	159	159	154	162	
II	171	156	159	154	
III	147	139	143	134	
IV	154	148	157	138	
V	184	173	170	176	
VI	163	154	147	151	
VII	160	147	135	156	
VIII	167	157	151	163	
Mittel	163	154	152	154	
2. Versuchsserie (Umgebungstemperatur 25° C)					
X	127	114	117	116	
XI	131	117	118	114	
XII	129	116	114	107	
XIII	123	128	114	102	
YIY	119	110	101	111	
XV	(116	104	97	96) *)	
XVI	137	123	115	111	
Mittel	128	118	113	110	
3. Versuchsserie (Umgebungstemperatur 29° C)					
IX	101	94	92	88	81
X	89	90	94	96	93
XI	107	92	100	97	92
XII	98	83	90	91	79
XIII	104	92	107	92	86
XIY	91	95	86	86	88
XV	86	91	80	88	79
XVI	104	117	92	95	93
Mittel	98	94	93	92	86

*) nicht bei der Mittelwertbildung berücksichtigt.

folge ist die Berechtigung der Aufspaltung der Meßwerte in 2 Versuchsabschnitte gegeben. In den folgenden graphischen Darstellungen der Meßreihen ist jeweils nur der 2. Versuchsabschnitt wiedergegeben.

In der ersten Versuchsreihe hatten die Tiere bei Versuchsbeginn ein durchschnittliches Lebendgewicht von 160 g. Sie nahmen im Lauf des Versuches sehr stark zu und wogen bei Versuchsende (9. Periode) im Mittel 240 g. Wir haben daher aus den analogen Beobachtungen bei Kaninchen angenommen, daß die Tiere ihr Wachstum bei Versuchsbeginn noch nicht abgeschlossen hatten und daß die Stoffwechseländerung in ursächlichem Zusammenhang mit dem Wachstumsprozeß steht. Es wurden daher für die 2. Versuchsserie um 2 Monate ältere Tiere mit einem Durchschnittsgewicht von 225 g zu Versuchsbeginn herangezogen. Trotzdem trat auch hier bei einem Durchschnittsgewicht von 270 g eine Stoffwechseländerung auf. Dieses Gewicht wurde in der ersten Versuchsserie nicht erreicht, so daß aus der 1. Versuchsserie kein Hinweis auf eine nochmalige Stoffwechselumstellung gegeben war. Auffallend war, daß mit der Stoffwechseländerung in der 2. Versuchsserie die Freßlust der Tiere stark zurückging.

Um in der 4. Versuchsserie nicht wieder den gleichen Schwierigkeiten ausgesetzt zu sein, wurden die gleichen Tiere wie in der 2. Versuchsserie verwendet. Die Tiere hatten also bei Beendigung der Versuche ein Alter von 2 Jahren. Eine weitere Stoffwechseländerung wurde generell nicht beobachtet. (Eine Ausnahme macht die Ratte XV, bei der in der 2. Versuchsreihe ein weiterer signifikanter Wechsel in der Intensität des Energiestoffwechsels auftrat. Die graphische Darstellung enthält bei diesem Tier nur die Perioden 6–12, die mit den Ergebnissen der Paralleltiere vergleichbar sind. In Einzelheiten wird auf die Dissertation von HOFFMANN [11] verwiesen).

Es sei hier noch darauf hingewiesen, daß die Höhe der Stoffwechseländerung beträchtlich ist. So beträgt z. B. in der 2. Versuchsserie die Differenz der Energiebilanzen der beiden Meßreihen mit unterschiedlichem Ansatzniveau im Mittel etwa 4 kcal; das sind mehr als 10% der Erhaltungsforderung an umsetzbarer Energie bei einem Gewicht von 275 g und bedeutet eine tägliche Einsparung von 1 g Futter für den Erhaltungsstoffwechsel!

Es ist verständlich, daß die gerichteten Erhaltungsstoffwechseländerungen die Auswertung des experimentellen Materials erschweren und zu einer wesentlichen Einschränkung der verwendbaren Beobachtungen führen. Insbesondere ist der 1. Versuchsabschnitt in der 1. und 2. Versuchsserie bei der geringen Zahl der Meßwerte wenig geeignet, die gestellte Frage eindeutig zu beantworten.

Daraus ergibt sich die Erkenntnis, daß Gesamtstoffwechselversuche zum Problem der Futterverwertung in Abhängigkeit vom Ernährungsniveau durch Parallelversuche mit dem gleichen Tier kontrolliert werden müssen, bevor nicht mit Sicherheit nachgewiesen ist, daß Änderungen im Erhaltungsstoffwechsel der Tiere ausschließlich auf die Entwicklungsperiode beschränkt bleiben und diese Periode bei jeder Tierart mit entsprechender Genauigkeit durch den Alters- und Gewichtszustand abgegrenzt werden kann.

Diese Versuche zeigen offensichtlich, daß der Altersabschnitt, in dem Stoffwechseländerungen auftreten, sich bei Ratten und auch bei Kaninchen weiter ausdehnt als mit der allgemeinen Ansicht über die Länge der Wachstumsperiode dieser Tiere vereinbar ist.

In den folgenden Abbildungen 8–10 sind die Beziehungen zwischen Energiebilanz und umsetzbarer Energie der 3 Versuchsserien mit den erwähnten Einschränkungen graphisch wiedergegeben. Ferner sind die jeweils berechneten Regressionsgeraden eingezeichnet und die Geradengleichungen mit der Streuung

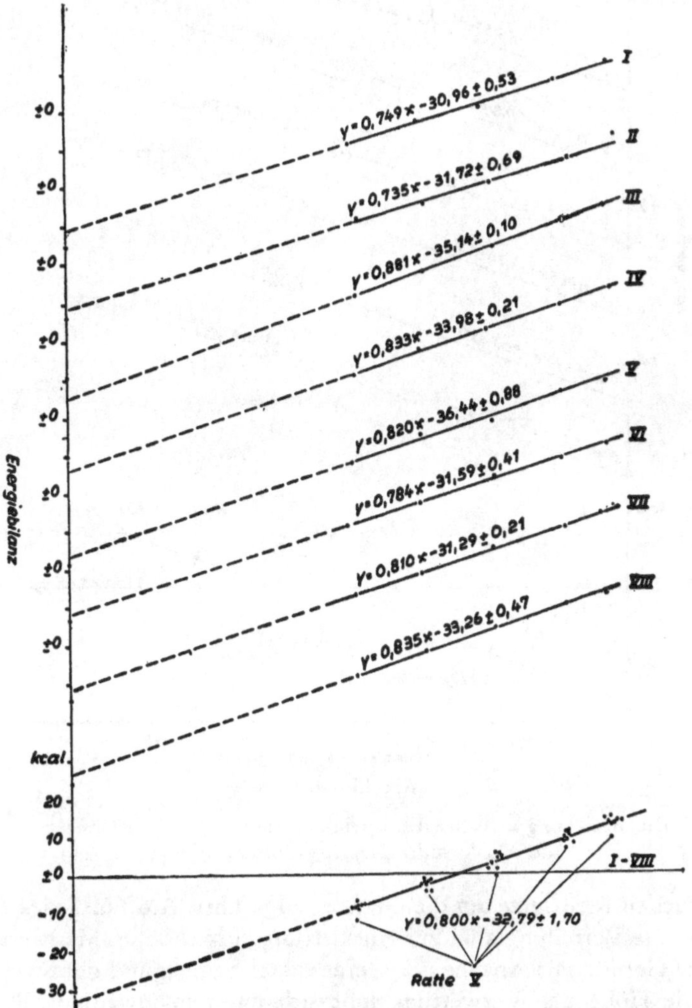

Abbildung 8.

Die Beziehung zwischen Energiebilanz und umsetzbarer Energie der 1. Versuchsserie, 2. Versuchsabschnitt

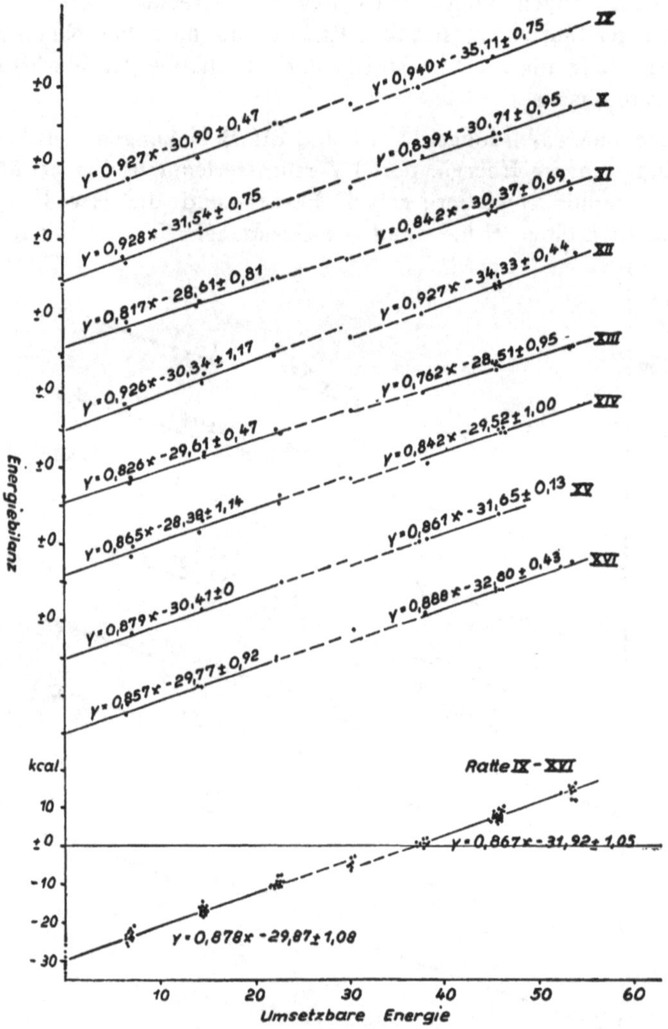

Abbildung 9.

Die Beziehung zwischen Energiebilanz und umsetzbarer Energie der 2. Versuchsserie, 2. Versuchsabschnitt

der individuellen Meßwerte um die Gerade aufgeführt. Am Fuß jeder Abbildung ist weiterhin die Verteilung aller zur Auswertung verwendeten Meßwerte um eine gemeinsame Gerade mit Angabe der Geradengleichungen und der Streuungen ersichtlich. Die Höhe der Verwertung läßt sich aus den jeweiligen Regressionskoeffizienten ersehen (siehe auch Zusammenstellung der Verwertungskoeffizienten in Tabelle 20, S. 129).

Die in den 3 Versuchsserien mit Ratten erhaltenen Ergebnisse zur Verwertungsfrage in Abhängigkeit vom Ernährungsniveau ergeben übereinstimmend, *daß oberhalb des Energiegleichgewichtes die Beziehung zwischen der Energiebilanz*

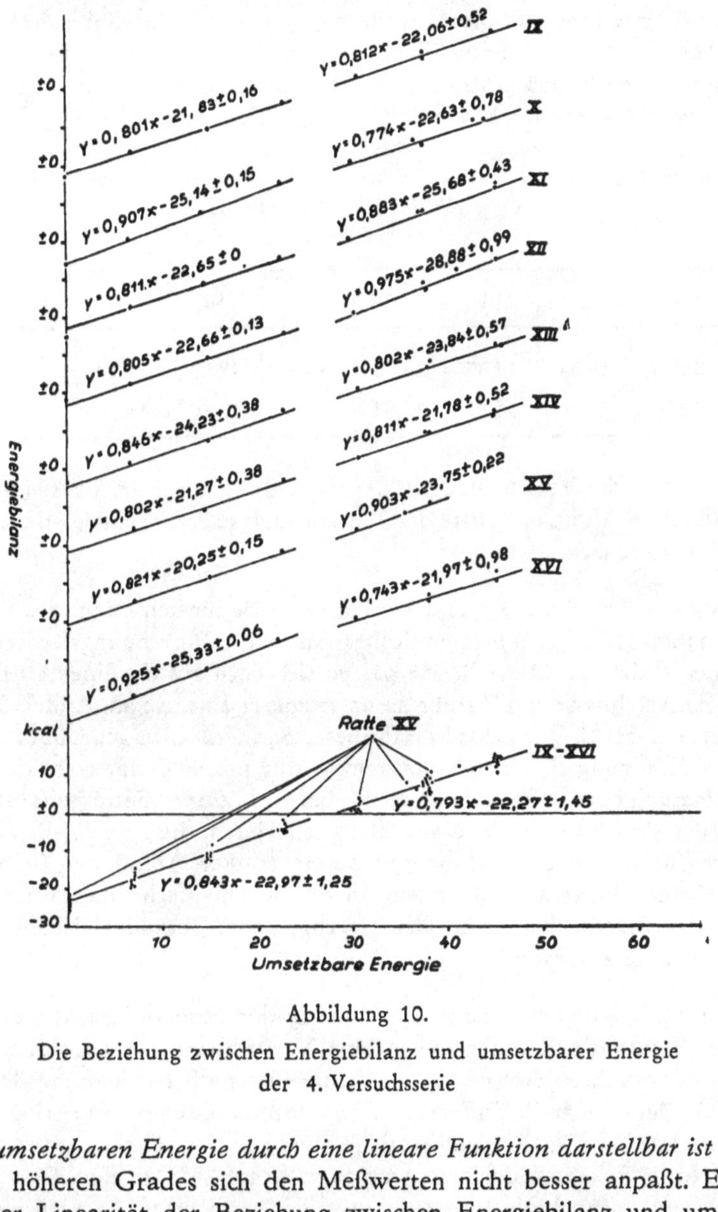

Abbildung 10.
Die Beziehung zwischen Energiebilanz und umsetzbarer Energie der 4. Versuchsserie

und der umsetzbaren Energie durch eine lineare Funktion darstellbar ist und eine Funktion höheren Grades sich den Meßwerten nicht besser anpaßt. Eine Ausnahme der Linearität der Beziehung zwischen Energiebilanz und umsetzbarer Energie besteht für den Meßpunkt der maximalen Futtereinnahme in der 1. und 2. Versuchsserie. In der 4. Versuchsserie konnte dieser Beobachtungspunkt nicht reproduziert werden, da die Tiere die entsprechende Futtermenge nicht mehr aufnahmen. Bei der maximalen Futteraufnahme in den ersten beiden Versuchsserien wurde eine stärker vermehrte Wärmeproduktion der Tiere beobachtet, die in der 1. Versuchsserie sprunghaft etwa in der Mitte der Hauptperiode auftrat und in der 2. Versuchsserie bereits während der Vorfütterung eingesetzt haben muß.

Um eine Vorstellung von dieser Änderung der Stoffwechselintensität zu geben, sind in Tabelle 19 die Energiebilanzen aufgeführt, die durch Periodenteilung (2×4 Tage) unter Berücksichtigung der Lebendgewichtsvariation in den Teilabschnitten der Periode 6 der 1. Versuchsserie erhalten wurden.

Tabelle 19. *Die Energiebilanzen der 6. Periode (Überfütterung mit 15 g Futter), aufgeteilt in zwei Unterperioden*
kcal

Ratte	I	II	III	IV	V	VI	VII	VIII	Mittel
1. Hälfte	12,36	13,54	14,57	13,25	8,88	12,35	14,19	13,00	12,77
2. Hälfte	12,00	12,26	14,37	11,87	7,47	10,80	13,54	11,11	11,68

Die systematische Verschiebung in der Höhe des Energieansatzes ist allgemein. Die statistische Prüfung mit Hilfe der Varianzanalyse ergibt eine eindeutige Signifikanz der Differenzen.

In Abbildung 8 sind die Werte der 1. Halbperiode für den Punkt der maximalen Futteraufnahme (15 g Tr.-S.) eingezeichnet und bei der Berechnung der Regressionsgeraden berücksichtigt. Diese Werte passen sich noch gut der linearen Beziehung zwischen Energiebilanz und Zufuhr an umsetzbarer Energie an. Anders liegen die Verhältnisse in der 2. Versuchsserie. In dieser Serie, die sich gegenüber der ersten durch eine Erhöhung der Umgebungstemperatur um 4° C unterscheidet, hat die starke Steigerung der Stoffwechselintensität bei der höchsten Futtergabe (15 g Tr.-S.) bereits in der Vorfütterung eingesetzt. Bei allen Tieren, die 15 g Tr.-S. aufnahmen, ergibt sich für diesen Beobachtungspunkt ein starker Abfall der Energiebilanz gegenüber einer Futteraufnahme von 14 g. Die entsprechenden Werte sind in Abbildung 9 nicht eingetragen. Bei der Berechnung der Geradengleichungen wurden diese Meßpunkte ausgeschaltet.

Wie erwähnt, kann die stärkere Erhöhung der Stoffwechselaktivität bei der maximalen Futteraufnahme gegenüber der 1. Versuchsserie, bei der sich ein sicherer Nachweis der erhöhten Stoffwechselsteigerung erst nach Aufspaltung der Periode führen ließ, allein durch die Differenz in der Umgebungstemperatur erklärt werden. Trotz beträchtlicher Gewichtsunterschiede zwischen den Tieren beider Versuchsserien führte die Erhöhung der Temperatur von 21 auf 25° C zu einer Einschränkung des Erhaltungsstoffwechsels und somit zu einem vermehrten Angebot resorbierter Nährstoffe für die Synthese von Körperstoffen. So wurden z. B. bei 14 g Futteraufnahme in der 1. Versuchsserie etwa 8 kcal bei 230 g Gewicht, in der 2. Versuchsserie etwa 12 kcal bei 280 g Gewicht in Form von Körpersubstanz gespeichert, d. h., daß die absolute Syntheseleistung in der 2. Versuchsserie wesentlich größer war und entsprechend die Gefahr der Überbelastung des Organismus, die dann auch bei der Futterzufuhr von 15 g durch stark vermehrte Oxydation der resorbierten Nährstoffe in Erscheinung trat.

Beide Versuchsserien zeigen übereinstimmend, daß die Wärmeproduktion oberhalb des Energiegleichgewichtes mit vermehrter Futtereinnahme kontinuierlich steigt, aber bei maximal möglicher Futtereinnahme stark anwächst und somit eine schroffe Veränderung der Zustandsbedingungen des Organismus kennzeichnet. Es besteht daher keine Veranlassung, den Extrempunkt maximaler Futtereinnahme in eine geschlossene Verwertungsbetrachtung mit einzubeziehen; er muß vielmehr als Spezialfall der Verwertung beurteilt werden.

In Tabelle 20 sind die sich aus den Regressionsgeraden ergebenden Verwertungskoeffizienten der einzelnen Tiere vergleichend zusammengestellt.

Tabelle 20. *Verwertungskoeffizienten der Ration*

1. Versuchsserie		2. Versuchsserie			4. Versuchsserie	
Tier	Einnahme (g Tr.-S.) 8—14	Tier	Einnahme (g Tr.-S.) 2—6	Einnahme (g Tr.-S.) 10—14	Einnahme (g Tr.-S.) 2—6	Einnahme (g Tr.-S.) 8—12
I	74,9	IX	92,7	94,0	80,1	81,2
II	73,5	X	92,8	83,9	90,7	77,4
III	88,1	XI	81,7	84,2	81,1	88,3
IV	83,3	XII	92,6	92,7	80,5	96,8
V	82,0	XIII	82,6	76,2	84,6	80,2
VI	78,4	XIV	86,5	84,2	80,2	81,1
VII	81,0	XV	87,9	86,1	82,1	90,3
VIII	83,5	XVI	85,7	88,8	92,5	74,3
Mittel	80,6±1,7		87,8±1,6	86,3±2,0	84,0±1,8	83,7±2,6

Aus der Tabelle läßt sich entnehmen, daß die Verwertungskoeffizienten nicht unbeträchtlichen Schwankungen unterworfen sind. Man könnte geneigt sein, diese Unterschiede als den Tieren individuell zukommend zu deuten. Eine statistische Prüfung des Materials ergibt aber, daß die Differenzen in der Verwertung der umsetzbaren Energie zwischen den Tieren nicht signifikant sind. Dagegen lassen sich auf Grund varianzanalytischer Behandlung der Energiebilanzen auf der Basis gleicher Einnahmen an umsetzbarer Energie individuelle Unterschiede nachweisen, die eine gesicherte Variation im Erhaltungsstoffwechsel zwischen den Tieren kennzeichnen. Dies ließ sich bereits aus den Hungerwerten, die in Tabelle 18 (s. S. 123) mitgeteilt sind, vermuten. Für je ein Tier der 1. und 4. Versuchsserie ist in der zusammenfassenden graphischen Darstellung der Meßergebnisse auf die Unterschiede in der absoluten Höhe der Energiebilanz hingewiesen. Die nicht unbeträchtlichen Unterschiede im Erhaltungsstoffwechsel der Tiere haben Interesse im Hinblick auf das Problem der „guten und schlechten Futterverwerter".

Wie aus den graphischen Darstellungen der Meßreihen ersichtlich ist, fügen sich die Hungerwerte gut den Daten im extremen Unterernährungsbereich ein. Entgegen der 1. Versuchsreihe, bei der die Hungerwerte nach dem 2. Tag etwa konstant waren, fielen in der 2. und 4. Versuchsserie die Hungerwerte weiter ab. Dies dürfte mit der höheren Umgebungstemperatur zusammenhängen. Der Einfluß der Umgebungstemperatur auf die Stoffwechselintensität zeigt sich außerordentlich stark in der Höhe der Hungerwerte. So betrug der tägliche Hungerumsatz im Mittel am 4. Versuchstag

in der 1. Versuchsserie: 154 cal/g (21° C),
in der 2. Versuchsserie: 110 cal/g (25° C) und
in der 4. Versuchsserie: 92 cal/g (29° C).

Trotz des guten Einfügens der Hungerwerte in die experimentellen Daten der extremen Unterernährung ist für den Gesamtbereich der Unterernährung über den Verwertungsverlauf keine eindeutige Aussage zu machen. Eine höhere Verwertung gegenüber der Mast – mit Ausnahme unmittelbar unterhalb des Energiegleichgewichtes – ist zwar in allen 3 Versuchsserien angedeutet, jedoch in keinem Falle signifikant. Auch ist schwer abzuschätzen, wie weit Stoffwechselreduzierungen bei extremer Unterernährung die Ergebnisse beeinflussen, weil die Variation des Energiestoffwechsels in den Vorperioden nicht gemessen wurde. Während der Hauptperioden bei 2 und 4 g Futtereinnahme war keine nennenswerte Stoffwechselminderung zu beobachten; lediglich die Hungerwerte in der 4. und besonders in der 2. Versuchsserie verringerten sich auffallend mit Verlängerung der Hungerzeit.

Unmittelbar unterhalb des Energiegleichgewichtes wurde analog den Verhältnissen bei Kaninchen in allen 3 Versuchsserien die niedrigste Verwertung der umsetzbaren Energie gemessen. Das trifft auch für die 1. Versuchsserie zu, bei der der schwache Abfall erst in Anlehnung an die Beobachtungen in der 2. und 4. Versuchsserie eine entsprechende Aussage erlaubt. Um dies noch einmal darzulegen, sind die mittleren Verwertungskoeffizienten nach dem Differenzverfahren von Meßpunkt zu Meßpunkt in den 3 Versuchsserien berechnet und folgend mitgeteilt:

	Verwertungskoeffizienten							
1. Versuchsserie			83,4%	75,8%	Erhaltung	83,9%	83,1%	(83,6%)
2. Versuchsserie	85,6%	90,3%	68,9%	72,4%		89,6%	87,5%	(88,6%)
4. Versuchsserie		79,6%	88,1%	70,8%		82,0%	80,0%	(81,0%
Mittel	85,6%	85,0%	80,1%	73,0%		85,2%	83,5%	(84,7%

Die zahlenmäßige Darstellung zeigt, daß unmittelbar unterhalb des Energiegleichgewichtes eine Verwertungsminderung in allen 3 Versuchsserien einsetzte, die praktisch zur Parallelverschiebung der Verwertungsgeraden im Bereich der Mast und bei extremer Unterernährung führte. MØLLGAARD's Auffassung, daß sich die Verwertungsgeraden beider Ernährungsbereiche im Energiegleichgewicht schneiden, wird durch die eigenen Untersuchungen weder bei Kaninchen noch bei

Ratten bestätigt. – Der schwache Abfall der Verwertungskoeffizienten oberhalb des Energiegleichgewichtes ist zwar systematisch, liegt aber innerhalb der Fehlergrenze, so daß keine Veranlassung besteht, für den Ernährungsabschnitt der Mast die Deutung einer linearen Beziehung zwischen der Energiezufuhr und der Leistung aufzugeben und durch die Anpassung einer Funktion höheren Grades an die Meßwerte oberhalb des Energiegleichgewichtes zu ersetzen. Berechnet man die Verwertung vom 1. Meßpunkt oberhalb des Energiegleichgewichtes, so verschwinden die Differenzen fast vollständig (geklammerte Werte).

In Abbildung 11 sind die Ergebnisse der 3 Versuchsserien in Abhängigkeit von der umsetzbaren Energie und der Temperatur zusammenfassend graphisch dargestellt.

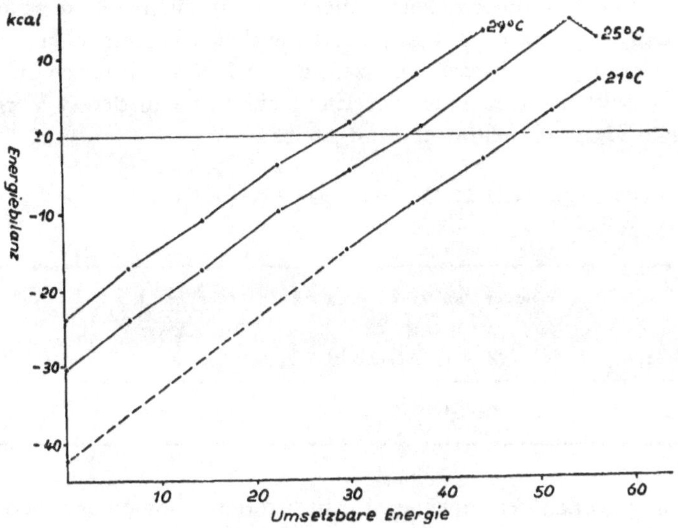

Abbildung 11.

Die Beziehung der Energiebilanz zur umsetzbaren Energie und zur Temperatur in den Versuchsserien 1, 2 und 4

Aus der Abbildung ergibt sich nochmals mit aller Deutlichkeit die Linearität der Beziehung zwischen umsetzbarer Energie und Energiebilanz im Bereich der Überernährung, der Mast.

Die aus den veröffentlichten Spezialversuchen[13] mit Ratte IX (3. Versuchsserie) gezogene Schlußfolgerung, daß Gesamtstoffwechseluntersuchungen zur Verwertungsfrage mit Ratten nicht an die Temperaturbedingung der thermoneutralen Zone gebunden sind, wird durch das gesamte experimentelle Material bestätigt. Trotz beträchtlich chemisch-regulatorischer Tätigkeit auf Grund der Temperaturvariation von 21° C bis 29° C ist eine Kompensation der durch die Nahrungszufuhr bedingten Wärmemehrung nicht nachzuweisen. Der Temperaturanstieg um 4° C von 25 auf 29° C führte zu einer wesentlichen Senkung des Erhaltungsstoffwechsels (im Mittel 8,7 kcal umsetzbarer Energie) und damit zu einer Erhöhung der Energiebilanz um durchschnittlich 6,5 kcal. Auf 1° C Temperaturanstieg bezogen nahm die Energiebilanz um 1,6 kcal zu. Für den Temperaturbereich von 25° C bis 30° C wurde mit Ratte IX je Grad Temperaturanstieg ein Zuwachs der Energiebilanz von 1,5 kcal gemessen. Beide Ergebnisse stimmen gut überein.

Die durch die Temperaturvariation von 21° C auf 25° C bedingte Differenz im Leistungszuwachs ist zwar nicht mit Sicherheit zu bewerten; in Anlehnung an die Versuche mit Ratte IX [13] darf auch hier angenommen werden, daß mit der Temperaturerhöhung von 21 auf 25° C ein größerer Effekt im Energiestoffwechsel erzielt wird als bei einer Temperaturerhöhung von 25° C auf 29° C.

2.3 *Die Streuung der Energiebilanzen*

Die Varianzanalysen, die zur Beurteilung der individuellen Unterschiede durchgeführt wurden [11], gestatten auf der Basis gleicher Einnahmen an umsetzbarer Energie die Streuung der Energiebilanzen in den 3 Versuchsserien zu berechnen. Die durchschnittlichen Streuungen der Energiebilanzen in den 3 Versuchsserien sind in Tabelle 21 zusammenfassend mitgeteilt.

Tabelle 21. *Streuung der Energiebilanzen*
(kcal)

Versuchsserien			
1 (2. Vers.-Abschnitt)	2 (2. Vers.-Abschnitt)	4	im Mittel
± 0,75	± 0,85	± 0,94	± 0,85

Die Streuungsgrößen der einzelnen Versuchsserien stimmen annähernd überein, so daß der Mittelwert repräsentativ ist, um analog den Fehlerbetrachtungen der Versuche mit Kaninchen (s. S. 116) die Zahl der Paralleltiere abzuschätzen, die notwendig sind, um Meßergebnisse über die Verwertung von Futterstoffen mit 95% zu sichern.

Bei straffer Versuchsdurchführung kann bei Ratten bei einer Reihe von Futterstoffen eine Ansatzdifferenz zwischen Grundfutter- und Zulageperiode von 8–10 kcal erreicht werden. Durch Fehlerfortpflanzung errechnet sich aus der Streuung von ± 0,85 kcal für die einzelne Differenzmessung ein Fehler von ± 1,2 kcal. Bei direkter Anwendung des Differenzverfahrens der Meßwerte oberhalb des Energiegleichgewichtes errechnet sich varianzanalytisch aus der 2. Versuchsserie eine Streuung von ± 1,1 kcal, also annähernd der gleiche Wert. Für eine Unsicherheit des Mittelwertes von ± 5% ergibt sich die absolute Streuung bei 8–10 kcal Ansatzdifferenz zu ± 0,4–0,5 kcal.

Demzufolge ist auch bei Ratten zu schlußfolgern, daß mit 6–8 Paralleltieren gearbeitet werden muß, um eine 95%ige Sicherung von Meßergebnissen zur Verwertung von Futterstoffen zu erzielen.

Im folgenden sind analog den fehlerkritischen Betrachtungen der Kaninchenversuche (s. S. 117) die Verwertungskoeffizienten, die sich in der 1., 2. und 4. Versuchsserie durch Differenzbildung der Meßwerte über dem Erhaltungsgleichgewicht errechnen, zusammengestellt:

Futtergabe	1. Versuchsserie 12—15 g Tr.-S.	2. Versuchsserie 10—14 g Tr.-S.	4. Versuchsserie 8—12 g Tr.-S.
	87,5	93,7	—
	98,9	84,2	80,2
	88,5	78,4	84,0
	83,3	100,9	94,7
	83,3	78,7	80,1
	69,6	—	77,5
	80,2	—	—
	74,7	86,9	81,3
Mittel	83,3 ± 3,2	87,1 ± 3,6	83,0 ± 2,5

Auch diese Aufstellung läßt erkennen, daß mit 6–8 Paralleltieren die geforderte Sicherung der Mittelwerte erreicht ist.

C. Schlußbetrachtungen

Wie in der Einleitung dargestellt wurde, hat Oskar KELLNER die Stärkewertlehre auf seinen grundlegenden Respirationsversuchen mit Ochsen aufgebaut, in denen er als methodisches Meßprinzip zur Produktionswertbestimmung der Futterstoffe das Differenzverfahren gewählt hat. Bei der Durchführung und Auswertung seiner Versuche hat KELLNER die Annahme gemacht, daß unter Einhaltung bestimmter Voraussetzungen die Beziehung zwischen Energiezufuhr (umsetzbare Energie) und Leistung (Nettoenergie) für den Bereich der Fettmast ausgewachsener Tiere direkt proportional ist. Den eindeutigen experimentellen Nachweis für diese Annahme konnte er nicht erbringen. Auch die von zahlreichen Forschern durchgeführten Untersuchungen zur Verwertungsfrage in Abhängigkeit vom Ernährungsniveau haben zu keiner eindeutigen Klärung dieses Problems geführt.

Für die Weiterführung und Weiterentwicklung der Lehre KELLNERS ist die eindeutige Klärung dieses Problems von entscheidender Bedeutung; denn nur unter der Voraussetzung einer linearen Beziehung zwischen Futterzufuhr und Leistung ergibt das Differenzverfahren, das auch heute als wichtigstes methodisches Meßprinzip zur Produktionswertbestimmung der Futterstoffe angesehen wird, verallgemeinerungsfähige Werte.

Die dargelegten Versuche mit Kaninchen und Ratten haben übereinstimmend das wichtige Ergebnis geliefert, *daß im Ernährungsabschnitt der Mast die Beziehung zwischen Energiezufuhr (umsetzbare Energie) und Leistung (Nettoenergie) bei guter Anpassung aller Einzelmeßwerte eine Gerade ergibt, daß also die vom Tier über den Erhaltungsbedarf hinaus aufgenommene Energie unabhängig von der Höhe der Zufuhr jeweils zu einem gleichbleibenden Prozentsatz für den Ansatz von Körpersubstanz, vornehmlich von Körperfett, verwertet wird.* Auf Grund des großen Umfangs des experimentellen Materials konnte dies Ergebnis biostatistisch gesichert werden.

Es erhebt sich nun die Frage, inwieweit sich die an Kleintieren gewonnenen Beobachtungen auf die wichtigsten landwirtschaftlichen Nutztiere übertragen lassen. Aus der kritischen Betrachtung der in der Literatur veröffentlichten Arbeiten zum Verwertungsproblem in Abhängigkeit vom Ernährungsniveau (s. S. 85), sowie aus den bei uns durchgeführten Untersuchungen läßt sich schließen, daß einer Übertragung der Ergebnisse zu diesem Problem von einer Tierart auf die andere keine direkten Einwände entgegenstehen. Demzufolge dürfte der Nutzen der durchgeführten Kleintierversuche darin bestehen, daß der Umfang der analogen Versuche bei den landwirtschaftlich genutzten Großtieren, die mit Rindern, Schweinen und Schafen z. Z. durchgeführt werden, dahingehend eingeschränkt werden kann, daß nur die Tendenz einer Linearität zwischen Futtermenge und Leistungsgröße im Mastbereich nachgewiesen werden muß, ohne unbedingt eine biostatistische Sicherung zu erreichen. Wird diese Tendenz erwiesen, so erscheint es uns gerechtfertigt, die Ergebnisse der Kleintierversuche auf die Großtierarten zu übertragen.

Bei der Auswertung des Versuchsmaterials ist besonderer Wert auf die Erfassung der Streuungsgröße sowohl hinsichtlich der apparativen und analytischen Fehler, als auch hinsichtlich der biologischen Variationsstreuung der Einzelmessung und der Reproduzierbarkeit von Meßreihen durch Wiederholung am gleichen Tier gelegt worden. Diese fehlerkritischen Betrachtungen haben zu einer Reihe wichtiger Schlußfolgerungen geführt, die sich weitgehend auf die Durchführung von Gesamtstoffwechselversuchen zur Produktionswertbestimmung von Futterstoffen mit den landwirtschaftlich genutzten Großtieren übertragen lassen:

1. Die erreichte apparative und analytische Genauigkeit ist ausreichend, da eine Verfeinerung dieser Genauigkeit, die im allgemeinen nur durch Vergrößerung des Arbeitsaufwandes ermöglicht werden kann, die Sicherheit der Einzelmessung auf Grund der Größe der biologischen Variationsstreuung praktisch nicht erhöhen wird.
2. Bei Anwendung des Differenzverfahrens zur Bestimmung der Verwertung ist mit 6–8 Paralleltieren zu arbeiten, falls der resultierende Mittelwert mit wenigstens 95% gesichert sein soll. Zur Bestimmung der Verwertung von einseitig zusammengesetzten sowie von rohfaserreichen Futterstoffen ist zur Erreichung dieser Sicherheit die Tierzahl noch weiter zu erhöhen.
3. Im Verlauf der Entwicklung der Tiere können nicht unerhebliche Veränderungen des Erhaltungsstoffwechsels auftreten. Bei der Planung längerer Versuchsreihen ist es zweckmäßig, eine entsprechende Kontrollmöglichkeit z. B. durch Wiederholung bestimmter Einzelperioden vorzusehen.
4. Zwischen Paralleltieren kann der Erhaltungsstoffwechsel beträchtlich variieren (Problem der Selektion guter Futterverwerter); dagegen ließen sich für den

Bereich der Mast in der Verwertungshöhe keine signifikanten Differenzen zwischen Paralleltieren nachweisen.

Durch die Methodik des Differenzverfahrens werden die Unterschiede im Erhaltungsstoffwechsel eliminiert, so daß diese Variationsquelle die Reproduzierbarkeit von Meßwerten zur Bestimmung des energetischen Nährwertes von Futterstoffen nicht berührt.

Die 3 Versuchsreihen mit Ratten bei unterschiedlicher Umgebungstemperatur führten zu dem Ergebnis, daß trotz beträchtlicher chemisch-regulatorischer Tätigkeit auf Grund der Temperaturvariation von 21° C bis 29° C eine Kompensation der durch die Nahrungszufuhr bedingten Wärmemehrung nicht nachweisbar war. Daraus ist zu schließen, daß Gesamtstoffwechselversuche zur Verwertungsfrage zwar bei konstanter Außentemperatur durchgeführt werden müssen, daß aber die absolute Höhe der Temperatur in einem weiten Bereich bei Anwendung des Differenzverfahrens keinen Einfluß auf die Meßergebnisse ausübt.

Hinweis: Auf den Abdruck des tabellarischen Zahlenanhangs mit den Detailangaben über die Futtermittelanalysen, den genauen Zeitplan der Versuche, die Mengen und den C-, N- und Energiegehalt von Kot und Harn sowie den Gaswechsel mußte im Hinblick auf den großen Umfang dieses Tabellenwertes hier verzichtet werden. Interessenten können diesen Zahlenanhang direkt vom Oskar Kellner-Institut für Tierernährung, Rostock, anfordern.

D. Zusammenfassung

In der vorliegenden Arbeit wird das Problem der Verwertung der Futterenergie in Abhängigkeit vom Ernährungsniveau unter besonderer Berücksichtigung der Verhältnisse im Bereich der Mast behandelt.

Einleitend sind die in der Literatur zu diesem Problem veröffentlichten Arbeiten einer kritischen Auswertung unterzogen, die zu dem Hinweis geführt hat, daß die Beziehung zwischen Futtermenge und produktiver Wirkung im Mastbereich als linear aufgefaßt werden kann.

Nach der Darstellung der Methodik der Versuchsdurchführung und Versuchsauswertung wird über umfangreiche Gesamtstoffwechselversuche zu diesem Problem mit Kaninchen (129 Einzelversuche) und Ratten (321 Einzelversuche), die sich in verschiedene Versuchsserien aufgliedern, berichtet.

Diese Versuche erbrachten als wichtigstes Ergebnis, daß im Ernährungsabschnitt der Mast die Beziehung zwischen Energiezufuhr (umsetzbarer Energie) und Leistung (Nettoenergie) bei guter Anpassung aller Einzelmeßwerte eine Gerade ergibt, wobei dieser Befund auf Grund des Umfangs des experimentellen Materials biostatistisch gesichert werden konnte.

Die fehlerkritische Auswertung des Versuchsmaterials führte weiterhin zu den Schlußfolgerungen, daß

1. die erreichte apparative und analytische Genauigkeit als ausreichend zu betrachten ist, da eine Verfeinerung dieser Genauigkeit die Sicherheit der Einzelmessung auf Grund der Größe der biologischen Variationsstreuung praktisch nicht erhöhen wird,

2. bei Anwendung des Differenzverfahrens zur Bestimmung der Verwertung von Futterstoffen mit 6–8 Paralleltieren gearbeitet werden muß, falls der resultierende Mittelwert mit wenigstens 95% gesichert sein soll,

3. im Verlauf der Entwicklung der Tiere nicht unerhebliche Veränderungen des Erhaltungsstoffwechsels auftreten können, was bei der Planung längerer Versuchsreihen unbedingt zu beachten ist,

4. die zwischen Paralleltieren zu beobachtenden Variationen des Erhaltungsstoffwechsels die Reproduzierbarkeit von Meßergebnissen zur Bestimmung des energetischen Nährwertes von Futterstoffen nicht beeinflussen. Im Bereich der Mast ließen sich in der Verwertungshöhe keine gesicherten Differenzen zwischen Paralleltieren nachweisen.

Aus den Ergebnissen der bei unterschiedlicher Umgebungstemperatur durchgeführten Versuche mit Ratten kann geschlossen werden, daß Gesamtstoffwechselversuche der Verwertungsfrage zwar bei konstanter Außentemperatur durchgeführt werden müssen, daß aber die absolute Höhe der Temperatur in einem weiten Bereich bei Anwendung des Differenzverfahrens keinen Einfluß auf die Meßergebnisse ausübt.

E. Literaturverzeichnis

[1] ARMSBY, H. P. und F. G. BENEDICT: zitiert in H. MØLLGARD: Fütterungslehre des Milchviehs; Hannover 1929.

[2] BLAXTER, K. L. und N. McC. GRAHAM: Plane of Nutrition and starch equivalents; J. Agric. Sci. **46**, 292, 1955.

[3] CARPENTER, T. M., R. C. LEE und A. B. FINNERTY: Tierernähr. und Tierz. (Abt. B) **4**, 1, 1930.

[4] FORBES, E. B. und M. KRISS: Revised net-energy values of feeding stuffs for cattle; J. Agric. Res. **31**, 1083, 1925.

[5] FORBES, E. B., M. KRISS und W. W. BRAMAN: The computed as compared with the directly observed fasting katabolism of cattle as a measure of the maintenance requirement of energy; J. Agric. Res. **34**, 167, 1927.

[6] FORBES, E. B., W. W. BRAMAN und M. KRISS: The energy metabolism of cattle in relation to the plane of nutrition; J. Agric. Res. **37**, 253, 1928.

[7] FORBES, E. B., W. W. BRAMAN, M. KRISS und R. W. SWIFT: Further studies of the energy metabolism of cattle in relation to the plane of nutrition; J. Agric. Res. **40**, 37, 1930.

[8] FORBES, E. B. und M. KRISS: Der Energiewechsel des Rindes in Beziehung zur Größe der Nahrungsaufnahme; Tierernährung **4**, 215, 1932.

[9] GHONEIM, A.: Über den Gesamtstoffwechsel bei Unterernährung und Produktionsfutter; Dissertation, Zürich 1930.

[10] HELLBERG, A.: Metabolism of rabbits at different planes of nutrition; Uppsala 1949.

[11] HOFFMANN, L.. Zum Problem der Verwertung der Futterenergie in Abhängigkeit vom Ernährungsniveau. Experimentelle Untersuchungen an Kaninchen und Ratten. Dissertation, Univ. Rostock, 1957.

[12] HOFFMANN, L.: Zur Berechnung der Wärmeproduktion und zur Kontrolle eines Gesamtstoffwechselversuchs über das Gesetz der Erhaltung der Energie; Wiss. Abh. DAL, **37**, 83, 1958.

[13] HOFFMANN, L. und R. SCHIEMANN: Der Einfluß der Umgebungstemperatur auf den Energiestoffwechsel der Ratte; Wiss. Abh. DAL **37**, 92, 1958.

[14] KELLNER, O.: Die Ernährung der landwirtschaftlichen Nutztiere. Berlin, 1912.

[15] MARSTON, H. R.: Energy transactions in the sheep; Austr. J. of Sci. Res., Ser. B, **1**, 93, 1948.

[16] MITCHELL, H. H. und T. S. HAMILTON: The effect of the amount of feed consumed by cattle on the utilization of its energy contents; J. Agr. Res. **45**, 163, 1932.

[17] MØLLGAARD, H.: Fütterungslehre des Milchviehs; Hannover 1929.

[18] MØLLGAARD, H.: Wissenschaftliche Grundbedingungen einer gemeinsamen europäischen Futtereinheit; Festschrift anläßlich des 100-jährigen Bestehens der Landwirtschaftlichen Versuchsstation Leipzig-Möckern, Bd. V/2, 43, 1954.

[19] MØLLGAARD, H.: Analyse des Wachstums mittels Differentialgleichungen der Partialprozesse des synthetischen Stoffwechsels; Z. Tierernähr. Futtermittelkunde **10**, 1, 1955.

[20] MORRISON, S. D.: The total energy metabolism of non-pregnant rats; J. Physiol. **127**, 479, 1955.

[21] RITZMANN, E. G. und FORBES, E. B.: zitiert in MØLLGAARD, H.: Fütterungslehre des Milchviehs; Hannover, S. 101, 1929.

[22] NEHRING, K. und R. SCHIEMANN: Einige Bemerkungen zur Problematik des Respirationsversuchs; Festschrift anläßlich des 100-jährigen Bestehens der Landwirtschaftlichen Versuchsstation Leipzig-Möckern, Bd. V/2, 201, 1954.

[23] RUBNER, M.: Der Einfluß abundanter Kost auf die Wärmebildung; Sitzungsber. der k. b. Akad. d. Wiss., mathemat.-physikal. Klasse, Bd. XV, 452, 1885.

[24] SCHIEMANN, R.: Kritische Betrachtungen über die Entwicklung der Stärkewertlehre Oskar Kellners; Wiss. Abh. DAL **31**, 1—110, 1958.

[25] SCHIEMANN, R.: Zur gasanalytischen Untersuchung von Respirationsgasen; Arch. Tierernähr. **7**, 98, 1957.

[26] SCHIEMANN, R., L. HOFFMANN und M. SCHMIDT: Über den apparativen Aufbau von Respirationsapparaten für Kleintiere. Arch. Tierernähr. **7**, 80, 1957.

[27] TSCHUGUNKOW, J. G.: Einfluß des Ernährungsniveaus auf die Verwertung der Energie der Futtermittel durch landwirtschaftliche Nutztiere; Arbeiten des Allunions-Forschungsinstitutes für Fütterung der landw. Nutztiere, Bd. III, 55, 1956. (Orig.: Russ.)

[28] WIEGNER, G. und A. GHONEIM: Über die Formulierung der Futterwirkung; Tierernähr. **2**, 193, 1930.

Eingegangen am 17. 9. 1958

Aus dem Institut für Tierernährung der Martin-Luther-Universität Halle-Wittenberg (Prof. Dr. A. COLUMBUS) und dem Institut für Kulturpflanzenforschung Gatersleben der Deutschen Akademie der Wissenschaften zu Berlin (Prof. Dr. Dr. h. c. H. STUBBE)

A. COLUMBUS, W. HARNISCH und F. SCHOLZ

Verdaulichkeits-, N-Bilanz- und Fütterungsversuche mit einer nacktkörnigen Gerstenmutante und ihrer bespelzten Ausgangssorte an wachsenden Labortieren und Schweinen

Von den bei uns angebauten Getreiden haben der Weizen und der Roggen nackte Körner, d. h. die Spelzen umschließen das Korn so lose, daß es beim Drusch frei herausfällt. Die Körner von Gerste und Hafer dagegen sind bespelzt, bei ihnen sind Deck- und Vorspelze fest mit der Karyopse verwachsen. Jedoch sind auch von Hafer und insbesondere Gerste nacktkörnige Formen bekannt.

Nacktgersten wurden vor allem in den Variabilitätszentren Mittel- und Ostasiens sowie Äthiopiens gefunden und werden auch heute hauptsächlich dort angebaut. Außerhalb dieser Gebiete trifft man solche Gerstenformen nur vereinzelt an. In China ist der Anbau bedeutend, jedoch nicht näher zu schätzen. In Japan werden etwa 60% der Gerstenfläche mit Nacktgerste bebaut (s. LEONARD [9]). In vielen Hochgebirgsgegenden, wo Weizen nicht mehr gedeiht, Gerste aber noch kultiviert werden kann, wird sie als Brotgetreide angebaut, wie z. B. in Tibet, wo sie als Nacktgerste noch in Höhen von über 4600 m gedeiht (s. BRÜCHER und ÅBERG [2]). Nacktkörnige Formen herrschen überall vor, wo Gerste in erster Linie für die menschliche Ernährung verwendet wird.

In Deutschland sind keine Nacktgerstensorten zugelassen. Die Pflanzenzüchter sind aber seit langem bestrebt, ertragreiche Nacktgersten zu züchten. Die Gerste wird bei uns vorwiegend zu Futter- und Brauzwecken verwendet. Die Ansichten über den Brauwert der Nacktgerste sind geteilt, obwohl verschiedene positive Befunde vorliegen. Der Hauptanreiz für die Züchter ergab sich daraus, daß die Nacktgerste gegenüber der Spelzgerste einen günstigeren Futterwert in der Schweinemast erwarten ließ. KNIBBE [8] sowie SCHMIDT und WINZENBURGER [12] konnten das bereits bestätigen. Die Züchter waren lange darauf angewiesen, primitive Nacktgerstenformen in die „durchgezüchteten" mitteleuropäischen Spelzgerstensorten einzukreuzen. Die Nacktkörnigkeit ist durch ein einzelnes rezessives Gen *(n)* bedingt, die Einkreuzung der Nacktkörnigkeit ist also sehr einfach. Außer dem erwünschten Gen werden aber bei derartigen Züchtungsversuchen viele andere Erbanlagen übergeführt, die, wenn sie von einer primitiven Form kommen, häufig die Ertragsfähigkeit ungünstig beeinflussen; sie sind phänotypisch oft nicht erkennbar und erschweren den Züchtungsgang dann bedeutend. Daß diese Züchtungsarbeiten mit Nacktgerste nur schrittweise vorangehen und noch nicht zu wirklich ertragreichen Formen geführt haben, dürfte im wesentlichen hierauf beruhen (zusammenfassende Übersicht und Literaturangaben bei SCHOLZ [13, 14].

Derartige Schwierigkeiten der Einkreuzung entfallen, wenn in einer ertragreichen bespelzten Zuchtsorte eine Mutation im Gen für bespelztes/nacktes Korn ausgelöst wird. Bei den mit Röntgenstrahlen als auslösendem Agens durchgeführten Mutationsversuchen im Institut für Kulturpflanzenforschung Gatersleben ist das erstmalig gelungen (BANDLOW [1]). Zwei solcher nacktkörnigen Mutantenlinien sind dann näher untersucht worden (s. SCHOLZ [13, 14]). Sie sind nur bezüglich des Merkmals der Nacktkörnigkeit gegenüber den bespelzten Ausgangssorten abgeändert und erbrachten unter Berücksichtigung des Spelzanteils den gleichen Ertrag wie die Ausgangssorten. Mit einem einzigen Mutationsschritt wurde also das erste Ziel der Nacktgerstenzüchtung erreicht: gleicher Nutzertrag der Nacktgerste gegenüber „durchgezüchteten" bespelzten Sorten. Daß eine dieser Mutanten ohne weitere züchterische Bearbeitung als neue Sorte in den Handel kommt, wird durch zwei Umstände erschwert. Einmal sind die Ausgangssorten nicht mehr zu den Spitzensorten zu rechnen, zum anderen hat bei den Mutanten, wie allgemein bei den Nacktgersten, der Embryo eine ungeschützte Lage und ist daher druschempfindlich. Die beiden Mutanten sind jedoch auf jeden Fall äußerst wertvoll für die weitere Züchtung.

Es erschien notwendig, mit diesem Material die Frage des Nährwertes von Nacktgerste im Vergleich zur Spelzgerste einer nochmaligen Prüfung zu unterziehen. Für vergleichende Stoffwechsel- und Fütterungsversuche sind nackte Mutanten und die entsprechenden bespelzten Ausgangssorten in idealer Weise geeignet, da beide Formen genetisch identisch sind, mit Ausnahme des einen erwünschten Merkmalunterschiedes.

Als bespelzte Form gelangte die Sommergerste „Haisa" („Heines Haisa") zur Verwendung, die zu *Hordeum vulgare* L. s. l. convar. *distichon* (L.) Alef. var. *nutans* (Rode) Alef. gehört. Als Nacktgerste stand eine Gaterslebener *nudoides*-Mutante der Sorte „Haisa" zur Verfügung, die Linie Mut. 4129 (Abb. 1 und 2.).

Abb. 1. Körner der bespelzten Sommergerstensorte „Haisa" (Ausgangssorte)

Neben vergleichenden Versuchen zur Bestimmung der Verdaulichkeit und biologischen Eiweißwertigkeit bei Schweinen und Ratten erfolgten anschließend entsprechende Fütterungsversuche. Die beiden Gerstenformen kamen 1955 und 1956 auf ungefähr je 0,5 ha in Gatersleben zum Anbau. Die Kultur erfolgte in üblicher Weise und mit normaler Düngung (u. a. 40 kg/ha N), und zwar unter gleichen Bedingungen für Spelz- und Nacktgerste, so daß vergleichbares Material zur Verfügung stand. Für den Fütterungsversuch wurde eine Mischung zu gleichen Teilen aus den Ernten beider Jahre verwendet. Für die zuvor durchgeführten Versuche zur Bestimmung der Verdaulichkeit und biologischen Eiweißwertigkeit stand Material der Ernten 1952 bis 1954 zur Verfügung, das auf kleineren Parzellen unter ganz ähnlichen Bedingungen angebaut worden war.

Abb. 2. Körner der nackten (*nudoides*-) Mutante der Sorte „Haisa", Mut. 4129

Dementsprechend wurde folgendes Versuchsprogramm aufgestellt:

1. Verdaulichkeit an Schweinen
2. N-Bilanz-Versuche an Ratten und Schweinen
3. Fütterungsversuche an Schweinen

Auf Grund einer entgegenkommenden Unterstützung durch Prof. MANGOLD konnten unter dankenswerter Mithilfe von L. MALTUSCH und J. BEIER die Rattenversuche im Institut für Tierernährungslehre der Humboldt-Universität Berlin durchgeführt werden. Hierfür standen ein einheitliches Tiermaterial, durch Inzestzucht entwickelte Albino-Ratten gleichen Alters und aus gleicher Wurfzahl, sowie die ebendort konstruierten Ratten-Stoffwechselbatterien [4] zur Verfügung. Die Versuche an Schweinen fanden im obigen Institut und der angegliederten Lehr- und Versuchsstation Lettin statt. Das eingangs erwähnte Versuchsmaterial stellte das Institut für Kulturpflanzenforschung zur Verfügung.

Die vorliegenden Analysenergebnisse der in den Tierversuchen verwendeten Gersten sind in Tabelle 1 zusammengestellt.

Tabelle 1. *Rohnährstoffgehalt in % von Nacktgerste- und Spelzgersteproben*
In der Trockenmasse sind enthalten

1. Nacktgerste Mutante 4129	Trocken-substanz	Organ. Substanz	Roh-protein	Roh-fett	Roh-faser	N.-freie E.-Stoffe	Roh-asche
Lieferung 1953 ∅	87,30	97,90	13,83	1,94	2,89	79,24	2,10
Lieferung 1954	86,96	97,79	13,56	1,93	2,87	79,43	2,21
Ernte 1955 ∅	89,39	97,68	13,91	1,98	2,45	79,34	2,32
Ernte 1956 ∅	89,25	97,87	13,22	1,76	2,69	80,20	2,13
Versuchsprobenahme	87,32	97,75	13,12	2,01	2,97	79,65	2,25
∅	88,27	97,81	13,58	1,91	2,76	79,56	2,19
2. Spelzgerste „Haisa"							
Lieferung 1953 ∅	86,33	97,26	11,17	3,53	7,01	75,55	2,74
Lieferung 1954	87,54	97,62	11,46	2,51	6,89	76,76	2,38
Ernte 1955 ∅	88,54	97,26	11,70	2,59	6,82	76,69	2,74
Ernte 1956 ∅	88,53	97,53	12,10	2,65	6,51	76,27	2,47
Versuchsprobenahme	86,83	97,61	11,99	2,76	6,85	76,01	2,39
∅	87,89	97,41	11,67	2,85	6,80	76,09	2,59

Die Trockensubstanzwerte entsprechen dem ursprünglichen Material; die anderen Analysenwerte sind auf 100 g Trockensubstanz bezogen aufgeführt. Die analytischen Abweichungen innerhalb der Nackt- und Spelzgerste-Analysenwerte sind relativ gering und überschreiten auch nicht die von WIEGNER-PALLMANN[17] angegebene Gesamtlatitüde für die verschiedenen Proben.

Aus den in Tabelle 1 aufgeführten Werten lassen sich für den auf Trockensubstanz bezogenen Rohnährstoffgehalt folgende Mittelwerte für Nackt- und Spelzgerste des Gaterslebener Materials angeben:

Tabelle 2. *Durchschnittlicher Rohnährstoffgehalt in Prozent bezogen auf Trockensubstanz*

	Nacktgerste	Spelzgerste	Mittelwert-Vertrauensbereich
Rohprotein	13,58	11,67	± 0,5
Rohfett	1,91	2,85	± 0,3
Rohfaser	2,76	6,80	± 0,4
N-freie Extraktstoffe . . .	79,56	76,09	± 0,5
Rohasche	2,19	2,59	± 0,2

Die Prüfung der Mittelwertunterschiede zwischen den beiden Gerstenformen ergab für ale Rohnährstoffe gesicherte Differenzen mit $P < 0,1\%$.

Den Erwartungen entsprechend ist der Unterschied im Rohfasergehalt mit 4% am größten. Die absoluten Rohfaserwerte liegen gegenüber den Angaben anderer Autoren etwas höher, mit Ausnahme der im Versuch von RICHTER [11] geprüften Gersten (Tabelle 3).

Tabelle 3. *Rohfasergehalt in Prozent der Trockensubstanz*

Nacktgerste	*Spelzgerste*	Autoren
1,51	5,46	WERNER - KIRSCH[16]
1,82	5,24	STÄHLIN[15]
(1,44—2,56)	(2,41—11,75)	
1,48	5,05	KNIBBE[8]
Ø 2,41	Ø 4,95	NEHRING - SCHRAMM[10]
2,51	—	SCHMIDT - WINZENBURGER[12]
6,20*)	8,85*)	RICHTER[11]
3,50**)	7,40**)	
2,76	6,80	eigene Untersuchungen

Den Ausgleich für den geringeren Rohfasergehalt der Nacktgerste gegenüber der Spelzgerste liefern die N-freien Extraktstoffe mit Ø 3,5 % und Rohprotein mit Ø 2 %, wobei geringe Verschiebungen noch dadurch auftreten, daß die Gehalte an Rohfett und Rohasche wiederum in der Spelzgerste höher liegen als in der Nacktgerste. Obwohl für die letztgenannten auch gesicherte Unterschiede bestehen, sind jedoch die Abweichungen relativ gering.

Der Unterschied im Rohproteingehalt der beiden Gerstenformen veranlaßt zur weiteren Diskussion, und es wird hierauf bei der Besprechung der N-Bilanz-Versuche nochmals hingewiesen.

Der Rohproteingehalt der Nacktgerste aus Tabelle 2 mit Ø 13,6 % in der Trockensubstanz liegt etwas höher als der von SCHOLZ [13], (in Tabelle 1, S. 5), wiedergegebene Durchschnittswert für Mut. 4129; er entspricht dem unter Jahr 1954 aufgeführten Wert von 13,5 %. Zu den Abweichungen, die sich im Rohproteingehalt zwischen den einzelnen Proben ergeben, ist außer den verschiedenen Anbaujahren auch noch der unterschiedliche Standort in Erwägung zu ziehen. Die Analysenproben von SCHOLZ entstammen der Ernte von Versuchsparzellen. Von diesen konnte lediglich etwas Versuchsmaterial für Rattenversuche dienen, während die Gerstemengen für die Verdaulichkeits-, N-Bilanz- und Fütterungsversuche an Schweinen im besonderen Anbau gewonnen wurden, woraus sich durchaus Boden- und Düngungsbeeinflussungen auf den Rohnährstoffgehalt ergeben können [10].

*) Gerstenprobe des Versuches 1940

**) Gerstenprobe des Versuches 1941

Tabelle 4. *Rohproteingehalt in Prozent der Trockensubstanz*

Nacktgerste	*Spelzgerste*	*Literatur*
14,65	11,51	16
14,71	12,11	15
(9,53–19,17)	(5,70–19,34)	
14,75	11,00	8
14,44*)	11,03***)	10
19,15**)	14,85****)	
12,70	—	12
14,40	11,10	11
17,75	14,30	
13,58	11,76	eigene Untersuchungen

Im Durchschnitt der von SCHOLZ in Tabelle 1 und 2 aufgeführten Werte läßt sich ebenfalls die Tendenz erkennen,daß der Rohproteingehalt in Prozent Trockensubstanz von Nacktgerste Mut. 4129 höher liegt als bei der Spelzgerste Haisa.

Werden die Analysendaten mit denen von anderen Autoren verglichen (s. Tabelle 4), so ist zu erkennen, daß die Unterschiede innerhalb der Nacktgersten und Spelzgersten für den Rohproteingehalt, abgesehen von den Werten unter Lit. 10 und 11, nicht sehr groß sind. Das Gesagte gilt auch für den Rohfasergehalt (s. Tabelle 3) mit Ausnahme der hohen Werte von RICHTER [11].

Die in Tabelle 4 unter Lit. 10 aufgeführten Werte sind Ergebnisse, die bei besonders hoher Stickstoffdüngung auftraten [10]. Außerdem ist hierzu zu bemerken, daß den anderen Autoren nur Nacktgersten zur Verfügung standen, die gegenüber den vergleichend geprüften Spelzgersten, im Gegensatz zu unserem Material, genetisch meist sehr verschieden waren.

Für die von uns geprüften Gerstenformen aus Gatersleben ist der von mehrjährigen Analysenproben erhaltene Durchschnitt im Rohnährstoffgehalt festzulegen (s. Tabelle 5).

Verdaulichkeitsversuche

Zum Verdaulichkeitsversuch an Schweinen dienten 4 Börge der Rasse „Deutsches Edelschwein" im Durchschnittsgewicht von 50 kg. Die Versuche wurden nach dem üblichen Verfahren mit 5-tägiger Vor- und 10-tägiger Hauptperiode durchgeführt. Während dieser Zeit erhielten die Tiere beider Versuchsgruppen einheitlich pro Tier und Tag 1250 g Gerste und zwar die Tiere der Gruppe 1 Nacktgerste und die der Gruppe 2 Spelzgerste.

Die Gerste wurde feingeschroten, feuchtkrümelig angerührt, und zu zwei Mahlzeiten früh und abends je die Hälfte der Tagesration verabreicht.

*) Abess. Nacktgerste 1 (ohne zusätzliche N-Düngung)

**) Abess. Nacktgerste 8 (mit hoher N-Düngung)

***) ⌀ der Spelzgerste 1 (ohne zusätzliche N-Düngung)

****) ⌀ der Spelzgerste 5 (mit hoher N-Düngung)

Tabelle 5. *Rohnährstoffgehalt in Prozent der Trockensubstanz*

	Rohprotein	Rohfett	Rohfaser	N-freie Extr.-Stoffe	Rohasehe
Nacktgerste	13,58	1,91	2,76	79,56	2,19
Spelzgerste	11,67	2,85	6,80	76,09	2,59

In den nachfolgenden Tabellen sind die wichtigsten Versuchsdaten zur Berechnung der Verdauungsquotienten aufgeführt.

Tabelle 6. *Analysenergebnisse der Sammelproben von Futter und Kot*

	Trocken-substanz	Organ. Subst.	Roh-protein	Rohfett	Roh-faser	N-freie Extr.-St.	Roh-asche
Nacktgerste	87,40	85,50	12,52	1,90	1,98	69,10	1,90
Spelzgerste	86,04	83,73	9,03	2,79	6,35	65,56	2,31
Kot / Gruppe 1							
Schwein NVA	93,74	81,01	22,07	11,87	13,32	33,75	12,73
Schwein NVB	94,01	80,58	23,07	13,18	12,82	31,51	13,43
Kot / Gruppe 2							
Schwein SIVA	96,47	85,32	9,94	3,93	29,04	42,41	11,15
Schwein SIVB	95,61	83,53	13,04	6,33	27,04	37,12	12,08

In Tabelle 6 sind die Analysenwerte und in Tabelle 7 die bei den einzelnen Versuchstieren angefallenen Kotmengen wiedergegeben.

Tabelle 7. *Lufttrockene Kotmengen in Gramm pro Tier und Tag*

Versuchstier	Kotmenge in g
Schwein NVA	87,43
Schwein NVB	86,29
Schwein SIVA	182,40
Schwein SIVB	182,60

Die Durchschnittswerte der für die verschiedenen Rohnährstoffe an den einzelnen Versuchstieren ermittelten Verdauungsquotienten (= VQ) sind in Tabelle 8 zusammengefaßt.

Wie aus der Tabelle hervorgeht, sind zwischen den Verdauungsquotienten der beiden Gerstenformen Unterschiede erkennbar. Mit Ausnahme des Rohfettes werden die Nährstoffe der Nacktgerste besser verdaut als die von Spelzgerste.

Tabelle 8. *Gruppendurchschnitte der Verdauungsquotienten von Nackt- und Spelzgerste*

	Trocken-substanz %	Organ. Subst. %	Roh-protein %	Rohfett %	Roh-faser %	N-freie Extr.-St. %
Nacktgerste	92,54	93,43	87,48	54,21	54,12	96,72
Spelzgerste	83,70	85,28	81,42	73,16	35,53	91,14
Differenz	8,84	8,15	6,06	18,95	18,59	5,58

Während die Versuchsergebnisse von NEHRING und SCHRAMM [10] hinsichtlich der Verdaulichkeit der verschiedenen Gerstensorten und deren Beeinflussung durch Düngung keine sicheren Unterschiede aufzeigen, sind die von KNIBBE [8] und RICHTER [11] gefundenen Resultate mit den von uns ermittelten übereinstimmend und in Tabelle 9 und 10 zum Vergleich gegenübergestellt. Die größten Abweichungen der vergleichbaren VQ sind für die Nährstoffe Rohfett und Rohfaser festzustellen (s. Tabelle 9 und 10), was wohl vor allem damit zusammenhängt, daß die geringen Mengen, beim Rohfett ∅ 2–3% und bei Rohfaser ∅ 3% (Nacktgerste) und ∅ 7% (Spelzgerste), bei der Bilanzierung von Aufnahme und Ausscheidung quantitativ mit einer größeren Schwankungsbreite behaftet sind als solche Mengen, die prozentual gemessen über der Grenze von 5–10% Gehalt im Gesamtfutter liegen. Dies ist auch eine Teilerklärung dafür, daß die festgestellten Unterschiede von 18% zwischen Nackt- und Spelzgerste (s. Tabelle 9) für die Rohfett- und Rohfaserverdaulichkeit gegenüber denen der anderen Rohnährstoffe mit ∅ 6–8% Unterschied so stark abweichen.

Bei den geringen Gehaltszahlen an Rohfett und Rohfaser kommt auch den VQ dieser Nährstoffe weniger Bedeutung zu, denn der unter ihrer Berücksichtigung berechnete Gesamtnährstoff wird kaum beeinflußt.

Beim Vergleich der durchschnittlichen VQ aus Tabelle 8 mit den Verdauungswerten, die für Nackt- und Spelzgersten in den Futtertabellen wiedergegeben sind, läßt sich eine sehr gute Übereinstimmung der Resultate erkennen.

Aus den Durchschnittswerten des Rohnährstoffgehaltes (Tabelle 1) und der Verdaulichkeit (Tabelle 8) lassen sich für die Gaterslebener Nackt- und Spelzgerste folgende Nährwerte berechnen:

Gehalt an verdaulichem Rohprotein und Gesamtnährstoff in der Trockensubstanz

	verdauliches Rohprotein %	Gesamtnährstoff
Nacktgerste	11,9	93,4
Spelzgerste	9,5	85,7

Hieraus ist zu ersehen, daß der Gehalt an verdaulichem Rohprotein in der Trockensubstanz von Nacktgerste mit 11,9% um 2,4% höher ist als der von Spelz-

Tabelle 9. *Verdauungsquotienten von Nackt- und Spelzgerste in Prozent*

Rohnährstoffe	Nach KNIBBE		Nach NEHRING		Nach RICHTER				Nach eig. Untersuch.	
	Nackt- u. Spelzgerste		Nackt- u. Spelzgerste		Nacktgerste		Spelzgerste		Nackt- u. Spelzgerste	
					1940	1941	1940	1941		
Trockensubstanz	94	80	—	—	88	82	88	81	92	84
Organische Substanz . .	95	82	86	86	90	84	89	83	93	85
Rohprotein	91	78	73	75	83	78	83	78	87	81
Rohfett	41	58	42	52	—	—	21	4	54	73
Rohfaser	29	—	33	40	71	47	54	36	54	36
N-freie Extraktstoffe . .	98	89	91	92	95	92	94	90	97	91

Tabelle 10. *Durchschnittliche Verdauungsquotienten von Nackt- und Spelzgerste*
(Mittelwerte aus Tabelle 9)

	Trockensubstanz	Organische Substanz	Rohprotein	Rohfett	Rohfaser	N-freie Extraktstoffe
Nacktgerste	90	90	83	46*)	49	95
Spelzgerste	83	85	79	61*)	40	91

*) Ohne Werte von RICHTER

gerste. Der Gesamtnährstoff von Nacktgerstetrockensubstanz ist mit 93,4 um 7,7 besser als der von Spelzgerste mit 85,7 kg je 100 kg Trockenmasse.

Die Gegenüberstellung in Relativzahlen:

	Spelzgerste	*Nacktgerste*
verdauliches Rohprotein	100	125
Gesamtnährstoff	100	108

läßt erkennen, daß sich bei Verfütterung von Nacktgerste an Schweine eine bessere Leistung in Form der täglichen Zunahme und somit Verkürzung der Mastzeit, bedingt durch einen höheren Nährwert, erwarten läßt, als bei Verabreichung der gleichen Trockensubstanzmenge von Spelzgerste.

Inwieweit sich hierbei der um 25% höhere Proteingehalt und der um 8% höhere Gehalt an Gesamtnährstoff in der Zunahmeleistung auswirken, sollte im nachfolgenden Fütterungsversuch festgestellt werden.

N-Bilanz-Versuche

Zur Bestimmung der biologischen Eiweißwertigkeit (= BW) unter Abhängigkeit von verschiedener Höhe der Protein- bzw. der N-Gabe (= NG) im Verhältnis zum N-Erhaltungsbedarf (= NEB) wurde das N-Bilanz-Verfahren nach THOMAS-MITCHELL ausgewählt, wovon einige modifizierte Besonderheiten bereits beschrieben sind [5].

Aus den gleichzeitig erfolgten und auf 8—9 Stück reduzierten Zweitwürfen wurden männliche Jungratten mit über 100 g liegendem Durchschnittsgewicht auf die einzelnen Versuchsgruppen einzelverteilt, indem auf jede Gruppe 5—6 und die beiden Versuchsserien 16 oder 22 Versuchstiere entfielen. Da Cerealienproteine wegen der Lysin-Limitante allgemein als mittelwertig gelten, wurden Versuchstiere in fortgeschrittener Entwicklung ausgewählt. Die Einteilung in Versuchsgruppen erfolgte nach der Höhe der Proteinrationen in mehrfachem Verhältnis zum NEB (= NG : NEB) nachdem es sich herausgestellt hat, daß isoliert verfütterte und verschiedene Proteinarten, wie z. B. Leguminosen oder animalische Proteine, mit und ohne Wirkstoffzusätze, die Trockensubstanz-Aufnahmebereitschaft verschieden beeinflussen ([5] u. [6]).

Bei N-Bilanz-Versuchen an wachsenden Tieren kommt es hauptsächlich auf einheitliche Eiweißmengen an, sofern die Aufnahme des Gesamtfutters = Versuchsfutter + N-freiemGrundfutterzusatz den Energiebedarf ausreichend deckt, und die Proteinportion hierfür nicht besonders beansprucht wird. Bei derartigen Versuchen mit begrenztem, unterschiedlichem %-Protein des Gesamtfutters brauchen die BW-Resultate nicht ohne weiteres entscheidend beeinflußt sein, wie aus nachfolgender Übersicht zu ersehen ist.

Tier Nr.	500	501	503	504	505	495	496	498
Ø Gewicht	118,3	126,0	130,2	134,6	140,8	130,2	127,1	135,8
NG : NEB	3,5	3,5	3,5	3,5	3,5	5	4,8	4,8
% Protein i. d. Tr.-S.	7,6	6,3	7,4	7,5	9,3	10,7	11,6	12,3
BW %	76,7	79,2	75,4	75,1	75,5	73,3	71,4	73,1

Wird z. B. für Nr. 500–505 die N-Gabe in 3,5facher NEB-Menge je Tier, Gewicht und Tag verabreicht – in diesem Falle handelt es sich um die untersuchte

Spelzgerste –, wobei nach Freßlust oder Aufnahmevermögen der Sättigungsgrad durch wahlweise Zugabe von N-freiem Grundfutter erreicht wird und die Trockensubstanzaufnahme entsprechend zwischen 12,3–16,6 g liegen kann, erscheinen die gefundenen BW-Daten zwischen 75,1–79,2 ziemlich einheitlich, wenn auch der prozentuale Proteinanteil zwischen 6,3–9,3 recht verschieden hoch ausfiel. Ein ähnliches Bild ergibt sich für die 4,8–5fache NEB-Gabe oder 10,7%–12,3% Proteinration, wobei die BW in Höhe von 71,4–73,3 ziemlich einheitlich ermittelt ist. Damit soll nur angedeutet sein, daß NEB-Bezugsgrößen je Tiergewicht für die Aufstellung von Versuchsfutterrationen unter Berücksichtigung vorübergehend verschieden hoher Futteraufnahme-Bereitschaft wachsender Versuchstiere konstantere Vergleichsgrößen zulassen als prozentuale Proteinrationen. Das möge Geltung haben für die Versuchsdurchführung an verschiedenen Versuchstiergruppen mit ansteigenden Protein- oder N-Gaben zur Feststellung sortenbedingter oder technisch beeinflußbarer BW-Unterschiede, wobei letzten Endes eine BW-Umrechnung auf 10% Protein als Vergleichsgröße je Tagesration für das untersuchte Material durchaus möglich ist.

Auf Grund der vorausgegangenen N-Grundumsatz-Versuche an zuchtreinen Versuchstieren verschiedener Gewichtsklassen lassen sich die NEB-, EHN (endogener Harn-N) – und DVN (Darmverlust-N) – Größen, sowie die tägliche Trockensubstanzaufnahme statistisch gesichert errechnen (s. 5 und 6). Das gleiche gelte für die Rückrechnung der täglichen N- bzw. Proteingabe aus den angegebenen Durchschnittsgewichten und die in Tabelle 11 wiedergegebenen Verhältniszahlen NG : NEB = 1,75 – 4,21.

Dieselben beziehen sich auf das Durchschnittsgewicht von 5 Hauptversuchstagen, denen noch 5 Vorversuchstage vorausgingen.

Mit Hilfe der Kot- und Harnanalysen und unter Benutzung des berechneten NEB und DVN = Darmverlust-N je Tiergewicht (s. 4) wurden bestimmt die „scheinbare“ N-Verdaulichkeit (VQ), die „wahre“ Verdaulichkeit (WVQ) und die BW. Die scheinbaren VQ, die WVQ und NG liegen für Gruppe 1 und 5 bei geringer NG entschieden zu hoch oder zu niedrig, überschreiten eindeutig die tragbare Schwankungsbreite und sollen für die weitere Auswertung nicht herangezogen werden. Hierfür erscheinen brauchbar die ∅ WVQ der Gruppen 2, 3 und 4 = ∅ 87,5%, sowie 6 und 7 = ∅85,6%. Die N-Resorption der Nacktgerste liegt demnach um 2 % höher als diejenige der Spelzgerste.

Für beide Versuchsproben ergab sich bei steigender NG im Verhältnis 1,8–4,2 zu NEB oder 4,1%–13,5% Protein der täglich je Tier aufgenommenen Trockensubstanzmenge eine flachabfallende BW-Tendenz von 81,2–73,8% (Nacktgerste) und 74,1–72,9% (Spelzgerste). Wenn auch die in Abbildung 2 niedergelegten Wertepaare für Nacktgerste bei niedriger bis mittlerer NG eine höhere BW als für Spelzgerste aufzeigen, dann ist bei x = 4 oder 13,5% eine Annäherung beider Wertgrößen zu erkennen.

Die graphische Gegenüberstellung der einzelnen Wertepaare y = BW und x = NG : NEB läßt eine Korrelation erkennen.

Tabelle 11. *Durchschnittliche VQ und BW*

	Nacktgerste				*Spelzgerste*		
Versuchsgruppe	1	2	3	4	5	6	7
Tierzahl	5	6	5	6	5	5	6
Ø Gewicht je Gruppentier . . . . . g	104	110	169	179	125	130	130
Ø Tr.-Substanz-Gabe . . . . g	12,5	13,7	13,4	12,8	12,3	14,3	13,1
Ø NG : NEB (Ø Gewicht) . . . . . g	1,8	2,6	3,5	4,0	1,8	3,1	4,2
Ø Protein je Tr.-Substanzaufnahme . . %	4,1	5,7	10,8	13.5	5,0	7,6	11,2
Ø Harn-N . . . . g	0,04	0,048	0,083	0,1	0,05	0,07	0,08
Ø Kot-N . . . . g	0,034	0,048	0,06	0,07	0,05	0,05	0,07
Ø N-Bilanz . . . . g	0,02	0,05	0,11	0,13	0,09	0,07	0,1
Ø VQ . . . . %	96,4	66,9	76,1	76,3	53,0	72,3	72,8
Ø WVQ . . . . %	98,9	84,0	89,8	88,7	78,5	87,2	84,0
Ø BW nach Versuch . . . . %	81,2	80,3	77,8	73,8	74,1	73,4	72,9
Ø BW errechnet nach Gleichung . . %	81,1	80,7	77,2	74,1	74,0	73,4	72,9

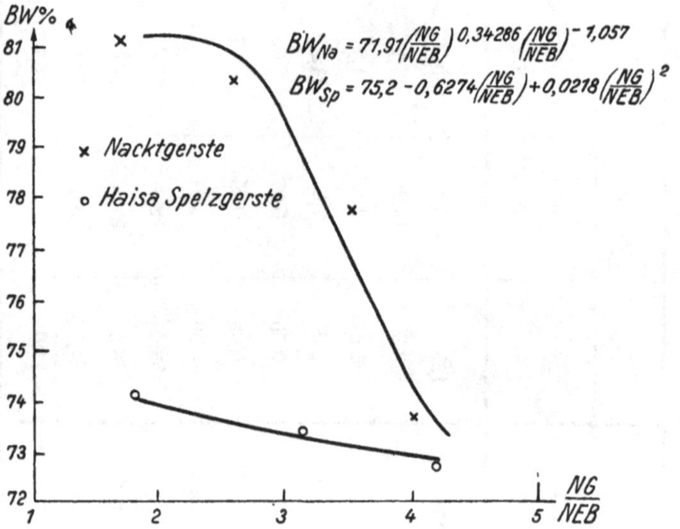

Abb. 3. Beziehung zwischen NG : NEB und BW

Demnach stellt die Regression eine nichtlineare Funktion für beide Berechnungsgrößen dar, wofür deshalb die allgemeine Gleichung 2. Grades zugrunde gelegt wurde:

$$y = a + b x + c x^2$$

Nach Umwandlung in eine Gleichung der mehrfachen Regression

$$y = \bar{y} + b_1 (x_1 - \bar{x}_1) + b_2 (x_2 - \bar{x}_2)$$

mit $x_2 = x_1^2$ konnten die Regressionskoeffizienten ermittelt und in folgende Regressionsgeichungen eingesetzt werden:

$$\log y = 1{,}85\,679 + 0{,}34\,286 \; \log x - 0{,}52\,857 \cdot \log x^2$$

oder

$$\text{Nacktgerste-BW} = 71{,}91 \left[\frac{NG}{NEB}\right] 0{,}34286 \left[\frac{NG}{NEB}\right] - 1{,}057$$

$$B = 0{,}96$$
$$t = 9{,}87;\ 0{,}1 > P > 0{,}01$$

und

$$\text{Spelzgerste-BW} = 75{,}2 - 0{,}6274 \left[\frac{NG}{NEB}\right] + 0{,}0218 \left[\frac{NG}{NEB}\right]^2$$

$$B = 0{,}999$$
$$t = 57{,}7;\ P < 0{,}001$$

Die berechneten BW sind in Tabelle 11 den beobachteten BW-Daten gegenübergestellt und stimmen beiderseits gut überein.

Das gleiche Verfahren kann zur Anwendung gelangen, wenn die BW (= y) zur Aufnahme des untersuchten Proteins in % der Gesamtfutter-Trockensubstanz in Beziehung gebracht werden soll (Abb. 4).

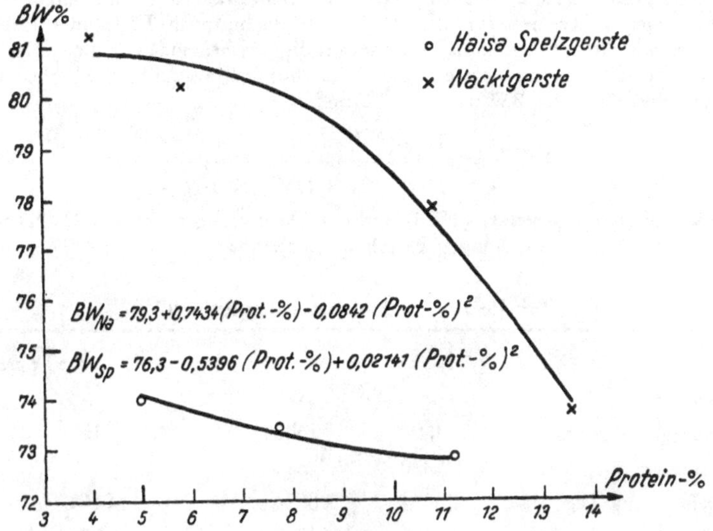

Abb. 4. Beziehung zwischen Protein-% in der Gesamtfutter-Trockensubstanz und BW

Hierfür ergeben sich folgende Gleichungen:

$$\text{Nacktgerste-BW} = 79{,}3 + 0{,}7434x - 0{,}0842\,x^2$$
$$B = 0{,}9777$$
$$t = 9{,}36;\ 0{,}01 > P > 0{,}001$$

und

$$\text{Spelzgerste-BW} = 76{,}3 - 0{,}5396\,x + 0{,}02141\,x^2 \qquad P < 0{,}001$$

Die Bestimmung des Gehaltes an physiologisch nutzbarem Protein (= PNP) beider Eiweißträger geht aus vom Rohproteingehalt und dem physiologischen Nutzwert (= PNu). Letzterer beruht auf den WVQ und BW-Daten, wobei zum Vergleich von einem gleichen Rohproteingehalt = 10% der je Tier und Tag aufgenommenen Trockensubstanz, entsprechend den aufgestellten Gleichungen oder analog der NG : NEB-Einstufung vorgegangen wird.

	Rohprotein %	WVQ %	BW %	PNu %	PNP %
Nacktgerste . . .	13,6	87,5	78,3	68,5	9,3
Spelzgerste	11,7	85,6	73,0	62,5	7,3

Daraus ergibt sich für die Nacktgerste ein relativer Mehrgehalt von 27% physiologisch nutzbarem Protein.

Zum Vergleich der Eiweißwertigkeit von Nackt- und Spelzgerste für wachsende Schweine wurden entsprechende N-Bilanz-Versuche mit Börgen der Rasse „Deutsches Edelschwein“ im Durchschnittsgewicht von 54 kg durchgeführt.

Die im 15-tägigen Versuch, mit 10 Tagen der Hauptperiode je Tier und Tag verzehrten Gerstengaben entsprachen den für diesen Gewichtsabschnitt im Fütterungsversuch zur Erzielung durchschnittlicher Tageszunahmen notwendig erscheinenden Mengen. In Tabelle 12 sind die zur BW-Berechnung notwendigen Versuchsdaten aufgeführt. Hierbei wurde nach dem üblichen Verfahren die BW nach der Formel

$$BW\% = \frac{\text{NEB} + \text{N-Bilanz}}{\text{N-Zufuhr} + \text{DVN Kot-N}}$$ errechnet.

Der Stickstofferhaltungsbedarf (NEB) und der Darmverluststickstoff (DVN) wurden nach den hierfür aufgestellten Gleichungen berechnet (s. 3).

Tabelle 12. *Nackt- und Spelzgerste BW*

	Nacktgerste		Spelzgerste	
Versuchstier	A	B	A	B
Futtermenge in g/Tag	1500	1500	1500	1500
Trockenmasse in g/Tag	1320	1320	1320	1320
N-Zufuhr in mg/Tag	28684	28684	24644	24644
Harn-N in mg/Tag	15335	15409	13760	12420
Kot-N in mg/Tag	3400	3026	3950	5149
N-Bilanz	9944	10249	6934	7075
BW %	51,9	51,6	49,7	52,3
Ø BW %	51,8		51,0	

Aus Tabelle 12 ist zu ersehen, daß bei Verabreichung gleicher Gerstenmengen die BW% für Nackt- und Spelzgerste gleich hoch liegt.

Aus bereits vorliegenden Untersuchungsergebnissen ist bekannt, daß die verabreichte Futtermenge, die in unseren Versuchen mit 1500 g Gerste pro Tier und Tag bei gleicher Höhe gehalten wurde, zum Vergleich der BW-Resultate allein nicht ausreichend erscheint, da hierbei der unterschiedliche Rohproteingehalt und somit die verschiedene Höhe in der N-Zufuhr keine Berücksichtigung findet.

Wird zugrunde gelegt, daß sich bei steigendem $\frac{\text{N-Gabe}}{\text{NEB}}$-Verhältnis die Tendenz einer abnehmenden BW zeigt (s. 5), so kann geschlußfolgert werden, daß bei einheitlichem Tiergewicht und gleich hoher Trockenmasseaufnahme ein Anstieg des Rohproteingehaltes einen gleichartigen Verlauf im Absinken der BW erkennen läßt, weil die Zunahme des Rohproteingehaltes unter den gestellten Voraussetzungen eine Erhöhung der Stickstoffgabe und somit eine Erweiterung des $\frac{\text{N-Gabe}}{\text{NEB}}$-Verhältnisses bedeutet.

Aus einer Vielzahl von Einzeluntersuchungen mit Nackt- und Spelzgerste soll in diesem Zusammenhang lediglich ein Teil der gesamten Problematik (s. a. a. O.) aufgezeigt sein, um darzustellen, was auch die vorliegenden Versuchsergebnisse bestätigen, daß eine Korrelation zwischen Höhe der BW und dem $\frac{\text{N-Gabe}}{\text{NEB}}$-Verhältnis besteht, wie aus nachfolgender Tabelle 13 und Abbildung 5 zu ersehen ist.

Tabelle 13. *Gruppenmittelwerte der Versuchsdaten zur BW-Berechnung und die durchschnittliche BW*

	Nacktgerste						*Spelzgerste*				
Versuchsgruppe	I	II	III	IV	V	VI	I	II	III	IV	V
Gerstenmenge in g/Tag	250	500	750	1000	1250	1500	300	600	900	1250	1500
Gerstetrockenmasse in g/Tag	220	440	660	880	1100	1320	264	528	792	1100	1320
N-freies Futter Tr.-S. in g/Tag	517	259	—	—	—	—	517	517	—	—	—
Rohprotein % in Gesamtfutter Tr.-S.	4,5	8,55	13,58	13,58	13,58	13,58	3,94	5,89	11,67	11,67	11,67
N-Gabe : NEB	1,2	2,8	4,4	5,6	6,6	7,0	1,3	2,4	3,4	4,3	5,8
Harn-N in mg/Tag	3931	5927	8615	11224	14166	15372	3168	4556	8804	12884	13090
Kot-N in mg/Tag	1082	1483	1554	2716	3136	3213	2189	2943	2514	3860	4550
N-Bilanz in mg/Tag	-232	2151	4173	5182	6601	10099	-429	2358	3468	4298	7004
BW %	68	58	52	48	45	52	75	72	55	47	51

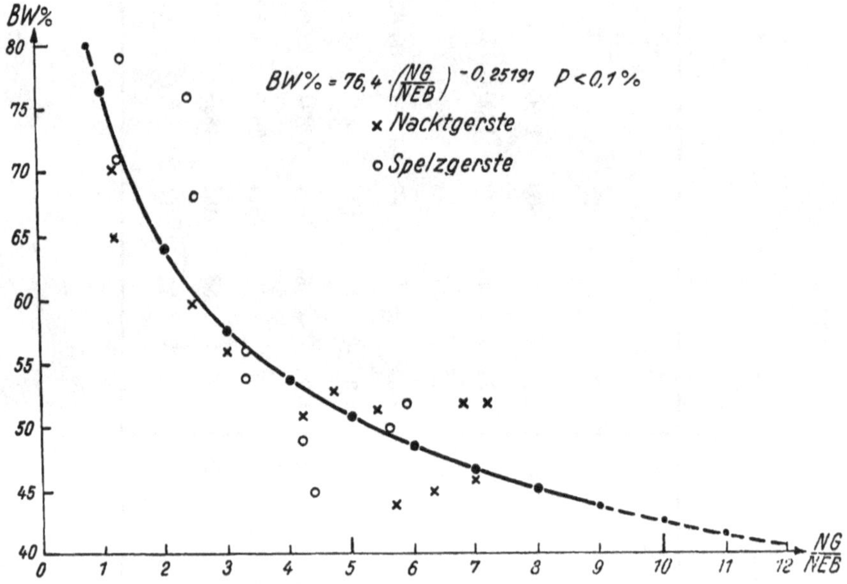

Abb. 5. Beziehung zwischen NG : NEB und BW %

Zur statistischen Auswertung wurden die Einzelwerte der Korrelationsrechnung zu Grunde gelegt. Die Berechnung ergab die mit $P < 0,1\%$ sehr gut gesicherte Gleichung

$$Y = 1,88312 - 0,25191\ x$$

oder umgewandelt

$$BW\ \% = 76,4 \cdot \left[\frac{NG}{NEB}\right]^{-0,25191}$$

Nach dieser Gleichung kann die BW für die in Tabelle 12 aufgeführten Versuchsgruppen berechnet und dahingehend korrigiert werden, daß der prozentische Rohproteingehalt und somit die N-Zufuhr als auch die $\frac{NG}{NEB}$-Verhältniszahl Berücksichtigung finden. Demnach liegt die berechnete BW für Nacktgerste bei einer verabreichten Futtermenge von 1500 g pro Tier und Tag und einem $\frac{NG}{NEB}$-Verhältnis von 7,0 bei 46,8% und die Spelzgerste-BW bei $\frac{NG}{NEB} = 5,8$ beträgt 49,1%.

Für die im Fütterungsversuch aufgezeigten Durchschnittswerte von Futteraufnahme (1900 g Gerste) und Gewicht (85 kg) läßt sich die BW und mit deren Hilfe das verwertbare Gerstenprotein berechnen; natürlich unberücksichtigt dessen, daß der Eiweißwert der Gesamtration, die ja noch 250 g Eiweißkonzentrat enthält, hinsichtlich der Möglichkeiten einer supplementären oder komplementären Eiweißergänzung des Cerealienproteins entsprechend dem jeweiligen Beifutter verändert werden kann, worauf aber an anderer Stelle näher eingegangen werden soll. Bei der angegebenen Gerstenmenge wurde von den Tieren, die Spelzgerste verfüttert bekamen, die 5,4fache NEB-Menge und von der Nacktgerstegruppe die 6,4fache NEB-Menge an Stickstoff aufgenommen. Die daraus errechnete BW ist für Nacktgerste 47,9 und für Spelzgerste 50,0. Nach der für den tierexperimentellen Versuch gültigen Streuungsbreite sind diese BW-Unterschiede nicht signifikant, solange das $\frac{NG}{NEB}$-Verhältnis größer als 4 und der Unterschied zwischen zwei zu prüfenden $\frac{NG}{NEB}$-Verhältniszahlen nicht größer als 1 ist.

Mit Hilfe der BW % und des Gehaltes an verdaulichem Rohprotein in % der Trockensubstanz (s. S. 12) wird der Gehalt an verwertbarem Protein in der Trockensubstanz berechnet und beträgt für

Nacktgerste 5,71%
Spelzgerste 4,75%

d. h., die Nacktgerste hat einen relativen Mehrgehalt von etwa 20% verwertbaren Proteins.

Unter Berücksichtigung der wahren Stickstoffverdaulichkeit (WVQ) und der BW % kann der Gehalt an physiologisch nutzbarem Protein errechnet werden, der auch aus der Multiplikation des physiologischen Nutzwertes (PNu %) mit dem Rohproteinprozentgehalt und Division durch 100 resultiert.

Zur Berechnung des physiologischen Nutzwertes von Nackt- und Spelzgerste für Schweine gilt die aus den Einzelversuchen aufgestellte Gleichung

$$\text{PNu}\ \% = 79{,}2 \left[\frac{NG}{NEB}\right]^{-0{,}30624} \quad P < 0{,}1\%$$

woraus sich für Spelzgerste ein PNu von 47,2% und für Nacktgerste 44,8% ergibt.

Der Gehalt in Trockensubstanz beträgt:

	Rohprotein %	verdaul. Protein %	physiol. nutzb. Protein %
Nacktgerste	13,6	11,9	6,1
Spelzgerste	11,7	9,5	5,5

Hieraus ist ersichtlich, daß die Nacktgerste einen relativen Mehrgehalt von 11% physiologisch nutzbaren Proteins aufweist.

Bei dem Vergleich der Ergebnisse aus den Versuchen mit Albino-Ratten und Schweinen läßt sich eine gleichartige Tendenz erkennen. Jedoch können die mit Labortieren erzielten Resultate lediglich als Testwerte gelten, während für die praktische Bewertung die an landwirtschaftlichen Nutztieren gewonnenen Endresultate Gültigkeit haben.

Fütterungsversuche

Zum Fütterungsversuch dienten 16 Börge der Rasse „Deutsches Edelschwein“ mit einem duchschnittlichen Anfangsgewicht von 55 kg. Jede Versuchsgruppe umfaßte 8 Tiere, welche in Einzelfütterung standen. Die Versuchsdauer betrug 100 Masttage. Wie schon erwähnt (s. S. 4), diente zu diesem Versuch eine Mischung der Ernten von 1955 und 1956. Die Durchschnittswerte der entnommenen Versuchsproben von Nackt- und Spelzgerste sowie des verwendeten Eiweißkonzentrates zeigt folgende Tabelle 14.

Tabelle 14. *Nährstoff-Analysenwerte des Versuchsfutters in %*

	Trocken-substanz	Organ. Subst.	Roh-protein	Rohfett	Roh-faser	N-freie Extr.-St.	Roh-asche
Nacktgerste	87,32	85,36	11,46	1,76	2,59	69,55	1,96
Spelzgerste	86,83	84,75	10,41	2,40	5,95	65,99	2,08
Eiweißkonzentrat	86,67	72,83	41,09	2,56	3,78	25,40	13,84

Mit Hilfe der Verdauungsquotienten für die einzelnen Rohnährstoffe wurden die Nährwerte errechnet (s. Tabelle 15). Die Verdauungswerte für Eiweißkonzentrat wurden einem bereits durchgeführten Verdaulichkeitsversuch entnommen.

Tabelle 15. *Errechnete Nährwerte des Versuchsfutters in %*

	Trocken-substanz	verdaul. Rohprotein	Gesamt-nährstoff
Nacktgerste	87,32	10,10	80,97
Spelzgerste	86,83	8,39	75,29
Eiweißkonzentrat	86,67	34,93	60,67

Die Fütterung der Versuchstiere erfolgte früh und abends mit jeweils der halben Tagesration.

Die Futterration wurde etwa mit der doppelten Wassermenge feuchtkrümelig angerührt. Tränkwasser bekamen die Tiere vor und nach der Fütterung ad libitum, jedoch wurde davon nicht viel aufgenommen, da die mit etwa 75% Wassergehalt verabreichte Futterration den Bedürfnissen entsprach.

Während der gesamten Versuchszeit wurden gleichmäßig 250 g Eiweißkonzentrat und 50 g Futterkalk (Kalban F) pro Tier/Tag verabreicht, dazu in beiden Versuchsgruppen die gleiche Menge Gerste. Gruppe 1 erhielt Nacktgerste und Gruppe 2 Spelzgerste. Die Gerstegabe wurde in 5 Fütterungsabschnitte mit je 20 Futtertagen eingeteilt (s. Übersicht).

Übersicht: Gerstefütterungsplan

Im 1. Abschnitt erhielten die Tiere 1 500 g Gerste pro Tag
im 2. Abschnitt erhielten die Tiere 1 700 g Gerste pro Tag
im 3. Abschnitt erhielten die Tiere 1 900 g Gerste pro Tag
im 4. Abschnitt erhielten die Tiere 2 100 g Gerste pro Tag
im 5. Abschnitt erhielten die Tiere 2 300 g Gerste pro Tag

Somit ergab sich eine durchschnittliche Zufuhr von 1 900 g Gerste pro Tier und Tag für die gesamte Versuchszeit.

In der folgenden Tabelle 16 sind die durchschnittlichen Anfangs- und Endgewichte der Versuchstiere wiedergegeben.

Die Wägungen erfolgten zu Beginn und Ende des Versuches an 3 aufeinanderfolgenden Tagen früh vor dem Füttern. Gleichzeitig ist der Lebendgewichtzuwachs und die Tageszunahme in der Tabelle 16 aufgeführt.

Tabelle 16. *Lebendgewichte und Zunahme der Versuchstiere*

a) Nacktgerste (Gruppe 1)

Tier Nr.	N 1	N 2	N 3	N 4	N 5	N 6	N 7	N 8
Anfangsgewicht kg	54,06	56,75	57,65	50,57	54,14	56,83	51,32	57,12
Endgewicht kg	112,56	107,35	106,85	106,87	109,24	110,43	107,92	112,32
Gewichtszunahme kg	58,50	50,60	49,20	56,30	55,10	53,60	56,60	55.20
pro Tag in Gramm	585	506	492	563	551	536	566	552

b) Spelzgerste (Gruppe 2)

Tier Nr.	S 1	S 2	S 3	S 4	S 5	S 6	S 7	S 8
Anfangsgewicht kg	57,70	58,86	57,72	58,42	56,69	56,01	55,41	52,25
Endgewicht kg	108,40	106,66	103,22	104,12	109,39	104,71	103,11	103,05
Gewichtszunahme kg	50,70	47,80	45,50	45,70	52,70	48,70	47,70	50,80
pro Tag in Gramm	507	478	455	457	527	487	477	508

Die durchschnittliche Lebendgewichtzunahme pro Tier und Tag beträgt

in Gruppe 1: 544 Gramm

in Gruppe 2: 487 Gramm

Die Mittelwertprüfung ergibt, daß der Unterschied der Lebendgewichtszunahmen pro Tier und Tag von 57 g zwischen den beiden Gruppen mit einem P-Wert von 0,16% gesichert ist.

In dem von RICHTER [11] durchgeführten Fütterungsversuch wurde im gleichen Gewichtsabschnitt unter Berücksichtigung eines Eiweißausgleiches in der Nacktgerstengruppe gegenüber der Spelzgerstengruppe eine Mehrzunahme von 45 g pro Tier und Tag erzielt.

Aus der täglichen Lebendgewichtzunahme und der Nährstoffaufnahme pro Tier/Tag läßt sich die Futterverwertung errechnen (s. Tabelle 17 u. 18)

Tabelle 17. *Nährstoffverbrauch in kg je 100 kg Lebendgewichtszunahme*

	Trockensubstanz	verdaul. Rohprotein	Gesamtnährstoff
Gruppe 1	345	51,3	311
Gruppe 2	383	50,5	325

Tabelle 18. *Relativzahlen der Futterverwertung gegenüber Spelzgerste*

	Trockensubstanz	verdaul. Rohprotein	Gesamtnährstoff
Spelzgerste (Gruppe 2)	100	100	100
Nacktgerste (Gruppe 1)	90	102	96

Die in Tabelle 17 und 18 aufgestellten Ergebnisse zeigen hinsichtlich der Verwertungszahlen von verdaulichem Rohprotein und Gesamtnährstoff keinen wesentlichen Unterschied. Je Zunahmeeinheit wurden also in beiden Versuchsgruppen dieselben Mengen an Protein und Gesamtnährstoff benötigt. Dieses Ergebnis zeigt eine sehr gute Übereinstimmung mit den von RICHTER [11] im Mastversuch gefundenen Resultaten.

Bei nahezu gleicher Zufuhr an verdaulichem Rohprotein in den von RICHTER durchgeführten und unseren Versuchen war jedoch die Gesamtnährstoffzufuhr unterschiedlich. Die höhere Nährstoffzufuhr in RICHTERS Versuchen erbrachte auch eine höhere Lebendgewichtzunahme gegenüber unserem Ergebnis. Es kann aber mit Hilfe der Korrelationsberechnung geprüft werden, inwieweit hierbei Zusammenhänge zwischen Lebendgewichtzunahme und Gesamtnährstoffaufnahme bestehen [7].

In Abbildung 6 sind die empirischen Gruppenmittelwerte zugrunde gelegt.

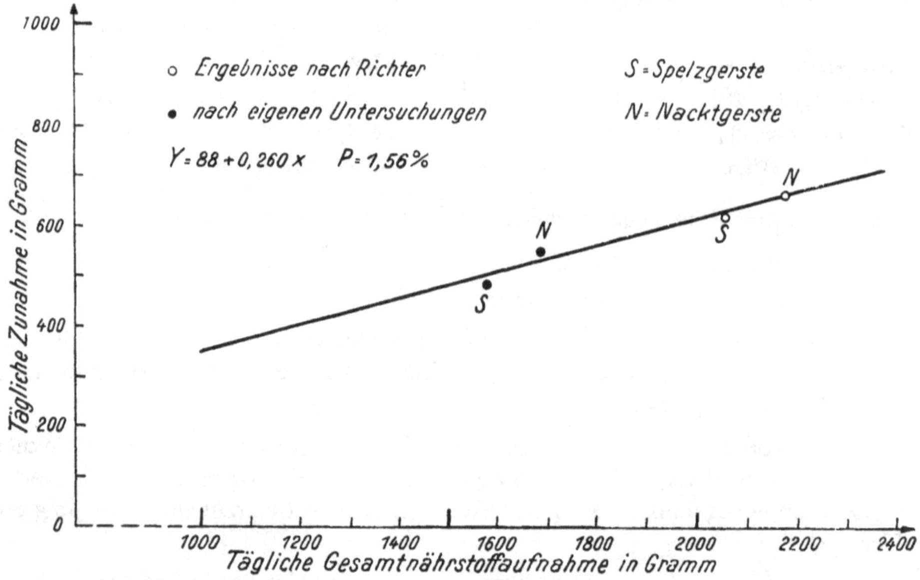

Abb. 6. Abhängigkeit der Zunahme von der Gesamtnährstoffaufnahme

Die lineare Funktion $Y = 88 + 0{,}260\,x$ ist mit einem P-Wert von 1,56% gesichert und drückt aus, daß je 100 g Gesamtnährstoffaufnahme die Lebendgewichtszunahme um 26 g pro Tier und Tag steigt. Die geradlinige Beziehung bringt auch gleichzeitig zum Ausdruck, daß sich bei einheitlicher Proteinzufuhr das gleichmäßige Ansteigen der Zunahme analog der Gesamtnährstoffaufnahme in einer gleichartigen Gesamtnährstoffverwertung ausdrückt. Die Abbildung läßt auch erkennen, daß die geringeren Tageszunahmen der Spelzgerstengruppen gegenüber den Nacktgerstengruppen durch die geringere Gesamtnährstoffaufnahme begründet ist.

Da die Nacktgerste in ihrer Trockensubstanz einen höheren Nährstoffgehalt hat als die Spelzgerste (s. Tabelle 5) wurde je Zunahmeeinheit gegenüber dem Spelzgersteverzehr etwa 10% weniger Torckensubstanz benötigt. Dieses Resultat stimmt mit dem durch die Verdaulichkeit errechneten Nährwert überein (s. Seite 12).

Diskussion

Die röntgeninduzierte nacktkörnige Gerstenmutante ist insofern züchterisch besonders wertvoll, als sie Erträge liefert, die bisher von anderen Nacktgerstenstämmen, die durch Kreuzung von leistungsfähigen Spelzgersten mit mehr oder minder primitiven oder ökologisch nicht angepaßten Nacktgersten entstanden sind, kaum erreicht wurden (vgl. 13). Die nacktkörnige Mutantenlinie ist vor der Reife von der Ausgangssorte nicht zu unterscheiden und ist dieser auch in der Standfestigkeit und anderen züchterischen Wertmerkmalen vollkommen ebenbürtig, während bei anderen Nacktgersten besonders die Standfestigkeit meist mangelhaft ist. In Gatersleben wurden mit dieser Mutantenlinie seit 1952 Leistungsprüfungen durchgeführt (in jeweils durchschnittlich 5 Wiederholungen zu je etwa 15 m^2). In Tabelle 19 sind die bisher publizierten Ergebnisse [13, 14] zusammengefaßt angegeben. Der Kornertrag der Nacktgerste (ohne Spelzen) ist im Durchschnitt etwa 9–10% niedriger als der von „Haisa". Bei Anrechnung des Spelzanteils mit 10–11% vom Gesamtgewicht ergibt sich ein relativer Ertrag der Nacktgerste von 100–102% gegenüber der Ausgangssorte, also praktisch Gleichwertigkeit.

Tabelle 19. *Kornerträge der Spelz- und Nacktgerste in Leistungsprüfungen in Gatersleben, umgerechnet auf 86% Tr.S. im Durchschnitt der Jahre 1952—1958*

Spelzgerste (Ausgangss. „Haisa") dz / ha	Nacktgerste (Mut. 4129) dz / ha (ohne Spelzen)	relat. zu „Haisa" %
36,5	33,1	90,7

Entscheidend ist jedoch die Feststellung, ob der für die Fütterung tatsächlich zur Verfügung stehende Ernteertrag an nackten Körnern demjenigen der bespelzten Ausgangssorte ebenso gleichwertig ist. Das ist durchaus der Fall, wie die Errechnung des Nährstoffertrages von Nackt- und Spelzgerste unter Zugrundelegung der Ergebnisse der Verdaulichkeits- und der Ertragsversuche zeigt (Tabelle 20). Die Erträge an physiologisch nutzbarem Protein und Gesamtnährstoff liegen bei Nackt- und Spelzgerste praktisch gleich, obwohl die Kornerträge um 9–10% differieren. Fast genau das gleiche Ergebnis erhält man, wenn man für den Vergleich Nacktgerste – Spelzgerste die Ergebnisse der Fütterungsversuche bezüglich des Nährstoffverbrauchs je 100 kg Lebendgewichtszunahme (Tab. 17 bzw. 18) heranzieht. Der durchschnittliche Ertrag der Nacktgerste von 28,5 dz/ha in Tr. S. kommt einem Spelzgerste-Ertrag von 31,7 dz/ha in Tr. S. gleich („Haisa": 31,4 dz/ha).

Tabelle 20. *Ertragsvergleich von Nackt- und Spelzgerste*

	Spelzgerste	Nacktgerste
Kornertrag dz/ha	36,5	33,1
Kornertrag in Tr. S. dz/ha	31,4	28,5
% physiol. nutzbares Protein i. Tr. S. .	5,5	6,1
Gesamtnährstoff in Tr. S.	85,7	93,4
physiol. nutzbares Protein dz/ha . . .	1,73	1,74
Gesamtnährstoff dz/ha	26,9	26,6

Andererseits läßt sich daraus ableiten, daß die Ernteerträge von Nacktgersten zur Erzielung gleicher Nährstoffmengen je Flächeneinheit etwa 90% des Ertrages von Spelzgersten erreichen müssen. Der entsprechende von KNIBBE [8] angegebene Wert von 85,7% und der aus den Versuchen von SCHMIDT und WINZENBURGER [12] sich ergebende noch niedrigere Wert können somit nicht ganz bestätigt werden. Daß jedoch ein Ertrag von 90% (ohne Spelzen) gegenüber Spelzgerste züchterisch durchaus erreichbar ist, beweist die nacktkörnige Mutantenlinie, mit der wir gearbeitet haben. – Die Gründe, die trotzdem gegen eine Zulassung der Mutante als Handelssorte sprechen, wurden einleitend bereits erwähnt.

Auf die Wichtigkeit der intensiven züchterischen Weiterarbeit an Nacktgerste weisen aber auch die übrigen Schlußfolgerungen hin, die sich aus den vorliegenden Untersuchungen ergeben. Nacktgerste hat gegenüber bespelzten Formen ähnliche Vorzüge wie Weizen und Roggen. Durch das Fehlen der Spelzen ist der Rohfasergehalt vermindert und die Verdaulichkeit allgemein verbessert, d. h., daß die Nacktgerste besonders auch für bestimmte Leistungszwecke bei solchen Tierarten eingesetzt werden kann, die eine sehr hohe Verdaulichkeit und möglichst geringen Rohfasergehalt der Gesamtfutterration fordern. Hierbei wäre in erster Linie an einen Einsatz in Getreidemischungen zu denken, die in der Ferkel- und Junggeflügelaufzucht sowie in der Intensivmast von Geflügel und Schweinen Verwendung finden sollen. Je vielseitiger derartige Getreidemischungen als Grundfutter zusammengesetzt sind, umso mehr kann der Futterwert der Gesamtration gesteigert werden. Gleichzeitig ist dem partiellen Einsatz von frischem Grünfutter oder daraus gewonnener Silage als auch Rauhfuttermehl als Trägersubstanz der zur Ergänzung der Gesamtfutterration notwendigen spezifischen Eiweiß- und Wirkstoffe mehr Raum gegeben, ohne daß die limitierende Rohfasergrenze überschritten zu werden braucht, nämlich durch Senkung des Rohfasergehaltes.

Durch den um etwa 4% geringeren Rohfasergehalt und die bessere Verdaulichkeit hat die Nacktgerste eine höhere Nährstoffkonzentration als Spelzgerste. Der um etwa 2% höhere Rohproteingehalt der nacktkörnigen Mutante gegenüber der Ausgangssorte wirkt sich bei einer rund 6% besseren Verdaulichkeit und unter Berücksichtigung der für beide Gersten nahezu gleichartigen biologischen Eiweißwertigkeit (BW %) auch auf einen höheren Gehalt an physiologisch nutzbarem Protein aus. Derselbe ist bezogen auf Trockensubstanz für Nacktgerste 6,1% und für Spelzgerste 5,5%. Dadurch sind auch bessere Möglichkeiten hinsichtlich der Eiweißergänzungswertigkeit des Grundfutters gegeben.

Der aus den verdaulichen Nährstoffen nach F. LEHMANN berechnete Gesamtnährstoff liegt für Nacktgerste relativ zur Spelzgerste, mitbedingt durch den höheren Gehalt an N-fr. Extraktstoffen und wenig beeinflußt durch einen niedrigen Fettgehalt, welcher mit ∅ 2–3% sowieso sehr gering ist, etwa um 10% höher, was sich, bestätigt durch den durchgeführten Fütterungsversuch, in einem besseren Masterfolg ausdrückt. Bei nahezu gleichartiger Verwertung der Nährstoffe je Zuwachseinheit zeigt die Nacktgerste einen geringeren Verbrauch an Trockensubstanz

In der Mastleistung entsprechen etwa 90 kg Trockenmasse Nacktgerste 100 kg Trockenmasse Spelzgerste. Das bedeutet also bei Verabreichung gleicher Gerstenmengen, daß die Tiere, die mit Nacktgerste gefüttert werden, eine höhere Tageszunahme haben, was gleichzeitig zur Erreichung eines einheitlichen Endgewichtes eine Verkürzung der Mastdauer um 10% in sich schließt, verbunden mit einer Verbilligung der Mast.

Bei dem z. Z. erreichbaren Kornertrag je Hektar sind beide Gersten hinsichtlich der Flächenproduktivität gleichwertig. Somit sind die für die Nacktgerste in ernährungsphysiologischer Hinsicht aufgezeigten Vorteile je nach Zielsetzung bei Einsatz in der Geflügel- und Schweinefütterung ausschlaggebend.

Zusammenfassung

In Verdaulichkeits-, N-Bilanz- und Fütterungsversuchen an Labortieren (Albino-Ratten) und Schweinen wurde im Institut für Tierernährung und der Lehr- und Versuchsstation Lettin der Martin-Luther-Universität Halle-Wittenberg der Nährwert von Nackt- und Spelzgerste bestimmt.

Als Versuchsmaterial dienten eine röntgeninduzierte nacktkörnige Gerstenmutante, Linie Mut. 4129, aus dem Institut für Kulturpflanzenforschung Gatersleben sowie ihre bespelzte Ausgangssorte, die Sommergerste „Haisa". Die nacktkörnige Mutante erbrachte in mehrjährigen Leistungsprüfungen einen durchschnittlichen Kornertrag von 90,7% (ohne Spelzen) im Vergleich zu „Haisa".

Die Rohnährstoffanalysen ergaben folgenden Durchschnittsgehalt bezogen auf Trockensubstanz:

	Nacktgerste %	Spelzgerste %
Rohprotein	13,58	11,67
Rohfett	1,91	2,85
Rohfaser	2,76	6,80
N-freie Extrakt-Stoffe . .	79,56	76,09
Rohasche	2,19	2,59

Die Verdaulichkeit der Rohnährstoffe wurde an Schweinen geprüft und zeigte für Nacktgerste allgemein höhere Werte als für Spelzgerste.

Der berechnete Nährwert beträgt auf Trockensubstanz bezogen:

	Nacktgerste	Spelzgerste
verdauliches Rohprotein in %	11,9	9,5
Gesamtnährstoff	93,4	85,7

Die biologische Eiweißwertigkeit (BW) wurde nach dem N-Bilanzverfahren an Albino-Ratten und Schweinen bestimmt und zeigt für beide Tierarten übereinstimmend, daß dieselbe in Korrelation zur aufgenommenen Stickstoffmenge steht. Es wird zur Diskussion gestellt, daß als standardisierter Vergleichsmaßstab bei gleichmäßigem Trockenmasseverzehr je Tiergewicht der Protein-Prozent-Gehalt in der Trockensubstanz zugrundegelegt werden kann, was dann im Resultat gleichbedeutend ist, wenn als Maßstab der Multiplikand vom Stickstofferhaltungsbedarf (NEB), ausgedrückt durch $\frac{\text{N-Gabe}}{\text{NEB}}$, gewählt wird, wobei unter bestimmten Bedingungen ein $\frac{\text{NG}}{\text{NEB}}$-Verhältnis von 4 etwa einem Proteingehalt in der Trockensubstanz von 10% entspricht.

Die Korrelationen zwischen $\frac{\text{N-Gabe}}{\text{NEB}}$ und BW% sind in Abbildungen dargestellt und die entsprechenden Gleichungen für die BW-Berechnung von Nackt- und Spelzgersteprotein je Tierart angegeben. Die Resultate der N-Bilanz-Versuche dienten zur Berechnung des Gehaltes an physiologisch nutzbarem Protein (PNP) in der Trockensubstanz von Nackt- und Spelzgerste und zeigen deutlich, daß der PNP %-Wert der Nacktgerste (6,1) höher ist als der von Spelzgerste (5,5).

Im Fütterungsversuch an Schweinen konnte durch die signifikante Mehrzunahme Nacktgerstegruppe mit 57 g je Tier und Tag bestätigt werden, daß sich der höhere Nährwert der Nacktgerste gegenüber der Spelzgerste in einer um 10% besseren Mastleistung ausdrückt, wobei die Nährstoffverwertung in beiden Versuchsgruppen gleich war.

Mit durchschnittlich 90 kg Nacktgerste wird dieselbe Gewichtszunahme erreicht wie mit 100 kg Spelzgerste.

Der unter Berücksichtigung des Nährwertes ermittelte Hektarertrag (für Nacktgerste Kornertrag ohne Spelzanteil) zeigt, daß die Nacktgerste der Spelzgerste im Ertrag gleichwertig ist.

In der praktischen Fütterung ist Nacktgerste in ernährungs-physiologischer Hinsicht wertvoller als Spelzgerste, insbesondere in der Geflügel- und Schweinefütterung.

Literatur

[1] BANDLOW, G.: Mutationsversuche an Kulturpflanzen II. Züchterisch wertvolle Mutanten bei Sommer- und Wintergersten. Züchter **21**, 357, 1951.

[2] BRÜCHER, H. und E. ÅBERG: Die Primitiv-Gersten des Hochlandes von Tibet, ihre Bedeutung für die Züchtung und das Verständnis des Ursprungs und der Klassifizierung der Gersten. Kungl. Lantbr. Högsk. Ann. **17**, 247, 1950.

[3] COLUMBUS, A.: Die Variabilität der biologischen Eiweißwertigkeit unter verschiedenen Bedingungen nach Stoffwechselversuchen an wachsenden Schweinen. Arch. f. Tierernährung **1**, 338, 1950.

[4] ders.: Eine Stoffwechselkäfig-Batterie für N-Bilanzversuche an wachsenden Ratten. Arch. f. Tierernährung **1**, 321, 1950.

[5] ders.: Stickstoff-Grundumsatz und Methodik der Bestimmung der biologischen Eiweißwertigkeit nach dem N-Bilanz--Verfahren bei wachsenden Ratten. Beihefte zum Arch. f. Tierernährung Nr. 4, 58, 1954.

[6] GEBHARDT, G.: Untersuchungen über den Einfluß einiger Vitamine auf den endogenen und exogenen Eiweißumsatz an wachsenden Ratten. Arch. f. Tierernährung **5**, 70, 1955.

[7] HARNISCH, W., W. HOLZSCHUH und H. WETTERAU: Der Einsatz von Rotklee und anderem Grünfutter in der Schweinemast. Jahrbuch der Arbeitsgemeinschaft für Fütterungsberatung **1**, 24, 1957/58.

[8] KNIBBE, R.: Der Nährwert der Nacktgerste im Vergleich zu bespelzten Gersten beim Schwein. Landw. Versuchsstat. **117**, 132, 1933.

[9] LEONARD, W. H.: Barley culture in Japan. J. Am. Soc. Agron. **39**, 643, 1947.

[10] NEHRING, K. und W. SCHRAMM: Über die biologische Wertigkeit des Eiweißes verschiedener Gerstensorten bei wachsenden Schweinen und ihre Beeinflussung durch Stickstoffdüngung. Biedermanns Zentralblatt Abtlg. B: Tierernährung **12**, 478, 1940.

[11] RICHTER, K.: Untersuchungen über den Futterwert von Nacktgerste. Z'schr. f. Tierernährung u. Futtermittelkunde **7**, 187, 1944.

[12] SCHMIDT, J. und W. WINZENBURGER: Fütterungsversuche mit Nacktgerste an Mastschweinen. Z'schr. Schweinezucht **42**, 339, 1935.

[13] SCHOLZ, F.: Mutationsversuche an Kulturpflanzen. IV. Über den züchterischen Wert zweier röntgeninduzierter nacktkörniger Gerstenmutanten. Kulturpflanze **3**, 69, 1955.

[14] ders.: Mutationsversuche an Kulturpflanzen. VII. Untersuchungen über den züchterischen Wert röntgeninduzierter Mutanten verschiedener Merkmalsgruppen bei Sommer- und Wintergerste (1. und 2. Teil). Z'schr. Pflanzenzüchtung **38**, 181 u. 225, 1957.

[15] STÄHLIN, A.: Die Beurteilung der Futtermittel (2. Teil). Handbuch der landw. Versuchs- und Untersuchungsmethodik, Methodenbuch *XII*, Neumann-Verlag Radebeul u. Berlin 1957.

[16] WERNER, A.: Richtig füttern. Deutscher Bauernverlag, Berlin, 1944.

[17] WIEGNER, G. und H. PALLMANN: Anleitung zum quantitativen agrikulturchemischen Praktikum. 2. Aufl., Verlag Gebr. Borntraeger, Berlin, 1938.

(Aus dem Institut für Tierphysiologie und Tierernährung, Göttingen)

W. LENKEIT, W. GIMMLER und K. H. SIECK

Beitrag zur Calcium- und Phosphorausscheidung mit der Milch im Ablauf der Laktation (Kuh, Sau)

Die Sekretion der Mineralstoffe mit der Milch ist bei Vergleich von Milch und Blut an den Vorgang der Milchbildung überhaupt gebunden, z. T. auch an die Feinstruktur bestimmter organischer Substanzen. Als direkte Quellen kommen in Frage das Futter, und wie schon an anderer Stelle dargelegt [19], das Skelettdepot (PECHER [16], BENZIE [1]) und das Milchdrüsendepot. Untersuchungen von VISEK und Mitarb. [18] wie von SWANSON und Mitarb. [17] legen die Vermutung nahe, daß ein Teil des Milchcalciums und -phosphors aus dem variablen Ca- und P-Depot der Milchdrüse stammt. Die während der Tragezeit aufgefüllten Depots [10] sichern den Mineralgehalt der Milch in seiner physiologischen Breite und schränken somit auch den Einfluß exogener Faktoren ein.

Es ist die Frage gegeben, ob die in neuerer Zeit oft mitgeteilte Abnahme der Labfähigkeit der Milch auch zum Teil mit einer Änderung des Ca-Gehaltes der Milch einhergeht. Andererseits sind auch in letzter Zeit sehr hohe Ca-Werte (1,53 g/kg im Mittel) mitgeteilt worden [8].

Im Rahmen anderer Untersuchungen über das Fütterungsbild in mehreren landwirtschaftlichen Betrieben wurde die Milch auch auf ihren Mineralgehalt geprüft, und zwar in einer Versuchsreihe in einem Betrieb (Rübenbau) die Milch von 4 ausgewählten Kühen ziemlich gleichen Alters, mit verschiedener Leistung und unter gleichen Umweltbedingungen (ganzjährige Stallhaltung, Rübenblattfütterung) im Ablauf der Laktation, in einer anderen Versuchsreihe in vier landwirtschaftlichen Betrieben verschiedenen Typs die Sammelmilch der einzelnen Herden im Ablauf eines Futterjahres. Zum Vergleich werden Untersuchungsergebnisse über die Veränderung der Sauenmilch im Ablauf der Laktation mitgeteilt. Alle Untersuchungen sollen einen Beitrag zum Mineralgehalt der Milch und seinen Schwankungen geben.

Der Ca- und P-Gehalt im Ablauf der Laktation

Bei der Sau wurde in mehreren Versuchsreihen [10] des Göttinger Instituts bei konstanter Zufuhr der Nährstoffe neben anderen Untersuchungsergebnissen ein typischer Verlauf der Ausscheidungen der Mineralstoffe gefunden (Abb. 1).

Im Ablauf der Laktation steigt die Ca-Ausscheidung stärker an als die P-Ausscheidung, so in einer Untersuchungsreihe Ca von 1,64 g/kg Milch bis zu 2,62 g/kg am Ende der Laktation und P von 1,33 bis 1,89 g/kg. Entsprechend erweitert sich das Ca : P-Verhältnis von 1,2 auf 1,4. Mit der bereits früher mitgeteilten Abnahme der Ca- und P-Ausscheidung mit dem Kot mit Einsetzen der Laktation steigt die Ausscheidung in der Milch. Auch Magnesium zeigt eine leichte Tendenz des Anstieges (Tab. 2, 3). Der K-Gehalt bleibt während der ganzen Laktation höher als der Na-Gehalt, aber im Gegensatz zum Rind niedriger als der Ca- und P-Gehalt. Das Verhältnis von K : Na ist ziemlich gleichbleibend (1,3 : 1). Die Gesamtausscheidung in der ganzen Laktation ist von 4 Sauen mit hoher Milchleistung in der Tab. 1 zusammengestellt. Die Einzelwerte von 4 Sauen im Ablauf der Laktation sind aus den Tabellen 2 und 3 zu ersehen.

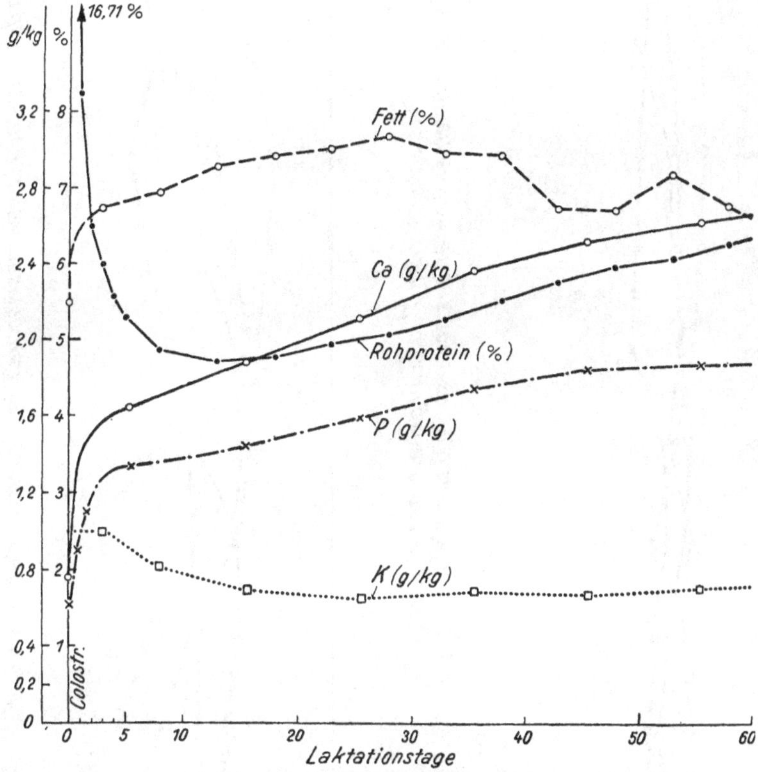

Abbildung 1.

Bei der Kuh ist nach den in der Hauptperiode wöchentlich sonst täglich bis 3tägig durchgeführten Untersuchungen an 4 Tieren in Bestätigung früherer Angaben [5, 6] während des ganzen Laktationsablaufes im Bereich der Laktationskurve mit „normaler“ Milch die Ca+P-Ausscheidung ziemlich gleichmäßig. Gegen Ende der Laktation vom 270. Tage ab steigen mit Abnahme der Milchleistung beide Werte etwas an (Abb. 2).

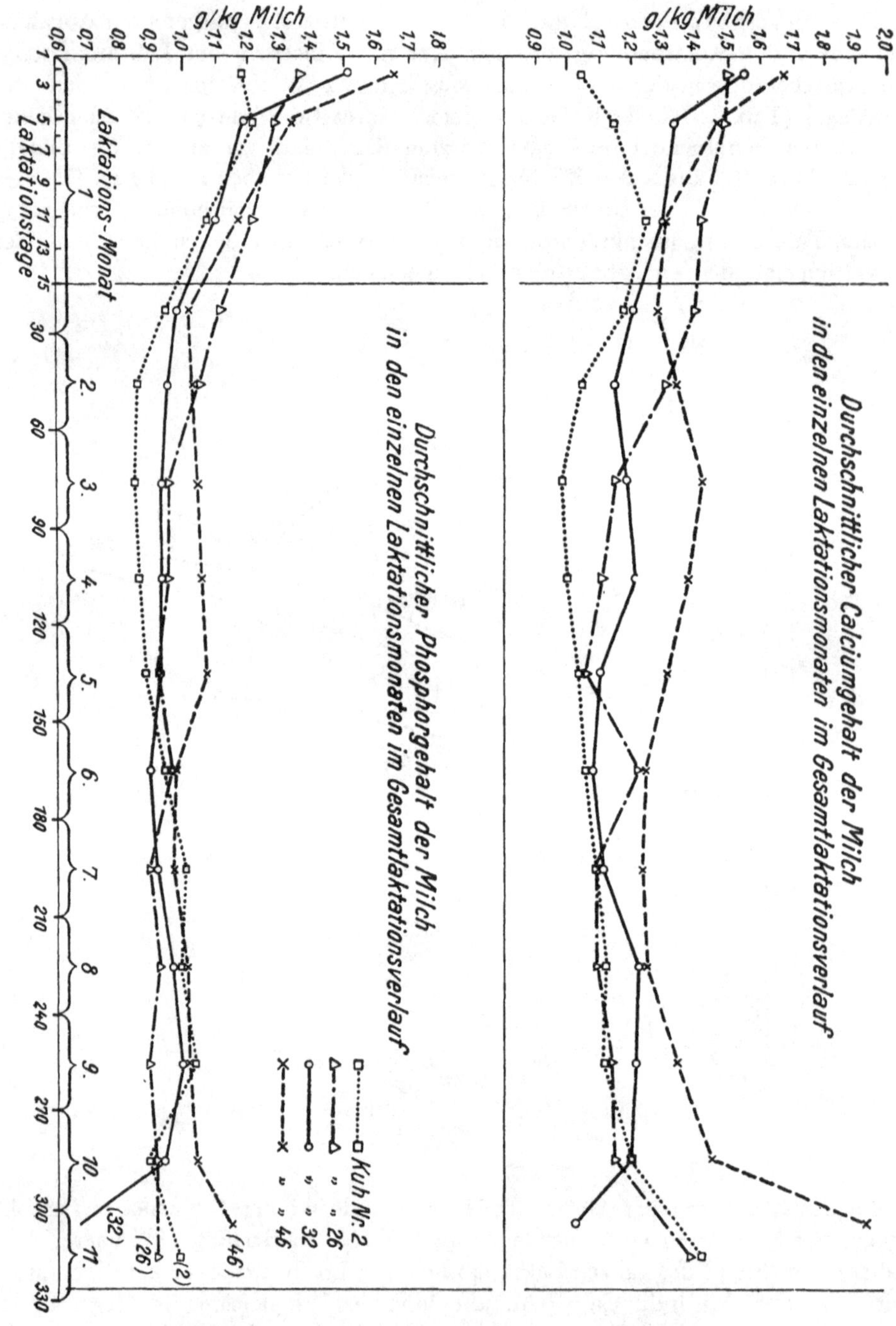

Durchschnittlicher Calciumgehalt der Milch
in den einzelnen Laktationsmonaten im Gesamtlaktationsverlauf
g/kg Milch
Durchschnittlicher Phosphorgehalt der Milch
in den einzelnen Laktationsmonaten im Gesamtlaktationsverlauf
g/kg Milch
Kuh Nr. 2
" " 26
" " 32
" " 46
Laktations-Monat
Laktationstage

Abbildung 2.

Tabelle 1. *Calcium-, Phosphor- und Magnesiumausscheidung bei der Sau während der Gesamtlaktation*

Sau	Snee. II	Rap. II	Sie. II	Rotk. I
Lakt. Dauer (Tage) . . .	60	59	60	60
Milchmenge (kg)	404	604	419	514
Gesamt-Ca (g)	899	1384	864	1018
Gesamt-P (g)	592	958	683	868
Gesamt-Mg (g)	77	67	52	66

Tabelle 2. *Mineralstoffgehalt der Sauenmilch*

Versuch „SIE. II"

Laktationstag	Milchmenge kg/Tag	in 1 kg Milch (in g)				
		Ca	P	Mg	Na	K
1.— 5. LT	5,442	1,410	1,150	0,131	0,350	1,000
6.—10. „	8,240	1,610	1,390	0,093	0,230	0,730
11.—20. „	8,293	1,860	1,390	0,102	0,350	0,600
21.—30. „	8,188	2,100	1,760	0,113	0,340	0,670
31.—40. „	7,412	2,330	1,900	0,146	0,250	0,590
41.—50. „	5,284	2,520	1,900	0,152	0,270	0,560
51.—60. „	4,823	2,640	1,950	0,181	0,400	0,720

Versuch „ROTK. I"

Ende d. 3. Lakt. 44.—48. LT	6,469	2,420	1,700	0,280	0,360	0,550
4. Laktation						
1. — 5. LT	6,466	1,470	1,260	0,118	0,270	1,004
6.—10. „	9,470	1,630	1,440	0,090	0,190	0,740
11.—15. „	9,909	1,680	1,360	0,087	0,220	0,660
16.—20. „	9,708	1,780	1,560	0,093	0,280	0,520
21.—30. „	9,548	1,940	1,600	0,102	0,280	0,550
31.—40. „	9,065	2,110	1,930	0,162	0,280	0,680
41.—50. „	7,890	2,230	2,030	0,167	0,240	0,760
51.—60. „	7,097	2,410	1,810	0,158	0,360	0,750

Tabelle 3. *Mineralstoffgehalt der Sauenmilch in g in 1 kg Milch*

Versuch „Rap. II."

L.-T.	Milchmenge g	Ca	Mg	P	Na	K
Colostrum*)		0,59	0,07	0,80	0,29	1,03
1.— 5.	8542	1,68	0,09	1,31	0,26	0,86
6.—10.	10973	1,88	0,10	1,35	0,19	0,69
11.—15.	12993	1,98	0,09	1,37	0,23	0,69
16.—20.	10840	2,12	0,10	1,45	0,25	0,61
21.—25. 26.—30.	9494 10850	2,33	0,11	1,55	0,27	0,55
31.—35.	11441	2,39	0,11	1,70	0,27	0,66
36.—40.	11312	2,56	0,12	1,73	0,27	0,73
41.—45.	10382	2,66	0,12	1,84	0,19	0,60
46.—50.	8594	2,70	0,14	1,79	0,19	0,63
51.—55.	7724	2,80	0,14	1,95	0,21	0,75
56.—59.	7760	2,75	0,14	1,93	0,18	0,76

Versuch „Snee II"

L.-T.	Milchmenge g	Ca	Mg	P	Na	K
1.— 5. 6.—10.	5808 7762	1,63	0,09	1,27	0,28	0,78
11.—15. 16.—20.	8468 8159	1,90	0,13	1,29	0,29	0,76
21.— 25. 26.—30.	8431 7693	2,15	0;16	1.45	0,33	0,72
31.—35. 36.—40.	7587 6145	2,60	0,19	1,55	0,42	0,63
41.—45. 46.—50.	5404 5198	2,65	0,33	1,64	0,54	0,48
51.—55. 56.—60.	5209 4953	2,71	0,32	1,73	0,59	0,60

Während der Kolostralperiode kommt es zunächst zu einem Abfall des erhöhten Calcium- und besonders hohen Phosphorgehaltes der Milch, der korrespondierend mit dem Abfall der Eiweißfraktion zu vergleichen ist [6]. P fällt zunächst in stärkerem Maße als Ca. Eine Ausnahme macht Kuh Nr. 2 (Tab. 5); diese abortierte aus unbekannten Gründen am 239. Trächtigkeitstag, so daß deren Trockenperiode nur 10 Tage dauerte. Dieses Tier setzte mit sehr niedrigen Ca- und P-Werten im Kolostrum ein, die im Laktationsverlauf noch etwas abfallen.

*) während der Geburt.

Tabelle 4. *Schwankungen der gefundenen gesamten Einzelwerte in „normaler" Milch im Ablauf der Laktation*

(unter Ausschluß der 1. Laktationswoche und der Zeit des beginnenden Trockenstellens)

Kuh Nr.		2	26	32	46
Ca		0,96—1,23	1,03—1,44	1,05—1,32	1,19—1,45
	X	1,08	1,17	1,16	1,31
	s %	6,6	10,0	7,2	5,2
P		0,82—1,05	0,85 - 1,23	0,86—1,13	0,94—1,23
	X	0,92	0,95	0,94	1,02
	s %	7,3	9,3	5,2	3,7

Bei den 4 Kühen mit normalem Laktionsverlauf liegt insgesamt die Schwankungsbreite der Einzelwerte (Tab. 4) bei Ca zwischen 0,96 und 1,45 g/kg, bei P zwischen 0,82 und 1,23 g; die entsprechenden Mittelwerte sind 1,23 Ca und 1,0 P. Die einzelnen Tiere zeigen, wie aus den Tabellen 5 und 6 zu ersehen ist, deutlich individuelle Unterschiede. Nicht gefunden wurden für Ca die hohen Werte, wie KUBLITZ[8] sie mit 1,53 g im Durchschnitt und mit einer Schwankungsbreite von 1,34 bis 1,71 g/kg Ca von Tieren der gleichen Herde angibt. ELLENBERGER und Mitarb.[5] geben dagegen 0,108–0,141 % Ca und 0,085–0,097 % P an.

Das Ca : P-Verhältnis in der Gesamtlaktation ist bei den einzelnen Tieren entsprechend.

Kuh	2	1.16 : 1
	26	1.23 : 1
	32	1.22 : 1
	46	1.28 : 1

Für alle Tiere bleibt das Ca : P-Verhältnis mit durchschnittlich 1,2 : 1 nahezu konstant. In dem engen Ca : P-Verhältnis von durchschnittlich 1,1 : 1 im Kolostrum kommt zum Ausdruck, daß für die Kolostrumbildung relativ mehr P aus dem Körper entnommen wird als Ca für die weitere Milchbildung. Vom 270. Laktationstag an steigt das Ca : P-Verhältnis rasch an und erreicht gegen Ende der Laktation eine Höhe von 1,5 bis 1,7 : 1.

Die bisweilen angedeuteten Erhöhungen bei Grünfutterfütterung haben keinen genügenden Aussagewert.

Der Calcium- und Phospohrgehalt von Sammelmilch im Ablauf eines Futterjahres

In 4 landwirtschaftlichen Betrieben unterschiedlicher Betriebsstruktur im Raume Südhannovers wurde die Fütterung und Leistung während eines ganzen Futterjahres erfaßt[4, 14]. An sämtlichen Rationen wurde die Nährstoffanalyse der einzelnen Futtermittel durchgeführt, verdauliches Rohprotein und St. E. jeweils rechnerisch eingesetzt. Von den Mineralstoffen des Futters und der Milch wurde Ca, Mg und P

Tabelle 5. *Die Veränderung des Ca- und P-Gehaltes*
(Angaben in

Lakt. Tag	Kuh Nr. 2				Kuh Nr. 26			
	Ca	P	Ca : P	Casein %	Ca	P	Ca : P	Casein %
1.	0,952	1,079	0,88	4,45	1,774	1,569	1,13	6,78
3.	1,008	1,186	0,85	3,23	1,316	1,222	1,08	3,67
5.	1,126	1,217	0,93	3,08	1,410	1,281	1,10	3,65
7.	1,232	1,256	1,06	3,18	1,421	1,310	1,08	3,51
9.	1.240	1,167	1,06	3,03	1,383	1,217	1,14	3,26
11.	1,314	1,060	1,24	2,69	1,432	1,228	1,17	3,24
13.	1,159	1,027	1,13	2,50	1,432	1,183	1,21	3,16
15.—30.	1,178	0,937	1,26	2,37	1,391	1,191	1,17	2,95
31.—60.	1,041	0,851	1,22	2,12	1,299	1,047	1,24	2,78
61.—90.	0,975	0,842	1,16	2,42	1,146	0,948	1,21	2,10
91.—120.	0,989	0,852	1,16	2,27	1,098	0.940	1,17	2,20
121.—150.	1,037	0,871	1,19	2,57	1,050	0,916	1,15	2,20
151.—180.	1,057	0,941	1,12	2,65	1,213	0,966	1,26	2,37
181.—210.	1,097	1,003	1,09	3,00	1,088	0,887	1,23	2,49
211.—240.	1,114	0,988	1,13	3,09	1,089	0,916	1,19	2,62
241.—270.	1,117	1,031	1,08	3,07	1,089	0,880	1,24	2,41
271.—300.	1,196	0,894	1,34	2,70	1,148	0,911	1,26	2,69
301.—Ende	1,419	0,986	1,44	3,35	1,384	0,911	1,52	2,30

nach den üblichen Methoden bestimmt [13]. Das Calcium der Rübenprodukte wurde nach den Göttinger Untersuchungen mit Isotopen [2, 3] mit einer Ausnutzung von 25% der Gesamt-Ca zugrunde gelegt.

In den einzelnen Betrieben war folgende Futtergrundlage:

Betrieb I: Weidebetrieb, Rübenblatt im Herbst, Blattsilage im Winter mit reichlicher Versorgung an Heu (8 kg).

Betrieb II: Zuckerrübenbetrieb, Weidegang bei gleichzeitiger Silagefütterung, Heu bis 6 kg.

Betrieb III: Extremer Zuckerrübenbetrieb mit ganzjähriger Stallhaltung und Grünfütterung; Heu 3–4 kg.

Betrieb IV: Zuckerrübenbetrieb. Ganzjährige Stallhaltung. Treber (10–20 kg), Blatt frisch, Blatt-Silage, Trockenschnitzel, Heu 3–6 kg, keine Grünfütterung.

Die Herden von schwarzbuntem Niederungsvieh in den 4 Betrieben umfaßten während des Untersuchungsjahres unverändert je 19–22 Milchkühe. Die Kalbezeit lag fast ausschließlich im Spätherbst und Winter.

der Kuhmilch während des Laktationsverlaufes
g/kg Milch)

Kuh Nr. 32				Kuh Nr. 46			
Ca	P	Ca : P	Casein %	Ca	P	Ca : P	Casein %
1,835	1,718	1,07	5,62	1,850	1,816	1,02	5,15
1,340	1,196	1,12	3,30	1,538	1,508	1,02	4,05
1,342	1,183	1,13	3,22	1,473	1,363	1,08	3,63
1,352	1,132	1,19	3,00	1,472	1,293	1,14	3,41
1,325	1,132	1,17	2,78	1,347	1,226	1,10	3,18
1,268	1,110	1,14	2,65	1,278	1,167	1,10	3,15
1,288	1,053	1,22	2,49	1,260	1,121	1,12	2,88
1,199	0,979	1,22	2,20	1,274	1,013	1,26	2,57
1,142	0,949	1,20	2,10	1,333	1,025	1,30	2,81
1,176	0,927	1,27	2,19	1,408	1,043	1,35	2,98
1,201	0,931	1,29	2,20	1,364	1,050	1,30	3,05
1,093	0,924	1,18	2,43	1,305	1,069	1,22	2,81
1,068	0,887	1,20	2,18	1,230	0,967	1,27	2,50
1,103	0,908	1,21	2,25	1,230	0,964	1,28	2,55
1,214	0,960	1,26	2,50	1,259	1,007	1,25	2,69
1,208	0,996	1,21	2,80	1,339	1,018	1,32	2,68
1,198	0,931	1,29	2,75	1,447	1,031	1,40	3,29
1,026	0,653	1,57	3,80	1,934	1,144	1,69	4,37

Tabelle 6. *Calcium- und Phosphorausscheidung mit der Milch während der Laktationsperiode*

Kuh Nr.	2	26	32	46
Lakt. Dauer (Tage) . . .	328	328	310	313
Milchmenge (kg)	3793	4992	4462	3310
Gesamt-Ca-Ausscheidg. (g)	4145	5954	5239	4801
Ø Ca g/kg Milch . . .	1,093	1,193	1,174	1,450
Gesamt-P-Ausscheidg. (g)	3546	4846	4282	3759
Ø P g/kg Milch . . .	0,935	0,971	0,960	1,136

Tabelle 7.

Betrieb I

Datum	Futteraufnahme in g							g in 1 kg Milch		
	Grundfutter	v. Rp.	St. E.	Ca	P	Ca : P	Mg	Ca	P	Ca : P
21. 7.—26. 8.	Weidegras	2674	10810	88,2	85,4	1,03	30,8	1,12	0,90	1,24
								1,16	0,94	1,23
								1,21	0,98	1,23
27. 8.—15. 10.	„	1953	6583	55,3	50,4	1,10	20,3	1,33	0,96	1,39
								1,31	0,95	1,38
								1,29	0,95	1,36
16. 10.—7. 11.	Weidegras +	1658	5925	43,5	43,7	1,00	23,5	1,22	0,97	1,26
	Rübenblatt							1,28	1,06	1,21
8. 11.—30. 11.	Rübenblatt	1082	5180	37,1	35,5	1,05	28,9	1,32	1,05	1,26
								1,28	0,99	1,29
1. 12.—28. 12.	Silage +	555	4473	37,6	27,0	1,39	18,8	1,27	0,94	1,35
	Runkeln							1,29	0,97	1,33
29. 12.—15. 1.	„	875	6613	52,8	36,2	1,46	25,6	1,29	0,99	1,30
								1,27	0,96	1,32
16. 1.—16. 2.	„	836	6895	55,6	53,0	1,05	25,8	1,27	0,97	1,31
								1,28	1,06	1,21
17. 2.—14. 3.	Silage	986	6270	90,4	51,7	1,75	25,5	1,27	1,11	1,14
								1,23	1,03	1,19
15. 3.—7. 5.	„	1048	6552	81,7	47,4	1,72	26,9	1,20	0,97	1,24
								1,17	0,98	1,19
								1,17	0,98	1,19
								1,14	0,95	1,20

Betrieb II

19. 7.—31. 8.	Weidegras +	1537	7915	70,1	45,6	1,54	30,5	1,13	0,93	1,22
	Silage							1,17	0,92	1,27
								1,18	0,91	1,30
1. 9.—14. 9.	„	1499	7953	74,1	40,6	1,83	32,2	1,12	0,89	1,26
15. 9.—3. 10.	Weidegras +	1879	7366	126,4	49,9	2,53	35,0	1,14	0,92	1,24
	Stoppelklee									
4. 10.—31. 10.	„	1484	4511	111,4	33,2	3,36	33,1	1,19	0,97	1,23
								1,20	0,95	1,26
1. 11.—9. 12.	Rübenblatt	1085	7182	61,2	46,2	1,32	47,6	1,16	0,97	1,20
								1,22	1,01	1,21
								1,24	1,05	1,18
								1,16	0,95	1,22
10.12.—23.12.	„	1085	7182	57,2	46,4	1,23	47,6	1,19	0,95	1,25
24. 12.—25. 2.	Runkeln	1000	6981	51,1	33,6	1,52	25,4	1,15	0,95	1,21
								1,15	0,94	1,22
								1,16	0,92	1,26
								1,20	0,96	1,25
26. 2.—29. 2.	Silage	1254	6770	76,7	32,6	2,35	37,1	1,19	0,98	1,21
1. 3.—8. 4.	„	1419	6991	86,9	39,3	2,21	39,1	1,14	0,97	1,18
								1,08	0,93	1,16
9. 4.—15. 5.	„	1457	7012	86,8	39,3	2,21	39,1	1,10	1,00	1,10
								1,10	0,96	1,15
								1,10	0,96	1,15
								1,10	0,96	1,15

Betrieb III

Tabelle 8.

Datum	Futteraufnahme in g							g in 1 kg Milch		
	Grundfutter	v. Rp.	St. E.	Ca	P	Ca : P	Mg	Ca	P	Ca : P
20. 7.—6. 9.	Silage +	1445	7474	149,4	42,6	3,51	35,5	1,17	0,91	1,29
	Kleegras							1,18	0,92	1,28
								1,18	0,92	1,28
7. 9.—4. 10.	Stoppelklee	1181	5848	140,0	39,2	3,57	37,3	1,23	0,98	1,26
								1,15	0,95	1,21
5. 10.—17. 10.	Stoppelklce	1227	5399	112,6	36,6	3,08	43,2	1,16	0,96	1,21.
	+ Silage									
18.10.—30.10.	Peluschken	1615	6561	112,6	45,5	2,47	48,3	1,15	0,97	1,19
	+ Silage									
311.0.—30.11.	Peluschken+	1609	8203	87,7	58,5	1,50	48,4	1,18	1,03	1,15
	Rübenblatt							1,28	1,04	1,23
1.12.—30.12.	Silage +	1134	5928	67,2	42,4	1,58	35,3	1,31	1,12	1,17
	Schnitzel							1,26	1,09	1,16
								1,25	1,06	1,18
31.12.—6. 3.	Silage	1566	7424	90,0	60,2	1,50	45,5	1,23	1,05	1,17
								1,22	1,03	1,18
								1,21	1,00	1,21
								1,24	0,99	1,25
								1,20	0,99	1,21
7. 3.—9. 5.	„	1566	7424	95,0	64,4	1,48	46,1	1.20	1,01	1,19
								1,20	1,02	1,18
								1,17	0,99	1,18
								1,22	1,02	1,20
								1,17	0,99	1,18

Betrieb IV

10. 7.—27. 7.	Treber	1598	7867	97,0	59,5	1,63	38,5	0,96	0,83	1,05
	+ Silage							1,05	0,71	1,48
28. 7.—4. 10.	„	1598	7867	97,0	59,5	1,63	38,5	1,07	0,90	1,19
								1,07	0,93	1,15
								1,14	0,98	1,16
								1,10	0,97	1,13
5. 10.—14. 11	„	1598	7867	97,0	59,5	1,63	38,5	1,15	0,96	1,20
								1,15	0,98	1,17
								1,21	0,99	1,22
								1,15	0,95	1,21
15.11.—30.11.	Rübenblatt	1838	10308	68,6	61,7	1,11	55,8	1,08	1,02	1,96
	+ Treber									
1. 12.—12. 12.	Rübenblatt	1567	10494	54,9	52,1	1,05	44,6	1,12	0,99	1,13
	+ Schnitzel									
13. 12.—15. 1.	Silage	1357	7486	69,0	57,9	1,19	42,2	1,13	0,98	1,15
	+ Runkeln							1,12	0,97	1,15
	+ Treber							1,12	0,94	1,19
16. 1.—29. 2.	„	1627	8079	84,1	71,6	1,17	49,7	1,11	0,98	1,13
								1,06	0,95	1,12
								1,04	0,97	1,07
1. 3.—22. 3.	„	1627	8079	84,3	72,1	1,17	49,7	1,02	0,94	1,09
								1,02	0,95	1,07
1. 4.—14. 4.	„	1786	8468	89,6	79,1	1,13	50,3	1,36	1,24	1,10
15. 4.—3. 5.	„	1588	8316	80,6	69,7	1,16	47,7	1,33	1,12	1,19
								1,19	0,99	1,20
4. 5.—27. 6.	Treber	1612	8520	81,8	70,4	1,16	46,6	1,15	0,95	1,21
	+ Silage							1,10	0,92	1,20

Die mit den einzelnen Rationen in jeder der vier Herden zugeführten Ca-, P- und Mg-Mengen und die mit der Milch ausgeschiedenen Ca- und P-Mengen sind in den Tabellen 7 und 8 zusammengestellt. Die gesamte physiologische Breite liegt bei Ca zwischen (0,96 g) 1,05 bis 1,36 g/kg mit dem Mittelwert 1,2 g/kg, bei P zwischen 0,83 (0,71)–1,12 (1,24) mit dem Mittelwert von 0,96 g/kg. Das Ca : P-Verhältnis liegt durchschnittlich bei 1,2 : 1.

Die einzelnen Herden zeigen innerhalb dieser Schwankungsbreite im Jahresdurchschnitt besonders im Ca-Gehalt eine verschiedene Lage (Tab. 7, 8, 9).

Tabelle 9.

Betrieb	in 1 kg Milch Ca g		P g		
I	1,24	(1,12—1,33)	0,98	(0,90—1,11)	
II	1,15	(1,08—1,24)	0,96	(0,89—1,05)	
III	1,21	(1,15—1,31)	1,00	(0,91—1,12)	
IV	1,10	(0,96—1,36)	0,96	(0,71—1,12)	— (1,24)

Die höheren Werte werden bei dem extremen Weidebetrieb (I) und bei dem intensiven Zuckerrübenbetrieb mit Grünfütterung (III) gefunden, während der Betrieb IV die größte Schwankungsbreite aufweist.

Diese Unterschiede als Folge des unterschiedlichen Umweltfaktors Fütterung anzusehen, ist nicht gegeben. Das Gleiche gilt auch für das innerhalb einer Herde gelegentliche Zusammentreffen der höchsten Ca-Werte mit der Rübenblattfütterung. Die Möglichkeit einer stimulierenden direkten oder indirekten Wirkung bestimmter Inhaltsstoffe des Futters, z. B. Saponine, oder anderer Umweltfaktoren steht offen. Die Beeinflußbarkeit des Mineralgehaltes (Ca/P) über die Norm hinaus ist nicht zu erwarten. Die gefundenen Werte mit ihrer Breite sind in Übereinstimmung mit Ellenberger [5] und entgegen anderer Befunde [8] als Normalwerte anzusehen.

Zusammenfassung

Für die Deckung des Mineralstoffbedarfs bei der Milchproduktion ist die Kenntnis eventueller Veränderungen der Ca- und P-Ausscheidung in der Milch Voraussetzung.

Bei der Sau steigt im Ablauf der Laktation die Ca-Ausscheidung auf 1,64 g/kg Milch bis zu 2,62 g/kg am Ende der Laktation und die P-Ausscheidung von 1,33 bis 1,89 g/kg, das Ca : P-Verhältnis entsprechend von 1,2 auf 1,4. Während einer ganzen Laktationszeit von 59 bis 60 Tagen wurden bei der Sau mit der höchsten Leistung von 604 kg Milch insgesamt 1384 g Ca und 958 g P mit der Milch ausgeschieden.

Bei den vier untersuchten Einzelkühen betrug im Bereich der normalen Laktationskurve die Schwankungsbreite der gesamten Einzelwerte für Ca 0,96 bis 1,45 und für P 0,82 bis 1,23 mit den Mittelwerten von 1,23 g Ca und 1,0 g P. In der Kolostralperiode beträgt das Ca : P-Verhältnis 1 : 1 infolge der zunächst relativ höheren Ausscheidung von P, während ab 270. Laktationstag die Ca-Werte ansteigen und ein Ca : P-Verhältnis von 1,5 bis 1,7 : 1 erreichen.

Die bei den vier Herden mit verschiedener Futtergrundlage gefundenen Werte liegen fast innerhalb der gleichen Schwankungsbreite wie bei den vier Einzelkühen, und zwar für Ca von 0,96 bis 1,36 g/kg mit dem Mittelwert 1,2 und für P von 0,83 (0,71) bis 1,12 (1,24) mit dem Mittelwert von 0,96. Auch hier liegt das durchschnittliche Ca : P-Verhältnis bei 1,2 : 1. Zwischen den einzelnen Herden sind innerhalb der physiologischen Breite einige Unterschiede in den Werten vorhanden, die jedoch nicht als ein Einfluß der Fütterung ohne weiteres anzusehen sind.

Die Beeinflußbarkeit des Ca-P-Gehaltes der Milch über die Norm hinaus ist nicht zu erwarten. Die gefundenen Werte mit ihren Schwankungen sind als Normalwerte anzusehen.

Literatur-Verzeichnis

[1] BENZIE, D., A. W. BOGNE, A. C. DALGARNO, J. DUCKWORTH, R. HILL u. D. M. WALKER: J. agric. Sci. **48**, 175 (1956).

[2] BRUNE, H.: Vortr. v. d. Oberhess. Ges. f. Natur- u. Heilkd. Gießen 12. 6. 1958, Naturwissenschaften **46**, 93 (1959).

[3] BRUNE, H. u. O. KUDLICH: Zeitschr. f. Tierern. u. Futtermittelkd. **13**, 1—13 (1958).

[4] BRUNE, H. u. K. H. SIECK: Zeitschr. f. Tierern. u. Futtermittelkd. **11**, 113—126 (1956).

[5] ELLENBERGER, H. B., NEWLANDER, J. H. u. C. H. JONES: Ref. Nutr. Abstr. and Rev. **20**, 838 (1950/51).

[6] FORBES, E. B. u. Mitarb.: Penns. State Coll. agric. Exp. Stat. Techn. Bull., **319**, 152 (1935).

[7] GIMMLER, W., Diss. sc. agr., Göttingen 1958.

[8] KUBLITZ, M.: Milchwissenschaft **9**, 315—320 (1953).

[9] LENKEIT, W.: Deutsche Akademie d. Landwirtschaftswissenschaften Berlin, Wissenschaftl. Abhandlg., Bd. V/2 (1954).

[10] LENKEIT, GÜTTE, KIRCHHOFF u. SOEHNGEN: Z. f. Tierphys., Tierernährg. u. Futtermittelkd. **14**, 3 (1959).

[11] LENKEIT, W.: Archiv f. Tierernährung, Beih. **4**, 11 (1954).

[12] LENKEIT, W.: Einführg. i. d. Ernährungsphys. d. Haustiere, Stuttgart 1953.

[13] LENKEIT, W. u. M. BECKER: Ernährungsphysiol. Praktikum, Göttingen 1949.

[14] LENKEIT, W. u. K. H. SIECK: Unveröffentl. Manuskript, 1957.

[15] LINTZEL, W.: Hdb. d. Physiol. Chem., II/2b, Berlin, Göttingen, Heidelberg (1952).

[16] PECHER, C. u. J. PECHER: Proc. Sci. Exp. Biol. Med. **46**, 91 (1941).

[17] SWANSON, E. W., R. A. MONROE, W. J. ZILVERSMIT, W. J. VISEK u. C. L. COMAR: J. Dairy Sci. **39**, 1594 (1956).

[18] VISEK, W. J., R. A. MONROE, E. W. SWANSON u. C. L. COMAR: J. Dairy Sci. **36**, 373 (1953).

Aus dem Institut für Tierernährungslehre der Humboldt-Universität zu Berlin
(Direktor Prof. Dr. A. HOCK)

A. HOCK, S. RISSE, U. PRANGE

Beeinflussung der Gewebeatmung der Darmschleimhaut durch Antibiotika

I. Einleitung

Bekanntlich haben verschiedene Antibiotika, wie z. B. Penicillin, Streptomycin und die Tetracycline, bei einer Reihe von Tieren eine deutliche, das Wachstum beschleunigende Wirkung [4, 6, 11, 12, 13]. Nach Untersuchungen verschiedener Autoren handelt es sich dabei um eine echte Zell- und Proteinvermehrung [5, 9]. Teilweise steht dieser Effekt zweifelsohne mit der bakteriostatischen Wirkung dieser Substanzen in Zusammenhang, z. B. wenn es sich um eine Unterdrückung latenter Infekte handelt, die das Wachstum hemmen [11].

Da diese Wachstumsaktivierung jedoch auch schon bei so niedrigen Dosen, wie etwa 1 bis 2 mg Chlortetracyclin/kg Körpergewicht (Küken), beobachtet wird, ist, wie vor allem E. Freerksen [11] betont, in diesen Fällen ein bakteriostatischer Effekt in größerem Ausmaß auszuschließen. Es muß an eine direkte Stoffwechselbeeinflussung gedacht werden.

Eine naheliegende Hypothese ist, daß dieser Eingriff bestimmter Antibiotika in den Stoffwechsel speziell die Verwertung der Nährstoffe betrifft. Da wäre u. a. an eine Beeinflussung der Verdaungs- und Resorptionsarbeit im Darm zu denken, etwa durch eine Veränderung des Stoffwechsels der Darmmucosa, sei es in Richtung einer Verbesserung der Resorptionsleistung oder einer Erhöhung der Produktion von Verdauungssekreten.

Für eine Verbesserung der Resorptionsleistung sprechen Versuche verschiedener Autoren. So fand Draper [2] bei Versuchen an Ratten mit C-14 markiertem Lysin, daß unter dem Einfluß von Chlortetracyclin die Resorption dieser Aminosäure beschleunigt wird. Weiterhin beobachteten Ferrando und Mitarbeiter [3] mit Caseinhydrolysaten an in vivo isolierten Darmschlingen durch Chlortetracyclin ebenfalls einen resorptionsbeschleunigenden Effekt.

Für eine Beeinflussung anderer Funktionen der Darmschleimhaut bei der Verdauung sprechen Versuche von Petuely und Lindner [10], die beobachten konnten, daß eine kurze orale Gabe von hohen Dosen Terramycin an Ratten mit einer ernährungsbedingten, überwiegend aus Lactobacillus bifidus bestehenden Darmflora die Reproduktion dieser Flora für längere Zeit verhindert; die Verfasser sehen in diesem Befund den Ausdruck der Störung eines Regulationsprinzips der Darmschleimhaut auf die Darmflora.

Wir gingen bei unseren Untersuchungen von der Hypothese aus, daß derartige Beeinflussungen des Stoffwechsels des Mucosagewebes auch Änderungen oxydativer Prozesse in den Zellen bedingen, da bei geänderter Stoffwechselleistung auch ein variierter Energiebedarf vorliegt. In diesem Falle aber müßte die Messung der Atmungsintensität des Gewebes in vitro als ein Maß der Beeinflussung gewertet werden können.

II. Versuchsanordnung

1. Untersuchungen über die Beeinflussung der Atmungsleistung der Darmmucosa durch Verfütterung von Chlortetracyclin

Bei einer ersten Gruppe von Versuchsreihen wurden Fütterungsversuche an Küken mit und ohne Zulage von Chlortetracyclin*) (CTC) durchgeführt. Es wurden stets Eintagsküken der Rasse New Hampshire verwendet.

Die Wahl von Küken als Versuchstiere trafen wir, nachdem wir festgestellt hatten, daß diese Tiere im Vergleich mit Ratten, aber auch mit Tauben, die intensivste Atmung der Darmschleimhaut beim in vitro-Versuch in der Warburg-Apparatur zeigten. Die Zahl der Versuchstiere je Versuchsgruppe ist aus den entsprechenden Tabellen zu entnehmen.

Tabelle 1. *Zusammensetzung der Küken-Diät für die Versuche mit und ohne Zusatz von CTC*

Gesamtzusammensetzung des Futters	Zusammensetzung des Mineralstoffgemisches nach MC COLLUM[8]	Vitaminzulage für 1 kg Futtermischung
31,5 % Weizen	45 % sek. Ca-Phosphat	5 mg Thiamin
25 % Hafer	18 % K-Bicarbonat	20 mg Nicotinsäureamid
2 % Weizenkleie	12 % prim. Na-Phosphat	2 mg Riboflavin
10 % Sojaschrot	10 % Ca-Lactat	2 mg Pyridoxin
6 % Hefe	8 % Magnesiumsulfat	3 mg Ca-Pantothenat
4 % Fischmehl	6 % Natriumchlorid	5000 IE Vitamin A
7 % Quellstärkemehl	1 % Eisenlactat	4000 IE Vitamin D_3
1,5 % Oel		12 mg Tocopherol
3 % Mineralstoffgemisch nach MC COLLUM		
Vitaminzulagen		

Alle Versuchsreihen erhielten ein einheitliches Grundfutter, das aus Tabelle 1 zu entnehmen ist. Es handelte sich dabei um eine für Küken verhältnismäßig optimale Ernährung; lediglich der Anteil an tierischem Eiweiß lag mit 11 %, bezogen auf das Gesamt-Rohprotein (RP) der Nahrung, verhältnismäßig niedrig.

*) Aureomycin der Fa. Lederle USA.

Ein Teil der Versuchsreihen erhielt zusätzlich als Beimischung zur Grunddiät CTC (Versuchsreihen 1 bis 3).

Die Mengen dieser Zulagen wurden bei Versuchsreihe 1 und 2 mit zunehmendem Gewicht der Tiere gesteigert, bei Versuchsreihe 3a und 3b konstant gehalten (Tab. 2).

Tabelle 2. *Zulagen von CTC zum Futter bei den Versuchsreihen Nr. 1, 2, 3a und 3b*

Alter der Tiere	CTC-Gaben in mg pro kg Tiergewicht und Tag			
	Versuchsreihe Nr. 1	Versuchsreihe Nr. 2	Versuchsreihe	
			Nr. 3a	Nr. 3b
4. Tag	1,4	1,7	2	10
2. Woche	2,2	4,3	2	10
3. Woche	1,8	4,4	2	10
4. Woche	11,4	3,6	2	10
5. Woche	10,9	3,6	2	10
6. Woche	9,2	8,7	2	10
7. Woche	9,7	8,8	2	10
8. Woche	9,1	8,2	2	10
9. Woche	10,4	—	2	10
10. Woche	6,9	—	2	10
11. Woche	6,2	—	2	10
12. Woche	5,5	—	—	—
13. Woche	6,4	—	—	—
14. Woche	8,2	—	—	—
15. Woche	8,8	—	—	—

Die Tiere wurden nach verschiedenen langen Fütterungsperioden durch Dekapitieren getötet und die Mucosa des Duodenum auf ihre Atmungsleistung in vitro untersucht.

Durchschnittlich 17 Stunden vor dem Töten wurde das Futter entzogen. Wie wir in Vorversuchen feststellen konnten, ist eine gleich lange Hungerperiode für das Einhalten konstanter Versuchsbedingungen wesentlich, da die Atmungsintensität des Schleimhautgewebes in den ersten Stunden nach der Nahrungsaufnahme erhöht ist. Diese Verhältnisse sind aus Abb. 1 ersichtlich.

Wir wählten für unsere Versuche die Duodenalmucosa auf Grund von Vorversuchen, die zeigten, daß dieser Darmabschnitt die höchste Atmung gegenüber den distalen Darmabschnitten aufweist. Auch aus theoretischen Erwägungen war dieser Darmabschnitt für unsere Versuche zu bevorzugen, da er ja der Hauptsitz der enzymatischen Verdauungsprozesse sowie wesentlicher Resorptionsleistungen ist.

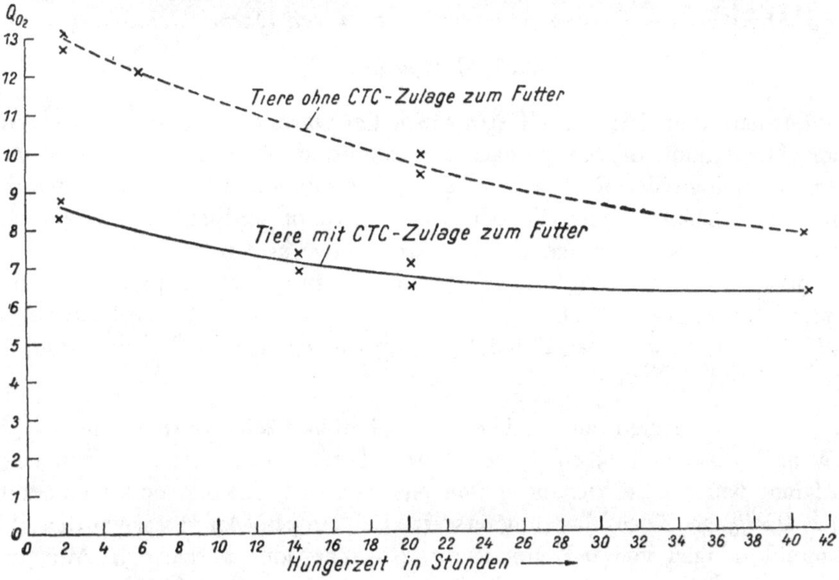

Abb. 1. Abhängigkeit der Atmung der Duodenalmucosa vom Hungerzustand.
Alter der Tiere: 118—138 Tage

2. *Untersuchungen über die Beeinflussung der Gewebeatmung von Darmmucosagewebe durch Penicillin (PEN) und Chlortetracyclin (CTC) in vitro*

Für diese Versuche wurden wiederum Küken der Rasse New Hampshire vom 1. Lebenstag an mit der in Tab. 1 angegebenen Diät ernährt; jedoch wurde eine Antibiotikazulage nicht gegeben.

Die Tiere wurden nach verschieden langen Fütterungsperioden (vgl. die entsprechenden Tabellen) durch Dekapitieren getötet und die Mucosa des Duodenum mit und ohne Zusatz von CTC bzw. PEN auf ihre Atmungsleistung in vitro untersucht. CTC wurde in Krebs-Ringer-Lösung suspendiert*) und in den meisten Fällen in Mengen von 50 mcg/ml den Ansätzen zugesetzt. Bei einigen wenigen Versuchen wurde die Dosierung des CTC zwischen 20 und 100 mcg/ml Krebs-Ringer-Lösung variiert, ohne daß wir durch diese Maßnahme eine Änderung der später zu diskutierenden Effekte beobachten konnten.

PEN **) wurde dem Suspensionsmedium in Mengen von 50 mcg/ml zugesetzt. Eine Erhöhung dieser Dosis auf 200 mcg zeigte keine Änderung in der noch zu besprechenden Wirkung.

*) Durch mehrstündiges Schütteln konnte eine stabile Suspension in einer gesättigten Lösung des Wirkstoffes hergestellt werden.

**) Penicillin G (Na-Salz) der Fa. VEB Jenapharm.

3. Methodik der in vitro-Atmungs-Versuche mit Darmschleimhautgewebe nach O. Warburg ([14, 15])

Sofort nach dem Töten des Tieres wurde der Darm entnommen, das gewünschte Stück (Duodenum) der Länge nach aufgeschnitten und durch Abspritzen mit eiskalter physiologischer Kochsalzlösung vom Darminhalt befreit. Dann wurde mit Hilfe eines Objektträgers die Mucosa abgeschabt und in einer abgemessenen Menge eiskalter Krebs-Ringer-Lösung durch kurzes kräftiges Schütteln suspendiert. Je 3 ml dieser Suspension wurden in die Warburg-Gefäße pipettiert; zur Absorption der gebildeten CO_2 enthielt der Einsatz der Gefäße 0,2 ml einer 5 %igen KOH-Lösung, so daß das Flüssigkeitsendvolumen in den Gefäßen stets 3,2 ml betrug.

Als Suspensionsmedium wurde die phosphatpufferreiche Krebs-Ringer-Lösung [7] verwendet. Die von Krebs angegebenen Zusätze von Pyruvat-, Fumarat und Glutamat wurden bei den normalen Ansätzen weggelassen und volumenmäßig durch 0,9% ige Kochsalzlösung ersetzt. Bei einigen Ansätzen wurden 0,1 bis 0,2 mol Lösungen von α-Ketoglutarat, Succinat oder Fumarat in Mengen von 0,1 bis 0,3 ml einzeln oder kombiniert zugesetzt (vgl. Tab. 6). Das beschriebene Medium wurde wegen seiner hohen Phosphat-Pufferkapazität den anderen von Krebs angegebenen Medien vorgezogen.

Die Bestimmung der in vitro-Atmung wurde in der üblichen von O. Warburg entwickelten Apparatur durchgeführt [14, 15]. Die Temperatur des Wasserbades betrug 38° C, die Schüttelfrequenz 90 pro Minute bei größter Amplitude. Der Gasraum der Gefäße und Manometer war in allen Fällen mit Luft gefüllt. Alle 10 Minuten wurde der O_2-Verbrauch abgelesen, nach 60 Minuten wurden die Versuche beendet.

Nun wurde nach Entfernung der KOH die Gewebesuspension mit 4 ml einer 5%igen Trichloressigsäure-Lösung zur Fällung aller Proteinbestandteile versetzt und bei 4000 g 5 Minuten zentrifugiert; dann wurde dekantiert und der Rückstand mit Wasser einmal in der Zentrifuge gewaschen. Anschließend wurde bei 104° C 4 Stunden lang getrocknet (Trockengewicht meist ca. 20 mg).

Die Atmungsquote wurde als O_2-Verbrauch in mm^3 pro Stunde und mg Trockensubstanz berechnet (Q_{O_2}).

Es bestand prinzipiell die Möglichkeit, daß bei den mit Antibiotika behandelten Tieren die Zusammensetzung des Mucosagewebes eine andere war, als bei den unbehandelten; dies könnte z.B. durch eine erhöhte Futtereinlagerung der Fall sein. In diesem Falle wäre eine Änderung des Q_{O_2} nicht unbedingt als eine Funktion der Gewebezellen aufzufassen. Ein genauerer Einblick ist in diesem Falle durch Berechnung der Atmungsquote als Sauerstoffverbrauch in mm^3/mg Stickstoffsubstanz pro Stunde (Q_{O_2} (N)) zu erhalten. Wir ermittelten deshalb mittels Mikro-Kjeldahlbestimmung bei einer Reihe von Versuchstieren den Gehalt des Duodenal-Mucosagewebes an Stickstoff.

Wir stellten fest, daß der mittlere N-Gehalt dieses Gewebes von – 16 über ein halbes Jahr lang mit CTC behandelten Tieren mit einem Wert von 11,6 % ± 0,56*), bezogen auf die Trockensubstanz, sich nicht wesentlich von jungen unbehandelten Tieren unterschied (mittlerer N-Gehalt in der Trs. von 28 Tieren: 11,75 % ± 0,71*)

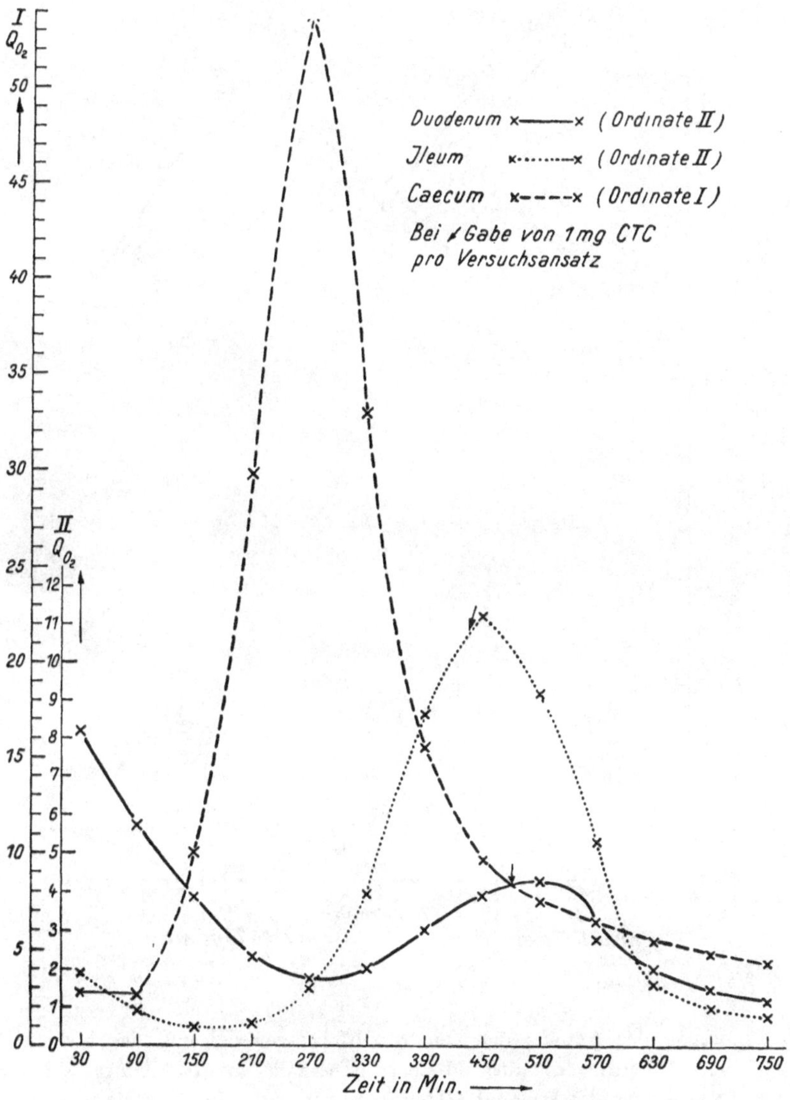

Abb. 2a. Atmung des Mucosagewebes von Duodenum, Ileum und Caecum in der Warburg-Apparatur über mehrere Stunden

An den mit x bezeichneten Punkten wurden die QO_2-Werte jeweils von der zu x gehörigen Zeit bis zur Zeit x + 60 berechnet

*) Mittlere Abweichung vom Mittelwert (gilt für alle analogen Angaben dieser Arbeit).

bezogen auf die Trs. Alter: < 42 Tage). Wir schlossen aus diesen Befunden, daß eine wesentliche quantitative Veränderung in der Zusammensetzung des Mucosagewebes durch CTC nicht stattfindet und verwendeten in unseren weiteren Untersuchungen den Faktor Q_{O_2} als repräsentative Größe für die Gewebeatmung.

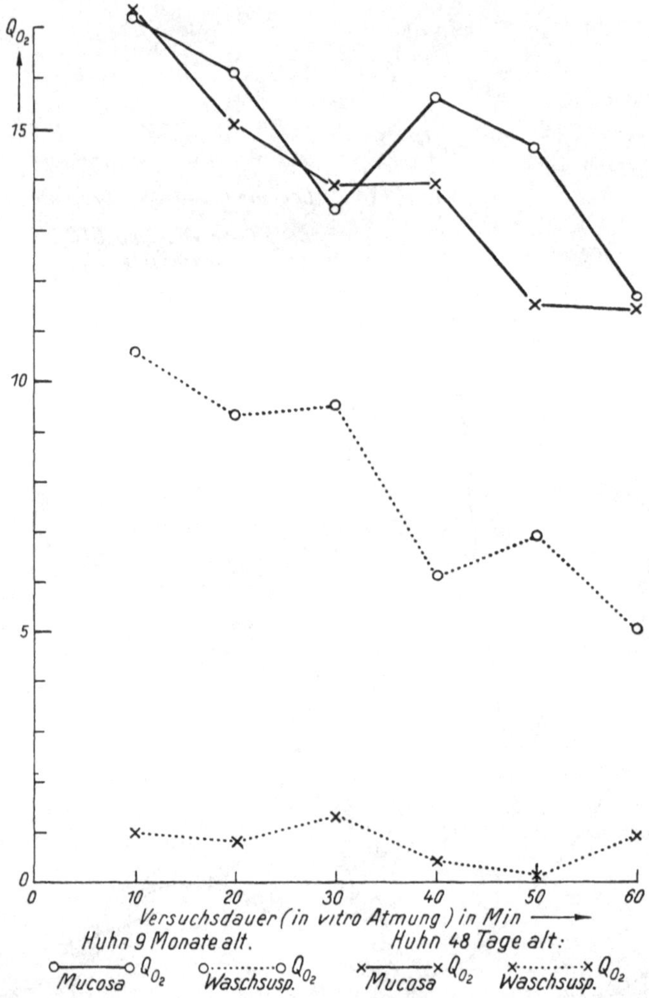

Abb. 2b. Änderung der Atmung des Duodenal-Mucosagewebes und der Mucosa-„Waschsuspension" von 2 verschieden alten Hühnern innerhalb von 60 Minuten (Atmung ausgedrückt in QO_2, Bezug also stets auf 60 Min.). Bemerkung: Mittelwerte von je 3 Ansätzen

Da das verwendete Material, vor allem das Gewebe selbst, nicht steril war, tauchte die Frage auf, ob Bakterien, vor allem fakultative Aerobier der Intestinalflora, die Mucosa-Atmung durch einen zusätzlichen eigenen O_2-Verbrauch verfälschten. Da eine derartige Bakterienatmung infolge der zu erwartenden progressiv steigenden Keimvermehrung ebenfalls ansteigen muß, kann ein länger dauernder

Atmungsversuch mit Schleimhautgewebe zum mindesten über den Beginn einer zunehmenden Bakterienatmung Aufschluß geben. Wir verfolgten daher in einem 13stündigen Dauerversuch mit je 2 Ansätzen die Atmung des Mucosagewebes von Duodenum, Ileum und Caecum in der Warburg-Apparatur. Die Ergebnisse sind aus Abb. 2a zu entnehmen.

Um die mögliche Atmung der an den Mucosazellen haftenden Bakterien angereichert zu untersuchen, wurden frisch gewonnene Stücke Duodenum umgestülpt oder aufgeschnitten, die Mucosaseite oberflächlich abgespült und dann das ganze Stück 9 Minuten lang in eiskalter Krebs-Ringer-Lösung geschüttelt. Nach Entfernung des Darmabschnittes wurde die Krebs-Ringer-Lösung mit den eventuell suspendierten Keimen („Wasch-Suspension") auf ihren O_2-Verbrauch in der Warburg-Apparatur untersucht. Von dem Darmabschnitt wurde die Mucosa, wie oben beschrieben, abgeschabt und die Atmungsquote (Q_{O_2}) im Warburg-Apparat bestimmt. Auch der O_2-Verbrauch der „Wasch-Suspension" wurde auf die Trockensubstanz der abgeschabten Mucosa berechnet (Q_{O_2}/Wasch-Suspension). Um die organischen Bestandteile der Wasch-Suspension zu ermitteln, wurde auch sie mit Trichloressigsäure, wie oben beschrieben, gefällt und die Fällung getrocknet und gewogen (Abb. 2b).

III. Besprchung der Versuchsergebnisse

1. Wie aus Tab. 3 zu entnehmen ist, konnten durch eine Zulage von CTC zu dem von uns gewählten Versuchsfutter zwar zeitweise kleine Wachstumsverbesserungen beobachtet werden, eine statistische Analyse ergab jedoch keine Signifikanz.

2. Aus Abb. 2a ist zu entnehmen, daß das Duodenalmucosagewebe bei der in vitro-Atmung bis zu 210 Minuten in seinem O_2-Verbrauch (Q_{O_2}) monoton abnimmt. Dann folgt etwa 2 Stunden lang eine Periode der Konstanz im O_2-Verbrauch, anschließend steigt der Q_{O_2} für mehrere Stunden deutlich an. Beim Ileum ist die Phase der monotonen O_2-Abnahme auf 90 Minuten verkürzt; die Periode des erhöhten O_2-Verbrauches zeichnet sich durch eine wesentlich stärkere Erhöhung des Q_{O_2} aus, als beim Duodenalgewebe. Noch extremer sind die Verhältnisse beim Caecum, wo die Phase des monotonen Abfallens der Atmung nur noch sehr gering war; dafür trat bereits nach 90 Minuten ein steiler Atmungsanstieg auf einen sehr hohen Q_{O_2} ein. Durch Zugabe von 1 mg CTC zum Warburg-Gefäß konnte in allen 3 Fällen die Atmungssteigerung rückgängig gemacht werden.

Aus Abb. 2b ist zu entnehmen, daß die Waschsuspension bei einem 9 Monate alten Tier eine deutliche Atmung zeigt, bei einem Jungtier (48 Tage) dagegen unbedeutend war. Bei dem 9 Monate alten Tier nimmt der Q_{O_2} ebenso, wie die Gewebeatmung in den gemessenen Zeiten monoton ab.

3. Bei den in vivo-Versuchen zur Frage der Beeinflussung von CTC auf die Darmschleimhaut stellten wir, wie aus Tab. 4 bzw. Abb. 3 zu entnehmen ist, fest, daß bei älteren Tieren die Zulage zum Futter die in vitro-Atmung der Duodenalmucosa im Vergleich mit den Kontrolltieren erniedrigt; dieser Effekt war statistisch gesichert ($P < 0{,}01$).

Tabelle 3. *Gewichtszunahmen bei 3 Kükenversuchsreihen ohne und mit Zulage von CTC zum Futter*

Versuchsreihe Nr.	Tieralter	Kontrollgruppe		Gruppe mit CTC			
		Anzahl der Tiere	Durchschnitts-gewicht in g	Anzahl der Tiere	Durchschnitts-gewicht in g		
1	1. Woche	47	60	47	59		
	2. „	41	100	41	96		
	3. „	32	176	33	168		
	4. „	26	271	27	259		
	5. „	22	351	23	360		
	6. „	20	451	21	413		
	7. „	18	552	19	541		
	8. „	16	614	17	643		
	9. „	13	701	13	742		
	10. „	13	851	13	893		
	11. „	11	1022	11	1030		
	12. „	11	1109	11	1147		
	13. „	11	1191	11	1267		
	14. „	11	1282	11	1330		
	15. „	10	1388	10	1447		
	16. „	9	1581	8	1659		
2	1. Woche	122	42	123	40		
	2. „	117	69	119	71		
	3. „	105	96	114	101		
	4. „	93	158	105	167		
	5. „	89	223	101	227		
	6. „	79	298	92	295		
	7. „	65	374	77	333		
	8. „	61	474	72	439		
	11. „	9	837	15	871		
				a		b	
				Tierz.	Gew.	Tierz.	Gew.
3	1. Woche	70	39	60	38	70	39
	2. „	65	55	57	55	64	56
	3. „	59	86	54	81	59	84
	4. „	51	127	48	123	51	127
	5. „	37	179	46	176	39	183
	6. „	25	261	43	237	27	260
	7. „	21	359	43	309	23	365
	8. „	13	461	43	404	15	436
	9. „	5	548	6	567	7	524

Im Gegensatz zu dieser eindeutigen Atmungsdepression konnte bei Versuchstieren, die jünger als 30 Tage waren, ein Hemmungseffekt der Atmung nicht beobachtet werden. Wir glauben sogar, daß während dieser Zeit Perioden vorhanden waren, bei denen die CTC-Zulage eine Aktivierung der in vitro-Atmung der Darmmucosa verursachte. Infolge der verhältnismäßig hohen Streuung der einzelnen

Werte konnten wir diesen Effekt jedoch bis jetzt noch nicht mit einer Grenzwahrscheinlichkeit sichern, die als signifikant bezeichnet werden könnte ($P < 0,10$).

Tabelle 4. In vitro-Atmung der Duodenalmucosa von Tieren mit und ohne Zulagen von CTC zum Futter

Versuch	Tierzahl je Reihe	Alter der Tiere in Tagen	Q_{O_2} Versuch ohne CTC	Q_{O_2} Versuch mit CTC	Signifikanz P-Wert
I	19	< 30	$4,56 \pm 1,13$	$5,50 \pm 2,85$	$< 0,1$; $> 0,05$
	12	> 70	$9,45 \pm 2,46$	$6,63 \pm 1,98$	$< 0,01$
II	5	12–24 Monate	$10,1 \pm 3,66$	$5,7 \pm 2,14$	$< 0,05$

Bemerkungen: Versuch I Dauerfütterung mit und ohne CTC-Zulagen zur Diät.
Versuch II Tiere nach 20-stündigem Hungern mit und ohne eine einmalige Gabe von 5 mg CTC/kg Körpergewicht.

Einen ähnlichen Hemmeffekt wie bei Tieren im Alter von über 70 Tagen konnten wir in einer anderen Versuchsanordnung ebenfalls nachweisen. Ein- bis zweijährige Hühner (Zwergrasse) erhielten nach 20stündigem Hungern pro kg Körpergewicht 20 ml Milch und 5 ml in der Milch suspendiertes CTC oral verabreicht. Im Vergleich zu Kontrolltieren, die nur Milch bekamen, zeigte nach einstündiger Wartezeit die in vitro-Atmung der Duodenalmucosa dieser Tiere stets einen niedrigeren Q_{O_2}.

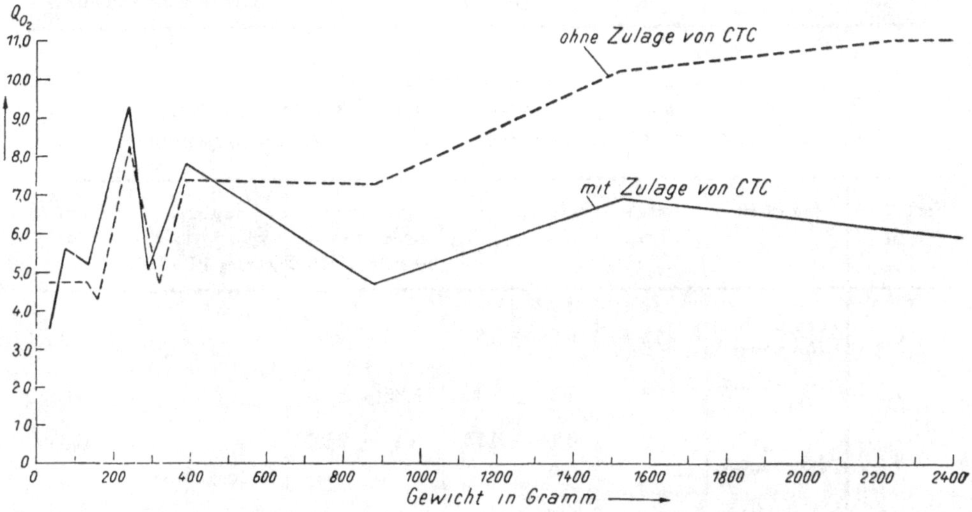

Abb. 3. Mittlere Atmungs.uoten (QO_2) der Duodenalmucosa von 2 Kükengruppen mit (T —) und ohne (— — —) Zulage von CTC

Die Unterschiede sind, wie Tab. 4 (Reihe II) ebenfalls zeigt, so erheblich, daß trotz der verhältnismäßig geringen Tierzahl eine Signifikanz vorhanden ist ($P < 0{,}05$).

4. Die Ergebnisse der Versuche, bei denen zum Mucosagewebe des Duodenum von Tieren, die im Futter niemals Wirkstoff bekamen, PEN bzw. CTC zu den Ansätzen im Warburgversuch zugesetzt wurde, sind aus den Tab. 5a und 5b zu entnehmen.

Tabelle 5a. *In vitro-Atmung des Duodenalmucosagewebes von Hühnern, die jünger als 35 Tage waren, mit und ohne Zulage von CTC und PEN zum Suspensionsmedium*

Versuchs-reihe	Jahreszeit	Anzahl der Tiere	mittlerer QO_2-Kontrolle	mittlerer QO_2 — CTC 50 mcg CTC/ml	mittlerer QO_2 — PEN 50 mcg PEN/ml	Signifikanz P-Wert
1	November bis Februar	11	4,9 ± 1,5	6,45 ± 1,5		< 0,05
2	März	4	4,5 ± 1,92	5,45 ± 2,06		> 0,05
3	Mai	15	5,2 ± 1,62		5,0 ± 1,35	> 0,05
4a	Juni	16	4,73 ± 1,36		5,19 ± 1,47	> 0,05
4b	Juli	12	4,64 ± 0,998	4,53 ± 0,86		> 0,05
5a	Juli-August	9	7,68 ± 2,16	5,5 ± 1,99		< 0,05
5b		10	7,22 ± 2,5		8,15 ± 2,73	> 0,05
1—5		36	5,46 ± 2,01	5,46 ± 1,67		> 0,05
3—5		41	5,51 ± 2,01		5,84 ± 2,22	> 0,05

Tabelle 5b. *In vitro-Atmung des Duodenalmucosagewebes von Hühnern, die älter als 70 Tage waren, mit und ohne Zulagen von CTC und PEN zum Suspensionsmedium*

Versuchs-reihe	Jahreszeit	Anzahl der Tiere	mittlerer QO_2-Kontrolle	mittlerer QO_2 — CTC 50 mcg CTC/ml	mittlerer QO_2 — PEN 50 mcg PEN/ml	Signifikanz P-Wert
6	Septbr. bis November	16	9,29 ± 2,8	4,95 ± 2,0		< 0,01
7	Novbr. bis Februar	6	7,52 ± 3,1	5,85 ± 3,05		> 0,05
8	Juli-August	6	6,1 ± 0,75	5,4 ± 0,98		> 0,05
		7	6,0 ± 0,7		5,16 ± 0,35	< 0,05
6-8		28	8,23 ± 2,83	5,24 ± 2,07		< 0,01
8		7	6,0 ± 0,7		5,16 ± 0,35	< 0,05

Wie aus diesen Ergebnissen hervorgeht, bewirkt sowohl PEN als auch CTC bei dem Gewebe von Tieren, die älter als 70 Tage waren, eine Atmungshemmung. Wie aus der Zusammenfassung der einzelnen Versuchsreihen hervorgeht, lag im Mittel der Q_{O_2} bei den Ansätzen ohne Antibiotikazusatz bei 8,23 bei den Ansätzen mit Zusatz von CTC oder PEN dagegen nur bei 5,24 bzw. 5,16. Diese Werte sind, wie die Tab. 5b weiter zeigt, statistisch gesichert ($P < 0{,}01$ bzw. $< 0{,}05$).

Tabelle 6. *Einfluß verschiedener Substratzusätze auf die Atmung (QO_2) von Duodenalmucosagewebe mit und ohne CTC-Zulage*

1	2	3	4	5	6
		QO_2 bei verschiedenen Substratzulagen			
Vers. Nr.	CTC-Zulage in mcg/ml	α-Keto-Glutarat	α-Keto-Glutarat Fumarat	Succinat Glutarat	$MgSO_4$ Glutarat Fumarat
1	—	—	9,9 (a)	—	—
	20	4,1 (b)	6,0 (a)	—	—
2	—	12,3 (a)	9,0 (b)	—	—
	20	7,1 (a)	—	—	—
3	—	8,8 (a)	6,2 (b)	—	—
	20	6,1 (a)	—	—	—
4	—	12,3 (a)	—	17,0 (a)	—
	20	7,1 (a)	—	16,1 (a)	—
5	—	—	—	11,9 (b)	—
	20	7,2 (b)	—	10,2 (b)	—
6	—	—	—	12,0 (b)	—
	20	7,8 (b)	—	11,4 (b)	—
7	—	—	4,9 (c)	—	—
	50	—	4,2 (c)	—	6,3
8	—	—	7,3 (c)	—	—
	50	—	6,4 (c)	—	7,5

Bemerkungen:

Sp. 3: α-Keto-Glutarat (0,16 m Lsg.): a) 0,25 ml/Ansatz; b) 0,30 ml/Ansatz.

Sp. 4: α-Keto-Glutarat (0,16 m Lsg.): a) 0,15 ml/Ansatz; b) 0,125 ml/Ansatz, — Fumarat (0,10 m Lsg.): a) u. b) 0,20 ml/Ansatz; c) α-Keto-Glutarat bzw. Fumarat (0,2 m Lsg.): 0,15 ml/Ansatz.

Sp. 5: Succinat bzw. α-Keto-Glutarat (0,16 m Lsg.): a) 0,125 ml/Ansatz; b) 0,15 ml/Ansatz.

Sp. 6: $MgSO_4$ (0,154 m Lsg.): 0,05 ml/Ansatz. — α-Keto-Glutarat und Fumarat wie bei Sp. 4 c.

Alle Ansätze wurden mit Krebs-Ringer-Lösung auf 3,0 ml aufgefüllt.

Die Hemmung durch CTC (bei PEN wurden diese Versuche nicht durchgeführt) konnte durch alpha-Ketoglutarat nicht behoben werden. Eine Zugabe von Succinat zum Warburgansatz aktiviert jedoch deutlich die gehemmte Atmung, und zwar lagen die Verhältnisse folgendermaßen: Der Succinat-Zusatz bewirkte bei den Ansätzen ohne CTC bereits eine deutliche Atmungsaktivierung. Bei den Ansätzen mit CTC bewirkte der Zusatz eine Aktivierung etwa auf den gleichen Q_{O_2}-Wert, wie bei den Ansätzen ohne CTC plus Succinat (vgl. Tab. 6).

Ein ähnlicher Aktivierungseffekt kann durch Erhöhung des Mg-Gehaltes der Ringer-Lösung von 1,2 μ mol/ml auf 3,8 μ mol/ml erzielt werden. Auch in diesem Falle wird der Hemmungseffekt durch CTC nicht nur aufgehoben, sondern über den Q_{O_2} der Kontrollen hinaus aktiviert (vgl. Tab. 6).

Ähnlich wie bei den in vivo-Versuchen zeigen bei den soeben besprochenen Versuchen, wo CTC bzw. PEN erst dem Warburgansatz zugesetzt wurden, die Ergebnisse bei Tieren, die jünger als 30 Tage waren, ein anderes Bild. Wie Tab. 5a zeigt, kann im Mittel von 36 Versuchen durch CTC keine Atmungshemmung beobachtet werden. Das gleiche gilt für die 41 Versuchsansätze mit PEN.

In der Tab. 5a sind ferner, wie bei Tab. 5b, auch die Ergebnisse der einzelnen Versuchsreihen aufgeführt. Wie man sieht, konnte bei einer Versuchsreihe 5a mit 9 Tieren eine signifikante Hemmung durch CTC beobachtet werden. Bei den übrigen 3 Versuchsreihen mit 27 Tieren war kein Hemmeffekt festzustellen. Bei Versuchsreihe 1 mit 11 Tieren konnte sogar signifikant ($P < 0{,}05$) ein Aktivierungseffekt beobachtet werden.

IV. Schlußfolgerungen

Die geringe bzw. teilweise fehlende Wachstumsbeschleunigung unserer mit CTC gefütterten Versuchsreihen steht in einem gewissen Gegensatz zu den Ergebnissen von Versuchen einer früheren Veröffentlichung unseres Instituts [5], wo sowohl durch PEN als auch durch CTC eine signifikante Wachstumsverbesserung im Mittel von 11 bis 12 % erreicht werden konnte*). Derartige widersprechende Befunde sind in Übereinstimmung mit den Ergebnissen anderer Untersucher [12]. Bei einer verhältnismäßig guten Diät, wie wir sie verwendeten, ist eine positive Wachstumsbeeinflussung nicht gesichert und stark milieubedingt. Vor allem unkontrollierbare latente Infektionen, aber auch andere, zum Teil noch in ihrer Wirkung ungeklärte Umwelteinflüsse, dürften einen wesentlichen Einfluß auf die Wachstumswirkung der beiden Antibiotika haben.

Vor Diskussion der beobachteten Wirkung von CTC und PEN auf das Mucosagewebe muß zunächst geprüft werden, ob die gefundenen Werte nicht durch die Atmung fakultativ aerober Bakterien gestört sind. Abb. 2a zeigt, daß das verständlicherweise nicht sterile Gewebe bei längerer Versuchsdauer einen wachsenden zusätzlichen O_2-Verbrauch erkennen läßt, der sich nur durch die Atmung einer sich progressiv vermehrenden Bakterienflora erklären läßt; dies beweist ferner das starke Ansteigen des Q_{O_2} in dieser Phase in Richtung Colon und außerdem die CTC-Empfindlichkeit.

*) Wir wiesen bereits dort auf die heute berichteten Befunde hin.

Die Versuche sprechen aber nicht für eine Beeinflussung der zur Diskussion stehenden Atmungswerte, denn in den uns interessierenden Zeitspannen der in vitro-Atmung findet keine derartige durch einen Anstieg des Q_{O_2} charakterisierte progressive Vermehrung der Mikroorganismen statt. Der Abfall der Q_{O_2}-Werte innerhalb der ersten 2 Stunden der in vitro-Atmung spricht im Gegenteil gegen eine Beteiligung von Bakterien am O_2-Verbrauch.

Unsere in Abb. 2b wiedergegebenen Versuche, durch Schütteln der wenigstens äußerlich intakten Duodenal-Schleimhaut mit Krebs-Ringer-Lösung eine eventuelle oberflächlich anhaftende Bakterienflora in der „Waschflüssigkeit" anzureichern, erbrachten bei einem Jungtier nur Atmungswerte von 10% der Mucosaatmung. Bei einem älteren Tier war die Atmung zwar erheblich höher, zeigte aber – wie beim Mucosagewebe selbst – eine deutlich fallende Tendenz, die dafür spricht, daß sie durch sezernierte Atmungsfermente der Schleimhautzellen oder durch Zelltrümmer der Mucosa verursacht ist, nicht aber durch Bakterien; letztere müßten zum mindesten in dieser „Waschsuspension" angereichert sein und daher im Laufe des Versuches einen wachsenden O_2-Verbrauch bedingen, der sich im zeitlichen Verlauf des Gesamt-O_2-Verbrauches äußern müßte, falls er nennenswerte Ausmaße annehmen sollte. Diese Befunde veranlassen uns daher zu der Schlußfolgerung, die mitgeteilten Ergebnisse als Ausdruck oxydativer Prozesse in der Duodenalmucosa zu deuten.

Der durch PEN und CTC bewirkte Hemmeffekt auf die Mucosaatmung beweist eine starke Empfindlichkeit des Stoffwechsels gegen die beiden Antibiotika. Die Tatsache, daß ein Zusatz von Succinat zu den mit CTC gehemmten Ansätzen eine Erhöhung des Q_{O_2} bewirkt, nicht aber ein Zusatz von α-Ketoglutarat, beweist unseres Erachtens, daß der Abbaumechanismus der Ketoglutarsäure gestört ist.

Da wir ferner durch Zugabe von Mg-Ionen die Hemmung aufheben konnten, liegt die Vermutung nahe, daß ein durch Mg aktivierbares Fermentsystem gehemmt wird. Dies könnte dadurch geschehen, daß CTC Mg-Ionen abfängt, die für eine bestimmte Fermentreaktion notwendig sind. In diese Richtung weisen Versuche von Albert [1], die zeigen konnten, daß CTC in der Lage ist, verschiedene Kationen, wie z. B. Eisen, Kupfer, Nickel, Kobalt, Zink und Mangan, in Form einer Chelatbindung zu fixieren. Es ist möglich, daß Mg ähnlich reagiert. Als magnesiumbedürftiges Fermentsystem kommt die Dekarboxylase mit Lipothiamidpyrophosphat als Coferment in Frage. Bei Ausfall oder verminderter Aktivität dieses Fermentes ist die Bildung von Succinat im Zitronensäurecyklus gehemmt.

Im Gegensatz zu dem soeben beschriebenen Hemmeffekt lassen unsere Beobachtungen bei jüngeren Tieren mit Sicherheit den Schluß zu, daß in den allermeisten Fällen sowohl bei in vivo-Verabreichungen wie auch bei einem Zusatz in vitro weder Chlortetracyclin noch Penicillin in der Lage sind, die Atmung des Mucosagewebes im Warburgversuch zu hemmen. Diese Ergebnisse, sowie die weiteren Beobachtungen, daß teilweise sogar eine signifikant gesicherte Aktivierung auftrat, lassen einen völlig anderen noch unbekannten Mechanismus der Antibiotika bei jugendlichem Mucosagewebe vermuten.

Die zwischen den einzelnen Versuchsgruppen beobachteten signifikanten Unterschiede in der Wirkung von CTC auf das Mucosagewebe der Jungtiere läßt Umwelteinflüsse vermuten, die uns noch unbekannt sind. Vielleicht handelt es sich um jahreszeitlich bedingte Schwankungen in der Stoffwechselaktivität des Gewebes, das dann seinerseits durch CTC unterschiedlich beeinflußt werden könnte.

Unabhängig von der theoretischen Deutung ist zwischen unseren Befunden und den Ergebnissen der Wachstumsversuche mit Antibiotika ein Zusammenhang zu erkennen. Alle Untersucher teilen nämlich übereinstimmend mit, daß Wachstumseffekte nur erzielt werden können, wenn die Antibiotika den Tieren bereits in jugendlichem Alter gegeben werden. Eine spätere Verabreichung soll nur noch einen Sinn haben, wenn sehr hohe Dosen gegeben werden. Dieser Effekt muß dann aber als rein therapeutische Wirkung, d. h. als Unterdrückung latenter Infektionen gedeutet werden.

Unsere Befunde veranlassen uns zu dem Schluß, daß ein wesentlicher Effekt der Antibiotika auf das Wachstum junger Tiere über die Darmschleimhaut erfolgt. Man kann sich diesen Effekt als eine Resorptionsverbesserung denken; hierfür sprechen auch die bereits eingangs erwähnten Arbeiten von Draper[2] und Ferrando[3]. Andererseits erscheint auch eine indirekte Beeinflussung der Bakterienflora des Darmes über Steuerungsmechanismen der Mucosazellen im Sinne der eingangs erwähnten Ergebnisse von Petuely [10] möglich.

V. Zusammenfassung

1. Es wurde festgestellt, daß die Zellen der Darmmucosa von Hühnern, die über 80 Tage alt sind, in ihrer Atmungsleistung durch Chlortetracyclin und Penicillin gehemmt werden. Dieser Hemmeffekt war sowohl zu beobachten, wenn die Tiere das Chlortetracyclin zu Lebzeiten oral verabreicht bekamen, als auch, wenn das Antibiotikum dem in vitro-Ansatz in der Warburgapparatur zugesetzt wurde.

2. Die Hemmung durch Chlortetracyclin in vitro ist durch Ketoglutarsäure nicht aufhebbar, dagegen durch Succinat und Mg-Ionen. Es wird die Hypothese diskutiert, daß Chlortetracyclin durch Abfangen von Mg-Ionen die oxydative Dekarboxylierung der α-Ketoglutarsäure hemmt.

3. Bei Tieren im Alter unter 35 Tagen konnte bei in vitro-Versuchen nach der Warburgmethode im Mittel aller Versuche keine Atmungshemmung durch Chlortetracyclin festgestellt werden. Auch bei Verabreichung des Chlortetracyclins an die Tiere in vivo konnte keine Veränderung der Atmungsleistung festgestellt werden.

4. Eine Erklärung für den Ausfall der Atmungshemmung bei Mucosagewebe jugendlicher Tiere ist augenblicklich nicht zu geben. Dagegen wird vermutet, daß dieses Effekt mit der Wachstumswirkung der Antibiotika in diesem Alter zusammenhängt.

VI. Literaturverzeichnis

[1] ALBERT, Nature **172**, 201 (1953).

[2] DRAPER, H. H., J. of Nutrit. **64**, 33 (1958).

[3] FERRANDO, R., J. BOST, D. BRENOT, C. R. SÉANCES, Tead. Sci. **236**, 1618 (1953).

[4] HOCK, A., Tierärztliche Wochenschrift, **66**, 48 (1959).

[5] HOCK, A., L. LENNERTS, Arch. f. Tierernährg. **8**, 194 (1958).

[6] JUKES, T. H., Internat. Symp. über Antibiotika München 1955 (Monographie).

[7] KREBS, H. A., Biochim. et Biophys. Acta **4**, 249.

[8] McCOLLUM, N. SIMONDS, J. biol. Chem. **33**, 55 (1918).

[9] NIESAR, K. H., Naturw. **5**, 117 (1957).

[10] PETUELY, F., G. LINDNER, Z. f. Bakteriol. u. Parasitenkund., Infektionskrankh. u. Hygiene **169**, 178 (1957).

[11] Symposion Wien 1956: Die Bedeutung der Antibiotika in der Tierernährung und Lebensmittelhygiene unter besonderer Berücksichtigung von Aureomycin. — Verlag Cantor, Aulendorf in Württ.

[12] SCHÖNHERR, W., Arch. f. Tierernährg., Beih. 7 (1957).

[13] STOKSTAD, E. J. R., T. H. JUKES, Proc. Soc. Exp. Med. Biol. **73**, 523 (1950).

[14] UMBERT, W. W., R. H. BURRIS, J. F. STAUFFER, Manometrie techniques, Burgess Publishing Co., Minneapolis, 1957 (3. Aufl.).

[15] WARBURG, O., Der Stoffwechsel der Tumoren, Springer-Verlag Berlin, 1926.

Eingegangen am 2. 12. 1958

Aus dem Institut für Tierernährungslehre der Landw. Hochschule Hohenheim
(Direktor: Prof. Dr. Dr. W. WÖHLBIER)

W. WÖHLBIER, M. KIRCHGESSNER und W. OELSCHLÄGER

Die Gehalte des Rotklees und der Luzerne an Mengen- und Spurenelementen

In zahlreichen Arbeiten der letzten Jahre bestimmten wir die Gehalte des Wiesenheues, einzelner Gräser, Leguminosen und Kräuter an Mengen- und Spurenelementen [6, 3, 15, 12, 26] und fanden, daß diese sehr großen Schwankungen unterliegen. In weiteren Untersuchungen sowie in den Untersuchungen anderer Autoren zeigte es sich, daß durch das jeweilige Vegetationsstadium, die Art der Werbung, die botanische Zusammensetzung [6, 7, 8, 26], die Düngung [6, 25, 10, 4, 1] und den pH-Wert [6, 13, 5, 2] die Gehalte des Wiesenheues an Mengen- und Spurenelementen sehr stark beeinflußt werden. Außer diesen Faktoren dürften auch das Klima, der Bodentyp und die Pflanze selbst die Gehalte an Mengen- und Spurenelementen verändern. In den vorliegenden Untersuchungen sollten deshalb die Gehalte an Mengen- und Spurenelementen von Rotklee und Luzerne auf einem einheitlichen Bodentyp bei gleicher Schnittzeit bestimmt werden, um festzustellen, ob so der Schwankungsbereich verringert wird und damit eine tabellarische Zusammenfassung der Gehalte des Rotklees und der Luzerne an Mengen- und Spurenelementen möglich ist. Da jedoch oftmals einzelne Gehalte erheblich vom Mittel abweichen, was durch einen an den Pflanzen anhaftenden geringen Anteil an Erde verursacht sein kann, soll außerdem anhand dieser Untersuchungen geprüft werden, inwieweit hierdurch der Gehalt der Pflanzen an Mengen- und Spurenelementen verfälscht wird. Aus diesem Grunde bestimmten wir außer den Gehalten der Luzerne und des Rotklees an Mengen- und Spurenelementen auch die des betreffenden Bodens an einzelnen Elementen. Des weiteren soll natürlich im Zusammenhang mit unseren bisherigen Bestimmungen des Gehaltes an Mengen- und Spurenelementen des Rotklees und der Luzerne [26, 12, 2] der Wert dieser Elemente für die Rindviehfütterung erörtert werden.

Die für die vorliegenden Untersuchungen verwendeten Proben stammen von einem geschlossenen Lößgebiet nördlich von Stuttgart, dem sogenannten „Schmiedener Feld". Die Lößdecke besitzt hier eine Mächtigkeit von 5—13 m, und damit dürfte eine gleichmäßige Beschaffenheit des Bodens gegeben sein. Aus Feldfutterschlägen verschiedener Betriebe wurden 15 Rotkleebestände — Rotklee, I. Schnitt, in voller Blüte — und 13 Luzernebestände — Luzerne, I. Schnitt, Beginn der Blüte — ausgesucht und innerhalb von 2 Tagen Proben auf jeweils 4 qm großen Flächen mit der Schere geerntet. Noch etwa vorhandene Unkräuter wurden ebenso wie anhaftende Erde vor dem Trocknen entfernt. Die Gehalte an Mengen- und Spurenelementen, über die in vorliegender Arbeit berichtet wird, wurde nach den chemisch-analytischen Untersuchungsmethoden von OELSCHLÄGER [16–24] bestimmt. Der Bodenauszug, worin die Elemente P, Ca, Mg, K, Na, Fe, Mn, Al, Zn. Cu, Ni, Co, Cr, Pb und S bestimmt wurden, wurde nach der im Methodenbuch stehenden [9] Verbandsmethode mit

10%iger Salzsäure hergestellt. Für die Anionen Si, B, Cl und F wurde ein Aufschluß mit Ätznatron und für die Elemente As und Mo ein nasser, oxydierender Aufschluß mit Salpeter-Schwefelsäure gewählt. Die mathematisch-biologischen Auswertungen wurden nach LINDER [14] vorgenommen. Die in den Tabellen angeführten ±-Werte stellen den jeweiligen Vertrauensbereich, d. h. die mögliche Abweichung eines Einzelwertes vom durchschnittlichen Gehalt bei $P = 0{,}05$ dar.

In den Tabellen 1 und 2 sind die durchschnittlichen Gehalte der Luzerne und des Rotklees an Mengen- bzw. Spurenelementen und der jeweilige Vertrauensbereich zusammengestellt, die einzelnen Gehalte sind in den Tabellen 3 und 4 aufgeführt. Die Anzahl der jeweils untersuchten Proben beträgt bei Luzerne 13, bei Rotklee 15.

Bei Betrachtung der Tabellen fällt besonders auf, daß die Gehalte an Na, S und Fe der Luzerne sehr hoch sind. Dies gilt nicht nur im Vergleich zu den in Tabellen 1 und 2 aufgezeigten Na-, S- und Fe-Gehalte des Rotklees, sondern auch zu anderen Leguminosenarten (siehe 26). Da schon bei früheren Untersuchungen sehr hohe S- und Fe-Gehalte in der Luzerne gefunden wurden, dürfte anzunehmen sein, daß der Luzerne eine besondere Aufnahmefähigkeit für diese Elemente eigen ist. Die Gehalte der Luzerne an den übrigen Elementen liegen innerhalb des Schwankungsbereichs der Gehalte des Rotklees. Zieht man noch unsere früheren Bestimmungen der Mengen- und Spurenelementgehalte der Luzerne bzw. des Rotklees [26] [2, 12] sowie die entsprechenden Bestimmungen der hauptsächlichsten Mineralstoffe durch Mach und Herrmann [11] sowie durch König [14] heran, so düfte angenommen werden, daß die auf Lößböden gewachsene Luzerne besonders hohe Na- und Cl-Gehalte, aber auch hohe K- und Co-Gehalte aufweist. Der auf Lößböden gewachsene Rotklee hat ebenso hohe Na- und Cl-Werte, aber auch hohe Al-, Fe-, Cu- und Co-Gehalte. Zur Sicherung dieser Ergebnisse müssen jedoch noch weitere Untersuchungen durchgeführt werden.

Im übrigen sind die Unterschiede, die bereits in einer früheren Arbeit [26] aufgezeigt worden sind, auch zwischen Rotklee sowie Luzerne und den verschiedenen Gräsern vorhanden. Neben einem höheren Gehalt an Ca und Mg sind vor allem auch die Gehalte des Rotklees und der Luzerne an den Spurenelementen Fe, Al, B, Cu, und Co wesentlich höher als in den verschiedenen Gräsern. Jedoch ist der Si-Gehalt der Gräser höher als der des Rotklees und der Luzerne.

In grünlandarmen Ackerbaugebieten stellen die Futterpflanzen Rotklee und Luzerne einen wesentlichen Bestandteil der Futterration des Rindviehs dar. Die Tiere erhalten dann aber wesentlich größere Mengen an Ca und Mg, sowie Fe, Cu und Co als bei einer Verfütterung von Wiesengras bzw. -heu. Nun sind die erhöhten Gehalte an den verschiedenen Spurenelementen für die Rindviehfütterung von besonderem Wert. Dagegen bedingen die hohen Ca- und Mg-Gehalte aber eine durchschnittliche Erdalkalität von über 90 mg Aequiv. je 100 g Klee. Die Gesamtration des Wiederkäuers soll jedoch nur 10–20 mg Aequiv. je 100 g Futter haben – über 30 mg Aequiv. hinaus sollte die Erdalkalität nicht schwanken. Es müßte daher zuerst für einen entsprechenden Ausgleich durch Phosphorzulagen gesorgt werden. Unter bestimmten Umständen genügt auch bereits die Zulage einer entsprechenden Kraftfuttermischung und erhöhter Mengen Dicalciumphosphat.

Tabelle 1. *Der durchschnittliche Gehalt der Luzerne und des Rotklees an Mengenelementen und der jeweilige Vertrauensbereich*

bezogen auf 100 g absolute Trockensubstanz

	EA	AA	GA	Ca	Mg	K	Cl	P	S	Si	Na	Fe
	mg Aequiv.			g	g	g	g	g	g	g	mg	mg
Luzerne												
Mittel . . .	96	8	104	2,05	0,27	2,21	0,96	0,29	0,43	0,12	110	40
Vertr. ber. .	± 31	± 26	± 20	± 0,46	± 0,07	± 1,24	± 0,61	± 0,13	± 0,15	± 0,13	± 68	± 15
Rotklee												
Mittel . . .	94	16	109	1,68	0,40	2,12	0,88	0,25	0,23	0,09	22	14
Vertr. ber. .	± 21	± 21	± 24	± 0,39	± 0,11	± 0,64	± 0,47	± 0,06	± 0,11	± 0,11	± 28	± 9

Tabelle 2. *Der durchschnittliche Gehalt der Luzerne und des Rotklees an Spurenelementen und der jeweilige Vertrauensbereich*

bezogen auf 100 g absolute Trockensubstanz

	Al	B	Mn	Zn	Cu	Pb	Ni	Cr	As	Mo	Co
	mg	mg	mg	mg	mg	mg	mg	µg	µg	µg	µg
Luzerne											
Mittel . . .	13	4,2	4,0	2,4	1,1	0,31	0,12	43	23	16	11
Vertr. ber. .	± 13	± 1,1	± 1,1	± 1,1	± 0,4	± 0,09	± 0,09	± 28	± 16	± 33	± 9
Rotklee											
Mittel . . .	11	3,5	5,6	2,7	1,3	0,33	0,29	36	21	13	11
Vertr. ber. .	± 9	± 1,1	± 2,8	± 1,1	± 0,2	± 0,13	± 0,32	± 21	± 15	± 24	± 4

Tabelle 3. *Der Gehalt des Rotklees und der Luzerne an Mengenelementen* bezogen auf 100 g absolute Trockensubstanz

Pr. Nr.	Ca g	Mg g	K g	Cl g	S g	P g	Si g	Na mg	Fe mg	Al mg
					Trifolium pratense, I. Schnitt, in voller Blüte					
1	1,67	0,41	1,74	0,99	0,20	0,22	0,06	22	12	8
2	1,64	0,45	2,35	1,30	0,27	0,26	0,06	21	12	8
3	1,55	0,37	1,93	0,96	0,21	0,22	0,05	19	11	8
4	1,63	0,39	2,24	0,93	0,26	0,25	0,18	19	21	16
5	1,58	0,35	1,84	0,85	0,23	0,23	0,09	22	16	11
6	1,49	0,31	2,28	0,80	0,22	0,19	0,13	14	18	17
7	1,45	0,39	2,24	0,91	0,20	0,23	0,07	15	13	10
8	1,59	0,36	2.04	0,49	0,19	0,21	0,05	13	11	8
9	1,63	0,38	2,58	1,22	0,21	0,27	0,06	19	11	9
10	1,70	0,44	1,88	0,77	0,21	0,25	0,06	53	12	7
11	1,81	0,48	2,12	0,86	0,22	0,29	0,08	19	17	13
12	2,05	0,52	2,12	0,73	0,40	0,31	0,14	20	17	14
13	1,62	0,37	2,55	0,82	0,22	0,25	0,17	16	21	17
14	2,02	0,42	1,51	1,09	0,21	0,26	0,11	52	15	13
15	1,83	0,42	2,41	0,50	0,24	0,24	0,03	6	10	7
					Medicago sativa, I. Schnitt, Beginn der Blüte					
1	1,73	0,26	3,57	1,46	0,48	0,40	0,26	88	30	26
2	2,12	0,31	2,65	1,21	0,56	0,38	0,19	115	31	23
3	2,03	0,30	2,41	1,24	0,45	0,36	0,16	161	23	17
4	2,02	0,28	2,15	0,69	0,42	0,22	0,06	49	11	8
5	1,67	0,23	2,05	0,87	0,34	0,24	0,08	114	15	9
6	2,02	0,24	2,07	0,81	0,38	0,29	0,09	107	15	13
7	1,90	0,24	2,65	1,03	0,35	0,30	0,10	98	19	14
8	2,04	0,25	2,37	0,43	0,50	0,29	0,07	113	13	8
9	2,30	0,30	1,83	0,68	0,44	0,27	0,07	73	14	9
10	2,11	0,26	1,43	0,96	0,35	0,26	0,07	153	12	6
11	2,45	0,31	1,47	1,24	0,44	0,25	0,08	143	14	10
12	2,04	0,24	1,76	0,92	0,36	0,30	0,14	116	19	14
13	2,25	0,23	2,35	0.94	0,49	0,27	0,13	99	23	18

Der mittlere Vertrauensbereich liegt bei dem Gehalt der Luzerne bzw. des Rotklees an Mengenelementen (ohne Na und Cl) bei 27% bzw. bei 31% des mittleren Gehaltes, an den Spurenelementen Fe, Mn, Zn, Cu und Co bei 46% bzw. 41%. Dagegen beträgt der Schwankungsbereich für die gesamten Spurenelemente 65% bzw. 64%. Trotz gleicher klimatischer Einflüsse, gleicher Schnittzeit, gleichem

Tabelle 4. *Der Gehalt des Rotklees und der Luzerne an Spurenelementen* bezogen auf 100 g absolute Trockensubstanz

Pr. Nr.	Mn mg	B mg	Zn mg	Cu mg	Ni mg	Pb mg	Cr μg	As μg	Co μg	Mo μg
					Trifolium pratense, I. Schnitt, in voller Blüte					
1	8,3	3,7	2,6	1,4	0,67	0,25	28	15	12	0
2	7,9	3,7	2,7	1,4	0,44	0,47	46	9	10	3
3	4,4	3,7	2,7	1,2	0,24	0,34	29	15	8	3
4	5,3	3,9	2,6	1,4	0,45	0,32	42	22	13	6
5	6,3	3,4	2,5	1,3	0,36	0,32·	37	15	12	3
6	4,7	3,5	2,8	1,4	0,28	0,41	59	34	14	6
7	5,9	3,2	2,7	1,4	0,31	0,30	28	17	12	13
8	4,2	2,4	2,4	1,2	0,20	0,28	31	16	7	10
9	7,1	3,4	2,6	1,4	0,35	0,27	23	19	12	9
10	4,5	3,3	2,7	1,2	0,18	0,31	27	19	7	21
11	5,0	3,7	2,9	1,5	0,27	0,29	35	26	10	10
12	5,8	4,2	4,5	1,4	0,18	0,31	34	15	14	33
13	5,4	3,1	2,4	1,2	0,15	0,41	51	24	14	27
14	5,6	3,4	2,5	1,2	0,15	0,35	39	30	9	33
15	4,1	4,2	2,6	1,2	0,10	0,28	28	32	9	23
					Medicago sativa, I. Schnitt, Beginn der Blüte					
1	4,9	3,9	3,0	1,3	0,12	0,26	66	—	18	11
2	4,7	4,0	3,3	1,3	0,11	0,28	63	—	18	27
3	4,7	3,7	2,5	1,2	0,11	0,27	52	24	15	27
4	3,6	4,4	2,6	1,1	0,23	0,29	26	11	10	1
5	3,6	5,3	1,8	0,8	0,14	0,34	35	19	6	25
6	3,6	4,1	2,3	0,9	0,09	0,29	35	26	8	8
7	3,7	3,9	2,0	1,2	0,10	0,32	43	29	10	58
8	3,9	3,5	2,2	1,1	0,12	0,30	31	25	9	6
9	3,8	4,1	2,6	1,2	0,08	0,27	35	17	9	3
10	3,8	4,7	2,1	0,9	0,14	0,33	33	33	7	8
11	3,1	3,8	2,0	1,2	0,08	0,33	34	28	7	9
12	4,4	4,6	3,3	1,1	0,12	0,39	47	—	11	20
13	3,6	4,2	2,0	0,9	0,09	0,32	53	16	11	8

Bodentyp und derselben Pflanzenart, treten noch erhebliche Schwankungen auf. Infolgedessen dürfte eine tabellarische Zusammenstellung von durchschnittlichen Gehalten immer noch sehr schwer sein, obwohl der Schwankungsbereich im Vergleich zu Wiesenheu auf weniger als die Hälfte abgesunken ist. Diese trotz einer Reihe von konstanten Bedingungen noch vorhandenen erheblichen Schwankungen sind insbesondere durch eine unterschiedliche Düngung und Pflege verursacht. Besonders interessant ist, daß insbesondere bei Co und Zn eine hochgesicherte Korrelation ($P < 0{,}001$) zwischen dem Massenertrag der einzelnen Luzernebestände und dem Gehalt an Co und Zn gefunden wurde.

μg Co je 100 g Luz. = 20,2 – 27 · kg Luz. (abs. tr.) je m^2

$B = 0{,}82 \quad r = -0{,}90 \quad t = 7{,}0$

mg Zn je 100 g Luz. = 3,45 – 3,1 · kg Luz. (abs. tr.) je m^2

$B = 0{,}67 \quad r = -0{,}82 \quad t = 4{,}8$

Je größer also der Massenertrag war, desto kleiner war der Gehalt an Co und Zn. Diese Tatsache dürfte auch erklären, warum gerade in schlecht bewirtschafteten Betrieben viel seltener ein Mangel an Co auftritt. Die erhöhten Gehalte des Heus schlecht wirtschaftender Betriebe an Spurenelementen sind auch noch dadurch bedingt, daß bei schlechter Werbung die Nährstoffverluste größer als die an Spurenelementen sind [8], wodurch sich die Gehalte je Gewichtseinheit Heu an den einzelnen Elementen erhöhen.

In der vorliegenden Arbeit sollten weiterhin die Fehlermöglichkeiten bei Bestimmung der Gehalte der Pflanzen an Mengen- und Spurenelementen durch anhaftende Erde untersucht werden. Deshalb wurden nach der eingangs beschriebenen Methode 28 Bodenproben auf ihren Mengen- und Spurenelementgehalt untersucht.

Tabelle 5. *Die durchschnittlichen Gehalte der Lößböden an Mengenelementen und der jeweilige Vertrauensbereich*

bezogenen auf 100 g Boden

	pH	Si g	Fe g	Al g	Ca g	Mg g	K g	P g	Na mg	Cl mg	S mg
Mittel	6,7	24,4	1,7	0,9	0,49	0,26	0,12	0,037	32	7,0	7,8
Vertr. b.	± 1,6	± 9,4	± 0,4	±44,4	±1,52	±0,12	±0,06	±0,018	± 14	± 4,5	± 3,1

Tabelle 6. *Die durchschnittlichen Gehalte der Lößböden an Spurenelementen und der jeweilige Vertrauensbereich*

bezogenen auf 100 g Boden

	Mn mg	Cu mg	F mg	Zn mg	B mg	Pb mg	Ni mg	Cr mg	As mg	Co mg	Mo μg
Mittel	75	28	21	4,9	4,5	2,5	2,3	1,8	1,3	0,66	11
Vertr. b.	± 12	± 8	± 8	± 1,2	± 2,9	± 0,6	± 0,8	± 0,4	± 0,8	±0,16	± 8

In der Tabelle 5 und 6 sind die durchschnittlichen Gehalte der Lößböden an einzelnen Elementen und der jeweilige Vertrauensbereich der Einzelwerte aufgezeigt. Vergleicht man diese Werte mit denen der Pflanzen, so fällt auf, daß besonders der Spurenelementgehalt des Bodens ein Mehrfaches des Gehaltes der

Pflanzen beträgt (s. Tabelle 7). Ein geringer Teil Erde an den Pflanzen bedingt deshalb einen erheblichen Fehler bei der Spurenelementbestimmung. In Tabelle 7 ist angegeben, wie groß der Anteil der in der Erde vorhandenen Mineralstoffe am Gesamtgehalt ist, wenn 1, 3 und 5 g Erde mit entsprechenden Mengen an Klee zu insgesamt 100 g vermischt sind. Bei den Mengenelementen (mit Ausnahme des Si) verursacht selbst ein 5%iger Anteil Erde nur einen kleinen Fehler. Bei den Spurenelementen Al, Fe, Co, As, Cr und Cu betragen jedoch bereits bei einem Anteil von 1% Erde die hierdurch beigemengten Spurenelemente mehr als 20% des gesamten Gehaltes. Auch bei den übrigen Spurenelementen – abgesehen von B und Mo – wird die Bestimmung der Spurenelementgehalte der Pflanzen bei einer Vermischung mit 2–3 g Erde mit erheblichen Fehlern belastet. Diese Feststellungen rechtfertigen die von uns geforderte sorgfältige Probenahme und anschließende Beseitigung der an den Pflanzen anhaftenden Erde.

Tabelle 7. *Der Einfluß der an Pflanzen anhaftenden Erde (Lößboden) auf den Gehalt an einzelnen Elementen*

Element	Im Boden . . . mal soviel als in der Pflanze	bei 99 g Klee und 1 g Erde sind vom Ges.-gehalt . . . % aus der Erde	bei 97 g Klee und 3 g Erde sind vom Ges.-gehalt . . . % aus der Erde	bei 95 g Klee und 5 g Erde sind vom Ges.-gehalt . . . % aus der Erde
Si	232	70	88	92
Al	75	43	69	79
Fe	63	39	65	76
Co	60	38	64	75
As	59	37	64	75
Cr	46	31	58	70
Cu	23	20	40	54
Mn	16	14	32	44
Ni	11	10	25	36
Pb	7,8	7,3	19,0	28,1
F	6,6	6,2	16,4	24,7
Zn	1,9	1,9	5,6	8,9
B	1,2	1,2	3,4	5,5
Mg	0,78	0,89	2,33	3,74
Mo	0,76	0,68	2,03	3,97
Na	0,48	0,45	1,49	2,37
Ca	0,26	0,27	0,80	1,32
P	0,14	0,15	0,41	0,70
K	0,06	0,05	0,18	0,28
S	0,02	0,02	0,07	0,12
Cl	0,01	0,01	0,02	0,04

Zusammenfassung

In der vorliegenden Arbeit bestimmten wir die Gehalte des Rotklees und der Luzerne an den Elementen Ca, Mg, K, Cl, P, S, Si, Na, Fe, Al, B, Mn, Zn, Cu, Pb, Ni, Cr, As, Mo und Co. Insgesamt untersuchten wir 15 Rotkleeproben und 13 Luzerneproben verschiedener Betriebe. Die Pflanzen waren alle auf Lößboden gewachsen und wurden zur gleichen Zeit geschnitten. Dadurch konnten wir die Gehalte dieser beiden Pflanzenarten an einzelnen Elementen nicht nur miteinander, sondern auch mit früheren Rotklee- und Luzerneuntersuchungen vergleichen und den Wert dieser Futterpflanzen für die Rindviehfütterung erörtern. Besonders interessant dürfte die Feststellung sein, daß für Co und Zn eine direkte Korrelation zwischen dem Massenertrag der Luzerne und dem Gehalt der Luzerne an diesen Elementen gefunden wurde.

Außerdem bestimmten wir in 28 Lößbodenproben den gesamten Gehalt an den einzelnen Mengen- und Spurenelementen. Damit war es möglich, die Fehlermöglichkeiten bei Bestimmung der Gehalte der Pflanzen an den verschiedenen Elementen durch anhaftende Erde zu untersuchen. Insbesondere bei den meisten Spurenelementen betragen bereits bei einem Anteil von 1% Erde die hierdurch beigemengten Spurenelemente mehr als 20% des gesamten Gehaltes.

Literaturverzeichnis

1 BRÜNNER, F.: Z. Acker- u. Pflanzenbau **96**, 309, 1953.

2 ESSER, W.: Diss. Hohenheim 1956.

3 FALCKENTHAL, W.: Schriftenr. über Mangelkrankh. **5**, 1, 1955.

4 GERICKE, S.: Phosphorsäure **17**, 106, 1957.

5 HASLER, A.: Schweiz. Landw. Monatshefte **29**, 300, 1951.

6 KIRCHGESSNER, M.: Schriftenr. über Mangelkrankh. **6**, 49, 1956.

7 KIRCHGESSNER, M.: Landwirtsch. Forsch. **10**, 45, 1957.

8 KIRCHGESSNER, M.: Tierernähr. u. Futtermittelkunde **12**, 259, 1957.

9 KNICKMANN, E.: Handb. d. Landw. Vers.- u. Unters.methodik Bd. I, 3. Aufl. „Die Untersuchung von Böden". Radebeul-Berlin 1955.

10 KÖNIG, F.: Landwirtsch. Jahrb. f. Bayern **27**, 1950.

11 KÖNIG, F.: Mitt. d. DLG. **68**, 480, 1954.

12 KUJUS, W.: Diss. Hohenheim 1957.

13 KURMIES, B. und VON ZEZSCHWITZ, E.: Phosphorsäure **12**, 238, 1952.

14 MACH, F. und R. HERRMANN: Landw. Versuchst. **119**, 114, 1934.

15 OELSCHLÄGER, W. u. R. KRIEG: Schriftenr. über Mangelkrankh. **2**, 34, 1953.

16 OELSCHLÄGER, W.: Z. analyt. Chem. **145**, 81, 1955.

17 OELSCHLÄGER, W.: Ebenda **146**, 11, 1955.

18 OELSCHLÄGER, W.: Ebenda **146**, 339, 1955.

19 OELSCHLÄGER, W.: Ebenda **146**, 346, 1955.

20 OELSCHLÄGER, W.: Ebenda **149**, 190, 1956.

21 OELSCHLÄGER, W.: Schriftenr. über Mangelkrankh. **5**, 101, 1956.

22 OELSCHLÄGER, W.: Z. analyt. Chem. **154**, 321, 1957.

23 OELSCHLÄGER, W.: Ebenda **154**, 329, 1957.

24 OELSCHLÄGER, W.: Landwirtsch. Forsch. **11**, 45, 1958.

25 SCHARRER, K.: Landwirtsch. Forsch. **1**, 176, 1949.

26 WÖHLBIER, W. u. M. KIRCHGESSNER: Landwirtsch. Forsch. **10**, 240, 1957.

Eingegangen am 18. 11. 1958

K. TSCHIDERER, Wien

Rindermastversuche mit Sexualharmonen in Österreich

Einleitung

Besonderes Aufsehen erregte 1954 in den Vereinigten Staaten die Mitteilung von BURROUGHS und MITARBEITERN [3], daß durch die gleichmäßige Zufuhr von 5 bis 10 mg Diäthylstilböstrol pro Tier und Tag im Futter bei einjährigen Mastochsen bedeutende Mehrzunahmen bei gleichzeitiger Futtereinsparung erzielt werden konnten.

Diese Ergebnisse wurden mehrfach bestätigt. Im Durchschnitt erzielte man Mehrzunahmen von *19* % bei einer Futtereinsparung von *12* %. Bezüglich der Fleischqualität der mit Hormonen gefütterten Rinder konnten keine deutlichen Unterschiede gegenüber der von Kontrolltieren ohne Hormone festgestellt werden.

Durch Kombination von Diäthylstilböstrol und Antibiotica konnten in manchen Fällen noch günstigere Mastergebnisse erzielt werden, als durch die Beifütterung von Östrogen allein. Die Kombination Diäthylstilböstrol (10 mg pro Tag) mit Terramycin (80 mg pro Tag), brachte bei Ochsen zum Beispiel noch eine weitere Wachstumsbeschleunigung. Diese lag um *9* % *höher* als die bei alleiniger Hormonbeifütterung. Gleichzeitig wurde eine Futtereinsparung von ca. 5 % bei gleicher Fleischqualität festgestellt. Dagegen konnte zum Beispiel HENTGES [11] mit der Kombination Diäthylstilböstrol und Aureomycin keine zusätzliche Wachstumssteigerung und keine Futtereinsparung erzielen.

Von größter Bedeutung erschien nun die Frage, ob durch die Beifütterung von Hormonen eine Gefahr für Mensch und Tier besteht. Besonders wichtig ist es daher, etwaige Hormonrückstände im Fleisch nachzuweisen und festzustellen, ob diese bei den Verbrauchern Schäden hervorrufen könnten.

Die Untersuchungen auf Hormonrückstände werden am häufigsten mit dem *Mäuse-Uterus-Test* beziehungsweise dem *Allen-Doisy-Vaginalabstrich-Test* an Ratten durchgeführt.

BRÜGGEMANN [2] kommt zu dem Schluß, daß in den zum Verzehr gelangenden Fleisch- und Organteilen der Rinder, die mit den Fütterungsdosen von 10 mg Östrogen pro Tier und Tag vorbehandelt wurden, keine nennenswerten Rückstände anzutreffen sind. In einzelnen Organen wurden im Ausnahmefall Östrogenvorkommen bis zu 15 mcg pro kg Probe gefunden. Zur Erreichung einer täglichen human-therapeutischen Dosis müßten demnach 75 kg bis 100 kg solcher Fleischproben konsumiert werden.

Seit diesem ersten Bericht im Jahre 1954 wurden in den Vereinigten Staaten schätzungsweise 8 Mill. bis 9 Mill. Rinder mit Hormonpräparaten gemästet. Die Erfolge, welche durch die hormonale Rindermast erzielt wurden, waren auch der Anlaß zu Fütterungsversuchen in Europa.

Bereits im Jahre 1956 wurden in Österreich von HÖFER [12] in bäuerlichen Betrieben unter Bedingungen der Praxis Fütterungsversuche mit einem Wirkstoffpräparat der Firma Pfizer, das pro lb. 1 g Stilböstrol und 8 g Terramycin enthielt, durchgeführt. Bei sämtlichen Jungstieren, welche mit Hormonen gefüttert wurden, konnte die Beobachtung gemacht werden, daß sie im Temperament wesentlich ruhiger waren, als die ohne Hormone gefütterten Kontrolltiere.

In den Betrieben der Brüder Raser, Gerhaus und Rohrau, konnte bei insgesamt 14 Jungrindern ein Mehrzuwachs der Hormongruppe von 11,3% erzielt werden.

HÖPLER [13, 14] berichtete über Fütterungsversuche an Rindern mit Diäthylstilböstrol, die im Sommer 1957 und im Winter 1957/1958 in burgenländischen Großbetrieben durchgeführt wurden. Bei einer Gruppe von insgesamt 20 Fleckviehochsen der Zuckerfabrik Siegendorf erzielte die Stilböstrolgruppe *24,5%* mehr Zuwachs.

Bei einem Versuch mit insgesamt 32 Fleckviehochsen am Wittmannshof, wurden bei der Hormongruppe sogar *25,1%* Mehrzuwachs erreicht. Ein weirerer Versuch am selben Hof brachte bei 10 Ochsen einen Mehrzuwachs von *23,3%*. Bei einem weiteren Versuch mit 36 Ochsen der Zuckerfabrik Siegendorf konnte die Versuchsgruppe mit Stilböstrol *22,5%* Mehrzunahmen gegenüber der Kontrollgruppe erzielen. Dagegen verlief ein Fütterungsversuch mit 18 Grauviehstieren mit einem durchschnittlichen Gewicht von 357 kg negativ. Bei diesem Versuch konnte kein höherer Gewichtszuwachs bei den mit Hormonen gefütterten Tieren erzielt werden.

HALAMA [10] stellte an insgesamt 182 Fleck- und Braunviehjungstieren Hormonversuche an. An diese Tiere wurden Tagesmengen von 7 mg bis 20 mg Diäthylstilböstrol verfüttert. Die Auswertung dieser Versuche ergab, daß einjährige Tiere mit einem Anfangsgewicht unter 300 kg Mehzunahmen von *13% bis 20%* erzielten. Dagegen konnten zweijährige Tiere mit einem Einstellgewicht über 400 kg nur schwankende und statistisch nicht gesicherte Ergebnisse erzielen.

Eigene Untersuchung

Von Mai bis August 1958 wurde auf der Johann Wildczek'schen Gutsverwaltung Seebarn eine *Versuchsfütterung* mit einem Rindermastbeifutter, welches pro kg ca. 10 mg Diäthylstilböstrol enthielt, durchgeführt.

Es handelte sich um 5 Fleckviehstiere und um 4 Kreuzungsstiere (Fleckvieh × Braunvieh). Die Stiere stammten aus eigener Aufzucht der Gutsverwaltung Seebarn. Bei Beginn der Fütterung mit Stilböstrol waren die Tiere sehr lebendig, man konnte fast sagen wild, vor allem die Kreuzungen zeigten sich sehr rauflustig. Etwa 3 Wochen bis 4 Wochen nach Beginn der Stilböstrolbeifütterung wurden die Tiere merklich ruhiger, eine erhöhte Freßlust konnte jedoch nicht festgestellt werden. Die Versuchstiere erzielten eine durchschnittliche tägliche Zunahme von *1,61 kg*. Nach der Schlachtung wurde vom Fleischhauer die Beobachtung gemacht, daß das Fleisch bei der Wursterzeugung eine verminderte Bindefähigkeit zeigte.

Die Versuchsstation der Königshofer Futtermittel Ges. m. b. H. in Wilfleinsdorf, Niederösterreich, führte einen exakten Jungstiermastversuch mit Diäthylstilböstrol durch.

1. Zweck des Versuches

Der Versuch sollte zeigen, ob durch die Beifütterung von 7,5 beziehungsweise 10,75 mg Stilböstrol pro Tier und Tag bessere Mastleistungen bei Jungstieren zu erzielen sind. Zugleich sollte das Allgemeinverhalten der Versuchs- und Kontrolltiere (Temperament) beobachtet werden.

Eine Schlachtbeurteilung und Untersuchungen von Fleischproben auf Hormonrückstände sollten den Versuch vervollständigen.

Das synthetische Hormonpräparat Diäthylstilböstrol (= DÄS) wurde von der Firma PFIZER CORPORATION AUSTRIA, Wien, zur Verfügung gestellt.

2. Versuchsanordnung

Der Versuch wurde als Gruppenversuch angesetzt. In Versuchs- und Kontrollgruppe befanden sich je 10 Jungstiere der gleichen Gewichtsklasse. Der Fütterungsversuch gliederte sich in eine Vor-, Haupt- und Nachperiode.

Dauer des Versuches

Vom 19. Februar bis 8. Juli 1958 = 140 Tage.

Dauer der Vorperiode: vom 19. Februar bis 4. März 1958 = 14 Tage.

Dauer der Hauptperiode: vom 5. März bis 24. Juni 1958 = 112 Tage.

1 Abschnitt der Hauptperiode: vom 5. März bis 15. April 1958 (7,5 mg DÄS = 42 Tage.

2. Abschnitt der Hauptperiode: vom 16. April bis 24. Juni 1958 10,75 mg DÄS) = 70 Tage.

Dauer der Nachperiode: vom 25. Juni bis 8. Juli 1958 = 14 Tage.

8. Juli 1958 — letzte Hormonbeifütterung.

9. Juli 1958 — letzter Wägetag.

Die Wägungen erfolgten alle 14 Tage jeweils an einem Mittwoch auf der Gemeindewaage in Wilfleinsdorf. Zu Beginn der Hauptperiode wurde an 3 aufeinanderfolgenden Tagen und zwar am 4., 5.und 6. März 1958 gewogen. Das Durchschnittsgewicht dieser 3 Wägungen ergab das Anfangsgewicht. Am Ende der Hauptperiode wurde durch Wägungen am 24., 25. und 26. Juni 1958 das Endgewicht festgestellt.

Die *1. Probeschlachtung* erfolgte am 9. Juli 1958 bei der Firma *R. Scharmer in Bruck/Leitha,* welcher auch am 10. Juli 1958 eine fachmännische Schlachtbeurteilung folgte.

Proben von Muskel, Leber und Niere des Versuchstieres Nr. 9 und des Kontrolltieres Nr. 16 wurden von Dr. A. K. HALAMA, Wien, auf Hormonrückstände untersucht.

Die 2. *Probeschlachtung* wurde am 26. Juli 1958 wieder in Bruck/Leitha durchgeführt. Von dieser Schlachtung wurden per Flugpost Fleisch- und Leberproben an das „Institut für Physiologie und Ernährung der Tiere" der Universität München zur Untersuchung auf Hormonrückstände gesandt.

Am 28 Juli 1958 wurden die restlichen Versuchs- und Kontrolltiere als Extremwaren nach Italien exportiert.

Versuchs- und Kontrolltiere standen laufend unter Kontrolle des Stationstierarztes Dr. G. GRADINGER. Dieser stellte gegen Ende des 1. Abschnittes der Hauptperiode Haarlingsbefall und ein fütterungsbedingtes Ekzem fest. Nach tierärztlicher Bekämpfung mit *Sanacut* und Futterwechsel konnten alle befallenen Tiere geheilt werden. Im übrigen verlief der Versuch störungsfrei.

3. Fütterung

Beide Gruppen erhielten als Grundfutter melassierte Rübenschnitte und Futterstroh (Gersten- und Weizenstroh) während der gesamten Versuchsperiode.

In der Vorperiode und im 1. Abschnitt der Hauptperiode wurden als Kraftfutter pro Tier und Tag an die Versuchs- und Kontrollgruppe *1 kg* des handelsüblichen *Königshofer Rindermastfutters K 14 gepreßt* mit einem garantierten Mindestgehalt von 25 % Rohprotein verfüttert. Dazu kamen noch pro Tier und Tag 2 kg einer Mischung von 50 % Mischkleie, 25 % Rapsschrot und 25% Sojaschrot. Dem Rindermastfutter der Versuchsgruppe wurden im 1. Abschnitt der Hauptperiode des Versuches 7,5 mg Diäthylstilböstrol beigemengt.

Im 2. Abschnitt der Hauptperiode und in der Nachperiode erhielten die Kontrolltiere 1,5 kg Rindermastfutter pro Tier und Tag, die Versuchstiere *1,5 kg Rindermastfutter mit 10,75 mg Diäthylstilböstrol.* Zusätzlich wurden in diesem Abschnitt pro Tier und Tag an die Versuchs- und Kontrollgruppe 2 kg einer Getreideschrotmischung aus 50 % Mais und 50 % Gerste verfüttert. Außerdem erhielten die Tiere beider Gruppen pro Tier und Tag ca 100 g Mineralbeifutter für Rinder. Zu erwähnen wäre noch, daß 1 kg Königshofer Rindermastfutter (gepreßt) 10 000 i. E. Vitamin A und 2000 i. E. Vitamin D 3 enthält. Die Tränkung der Tiere erfolgte jeweils nach der Fütterung.

Ergebnisse von chemischen Analysen der Versuchsstation für das Gärungsgewerbe in Wien, ausgeführt an den wichtigsten im Versuch verwendeten Futtermitteln

Chemische Analyse auf:

	K 14 + DÄS (Rindermastfutter) Versuchsgr. %	K 14 normal (Rindermastfutter) Kontrollgr. %	Mel. Trockenschnitte %	Gerstenfutterstroh %	Maisschrot %
Rohprotein	27,10	28,60	9,22	2,76	9,12
Verdl. Rpr.	23,17	25,16	8,07	1,51	7,51
Rohfett	3,67	3,64	0,49	1,85	4,68
Rohfaser	7,30	6,16	14,83	39,61	3,00
Wasser	9,48	9,76	8,42	7,83	10,93
Asche	8,30	9,79	7,95	5,90	1,75

Das Kraftfutter wurde täglich gewogen, die im Wasser eingeweichten Rübenschnitte nach Freßlust verfüttert, jedoch täglich gleichmäßig auf Versuchs- und Kontrollgruppe aufgeteilt. Auch das Futterstroh wurde nach Freßlust verabreicht, jedoch gleichmäßig an beide Gruppen verteilt.

Wegen eines in beiden Gruppen auftretenden Beinekzems und starken Befalles durch Haarlinge wurde auf Anraten des Tierarztes die anfänglich verfütterte Kleie-Raps-Sojamischung durch eine Mais- und Gerstenschrotmischung ersetzt. Das Ekzem ging rasch zurück.

4. Versuchsergebnisse

a. Mastleistungsergebnisse (Hauptperiode)

	Versuchsgruppe (mit DÄS) 10 Tiere	Versuchsgruppe (ohne DÄS) 10 Tiere
Anfangsgewicht der Gruppe in kg	3506	3504
durchschn. Anfangsgewicht in kg	350	350
Schwankungsbreite in kg	286—429	308—420
Endgewicht der Gruppe in kg	5203	4991
durchschn. Endgewicht in kg	520	499
Schwankungsbreite in kg	423—595	435—551
Gesamtzuwachs der Gruppe in kg	1697	1487
durchschn. Gesamtzuwachs in kg	170	149
Schwankungsbreite in kg	118—202	145—202
durchschn. tägliche Zunahme in kg	1,51	1,33
Schwankungsbreite in kg	0,35—2,02	0,18—2,15

b. Schlachtleistungsergebnisse

Am 9. Juli 1958 erfolgte die 1. Probeschlachtung eines Versuchs- und eines Kontrollstieres.

Am 10. Juli 1958 wurde der Versuchsstier Nr. 9 und der Kontrollstier Nr. 16 von einer Fachkommission beurteilt. Die Fachkommission bestand aus 2 Tierärzten, einem Fleischhauermeister und dem Verfasser.

Fachmännisches Gutachten des Fleischhauers R. Scharmer

Schlachtausbeute:	befriedigend
Haut:	normal, leicht löslich
Tierkörper:	gut zu verarbeiten Nr. 9 (Versuchsgruppe mit DÄS) hatte auffallend harte Knochen bei Feinknochigkeit.
Eingeweide:	kein Unterschied
Fetteinlagerung:	kein Unterschied
Fett-Fleisch-Verhältnis:	kein Unterschied
Fettbeurteilung:	ziemlich weiß
Fleisch:	Bankware, Ansätze zu leichter Marmorierung

Gutachten des Tierarztes Dr. G. GRADINGER

Beide Stiere waren gesundheitlich in Ordnung. Bei Stier Nr. 16 (Kontrollgruppe ohne DÄS) mangelnde Verkalkung der Knochen und mangelnde Festigung der Bänder und Gelenke.

Beobachtungen während der Mast

Haarlingsbefall, Beinekzem.
Nach Behandlung mit „Sanacut" – Futterwechsel – Heilung.
Kot: kein Unterschied
Allgemeinverhalten: Versuchsgruppe (mit DÄS) ruhiger als Kontrollgruppe.

Dem Tierarzt *Dr.* A. K. HALAMA wurden von beiden Stieren Muskel-, Leber- und Nierenproben zur Untersuchung auf Hormonrückstände übergeben.

Ergebnisse dieser Untersuchungen seien wie folgt angeführt:

Östrogene Aktivität der Gewebe von mit täglich 10,75 mg Diäthylstilböstrol gefütterten Jungstieren

Junge geschlechtsreife, weibliche Mäuse mit 22 g bis 24 g Körpergewicht wurden kastriert und der Effekt dieser Operation nach einer Woche jeweils mittels zweimaligem Scheidenabstrich mikroskopisch überprüft.
Die Testfütterung dauerte 8 Tage. Die Tiere erhielten eine Tagesration von 3 g eines Futters, welches zu 80% aus den frischen, faschierten Organen und zu 20% aus Weizenmehl bestand . . .

		Tierzahl	Anzeichen einer östrogenen Aktivität	Positive Reaktion
Muskel	DÄS	6	1	—
	Kontrolle	6	1	—
Leber	DÄS	5	3	—
	Kontrolle	6	2	—
Niere	DÄS	6	3	1
	Kontrolle	6	2	—

Für eine quantitative Aussage kann nur der eine positive Fall herangezogen werden. Die Anzeichen einer östrogenen Aktivität haben keine Beweiskraft . . .

Muskeln und Leber von Versuchs- und Kontrollstieren sowie Nieren von Kontrollstieren, riefen wohl eine gewisse Verschiebung im Zellbild des Vaginalausstriches hervor, doch wurde in keinem Fall ein vollausgebildeter Östrus erreicht. Diese Reaktion kann auf einen sehr geringen Östrogengehalt hinweisen, kann ebensogut aber der Ausdruck einer unspezifischen Reaktion auf die Testfütterung sein.

Die Östrogenmenge in den genannten Gewebeproben von Versuchs- und Kontrollstieren dürfte unter 2 mcg pro kg liegen, und es scheint kein Unterschied zwischen den beiden Gruppen zu bestehen.

In der Niere des Versuchsstieres wurde eine östrogene Aktivität festgelegt, welche zwischen 2 mcg und 5 mcg Diäthylstilböstrol – Äquivalent pro kg liegen dürfte. (Von 6 Mäusen bildete eine einen vaginalen Östrus voll aus).

Die zweite Probeschlachtung von einem Versuchs- und einem Kontrollstier erfolgte am 26. Juli 1958.

Von diesen Tieren wurden Fleisch- und Leberproben per Flugpost an das Institut für Physiologie und Ernährung der Tiere der Universität München zur Untersuchung auf Hormonrückstände gesandt.

Auszug aus dem Gutachten der Universität München (Prof. Dr. Dr. J. Brüggemann):

Ergebnis der Bestimmung von Östrogenrückständen in Schlachtproben:

Die per Luftfracht in unser Institut übersandten Schlachtproben wurden nach den Kriterien des Allen-Doisy-Testes an Ratten auf Östrogenrückstände untersucht. Dabei gelangten zur direkten Verfütterung 4 Fleischproben und 2 Leberproben, die auf Grund der Bezeichnung zu gleichen Teilen einem Versuchs- und einem Kontrollstier zuzuordnen waren. Die 6 Schlachtproben waren jeweils den Tiergruppen zugeteilt worden, wobei durch vorheriges Ausnüchtern der Ratten, eine durchschnittliche Aufnahme von 80 g frischen Gewebes innerhalb von 48 Stunden pro Ratte erzielt wurde. Sämtliche Versuchstiere zeigten sich an den Kriterien des Allen-Doisy-Testes als *frei von östrogener Beeinflussung.*

Ergebnisse der statistischen Auswertung:

Versuchsgruppe mit Diäthylstilböstrol			Kontrollgruppe ohne Diäthylstilböstrol
$M_1 = 169{,}7$			$M_2 = 148{,}7$
$m_1 = \pm 7{,}8$			$m_2 = \pm 5{,}65$
$m_1^2 = 60{,}7$			$m_2^2 = 32{,}-$
D = 21,—	t = 2,1	p = 4,9%	FG = 18,—

Die Differenz von 21 kg (14,12 % Mehrzuwachs zugunsten der Versuchsstiere mit Diäthylstilböstrol) ist statistisch gesichert. p = 4,9 % bedeutet, daß nur in 49 von 1000 Fällen die Differenz durch den Zufall bedingt ist.

5. Besprechung des Jungstiermastversuches mit Diäthylstilböstrol

In einem 140 Tage dauernden Fütterungsversuch mit insgesamt 20 Jungstieren der Rasse „Fleckvieh", wurden zu Beginn des Versuches an 10 Stiere der Versuchsgruppe 7,5 mg Diäthylstilböstrol (= DÄS) und später 10,75 mg Diäthylstilböstrol im Kraftfutter verfüttert. Die Versuchsgruppe mit Diäthylstilböstrol erzielte eine um 14,12 % bessere Gewichtszunahme als die Kontrollgruppe ohne Diäthylstilböstrol. Dieses Ergebnis ist statistisch gesichert.

Es konnte beobachtet werden, daß das *Allgemeinverhalten* der mit Diäthylstilböstrol gefütterten Versuchsgruppe wesentlich *ruhiger* war als das der Kontrollgruppe.

Bezüglich der Freßlust und des Grundfutterverbrauches wurden zwischen Versuchs- und Kontrollgruppe keine Unterschiede beobachtet. Einen Tag nach der letzten Hormonbeifütterung, am 9. Juli 1958, fand die 1. Probeschlachtung eines Versuchs- und eines Kontrollstieres statt. Bei der Beurteilung durch eine Fachkommission fielen die besonders harten Knochen des mit Diäthylstilböstrol gefütterten Versuchsstieres auf. Die Calcium- und Phosphoreinlagerungen könnten durch die Östrogenbeifütterung begünstigt worden sein.

Von beiden Tieren wurden Muskel-, Leber- und Nierenproben von Dr. A. K. *Halama, Wien,* untersucht. Nach dessen Gutachten dürften die Östrogenmengen unter 2 mcg pro kg liegen. Es scheint kein Unterschied zwischen den beiden Gruppen zu bestehen. In der Niere des Versuchsstieres, welcher mit Diäthylstilböstrol gefüttert worden war, konnte jedoch eine östrogene Aktivität festgestellt werden, die zwischen 2 mcg und 5 mcg Diäthylstilböstrol – Äquivalent pro kg liegen dürfte. Solche geringen Mengen wurden auch schon im Gewebe von unbehandelten Tieren gefunden, da zum Beispiel verschiedene Pflanzenprodukte und besonders auch Molkereiprodukte sehr hohe Östrogengehalte aufweisen.

Die 2. Probeschlachtung fand am 26. Juli 1958, also 17 Tage nach der letzten Hormonbeifütterung, statt.

Im Institut für Physiologie und Ernährung der Tiere der Universität München konnten bei diesen Proben *keine Hormonrückstände* mehr gefunden werden.

Auf Grund der Ergebnisse dieses Versuches kann daher gesagt werden, daß durch die Beifütterung von 7 mg bis 10 mg Diäthylstilböstrol bei Jungstieren ein um 14,12 % besserer Masterfolg zu erzielen ist. Das Allgemeinverhalten der Tiere war ruhiger. In der Schlachtqualität konnte kein Unterschied zwischen Versuchs- und Kontrollgruppe festgestellt werden.

6. Zusammenfassung

In einem 140 Tage dauernden Fütterungsversuch mit insgesamt 20 Jungstieren der Rasse „Fleckvieh" konnte festgestellt werden, daß durch die Beifütterung von 7,5 mg bis 10,75 mg Diäthylstilböstrol ein ruhigeres Allgemeinverhalten und ein um 14,12 % besserer Zuwachs zu erzielen waren.

Mit Ausnahme einer Nierenprobe eines Versuchsstieres, der 24 Stunden nach der letzten Hormonbeifütterung geschlachtet wurde, konnten keine Hormonrückstände in Organen und Geweben nachgewiesen werden. Die östrogene Aktivität der Ausnahmeprobe dürfte zwischen 2 mcg und 5 mcg Diäthylstilböstrol – Äquivalent pro kg liegen.

7. *Literaturverzeichnis*

[1] ABDERHALDEN, R.: Die Hormone, Springer (1952).

[2] BRÜGGEMANN, J., KARG, H., u. BARTH, KL.: Zur Problematik des Einsatzes von Sexualhormonen in der Nutztiermast. Kraftfutter, 41. Jhg. H. 4, 5, 6 (1958).

[3] BURROUGHS, W., CULBERTSON, C., KASTELIE, J., CHENG, E., HALE, W.: Science 120, 66 (1954).

[4] BURROUGHS,W.: Iowa Agric. Exp. Sta. A. H. Leaflet 201 (1955).

[5] CLEGG, M. T., CAROLL, F. D.: I. Animal Sci. 15, 37 (1956).

[6] Collection of Agricultural College Research Results Comp. by Lilly & Co.

[7] DEANS, R., von ARSDELL, W., REINEKE, E., BRAZLAR, L.: Y. Animal Sci 15, 1020 (1956).

[8] Fifth Animal Research Conference 30./4. 1957. Terre Haute Conference Series Nr. 5.

[9] GOSSETT, F. O., SMITH, F. A., DOWNING, J. F.: Sympos. Medic. Feeds New York (1956) Press Medical Encyclopedia Inc. New York S. 97.

[10] HALAMA, A. K.: Wien, Tierärztl. Mschr., im Druck (1958).

[11] HENTGES, Y. F.: Y., Animal Sci 14, 1207 (1955).

[12] HÖFER, W.: Persönliche Mitteilung.

[13] HÖPLER, E.: Bessere Masterfolge durch Hormone! Der land- und forstwirtschaftliche Betrieb Wien. 6. Jhg. H. 11 (1957).

[14] HÖPLER, E.: Hormone in der Rindermast. Der Fortschrittliche Landwirt, 36. Jhg. Heft 13 (1958).

[15] KASTELIE, Y.: HOMEYER, P., KEIM, E. A.: Y., Animal Sci 15, 689 (1956).

[16] KLOSTERMANN, E. W., CAHILL, V., KUNKLE, C., MARON, H.: Y., Animal Sci 14 1050 (1955).

[17] LUTHER, H. G., REYNOLD, W., ADAMS, C. R., SHERMANN, W. C.: Anim. Nutr. Rom Max 10—12 (1955).

[18] MITCHELL, G. W.: Y., Animal Sci. 14, 1218 (1955).

[19] MUDRA, A.: Einführung in die Methodik der Feldversuche (1952).

[20] PERRY, T. W., BEESON, W., ANDREWSON, F., STOB, M.: Y. Animal Sci. 14, 329 (1955).

[21] Pfizer Agricultural Techn. Bull. 22.

[22] PRESTON, R., CHENG, E., STOREY, C., HOMEYER, P., PAULS, Y., BURROUGHS, W.: Y. Animal Sci. 15, 3 (1956).

[23] STOB, M., ANDREWSON, F., ZAROW, M., BEESON, W.: Y. Animal Sci. 13, 138 (1954).

[24] TSCHIDERER, K.: Bericht über Versuchsfütterung mit Diäthylstilböstrol bei Jungtieren G. V. Wilczek — Seebarn — unveröffentlicht (1958).

[25] TURNER, C.: Y. Animal Sci. 15, 13 (1956).

Eingegangen am 16. 12. 1958

Aus dem Institut für Tierzuchtforschung Dummerstorf der DAL zu Berlin
(Direktor: Professor Dr. W. STAHL)

H. STEGER und F. PÜSCHEL

Über den Nachweis von leicht hydrolysierbaren Kohlenhydraten in pflanzlichem Material, sowie Vorkommen und Beeinflussung in Grün- und Rauhfuttermitteln

Einleitung

Die quantitative Erfassung des Zuckers in Pflanzenmaterial ist noch immer ein nicht einwandfrei gelöstes Problem. Und doch ist die Kenntnis des Gehaltes an leicht löslichen und gut resorbierbaren Kohlenhydraten im Grünfutter von großer Wichtigkeit. Bei der Weender Analyse werden diese unter dem Begriff „stickstoffreie Extraktstoffe" mit erfaßt. Da nach NORDFELD, SVANBERG und CLAESSON[18] diese N-freien Extraktstoffe im Stroh fast ausschließlich und im Heu zum größten Teil aus Lignin, Cellulose und Pentosanen bestehen, sich also aus denselben Stoffen wie die Rohfaser zusammensetzen, muß den leicht hydrolysierbaren Kohlenhydraten ein besonders hoher Futterwert zugeschrieben werden.

Darüber hinaus machte man in Schweden [35] die Erfahrung, daß durch Zufütterung von Zucker und Melasse die Lecksucht bei einer bedeutenden Anzahl Tiere erfolgreich bekämpft werden konnte. Vermutlich wird durch diese Zuckergaben die Pansenflora der Tiere günstig beeinflußt und dadurch eine Erkrankung verhindert. Eine Steigerung des Zuckergehaltes im Heu durch geeignete Grasansaat, rechtzeitigen Schnitt und günstige Werbung müßte zu ähnlichen Resultaten führen. Und schließlich sei darauf hingewiesen, daß nach Versuchen von JOHN, BARNETT und REID [9] die leicht löslichen Kohlenhydrate aus getrocknetem Gras die Bildung von Essigsäure im Pansen begünstigen und damit — wie durch Verfüttern von markiertem Acetat [21, 22] gezeigt werden konnte — günstigen Einfluß auf die Milchfettbildung ausüben.

Methodisches

Bei der Durchsicht der Literatur nach brauchbaren Gesamtzuckerbestimmungen stellt man fest, daß vornehmlich bei der Art des Auszuges und der Klärung dieser Extrakte Schwierigkeiten zu liegen scheinen. Das ist auch nicht anders zu erwarten, da zumeist Pentosen, Hexosen, Di- und Polysaccharide nebeneinander vorkommen und das Vorhandensein anderer Begleitstoffe eine exakte analytische Erfassung bestimmter Kohlenhydrate erschwert. Während Pentosen, Hexosen, Disaccharide, Manit und Inosit sowohl in kaltem Wasser wie in heißem Alkohol löslich sind, werden Gummi, Pflanzenschleime, Pektinstoffe und ähnliche Substanzen durch Weingeist fast nicht extrahiert; Dadurch kann man diese abtrennen. Allerdings besteht dabei die Gefahr, andere leicht resorbierbare Polysaccharide nicht zu erfassen. Um einzelne Zuckerarten zu ermitteln, ist nach entsprechender Vorbehandlung die papierchromatographische Trennung und anschließende Mikrobestimmung[26,17] nach WANNER[40] die Methode der Wahl. Allerdings ergeben sich auch hier verschiedene Schwierigkeiten, und die Fehlergrenze ist nicht klein.

Uns kam es darauf an, die *leicht resorbierbaren Kohlenhydrate in pflanzlichem Material gemeinsam zu erfassen* und hierfür eine einfache, gut reproduzierbare Methode zu erarbeiten.

Vorbereitung des Materials

Die Genauigkeit solcher Bestimmungen ist weitgehend von der Vorbehandlung des pflanzlichen Materials für die Untersuchung abhängig. Um Dissimilationsverluste zu vermeiden, empfiehlt es sich, unmittelbar nach dem Schnitt mit der Analyse zu beginnen. Da dieses bei Serienuntersuchungen nicht immer möglich ist, töteten wir das Fermentsystem vor dem Trocknen ab. Wie von MITCHELL und KING[16] für die Karotinbestimmung vorgeschlagen und später im Methodenbuch der A. O. A. C.[24] aufgenommen, geschieht das durch eine 10 Minuten lange Behandlung der Probe in strömendem Wasserdampf. In einer früheren Arbeit[30] konnte gezeigt werden, daß der absolute prozentuale Zuckerverlust während des Abwelkens und Trocknens nicht unerheblich ist. Bei einem Gras, das unmittelbar nach der Mahd bei 55° C im Luftumwälzschrank getrocknet wurde, betrug dieser bereits 4,2%. Mit der Länge der Abwelkzeit nahmen die Verluste zu. Nach 6 Stunden waren es 12,4% nach 24 Stunden 17,6% und nach 48 Stunden 21%. Dagegen trat nach Abtötung des Fermentsystemes im frischen Gras unter gleichen Abwelk- und Trocknungsbedingungen praktisch kein Zuckerschwund mehr ein.

Extraktion des Materials

Wie schon angedeutet, werden, je nachdem man die Pflanzenteile mit Wasser, Alkohol oder deren Mischungen auszieht, unterschiedliche Mengen Kohlenhydrate herausgelöst. So fanden POPOW und POPOWA[23] 95%igen Alkohol am geeignetsten. Sie sind der Meinung, daß nach 30 Minuten heißer Extraktion nur Mono- und Disaccharide herausgelöst werden. Wie später an papierchromatographischen Studien noch gezeigt werden wird, können wir das nicht bestätigen.

Andere Untersucher arbeiteten zumeist mit verdünnten alkoholischen Lösungen. So schlagen TÄUFEL, THALER und KOPP[36] wie CL. B. WYLAM[44] zum Ausziehen der Kohlenhydrate 80%igen, THOMAS und Mitarbeiter[39] 75%igen, NELSON[17], SOMOGYI[27] und KOCH und Mitarbeiter[10] 70%igen Alkohol vor. ROSENTHALER[25] hält 50%igen für geeignet und LÜDTKE[14] empfiehlt nur Wasser. WILLIAMS[41] verwendet statt Äthyl- 80%igen Methylalkohol.

Der Auszug der Kohlenhydrate erfolgt ausnahmslos mit heißen Lösungsmitteln. Die Extraktion im Soxhlet bringt – wie auch von anderen Untersuchern[23,39,41] festgestellt wurde – gegenüber einer direkten Mazeration keine Vorteile, sondern nur Zeitverlust. Auch wir konnten dies auf Grund zahlreicher Untersuchungen bestätigen. Bei der Wahl des Extraktionsmittels erblickt man wenig Einheitlichkeit. Es lag deshalb nahe, die Angaben der Literatur nachzuprüfen. Zunächst extrahierten wir gleiches Pflanzenmaterial einmal mit Wasser und steigendem Aethanol- und Methanolzusatz und erhielten folgende in Abbildung 1 dargestellten Ergebnisse.

Es zeigt sich, daß mit steigender Alkoholkonzentration niedrigere Zuckerwerte erhalten werden. Im ganzen extrahiert Methylalkohol etwas besser als Aethylalkohol. Danach liegt nahe, Wasser als das billigste und geeignetste Lösungsmittel für diesen Zweck auszuwählen. Da aber nun dem Pflanzenmaterial zugesetzte Kohlenhydrate (5%o Saccharose, Glukose und Fruktose) mit allen diesen verwendeten Extraktionsmitteln innerhalb einer Fehlergrenze von 2%o bis 4%o wiedergefunden wurden, scheint erwiesen zu sein, daß mit Wasser und sehr verdünntem Alkohol noch andere Fehling reduzierende Substanzen erfaßt werden, da man im ganzen gesehen hiermit die höchsten „Zuckerwerte" erhält. Dieser Überlegung zufolge würden die mit hochprozentigen Alkoholen gewonnenen Extrakte die geringsten Mengen anderer Begleitstoffe enthalten. Um diesen Widerspruch zu klären, versuchten wir, mit Hilfe der *Papierchromatographie* Klarheit zu erlangen.

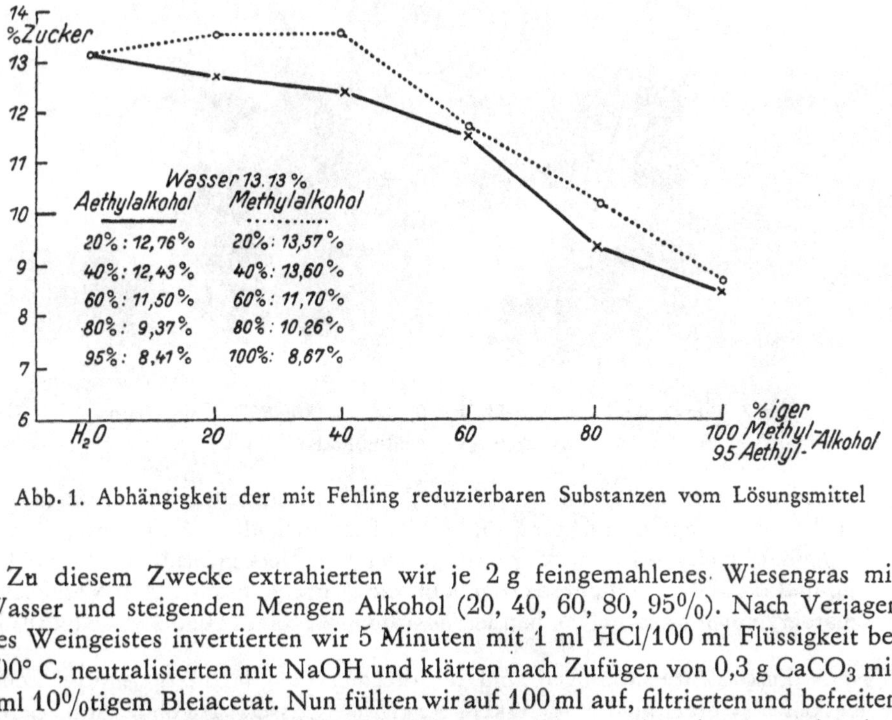

Abb. 1. Abhängigkeit der mit Fehling reduzierbaren Substanzen vom Lösungsmittel

Zu diesem Zwecke extrahierten wir je 2 g feingemahlenes Wiesengras mit Wasser und steigenden Mengen Alkohol (20, 40, 60, 80, 95%o). Nach Verjagen des Weingeistes invertierten wir 5 Minuten mit 1 ml HCl/100 ml Flüssigkeit bei 100° C, neutralisierten mit NaOH und klärten nach Zufügen von 0,3 g $CaCO_3$ mit 5 ml 10%otigem Bleiacetat. Nun füllten wir auf 100 ml auf, filtrierten und befreiten das Filtrat durch Einleiten von Schwefelwasserstoff vom überschüssigen Blei. Aus dem Filtrat verdrängten wir den Schwefelwasserstoff mit CO_2 und schickten schließlich 25 ml davon über einen Kationen- und Anionenaustauscher. Nun engten wir die von störenden Ionen befreiten, invertierten Extraktlösungen im Vakuum bei 50° zur Trockene ein und nahmen diese, um vergleichbare Ausgangssubstanzen zu erhalten, mit je 0,5 ml Wasser auf. Wir trugen je 0,004 ml auf Schleicher-Schüll-papier 2043 b auf und ließen absteigend 2 mal 20 Stunden mit Butanol-Eisessig-Wasser (4:1:5) laufen. Die Chromatogramme wurden zur Sichtbarmachung der reduzierenden Zucker mit Anilinphtalat[20] und mit alkoholischer m-Phenylendiamindichlorhydratlösung[4] entwickelt. Auf dem ersten Bogen erhielten wir bei jeder

Auftragung für die mit Wasser, 20, 40, 60, 80 und 95%igem Alkohol extrahierten Proben je 4 Flecken, die nach visueller Schätzung untereinander in Größe und Farbtönung als gleich anzusprechen waren (Abb. 2).

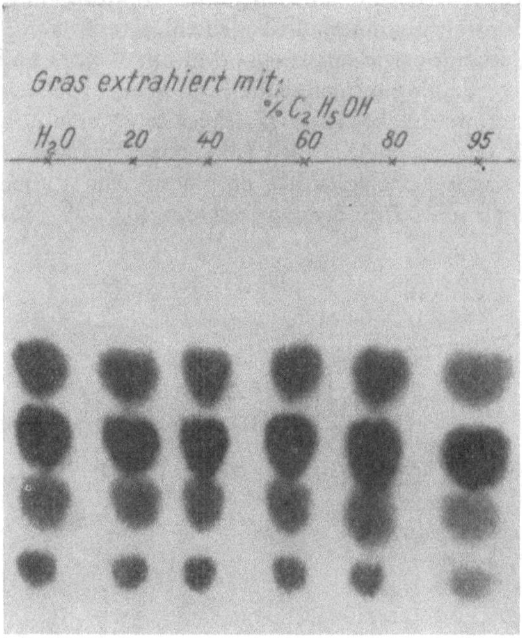

Abb. 2. Gras extrahiert mit H_2O, 20, 40, 60, 80, 95%igem Alkohol, entwickelt mit Anilinphtalat

Auf dem mit m-Phenylendiamindichlorhydrat behandelten Chromatogramm waren besonders bei Betrachtung unter UV-Licht bei allen Auftragungen je 5 untereinander gleich stark markierte fluoreszierende Flecken sichtbar. Die beiden oberen und die 5. Reihe fluoreszierten gelb, die 3. und 4. orange. Aus Vergleichschromatogrammen zu schließen, handelt es sich um Arabinose und Xylose (Abb. 3).

Nach diesen Untersuchungen sind für die einzelnen Extraktionsmittel keine wesentlichen Unterschiede zu erkennen. Von Wasser, Alkohol und deren Mischungen wurden – soweit sich das unter gleichen Bedingungen schätzen läßt – qualitativ und angenähert auch quantitativ gleiche Substanzen herausgelöst, so daß zunächst keine Gründe vorliegen, einem der hier verwendeten Lösungsmittel einen Vorzug einzuräumen. Wenn trotz dieser Gleichheit mit Fehling unterschiedliche Mengen Kupfer(I)oxyd erhalten wurden, scheinen außerdem noch andere reduzierende Nichtzucker vorzuliegen. Wir versuchten deshalb, die Kohlenhydrate im Gras zu vergären, um mit Hilfe von Untersuchungen mit Fehling und papierchromatographischen Bestimmungen besseren Aufschluß zu erlangen, und zwar bedienten wir uns nicht der alkoholischen Vergärung der einzelnen Extrakte mit Hefe, sondern der milchsauren im Gras. Die Gegenüberstellung der Zuckerwerte, die durch verschiedenartige Extraktion auf Gras und aus der damit bereiteten Silage erhalten wurden, zeigt folgende in Tabelle 1 zusammengestellte Ergebnisse.

Tabelle 1. *Zuckergehalt von Gras und daraus bereiteter Silage*

Extraktionsmittel	% Zucker i. T. Ausgangsgras = a	% Zucker i.T. in der daraus hergestellten Silage = b	a — b	% nicht umgesetzter Kohlenhydrate bezogen auf Ausgangsgras
H_2O	13,13	0,775	12,355	5,9
20% alkoholig	12,76	0,89	11,87	7,0
40% „	12,43	1,01	11,42	8,11
60% „	11,50	0,80	10,70	7,00
80% „	9,37	0,495	8,875	5,3
95% „	8,41	0,215	8,195	2,55
		Mittel: 11,3		Mittel: 10,59

Daraus ist ersichtlich, daß 92–97% der ursprünglich im Gras vorhandenen Kohlenhydrate durch die Gärung im Silo abgebaut wurden. Der Prozentsatz der nicht umgesetzten, als Kohlenhydrate berechneten Substanzen ist gering. Die Abnahme des Zuckergehaltes bei steigendem Alkoholgehalt der Extraktionsmittel ist bei der Silage nicht so ausgeprägt wie beim Gras. Wasser und 40%iger Alkohol

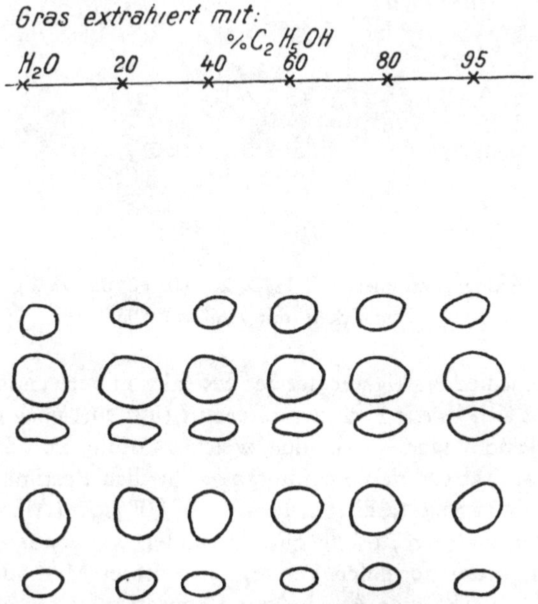

Abb. 3. Gras extrahiert mit H_2O, 20, 40, 60, 80, 95%igem Alkohol, entwickelt mit m-Phenylendiamindichlorhydrat

fallen aus dieser Reihe sogar etwas heraus. Bedenkt man, daß Polysaccharide und Pentosen nicht bzw. nur in geringem Anteil vergärbar sind und die „Restkohlenhydrate" im Silagefutter niedrig und für alle Lösungsmittel nicht sehr unterschiedlich sind, dann wird zumindest klar, daß reiner Alkohol nicht das optimale Extraktionsmittel für Zucker zu sein scheint. Mit Hilfe der Papierchromatographie der aus Gras und Silage erhaltenen Extrakte ist zu erkennen, daß im wesentlichen nur je 2 Zuckerarten bei der Milchsäuregärung abgebaut werden (vergleiche Abbildung 2 und 3).

Auch hier (Abb. 4 und 5) zeigt sich beim Vergleich der Intensität und Größe dieser Flecken auf den verschiedenen Streifen, daß innerhalb der einzelnen Extraktionsflüssigkeiten keine augenfälligen Unterschiede vorhanden zu sein scheinen.

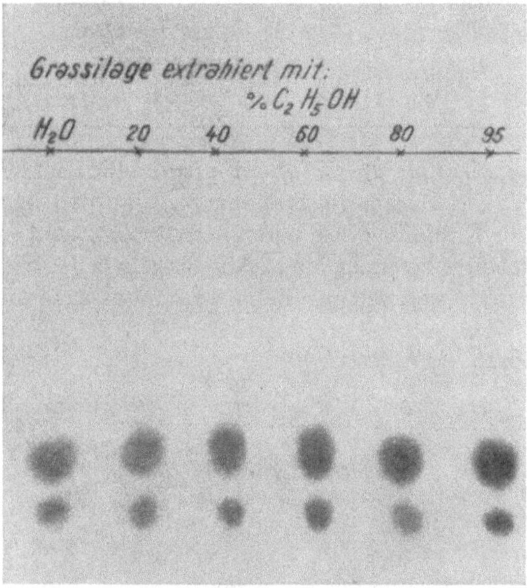

Abb. 4. Grassilage extrahiert mit H_2O, 20, 40, 60, 80, 95%igem Alkohol, entwickelt mit Anilinphtalat

Wegen der Verschiedenartigkeit der zur Extraktion verwendeten alkoholischen Flüssigkeiten läßt sich weder nach der Literatur (loc. cit.) noch nach diesen papyrographischen Feststellungen entscheiden, welches Lösungsmittel den Vorrang verdient. Bei der quantitativen papierchromatographischen Bestimmung von Glukose und Fruktose nach WANNER[40] erhielten wir mit 40–60%igem Alkohol die besten Ergebnisse. Mit allen anderen Lösungsmitteln fanden wir etwas tiefere Werte, die aber noch innerhalb der normalen Fehlergrenze dieser Methode lagen. Wir entschieden uns deshalb, 60%igen Alkohol zur Mazeration zu verwenden, zumal auch das Mittel aller von uns mit Wasser und verschieden starken Alkoholkonzentrationen durchgeführten Untersuchungen fast genau das gleiche Ergebnis lieferte.

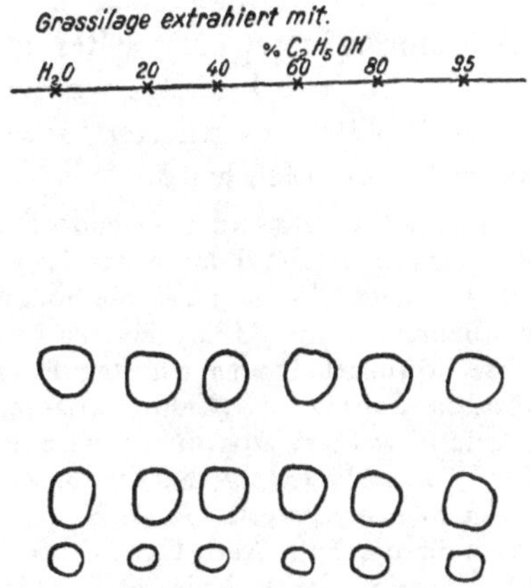

Abb. 5. Grassilage extrahiert mit H_2O, 20, 40, 60, 80, 95%igem Alkohol, entwickelt mit m-Phenylendiamindichlorhydrat

Inversion

Um neben den in pflanzlichem Material vorhandenen Monosacchariden auch die Saccharose auf analytisch-chemischem Wege zu erfassen, ist es erforderlich, die vom Alkohol befreiten Extrakte zu invertieren. Um dabei keine Pentosane mit zu hydrolysieren, setzten wir zu 75 ml Flüssigkeit 5 ml conc. Salzsäure zu und erhitzten entsprechend der Zollvorschrift[2] genau 5 Minuten bei einer Temperatur von 68–70°. Bei dieser Säurekonzentration und Temperatur werden nur die leicht hydrolysierbaren Zucker gespalten, während Pentosane nicht angegriffen werden; denn Phytelophasmehl lieferte unter gleichen Bedingungen keine alkalische Kupferlösungen reduzierenden Spaltprodukte. Die Menge der miterfaßten Pentosane kann nur klein sein, dafür sprechen auch die niedrigen Zuckerwerte für Silage und Stroh (siehe Tabelle 8). Aus Zeitersparnis invertierten wir einen anderen Teil der Extrakte 5 Minuten bei 100°, indem wir zu 100 ml Flüssigkeit 2,5 ml Salzsäure zufügten. Dabei erhielten wir praktisch übereinstimmende Ergebnisse. (Tabelle 2)

Tabelle 2. *Einfluß der Inversion auf Zuckergehalt*

	% Zucker Inversion nach: Zollvorschrift 5 ml HCl/75 ml 70° C 5 Min.	% Zucker Inversion 2,5 HCl/100 ml 100° C 5 Min.
Wiesengras I	4,74	4,83
Wiesengras II	13,80	13,27

Die Notwendigkeit der Inversion ergibt sich aus den Unterschieden, die vor und nach der Hydrolyse von Pflanzenauszügen erhalten wurden. Je nach Alter und Art des Materials fanden wir Verhältnisse von 1:3 bis 1:10.

Klärung der Extrakte

Das Klären von Zuckerlösungen bietet nicht selten große Schwierigkeiten und bedingt oft Ungenauigkeiten, die berücksichtigt werden müssen. Die Fülle der Arbeiten, die sich mit diesem Problem beschäftigen, beweist, daß noch immer eine voll befriedigende Lösung nicht gefunden wurde.

Als besonders brauchbares, Zucker nicht adsorbierendes Reagens gilt Carrez-Lösung[3]. LOTUCHIN und BYWSCHICH[13] fanden es für Pflanzenauszüge sehr geeignet und erhielten gute Resultate bei Zuckerbestimmungen, die nach der Methode von Bertrand erfolgte. Für gewichtsanalytische Zuckerbestimmung nach Allihn können wir das bei diesem Material nicht bestätigen. Durch gewisse Störungen fanden wir stets etwas zu hohe Werte. Ein weiterer Nachteil ist, daß störende Substanzen (Chlorogensäure, Gerbstoff, Arbutin usw.) durch dieses Reagens nicht gefällt werden. Aus diesem Grunde ist es auch nicht ratsam, wie THOMAS und Mitarbeiter[39] vorschlugen, die Klärung überhaupt zu unterlassen. Wohl fanden wir damit für Gras kaum nennenswerte Unterschiede, für manches andere pflanzliche Material war das jedoch nicht der Fall. Auch Quecksilber-[19] und die viel verwendeten Bleisalze haben als Klärmittel ihre Nachteile, besitzen aber den Vorzug, die die Zuckerbestimmung störenden Begleitstoffe fast ausnahmslos mit zu entfernen. Da die Beseitigung der überschüssigen Quecksilbersalze durch Natriumhypophosphit bzw. Schwefelwasserstoff umständlich ist und wir wie auch vormals HERLES[8] keine guten Ergebnisse erhielten, untersuchten wir besonders die Eignung von Bleiacetat und Bleiessig. Letzterer wird in der Literatur zur Klärung von Zuckerlösungen durchweg ziemlich abfällig beurteilt, weil er, wie schon LEISY[11] feststellte, aus Invertzuckerlösungen besonders Fruktose adsorbiert. Deshalb wird er ebenfalls von STREULI und STESEL[34], HADORN und JUNGKUNZ[6], in den Methodes of Analysis[15] u. a. als Klärmittel abgelehnt. LOTUCHIN und BYWSCHICH[13] stellten damit Zuckerverluste von über 20% fest. Seine alkalische Reaktion bewirkt vornehmlich einen Fruktosezerfall, aber auch andere Zucker (besonders Monosen) werden angegriffen. Auch die Reproduzierbarkeit der Ergebnisse ist nicht gegeben, da selbst bei gleicher Herstellungsvorschrift dieses Reagenses seine Zusammensetzung und Alkalität verschieden ausfällt[28] und damit ungleichen Einfluß auf die zu klärenden Zuckerlösungen ausübt. Für das gleiche Untersuchungsmaterial erhielten wir bei Klärung mit verschiedenartig hergestellten Bleiessiglösungen (DAB VI, Beythin, Handelsware) Unterschiede im Zuckergehalt von mehr als 10%. Auch die Menge des zur Klärung verwendeten Bleiessigs beeinflußt den Zuckergehalt (siehe Tabelle 4). Daraus folgt, daß basische Bleiacetatlösung kein brauchbares Klärmittel für Zuckerbestimmungen ist. Wenn es richtig ist — wie STREULI und STESEL[33] mitteilen —, daß die beste Klärwirkung für Bleisalze zwischen einem p_H von 6 bis 7 liegt, dann muß neutrales Bleiacetat gut dafür geeignet sein. Schon HALPHEN[7] schlug deshalb zur Klärung neutrales Bleiacetat mit Zusatz geringer Mengen Calciumcarbonat vor. Seither ist dieses von LEISY[11], LLAGER[12], WILLIAMS[42], WOOD[43], STERN und KIRK[32] u. a. für diese Zwecke verwendet und empfohlen worden.

Um die Brauchbarkeit der einzelnen Klärmethoden für Pflanzenauszüge nochmals nachzuprüfen, stellten wir die entsprechenden Versuche an und erhielten die in Tabelle 3 aufgeführten Ergebnisse.

Daraus wird ersichtlich, daß Carrez-Lösung zu hohe und Bleiessig zu niedrige Ergebnisse liefert. Durch den Zusatz von Bleiessig zu Bleiacetatlösung werden die Zuckerwerte ebenfalls gesenkt. Bei einer Klärung des gleichen Pflanzenauszuges mittels Zinnchlorür und Kupfersulfat und jeweiligem Zusatz von Dinatriumhydrogenphosphat fanden wir 8,11% und 7,99% Zucker. Das sind Werte, die mit den durch Bleiacetat behandelten Proben zufriedenstellend übereinstimmen.

Während die Menge des zugesetzten Bleiacetates zu Pflanzenauszügen die Höhe des Zuckergehaltes nicht wesentlich beeinflußt, zeigt Tabelle 4, daß mit steigender Menge angewandten Bleiessigs fallende Zuckergehalte gefunden werden.

Nach STREULI und STESEL[34] werden sämtliche chemischen Zuckerbestimmungen durch Bleiionen gestört. Es ist deshalb notwendig, diese zu entfernen. Das ge-

Tabelle 3. *Einfluß des Klärmittels auf das Ergebnis des Zuckrgehaltes*

Klärmittel 10/100 ml	% Zucker
Carrez	9,96
ohne Klärmittel	8,4
neutrales Bleiacetat 10%	8,2
neutrales Bleiacetat + $CaCO_3$	8,05
Bleiacetat + Bleiessig 1 + 1	7,91
Bleiessig	7,08

schieht am einfachsten durch Einleiten von Schwefelwasserstoff oder durch Fällung mit geeigneten Salzen. Zu diesem Zweck fanden Dinatriumhydrogenphosphat[32],

Tabelle 4. *Einfluß des zugesetzten Klärmittels auf den Zuckergehalt*

Menge des Klärmittels auf 100 ml Pflanzenauszug	% Zucker bei Bleiacetat 10%	% Zucker bei Bleiessig
1	13,85	13,75
3	13,80	13,1
5	13,95	12,9
7,5	13,70	12,5
10	13,90	11,75

Natriumoxalat[12, 34], Natriumdihydrogenphosphat mit Natriumfluorid[5] und Natriumsulfat Anwendung. Auch Ionenaustauscher (Permutit RS + ES) wurden mit Erfolg verwendet[37]. Für Serienanalysen eignet sich besonders Natriumdihydrogen-

Tabelle 5. *Einfluß des Entbleiungsmittels auf den Zuckergehalt*

Entbleiungsmittel	% Zucker
H_2S	9,38
Na_2HPO_4	9,48
Na_2HPO_4 + Ionenaustauscher (38) . . .	9,31
Natriumoxalat	9,43
Na_2HPO_0 + NaF	9,61
Na_2SO_4	9,55

phosphat. Die Fällung ist so vollständig, daß Bleiionen mit H_2S im Filtrat nicht mehr nachweisbar sind. Ein Blick in Tabelle 5 zeigt, daß alle hier verwendeten Methoden untereinander keine erheblichen Abweichungen und zufriedenstellende Resultate bringen.

Zuckerbestimmung

Die gravimetrische Zuckerbestimmung der so erhaltenen und gereinigten Extrakte bereitet keine Schwierigkeiten. Es eignet sich besonders die Methode nach Allihn mit Fehlingscher Lösung.

Luffsche Lösung ist hierzu nicht brauchbar. Bei Verwendung von Glasfritten zum Absaugen der Niederschläge ist darauf zu achten, daß ihr Leergewicht erst jeweils nach dem Herauslösen des Cu_2O mit Salpetersäure zu ermitteln ist, weil sonst zu hohe Werte gefunden werden. Die Abnahme der Glasfrittengewichte durch heiße alkalische Kupfertartratlösung kann im Einzelfall bei einer Filtration 6 mg und mehr betragen. Diese Feststellung von HADORN und JUNGKUNZ [6] können wir bestätigen. Eine Verwendung von Asbestfiltern halten wir unter Berücksichtigung obiger Angabe nicht unbedingt für erforderlich.

Methodik

2 g wie beschrieben gebrühtes, getrocknetes, fein gemahlenes Pflanzenmaterial wird mit 50 ml 60%igem Äthylalkohol versetzt, 20 Minuten am Rüßflußkühler auf dem Wasserbad erhitzt und nach dem Abkühlen durch ein vierfaches, kleines Mullstück in ein mit einer 100 ml-Marke versehenes Becherglas abgeseiht. Den Rückstand preßt man mit drei Fingern so fest wie möglich aus, übergießt ihn in kleinen Portionen mit 15 ml 60%igem Alkohol, mit welchem man vorher den Ansatzkolben spülte, und preßt, nachdem der Rückstand diese Flüssigkeit vollkommen aufgesogen hat, abermals fest aus. Den Rückstand bringt man auf ein Stück Papier. Die Überführung gelingt fast verlustlos, wenn man die mit Preßrückstand behaftete Seite des Mullstückchens gegen die Papierunterlage kehrt und nochmals mit beiden Händen kräftig anstrafft. Das ausgesogene Gut wird nun wieder in den Ansatzkolben zurückgegeben, mit 50 ml 60%igem Alkohol versetzt und nochmals wie beschrieben behandelt. Die vereinigten Extrakte werden unter Zusatz von Wasser durch Erhitzen vom Alkohol befreit und bis zur angezeichneten 100 ml-Marke mit Wasser aufgefüllt. Man erhitzt zum Sieden und invertiert, indem man 2,5 ml HCl ($d = 1{,}19$) zufügt und genau 5 Minuten bei dieser Temperatur hält. Die Lösung wird sofort im kalten Wasser auf Zimmertemperatur abgekühlt und mit einer vorher hierzu berechneten Menge 15%iger Natronlauge bis nahe an den Neutralpunkt gebracht. Durch Zufügen einiger weiterer Tropfen Lauge stellt man auf ein p_H von 6 ein und überspült das Ganze quantitativ in einen 200 ml fassenden Meßkolben. Zum Klären fügt man 0,3 g $CaCO_3$ und 10 ml 10%ige Bleiacetatlösung zu, läßt nach mehrmaligem Umschütteln 5 Minuten stehen und versetzt schließlich mit 10 ml konzentrierter Dinatriumhydrogenphosphatlösung. Man füllt mit Wasser bis zur Marke auf (Schaumbildung wird durch Zufügen von 2 bis 3 Tropfen Alkohol oder Äther sofort beseitigt) und filtriert nach eingehendem Umschütteln. Je nach Zuckergehalt führt man nun mit einem aliquoten Teil des Filtrates (im allgemeinen 50 ml) die Zuckerbestimmung mit Fehling nach Allihn durch. (Verdünnen mit 50 ml H_2O, je 20 ml Fehling I und II, Kochzeit vom Beginn des Siedens 2 Minuten.) Die gefundenen Cu_2O-Werte wurden nach der von v. Fellenberg bzw. Großfeld aufgestellten Tabelle (38) auf Invertzucker berechnet.

Pflanzensubstanzen zugesetzte Rohrzuckermengen wurden nach dieser Methode innerhalb einer Fehlergrenze von – 0,5 bis 4% wiedergefunden.

Ergebnisse

Im nachfolgenden seien nun einige Ergebnisse der von uns in Grünfuttermitteln durchgeführten Zuckerbestimmungen zusammengestellt. Zum besseren Vergleich wurden alle Zuckerwerte einheitlich als Invertzucker berechnet und auf absolute

Trockensubstanz umgerechnet. Da die unzähligen Veränderlichkeiten in der chemischen Zusammensetzung der Pflanzen mit deren Entwicklungszustand, ihrem Standort, dem Klima, der Düngung und anderen Einflüssen in engem Zusammenhang stehen und weiterhin durch Werbung und Lagerung nicht unerhebliche Wertminderungen ihrer Inhaltsstoffe entstehen können, ist zu erwarten, daß eine bloße Aneinanderreihung von Untersuchungsfakten nur zu einseitigen und ungenügenden Kenntnissen auf diesem Gebiete führt. Wir versuchten deshalb, durch geeignete Versuchsanstellungen und sinnvolle Auswahl des Untersuchungsmaterials Kenntnisse über die relative Höhe des Zuckervorkommens in Grünfutterpflanzen und deren Konserven zu erlangen und zu ergründen, durch welche agrar- und betriebstechnischen Maßnahmen sowohl eine Steigerung wie Erhaltung des Zuckergehaltes in unserem Grünfutter erreicht werden können. Nur ein gründliches Studium aller Zusammenhänge und eine dynamisch biologische Betrachtungsweise können hier zu richtigen Erkenntnissen führen, weil gerade der Zucker im Stoffwechselgeschehen der Pflanzen eine so wichtige Rolle spielt und sich ein dauernder Auf- und Abbau vollzieht.

Zuckergehalt und Zuckerverteilung in Einzelgräsern

(Tabelle 6)

Es lag zunächst nahe, Kenntnisse über den relativen Zuckergehalt von Einzelfutterpflanzen zu erlangen, weil dieses für eine gelenkte Ansaat von Grünland von Wichtigkeit ist. Da vor allem die Gräser den Hauptbestand unserer Wiesen und Weiden ausmachen, untersuchten wir eine Anzahl verschiedener Einzelgräser, die in unserem Gräsergarten in Reinansaat gezogen wurden. Die Ansaat erfolgte am 3.5.1954 auf einem anmoorigen Boden. Die Untersuchung ergab, daß die gesamte hierfür vorgesehene Fläche im pH, Mineralstoff- und Mikronährstoffgehalt weitgehend einheitlich war. Auch die Kopfdüngung, die am 19. 8. 1955 mit 3 dz/ha 40er Kali und 5 dz/ha Thomasphosphat vorgenommen wurde, erfolgte gleichmäßig. Während so für gleichartige Umwelt- und Wachstumsbedingungen gesorgt wurde, bereitete die Probeentnahme Schwierigkeiten; denn sowohl ein für alle Gräser auf einen Tag festgelegter Schnittzeitpunkt, als auch die Mahd eines jeden Grases zu einem ihm eigenen bestimmten Entwicklungszustand liefert keine voll vergleichbaren Ergebnisse. In einem Fall ist das Wachstumsstadium der Gräser verschieden und im anderen herrschen während einer sich über ungefähr 4 Wochen hinziehenden Schnittzeit ungleiche Umwelteinflüsse. Wie sich dieses auf den Zuckergehalt des Grases auswirkt, wird später noch gezeigt werden. Da sich aus diesen in der Natur des Materials liegenden Gegebenheiten kein Ausweg finden läßt, entnahmen wir unsere Proben 1956 jeweils kurz vor der Blüte der einzelnen Grasarten und wählten den Zeitpunkt möglichst so, daß der Schnitt am Morgen nach einem vorangegangenen sonnigen Tag erfolgte. Unter diesen Bedingungen streckte sich die Probenentnahme über etwa 30 Tage. 1957 legten wir den Schnittzeitpunkt für alle Gräser auf einen Tag fest. Wir wählten hierfür den Beginn der Heuernte, der mit der Blüte der Wiesenrispe zusammenfiel, um den Zuckergehalt der Gräser für diesen in der Praxis so wichtigen Termin zu erfassen.

Tabelle 6. *Zuckergehalt in Einzelgräsern*

Grasart	1956		1957	
	Schnitt-zeitpunkt	% Invert-zucker i. T.	Schnitt-zeitpunkt	% Invert-zucker i. T.
Motterwitzer Wiesenfuchsschwanz Alopecorus prat.	4. 6.	4,68	17. 6.	8,12
Motterwitzer Knaulgras Dactylis glomerata	13. 6.	7,41	17. 6.	10,03
Mahndo rfer Wiesenschwingel Festuca pratensis	16. 6.	12,29	17. 6.	9,70
Motterwitzer Glatthafer Arrhentherum elatius	16 6.	10,20	17. 6.	7,96
Hohenheimer Wiesenrispe Poa pratensis	16. 6.	7,75	17. 6.	9,33
Zernikower Rotschwingel Festuca rubra genuina	16. 6.	9,33	17. 6.	8,24
Deutsches Weidelgras Lolium perenne	16. 6.	14,91	17. 6.	15,61
Welsches Weidelgras Lolium multiflorum	—	—	17. 6.	18,09
Mahndorfer Wiesenlieschgras Phleum pratense	27. 6.	10,23	17. 6.	6,71
v. Kramkes Wehrlose Trespe Bromus inermis	27. 6.	15,05	17. 6.	10,03
Sumpfrispe Poa palustris	27. 6.	18,14	17. 6.	9,72
Weißstraußgras Agrostis alba	5 7.	16,41	17. 6.	—
Rohrglanzgras Phalaris arundinacea	5. 7.	13,58	17. 6.	5,47
Hochseggen	16. 6.	8,07	17. 6.	8,08

Aus den in Tabelle 6 erhaltenen Ergebnissen wird ersichtlich, daß der Zuckergehalt der Einzelgräser in weiten Grenzen schwankt und es zuckerreiche und -arme Arten gibt. Zur Zeit des Heuschnittes haben die Weidelgräser unter den hier untersuchten Arten den günstigsten Zuckergehalt. Wie aber ein Vergleich der für 1956 und 1957 gefundenen Werte ergibt, enthalten Weißstraußgras, Sumpfrispe und Wehrlose Trespe zur Zeit ihres optimalen Schnittzeitpunktes ebenfalls erstaunlich viel Zucker. Es kann angenommen werden, daß hier die stengelreichen Gräser gegenüber den saftigen, blattreichen Arten im Vorteil sind. Dieses bestätigen sehr eindeutig unsere an verschiedenen Pflanzenteilen durchgeführten Zuckeruntersuchungen. Für 3 verschiedene Gräserarten fanden wir in Wurzel, Blatt, Stengel und Blütenstand die in Tabelle 7 aufgeführten Ergebnisse.

Tabelle 7. *Zuckergehalt verschiedener Pflanzenteile bei Einzelgräsern*

	% Zucker i. T. Wiesenlieschgras 1957	% Zucker i. T. Knaulgras 1958	% Zucker i. T. Glatthafer 1958
Wurzel	1,57	4,19	4,76
Blatt	4,63	5,46	6,34
Blütenstand	8,67	8,33	8,16
Stengel	10,53	13,56	13,49

Interessant ist die Feststellung, daß selbst in den sehr zuckerreichen Stengeln die leicht löslichen Kohlenhydrate nicht einheitlich verteilt sind. Wir fanden die unteren Partien stets gehaltreicher als die oberen.

Zuckergehalt von Grünfuttergetreide, Grünmais und Leguminosen

Ähnliche Verhältnisse wie bei den Einzelgräsern finden sich auch bei den Grünfuttergetreidearten und dem Grünmais. Sie sind sehr zuckerhaltig, während Klee, Luzerne, Felderbsen und Sommerwicken nicht so reich daran sind. Auch hier nimmt mit zunehmender Reife der Gehalt an leicht löslichen Kohlenhydraten ab. Das zeigt sich u. a. auch in dem niedrigen Zuckergehalt verschiedener in Tabelle 8 aufgeführter Stroharten, in der wir außerdem einige der in den Jahren 1956, 57 und 58 für wirtschaftseigene Grünfuttermittel gefundene Zuckerwerte mit aufführen.

Es ist festzustellen, daß die erhaltenen Ergebnisse trotz annähernd gleicher Entwicklung der Pflanzen von Jahr zu Jahr nicht unerheblich schwanken, wobei Witterungsverhältnisse (Feuchtigkeit, Temperatur und Sonnenbestrahlung) nicht ohne Einfluß sind. Schon SVANBERG[35] fand, daß Feuchtigkeit den Zuckergehalt der Pflanzen senkt, und Sonnenschein und Wärme ihn empfindlich erhöhen. Abschließend sei noch erwähnt, daß die Zuckerwerte der meisten Wiesenkräuter unter denen der Gräser liegen.

Einfluß der Sonnenbestrahlung auf den Zuckergehalt von Wiesengras

In welch ungeheurer Weise die Sonnenbestrahlung den Zuckergehalt während der gesamten Wachstumsperiode günstig zu beeinflussen vermag, zeigt Abbildung 6, auf der wir die Schwankungen des Zuckergehaltes einer im Schatten und in der Sonne herangewachsenen Ansaat von Deutschem Weidelgras graphisch darstellten.
Abb. 6

Tabelle 8. *Zuckergehalt von Grünfuttergetreide, Grünmais und anderen wirtschaftseigenen Grünfuttermitteln*

	Schnittzeitpunkt	% Zucker i. T.
Grünfuttergetreide		
Grünfutterroggen, künstl. getr. . .	Mai 1956	25,22
Grünfutterroggen, künstl. getr. . .	Mai 1957	20,21
Grünfutterroggen, künstl. getr. . .	Mai 1958	15,78
Wintergerste (sehr fett)	Mai 1957	11,73
Grünhafer	Juni 1956	15,5
Grünhafer	Juli 1957	7,85
Grünmais		
Bernburger Fettmais	9. 10. 1957	23,57
Krasnodarskaja	9. 10. 1957	15,48
Wir 25	9. 10. 1957	21,75
Schindelmeiser	9. 10. 1957	19,4
Mahndorfer	9. 10. 1957	19,94
Badischer Landmais	9. 10. 1957	18,63
Leguminosen		
Rotklee, künstl. getr.	Juli 1957	7.79
Rotklee, künstl. getr.	Juni 1958	10,3
Stoppelklee, künstl. getr.	1957	5,4
Luzerne, künstl. getr.	Juli 1957	4,56
Luzerne, künstl. getr.	Juni 1958	8,15*)
Sommerwicken	Juli 1957	5,06
Felderbsen	Juli 1958	8,56
Stroh		
Roggen	Juni 1958	1,15
Weizen	Juni 1958	1,01
Wintergerste	Juni 1958	0,80
Hafer	Juni 1958	0,68
Erbsen	Juni 1958	0,45

*) grashaltig!

Das im Schatten zwischen Bäumen und hinter einer hohen Mauer und Hauswand herangewachsene Gras, welches praktisch nie vom direkten Sonnenlicht beschienen werden konnte, liegt im Zuckergehalt stets weit unter dem, das sich unter dem Einfluß der Sonne entwickeln konnte. Wegen mangelnder Assimilationsprodukte war auch der Gesamtertrag wesentlich geringer und die Ausbildung der Blätter zu Lasten des Stengels viel stärker als normal.

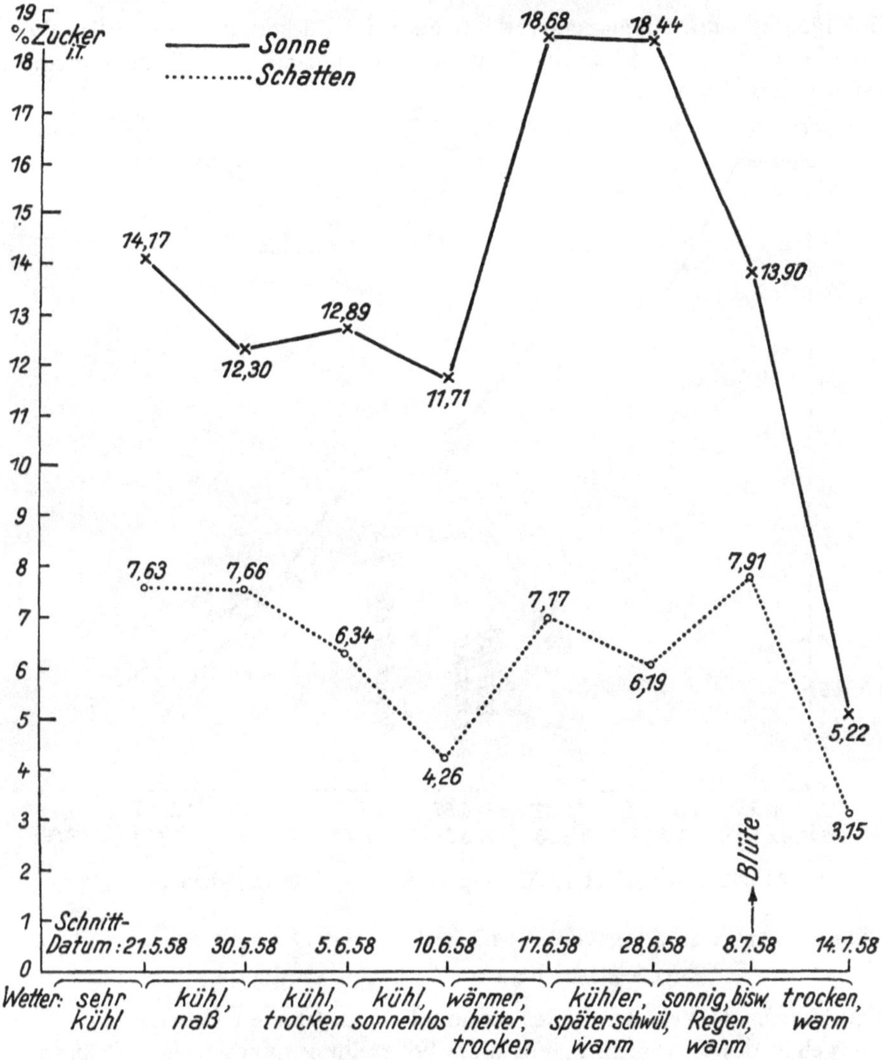

Abb. 6. Einfluß der Sonne auf die Bildung des Zuckergehaltes in Weidelgras

Der Einfluß der Schnittzeit auf den Zuckergehalt des Wiesengrases

Wie alle anderen wertausmachenden Inhaltsstoffe des Grases, so ist auch sein Zuckergehalt vom Schnittzeitpunkt abhängig. In Abbildung 7 wird der Verlauf des Zuckerspiegels eines botanisch einheitlich zusammengesetzten Wiesengrases für die Jahre 1957 und 1958 während einer Vegetation dargestellt. Hierbei ist festzustellen, daß sich mit zunehmendem Alter des Grases der Zucker vermindert. 1958 fallen zu Anfang der Wachstumsperiode die Werte aus der Reihe, was sicher auf das außergewöhnlich kalte Frühjahrswetter zurückzuführen sein dürfte.

Infolge des kühlen Sommers verläuft auch die Zuckerkurve wesentlich flacher als im Vorjahr und erreicht zu einer Zeit ihr Maximum, als sie 1957 schon im starken Absinken begriffen war.

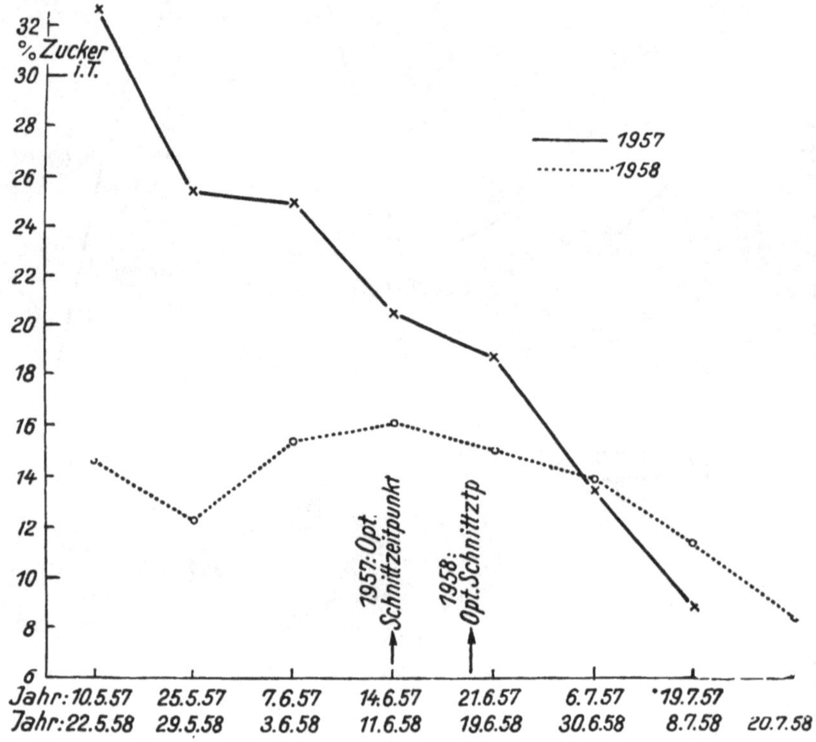

Abb. 7. Zuckergehalt in Wiesengras bei verschiedenen Schnittzeiten

Der Einfluß des Bodens und der Düngung auf den Zuckergehalt von Wiesengras

Die Verschiedenheit der Böden beeinflußt nach unseren Untersuchungen den Zuckergehalt des Grases nicht. Für diese Feststellung sprechen die Ergebnisse in Tabelle 9, die wir mit botanisch ziemlich einheitlich zusammengesetztem Wiesengras von Mineral-, Niederungsmoor- und Hochmoorboden erhielten. Außer den Bodenverhältnissen waren Schnittzeit und alle übrigen Umweltbedingungen gleich.

Tabelle 9. *Zuckergehalt von Wiesengras verschiedener Böden*

Wiesengras von	% Zucker i. T. 1956	% Zucker i. T. 1957
Mineralboden	10,94	17,6
Niederungsmoorboden	10,5	18,3
Hochmoorböden	9,6	16,8

Anders verhält es sich mit der *Düngung*, die Wachstum und Entwicklung der Pflanzen entscheidend beeinflußt. Die in Abbildung 8 dargestellten Zuckerkurven, die einem Düngungsversuch mit gesteigerten N-Gaben entstammen, zeigen eindeutig, wie N und besonders vermehrte Stickstoffgaben den Zuckerspiegel in jungem Gras senken. Erst nach der Hauptwachstumsperiode und vollen Ausbildung der Stengel steigt der Zuckergehalt an und erreicht etwa zur Zeit des Heuschnittes sein Maximum.

Abb. 8

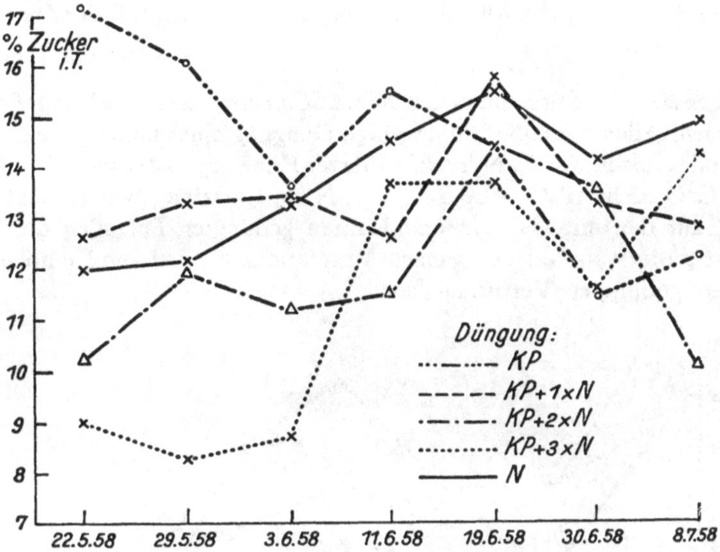

Abb. 8. Einfluß der N-Düngung auf den Zuckergehalt

Auch dann noch liegen die Zuckerwerte der am besten mit Stickstoff versorgten Gräser jeweils am niedrigsten. Die einzelnen Parzellen wurden wie folgt gedüngt:

Düngung	K_2O dz/ha	P_2O_5 dz/ha	N dz/ha
KP	0,8	0,51	—
KP + N 1×	0,8	0,51	0,3
KP + N 2×	0,8	0,51	0,6
KP + N 3×	0,8	0,51	0,9
N	—	—	0,3

Bei vergleichenden Untersuchungen von Geilstellengras und normalem Weidegras aus deren nächster Umgebung erhielten wir gleiche Ergebnisse[31]. Die Proben, die im September von Niederungsmoor- und Mineralbodenweiden entnommen wurden, enthielten die in Tabelle 10 aufgeführten Zuckergehalte.

Tabelle 10. *Zuckergehalt im Gras und überhöhte N-Düngung*

	% Zucker i. T. Normalgras	% Zucker i. T. Geilstellengras
Mineralboden	7,20	4,27
Niederungsmoorboden . . .	6,27	4,23

Auch hier wird durch Überdüngung mit organischem Stickstoff der Zucker in den Pflanzen vermindert.

Im Gegensatz zu Stickstoffgaben haben *Calcium- und Kaliumgaben* einen zuckervermehrenden Einfluß. Die jeweilige Düngung eines botanisch einheitlichen Grasbestandes mit K, Ca, P, N in aufgeführter Höhe ergab, (K = 0,8 K_2O dz/ha; Ca = 6,5 CaO dz/ha; P_2O_5 = 0,51 dz/ha; N = 0,3 dz/ha), wie aus Abbildung 9 ersichtlich, auf den mit Calcium und Kalium gedüngten Parzellen die höchsten Zuckerwerte, die während der ganzen Vegetationszeit weit und eindeutig über allen anders gedüngten Versuchen lagen.

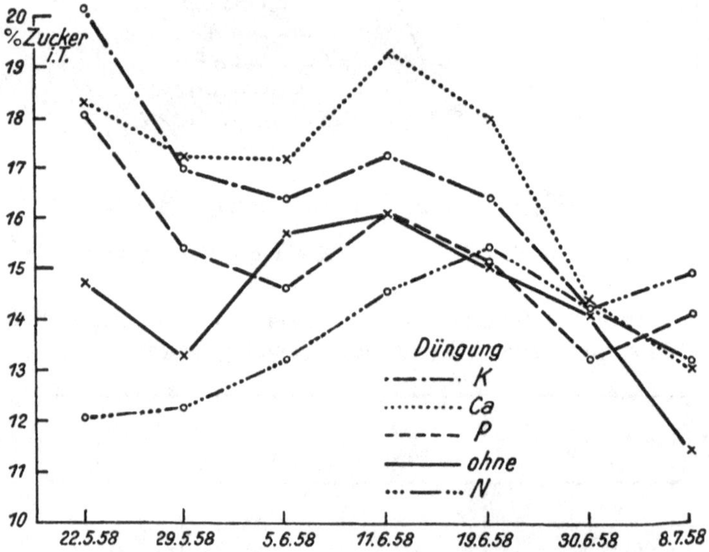

Abb. 9. Einfluß der Düngung auf den Zuckergehalt

Im Gegensatz zur N-Düngung enthält hier vor allem das junge Gras viel Zucker, der sich dann – wahrscheinlich wegen des ungewöhnlich kalten Mai – merklich vermindert. Im späteren Wachstumsstadium des Grases steigt er wieder an und sinkt mit zunehmendem Alter des Bestandes langsam ab. Auch durch die *Phosphordüngung* ist im jungen Gras eine merkliche Beeinflussung des Zuckergehaltes registrierbar, die aber mit dem Beginn des Längenwachstums des Grases verschwindet, so daß später gegenüber der Nulldüngungsparzelle kaum noch wesentliche Unterschiede festzustellen sind. Das nur mit Stickstoff gedüngte Gras schneidet am ungünstigsten ab.

Einfluß der Heuwerbung auf den Zuckergehalt im Rauhfutter

Im Hinblick auf die große wirtschaftliche Bedeutung einer möglichst verlustlosen Trocknung und der Erhaltung des vollen Futterwertes des Grünlandfutters erschien es uns wichtig, den Einfluß verschiedener Heuwerbungsverfahren auf den Zuckergehalt im Rauhfutter zu prüfen. Da Zucker besonders leicht durch ungünstige Witterungsverhältnisse ausgelaugt und durch biologische Prozesse abgebaut wird, ist dieser als ein ausgezeichneter Indikator für eine gute Werbung und Bergung eines Heues zu werten.

In Zusammenarbeit mit der Abteilung Grünland wurde in den Jahren 1956 und 1957 Wiesengras einheitlicher botanischer Zusammensetzung auf verschiedene Art getrocknet und unmittelbar nach dem Einbringen des Heues untersucht. Die erzielten Ergebnisse lassen sich wegen der unterschiedlichen Wetterverhältnisse in beiden Jahren nicht ohne weiteres vergleichen. Während 1956 recht ungünstiges Heuwetter herrschte, war es 1957 geradezu ideal, so daß sich eine Reutertrocknung kaum lohnte. Als Trocknungsverfahren kamen die Heißlufttrocknung in der Rema-Rosin-Anlage, die Hütten-, Dreibock-, Rollen- und Schrägwandreutertrocknung sowie die Bodentrocknung zur Anwendung. Die Ergebnisse der Zuckeruntersuchungen und die prozentualen Verluste, die durch die Heuwerbungen eingetreten sind, wurden in Tabelle 11 aufgeführt.

Tabelle 11. *Zuckerverluste im Heu durch verschiedene Werbung*

1956 (ungünstiges Wetter)

		künstl.getr. (Rema-Rosin)	Hütten-reuter ∅	Dreibock-reuter ∅	Rollen-reuter ∅	Schräg-wand-reuter	Boden-trock-nung
Zucker g/100 g T. S.	Ausgangsgras frisch . . .	7,66	7,66	7,66	7,66	7,66	7,66
	Heu beim Einfahren .	7,53	4,97	4,06	3,58	3,51	5,20
% Verlust		1,7	35,1	47,0	53,3	54,1	32,2

1957 (günstiges Wetter)

		künstl.getr. (Rema-Rosin)	Hütten-reuter ∅	Dreibock-reuter ∅	Rollen-reuter ∅	Schräg-wand-reuter	Boden-trock-nung
Zucker g/100 g T. S.	Ausgangsgras frisch . . .	—	8,34	7,95	7,61	8,32	7,90
	Heu beim Einfahren .	—	7,30	6,89	6,98	7,03	7,40
% Verlust		—	12,0	13,3	8,3	15,5	6,2

Daraus ist ersichtlich, daß die in den Jahren 1956 bei ungünstigen Witterungsbedingungen durchgeführten Werbungsversuche ungleich höhere Verluste erbrachten als 1957. Während bei der künstlichen Trocknung praktisch der gesamte vor der Mahd in den Pflanzen vorhandene Zucker erhalten blieb, ging bei den verschiedenen Reutertrocknungen 35–40% verloren. Unter den besseren Wetterverhältnissen im Jahr darauf waren es nur 8–15%. Auffällig ist, daß in beiden Jahren die Bodentrocknung verhältnismäßig und wider Erwarten gut abschneidet. Das wird aber sofort verständlich, wenn wir für die einzelnen Werbungsversuche die Anzahl der Trocknungstage und die Menge der erhaltenen Niederschläge berücksichtigen.

Übersicht über einige äußere Bedingungen bei den Heuwerbungsversuchen

	Jahr	Hütten-reuter	Dreibock-reuter	Rollen-reuter	Schräg-wandreut.	Boden-trocknung
Trocknungstage	1956 1957	19 7	28 7	19 7	19 7	5 5
mm Niederschläge während der Trocknung	1956 1957	40,8 —	69,9 —	40,8 —	40,8 —	4,1 —
Zahl der Regentage	1956 1957	9 —	13 —	9 —	9 —	3 —
Wassergehalt des Heues beim Einfahren	1956 1957	20,44% 11,53%	17,8 % 13,94%	21,27% 13,34%	20,97% 13,7 %	26,1 % 12,55%

Während 1956 das Reuterheu 40–70 mm Niederschläge erhielt und 19–28 Tage zur Trocknung benötigte, waren es für das Bodentrocknungsheu nur 5 Tage und 4,1 mm Niederschläge. 1957 konnte das am Boden getrocknete Heu bei viel Sonne und Wärme rasch trocknen. Die Veratmungs- und Gärverluste waren dadurch geringer als auf den dichtbepackten Reutern. Hinzu kommt, daß die Bröckelverluste, die ja zumeist aus Blattbestandteilen bestehen, bei der Bodentrocknung höher liegen und dadurch das stengelreicher gewordene Heu im Zuckergehalt günstiger abschneidet. Wie groß die Zuckerverluste bei einer vernachlässigten oder gar stark vernachlässigten Bodenwerbung werden können, zeigt ein Versuch, bei dem wir Teile des Bodentrocknungsheues von unserem Heuversuch 1957 länger ungünstigen Wettereinflüssen überließen und erst nach 20 und 30 Tagen einfuhren. Die dadurch verursachten Zuckerverluste enthält Tabelle 12.

Von den Reutern schnitt unter ungünstigen Wetterverhältnissen die Hütte eindeutig am besten ab, was wir an anderer Stelle auch für den Carotingehalt[29] feststellen konnten. Die mit diesen Reuterheuproben in unserem Institut an Hammeln durchgeführten Verdauungsversuche*) ergaben in bezug auf Verdaulichkeit der Nährstoffe ein gleiches Ergebnis. Interessant ist, daß die aus den erhaltenen Verdauungskoeffizienten errechneten Stärkewerte mit der Höhe der ermittelten Zuckergehalte proportional laufen.

*) Nach Ergebnissen von Dr. Piatkowski.

Tabelle 12. *Einfluß des Wetters auf den Zuckergehalt in Bodentrocknungsheu*

	Trocknungstage	% Zucker i. T.	% Verlust
Gras zu Beginn der Ernte	—	7,90	—
Gras, bodengetrocknet unter günstigen Verhältnissen	5	7,40	6,2
vernachlässigte Trocknung	20	2,38	70,0
stark vernachlässigte Trocknung . . .	30	1,43	82,0

Der beste Reuter für die Erhaltung des Zuckergehaltes im Heu wird wahrscheinlich derjenige sein, welcher den Niederschlägen die geringste Möglichkeit zum Auslaugen bietet. Die Unterschiedlichkeit der äußeren und inneren Partien im Zuckergehalt (Tabelle 13) lassen den Schluß zu, daß die Zuckerverluste im Reuterheu durch Auslaugung größer als durch biologische Umsetzungen sind.

Tabelle 13. *Verteilung des Zuckers in den einzelnen Heupartien der Reuter*

Ausgangsgras 7,66% Zucker i. T.		% Zucker i. T.	% Verlust
Hüttenreuter	außen	3,77	50,8
	innen	6,14	20,0
	Durchschnitt	4,97	35,1
Dreibockreuter	außen	3,11	59,45
	innen	4,42	42,3
	Durchschnitt	4,05	47,0
Rollenreuter	außen	3,40	55,6
	innen	4,24	44,8
	Durchschnitt	3,58	53,3
Schrägwandreuter	außen	3,08	60,7
	innen	4,69	38,8
	Durchschnitt	3,31	54,1

Einfluß der Lagerung des Heues auf seinen Zuckergehalt

Das Heu erleidet nicht nur Zuckerverluste in der Zeit vom Schnitt bis zur Trocknung, auch während der Lagerung tritt ein Schwund ein. Dieser ist umso größer, je feuchter die Einlagerung erfolgt. Während das künstlich getrocknete Heu mit nur geringem Feuchtigkeitsgehalt (8%) im Verlaufe der Stapelung praktisch minimale Verluste hatte, waren sie bei dem sehr feucht eingelagerten Heu (siehe Übersicht) sehr hoch. Vor allem das Bodentrocknungsheu hatte sehr große Ausschwitzverluste. Es war zwar mit einem günstigeren Zuckergehalt als die Reuter eingefahren worden, aber schon nach dem Ausschwitzen hatte sich der

Zuckergehalt durch die sich hierbei abspielenden biologischen Prozesse so vermindert, daß es an letzter Stelle in der Wertung steht (Tabelle 14). Bis zum Ausgang der Winterlagerung war der Zucker in diesem Heu von 7,66% i. T. im ursprünglichen Gras auf 1,32% i. T. abgesunken. Das sind 82% Verlust, der in derselben Größenordnung liegt wie jener, der bei einer stark vernachlässigten Bodentrocknung mit demselben Heu auftrat (siehe Tabelle 12).

Tabelle 14. *Zuckerverluste während der Lagerung des Heues im Stock (Werbungsversuch 1956)*

Art der Trocknung	Einlagerung		Nach Ausschwitzen 11. 8. 56		Mitte der Winterlagerung 19. 1. 57		Ausgang der Winterlagerung 9. 4. 57	
	% Zucker i. T.	% Verlust	% Zucker i. T.	% Verlust	% Zucker i. T.	% Verlust	% Zucker i. T.	% Verlust *)
Rema-Rosin . .	7,53	—	—	—	6,98	7,2	6,89	8,4
Hüttenreuter . .	4,97	—	4,36	12,1	3,80	23,5	3,47	30,1
Dreibockreuter .	4,06	—	4,00	1,5	3,81	6,3	3,33	18,0
Rollenreuter . .	3,58	—	3,25	9,0	2,50	30,0	2,18	39,0
Schrägwandreuter	3,51	—	3,56	—	2,59	26,2	2,23	36,4
Bodentrocknung .	5,20	—	2,49	52,1	1,45	72,1	1,32	74,6

Bei dem auf Reutern getrockneten Heu lagen die Verluste ebenfalls hoch, jedoch nicht so ungünstig wie bei der Bodentrocknung. Ohne Zweifel wären auch hier die Ergebnisse günstiger ausgefallen, wenn man die Einlagerung der Versuche mit niedrigerem Feuchtigkeitsgehalt hätte vornehmen können.

Betrachtet man die Zuckerverluste, welche insgesamt durch Trocknung und Lagerung entstanden sind, so wird aus Abb. 10 ersichtlich, daß sie bei wenig günstiger Witterung während der Trocknung am größten, aber auch und besonders bei zu feuchter Einlagerung im Verlaufe der Lagerung im Stock nicht unbedeutend sind. Bei einer trockenen, einwandfreien Einlagerung bewegen sich, wie am künstlich getrockneten Material gezeigt werden konnte, diese Verluste in engen Grenzen.

Einfluß der Silierung auf den Zuckergehalt im Grünfutter

Wie bekannt, liegt das Wesen der Futtereinsäuerung in der Herbeiführung einer Milchsäuregärung, die die im Futter vorhandenen Kohlenhydrate in Milchsäure umsetzt und bei einem Gehalt von etwa 3% zum Stillstand kommt. Die Eignung eines Futters zur Silierung hängt deshalb einmal von dem zu Milchsäure abbau-

*) Bezogen auf den Zuckergehalt bei der Einlagerung.

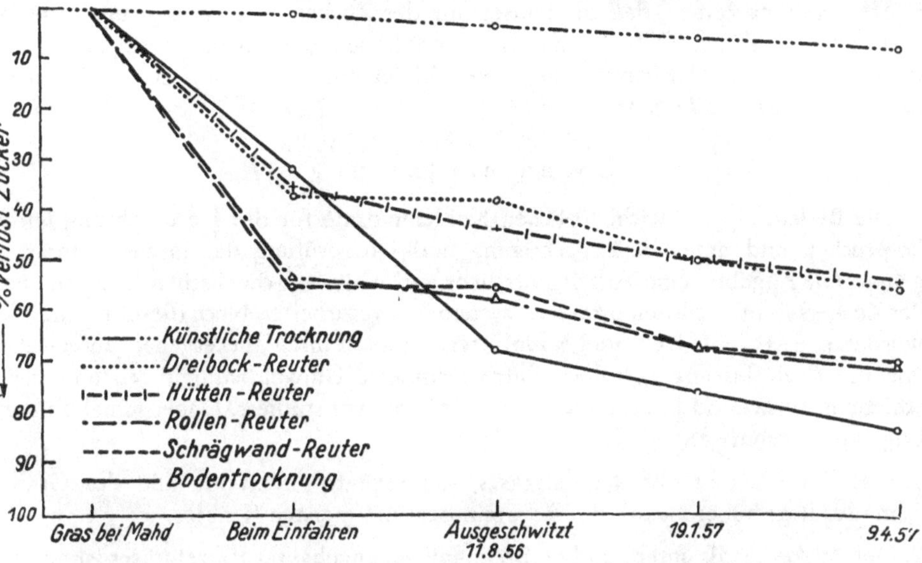

Abb. 10. Zuckerverlust bei verschieden geworbenem Gras während der Trocknung und Lagerung

baren Kohlenhydratgehalt, zum anderen von der möglichst raschen Überführung desselben in diese Säure ab, damit sie als Konservierungsmittel dienen kann. Es liegt auf der Hand, daß hierbei dem Zuckergehalt im Futter eine besondere Bedeutung zukommt. Nach unseren Untersuchungen wird der Zuckergehalt eines Grases bei der Silierung zu mindestens 90%, im Durchschnitt um 94% abgebaut. Aus Zuckeruntersuchungen bei vergleichenden Einsäurungsversuchen mit verschiedenen Kartoffel-Rübengemischen von BECKER und OSLAGE[1] lassen sich ähnliche Abbauverluste berechnen. Über die Höhe und den zeitlichen Verlauf des Zuckerabbaues in Grassilage geben die in Tabelle 15 aufgeführten Ergebnisse eines Bilanzversuches einen Einblick, bei dem wir gleichartiges, gehäckseltes Wiesengras in 9 Töpfen unter gleichen Bedingungen einsilierten und in gewissen Zeitabständen jeweils den Inhalt eines Behälters u. a. auch auf seinen Zuckergehalt untersuchten.

Tabelle 15. *Abbau des Zuckergehaltes in Wiesengras im Verlauf der Silierung*

	Ausgangsgras	Topf 1	Topf 2	Topf 3	Topf 4	Topf 5	Topf 6	Topf 7	Topf 8	Topf 9
Silierungstage	0	3	6	10	14	18	25	35	45	74
% Zucker i. T.	10,61	6,69	6,62	4,73	1,14	1 24	1,04	0,56	0,58	0,6
% vergoren	0	37,0	37,7	55,5	89,3	88,3	90,2	94,75	94,5	94,35

Man erkennt daraus, daß die Umsetzung des Zuckers rasch erfolgt und bereits nach etwa 14 Tagen 90% des im Gras enthaltenen Zuckers umgesetzt ist. Nach dieser Zeit erfolgt der Abbau langsamer, bis er schließlich nach etwa 30 Tagen ganz zum Stillstand kommt.

Zusammenfassung

Die Bedeutung der leicht löslichen Kohlenhydrate für die Tierernährung wird besprochen und unter Berücksichtigung und Überprüfung der in der Literatur gemachten Angaben eine Arbeitsvorschrift zur analytisch-chemischen Bestimmung des Zuckers in pflanzlichem Material systematisch erarbeitet. Nach dieser Methodik wurden eine Anzahl Grün- und Rauhfuttermittel auf ihren Zuckergehalt untersucht und die Beeinflussung desselben durch geänderte Umweltbedingungen und verschiedene agrar- und betriebstechnische Maßnahmen studiert. Dabei erhielten wir folgende Ergebnisse:

1. Der Zuckergehalt des Wiesengrases, der Grünfuttergetreide und des Grünmaises liegt höher als der der Leguminosen und meisten Kräuter.
2. Der Zuckergehalt unter gleichen Bedingungen angebauter Einzelgräser ist unterschiedlich und in den einzelnen Organen ungleichmäßig verteilt. Am zuckerhaltigsten sind die Stengel, gefolgt von Blütenstand, Blättern und Wurzeln. Zur Zeit des normalen Heuschnittes sind die Weidelgräser am zuckerreichsten.
3. Durch Sonne und Schatten, klimatische Verhältnisse sowie Entwicklungszustand wird der Zuckerspiegel im Gras wesentlich beeinflußt. Die Ergebnisse im Verlaufe der Vegetation werden erörtert.
4. Die Bodenart hat keinen Einfluß auf den Zuckergehalt im Wiesengras, wohl aber die Düngung. N-Gaben vermindern den Zucker, Calcium- und Kaliumdüngung vermehren ihn. Im jungen Gras ist diese Feststellung besonders augenscheinlich. Phosphordüngung bewirkt im Jugendstadium des Grases ebenfalls eine leichte Erhöhung des Zuckerspiegels, während nach dem Einsetzen des Längenwachstums kein fördernder Einfluß mehr feststellbar ist.
5. Am Beispiel verschiedener Werbungsverfahren und unter dem Einfluß günstigen und ungünstigen Wetters wird gezeigt, daß Werbung und Lagerung den Zuckergehalt des Rauhfutters empfindlich zu beeinflussen vermögen.

Literatur

[1] BECKER, M. und W. OSLAGE: Landw. Forschung **6**, 1954, 41.

[2] BEYTHIN, A.: Laboratoriumsbuch für den Lebensmittelchemiker, 6. Auflage 1951, Th. Steinkopf, Dresden.

[3] CARREZ, C.: ZUL **20**, 1910, 231.

[4] CHARGAFF, E.; C. LEVINE; CH. GREEN: J. Biol. Chemistry **175**, 1948, 67.

[5] DUTHIE, D. W.: Analyst. **63**, 1938, 27.

[6] HADORN, H. und B. JUNGKUNZ: Mitt. Lebensmittelunters. Hyg. **41**, 1950, 430.

[7] HALPHEN: Annales de Chim. analyst. **5**, 1900, 370.

[8] HERLES: ZUL **10**, 1905, 178.

[9] JOHN, A.; S. BARNETT; L. REID: J. agric. Sci. **49**, 1957, 171—179.

[10] KOCH, R. B.; W. F. GEDDES; F. SMITH: Cereal. Chemistry 28, 1951, 424; ref.: ZUL **95**, 1952, 201.

[11] LEISY: ZUL **19**, 1910, 107.

[12] LLACER, A.: Falsificat Fraudes **47**, 1954, 3—9.

[13] LOTUCHIN, S. N.; N. A. BYWSYHICH: Shurnal Analytitscheskoi Chimii **5**, 1920, 239; ref.: ZUL **94**, 1950, 218.

[14] LÜDTKE, M.: Z. analyt. Chem. **136**, 1952, 415.

[15] Methods of Analys. A. O. A. C. 6. Aufl. 1945.

[16] MITCHELL, H. L.; H. KING: Analyst. Chem. **20**, 1948, 638.

[17] NELSON, N.: J. Biol. Chem. **153**, 1944, 375.

[18] NORDFELD, S.; O. SVANBERG; O. CLAESSON: Acta Agricult. Suecana 1949.

[19] NOWAKOWSKI, L.: ZUL **8**, 1904, 513.

[20] PARTRIDGE, S. M.: Natura (London) **164**, 1949, 443.

[21] POPJAK, FRENCK, HUNTER, MARTIN: Biochem. Journ. **48**, 1951, 612.

[22] POPJAK, FRENCK, FOLLY: Biochem. ,ourn. **48**, 1951, 411.

[23] POPOW, F.; P. POPOWA: But. Methodi Popoff Inst. Biol. bulg. Acad. Sci. **6**, 1955, 141—150; ref.: Landw. Zbl. II, **2**, 1957, 1923.

[24] QUADENBUSH, F. W.: Journ. of A. O. A. C. **38**, 1955, 685; ref.: Landw. Forschung **9**, 1952, 62.

[25] ROSENTHALER, L.: Grundzüge der chem. Pflanzenuntersuchung, 3. Aufl. 1925, J. Springer, Berlin.

[26] SOMOGYI, M.: J. Biol. Chem. **195**, 1952, 19.

[27] SOMOGYI, M.: J. Biol. Chem. **160**, 1945, 62.

[28] SPENCER, G.; CH. P. NEADE: Canc. Sugar Handboc, 8. Aufl., 1944, 675.

[29] STAHL, W.; H. STEGER; K. KASDORFF; F. PÜSCHEL: Ztschr. Tierern. u. Futtermittelkunde **12**, 1957, 315.

[30] STEGER, H.: Tierzucht **11**, 1957, 132.

[31] STEGER, H.; F. PÜSCHEL: Arch. f. Tierzucht 1958, im Druck.

[32] STERN, H.; P. L. KIRK: Ref.: Z. analyt. Chem. **130**, 1949/50, 289.

[33] STREULI, H.; M. STESEL: Mitt. Lebensmittelunters. Hyg. **43**, 1952, 417.

[34] dieselben: Int. Fachschr. Shokol. Ind. **8**, 1953, 124.

[35] SVANBERG, O.: Mangelkrankheiten bei landw. Nutztieren in Schweden und Norwegen, DLG Schriftenreihe über Mangelkrankheiten Heft 1, 1951, Verlag F. Find, Stuttgart-Plieningen.

[36] TÄUFEL, K.; H. THALER; G. KOPP: ZUL **71**, 1936, 390.

[37] THALER, H.: ZUL **105**, 1957, 73.

[38] THIEL, STROHECKEN, PATSCH: Taschenbuch für die Lebensmittelchemie, de Gruyter, Berlin 1947.

[39] THOMAS, J. C.; C. C. MELIN; L. A. MOON: Analytic Chemistry **21**, 1949, 1363; ref.: Z. analyt. Chem. **134**, 1951/52, 39.

[40] WANNER, H.: Acta Helv. Chim. Basel **35**, 1952, 460.

[41] WILLIAMS, K. T.: J. of A. O A. C. **38**, 1955, 401.

[42] WILLIAMS, K. T.: Assoc. of agric. chem. **35**, 1952, 402.

[43] WOOD, E. E.: ZUL **91**, 1950, 350.

[44] WYLAM, CL. B.: J. Sci. food. agric. 167, 1955; ref.: L. ZBl. III, 1957, 601.

Eingegangen am 17. 9. 1958

Aus dem Physiologischen Institut der Tierärztlichen Hochschule Hannover
(Direktor: Prof. Dr. H. HILL)

H. HÖLLER

N-Bilanz-Untersuchungen bei Schweinen bei vollwertiger und Eiweißmangel-Ernährung

Für die Ermittlung des Nahrungswertes von Futtermittelrohproteinen bestehen prinzipiell zwei Möglichkeiten:

1. Beurteilung eines Proteins nach seinem Aminosäuren (AS)-Muster und dessen Beziehung zum AS-Bedarf der betreffenden Tierart z. B. unter Verwendung der Begriffe „Eiproteinverhältnis" (EPV), „Milchproteinverhältnis" (MPV) (u. a. MITCHELL u. BLOCK[32], NEHRING[35]), „chemical score" (MITCHELL u. BLOCK[32]) oder „essential amino acid index" (OSER[38]).

2. Bestimmung der Wachstumswirksamkeit oder des physiologischen und produktiven Nutzwertes eines Proteins im Tierversuch.

Die auf chemischem Wege über die AS-Analyse errechneten Eiweißwertzahlen können solange keine vollgültige Aussage darstellen, als die der Bestimmung der AS vorangehende Hydrolyse nicht identisch verläuft mit den im Verdauungskanal erfolgenden enzymatischen Vorgängen (BLOCK u. MITCHELL[6], MELNICK u. a.[28], HÖTZEL[21], RIESEN[42]), und solange andererseits die für die nutzbaren Haustiere ermittelten Bedarfszahlen lückenhaft und unzuverlässig sind (BLOCK u. MITCHELL[6], MÜLLER u. HÖTZEL[34]). Der Wert der Methode liegt in der Möglichkeit, die limitierenden AS eines unterwertigen Proteins zu erkennen und eine zweckmäßige Kombination mehrerer Futtermittel vorzunehmen. Wie jedoch die Arbeiten von BENTON u. a.[5], DESHPANDE u. a.[10], [11], HARPER u. a.[18], KLIGLER u. KREHL[22], SAUBERLICH u. a.[44] zeigen, stimmt die errechnete maximale Wachstumswirkung in vielen Fällen nicht mit der tatsächlich beobachteten überein.

Der Tierversuch führt im einfachsten Falle zur Ermittlung des Verhältnisses Gewichtszuwachs/Proteinaufnahme „protein efficiency ratio" (PER) (OSBORNE, MENDEL u. FERRY[37]).

Diese Methode ist von MITCHELL[03, 31], BARNES u. a.[2], STEWART u. a.[45] in ihrem Aussagewert eingeschränkt worden, da sie nur auf wachsende Tiere anwendbar ist und der Erhaltungsstoffwechsel sowie der Einfluß von Proteinspiegel, nicht-eiweißartigen Bestandteilen, Geschlecht usw. unberücksichtigt bleibt. Auch den verschiedenen Abwandlungen der PER-Bestimmung wie dem Differenzverfahren von BENDER u. DOELL[3] („Net protein ratio" NPR), der „repletion method" von CANNON u. a.[7] und der „depletion-repletion technique" von PEO u. a.[39] haften diese Nachteile in verschiedenem Ausmaß an.

Versuche, die Proteinwertigkeit mit Hilfe von Bakterien (HALEVY u. GROSSOWICZ[17], HORN, BLUM u. WOMACK[20], MERTZ u. a.[29], NEHRING[36], TEERI u. a.[47]) oder unter Verwendung von Protozoen (ROCKLAND u. DUNN[43], FERNELL u. ROSEN[14], PILCHER u. WILLIAMS[40]) zu beurteilen, können nur orientierenden Wert besitzen, da die Übertragbarkeit der Ergebnisse auf Haustiere fraglich bleibt. Ähnliches gilt für die Proteinbewertung aus der Messung der Leber-Enzym-Aktivität (LIGTHBODY u. KLEINMANN[23], POTTER u. KLUG[41]).

Die weiteste Verbreitung hat nach den grundlegenden Arbeiten von THOMAS[46] das N-Bilanz-Verfahren nach MITCHELL[30] zur Bestimmung des physiologischen Nutzeffektes („Biologische Wertigkeit") und des produktiven Nutzeffektes (N-Retention) gefunden. Außer dem Begriff der „Biologischen Eiweißwertigkeit" (BW) sind noch üblich die „nitrogen balance indices" (ALLISON[1]) und der „Physiologische Nutzwert" (LINTZEL u. RECHENBERGER[26]) bzw. das Synonym „net protein utilization" (NPU) von BENDER u. MILLER[4], letztere auch bestimmt über N-Analyse des Tierkörpers (BENDER u. DOELL[3]) oder indirekt über eine Wasserbestimmung im Tierkörper (BENDER u. MILLER[4], DREYER[13], DREPPER[12]).

Bei allen genannten N-Bilanz-Verfahren erscheinen die Begriffe „endogener Harn-N" (EHN) und „Darmverlust-N" (DVN) zusammengefaßt zum „N-Erhaltungsbedarf" (NEB) COLUMBUS[8] in den Berechnungsformeln. Beide Größen werden im N-freien oder N-armen Bilanzversuch getrennt bestimmt und als Konstante in die Gleichung für die BW übernommen. Dieses Vorgehen beruht auf der Vorstellung von FOLIN[15], daß der intermediäre Eiweißstoffwechsel in zwei voneinander getrennten und gegenseitig unbeeinflußbaren Bahnen abläuft, der Eiweißsynthese und dem konstanten, unabhängigen Eiweißabbau. Seit besonders die Arbeiten SCHOENHEIMERS zum Begriff des „metabolic pool", und damit zur Annahme der sogenannten „endogenen Supplementation" geführt haben, erscheint diese Ansicht nicht mehr haltbar, eventuell mit Ausnahme des Lysins (MÜLLER u. HÖTZEL[34]). Von verschiedenen Seiten, neuerdings in einer zusammenfassenden Darstellung von HÖTZEL[21], ist auf diesen Umstand hingewiesen und versucht worden, einen abgeänderten Maßstab für die Proteinbewertung zu finden („Produktiver Eiweißnutzwert") (PEW) nach MÜLLER u. HÖTZEL[34]. Nach HÖTZEL[21] wird infolge der wechselnden endogenen Supplementation eines Versuchsproteins im Bilanzversuch der „tatsächliche" EHN geringer, oder anders ausgedrückt, die BW wegen eines zu hohen Wertes für den EHN in wechselndem Umfange überschätzt.

Eigene Fragestellung

Im Rahmen einer mit dem Max Planck-Institut für Tierzucht und Tierernährung Mariensee/Trenthorst (Direktor: Prof. Dr. M. Witt) durchgeführten Versuchsreihe über die Eiweißmangelernährung des Schweines verfügten wir über Tiermaterial, welches über längere Zeit ausschließlich mit Kartoffeln, also einer isolierten Rohproteinquelle, ernährt wurde. Infolge des niedrigen Eiweißgehaltes der Kartoffeln und des beschränkten Aufnahmevermögens der Tiere stellte diese Fütterung eine hochgradige Eiweißmangelernährung dar, was durch laufende Kontrolle des Serumeiweißspiegels sowie N-Analysen des Muskelfleisches gesichert wurde.

1. Es sollte bei diesen proteinverarmten Tieren mit erschöpftem „AS-Pool" neben einer möglichen Änderung der Verdaulichkeit des Kartoffelproteins auch dessen BW geprüft werden. Wenn die endogene Supplementation die von HÖTZEL vermutete Rolle bei der Ermittlung der BW spielt, war eine Erniedrigung der BW des Kartoffeleiweißes bei den Eiweißmangeltieren zu erwarten, da hier an eine nennenswerte endogene Supplementation nicht zu denken war.

Daneben sollte festgestellt werden, bis zu welchem Ausmaß eine langdauernde ausschließliche Kartoffelfütterung den Eiweißbedarf wachsender Schweine decken kann.

2. Zum Vergleich war die BW des Kartoffeleiweißes bei normal ernährten Kontrolltieren im allgemein üblichen N-Bilanz-Versuch zu ermitteln.

3. Es sollte die BW des Gesamtrohproteins bei rein pflanzlich, jedoch ausreichend ernährten Kontrolltieren ermittelt werden, sowie bei Kontrolltieren, die tierisches+pflanzliches Eiweiß in ausreichender Menge erhielten.

Versuchsmaterial und Methodik

Tiermaterial: Aus drei im Max Planck-Institut Mariensee gehaltenen Fütterungsgruppen zu je 10 Tieren, wurden je 3 Tiere für N-Bilanzversuche herangezogen. Es handelte sich um männliche veredelte Landschweine gleichen Alters und gleichen Gruppen-Durchschnittsgewichtes (20,0 kg), die mit 10 Wochen in den Fütterungsversuch eingestellt worden waren. Die N-Bilanzversuche wurden nach 7wöchiger Fütterungszeit begonnen und dauerten insgesamt weitere 8 Wochen; sie umfaßten damit einen Gewichtsabschnitt von 20–75 kg.

Fütterung: Die Tiere wurden in drei Versuchsgruppen einzeln gehalten:

Gruppe I (Mangelgruppe): Sauerkartoffeln in einer Menge von täglich 11% des Lebendgewichtes, jeweils wochenweise nach dem letzten Endgewicht errechnet. Diese Menge entsprach etwa dem maximalen Aufnahmevermögen der Schweine. Dazu täglich „Ramikal 24" angereichert mit Vit. B_2[1]) zur Deckung des Vitamin- u. Mineralstoffbedarfs.

Gruppe II (Pflanzliche Fütterung): Sauerkartoffeln wie in Gruppe I, dazu Sojaextraktionsschrot und „Ramikal 24" (vgl. Tab. 1)

Gruppe III (pflanzl.+tierisches Eiweiß): Sauerkartoffeln wie in Gruppe I, dazu Fischmehl und „Ramikal 24" (vgl. Tab. 1). Die zugrunde gelegten täglichen Eiweißnormen wurden aus den Daten der Mastleistungsprüfung an 194 Schweinen im Max Planck-Institut Mariensee errechnet.

Tabelle 1. *Futterplan der Versuchsschweine*

Gewichts-abschnitt kg	tägliche Eiweißnorm g	Kartoffel-eiweiß*) g	zu ersetzende Eiweißmenge in g	enthalten in g	
				Sojaschrot (Gruppe II)	Fischmehl (Gruppe III)
20—30	200	28	172	400	300
30—40	214	39	175	400	350
40—50	244	50	194	450	350
50—60	274	60	214	500	400
60—70	296	72	224	550	450
70—80	278	83	195	450	350

*) Kartoffelverzehr von 11% des Körpergewichts zugrundegelegt.

[1]) Von der Fa. Ramikalwerk Michelsen u. Co, Hamburg-Bahrenfeld, freundlicherweise zur Verfügung gestellt.

Die erforderlichen Futteranalysen wurden vom Max Planck-Institut Mariensee durchgeführt und bezüglich der N-Gehalte in eigenen Untersuchungen (Kjeldahl-Analyse) bestätigt. Die in diesem Rahmen besonders interessierenden Werte für Rohprotein waren:

Sauerkartoffeln: 2,04%, Sojaschrot: 46,0%, Fischmehl: 52,06%. Die Mangelfütterung der Gruppe I deckte also etwa 1/7–1/5 der vorgesehenen Eiweißnorm. Der Mangel äußerte sich sehr schnell im erniedrigten Serumeiweißspiegel, der zu Beginn der N-Bilanzversuche durchschnittlich 6,0g% gegenüber 7,5g% der beiden Kontrollgruppen betrug. Damit darf zu dieser Zeit eine weitgehende Erschöpfung des „AS-Pools" angenommen werden. Am Ende der N-Bilanz-Versuche lauteten diese Werte 5,9g% bzw. 7,8g%. Außerdem ergab nach Abschluß der N-Bilanzversuche die N-Analyse exzidierter Muskelproben einen signifikant erniedrigten N-Gehalt des Muskelfleisches der Eiweißmangeltiere gegenüber den Kontrolltieren. Das Durchschnittsgewicht der Tiere in Gruppe I betrug nach 7 Wochen Versuchsfütterung 25,3 kg, das in Gruppe II 35,2 kg und in Gruppe III 39,4 kg.

N-Bilanzversuche

Die bei Stoffwechselkäfigen und -Buchten allgemein übliche Trennung von Kot und Harn mit Hilfe von Auffangrosten und Drahtnetzen erschien für unsere Zwecke nicht geeignet, da bei den Eiweißmangeltieren dünnbreiiger Kot zu erwarten war. Wegen heftiger Widersetzlichkeit der Tiere aus Gruppe II und zum Teil aus Gruppe I war auch an die Benutzung von Kotgeschirren und Harntrichtern usw. ohne erhebliche Zwangsmaßnahmen nicht zu denken. Um die

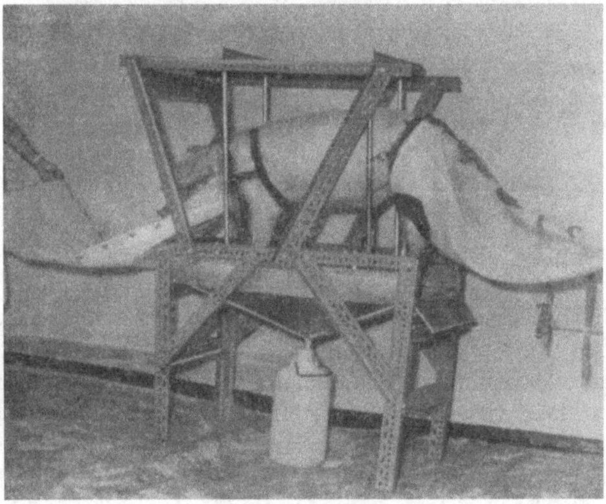

Abbildung 1

genannten Schwierigkeiten zu umgehen, wurden an unserem Institut von PRINZ u. CLOOS neue Stoffwechselgestelle entwickelt. (Abb. 1 und 2). Die Tiere werden durch einen doppelten Brust- und einen einfachen Beckengurt über Gleitringe an 4 seitlichen Führstangen so fixiert, daß sie aufstehen und sich niederlegen können, jedoch in der Längsrichtung keine wesentliche Bewegungsfreiheit haben. Die Führstangen sind unter Verwendung von Profil-Schienen verstellbar angeordnet, so daß sie den Maßen des Tieres angepaßt werden können. Die Tiere stehen auf einem ausziehbaren Siebblech, darunter befindet sich die Auffangwanne für den Harn.

Abbildung 2

Ein feines Sieb im Abflußstutzen hält Haare und Schuppen zurück. Zum Auffangen des Kotes werden den Schweinen glatte, abwaschbare Kotschürzen angezogen, die mittels Gummimanschetten an Becken und Unterschenkeln dicht anliegen, oben schlauchartig zusammengebunden werden können und hinter dem Gestell in entsprechender Höhe aufgespannt werden. Auf diese Weise kann auch dünner Kot quantitativ gesammelt werden. Zur Fütterung werden den Schweinen am Halse dicht schließende Schürzen umgehängt, das Futter in die Schürzen gegeben und diese entweder am Gestell hochgebunden oder von einer Hilfsperson festgehalten. Ein Zerstreuen oder Verschmieren von Futterresten ist so unmöglich. In Fällen verzögerter Futteraufnahme wurden diese Futterschürzen ohne irgendwelche Störungen über mehrere Stunden am Tier belassen. Die in Abb. 1 und 2 gezeigte Ausführung kann bis etwa 70 kg Körpergewicht verwendet werden und hat sich auch bei widersetzlichen Tieren gut bewährt.

Die Vorfütterungsperiode betrug in den Fällen, in denen die sonst übliche Fütterung auch im Hauptversuch beibehalten wurde, 7 Tage, bei Umstellung auf reine Kartoffelfütterung in den Gruppen II und III 11 Tage. Der Hauptversuch dauerte 3 Tage. Dieser sehr kurze Zeitraum erschien uns vertretbar, da die einzelnen Tageswerte sehr gut übereinstimmten und von einer Verlängerung der Periode keine statistischen Vorteile zu erwarten waren. (vgl. auch LASSITER u. a.[24]) Hinzu kommt, daß eine übermäßige Beanspruchung der Eiweißmangeltiere vermieden werden sollte.

Der Harn wurde in PVC-Flaschen aufgefangen, in denen sich 200 ml 10%ige Essigsäure befanden, täglich gemessen und auf seinen N-Gehalt im Kjeldahl-Verfahren geprüft. Der tägliche Kot wurde mit Essigsäure besprüht, bei 105° C getrocknet, gemörsert und dem Kjeldahl-Verfahren unterworfen.

Die in der Formel

$$BW = \frac{\text{N-Bilanz} + \text{EHN} + \text{DVN}}{\text{N-Zufuhr} - \text{Kot-N} + \text{DVN}} \times 100\%$$

erscheinenden Größen EHN und DVN wurden nach den Angaben von COLUMBUS[8] aus den Regressionsgleichungen

$$\begin{aligned} \text{EHN in g} &= 0{,}216 \times G^{0{,}581} \\ \text{DVN in g} &= 0{,}09914 \times G^{0{,}7494} \end{aligned} \quad \text{errechnet,}$$

da die Eiweißmangeltiere einer N-freien Periode nicht unterzogen werden sollten. Der N-Erhaltungsbedarf NEB ergab sich aus der Summe von EHN+DVN.

Aus arbeitstechnischen Gründen waren wir gezwungen, den Kot-N in den einzelnen Bilanzversuchen nach der Gleichung

$$\text{Kot-N} = \text{N-Zufuhr} - \text{Verdaul. N} + \text{DVN}$$

zu errechnen. Der Verdaulichkeitskoeffizient der verschiedenen Futtermischungen wurde an den gleichen Tieren in getrennten Versuchen vor den N-Bilanzversuchen ermittelt und nach Abschluß derselben nochmals nachgeprüft.

Ergebnisse

a) Verdaulichkeitskoeffizienten

Die Verdaulichkeit wurde geprüft für

Kartoffeln bei ausschließlicher Verfütterung		(Tier Nr. 23, 71, 82)
Kartoffeln bei kurzfristiger Gabe	1. Vers.	(Tier Nr. 22, 68, 77)
	2. Vers.	(Tier Nr. 67, 24, 83)
Kartoffeln+Sojaschrot		(Tier Nr. 22, 68, 83)
Kartoffeln+Fischmehl		(Tier Nr. 24, 67, 77)

Bei jedem Tier wurde die Verdaulichkeit des Rohproteins in einer 3tägigen Periode vor Beginn und nach Abschluß der N-Bilanzversuche festgestellt, wobei die drei Tageswerte gemittelt wurden.

Gerechnet wurde nach der Formel:

Verdaul. N = N-Einnahmen − Kot-N + DVN

Verdaulichkeitskoeffizient = Verdaul. N : N-Einnahme × 100

Die einzelnen Werte sind in der Tab. 2 enthalten.

Tabelle 2. *Verdaulichkeit des Rohproteins in den einzelnen Versuchsgruppen*

Tier Nr.	Gruppe	Kartoffeln Mang. Fütterung		Kartoffeln N-Bilz.-Fütterung		Kartoffeln + Sojaschrot		Kartoffeln + Fischmehl	
		1. Vers.	2. Vers.	1. Vers.	2. Vers.	1. Vers.	2. Vers.	1. Vers.	2. Vers.
23	I	60,9	61,1	—	—	—	—	—	—
71	I	61,1	61,2	—	—	—	—	—	—
82	I	60,8	60,9	—	—	—	—	—	—
22	II	—	—	61,3	—	82,0	81,8	—	—
68	II	—	—	60,9	—	81,5	81,5	—	—
83	II	—	—	—	61,0	81,2	81,6	—	—
24	III	—	—	—	61,2	—	—	80,9	81,3
67	III	—	—	—	60,9	—	—	80,7	81,1
77	III	—	—	61,3	—	—	—	81,1	81,1
		61,0% ± 0,15		61,1% ± 0,18		81,6% ± 0,27		81,0% ± 0,57	

Die Verdaulichkeit des Kartoffelrohproteins ist bei langfristiger und bei kurzfristiger Verabreichung von Sauerkartoffeln mit 61,0% bzw. 61,1% praktisch gleich. Die Verdaulichkeit von Kartoffel- + Sojarohproteinen beträgt 81,6%, diejenige von Kartoffel- + Fischmehlrohproteinen 81,0%. Die Einzelwerte innerhalb der Versuchsperioden stimmen sehr gut miteinander überein, so daß es berechtigt erscheint, in die N-Bilanzgleichung errechnete Werte für Kot-N einzusetzen.

b) N-Bilanzen

Bei den N-Bilanzversuchen gelangten folgende Größen zur Anwendung: Anwendung:

$$EHN = 0{,}216 \times G^{0{,}581} \text{ (Columbus)}$$

$$DVN = 0{,}09914 \times G^{0{,}7494} \text{ (Columbus)}$$

$$NEB = DVN + EHN$$

$$\text{Kot-N} = \text{N-Zufuhr} - \text{Verdaul. N.} + DVN$$

$$NG/NEB = \text{N-Gabe/N-Erhaltungsbedarf (Columbus)}$$

$$BW = \frac{\text{N-Bilanz} + EHN + DVN}{\text{N-Zufuhr} - \text{Kot-N} + DVN} \times 100\% \text{ (Mitchell, Columbus)}$$

In der Gruppe I mit ausschließlicher Kartoffelfütterung über längere Zeit, also unter Eiweißmangel, wurden je Tier 3 N-Bilanzperioden durchgeführt. Die erzielten Ergebnisse sind in Tab. 3 niedergelegt.

Tabelle 3. *N-Bilanzen der eiweißmangelernährten Tiere in Gruppe I*

Tier Nr.	Gewicht kg	N-Zufuhr pro Tag g	Verdaul.-N pro Tag g	Kot-N pro Tag g	EHN pro Tag g	DVN pro Tag g	NEB pro Tag g	Harn-N pro Tag g	Ges.-N-Ausscheidung g	N-Bilanz pro Tag g	BW %	NG:NEB
	20,4	7,074	4,166	3,858	1,246	0,950	2,196	18,85	22,71	— 15,64	—	1,9
82	22,2	9,975	5,875	5,112	1,308	1,012	2,320	2,98	8,09	+ 1,89	71,7	2,5
	25,8	12,388	7,296	6,312	1,427	1,220	2,647	3,51	9,82	+ 2,57	74,0	2,7
	24,7	11,736	6,912	5,920	1,392	1,096	2,488	3,34	9,26	+ 2,47	71,8	2,8
23	26,2	10,106	5,952	5,300	1,440	1,146	2,586	3,01	8,31	+ 1,80	73,6	2,3
	23,8	9,780	5,760	5,086	1,362	1,066	2,428	3,14	8,23	+ 1,55	70,0	2,4
	31,0	13,040	7,680	6,660	1,593	1,300	2,893	3,82	10,48	+ 2,56	71,0	2,7
71	33,5	11,997	7,065	6,309	1,661	1,377	3,038	3,82	10,13	+ 1,86	69,4	2,3
	35,8	13,040	7,680	6,868	1,727	1,448	3,175	4,15	10,96	+ 2,08	68,4	2,4
											71,2 ± 2,62	2,45

Mit Ausnahme des Tieres Nr. 82 im ersten Versuch sind die N-Bilanzen schwach positiv mit + 1,55 bis + 2,57 g N/Tag. Die mittlere BW des Kartoffelrohproteins beträgt 71,2 + 2,62 %. Bei den 6 Tieren der Gruppen II (pflanzl. Ernährung) u. III (pflanzl. u. tierische Ernährung) kam je 1 Bilanzversuch bei 14tägiger ausschließlicher Kartoffelfütterung zur Durchführung (Tab. 4).

Sämtliche N-Bilanzen sind positiv mit + 2,4 bis + 5,0 g N/Tag. Die BW des Kartoffelrohproteins beträgt in dieser Versuchsreihe 74,8 ± 0,22%.

Der Unterschied zwischen den beiden Versuchsreihen mit Kartoffelfütterung ist statistisch gesichert mit P = <0,01

Tab. 5 und 6 zeigen die Ergebnisse der N-Bilanzversuche bei den Schweinen der Gruppe II (Sauerkartoffeln + Sojaschrot) und III (Sauerkartoffeln + Fischmehl). Auffallend sind hier zunächst die erheblichen Unterschiede der täglichen Harn-N-Ausscheidung, die in der Gruppe III annähernd doppelt so hoch ist wie in Gruppe II. Dementsprechend wurde in Gruppe III erheblich weniger retiniert als in Gruppe II. Die BW des Gesamtrohproteins in Gruppe II wurde mit 60,1 ± 0,22% ermittelt, in Gruppe III mit 31,8 ± 1,17%.

Diskussion

a) Die in den Kartoffelfütterungsperioden ermittelte Verdauungszahl von 61 entspricht dem in den Futterwerttabellen der DLG von RICHTER[16] angegebenen Wert für das Rohprotein gesäuerter gedämpfter Kartoffeln. Verschiedene Autoren (siehe bei 27) gelangten zu Verdaulichkeitswerten von 70–80%, doch handelt es sich um verschiedene Zubereitungsformen. Infolge der sehr geringen Streuung der Einzelwerte erschien es berechtigt, die Verdaulichkeitswerte als Grundlage für die Errechnung des täglichen Kot-N zu benutzen.

Der geringe Unterschied der Rohproteinverdaulichkeit zwischen Gruppe II und III dürfte auf eine etwas höhere Verdaulichkeit des Sojaschrot-Eiweißes zurückzuführen sein. Auch hier sind die Streuungen verhältnismäßig gering.

b) Die BW des Kartoffeleiweißes beim Schwein wird von MANGOLD u. COLUMBUS[27] mit 81–87% (Kartoffelflocken), von NEHRING[35] in einer Übersicht mit 70% für Erhaltung und 73–86% für Erhaltung und Wachstum angegeben. Die eigenen Werte von 71,2 bzw. 74,8% für Erhaltung und geringes Wachstum liegen in dem angegebenen Bereich.

Von Bedeutung ist der statistisch gesicherte Unterschied der BW zwischen der Eiweißmangelgruppe mit langdauernder Kartoffelzufuhr und der Gruppe der normal ernährten Schweine, die nach dem üblichen N-Bilanz-Verfahren auf kurzzeitige Kartoffelfütterung umgestellt wurden. Da die Versuchsbedingungen für beide Tiergruppen einheitlich waren, ist der unterscheidende Faktor im Tiermaterial zu suchen. Wir sehen ihn in der Proteinverarmung der Eiweißmangeltiere, der aus den Serum-Eiweißwerten hervorgeht. Diese Tiere sind demgemäß nicht in der Lage, über den „AS-Pool" eine endogene Supplementierung des Nahrungs-Eiweißes vorzunehmen. Die abgebauten AS werden als EHN ausgeschieden, der damit etwa das Ausmaß des N-freien Bilanzversuchs erreichen dürfte. (Vgl. HÖTZEL[21]). Man könnte in diesem Falle von der „wahren" BW sprechen. In diesem Zusammenhang ist auf den N-Bilanz-Versuch von HENNIG[19] hinzuweisen, der bei

Tabelle 4. *N-Bilanzen bei Kartoffelfütterung in Gruppe I u. II*

Tier Nr.	Gewicht kg	N-Zufuhr pro Tag g	Verdaul. N pro Tag g	Kot-N pro Tag g	EHN pro Tag g	DVN pro Tag g	NEB pro Tag g	Harn-N pro Tag g	Ges. N-Ausscheidung g	N-Bilanz pro Tag g	BW %	NG:NEB
22	47,5	13,692	8,366	7,115	2,035	1,789	3,824	4,194	11,309	+ 2,383	74,2	3,58
68	34,1	12,225	7,469	6,152	1,679	1,396	3,075	3,628	9,780	+ 2,445	73 9	3,97
77	46,2	16,626	10,158	8,221	2,003	1,753	3,756	4,543	12,764	+ 3,862	75,0	4,43
67	59,5	19,560	11,951	9,728	2,320	2,119	4,439	5,210	14,938	+ 4,632	75,9	4,41
24	63,7	21,190	12,947	10,473	2,414	2,230	4,644	6,634	16,111	+ 5,079	75,1	4,56
83	55,4	16,039	9,800	8,248	2,225	2,009	4,234	4,705	12,953	+ 3,086	74,7	3,79
											74,8 ± 0 22	4,12

Tabelle 5. *N-Bilanzen in Gruppe II (Kartoffeln + Sojaschrot)*

Tier Nr.	Gewicht kg	N-Zufuhr pro Tag g	Verdaul. N pro Tag g	Kot-N pro Tag g	E H N pro Tag g	DVN pro Tag g	N E B pro Tag g	Harn-N pro Tag g	Ges.-N-Ausscheidung g	N-Bilanz pro Tag g	B W %	NG:NEB
	32,0	39,872	32,535	8,668	1,588	1,331	2,919	14,65	23,32	+ 16,55	59,8	11,1
83	41,0	39,872	32,535	8,940	1,868	1,603	3,471	14,15	23,09	+ 16,78	62,2	9,4
	49,5	47,464	38,731	10,579	2,085	1,846	3,931	17,31	27,88	+ 19,58	60,7	9,9
	34,7	41,339	33,733	9,020	1,696	1,414	3,110	15,39	24,41	+ 16,93	59,4	10,8
22	41,0	47,464	38,731	10,336	1.868	1,603	3,471	18,32	28,66	+ 18,80	57,5	11,2
	53,7	48,442	39,529	10,839	2,186	1,962	4,148	18.79	29.63	+ 18,81	58,1	9,5
	43,8	48,637	39,688	10,633	1,942	1,684	3,626	17,49	28,13	+ 20,50	60,8	10,9
68	47,3	49,420	40,327	10,877	2,030	1,784	3,814	17,76	28,63	+ 20,78	61,0	10,6
	60,5	54,404	44,394	12,155	2,342	2,145	4,487	19,65	31,76	+ 22,64	61,1	9,9
											60,1 ± 0,22	10,4

Tabelle 6. *N-Bilanzen in Gruppe III (Kartoffeln + Fischmehl)*

Tier Nr.	Gewicht	N-Zufuhr pro Tag	Verdaul.-N pro Tag	Kot-N pro Tag	E H N pro Tag	DVN pro Tag	N E B pro Tag	Harn-N pro Tag	Ges.-N-Aus-scheidung	N-Bilanz pro Tag	B W	NG:NEB
	kg	g	g	g	g	g	g	g	g	g	%	
	41,0	43,923	35,578	9,948	1,868	1,603	3,471	26,40	36,35	+ 7,57	31,0	10,3
67	51,5	46,759	37,875	10,786	2,133	1,902	4,035	27,59	38,38	+ 8,38	32,8	9,4
	70,0	60,957	49,375	13,975	2,552	2,393	4,945	36,19	50,17	+ 10,79	31,9	10,0
	46,6	45,292	36,686	10,364	2,013	1,758	3,771	26,96	37,32	+ 7,97	32,0	9,7
24	55,0	51,837	41,988	11,846	2,216	1,997	4,213	31,87	43,71	+ 8,13	29,4	9,9
	73,7	62,261	50,431	14,305	2,627	2,475	5,102	35,60	49,91	+ 12,35	34,6	9,9
	37,5	41,869	33,914	9,454	1,774	1,499	3,273	24,78	34,33	+ 7,54	31,9	10,4
77	39,3	42,684	34,574	9,663	1,823	1,553	3,376	25,33	35,00	+ 7,61	32,0	10,2
	53,4	51,576	41,776	11,255	2,178	1,955	4,133	31,75	43,01	+ 8,57	30,4	10,1
											31,8 ± 1,17	10,0

proteinverarmten Sauen ebenfalls keine Anzeichen endogener Supplementation erkennen konnte. Die höhere BW bei den Tieren mit kurzfristiger Kartoffelgabe wäre nach Hötzel durch einen im Zähler der BW-Formel erscheinenden zu hohen Wert für EHN zu erklären, da über den „AS-Pool" eine endogene Supplementation stattfinden kann, ein Teil des EHN also wiederverwertet wird.

c) Aus den geringen bei täglicher maximaler Kartoffelaufnahme retinierten N-Mengen ist abzulesen, daß trotz hoher BW des Kartoffeleiweißes eine Eiweißbedarfsdeckung auf dem Wege ausschließlicher Kartoffelfütterung beim Schwein nicht möglich ist.

d) Die BW des Gesamtrohproteins in Gruppe II (Kartoffeln + Sojaschrot) mit 60,1% und in Gruppe III (Kartoffeln + Fischmehl) mit 31,8% ist überraschend niedrig. Theoretisch wäre in Gruppe II bei einem durchschnittlichen Verhältnis von 4 : 1 für Sojaeiweiß: Kartoffeleiweiß etwa 75%, in Gruppe III für Fischmehleiweiß: Kartoffeleiweiß etwa 78—80% BW zu erwarten, wenn man mögliche supplementierende Wirkungen der beiden Komponenten außer Acht läßt. Insbesondere erscheint der hohe Unterschied der BW zwischen den beiden Gruppen, zurückgehend auf die überaus hohe Harn-N-Ausscheidung in Gruppe III, unerwartet.

Eine Erklärungsmöglichkeit sehen wir in den Versuchsergebnissen von COLUMBUS[8]. Es konnte dort gezeigt werden, daß bei steigendem Verhältnis N-Gabe/N-Erhaltungsbedarf die BW linear abnimmt, je nach Futtermittel und Tierart in wechselndem Verhältnis. So betrug bei COLUMBUS[8] die BW von Fischmehl bei Schweinen 79,1 % bei NG : NEB = 5 : 1 und würde bei NG : NEB = 10 auf Grund der von COLUMBUS[8] ermittelten Gleichung mit 53% errechnet werden. Bei der von uns nach Angaben des Max Planck-Institutes Mariensee gewählten Fütterung betrug das Verhältnis NG : NEB in Gruppe II 1 : 10,4, in Gruppe III 1 : 10. Da wir nicht reines Fischmehl, sondern Mischfutter mit niedriger zu veranschlagender BW fütterten, lassen sich unsere tiefen Werte für die BW erklären. Es war im Rahmen dieser Untersuchungen nicht möglich, diese Frage weiter zu verfolgen.

Nach KLIESCH[23] ist eine Tagesproteingabe von 144 g für eine tägliche Zunahme von 507 g ausreichend. Für die bei unseren Tieren im Versuchszeitraum erzielte mittlere tägliche Gewichtszunahme von 550–600 g wurden täglich 175–225 g Eiweiß zugesetzt. Diese Menge entspricht etwa den von der DLG aufgestellten Futternormen[16], ist aber dort als „reichliche Bedarfsdeckung" bezeichnet. Unsere Ergebnisse deuten also darauf hin, daß die zugeführten Proteinmengen das physiologische Optimum übersteigen und zum Teil vom Organismus nicht verwertet werden können. Eine Angleichung der praktischen Fütterungsnormen an die in N-Bilanz-Versuchen gefundenen Daten wäre die Aufgabe einer Proteinrationalisierung, wie sie COLUMBUS[9] erwähnt.

Wir können auf Grund unserer Ergebnisse das Argument von BLOCK u. MITCHELL[6], eine Variabilität des EHN sei für die Errechnung der BW praktisch ohne Bedeutung, nicht zustimmen, sondern sind mit MÜLLER u. MASSBERG[33] der Meinung, daß unklare und schwierig zu bestimmende Größen wie EHN und DVN durch die einfachere Beziehung der N-Bilanz zu resorbiertem N als „Eiweißwertigkeit" vermieden werden sollten.

Zusammenfassung

Es wurden unter Benutzung einer neuartigen Stoffwechseleinrichtung N-Bilanzversuche an Schweinen verschiedener Fütterungsgruppen durchgeführt, um die Verdaulichkeit und die Biologische Wertigkeit des Gesamtrohproteins zu bestimmen.

Bei Schweinen, die über mehrere Wochen ausschließlich mit Kartoffeln gefüttert wurden und sich in klinisch feststellbarem Eiweißmangelzustand befanden, wurde die Verdaulichkeit des Sauerkartoffeleiweißes mit 61,0% und bei schwach positiver N-Bilanz die BW mit 71,2 ± 2,62% ermittelt.

Bei normal ernährten, nur kurzzeitig in Kartoffelfütterung genommenen Schweinen betrug die BW bei gleicher Verdaulichkeit 74,8 ± 0,22%. Der statistisch gesicherte Unterschied wird darauf zurückgeführt, daß bei den Eiweißmangeltieren eine endogene Supplementation des zugeführten Nahrungsproteins nicht möglich ist.

Die Verdaulichkeit einer Futtermischung Sauerkartoffeln + Sojaschrot im Eiweißverhältnis 1 : 4 wurde mit 81,6%, die BW des Gesamtrohproteins mit 60,1% gefunden.

Bei einer Futtermischung Sauerkartoffeln + Fischmehl mit gleichem Eiweißverhältnis waren die Werte für Verdaulichkeit 81,0 %, für BW 31,8 %.

Die tiefen Werte für BW werden erklärt durch eine erheblich über das physiologische Optimum hinausgehende Eiweißzufuhr und damit verbundene beschränkte Proteinverwertung.

Trotz der guten BW des Kartoffeleiweißes läßt sich eine Eiweißbedarfsdeckung durch Kartoffeln beim Schwein infolge des beschränkten Aufnahmevermögens nicht erreichen.

Dem Direktor des Max Planck-Institutes für Tierzucht und Tierernährung Mariensee/Trenthorst, Herrn Prof. Dr. M. WITT, danke ich herzlichst für die freundliche Bereitstellung der in Mariensee im Mastversuch gehaltenen Versuchstiere.

Die Untersuchungen wurden mit Hilfe von Landesmitteln ermöglicht, wofür auch an dieser Stelle gedankt sei.

Literaturverzeichnis

1 ALLISON, J. B. (1951): Fed. Proc. **10**, **676**.

2 BARNES, R. H., MAACK, J. E., KNIGHTS, M. I. u. G. O. BURR (1945): Cereal Chem. **22**, 273.

3 BENDER, A. E. u. B. H. DOELL (1957): Brit. J. Nutr. **11**, 140.

4 BENDER, A. E. u. D. S. MILLER (1953): Biochem. J. **53**, vii.

5 BENTON, D. A., HARPER, A. E. u. C. A. ELVEHJEM (1955): Arch. Biochem. Biophys. **57**, 223.

6 BLOCK, R. I. u. H. H. MITCHELL (1946): Nutr. Abstr. a. Rev. **16**, 249.

7 CANNON, P. R., HUMPHREYS, E. M., WISSLER, R. W. u. L. E. FRAZIER (1944): J. Clin. Invest. **23**, 601.

8 COLUMBUS, A. (1951): Arch. Tierernährg. **1**, 36, 84.

9 COLUMBUS, A. (1954): Wiss. Abhdlg. Dtsch. Akad. Landw-wiss. Berlin V/2, 327.

10 DESHPANDE, P. D., HARPER, A. E., QUIROS-PEREZ, F. u. C. A. ELVEHJEM (1955): J. Nutr. **57**, 415.

11 DESHPANDE, P. D., HARPER, A. E., COLLINS, M. u. C. A. ELVEHJEM (1957): Arch. Biochem. Biophys. **67**, 341.

12 DREPPER, K. (1957): Z. Tierern. u. Futtermittelkd. **12**, 27, **12**, 88.

13 DREYER, I. I. (1957): Brit. J. Nutr. **11**, 22.

14 FERNELL, W. R. u. G. D. ROSEN (1956): Brit. J. Nutr. **10**, 143.

15 FOLIN, O. (1905): Amer. J. Physiol. **13**, 66.

16 Futterwerttabellen der DLG für Schweine (1958): DLG-Verlags-GmbH. Frankfurt/Main.

17 HALEVY, S. u. N. GROSSOWICZ (1953): Proc. Soc. Exp. Biol. Med. **82**, 567.

18 HARPER, A. E., WINJE, M. E., BENTON, D. A. u. C. A. ELVEHJEM (1955): J. Nutr. **56**, 187.

19 HENNIG, A. (1957): Z. Tierern. u. Futtermittelkd. **12**, 315.

20 HORN, M. I., BLUM, A. E. u. M. WOMACK (1954): J. Nutr. **52**, 375.

21 HÖTZEL, D. (1958); Z. Tierern. u. Futtermittelkd. **13**, 193.

22 KLIGLER, D. u. W. A. KREHL (1950): J. Nutr. **41**, 215.

23 KLIESCH, J. (1949): Tierzucht **3**, 4.

24 LASSITER, I. W., TERRILL, S. W., BECKER, D. E. u. H. W. NORTON (1956): J. Animal. Sci. **15**, 392.

25 LIGHTBODY, H. D. u. A. KLEINMAN (1939): J. Bol. Chem. **129** 71.

26 LINTZEL, W. u. J. RECHENBERGER (1942): Die Ernährung **8**, 10.

27 MANGOLD, E. u. A. COLUMBUS (1938): Die Landw. Versuchsstat. **129**, 13.

28 MELNICK, D., OSER, B. L. u. S. WEISS (1946): Science **103**, 326.

29 MERTZ, E. T., RENNERT, S. S. u. E. W. COLE (1955): J. Nutr. **56**, 437.

30 MITCHELL, H. H. (1924): J. Biol. Chem. **58**, 873.

31 MITCHELL, H. H. (1944): Indust. Eng. Chem. Anal. Ed. **16**, 696.

32 MITCHELL, H. H. u. R. I. BLOCK (1946): J. Biol. Chem. **163**, 509.

33 MÜLLER, R. u. J. MASSBERG (1954): Arch. Tierernährg. **4**, 241.

34 MÜLLER, R. u. D. HÖTZEL (1957): Arch. Tierernährg. **7**, 66.

35 NEHRING, K. (1955): Lehrbuch der Tierernährung u. Futtermittelkunde, Neumann-Verlag Radebeul/Berlin.

36 NEHRING, K. (1958): 10. Tagung der Gesellschaft für Ernährungsphysiologie der Haustiere, Gießen.

37 OSBORNE, T. B., MENDEL, L. B. u. E. L. FERRY (1919): J. Biol. Chem. **37**, 223.

38 OSER, B. L. (1951): J. Amer. Diet. Assoc. **27**, 396.

39 PEO, E. R., HAYS, V. W., ASHTON, G. C., SPEER, V. C., LIU, C. H. u. D. V. CATRON (1957):

40 PILCHER, H. L. u. H. H. WILLIAMS (1954): J. Nutr. **53**, 589. J. Nutr. **62**, 465.

41 POTTER, V. R. u. H. L. KLUG (1947): Arch. Biochem. **12**, 241.

42 RIESEN, W. H., CLAUDININ, D. R., ELVEHJEM, C. A. u. W. W. CRAVENS (1947): J. Biol. Chem. **167**, 143.

43 ROCKLAND, L. B. u. M. S. DUNN (1949): Food Techn. **3**, 289.

44 SAUBERLICH, H. E., CHANG, W. Y. u. W. D. SALMON (1953): J. Nutr. **51**, 623.

45 STEWART, R. A., HENSLEY, G. W. u. F. N. PETERS (1943): J. Nutr. **26**, 519.

46 THOMAS, K. (1909): Arch. Anat. Physiol., Physiol. Abt. 219.

47 TEERI, A. E., VIRCHOW, W. u. M. E. LOUGHLIN (1956): J. Nutr. **59**, 587.

Eingegangen am 14. 11. 1958

Das Archiv für Tierernährung erscheint zweimonatlich in Heften zu 80 Seiten im Format 17,5 × 25 cm. Der Preis des Heftes beträgt DM 17,00. 6 Hefte werden zu einem Band vereinigt. Der Besteller muß sich zur Abnahme eines Bandes verpflichten. Die Hefte werden jeweils einzeln berechnet. Im Jahre erscheint nicht mehr als 1 Band. Bestellungen werden direkt an den Akademie-Verlag GmbH., Berlin W 8, Mohrenstraße 39, oder über eine wissenschaftliche Buchhandlung erbeten.

Manuskriptsendungen — zugelassen sind die vier Kongreßsprachen — sind an den Herausgeber, Herrn Prof. Dr. Ernst Mangold, Berlin N 4, Invalidenstr. 42, zu richten. Mit der Veröffentlichung geht das alleinige Verlagsrecht an das Archiv für Tierernährung über. Daher müssen Arbeiten, die bereits an anderer Stelle veröffentlicht worden sind, zurückgewiesen werden. Die Verfasser verpflichten sich, Manuskripte, die vom Archiv für Tierernährung angenommen worden sind, nicht an anderer Stelle zu veröffentlichen.

Die Verfasser erhalten von größeren wissenschaftlichen Arbeiten 50 Sonderdrucke unentgeltlich. Den Manuskripten beiliegende Zeichnungen müssen sauber, in zweifacher Größe ausgeführt sein. Wenn sie nicht voll reproduktionsfähig nach den Vorschriften des Normblattes DIN 474 eingereicht werden, ist die Beschriftung nur mit Bleistift einzutragen. Zur Herstellung von Netzätzungen sind nur einwandfreie Photographien brauchbar.

Für alle Literaturzitate sind die Vorschriften des Normblattes DIN 1502 und 1502 Beiblatt I maßgeben Die Zitate müssen den Verfasser (mit den Anfangsbuchstaben der Vornamen), den vollständigen Titel der Arbeit und die Quelle mit Band, Seitenzahl und Erscheinungsjahr enthalten. Das Literaturverzeichnis soll alphabetisch geordnet sein.

ARCHIV FÜR TIERERNÄHRUNG

UNTER MITWIRKUNG VON

Prof. Dr. A. Hock, Berlin. Prof. Dr. Dr. W. Lenkeit, Göttingen.
Prof. Dr. Dr. h. c. K. Nehring, Rostock. Prof. Dr. Dr. W. Wöhlbier, Stuttgart-Hohenheim

HERAUSGEGEBEN VON

ERNST MANGOLD
Prof. Dr. med. Dr. phil. Dr. med. vet. h. c. Dr. agr. h. c. Dr. agr. h. c.
Direktor em. des Instituts für Tierernährungslehre
der Humboldt-Universität Berlin

9. BAND
Ausgegeben am 1. AUGUST 1959

HEFT
4

AKADEMIE-VERLAG · BERLIN

ARCH. TIERERNÄHRUNG · 9. BAND NR. 4 · S. 251–326 · BERLIN · 1. AUGUST 1959

INHALT

Das Archiv für Tierernährung erscheint zweimonatlich in Heften zu 80 Seiten im Format 17,5 × 25 cm. Der Preis des Heftes beträgt DM 8,50. 6 Hefte werden zu einem Band vereinigt. Der Besteller muß sich zur Abnahme eines Bandes verpflichten. Die Hefte werden jeweils einzeln berechnet. Im Jahre erscheint nicht mehr als 1 Band. Bestellungen werden direkt an den Akademie-Verlag GmbH, Berlin W 1, Leipziger Straße 3–4, oder über eine wissenschaftliche Buchhandlung erbeten.

Manuskriptsendungen — zugelassen sind die vier Kongreßsprachen — sind an den Herausgeber, Herrn Prof. Dr. Ernst Mangold, Berlin N 4, Invalidenstr. 42, zu richten. Mit der Veröffentlichung geht das alleinige Verlagsrecht an das Archiv für Tierernährung über. Daher müssen Arbeiten, die bereits an anderer Stelle veröffentlicht worden sind, zurückgewiesen werden. Die Verfasser verpflichten sich, Manuskripte, die vom Archiv für Tierernährung angenommen worden sind, nicht an anderer Stelle zu veröffentlichen.

Die Verfasser erhalten von größeren wissenschaftlichen Arbeiten 50 Sonderdrucke unentgeltlich. Den Manuskripten beiliegende Zeichnungen müssen sauber, in zweifacher Größe ausgeführt sein. Wenn sie nicht voll reproduktionsfähig nach den Vorschriften des Normblattes DIN 474 eingereicht werden, ist die Beschriftung nur mit Bleistift einzutragen. Zur Herstellung von Netzätzungen sind nur einwandfreie Photographien brauchbar.

Für alle Literaturzitate sind die Vorschriften des Normblattes DIN 1502 und 1502 Beiblatt I maßgebend. Die Zitate müssen den Verfasser (mit den Anfangsbuchstaben der Vornamen), den vollständigen Titel der Arbeit und die Quelle mit Band, Seitenzahl und Erscheinungsjahr enthalten. Das Literaturverzeichnis soll alphabetisch geordnet sein.

Herausgeber und verantwortlich für den Inhalt: Prof. Dr. med. Dr. phil. Dr. med. vet. h. c. Dr. agr. h. c. Dr. agr. h. c. Ernst Mangold, Berlin N 4, Invalidenstraße 42 (Fernruf 42 49 64). Verlag: Akademie-Verlag GmbH, Berlin W 1, Leipziger Str. 3–4 (Fernruf: 22 04 41; Postscheckkonto: 350 21). Bestellnummer dieses Bandes: 1010/IX/4. Das Archiv für Tierernährung erscheint vorläufig jährlich in 1 Band zu 6 Heften. Bezugspreis je Einzelheft DM 8.50, ausschließlich Porto und Verpackung. Satz und Druck: Robert Noske, Borna (Bez. Leipzig). Veröffentlicht unter der Lizenznummer ZLN 5003 des Ministeriums für Kultur, Hauptverwaltung Verlagswesen. Printed in Germany.

Berichtigung

Archiv für Tierernährung, 9. Band, Heft 4, Seite 323

Die 5. Zeile von unten muß lauten:

Mengen von 1,5% N beim Raps bis zu 5,1% beim grünen Rotklee

Sie werden gebeten, diese Zeile in das Heft 4 einzukleben.

Aus dem Institut für Tierzucht und Milchwirtschaft der Karl-Marx-Universität Leipzig
(Direktor: Prof. Dr. COMBERG)

G. COMBERG und L. GÖLLNITZ

Einige Methoden bei der vollmilchsparenden Kälberaufzucht und ihr Einfluß auf die Entwicklung weiblicher Jungrinder bis zum Alter von einem Jahr

Herrn Prof. Dr. Dr. E. MANGOLD zum 80. Geburtstag gewidmet

Die vollmilchsparende Aufzucht von Kälbern hat während der letzten Jahre eine zunehmende Bedeutung erlangt. Dabei sind die Varianten und gering unterschiedlichen Methoden dieses Verfahrens auf den Erkenntnissen und Notwendigkeiten aufgebaut, daß der Entzug des Milchfettes einen Vitaminausgleich erfordert, wie auch das Fett als Energieträger zu berücksichtigen ist und nicht zuletzt durch den Zusatz antibiotischer Stoffe günstige Auswirkungen erwartet werden können.

Grundsätzlich wächst mit zunehmender Vollmilcheinschränkung das Risiko dieses Verfahrens, und es wird neben den vermehrt zu beachtenden Vorkehrungen der Haltung und Pflege die genaue Verabreichung der Ausgleichstoffe besonders wichtig. Pünktlichkeit und Sorgfalt bei der Gabe der Präparate lassen Gedankengänge vereinfachter Methoden aufkommen, und diese können für die Vitaminzuteilung in sogenannten Stoßgaben gesehen werden. Diese Art der Verabreichung findet in der Humanmedizin bereits seit längerer Zeit Anwendung und hat nach bisherigen Untersuchungen auch beim jungen Rind Erfolg. – Weiterhin mag die Zufuhr von Nährstoffen, die den Energiebedarf des jungen Individuums decken, als ein häufig zu wenig beachteter Faktor bei den Maßnahmen der Vollmilchbeschränkung herausgestellt sein. – Ferner sollen antibiotische Stoffe zu einer eventuellen Stimulation des Wachstums führen, zumindest dienen sie dazu, in gewisser Weise das Optimum der Ernährung wieder herzustellen und damit das Risiko bei diesem Verfahren der Kälberaufzucht zu mindern.

Die Anwendung vollmilcheingeschränkter Maßnahmen ist bei den deutschen Rinderrassen im Zweinutzungstyp noch relativ jung. Hinweise auf die vermehrt zu beachtende Sorgfalt mögen dazu geführt haben, daß bevorzugt Schlacht- und Mastkälber derartig aufgezogen werden. Die Praxis neigt dazu, bei der Aufzucht langlebiger Leistungskühe bekannte, erprobte Verfahren zu belassen. Damit dürfte jedoch keineswegs zum Ausdruck gebracht werden, daß die Maßnahmen vollmilcheingeschränkter Aufzucht für Zuchtkälber keine Bedeutung hätten. Eine Lücke ergibt sich allerdings bisher in dem Fehlen von Mitteilungen über die Auswirkungen auf Lebensfunktionen und spätere Leistungen von Kühen der deutschen Rinderrassen im kombinierten Nutzungstyp.

Diese Gedankengänge lagen der Versuchsanstellung zugrunde, über die im folgenden berichtet wird. Es kommen dabei einige Varianten vollmilchsparender

Aufzucht (Vitaminstoßverabreichung, vermehrte Beachtung des energetischen Ausgleiches, Antibiotikagaben) bei weiblichen Zuchttieren zur Anwendung. Die festzustellende und zu beobachtende Auswirkung auf Lebensablauf und Leistungen der Tiere ließ bei der Länge des Untersuchungszeitraumes eine Unterteilung in Abschnitte zweckmäßig erscheinen. So wird in vorliegender Abhandlung über die Entwicklung der Tiere bis zu einem Alter von einem Jahr berichtet.

Zunächst seien einige Hinweise auf die bisherigen Publikationen über vollmilchsparende Kälberaufzucht gegeben und dabei die angedeuteten speziellen Fragenkomplexe besonders herausgestellt. Die wirtschaftlich äußerst bedeutungsvolle Einschränkung der Vollmilchmenge bei Aufzucht und Mast des Rindes ist bereits seit einigen Jahrzehnten Gegenstand zahlreicher Untersuchungen. Es sei an die Arbeiten von FRÖHLICH und LÜTHGE [16], LIEBSCHER [28], PALOHEIMO [34], SCHMIDT und KLIESCH [38], SCHMALFUSS und Mitarb.[37], KRÜGER und LÜSSE [26], HEDLER [19] u. a. erinnert. DINKHAUSER [13] und COMBERG [10] befaßten sich mit der Verwendung fettärmerer Vollmilch als Tränkmilch. Aus den grundlegenden Untersuchungen über Vollmilcheinschränkungen bzw. Milchfettverminderungen lassen sich folgende Maßnahmen ableiten:

1. Ersatz der Nährstoffe, die normalerweise mit dem Milchfett zugeführt werden, durch andere energiereiche und leichtverdauliche Futtermittel.
2. Zufuhr von Vitaminen A und D als Ausgleich für die mit dem Milchfett entzogenen Vitamine.
3. Behebung der infolge frühzeitiger Magermilchfütterung häufiger auftretenden Unzulänglichkeiten in den Ernährungsvorgängen des Kalbes durch präventive Gabe von antibiotischen Zusätzen.

Was die unter Punkt 1 angeführte Forderung anbetrifft, ist das Bestreben, dem Kalb energiereiche Futtermittel zum Zwecke des Milchfettersatzes zu verabreichen, bereits in der älteren Literatur zu finden. Schon die sogen. Liebig'sche Kälbersuppe zeugt von dieser Absicht. Von dort führte der Weg über die Anwendung von Kartoffelstärke, die mit Diastasepräparaten versetzt wurde (HANSEN [17]), zum Kälbermaiszucker der Jahre um 1925 (HANSEN [17], MARTENS [30], BÜNGER und Mitarb. [9]). Auch die Kartoffel als Kartoffelflocke, wie auch gedämpft, wurde auf ihre Eignung beim jungen Kalb untersucht (SCHOLZ [42], REMER [36], STEINHARDT [45], NEWERLA [32]). Letztere Untersuchungen sind teilweise bei normaler und reichlicher Vollmilchverabreichung gemacht; sie lassen jedoch Rückschlüsse auf die Fragen der Versorgung des Kalbes mit Zusatz- oder Ersatzstoffen zu.

In den letzten Jahren ist das Tapiokamehl vermöge seines hohen Kohlehydrat- und geringen Rohfasergehaltes vermehrt zur Anreicherung der Tränkmilch mit Energieträgern herangezogen worden (ISAACHSEN [21], KRÜGER [25]). Besonders BRÜGGEMANN, BORNEMANN und HAMANN [5] konnten bei Zusatz von Tapiokamehl zur Magermilch bei der Kälbermast hohe Zunahmen erzielen.

Neben der Verwendung stärkereicher Beifuttermittel ist auch versucht worden, billige tierische oder auch pflanzliche Fette als Ersatz- bzw. Ergänzungsstoffe heranzuziehen. Versuche von FINGERLING [15] mit *Erdnußölemulsion* von BESANA [2] und PIROCCHI [35] mit Margarine, SCHUPPLI [43] mit Kokosfett, ISAACHSEN [22] mit Erdnußöl und Dorschlebertran, BAILLARGÉ und Mitarb. [1] mit Kokos- und Erdnußfett, ZORN [50] mit Rindertalg u. a. heben zumeist günstige Resultate hervor. — Besonders erwähnenswert ist hier der einfache Weg über die Verwendung eines mit tierischen oder pflanzlichen Fetten aufgewerteten Magermilchpulvers. BRÜGGEMANN [4], KRÜGER und LÜSSE [26] sowie WOLFF [49] haben mit einem Magermilchpulver mit 8 bzw. 28% Fettanteil sehr gute Erfolge in der Aufzucht, vor allem in der Mast erzielt.

Bei der Frage genügender Kohlehydrat- bzw. Fettzufuhren als Energieträger ist auch die Möglichkeit hervorzuheben, der Frischmagermilch durch Zusatz von Trockenmagermilchpulver einen höheren Trockenmassegehalt zu verleihen. Diese Methode hat Arbeiten von KIRSCH und Mitarb. [23] sowie BRÜGGEMANN und Mitarb. [5] zufolge zu recht guten Zunahmen in den Versuchsgruppen geführt.

Der Vitaminersatz nach Entzug bzw. Verminderung der natürlichen Vitamine durch Vollmilcheinschränkung zeigt keinerlei Schwierigkeiten nach Herstellung und Resorbierbarkeit synthetischer Stoffe. Zahlreiche Arbeiten, so von BRÜGGEMANN [4], KLAGES [24], VOGEL [47], COMBERG und ZSCHOMMLER [11] u. a. verweisen auf gute Ergebnisse. Verabreicht werden die diesbezüglichen Präparate in kontinuierlichen Gaben. Da die Versorgung des Kalbes mit Vitaminen in Form einer täglich zu verabreichenden Dosis jedoch einen zusätzlichen Arbeitsaufwand verursacht, ist von verschiedenen Seiten versucht worden, die notwendigen Vitamine mit Hilfe einer Stoßgabe in den ersten Lebenstagen zuzuführen. Untersuchungen über die Auswirkung einer solchen Maßnahme, die von HIBBS und KRAUSS [20] angestellt wurden, ergaben, daß noch am 20. Lebenstag bei Verabreichung von je 250 000 IE Vit. A am 3. und 10. Lebenstag ein gegenüber den Normaltieren um etwa 50% erhöhter Vitamin-A-Gehalt in Blutplasma und Leber zu finden ist. Auch EATON und Mitarb. [14] konnten ähnliche Feststellungen machen. Sie fütterten an Kälber als Zugabe zum ersten Kolostrum 2 Tabletten von je 125 000 IE Vitamin A, 25 000 IE Vitamin D und 250 mg Niacinchlorid und ermittelten im Vergleich zu den Tieren ohne zusätzliche Vitamingaben noch sehr günstige Blutplasmawerte am 42. Lebenstag. — Die gleichen Versuchsansteller fanden bei Schlachtkälbern eine beachtliche Speicherung von Vitaminen in den Lebern nach Stoßgaben.

Die Versuchsergebnisse zeigen somit, daß bei Kälbern mit einer Vitamin-Stoßgabe in den ersten Lebenstagen eine beachtlche Vitaminbevorratung möglich erscheint. Angewandt in der vollmilcheingeschränkten Kälberaufzucht würde sich ein relativ einfacher Ausgleich für das Vitamin-Defizit ergeben. COMBERG und ZSCHOMMLER [12] prüften die Einwirkung von Vitamin-Stoßgaben unter Anwendung vollmilchsparender Maßnahmen und kamen zu dem Ergebnis, daß die Vitamin-Stoßverabreichung der kontinuierlichen Gabe weitgehend gleichwertig ist. — Es mag jedoch darauf hingewiesen sein, daß bei Stoßverabreichung die Zuführung von anderen Ausgleichstoffen — wie z. B. Antibiotika, Tapiokamehl o. ä. — als kontinuierliche Gabe problematisch wird bzw. zusätzliche Arbeitsaufwendungen erfordert.

Die Frage des Zusatzes von Antibiotika zum Futter für Kälber ist bekanntlich Gegenstand zahlreicher Arbeiten gewesen. Die amerikanischen Untersuchungen hat LASSITER [27] dahingehend zusammengefaßt, daß Aureomycin- und Terramycingaben in Höhe von 35 bis 45 mg je 100 kg Lebendgewicht täglich, bei Kälbern bis zu 16 Lebenswochen gegeben, zu einer höheren Gewichtszunahme, einer größeren Futteraufnahme, einer besseren Futterverwertung und vor allem zu einem bedeutend geringeren Auftreten von Darmstörungen führen. In Deutschland haben HAVERMANN und RÜTER [18], BRÜGGEMANN und ZUCKER [7], BRÜGGEMANN, HAENDLER und ZUCKER [6], SPERLING und HAENDLER [44], KIRSCH und Mitarb. [23] u. a. durch Antibiotika-Beifütterung gute Resultate in der Kälberaufzucht bzw. -mast ermitteln können.

Zusammengefaßt muß jedoch festgestellt werden, daß der größte Teil der angeführten Untersuchungen nur an Masttieren oder in zeitlich begrenzten Beobachtungsperioden durchgeführt wurde. Mithin kann auf Grund der vorhandenen Literatur wenig über die Auswirkungen einer extrem geringen Vollmilchmenge wie auch über den Einfluß von frühzeitig verabreichten Futterausgleichstoffen, Vitaminen und vor allem Antibiotika auf die Lebenskraft und die Leistungsfähigkeit der künftigen Milchkuh gesagt werden. Diese Feststellung gilt vor allem für die an deutschem Material gemachten Ermittlungen.

I. Versuchsmethodik, Versuchsmaterial und Versuchsablauf

Versuchsmethodik

In der Versuchsstation Oberholz des Instituts für Tierzucht und Milchwirtschaft der Karl-Marx-Universität Leipzig wurden 3 Gruppen von weiblichen Kälbern zusammengestellt. Wie aus der Versuchsdisposition (Tabelle 1) zu ersehen, stellte Gruppe I mit 350 kg Vollmilch die normale Aufzucht dar. In einer zweiten Gruppe erfolgte eine Reduzierung der Vollmilchmenge auf die Hälfte. Als Ausgleich für

Tabelle 1. *Versuchsdisposition*

	Gruppe I	Gruppe II	Gruppe III
Anzahl der Tiere bei Versuchsbeginn	10	9	9
Anzahl der Tiere im 3. Vierteljahr	9	8	6
Anzahl der Tiere im 4. Vierteljahr	9	8	5
Vollmilchmenge je Tier und Tränkperiode (in kg, 3,5% Fett)	350	168	76
Magermilchmenge je Tier und Tränkperiode	595	777	869
Vitamin- bzw. Antibiotikagabe:			
Stoßgabe am 10. Lebenstag in Form von 3 Kapseln zu je 200000 I E Vit. A und 20000 I E Vit. D_3 (pulverförmig)			
Vitamin A I E je Tier	—	600 000	—
Vitamin D_3 I E je Tier	—	60 000	—
Tägl. Gabe von 60 g des Präparates Kal-Bi-Phosphoral bis einschl. 18. Lebenswoche = 7020 g je Tier			
Vitamin A I E je Tier	—	—	842 400
Vitamin D_3 I E je Tier	—	—	112 320
Aureomycin mg je Tier	—	—	7 020

die damit fehlenden Vitamine wurden am 10. Lebenstag (frühester Termin durch Ankauf der Kälber) eine Vitaminstoßgabe in Höhe von 600 000 IE Vitamin A und 60 000 IE Vitamin D_3 je Tier gegeben. Die Vitaminmengen stellte die Firma Ramikal-Werk Hans Michelsen & Co., Hamburg, dankenswerterweise zur Verfügung. In Gruppe III sollte eine verstärkte Verminderung der Vollmilchgabe vorgenommen werden und zugleich neben Vitamin- und Antibiotikagaben der energetische Ausgleich Berücksichtigung erfahren. Diesen Anforderungen entsprach das verwendete Präparat „Kal-Bi-Phosphoral", das neben den Vitaminen A und D_3 noch Mineralstoffe und Antibiotika enthält und vermöge seines Gehaltes an Leinsamenvollmehl und Tapiokamehl einen gewissen energetischen Ausgleich für den durch Entzug der Vollmilch fehlenden Energieträger Milchfett erhoffen läßt. Das Institut dankt dem Herstellerwerk H. W. Schaumann, Uetersen (Holstein) für die Zurverfügungstellung der notwendigen Mengen dieses Aufzuchtmittels.

Die Verfütterung von Voll- und Magermilch erfolgte auf Grund des versuchsmethodisch bedingten Tränkplanes. Bezüglich aller anderen Futtermittel bestand das Bestreben, bei den Tieren der drei Gruppen die gleiche Nährstoffaufnahme zu erreichen. Der Unterschied zwischen den Gruppen lag somit in einer Berücksichtigung variierender Methoden in der Vollmilchperiode, während in den späteren Lebensabschnitten für alle Versuchstiere die gleiche Fütterung zur Anwendung kam. Vermerkt sei allerdings, daß für jüngere Altersstufen die übliche ad libitum-Fütterung für die festen Futterstoffe zur Durchführung kam. So wurden Kraftfutter und Heu mit Beginn der 3. Lebenswoche beliebig bis zu einer im Futterplan festgelegten täglichen Höchstmenge – entsprechend den üblichen Normen – gegeben. Von der 19. Lebenswoche ab erhielten die Tiere Grün- bzw. Saftfutter. Es mußte dabei das jeweils vorhandene, jahreszeitlich variierende Futter verwendet werden.

Tabelle 2. *Zusammensetzung der Futtermittel*

Futtermittel	Anzahl d. Analysen	Trocken-masse %	verdl. Rohprot. %	verdl. Rohfaser %	verdl. Rohfett %	verd. N-fr. Extr.-St. %	Stärke-einheiten
Milch:							
Vollmilch	8	12,75	3,01	—	3,79	4,85	136,3
Magermilch	10	8,73	2,92	—	0,03	4,53	62,9
Kraftfutter-bestandteile:							
Hafer	5	84,26	10,98	1,85	4,03	44,33	617,8
Gerste	5	85,10	6,77	2,52	1,69	60,25	705,4
Trockenschnitzel	5	87,84	4,13	9,12	—	51,77	492,3
Kartoffelflocken	2	83,94	2.94	—	—	63,14	639,1
Trockenhefe	3	85,29	28,93	5,35	0,69	26,68	589,7
Leinextraktionsschrot	3	87,81	29.64	4,63	1,26	28,07	607,8
Sojaextraktionsschrot	3	88,37	42,41	5,46	0,86	26,12	711,5
Heu:							
Wiesenheu Ernte 1956	3	82,66	4,58	15,86	0,76	22,19	285,7
Wiesenheu I Ernte 1957	11	83,32	5,39	13,45	1,24	25,89	338,2
Wiesenheu II Ernte 1957	3	80,15	4,70	14,86	0,74	24,04	305,0
Kleeheu	2	78,17	9,28	13,13	0,98	22,51	331,0
Luzerneheu	2	74,36	12,55	9,41	0,49	17,38	288,3
Grün- und Saftfutter:							
Kleegras	2	25,00	2,58	4,32	0,61	7,63	130,5
Rotklee	3	26,38	3,18	3,52	0,70	7,99	134,8
Luzerne	3	25,10	3,59	3,04	0,37	5,87	113,4
Grünmais	2	12,43	0,99	2,59	0,24	4,08	69,7
Stoppelklee I	2	14,56	2,36	2,29	0,44	4,59	82,7
Leguminosengemenge	3	9,76	1,79	1,03	0,23	2,55	51,1
Stoppelklee II	2	18,30	2,55	2,21	0,52	6,04	105,3
Zuckerrübenblatt	4	17,19	1,80	1,20	0.17	9,01	117,8
Futterrübenblatt	3	15,32	1,97	1,43	0,21	5,92	94,5
Futterrüben	6	12,49	0,75	0,53	0,03	8,02	69,0
Kohlrüben	2	11,45	0,99	0,95	0,13	6,45	65,9
Rübenblattsilage	3	26,18	1,95	1,69	0,25	3,62	67,9
Futterroggen	2	21,40	1,90	5,33	0,54	6,86	123,0
Wiesengras	2	20,00	2,17	3,54	0,72	6,76	118,0

Infolge des unterschiedlichen Geburtsdatums der Kälber war es kaum möglich, jedem Tier in einer bestimmten Lebenswoche die gleiche Saftfutterart zur Verfügung zu stellen. Bedingt sind dadurch auch geringere Schwankungen in den verabreichten Nährstoffmengen. Es wurde aber stets das Ziel verfolgt, den Kälbern eine den erforderlichen Nährstoffnormen entsprechende Futtermenge vorzulegen.

Die Tiere standen in Einzelfütterung. Die laut Futterplan vorgesehenen Futtermittel wurden zweimal täglich zugewogen und Futterreste, die zu Beginn der folgenden Futterzeit noch vorhanden waren, in Abzug gebracht. Die Untersuchung des Gehaltes der Futtermittel erfolgte regelmäßig im chemischen Laboratorium des Instituts (Tabelle 2).

Infolge Zukaufs des größten Teils der Tiere nach der Kolostralmilchperiode war Versuchsbeginn jeweils der 10. Lebenstag des Kalbes. Von diesem Zeitpunkt an wurden die Tiere am Ende jeder Lebenswoche zur gleichen Tageszeit gewogen und im Abstand von 2 Wochen – ab 20. Lebenswoche von 4 Wochen – gemessen. Die Unterbringung der Versuchstiere erfolgte in einem unter Beachtung aller stallbautechnischen Forderungen neu erbauten geschlossenem Kälber- und Jungviehmassivstall. Die Aufstallung bis zum Alter von $^1/_4$ Jahr geschah in Einzelboxen mit hochgestelltem Lattenboden. Danach wurden je 3 Tiere in eine Jungviehboxe gebracht. In dieser wurden sie zu den Futterzeiten an einer mit verschließbarem Futtergitter und mit Einzelfütterungseinrichtungen versehenen Krippe angebunden, während sie die übrige Zeit frei umherlaufen konnten.

Die Möglichkeit, den Tieren in einem gepflasterten Auslauf einen Aufenthalt an Luft und Sonne zu bieten, wurde von frühester Jugend an fast täglich genutzt. Weidehaltung erfolgte jedoch aus versuchstechnischen Gründen bis zum Alter von 1 Jahr nicht.

Im Alter von durchschnittl. 7 Monaten mußten die Tiere aus betriebsorgansatorischen Gründen in eine benachbarte Versuchsstation gebracht werden. Dort erfolgte die weitere Aufzucht in Einzelfütterung unter ähnlichen Haltungs- und Futterverhältnissen bis zum Alter von 1 Jahr.

Versuchsmaterial

Wie bereits erwähnt, wurden die Kälber angekauft. Diese Maßnahme ergab sich aus der notwendigen, geringen Altersstreuung. Da der eigene Bestand diese Forderung nicht erfüllen konnte, erfolgte eine Übernahme 6–8 Tage alter Kälber aus benachbarten Versuchsstationen und Volksgütern. Dabei wurde Wert darauf gelegt, daß diese Betriebe über tbc-freie Bestände verfügten oder zumindest eine sofortige Entfernung der Kälber nach der Geburt aus dem Kuhstall vornahmen. Tabelle 3 gibt Auskunft über Abstammung und Herkunft der Tiere.

Die Herden der einzelnen Betriebe sind sämtlich Herdbuchzuchten des schwarzbunten Niederungsrindes mit annähernd gleichem Leistungsniveau. Die Kälber wurden entsprechend ihrem Geburtsdatum und ihrer Abstammung gleichmäßig auf die 3 Gruppen verteilt, um Unterschiede, die infolge altersmäßiger oder genetisch bedingter Faktoren eintreten konnten, weitgehend auszugleichen.

Tabelle 3. *Abstammung und Herkunft der Versuchstiere*

Gruppe	Nr. d. Tieres	Vater	Mutter	Züchter	geboren	Bemerkungen
I	1	ohne nachgewies. Abstammung		VE Lehr- und Vers-Gut Wachau	10. 3. 57	
	2	Roller 8010	Distel 65526	VEG Sommerfeld	14. 3. 57	
	3	Alfons 8780	Liena 39	Versuchsstation Großpösna	21. 3. 57	
	4	Lando 8175	Gina 66537	„ Probstheida	25. 4. 57	
	5	Diskus 7018	Mensa 60920	„ Abtnaundorf	25. 4. 57 —	8. 11. 57 infolge positiver Tuberk.-Reakt. geschl.
	6	Amber 7788	Oranie 20	„ Großpösna	9. 5. 57	
	7	Meent 7940	Molle 67913	„ Oberholz	23. 5. 57	
	8	Alfons 8780	Gina 12857	„ Podelwitz	30. 5. 57	
	9	Harmon 8709	Stall Nr. 11	„ Abtnaundorf	6. 6. 57	
	10	Meent 7940	Malla 59854	„ Oberholz	18. 6. 57	
II	1	Meent 7940	Anuschka 59851	Versuchsstation Oberholz	7. 3. 57	
	2	ohne nachgewies. Abstammung		VE Lehr- und Vers.-Gut Wachau	16. 3. 57	
	3	Harmon 8709	Stall Nr. 51	Versuchsstation Abtnaundorf	22. 3. 57	
	4	Diskus 7018	Manna 60920	„ „	6. 4. 57 —	30. 11. 57 infolge positiver Tuberk. Reakt. geschl.
	5	Roller 8010	Leni II 65537	VEG Sommerfeld	18. 4. 57	
	6	Harmon 8709	Stall Nr. 56	Versuchsstation Abtnaundorf	30. 4. 57	
	7	Alfons 8780	Jone 41	„ Großpösna	10. 5. 57	
	8	Meent 7940	Isar 61295	„ Oberholz	20. 5. 57	
	9	Meent 7940	Dagmar II 59879	„ „	19. 6. 57	
III	1	Alfons 8780	Donau 68868	Versuchsstation Oberholz	26. 3. 57	
	2	Alfons 8780	Ontra 33	„ Großpösna	30. 3. 57	
	3	Harmon 8709	Sonni 63240	„ Abtnaundorf	1. 4. 57	
	4	Meent 7940	Minke 59868	„ Oberholz	14. 4. 57	
	5	ohne nachgewies. Abstammung		VEG Sommerfeld	19. 4. 57 —	8. 11. 57 infolge positiver Tuberk. Reakt. geschl.
	6	Harmon 8709	Stall Nr. 31	Versuchsstation Abtnaundorf	1. 5. 57 —	22. 3. 58 verendet*)
	7	Amber 7788	Otti 10	„ Großpösna	15. 5. 57	
	8	Meent 7940	Viri 59864	„ Oberholz	24. 5. 57	
	9	Amber 7788	Flieder 66547	„ Großpösna	30. 5. 57 —	30. 11. 57 infolge positiver Tuberkul. Reakt. geschl.

*) Sektionsbefund: Pansenüberladung, blutige Labmagenentzündung.

Versuchsablauf

In den ersten Monaten des Versuches traten keine wesentlichen Störungen auf. Die Haltung der Versuchstiere in einem anerkannt tbc-freien Betrieb ergab die Forderung einer fortlaufenden diesbezüglichen Überwachung. So wurde Anfang November 1957 die erste Untersuchung auf Tuberkulose mit Hilfe der Tuberkulinhautprobe vorgenommen. Diese sowie eine nachfolgende Untersuchung ergaben, daß insgesamt 4 der Tiere positiv reagierten (Gruppe I = 1 Tier, Gruppe 2 = 1 Tier und Gruppe III = 2 Tiere). Um nicht den übrigen Bestand zu gefährden, wurden diese Kälber sofort geschlachtet. Eine von der Ambulatorischen Tierklink der Karl-Marx-Universität Leipzig (Dir. Prof. Dr. WALTHER) durchgeführte Sektion der geschlachteten Tiere bestätigt zwar bis zum gewissen Grade die Tuberkuloseinfektion, während der Nachweis mit Hilfe des Tierversuches allerdings in keinem Fall gelang. Die Gründe für die Tbc-Infektion waren nicht einwandfrei zu ermitteln.

Tabelle 4. *Tränkplan*
(Milchmengen in kg je Tag)

	Gruppe I Normale Aufzucht		Gruppe II Citosanstoß		Gruppe III Kal-Bi-Phosphoral	
Lebenswoche	Vollmilch	Magermilch	Vollmilch	Magermilch	Vollmilch	Magermilch
1.	5	—	5	—	5	—
2.	8	—	7	—	7—2*)	1—5*)
3.	8	—	5	3	1	7
4.	8	—	3	5	—	8
5.	8	—	1	7	—	8
6.	6	2	1	7	—	8
7.	4	5	1	8	—	9
8.	1	8	1	8	—	9
9.	1	8	—	9	—	9
10.	1	8	—	9	—	9
11.	—	9	—	9	—	9
12.	—	9	—	9	—	9
13.	—	9	—	9	—	9
14.	—	9	—	9	—	9
15.	—	6	—	7	—	7
16.	—	6	—	6	—	6
17.	—	3	—	3	—	3
18.	—	3	—	3	—	3
Gesamtmenge	350	595	168	777	76	869
Vollmilch u. Magermilch zusammen	945		945		945	

*) Gruppe III erhielt in der 2. Lebenswoche folgende Milchmengen:

	Vollmilch	Magermilch		Vollmilch	Magermilch
8. Lebenstag	7	—	12. Lebenstag	4	3
9. „	7	—	13. „	3	4
10. „	6	1	14. „	2	5
11. „	5	2			

Das Kalb Nr. 7 der Gruppe III mußte nach Beendigung des ersten Lebenshalbjahres wegen extrem schlechter Entwicklung aus dem Versuch und damit auch von der Bewertung ausgeschlossen werden. Ein weiteres Tier der Gruppe III verendete im Alter von 47 Wochen ohne vorherige Krankheit. Pansenüberladung und blutige Labmagenentzündung als Sektionsbefund lassen keinen Schluß auf durch die Versuchsanstellung bedingte Einwirkungen zu. In Gruppe III fielen somit insgesamt 4 Tiere aus.

II. Futterplan und Futteraufnahme

Die Zuteilung der Milch je nach dem Lebensalter erfolgte auf Grund des Tränkplanes (Tabelle 4). Dabei führten die unterschiedlichen Vollmilchgaben in den Versuchsgruppen zu einem variierenden Beginn der Magermilchverabreichung. Geachtet wurde stets auf einen allmählichen Übergang von der Vollmilch- zur Magermilchfütterung. In Tabelle 6 sind die tatsächlich erzielten Milchaufnahmen bis zur 18. Lebenswoche wiedergegeben. Während der ersten Lebenswochen blieb in den Gruppen I und II der Milchverzehr gering unter der vorgesehenen Menge, verursacht durch gelegentliche Durchfallserscheinungen. Erstaunlich war, daß in Gruppe III trotz der frühen Umstellung der Fütterung auf Magermilch in der 2. Lebenswoche Durchfälle – wahrscheinlich infolge der günstigen Wirkung des Kal-Bi-Phosphoral – bis auf einen Fall ausblieben.

Tabelle 5. *Futterplan*

1. Vollmilch: nach Tränkplan
2. Magermilch: nach Tränkplan bis einschl. 18. Lebenswoche
3. Kraftfutter: ab 3.—18. Lebenswoche zunächst beliebig bis zur Höchstaufnahme von 1,5 kg täglich
   19.–24. Lebenswoche . . . . 2,0 kg täglich
   25.–50. Lebenswoche . . . . 1,5 kg täglich
   51. Lebenswoche . . . . 1,0 kg täglich
   52. Lebenswoche . . . . 0,5 kg täglich

Mischungen

	3.—15. Lebenswoche	16.—30. Lebenswoche	31.—52. Lebenswoche (Winterfütterung)
	%	%	%
Hafer	40	40	30
Gerste	10	20	20
Trockenschnitzel	10	18	18
Leinextraktionsschrot	20	—	—
Sojaextraktionsschrot	—	20	30
Kartoffelflocken	15	—	—
Trockenhefe	3	—	—
Mineralstoffgemisch	2	2	2

4. Heu: anfangs Wiesenheu, später Luzerne- und Kleeheu. Ab 3. Lebenswoche beliebig bis zur Höhe von 2 kg täglich; in der 19.—24. Lebenswoche Begrenzung auf 1,5 kg täglich, neben Grünfutter
5. Rüben: Fütterung ab 30. Lebenswoche in steigenden Gaben bis 18 kg täglich; ab 45. Lebenswoche neben Silage 15 kg Rüben
6. Silage: In steigenden Gaben von der 45. Lebenswoche ab

Tabelle 6. *Tägliche Futteraufnahme pro Tier im Gruppen- und Wochendurchschnitt in der Milchperiode (in kg)*

Woche	2.*)	3.	4.	5.	6.	7.	8.	9.	10.	11.	12.	13.	14.	15.	16.	17.	18.	insges.*
Gruppe I																		
Vollmilch	7,8	7,8	7,9	8,0	5,9	4,0	1,0	1,0	1,0	—	—	—	—	—	—	—	—	295,3
Magermilch	—	—	—	—	2,0	5,0	8,0	7,9	7,8	8,9	9,0	9,0	9,0	6,0	6,0	3,0	3,0	591,6
Kraftfutter	—	0,043	0,040	0,074	0,166	0,331	0,479	0,744	0,949	1,174	1,233	1,343	1,450	1,436	1,493	1,500	1,500	97,7
Heu	—	0,007	0,017	0,027	0,046	0,139	0,184	0,280	0,391	0,479	0,617	0,786	1,016	1,301	1,496	1,793	1,900	73,4
Gruppe II																		
Vollmilch	6,8	5,0	3,0	1,0	1,0	1,0	1,0	—	—	—	—	—	—	—	—	—	—	117,8
Magermilch	—	3,0	5,0	7,0	6,9	8,0	8,0	8,7	9,0	9,0	8,9	9,0	8,9	7,0	6,0	3,0	3,0	772,9
Kraftfutter	—	0,027	0,065	0,157	0,310	0,402	0,652	0,813	1,240	1,381	1,437	1,405	1,413	1,397	1,500	1,500	1,500	106,4
Heu	—	0,005	0,025	0,022	0,089	0,137	0,173	0,232	0,286	0,356	0,522	0,675	0,890	1,222	1,476	1,738	1,833	67,8
Gruppe III																		
Vollmilch	4,0	1,0	—	—	—	—	—	—	—	—	—	—	—	—	—	—	—	26,9
Magermilch	3,0	6,7	8,0	7,9	8,0	9,0	9,0	9,0	9,0	9,0	9,0	9,0	9,0	7,0	6,0	3,0	3,0	866,8
Kraftfutter	—	0,067	0,230	0,383	0,554	0,751	0,913	1,081	1,116	1,233	1,244	1,460	1,421	1,468	1,493	1,500	1,500	114,8
Heu	—	0,006	0,037	0,054	0,105	0,151	0,225	0,287	0,371	0,556	0,559	0,752	0,883	1,198	1,452	1,849	1,976	73,2

*) Entsprechend Versuchsplan Angaben ab 10. Lebenstag.

Angaben über die übrigen Futtermittel und Zusammensetzung der Kraftfuttermischungen enthält Tabelle 5. Der tatsächliche Verzehr dieser Futterstoffe bestätigt nach Tabelle 6 frühere Untersuchungen des Instituts, die bei Verabreichung geringerer Vollmilchmengen ein Ansteigen des Kraftfutterverzehrs beobachten ließen. Eine durchschnittliche Aufnahme je Tier bis zum 13. Lebenswoche von 46.0 kg in Gruppe I; 55.2 kg in Gruppe II und von 63.2 kg in Gruppe III erbringen den Beweis. Die Unterschiede zwischen Gruppe I und Gruppe III sind mit $t_{5\%} = 2{,}594$ einfach gesichert. Beachtenswert sind die großen individuellen Schwankungen im Kraftfutterverzehr. Die Aufnahme je Einzeltier lag in Gruppe I zwischen 24.5 und 69.2 kg; in Gruppe II zwischen 37.8 und 74 kg und in Gruppe III zwischen 43.6 und 79.1 kg. Bezüglich des Heuverbrauches ließen sich nur sehr geringe Unterschiede zwischen den Gruppen feststellen. Auffällig war die relativ große Heuaufnahme in allen Gruppen, so daß sich schon in der 15. Lebenswoche eine Begrenzung bei einzelnen Tieren auf 2 kg je Tag (Tab. 6) als notwendig erwies. Diese Erscheinung dürfte ihre Erklärung in der vorzüglichen Qualität des Heues der Ernte 1957 finden.

Nach Entzug der Magermilch wurde in der 19. Lebenswoche mit der Fütterung von Grünfutter begonnen. Im Interesse der größeren Aufnahme erfolgte die Verabreichung zunächst ad libitum. Es zeigte sich jedoch, daß der Grünfutterverzehr in allen Gruppen – besonders auffallend in Gruppe III – sehr niedrig war. Diese Feststellung ergab sich, obwohl die verabreichte tägliche Heumenge von 2 kg auf 1.5 kg herabgesetzt wurde. Eine genauere Analyse dieser Erscheinung zeigt Tabelle 7. Aus dieser Übersicht geht hervor, daß von Gruppe I über Gruppe II zu Gruppe III hin eine Verminderung der Aufnahme von Grünfutter in der Zeit von der 19.–26. Lebenswoche festzustellen war. Dabei ist der Abfall zu Gruppe III besonders stark.

Bemerkt sei, daß auch bei der Heuaufnahme eine ähnliche Tendenz zu ermitteln war, die sich jedoch weitaus schwächer zeigte. Die unterschiedliche Grün- bzw. Saftfutteraufnahme ließe sich zum Teil durch eine etwas geringere Entwicklung und das damit kleinere Futteraufnahmevermögen der Kälber in den Gruppen II und III erklären. Die Unterschiede sind jedoch zu unbedeutend, um einen größeren Einfluß erwarten zu lassen (Lebendgewicht Ende der 18. Lebenswoche: Gruppe I 141,0 kg, Gruppe II 133,1 kg, Gruppe III 136,8 kg; Brustumfang Ende der 17. Lebenswoche: Gruppe I 111,1 cm, Gruppe II 110,2 cm, Gruppe III 110,7 cm). Bei der Suche nach einer Erklärung kann für die Gruppe III auf eine ähnliche Ermittlung verwiesen werden, die von MARSHALL, WING und ARNOLD [29] veröffentlicht ist. Diese Autoren konnten an 60 Tage alten Kälbern, die bis zu diesem Alter Aureomycin erhalten hatten, beobachten, daß nach Entzug des Antbiotikums der Kraftfutterverzehr zwar gleich blieb, der Heuverbrauch bis zum 90. Tag jedoch signifikant niedriger ($P < 0{,}05\%$) war als bei den Kontrolltieren. Ähnliche Ergebnisse zeigten sich auch bei Kälbern, denen am 121. Tag Aureomycin entzogen wurde. Diese Ermittlungen von MARSHALL und Mitarbeitern lassen die Vermutung zu, daß in der vorliegenden Versuchsgruppe III nach Entzug des antibiotika-haltigen Kal-Bi-Phosphoral eine ähnliche Wirkung eingetreten sein könnte. Die teils geringen Grünfuteraufnahmen führten zu der Schwierigkeit eines Nährstoffausgleiches nach Fortfall der Magermilch. Um einem Nähstoffdefizit und damit geringeren Zunahmen entgegenzuwirken, wurde deshalb in der 19.—24. Woche die tägliche Kraftfuttergabe von 1,5 kg auf 2 kg je Tier erhöht. Damit war allerdings nur ein teilweiser Ersatz der Nährstoffe der Magermilch gegeben.

Tabelle 7. *Nährstoffaufnahme mit dem Grünfutter je Tier und Tag (in kg)*

	Grünfutter	Trockensubstanz	Rohprotein	Rohfaser	Rohfett	N-freie Extr. St.	Stärkeeinheiten
19. Lebenswoche							
Gruppe I	2,82	0,558	0,073	0,077	0,014	0,168	0,298
Gruppe II	2,66	0,551	0,071	0,077	0,013	0,158	0,281
Gruppe III	1,87	0,422	0,060	0,055	0,007	0,104	0,198
20. Lebenswoche							
Gruppe I	3,56	0,659	0,093	0,085	0,016	0,190	0,341
Gruppe II	3,23	0,611	0,087	0,084	0,013	0,167	0,310
Gruppe III	2,14	0,441	0,061	0,060	0,009	0,120	0,225
21. Lebenswoche							
Gruppe I	4,20	0,717	0,108	0,092	0,017	0,203	0,374
Gruppe II	3,69	0,685	0,098	0,092	0,016	0,189	0,348
Gruppe III	2,65	0,548	0,077	0,073	0,011	0,145	0,267
22. Lebenswoche							
Gruppe I	4,91	0,842	0,121	0,096	0,017	0,262	0,451
Gruppe II	4,43	0,847	0,119	0,105	0,017	0,256	0,446
Gruppe III	3,38	0,564	0,080	0,082	0,015	0,169	0,312
23. Lebenswoche							
Gruppe I	5,58	0,880	0,128	0,102	0,017	0,280	0,480
Gruppe II	4,80	0,891	0,123	0,110	0,019	0,286	0,482
Gruppe III	4,03	0,673	0,094	0,096	0,016	0,187	0,349
24. Lebenswoche							
Gruppe I	5,78	0,969	0,129	0,104	0,019	0,339	0,554
Gruppe II	5,29	0,916	0,128	0,119	0,019	0,285	0,506
Gruppe III	4,79	0,696	0,107	0,094	0,018	0,213	0,378
25. Lebenswoche							
Gruppe I	6,71	1,066	0,129	0,113	0,019	0,425	0,629
Gruppe II	6,33	1,010	0,136	0,121	0,022	0,344	0,548
Gruppe III	5,55	0,815	0,120	0,100	0,020	0,289	0,479
26. Lebenswoche							
Gruppe I	7,19	1,132	0,137	0,117	0,019	0,456	0,647
Gruppe II	7,22	1,067	0,141	0,124	0,023	0,406	0,609
Gruppe III	6,23	0,925	0,131	0,105	0,021	0,346	0,554

Bis zur 26. Lebenswoche hatten sich die zwischen den Gruppen variierenden Futteraufnahmen weitgehend ausgeglichen. Es erschien nunmehr zweckmäßig, auch das Saftfutter zu rationieren, um in allen Gruppen und Altersklassen die gleichen Nährstoffmengen zu verabreichen. Die bekannten Nährstoffvariationen beim Grünfutter wurden soweit wie möglich berücksichtigt. Bei unterschiedlich anfallenden Grünfutterarten und Schnittzeitpunkten waren versuchsmethodisch die gleichen Voraussetzungen durch die erwähnte altersmäßige Verteilung der Tiere auf die Gruppen gegeben.

Tabelle 8. *Nährstoffaufnahme je Tier (in kg)*

	Trocken-substanz	Roh-protein	Rohfaser	Rohfett	N-freie Extr.-St.	Stärke-einheiten
Gruppe I						
10. Tag—13. Woche	129,202	27,539	4,305	12,487	58,377	100,032
2. Vierteljahr	311,086	42,661	29,630	6,043	129,700	181,600
3. Vierteljahr	415,584	47,031	40,575	5,861	185,235	228,647
4. Vierteljahr	508,518	48,548	46,632	5,468	217,552	250,873
10.—365. Tag	1364,390	165,779	121,142	29,859	590,864	761,152
Gruppe II						
10. Tag—13. Woche	126,196	28,286	4,179	5,959	60,950	91,247
2. Vierteljahr	305,359	42,578	29,791	6,006	126,843	178,356
3. Vierteljahr	400,123	46,899	40,508	6,108	179,351	226,498
4. Vierteljahr	504,790	48,321	45,481	5,234	219,227	250,096
10.—365. Tag	1336,468	166,084	119,959	23,307	586,371	746,195
Gruppe III						
10. Tag—13. Woche	137,465	30,059	5,240	3,000	67,377	94,066
2. Vierteljahr	296,332	41,349	28,456	5,959	124,332	174,520
3. Vierteljahr	403,622	47,692	40,282	6,291	176,450	226,274
4. Vierteljahr	508,265	47,719	45,280	4,884	221,272	249,189
10.—365. Tag	1345,684	166,819	119,258	20,134	589,431	744,049

Tabelle 8 zeigt den Nährstoffverbrauch je Tier im gesamten Berichtszeitraum, unterteilt nach Vierteljahren. Im 1. Vierteljahr mußten – durch die Anlage des Versuches bedingt – größere Unterschiede zwischen den Gruppen in Erscheinung treten. So ergab sich zunächst eine große Differenz zwischen den Gruppen in der Rohfettaufnahme, bedingt durch die Unterschiede im Vollmilchverzehr. Die Aufnahme an Stärkeeinheiten wurde auf Grund des hohen Kaloriengehaltes des Fettes in derselben Richtung beeinflußt. Für den Verzehr an Trockensubstanz, verdaulichem Rohprotein, verdaulicher Rohfaser und verdaulichen N-freien Extraktstoffen ist jedoch im umgekehrten Sinne ein Ansteigen von Gruppe I zu Gruppe III zu beobachten. Diese Erscheinung findet eine Erklärung in der von Gruppe I zu Gruppe III ansteigenden Kraftfutteraufnahme. Es ergibt sich die Tatsache, daß bei extremer Einschränkung der Vollmilchmengen und bei Benutzung eines dann in größeren Mengen aufgenommenen Kraftfutters mit 20 % Eiweißfutteranteil (Leinextraktionsschrot) meist eine höhere Aufnahme an verdaulichem Eiweiß stattfindet als bei vollmilchreicher Aufzucht.

Im 2. Vierteljahr bestand die Absicht, mit Hilfe einer Ernährung nach den üblichen Normen bei den Tieren aller 3 Gruppen die gleiche Futter- bzw. Nährstoffaufnahme zu erzielen.

Dieses war, wie die Zahlen in Tabelle 8 zeigen, nicht voll zu erreichen. Bei Zugrundelegung aller Nährstoffe konnte stets ein Absinken von Gruppe I über Gruppe II zu Gruppe III bemerkt werden. Da das Kraftfutter von allen Tieren gleich gut aufgenommen wurde, ist dies auf den schon erwähnten geringeren Verzehr von Saftfutter und zum Teil Heu der Tiere in Gruppe II und III zurückzuführen.

Tabelle 9. *Nährstoffverbrauch je Tier und Tag (in kg)*

	Trocken-substanz	Roh-protein	Rohfaser	Rohfett	N-freie Extr.-St.	Stärke-einheiten
Gruppe I						
10. Tag—13. Woche	1,576	0,336	0,052	0,152	0,712	1,220
2. Vierteljahr	3,419	0,469	0,326	0,066	1,425	1,996
3. Vierteljahr	4,567	0,517	0,446	0,064	2,036	2,513
4. Vierteljahr	5,588	0,533	0,569	0,060	2,391	2,757
10. Tag—365. Tag	3,833	0,466	0,340	0,084	1,660	2,138
Gruppe II						
10. Tag—13. Woche	1,539	0,345	0,051	0,073	0,743	1,113
2. Vierteljahr	3,356	0,468	0,327	0,066	1.394	1,960
3. Vierteljahr	4,458	0,515	0,445	0,067	1,971	2,489
4. Vierteljahr	5,547	0,513	0.500	0,058	2,409	2,748
10.—365. Tag	3,754	0,467	0,337	0,065	1,647	2,096
Gruppe III						
10. Tag—13. Woche	1,676	0,366	0,064	0,037	0,822	1,147
2. Vierteljahr	3,256	0,454	0,313	0,065	1,366	1,918
3. Vierteljahr	4,435	0,524	0,443	0,069	1,939	2,486
4. Vierteljahr	5,585	0,524	0,498	0,054	2,432	2,738
10.—365. Tag	3,780	0,469	0,335	0,057	1,656	2,090

Tabelle 10. *Vergleich des Nährstoffverzehrs mit entsprechenden Werten aus anderen Arbeiten*

Nährstoffverzehr je Tier in kg

	1. Vierteljahr		2. Vierteljahr		3. Vierteljahr		4. Vierteljahr		1 Jahr	
	StE.	v. Eiw.	StE.	v. Eiw.	StE.	v. Eiw.	StE.	v. Eiw.	StE.	v. Eiw.
MUDRA (Normalgr. I)	108,50	28,83	171,08	34,34	217,32	42,61	249,30	45,74	746,20	151,51
SCHMIDT u. VOGEL	137,36	29,92	204,66	34,67	242,00	49,50	321,00	62,90	—	—
WITT	128,74	30,45	220,09	42,22	—	—	—	—	—	—
BUITKAMP	130,18	27 49	195,48	36,68	—	—	—	—	—	—
eig. Untersuchung Gr. I	100,03	27,54	181,60	42,66	228,65	47,03	250,87	48,55	761,15	165,78
eig. Untersuchung Gr. III	94,07	30,06	174,52	41,35	226,27	47,69	249,19	47,72	744,05	166,82
Nährstoffverzehr je Tier und Tag in kg										
MUDRA (Normalgr. I)	1,192	0,317	1,880	0,377	2,388	0,468	2,740	0,502	2 056	0,416
SCHMIDT u. VOGEL	1,509	0,329	2,249	0,381	2,664	0,545	3,530	0,691	—	—
WITT	1,415	0,355	2,419	0,464	—	—	—	—	—	—
BUITKAMP	1,431	0,302	2,184	0,403	—	—	—	—	—	—
eig. Untersuchung Gr. I	1,220	0,336	1,996	0,469	2,513	0,517	2,757	0,533	2,138	0,466
eig. Untersuchung Gr. III	1,147	0,366	1,918	0,454	2,486	0,524	2,738	0,524	2,090	0,469

Im III. und IV. Quartal waren die Schwierigkeiten überwunden, und es gelang, in allen Gruppen durchschnittlich die gleiche Nährstoffaufnahme zu erzielen. Es ließ sich dabei aber nicht vermeiden, daß die Tiere der Gruppe I etwas zurückgehalten werden mußten, denn bei ad libitum-Fütterung wäre hier voraussichtlich die Futteraufnahme wiederum größer gewesen als in den Gruppen II und III. Bei Betrachtung der Nährstoffaufnahme für die gesamte Berichtszeit vom 10. bis 365. Lebenstag ist die Feststellung bedeutsam, daß – abgesehen vom verdaulichen Rohfett – im wesentlichen jedoch die gleiche Nährstoffaufnahme je Tier in allen Gruppen erreicht werden konnte, wobei eine Tendenz zum geringeren Verzehr in den Gruppen II und III bemerkenswert erscheint.

In Tabelle 9 ist der Nährstoffverbrauch je Tier und Tag wiedergegeben. Die Werte für den Gesamt- und Tagesverbrauch je Tier in den einzelnen Versuchsabschnitten sind dann in Tabelle 10 mit Literaturangaben verglichen worden. Dabei zeigt sich ein Zurückbleiben der eigenen Werte hinter den Angaben älterer Untersuchungen mit intensivster Fütterung. Beim Vergleich mit neueren Arbeiten entsprechen sie jedoch durchaus hier angewandten Nährstoffmengen bei der Aufzucht weiblicher Rinder.

III. Die Gewichtsentwicklung

Die Gewichtsentwicklung (Abb. 1) verdient im vorliegenden Versuch besonderes Interesse, da sie eine Auswirkung der unterschiedlich hohen Vollmilchgaben am besten widerspiegelt. Dabei sei zunächst die Lebendgewichtszunahme im 1. Lebensvierteljahr als der Periode mit unterschiedlicher Fütterung einer näheren Betrachtung unterzogen. Die besonders sorgsame und überlegte Verteilung der angekauften Kälber auf die einzelnen Gruppen führte zu fast gleichen Anfangs-

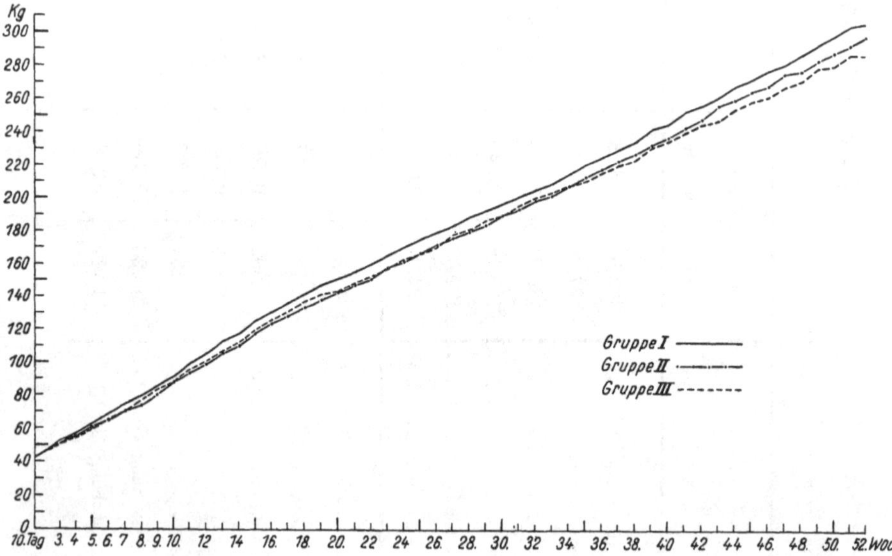

Abb. 1

Tabelle 11. *Gewichtsentwicklung in den einzelnen Abschnitten der Milchperiode sowie in der Zeit nach dem Magermilchentzug*

Abschnitt	Gruppe	Anzahl der Tiere	Anfangsgewicht der Gruppe kg	Anfangsgewicht je Tier kg	Endgewicht der Gruppe kg	Endgewicht je Tier kg	Zunahme je Tier kg	Zunahme je Tier % d. Anf.-Gew.	Zunahme je Tier u. Tag g
10. Tag bis 3 Lebenswoche	I	10	427,0	42,7	524,5	52,5	9,8	23,0	886
	II	9	383,5	42,6	460,0	51,1	8,5	20,0	773
	III	9	383,5	42,6	451,0	50,1	7,5	17,6	682
4. bis 8. Lebenswoche	I	10	524,5	52,5	791.5	79,2	26,7	50,9	763
	II	9	460,0	51,1	664,0	73,8	22,7	44,4	648
	III	9	451,0	50,1	687,0	76,3	26,2	52,3	749
9. bis 13. Lebenswoche	I	10	791,5	79,2	1121,5	112,2	33,0	41,7	943
	II	9	664,0	73,8	942,5	104,7	30,9	41,9	884
	III	9	687,0	76,3	952,0	105,8	29,5	38,7	841
14. bis 18. Lebenswoche	I	10	1121,5	112,2	1409,5	141,0	28,8	25,7	823
	II	9	942,5	104,7	1197,5	133,1	28,4	27,2	810
	III	9	952,0	105,8	1231,0	136,8	31,0	29,3	886
19. bis 26. Lebenswoche	I	10	1409,5	141,0	1793,0	179.3	38,3	27,2	685
	II	9	1197,5	133,1	1546,0	171,8	38,7	29,1	691
	III	9	1231,0	136,8	1528,0	169,8	33,0	24,1	589

bzw. Gruppendurchschnittsgewichten am 10. Lebenstag (Tabelle 11). Vom 10. bis zum 21. Tag lag die vollmilchreiche Gruppe mit ihrer Lebendgewichtszunahme an der Spitze (886 g täglich), gefolgt von der bereits Magermilch erhaltenden Gruppe II mit 773 g, während die sehr stark eingeschränkte Vollmilchgabe in Gruppe III eine geringere Zunahme (682 g täglich) aufwies. Diesen Unterschieden kommt aber in Anbetracht der Kürze der Periode nur geringere Bedeutung zu.

In der Zeit von der 4. bis einschließlich 8. Lebenswoche lagen die täglichen Zunahmen in den Gruppen I und III fast gleich hoch (763 g und 749 g), in Gruppe II jedoch deutlich niedriger (648 g). Auch das äußere Bild der Tiere in Gruppe II war während dieser Wochen wenig befriedigend. In der Periode 9.–13. Lebenswoche zeigte sich jedoch ein deutliches Aufholen der Tiere in Gruppe II.

Bei Betrachtung der Gesamtentwicklung im 1. Vierteljahr (Tabelle 12) ist eine tägliche Lebendgewichtszunahme von 857 g in Gruppe I, 767 g in Gruppe II und 780 g in Gruppe III festzustellen. Die durchschnittlichen Zunahmen in Gruppe II und III waren somit annähernd gleich. Dies äußert sich auch in dem durchschnittlichen Gewicht am Ende der 13. Lebenswoche von 104,7 bzw. 105,8 kg in Gruppe II und III, während Gruppe I bereits 112,2 kg je Kalb erreichte. Die Unterschiede zwischen Gruppe I und II sind mit $t_{1\%} = 3{,}935$ und diejenigen zwischen Gruppe I und III mit $t_{1\%} = 3{,}011$ signifikant.

Eine Analyse der Gewichtszunahmen in den zwei Abschnitten des 2. Vierteljahres (Tabelle 11) bringt die Feststellung, daß nach relativ hohen Zunahmen in der 14. bis 18. Woche diese nach Wegfall der Magermilch in der 18. Lebenswoche nachließen, wobei geringe Zunahmen in der Gruppe III besonders auffallend sind. Es könnte hier eine Auswirkung der Aufzuchtmethode ermittelt werden. Sie ist zum Teil eine Frage der geringen Saft- bzw. Grünfutteraufnahme. Der Hinweis auf eine eventuelle Nachwirkung der Antibiotikaverabreichung (Unters. von MARSHALL und Mitarbeitern) wurde bereits gegeben. Eine endgültige Stellungnahme zu diesem Problem lassen die vorliegenden eigenen Untersuchungen jedoch kaum zu. Bei Zugrundelegung der Gewichtsentwicklung im gesamten 2. Vierteljahr ist eine fast gleiche Zunahme in Gruppe I und II (738 bzw. 737 g) und in Gruppe III eine etwas geringere (703 g) festzustellen. Daraus resultiert dann ein Durchschnittsgewicht am Ende dieses Quartals von 179,3 kg in Gruppe I, während Gruppe II mit 171,8 kg und Gruppe III mit 169,8 kg weiterhin darunter liegen. Im 3. Lebensvierteljahr waren bei den täglichen Zunahmen nur sehr geringe Unterschiede zwischen den Gruppen feststellbar (681–651 g). Die schwach fallende Tendenz zur vollmilcharmen Gruppe hin vergrößerte jedoch den Gewichtsunterschied zwischen den Gruppen weiter, so daß sich ein Durchschnittsgewicht von 241,7 kg in Gruppe I, 232,5 kg in Gruppe II und 231,7 kg in Gruppe III ergab.

Das IV. Quartal brachte annähernd gleiche tägliche Gewichtszunahmen in den Gruppen I und II (700 bzw. 710 g), aber bedeutend niedrigere in Gruppe III (605 g). Eine Erklärung für diesen geringen Zuwachs, dessen Differenz zu den anderen Gruppen jedoch nicht signifikant war (Tabelle 12), ließ sich nicht finden, zumal die Nährstoffaufnahme in diesem Vierteljahr in allen Gruppen gleich gestaltet werden konnte.

Tabelle 12. *Gewichtsentwicklung in den einzelnen Vierteljahren sowie im gesamten 1. Lebensjahr*

Abschnitt	Gruppe	Anzahl der Tiere	Anfangsgewicht der Gruppe kg	Anfangsgewicht je Tier kg	Endgewicht der Gruppe kg	Endgewicht je Tier kg	Zunahme je Tier kg	Zunahme je Tier % des Anf.-Gew.	Zunahme je Tier u. Tag kg
10. Tag bis 13. Lebenswoche	I	10	427,0	42,7	1121,5	112,2	69,5	162,8	0.857
	II	9	383,5	42,6	942,5	104,7	62,1	145,8	0,767
	III	9	383,5	42,6	952,0	105,8	63,2	148,4	0,780
14. bis 26. Lebenswoche	I	10	1121,5	112,2	1793,0	179,3	67,1	59,8	0,738
	II	9	942,5	104,7	1546,0	171,8	67,1	64,1	0,737
	III	9	952,0	105,8	1528,0	169,8	64,0	60,5	0,703
27. bis 39. Lebenswoche	I	9	1617,0	179,7	2175,0	241,7	62,0	34,5	0.681
	II	8	1374,5	171,8	1860,0	232,5	60.7	35,3	0,667
	III	6	1034,5	172,4	1390,0	231,7	59,3	34,4	0,651
40. Lebensw. bis 365. Tag	I	9	2175,0	241,7	2755,0	306,1	64,4	26,6	0,700
	II	8	1860,0	232,5	2382,5	297,8	65,3	28,1	0,710
	III	5	1152,0	230,4	1430,5	286,1	55,7	24,2	0,605
10. bis 365. Tag	I	10—9	—	42,7	—	306,1	263,4	616,9	0,742
	II	9—8	—	42,6	—	297,8	255,2	599,1	0,719
	III	9—5	—	42,6	—	286,1	243,5	571,6	0,686

Sicherung der Gewichtszunahme mit Hilfe des t-Testes

	I : II			I : III			II : III		
	$\bar{x}_1 - \bar{x}_2$	t	P	$\bar{x}_1 - \bar{x}_3$	t	P	$\bar{x}_2 - \bar{x}_3$	t	P
10. Tag bis 13. Lebenswoche	7,339	3,935	> 1%	6,283	3,011	> 1%	1,056	0,423	—
2. Vierteljahr	2,421	0,039	—	3,150	1,426	—	3,056	1,308	—
3. Vierteljahr	1,313	0,524	—	2,750	0,938	—	1,437	0,547	—
4. Vierteljahr	0,869	0,242	—	8,744	2,133	—	9,613	1,928	—
10.—365. Tag	7,236	1,727	—	20,211	3,244	> 1%	12,975	2,203	> 5%

Die Gewichte der Tiere im Alter von 1 Jahr betrugen durchschnittlich in Gruppe I 306,1 kg, in Gruppe II 297,8 kg und in Gruppe III 286,1 kg. Für die gesamte Versuchszeit (10. bis 365. Lebenstag) ergab sich ein täglicher Lebendgewichtszuwachs von 742 g in Gruppe I, 719 g in Gruppe II und 686 g in Gruppe III. Die Unterschiede zwischen Gruppe I und II sind nicht signifikant, während die Differenz zwischen Gruppe I und Gruppe III mit $t_{1\,\%_0} = 3{,}244$ gut gesichert, diejenige zwischen Gruppe II und III mit $t_{5\,\%_0} = 2{,}203$ schwach gesichert ist (Tabelle 12).

Wenn die Gewichtsentwicklung zusammenfassend einer Betrachtung unterzogen wird, zeigt sich, daß die Durchschnittsgewichte in Gruppe II und III am Ende der Quartale niedriger lagen als in Gruppe I. Diese Feststellung würde sich für die ersten Versuchsabschnitte mit Ergebnissen von TIBBITS [46] decken, der bei Verabreichung niedrigerer Vollmilchmengen an weibliche Kälber auch eine geringere Gewichtsentwicklung beobachten konnnte. Angenommen war jedoch ein vermehrter Ausgleich von Gewichts- und Entwicklungsvariationen in der Milchperiode mit zunehmendem Alter. So konnte TIBBITS feststellen, daß sich die Auswirkungen der verschieden hohen Vollmilchmengen gegen Ende des 1. Lebensjahres laufend verwischten. Diese Erscheinung zeigte sich bei den eigenen Untersuchungen nicht.

Auffallend ist das besonders starke Zurückbleiben der Lebendgewichte in Gruppe III im letzten Vierteljahr des 1. Lebensjahres, nachdem vorher zwischen den Gruppen II und III eine geringe Variation bestanden hatte. Die Ursache für die geringere Entwicklung im Versagen einiger Tiere dieser Gruppe suchen zu wollen, dürfte kaum möglich sein, da das schlechteste Kalb in der täglichen Zunahme wenig unter dem Gruppenmittel lag. Die Erscheinung des Zurückbleibens der vollmilcharmen Gruppe im IV. Quartal ist um so erstaunlicher, als zur Zeit der geringeren Milchfettverabreichung im 1. Vierteljahr gegenüber Gruppe II keine Minderzunahmen zu beobachten waren, sondern erst 6 Monate nach Gleichschaltung der Fütterung auftraten. Die Frage, ob hier die stark eingeschränkte Milchfettmenge in irgendeiner Hinsicht eine Mangellage hinterlassen hat oder ob die geringere Lebendgewichtszunahme in Gruppe III auf von der Versuchsanstellung unabhängige Ursachen zurückzuführen ist, muß offen bleiben.

Von besonderer Bedeutung dürfte die Gegenüberstellung der erreichten Endgewichte mit den ermittelten Werten anderer Autoren sein, die bei Tieren nach der üblichen Aufzuchtart festgestellt wurden. Es ist damit möglich, einen Eindruck von der Brauchbarkeit der Aufzuchtverfahren unter Benutzung geringer Vollmilchmengen für die Zeit bis zum vollendeten 1. Lebensjahr zu gewinnen. Dabei mag allerdings nur ein relativ grober Überblick gegeben werden können, da Intensität der Aufzucht und Umwelt zwischen den einzelnen Versuchsanstellungen und Versuchssorten variieren.

In Tabelle 13 sind die entsprechenden Werte aus einigen Arbeiten zusammengestellt. Man kann daraus entnehmen, daß im 1. Vierteljahr die Gewichtsentwicklung der Gruppe I durchaus im Rahmen der von anderen Autoren erreichten Zunahmen lag. Die Gruppen II und III fielen gegenüber jenen Gruppen aus älteren Versuchen, bei denen meist mit seinerzeit üblichen höheren Vollmilch-

Tabelle 13. *Gewichtsentwicklung weiblicher Tiere des schwarzbunten Niederungsviehs in verschiedenen Untersuchungen (in kg)*

	1. Vierteljahr		2. Vierteljahr		3. Vierteljahr		4. Vierteljahr		1. Jahr
	End-gewicht	tägliche Zunahme	End-gewicht	tägliche Zunahme	End-gewicht	tägliche Zunahme	End-gewicht	tägliche Zunahme	tägliche Zunahme
SCHMIDT u. VOGEL	127,7	0,973	189,9	0,684	242,5*)	0,747	315,6*)	0,803	—
ZORN u. Mitarbeiter	114,0	0,827	184,0	0,769	236,0	0,571	294,0	0,637	0,701
BUITKAMP	110,2	0,760	174,0	0,701	232,0	0,637	262,3	0,333	0,608
BRÜGGEMANN	109,5	0,775	163,6	0,595	225,3	0,678	293,6	0,751	0,699
WITT	114,1	0,835	194,5	0,883	264,3	0,767	318,8	0 599	0,771
OTT	105,7	0,748	167,6	0,680	220,3	0,579	269,9	0,545	0,638
MUDRA Gr. I	102,6	0,765	167,5	0,712	233,4	0,724	299,6	0,728	0,737
eigene Untersuchung Gr. I .	112,2	0,857	179,3	0,738	241,7	0,681	306,1	0,700	0,742
eigene Untersuchung Gr. II .	104,7	0,767	171,8	0,737	232,5	0,667	297,8	0,710	0,719
eigene Untersuchung Gr. III .	105,8	0,780	169,8	0,702	231,7	0,651	286,1	0,605	0,686

*) im 3. und 4. Vierteljahr andere Tiere als im 1. und 2. Vierteljahr.

mengen gearbeitet wurde – SCHMIDT/VOGEL[40, 41], BUITKAMP[8], WITT[48] – in einem geringeren, durchaus nicht bedenklichen Maße ab.

Im I. Quartal ließ sich weiterhin eine recht gute Übereinstimmung in der Gewichtsentwicklung zwischen Gruppe II und III und der Versuchsgruppe I von MUDRA[31] feststellen. Dies ist insofern beachtenswert, als MUDRA an diese Tiere 400 kg Vollmilch fütterte.

Am Ende des 2. und 3. Vierteljahres lagen die Gewichte der vollmilcharm aufgezogenen Oberholzer Gruppen II und III wesentlich unter denjenigen aus den Untersuchungen von SCHMIDT/VOGEL und WITT, aber in gleicher Höhe mit den von BRÜGGEMANN[3], OTT[33] und MUDRA festgestellten Daten. Die tägliche Zunahme entsprach in beiden Abschnitten bei den Oberholzer Tieren etwa dem Mittel aller anderen Untersuchungen. Im 4. Vierteljahr macht sich dann die schlechtere Gewichtsentwicklung in Gruppe III bemerkbar, während die Gruppen I und II durchaus einen Vergleich mit den Werten aus anderen Versuchen bestehen.

Besonders bemerkenswert ist, daß die vollmilcharm aufgezogenen Oberholzer Gruppen II und III im Alter von einem Jahr ungefähr das gleiche Lebendgewicht aufzuweisen haben wie die Tiere in den Untersuchungen von ZORN[52], BUITKAMP, BRÜGGEMANN, OTT und MUDRA; lediglich die Angaben von SCHMIDT/VOGEL und WITT liegen darüber. Mithin darf angenommen werden, daß bei Verfütterung von 170 kg oder sogar nur 75 kg Vollmilch an weibliche Kälber und der Verabreichung entsprechender Ausgleichstoffe mit fast den gleichen oder nur wenig darunter liegenden Gewichten im Alter von 1 Jahr gerechnet werden kann wie bei üblicher Vollmilchaufzucht.

IV. Die Futterverwertung

Die Futterverwertung als Nährstoffaufwand je kg Lebendgewichtszunahme mag als weiterer Vergleichsmaßstab zwischen den Gruppen, wie auch zu den Ergebnissen anderer Autoren, besondere Bedeutung haben. Die wesentlichsten, die Futterverwertung betreffenden Unterlagen sind in Tabelle 14 zusammengefaßt.

Im 1. Vierteljahr bestanden infolge des versuchsmäßig bedingten unterschiedlich hohen Nährstoffangebotes relativ große Variationen zwischen den Gruppen. So ist die in Gruppe II und vor allem in Gruppe III größere Aufnahme an Trockensubstanz, verdaulichem Rohprotein, verdaulicher Rohfaser und verdaulichen N-freien Extraktstoffen von den jungen Tieren nicht in einen entsprechend größeren Lebendgewichtszuwachs umgewandelt worden. Diesem höheren Verbrauch der genannten Nährstoffe in den Gruppen II und III steht der relativ starke Fettanteil in Gruppe I gegenüber. Unter Zugrundelegung der Berechnung nach StE. ergab sich in allen Gruppen die etwa gleiche Futterverwertung; eine Sicherung der geringen Variation ließ sich nicht ermitteln. Demgegenüber sind die Unterschiede in der Ausnutzung des verdaulichen Rohproteins zwischen Gruppe I und II sowie zwischen Gruppe I und III signifikant.

Im 2. Lebensvierteljahr lag bei annähernd gleicher Nährstoffaufnahme und geringen Unterschieden in der Lebendgewichtszunahme die Futterverwertung in allen 3 Gruppen auf etwa der gleichen Höhe. Dasselbe trifft für das III. Quartal zu, mit einer leichten Neigung zur schlechteren Ausnutzung der Nährstoffe in Gruppe III. Die Unterschiede in der Verwertung von verdaulichem Rohprotein und StE. ließen sich in diesen beiden Vierteljahren aber in keinem Fall statistisch sichern.

Tabelle 14. *Nährstoffverbrauch je kg Zunahme (in kg)*

	Trocken-substanz	Roh-protein	Rohfaser	Rohfett	N-freie Extr.-St.	Stärke-einheiten
Gruppe I						
10. Tag—13. Woche . .	1,859	0,396	0,062	0,180	0,840	1,439
2. Vierteljahr	4,636	0,636	0,442	0,090	1,933	2,706
3. Vierteljahr	6,703	0,759	0,654	0,095	2,988	3,688
4. Vierteljahr	7.896	0,754	0,724	0,085	3,380	3,898
10.—365. Tag	5.180	0,629	0,460	0,113	2,243	2,890
Gruppe II						
10. Tag—13. Woche . .	2,032	0,455	0,067	0 096	0,981	1,469
2. Vierteljahr	4,551	0,635	0,444	0,090	1,890	2,658
3. Vierteljahr	6,592	0,773	0,667	0,101	2,955	3,732
4. Vierteljahr	7,730	0,740	0,696	0,080	3,357	3,830
10.—365. Tag	5,237	0,651	0,470	0,091	2,298	2,924
Gruppe III						
10. Tag—13. Woche . .	2,175	0,476	0,083	0,047	1.066	1,488
2. Vierteljahr	4,630	0,646	0,445	0,093	1,943	2,737
3. Vierteljahr	6,806	0,804	0,679	0,106	2,976	3,816
4. Vierteljahr	9,125	0,857	0,813	0.088	3,973	4,474
10.—365. Tag	5,526	0,685	0,490	0,083	2,421	3,056

Sicherung der Futterverwertung mit Hilfe des t-Testes

	I : II P	I : III P	II : III P		I : II P	I : III P	II : III P
1. *Verdaul. Rohprotein*				2. *Stärkeeinheiten*			
1. Vierteljahr	0,1%	0,1%	—	1. Vierteljahr	—	—	—
2. Vierteljahr	—	—	—	2. Vierteljahr	—	—	—
3. Vierteljahr	—	—	—	3. Vierteljahr	—	—	—
4. Vierteljahr	—	—	—	4. Vierteljahr	—	—	—
10.—365. Tag	—	—	—	10.—365. Tag	—	—	—

Im 4. Vierteljahr war die Futterverwertung in Gruppe I und II wiederum ähnlich günstig. Gruppe III hingegen wies trotz fast gleicher Nährstoffaufnahme in diesem Abschnitt eine bedeutend geringere Zunahme und somit auch eine schlechtere Nährstoffausnutzung als die beiden anderen Gruppen auf. Die relativ großen Unterschiede im StE.-Verzehr je kg Zunahme waren aber – ebenso wie alle übrigen Differenzen im StE.- und Eiweißverbrauch – nicht signifikant.

Besonders interessant ist nun die Betrachtung der entsprechenden Zahlen für die gesamte Versuchszeit. Hier stellte sich heraus, daß in der Futterverwertung zwischen Gruppe I und Gruppe II nur Unterschiede von 1–2 % bestanden. In Gruppe III war aber ein gegenüber Gruppe I um 6–7 % höherer Futteraufwand für die Gewichtseinheit Körperzuwachs zu ermitteln. Die Futterverwertung in den Versuchsgruppen II und III im Vergleich mit derjenigen an Kälbern, die unter Anwendung der üblichen Normen aufgezogen wurden, ist somit keineswegs ungünstig.

Den Vergleich mit Ergebnissen anderer Autoren zeigt Tabelle 15. Bemerkt werden muß hierzu, daß die angegebenen Werte für verdauliches Eiweiß in älteren Publikationen nicht immer klar erkennen lassen, ob sich die Angaben auf Roh- oder Reineinweiß beziehen. Dies führt in der Milchperiode zu geringen Differenzen, dürfte jedoch in den späteren Altersabschnitten der Tiere vermehrte Beachtung erfordern.

Im 1. Vierteljahr lag der StE.-Aufwand der Gruppen aus den eigenen Untersuchungen relativ niedrig. Dies dürfte vor allem auf die verminderte Milchfettgabe und damit auf den geringeren StE.-Verzehr im Vergleichsabschnitt zurückzuführen sein, während die Eiweißaufnahme höhere Werte hatte. Das letztere ist als Ursache für die im Verhältnis zu anderen Autoren schlechtere Eiweißverwertung in den Gruppen II und III anzusehen. – Auch im II. Quartal ergaben sich Differenzen zu den Mitteilungen anderer Autoren, die auf die unterschiedliche Ernährung zurückzuführen sind. Bei den StE. stimmen die eigenen Untersuchungen bzw. die errechneten Werte gut mit denjenigen von ZORN [52], WITT [48] und MUDRA [31] überein, während BRÜGGEMANN [3] und SCHMIDT/VOGEL [40] höhere Zahlen nennen. Ebenso liegen für das Eiweiß die in der Literatur genannten Werte über oder unter den eigenen Angaben. – Im III. Quartal entsprach die Verwertung der StE. bei den Oberholzer Versuchsgruppen recht gut dem Durchschnitt der von anderen Autoren gefundenen Zahlen, die Eiweißverwertung war etwas ungünstiger. – Das IV. Quartal erbrachte eine besonders gute Futterverwertung in den Gruppen I und II der eigenen Untersuchungen. Die Gruppe III hatte jedoch eine vergleichsweise schlechte Nährstoffausnutzung; sie lag allerdings noch etwa auf gleicher Höhe wie die Versuchstiere von SCHMIDT/VOGEL [41], so daß von einer extremen Abweichung kaum gesprochen werden kann.

Wenn die Ausnutzung des Futters im ganzen ersten Lebensjahr einer Betrachtung unterzogen wird, ergibt sich, daß bezüglich des StE.-Bedarfs je kg Gewichtszuwachs die eigenen Ergebnisse etwa zwischen denjenigen von MUDRA [31] einerseits und von ZORN [52] und BRÜGGEMANN [3] andererseits zu finden sind. In der Eiweißausnutzung liegen die Oberholzer Versuchstiere jedoch etwas ungünstiger als die Gruppen der anderen Autoren. Hier mag die anders geartete Aufzucht, wie auch

Tabelle 15. *Vergleich der Futterausnutzung mit entsprechenden Werten aus anderen Arbeiten*

Nährstoffverzehr in kg je kg Zunahme

	1. Vierteljahr		2. Vierteljahr		3. Vierteljahr		4. Vierteljahr		1 Jahr	
	StE.	v. Eiw.	StE.	v. Eiw.	StE.	v. Eiw.	StE.	v. Eiw.	StE.	v. Eiw.
SCHMIDT u. VOGEL	1,552	0,338	3,290	0,557	3,560	0,728	4,400	0,862	—	—
ZORN u. Mitarbeiter (n. BRÜGGEMANN) . . .	1,571	0,394	2,514	0,750	4,435	0,619	4,171	0,679	3,003	0,602
BUITKAMP	1,884	0,398	3,064	0,575	—	—	—	—	—	—
BRÜGGEMANN	1,492	0,330	3,254	0,689	3,766	0,782	4,013	0,772	3,152	0,627
WITT	1,694	0,401	2,697	0,517	—	—	—	—	—	—
MUDRA (Normalgr. I) . . .	1,558	0,414	2,639	0,530	3,293	0,646	3,769	0,691	2,799	0,568
eigene Untersuchung Gr. I .	1,439	0,396	2,706	0,636	3,688	0,759	3,898	0,754	2,890	0,629
eigene Untersuchung Gr. II .	1,469	0,455	2,658	0,636	3,732	0,773	3,830	0,740	2,924	0,651
eigene Untersuchung Gr. III .	1,488	0,476	2,737	0,646	3,816	0,804	4,474	0,857	3,056	0,685

die erwähnte in zurückliegenden Abhandlungen nicht immer erkennbare Bewertung nach verdaulichem Roh- oder Reineiweiß zum Ausdruck kommen.

Zusammenfassend läßt sich feststellen, daß der in den vorliegenden Versuchen unter Verwendung niedriger Vollmilchmengen ermittelte Nährstoffbedarf je kg Gewichtszunahme bei wachsenden weiblichen Rindern nicht wesentlich von den in anderen Arbeiten mit üblicher Aufzucht gefundenen Werten abweicht. Der hierbei bestehenden Tendenz zur schlechteren Verwertung des reichlich angebotenen Eiweißes dürfte kein besonderer Wert beizumessen sein.

V. Die Entwicklung der Körpermaße

Die im Abschnitt Versuchsmethodik hervorgehobene Abnahme von Körpermaßen sollte den Einfluß von geringen Vollmilchmengen und von zusätzlichen Vitamin- und Antibiotikagaben auf die Entwicklung einzelner Körperpartien festhalten.

Es bestand zunächst die Absicht, die Entwicklung der überprüften Körpermaße am Ende eines jeden Lebensvierteljahres wiederzugeben. Die zu begrenzende Länge dieses Versuchsberichtes ließ es jedoch ratsam erscheinen, nur die nach einem Jahr erreichten Werte einer Betrachtung zu unterziehen. Bemerkt sei, daß die Ausgangswerte eine geringe Variation zeigten. Entsprechend den erwähnten, geringen Unterschieden zwischen den Anfangsgewichten der Gruppe am 10. Lebenstag gelang es auch, bezüglich der Körpermaße größere Differenzen zu vermeiden. Am Ende des Versuchszeitraumes (52. Lebenswoche) ergab sich das folgende Bild (Tabelle 16).

Die Widerristhöhe betrug am Ende des 1. Lebensjahres in Gruppe I durchschnittlich 113,3 cm, während die entsprechenden Zahlen von Gruppe II und III nur unwesentlich darunter lagen. Dieselbe leicht fallende Tendenz von Gruppe I zu Gruppe III ließ sich auch für die Kreuzhöhe sowie für die Rumpflänge ermitteln. Die Entwicklung der Brustmaße mußte besonderes Interesse verdienen, da hier am ehesten ein Einfluß der geringeren Vollmilchmenge erwartet wurde. Die mittlere Brusttiefe zeigte zwischen den Gruppen jedoch eine geringe Variation (Schwankung der Zunahme von 28,0 bis 27,3 cm), während der Brustumfang in Gruppe I am meisten (79,0 cm) und in Gruppe III am wenigsten (74,0 cm) zunahm. In der Rippenbrustbreite hingegen lag die Gruppe III bei allgemein nur geringen Unterschieden recht günstig.

Die Hüftbreite und Umdreherbreite erbrachte ebenfalls geringe Differenzen; die schwach fallende Tendenz der Entwicklung von Gruppe I über Gruppe II zu Gruppe III war jedoch auch hier nicht zu verkennen. Der Zuwachs des Röhrbeinumfanges war in Gruppe I mit 4,8 cm am kleinsten und in Gruppe III mit 5,4 cm am größten. Diesem Maß mag aber infolge seines absolut geringeren Anwachsens und der damit verbundenen Meßfehler nur untergeordnete Bedeutung beizumessen sein.

Bei einer zusammenfassenden Betrachtung dieser Unterlagen ergibt sich, daß die Entwicklung der Körpermaße – mit Ausnahme von Rippenbrustbreite und Röhrbeinumfang – in der vollmilchreichen Gruppe I etwas besser war und über Gruppe II zur vollmilcharmen Gruppe III hin gering abfiel. Die Unterschiede in der Entwicklung der Körpermaße stimmen somit in der Tendenz mit der Gewichtsentwicklung überein. Die ermittelten Differenzen erscheinen jedoch keineswegs beträchtlich. Veränderungen größeren Ausmaßes in der Körperentwicklung bei vollmilcharm aufgezogenen Jungrindern sind demnach nicht zu erwarten.

Nicht uninteressant ist auch hier die Untersuchung, ob die Körperentwicklung der Kälber im vorliegenden Versuch mit den beim schwarzbunten Niederungsvieh bekannten Normen übereinstimmt. Dazu wurden in Tabelle 17 Angaben aus der Literatur über die Maße von 1 Jahr alten weiblichen Jungrindern des schwarzbunten Niederungsviehes den eigenen Meßergebnissen gegenübergestellt.

Tabelle 16. *Entwicklung der Körpermaße*

	Gruppe	Maße (absolut) 10. Tag cm	Maße (absolut) 52. Woche cm	Zunahme absolut cm	Zunahme in % d. Maßes am 10. Tag
Widerristhöhe	I	70,6	113,3	42,7	60,5
„	II	71,2	113,1	41,9	58,8
„	III	71,9	112,4	40,5	56,3
Kreuzhöhe	I	74,2	118,7	44,5	60,0
„	II	74,2	118.1	43,9	59,2
„	III	75,5	117,7	42,2	55,9
Rumpflänge	I	65,1	129,6	64,5	99,1
„	II	65,8	128.4	62,6	95,1
„	III	65,7	126,4	60,7	92,4
Brusttiefe	I	27,4	55,4	28,0	102,2
„	II	27,1	55,1	28,0	103,3
„	III	27,1	54 4	27,3	100,7
Rippenbrustbreite	I	15,2	33,7	18,5	121,7
„	II	15,6	33,8	18,2	116,7
„	III	15,5	34,4	18,9	121,9
Brustumfang	I	77,4	156,4	79,0	102,1
„	II	76,8	154,3	77,5	100,9
„	III	77,4	151,4	74,0	95,6
Hüftbreite	I	17,1	41,1	24,0	140,4
„	II	16,9	40,4	25,5	139,1
„	III	17,1	40,0	22,9	133,9
Umdreherbreite	I	21,3	42,6	21,3	100,0
„	II	21,0	41,9	20,9	99,5
„	III	21,2	42,2	21,0	99,1
Röhrbeinumfang	I	10,9	15,7	4,8	44,0
„	II	10,6	15,9	5,3	50,0
„	III	10,7	16,1	5,4	50,5

Tabelle 17. *Körpermaße von weiblichen Tieren des schwarzbunten Niederungsviehs im Alter von 1 Jahr auf Grund verschiedener Untersuchungen (in cm)*

	Widerristhöhe	Kreuzhöhe	Rumpflänge	Brusttiefe	Rippenbrustbreite	Hüftbreite	Umdreherbreite	Brustumfang	Röhrbeinumfang
SCHMIDT-YOGEL	116,0	122,6	129,2	55,3	37,1	—	41,6	161,7	17,6
BUITKAMP nach WITT	116,9	122,6	128,1	55,5	—	40,4	43,1	148,6	16,0
BRÜGGEMANN	116,7	121,3	134,0	55,8	36,0	40,2	42,0	150,9	15,7
WITT	117,3	—	129,8	56,5	30,8	41,0	42,1	151,8	16,1
MUDRA Gr. I	114,1	119,0	128,0	56,3	34,4	41,5	42,2	149,1	15,5
eig. Unters. Gr. I	113,3	118,7	129,6	55,4	33,7	41,1	42,6	156,4	15,7
„ Gr. II	113,1	118,1	128,4	55,1	33,8	40,4	41,9	154,3	15,9
„ Gr. III	112,4	117,7	126,4	54,4	34,4	40,0	42,2	151,4	16,1
OTT	112,9	119,3	125,7	54,6	32,9	38,5	40,9	146,7	15,6

Bezüglich der Widerrist- und der Kreuzhöhe ergab sich eine Überlegenheit der Tiere aus der Mehrzahl der älteren Untersuchungen, so von SCHMIDT/VOGEL [40, 41], BUITKAMP [8], BRÜGGEMANN [3] und WITT [48]. Eine Übereinstimmung liegt jedoch mit den an einem großen Material ermittelten Ergebnissen von OTT [33], wie auch mit den Zahlen von MUDRA [31] vor.

Für die übrigen Körpermaße der einjährigen Tiere aus den eigenen Untersuchungen ergeben sich kaum ungünstige Differenzen zu den Werten genannter Erhebungen. Die Maße der Jungrinder der 3 Versuchsgruppen liegen sogar zumeist über den von OTT [33] an einem großen Material schwarzbunter Niederungsrinder ermittelten Körpermaßen.

Abschließend kann somit festgestellt werden, daß sowohl die mit normalen als auch die mit stark eingeschränkten Vollmilchmengen aufgezogenen Versuchstiere in ihrer Körperentwicklung im Mittel etwa derjenigen von schwarzbunten Niederungsrindern aus früheren Untersuchungen oder Erhebungen entsprechen oder aber nur ganz unwesentlich darunter liegen.

Zusammenfassung

1. In der Versuchsstation Oberholz begann im Frühjahr 1957 ein Aufzuchtversuch mit weiblichen Kälbern, der die Entwicklung der Tiere und eventuelle Beeinflussung der späteren Leistungen nach Anwendung einiger Methoden vollmilcheingeschränkter Aufzucht ermitteln soll. Einbezogen in die Untersuchungen wurden 2 Versuchs- und eine Kontrollgruppe mit jeweils 9 bzw. 10 Tieren. Versuchsmethodisch waren ein gleichwertiges Ausgangsmaterial, Einzelfütterung und sonstige Voraussetzungen gegeben.

2. Die beiden Versuchsgruppen erhielten 168 kg und 76 kg Vollmilch (3,5 % Fett) je Kalb und Tränkperiode. Als zusätzliche bzw. Ausgleichsgabe wurde an erstere ein einmaliger Vitaminstoß am 10. Lebenstag gegeben, während die letztere das Präparat Kal-Bi-Phosphoral (Vitamin-Antibiotika-Präparat mit Anteilen von Tapiokamehl und Leinsamenschrotmehl, Hersteller H. W. Schaumann, Uetersen) erhielt. Außer der Variation in der Vollmilch- bzw. Milchfettverabreichung und den erwähnten Zusatzstoffen erfolgte eine gleichmäßige Ernährung aller Versuchstiere. Die im jünsten Altersabschnitt übliche ad libitum-Fütterung wurde später durch eine Futterverabreichung nach den bekannten Nährstoffnormen abgelöst. In vorliegendem Bericht ist die Entwicklung bis zu einem Lebensjahr aufgezeigt.

3. In der gesamten Berichtszeit (10.–365. Lebenstag) konnte im wesentlichen in allen Gruppen die gleiche Nährstoffaufnahme je Tier erreicht werden. Die Tendenz zu einem geringeren Verzehr nach der Milchperiode lag jedoch bei den vollmilcharm aufgezogenen Kälbern vor.

4. Die Lebendgewichtszunahmen erbrachten in der Kontrollgruppe einen durchschnittlichen täglichen Zuwachs von 742 g, während die Vitaminstoßgruppe 719 g und die Kal-Bi-Phosphoral-Kälber 686 g erzielten. Die erreichten Jahresendgewichte betrugen 306,1 kg, 297,8 kg und 286,1 kg je Tier. Eine Signifikanz der Unterschiede war gegeben. Trotz des geringen Abfalls der Versuchsgruppen können diese Werte als weitgehend normal und ausreichend angesprochen werden.

5. Die Futterverwertung erbrachte namentlich im ersten Lebensabschnitt der Tiere Variationen, die in der unterschiedlichen Fütterung ihre Begründung finden. Im Vergleich mit den Ermittlungen anderer Autoren wurden in allen Gruppen Werte in den bekannten Grenzen erzielt.

6. Die festgestellten Körpermaße stimmen in ihrer Tendenz mit den Ergebnissen der Gewichtsentwicklung überein. Damit ist eine geringgradigere, schlechtere Entwicklung in den Versuchsgruppen festzustellen. Im Vergleich mit diesbezüglichen Literaturangaben wurden jedoch durchaus vertretbare Zahlen erreicht.

7. Zusammenfassend zeigt der vorliegende Versuch, daß eine vollmilcheingeschränkte Aufzucht bei weiblichen Rindern in der Beobachtungszeit bis zu einem Jahr zu einer weitgehend normalen Entwicklung führen kann, sofern die erforderlichen Ausgleichstoffe zur Verfügung stehen. Dabei erbrachte der Grad der Vollmilchsenkung eine entsprechend abgestufte Entwicklung.
Die weitere Entwicklung der Jungrinder wird beobachtet.

Literaturverzeichnis

1 BAILLARGÉ, E. u. MARCHAIS, M.: J. Agr. prat., Paris 100 (1936), 424—426 u. 451—452; zit. n. Steinhardt [45].

2 BESANA, C.: Deutsche Landw. Presse 65 (1911), 761; zit. n. Scholz [42].

3 BRÜGGEMANN, H.: Ein Beitrag zur Futtervolumenfrage bei wachsenden Rindern, gleichzeitig eine Studie über die Aufzucht des Rindes. Biedermanns Zentralbl. Abtl. B Tierernährung 10 (1938), 296—384.

4 BRÜGGEMANN, H.: Biologisch aufgewertetes Milchpulver für Aufzucht und Mast von Kälbern. Futter und Fütterung 49 (1955), 390—391.

5 BRÜGGEMANN, H., BORNEMANN, G. u. HAMANN, K.: Kälbermast mit hohen Magermilchgaben und unterschiedlichen Nährstoffzusätzen. Futter und Fütterung 9 (1958), 65—67.

6 BRÜGGEMANN, J., HAENDLER, H. u. ZUCKER, H.: Kälberaufzuchtversuche mit geringsten Vollmilchmengen und einem antibiotica-haltigen Beifuttermittel. Futter und Fütterung 53 (1955), 421—422.

7 BRÜGGEMANN, J. u. ZUCKER, H.: Fütterungsversuch mit Aureomycin an Schlachtkälbern. Futter und Fütterung 52 (1955), 413—414.

8 BUITKAMP, H.: Gewichtsentwicklung, Futterverzehr und Futterverwertung bei Kälbern. Deutsche Landwirtschaftliche Tierzucht 37. Jg. (1933), 255—257.

9 BÜNGER, H., LAMPRECHT u. BLÖCKER, P.: Ein weiterer Versuch mit dem Ersatz der Vollmilch durch Magermilch und Kälbermaiszucker bei der Kälberaufzucht. Mitteilungen der DLG 1928, 1078—1080.

10 COMBERG, G.: Kälberaufzucht mit fettarmer Vollmilch, ein Beitrag zur Jugendentwicklung des Rindes. Archiv für Tierernährung 1 (1951), 307—320.

11 COMBERG, G. u. ZSCHOMMLER, H.-G.: Kälberaufzuchtversuche mit eingeschränkten Vollmilchgaben und Vitaminausgleichen durch Citosan bzw. Heringsölemulsion. Archiv für Tierernährung 6 (1956), 279—303.

12 COMBERG, G. u. ZSCHOMMLER, H.-G.: Ein Beitrag zur Frage von Vitiminstoßgaben bei der vollmilcharmen Aufzucht von Kälbern. Archiv für Tierernährung 7 (1957), 321—346.

13 DINKHAUSER, F.: Die Aufzucht der Kälber mit fettarmer Vollmilch. Forschungsdienst 17 (1944), 40—46.

14 EATON, H. D., SPIELMAN, A. A., LOOSLI, J. R., THOMAS, J. W., NORTON, C. L. u. TURK, C. L.: The effect of a massive dose at birth of vitamins A and D upon blood plasma levels and liver storage in Holstein calves. Journal of Dairy Science 30 (1947), 795—802.

15 FINGERLING, G.: Landw. Versuchsst. 68, 164, zit. n. Scholz [42].

16 FRÖHLICH, G. u. LÜTHGE, H.: Versuch zur Feststellung der Wirksamkeit von Provendeine bei der Verabreichung an Kälber und Milchkühe. Kühn-Archiv 27 (1931), 133—144.

17 HANSEN, J.: Lehrbuch der Rinderzucht. 4. Aufl., Verlag Paul Parey, Berlin 1927.

18 HAVERMANN, H., u. RÜTER, H.: Kälbermastversuch mit Aurofac-2a. Futter und Fütterung 44 (1954), 345—346.

19 HEDLER, L.: Untersuchungen über den Einfluß einer milcharmen Jugendernährung auf die Körperentwicklung und die Verdauungsvorgänge bei Kälbern. Zeitschrift f. Tierzüchtung u. Züchtungsbiol. 60 (1952), 117—172.

20 HIBBS, J. W. u. KRAUSS, W. E.: The effect of feeding vitamin A on the blood picture and on liver storage in calves. Journal of Dairy Science 29 (1946), 519—520.

21 ISAACHSEN, H.: Skand. Arch. Physiol. 63 (1931), zit. nach Steinhardt [45].

[22] ISAACHEN, H.: Milchwirtschaftliches Zentralblatt 61 (1932), 45—47, zit. nach Steinhardt [45].

[23] KIRSCH, W., BACHNER, F., FEWSON, D. u. RABOLD, K.: Vergleichende Untersuchungen zur Frage der vollmilcharmen Kälberaufzucht mit unterschiedlich aufgewerteter Trockenmagermilch im süddeutschen Raum. Zeitschr. f. Tierernährung u. Futtermittelkde. 12 (1956), 76—88.

[24] KLAGES, D.: Neuzeitliche Kälber- und Jungviehaufzucht. Verlag Th. Mann KG., Hildesheim 1953.

[25] KRÜGER, L.: Die Aufzucht und Mast des Rindes im mitteldeutschen Raum. Züchtungskde. 29 (1957), 357—375.

[26] KRÜGER, L. u. LÜSSE, W.: Aufzucht und Mast von Kälbern mit verschieden hohen Gaben Vollmilch. Futter und Fütterung 52 (1955), 414—418.

[27] LASSITER, C. A.: Antibiotika zur Wachstumsverbesserung der Kälber; eine Übersicht. Journal of Dairy Science 38 (1955), 1102—1138; Zusammenfassung in Futter und Fütterung Nr. 56 (1955), 452.

[28] LIEBSCHER, W.: Fütterungsversuche bei Kälbern mit Magermilch und Lebertran-Emulsion als Ersatz für Vollmilch. Biedermanns Zentralbl. Abtl. B, Tierernährung 2 (1931), 11—26.

[29] MARSHALL, S. P., WING, J. M. u. DIX ARNOLD, P. T.: Effects of feeding aureomycin to dairy calves. Journal of Dairy Science 40 (1957), 1242—1249.

[30] MARTENS, O.: Leicht verdauliche Kohlehydrate bei der Kälberaufzucht. Tierärztliche Rundschau 32 (1927), 1—20.

[31] MUDRA, K.: Untersuchungen über den Einfluß der Aufzucht- und Nutzungsintensität auf die Milch- und Lebensleistung des Rindes — 1. Mitteilung. Albrecht-Thaer-Archiv 1 (1956), 59—111.

[32] NEWERLA, H.: Abschließende Arbeit über die Beifütterung von gedämpften Kartoffeln an Saugkälber unter Berücksichtigung der Verfütterungsmöglichkeit von Vollmilch wie abgerahmter Milch. Biedermanns Zentralbl. Abt. B, Tierernährung 12 (1940), 444—477.

[33] OTT, A.: Die Entwicklung des schwarzbunten Niederungsrindes von der Geburt bis zum 5. Lebensjahr und variationsstatistische Untersuchungen einer Population solcher Rinder von der Geburt bis zum 3. Lebensjahr. Zeitschr. f. Tierzüchtung u. Züchtungsbiol. 45 (1940), 259—308.

[34] PALOHEIMO, L.: Über Kälberaufzucht mit sehr beschränkten Vollmilchmengen. Biedermanns Zentralbl. Abtl. B, Tierernährung 9 (1937), 52—73.

[35] PIROCCHI, A.: Versuche über die Verwertung der Magermilch als Kälberfutter. Nuovi annali dell'agricultura 11 (1931), 437. Ref. Züchtungskde. 7 (1932), 235.

[36] REMER, N.: Über die Beifütterung von Kohlehydraten an Saugkälber unter Berücksichtigung der Milcheiweißausnutzung. Biedermanns Zentralbl. Abtl. B, Tierernährung 3 (1932), 463—506.

[37] SCHMALFUSS, H., SIEDEN, F., ESSKUCHEN, E. WITTKOPF, U.: Aufzuchtvergleich an Kälbern mit Magermilch, mit Magermilch und Lebertran, mit Magermilch und Lebertran-Emulsion und mit Vollmilch. Züchtungskde. 18 (1943), 63.

[38] SCHMIDT, J. u. KLIESCH, J.: Weitere Kälberaufzuchtversuche mit niedrigen Vollmilchgaben. Züchtungskde. 18 (1943), 114—119.

[39] SCHMIDT, J. u. KLIESCH, J.: Kälberaufzuchtversuche 1942 unter Verwendung des Präparates der Fa. Hinrichsen, Trockenmolke und Ramikal. Züchtungskde. 18 (1943), 119 bis 124.

[40] SCHMIDT, J. u. VOGEL, H.: Beiträge zur Frage der Körperentwicklung und Futterverwertung des schwarzbunten Niederungsrindes im ersten Lebenshalbjahr. Zeitschr. f. Tierz. u. Züchtungsbiol. 19 (1930), 373—394.

41 SCHMIDT, J. u. VOGEL, H.: Beiträge zur Frage der Körperentwicklung und Futterverwertung des schwarzbunten Niederungsrindes im zweiten Lebenshalbjahr. Zeitschr. f. Tierz. u. Züchtungsbiol. 26 (1933), 145—162.

42 SCHOLZ, R.: Untersuchungen an Saugkälbern über die Ausnutzung des Milcheiweißes bei Zufütterung von Kohlehydraten. Biedermanns Zentralbl. Abtl. B, Tierernährung 1 (1930), 502—538.

43 SCHUPPLI, P.: Int. Agrartechn. Rundschau (1913), 1585; zit. n. Scholz [42].

44 SPERLING, L. u. HAENDLER, H.: Kälberaufzucht bei weitgehendem Ersatz von Vollmilch durch Magermilch und Zugabe eines antibiotikumhaltigen Beifuttermittels. Kieler Milchw. Forschungsber. 8 (1956), 197—204.

45 STEINHARDT, H.: Zur Beifütterung von gedämpften Kartoffeln an Saugkälber. Biedermanns Zentralbl. Abtl. B, Tierernährung 11 (1939), 66—120.

46 TIBBITS, J. P.: The development of calves reared on varying amounts of whole milk. The Journal of Agricultural Science 49 (1957), 329—346.

47 VOGEL, H.: Vollmilcharme Kälberaufzucht mit Kodruna-Beifütterung. Ref. Tierzüchter 7 (1955), 71.

48 WITT, M.: Die Körperentwicklung, Futteraufnahme und Futterverwertung beim schwarzbunten Tieflandrind. Kühn-Archiv 51 (1939), 269—610.

49 WOLFF, W.: Ein Versuch zur Frage der Tb-freien Kälberaufzucht mit Trockenmagermilch. Futter und Fütterung 52 (1955), 418—420.

50 ZORN, W.: Einiges über Züchtungs- und Fütterungsversuche in der Preuß. Versuchs- und Forschungsanstalt für Tierzucht in Tschechnitz. Züchtungskde. 4 (1929), 321—336.

51 ZORN, W.: Die Aufzucht des Rindes. Tierzucht-Bücherei, Eugen Ulmer, Stuttgart 1950.

52 ZORN, W., KRALLINGER, H., SCHNEIDER, K. TH. u. SCHOTT, A.: Relative Leistungsprüfung an Rindern I. Wachstum und Futterverbrauch von 9 weiblichen schwarzbunten Rindern von der Geburt bis zur erstmaligen Deckung im Alter von 2 Jahren. Wiss. Archiv Landw. B 9 (1933), 194.

Eingegangen am 5. 12. 1958

Aus dem Institut für Acker- und Pflanzenbau und dem Institut für Tierernährungslehre
der Humboldt-Universität zu Berlin

H. KORIATH und *L. LENNERTS*

Der Einfluß von Schnittzeit und Düngung auf den Pflanzenbestand, den Ertrag und den Gehalt an Rohprotein, Gerüstsubstanzen sowie Kalzium und Phosphorsäure bei Wiesenheu

Herrn Prof. Dr. Dr. E. MANGOLD zum 80. Geburtstag gewidmet.

I. Einleitung

In den meisten landwirtschaftlichen Betrieben bildet das natürliche Grünland die Grundlage der Futterwirtschaft. Dabei kommt der Wiese als wichtiger Produzent von Winterfutter eine besondere Bedeutung zu. Von ihr erwarten wir nicht nur einen hohen Rohertrag, sondern auch ein qualitativ befriedigendes Futter mit einem hohen Rohprotein-, Kalzium- und Phosphorsäuregehalt und möglichst niedrigen Rohfaserwerten. Ein wesentlicher Faktor zur Erreichung dieses Zieles ist die Wahl des richtigen Schnittzeitpunktes. Alle auf die Hebung der Qualität des Grünlandfutters gerichteten Maßnahmen, wie Düngung, Pflege usw., können entwertet werden, wenn der rechtzeitige Schnitt versäumt wurde. Praktisch wird der auf altersbedingten Wertunterschieden beruhende Abfall des Futterwertes der Pflanzen am wirksamsten durch frühzeitige Nutzung verhindert. Demgegenüber steigt der Grün- und Trockenmasseertrag mit dem Fortschreiten von Wachstum und Entwicklung an. Hoher Massenertrag und guter Futterwert schließen sich deshalb gegenseitig aus. Diese pflanzenphysiologische Erscheinung verlangt die Wahl eines Nutzungszeitpunktes, bei dem ein günstiges Zusammentreffen von Ertrag und Futterwert noch zu erwarten ist. Hierfür ist die Kenntnis des zeitlichen Verlaufes der Ertragsbildung und der Gehalte an Inhaltsstoffen von wesentlicher Bedeutung. Zu diesen Fragen haben in jüngster Zeit namentlich KLAPP [10] und BRÜNNER [3] wertvolle Arbeiten geliefert. Ferner ergibt sich in diesem Zusammenhang die Frage, ob der natürliche Abfall des Futterwertes bei zunehmendem Massenzuwachs durch Düngungsmaßnahmen aufgehalten oder gemildert werden kann, um trotz hoher Massenerträge eine gute Futterqualität zu gewährleisten. Einschlägige Versuchsergebnisse hierzu unter Verwendung verschiedener Arten und Mengen von mineralischen Düngern dürften zumindest für Niedermoorgrünland kaum vorliegen. Die Verbesserung der Qualität des auf diesen Flächen geworbenen Futters ist jedoch besonders dringlich. Untersuchungen über den Einfluß des Schnittzeitpunktes auf den Gehalt an Gerüstbestandteilen – Zellulose, Pentosanen und Lignin – wurden bereits von verschiedenen Autoren [4, 21, 24] unternommen, jedoch konnte kein Versuch ermittelt werden, wo gleichzeitig die Düngung als variierender Faktor miteingeschaltet war. Unter diesen Gesichtspunkten haben wir auf einem natürlichen Grünlandstandort in den Jahren 1955 und 1956 den Einfluß von Düngung und Schnittzeit auf den Pflanzenbestand, den Ertrag und die wesentlichsten Inhaltsstoffe geprüft.

II. Methodik

1. Versuchsanordnung

Der Versuch wurde 1955 und 1956 auf einer Niedermoorwiese des VEG Jühnsdorf in der Nutheniederung durchgeführt. Das Profil dieses Standortes setzte sich aus 35 cm vererdetem Niedermoortorf, 45 cm tonigsandiger Kalkmuddeschicht und im Untergrund aus mittelfeinem Sand zusammen. Die geringe Mächtigkeit der organogenen Alluvionen weist auf ein flachgründiges Niedermoor hin. In der obersten durchwurzelten Schicht wurden auf 100 Teile trockenem Boden 58,8 % org. Masse, 0,29 % Gesamt-P_2O_5, 0,04 % Gesamt-K_2O, 14,40 % Gesamt-CaO und 2,39 % Gesamt-N gefunden. Die Bodenreaktion betrug pH 7,2 (KCI). Es handelte sich also um einen typischen kalkreichen Niedermoorstandort.

Die Versuchsfläche wurde in zehn gleiche Parzellen eingeteilt, die in jedem Frühjahr der beiden Versuchsjahre wie folgt gedüngt wurden:

Parzelle	*Düngung*
1	= O
2	= K
3	= P
4	= P + K
5	= 2 P + K
6	= 3 P + K
7	= P + K + CaO
8	= P + K + 3 CaO
9	= 3 P + K + 3 CaO
10	= N + P + K

dabei bedeuten:

K = 80 kg K_2O als 40% Kalisalz
P = 54 kg P_2O_5 als Thomasmehl
CaO = 500 kg CaO als Leunakalk
N = 40 kg N als Kalkammonsalpeter.

Die angegebene Vorzahl besagt die doppelte bzw. dreifache Menge des jeweiligen Düngemittels. Gekalkt wurde nur 1955. Die Gaben an Phosphorsäure und Kalzium waren mit Rücksicht auf die besondere Bedeutung dieser Mineralstoffe im Heu verschieden hoch bemessen worden.

Die verschieden gedüngten Flächen wurden in je fünf Mähabschnitte gegliedert, die in den beiden Versuchsjahren zu nachstehenden Zeitpunkten geschnitten wurden:

	1	2	3	4	5
1955	27. 5.	3. 6.	11. 6.	22. 6.	7. 7.
1956	25. 5.	6. 6.	21. 6.	9. 7.	20. 7.

Im letzten Jahre sind die Mähabstände bewußt verlängert worden, um deutlichere Wirkungen der Schnittzeitverzögerung auf die Inhaltsstoffe zu erzielen. Von allen Varianten wurden jeweils zu den einzelnen Mähabschnitten neben der Feststellung des Grünmassegewichtes Mischproben im Umfange von 1 kg entnommen. Diese Proben sind in Kisten regensicher, in überdachten, jedoch luftigen Räumen getrocknet und schließlich im lufttrockenem Zustande zur Ermittlung des Heuanteils zurückgewogen worden.

2. *Angewandte Untersuchungsverfahren*

Zur Ermittlung des Einflusses der einzelnen Schnittzeiten und der verschiedenen Düngungsformen auf die Zusammensetzung des Pflanzenbestandes wurde unmittelbar vor jedem Schnitt eine botanische Bestandsanalyse nach der Methode der Ertragsanteilschätzung von KLAPP [9] durchgeführt. Das Ausmaß der auf den einzelnen Düngungsvarianten eingetretenen Bestandsverbesserungen ist mit Hilfe der von KLAPP, BOEKER, KÖNIG und STÄHLIN [11] für die Grünlandpflanzen aufgestellten Wertzahlen bewertet worden, wobei mit der Zahl 8 die besten Futterarten, mit 0 die wertlosen und mit –1 die gesundheitsschädlichen Bestandsbildner belegt werden. Die Wertzahl des gesamten Pflanzenbestandes ergibt sich dann aus

$$\frac{\text{Ertragsanteil in } \% \times \text{Wertzahl.}}{100}$$

Die Bestimmung des Rohprotein- und Rohfasergehaltes erfolgte nach der Weender-Analyse. Zur Zellulosebestimmung diente die von KÜRSCHNER und HANAK [14] erarbeitete Methode. Die Pentosanen wurden nach JAYME und SARTEN [11] und das Lignin nach der von K. NEHRING und N. NIEPAG [13] verbesserten Springer'schen Stoffgruppenanalyse durchgeführt. Bei der Kalziumbestimmung ist nach der titrimetrischen Methode (Oxalatfällung und Titration mit $KMnO_4$ gearbeitet worden [16]. Die Phosphorsäuregehalte wurden kolorimetrisch nach der Vanadat-Molybdat-Methode bestimmt [5]. Sämtliche Ertrags- sowie Analysenwerte sind mittels Varianzanalyse statistisch ausgewertet worden.

III. Ergebnisse

1. *Die botanischen Untersuchungen*

Der *Pflanzenbestand* der Versuchsfläche setzte sich aus insgesamt 40 Arten zusammen, wobei 13 Gräser-, 4 Leguminosen- und 23 Kräuterarten vertreten waren. Bei der Gräsergruppe traten als Hauptbestandsbildner die Wiesenrispe (Poa pratensis), der Wiesenschwingel (Festuca pratensis), der Rotschwingel (Festuca rubra) und schließlich die minderwertige Rasenschmiele (Deschampsia caespitosa) auf. Die Leguminosenarten nahmen nur geringe Bestandsanteile ein. Eine erhebliche Ertragsbeteiligung wiesen die Seggen auf, namentlich die Sumpfsegge (Carex acutiformis) und die Hirsensegge (Carex panicea). Unter den Kräutern dominierten die Hahnenfußarten. Pflanzensoziologisch handelte es sich um eine Seggen-Kohldistelwiese, die auf feuchten bis nassen Standorten stockt und in den vielfach unter Vorflutmangel leidenden Niederungsgebieten häufig anzutreffen ist.

Betrachtet man zunächst die Wirkung der *Schnittzeit* auf die Zusammensetzung des Wiesenbestandes, so erreichten, wie aus Tabelle 1 zu entnehmen ist, die Wiesenrispe (Poa pratensis) und der Wiesenschwingel (Festuca pratensis) Anfang bis Mitte Juni mit 16 bzw. 17 % die höchsten Ertragsanteile. Sie verminderten ihre Bestandbeteiligung dann aber mit fortschreitender Jahreszeit zugunsten des weniger wertvollen, sich langsam aber laufend entwickelnden Rotschwingels (Festuca rubra) und der minderwertigen Rasenschmiele (Deschampsia caespitosa), die am 20. 7. Anteile von 23 bzw. 32 % zeigten, wogegen die Wiesenrispe und der Wiesenschwingel nur noch je 3 % aufwiesen.

Tabelle 1. *Der Einfluß unterschiedlicher Schnittzeit auf die Bestandszusammensetzung im Jahre 1956*

Art	Schnittzeitpunkt und Ertragsanteile in %*)				
	25. 5.	6. 6.	21. 6.	9. 7.	20. 7.
Poa pratensis	11	16	9	4	3
Poa trivialis und palustre	3	+	1	1	2
Festuca pratensis	9	11	17	9	3
Festuca rubra	16	19	14	20	23
Alopecurus geniculatus	1	2	+	+	+
Holcus lanatus	+	+	2	4	2
Deschampsia caespitosa	20	17	23	24	32
Anthoxanthum odoratum	+	+	2	1	1
Gräser insgesamt	60	65	68	63	66
Leguminosen	+	+	+	+	+
Carexarten	21	20	20	24	24
Taraxacum offic.	1	1	+	+	+
Thalictrum flavum	1	1	+	+	+
Cirsium oleraceum	7	4	3	3	2
Cirsium palustre	+	1	+	1	1
Ranunculus repens	8	6	6	6	4
Ranunculus acer	1	1	1	1	1
Potentilla anserina	1	1	1	1	1
Geum rivale	+	+	1	1	1
Kräuter insgesamt	19	15	12	13	10
Wertzahl	3,35	3,70	3,50	2,82	2.40
relativ	100	110	105	84	72

*) im Mittel aller Düngungsvarianten. Auf die Wiedergabe der Einzelbonitierungen der Düngungsvarianten konnte verzichtet werden, da alle Versuchsglieder die gleiche Tendenz aufwiesen.

+ = Ertragsanteil unter 1%.

Zu einer besonders nachhaltigen Bestandsverschlechterung hat die stetige Zunahme des Massenwuchses der Rasenschmiele (Deschampsia caespitosa) geführt. Sie entwickelte sich bei zunehmender Schnittzeitverzögerung zum dominierenden Bestandsbildner. Während bis Mitte Juni noch die wertvollen Futtergräser die Wiese beherrschten, nahmen im Juli die Unkrautgräser diese Stellung ein. Die Bedeutung des rechtzeitigen Schnittes von Wiesen mit einem hohen Schmielenbesatz wird hierdurch unterstrichen. Auch die Seggen, im vorliegenden Falle besonders die Sumpfsegge (Carex acutiformis), vergrößerten mit fortschreitender Jahreszeit ihre Ertragsbeteiligung. Dagegen verhielten sich die Kräuter, die mit zunehmend späterer Mahd ihre Ertragsanteile verringerten, gegenteilig. Für diese Entwicklung waren vornehmlich die Kohlkratzdistel (Cirsium oleraceum) und der kriechende Hahnenfuß (Ranunculus repens) verantwortlich. Ihr Auftreten verminderte sich im Bestand nicht nur relativ, vielmehr führte auch die Überständigkeit dieser verhältnismäßig blattreichen Kräuter zu einer absoluten Einbuße an Masse. Die im unteren Teil der Tabelle 1 vermerkten Wertzahlen zeigen, daß bis ca. Mitte Juni die Qualität des Aufwuchses allgemein zunahm. Alsdann setzte eine erhebliche Bestandsverschlechterung ein.

Die wertmäßige Veränderung des Wiesenbestandes durch die *Düngung* war besonders deutlich durch eine Zunahme der Ertragsanteile der wertvollen Gräser gekennzeichnet. Besonders stark wurden die Wiesenrispe und der Wiesenschwingel gefördert. Sie schränkten die Ertragsbeteiligung von Seggen und unerwünschten Kräutern ein. Für die einzelnen Düngungsvarianten ergaben sich im Mittel der zweijährigen Versuchszeit folgende in Tabelle 2 angeführte Wertzahlen der Pflanzenbestände:

Tabelle 2. *Wertzahlen und Relativwerte für die verschiedenen Düngungsparzellen*

Parzellen Nr.	Düngung	Wertzahl	relativ
1	O	3,05	100
2	K	3,32	109
3	P	3,38	111
4	PK	3,43	113
5	2PK	3,51	115
6	3PK	3,47	114
7	PKCa	3,70	121
8	PK3Ca	3,59	117
9	3PK3Ca	3,80	125
10	NPK	4,27	140

Ganz offensichtlich hatte, wie die Ergebnisse zeigen, die NPK-Düngung mit einer Wertzahl von 4,27 und einem Relativwert von 140 den wirksamsten Einfluß auf die Bestandsverbesserung ausgeübt. Es folgten dann mit Relativwerten von

117–125 die Versuchsglieder, auf denen durch die zusätzlich zur Kaliphosphatdüngung verabfolgte Kalkgabe eine Zunahme des Wiesenschwingels zu verzeichnen war. Es war überraschend, daß der kalkliebende Wiesenschwingel selbst auf dem kalkreichen Niedermoorstandort noch einer Kalkdüngung bedurfte, um einen höheren Ertragsanteil zu erreichen. Die alleinige Kaliphosphatdüngung hatte nicht in dem erwarteten Umfange auf die Bestandszusammensetzung eingewirkt, da dem Versuchsstandort die hierzu erforderliche Leguminosenwüchsigkeit fehlte.

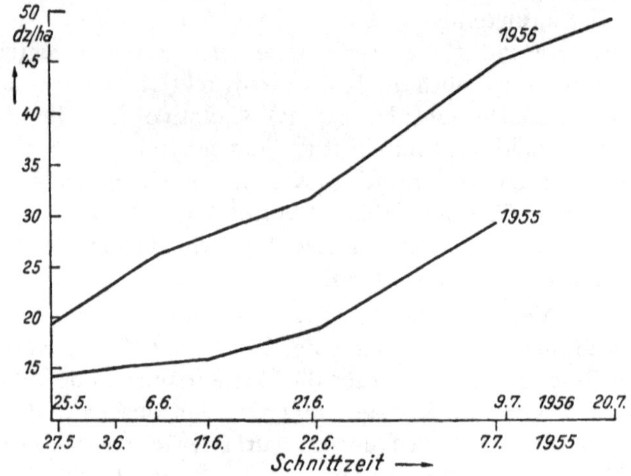

Abb. 1. Zeitlicher Verlauf der Ertragsbildung. Heu trocken

2. *Verlauf der Ertragsbildung*

Der zeitliche Verlauf der Ertragsbildung ist für beide Versuchsjahre in Abb. 1 wiedergegeben. Die Darstellung zeigt die im Mittel aller Düngungsvarianten zu den jeweiligen Mähabschnitten gefundenen Heuerträge in dz/ha. Im Jahre 1956 lagen die Erträge durchweg höher als im ersten Versuchsjahr. Diese Erscheinung beruhte zum Teil auf der höheren Wirksamkeit der Düngung im zweiten Jahr und ferner auf dem unterschiedlichen Witterungsverlauf. So fielen in den für die Ertragsbildung ausschlaggebenden Monaten der beiden Versuchsjahre folgende Niederschläge:

	langjähriges Mittel	1955	1956
April	39 mm	24 mm	90 mm
Mai	50 mm	26 mm	35 mm
Juni	54 mm	54 mm	72 mm
	143 mm	104 mm	197 mm

Der erheblich unter der Norm liegenden Wasserversorgung im Jahre 1955 stand eine reichliche im Jahre 1956 gegenüber. Im Temperaturverlauf waren die Unterschiede gering.

Zur Ermittlung des Einflusses von Schnittzeit und Düngung auf den Ertrag wurden die erhaltenen Werte mittels Varianzanalyse statistisch ausgewertet.

Tabelle 3. *Varianztabelle mit F-Werten für die einzelnen Streuungsursachen beim Ertrag*

Streuungsursache	FG	SQ	S^2	F	$F_{tab.}$
Schnittzeit (A)	4	6433,9094	1608,5	195,56 *	2,63
Wiederholung 1955/56 (B) .	1	6209,44	6209,4	754,94 *	4,11
Düngung (C)	9	877,7484	97,53	11,86 *	2,15
WW AB	4	1339,699	334,92	40,72 *	5,73
WW AC	36	661,1346	18,37	2,23 *	1,75
WW BC	9	180,124	20,01	2,43	2,85
WW ABC	36	296,107	8,225		
Total	99	15998,1624			

Dabei ergaben sich, wie aus Tabelle 3 ersichtlich, mit Ausnahme der Wechselwirkungen AC und BC innerhalb aller Streuungsursachen ziemlich hoch gesicherte F-Werte. Das besagt, daß sowohl die verschiedenen Schnittzeiten als auch die verschiedenen Düngungsformen und die Wiederholung den Ertrag signifikant beeinflußten. Zur Ermittlung der Wirkung der Einzelfaktoren – Schnittzeiten und Düngungsvarianten – gelangte der t-Test zur Anwendung (Tabelle 4).

Wie aus Tabelle 4 hervorgeht, ergaben sich bei allen *Schnittzeiten* infolge des fortschreitenden Zuwachses zwischen den einzelnen Mähabschnitten deutlich signifikante Mehrerträge. Der höchste mittlere Ertragszuwachs lag mit 7,73 dz zwischen dem 3. und 4. und mit 7,06 dz zwischen dem 4. und 5. Mähabschnitt, d. h. bezogen auf beide Versuchsjahre ca. in der Zeit von Mitte Juni bis Mitte Juli. Entgegengesetzt zu dieser Entwicklung des Ertrages verminderte sich im gleichen Zeitabschnitt die Qualität des Pflanzenbestandes von der Wertzahl 3,50 auf 2,40 (Tabelle 1).

Bei den *Düngungsformen,* die ebenfalls alle gegenüber der Kontrolle einen signifikanten durchschnittlichen Mehrertrag bewirkten, zeigten die Einzelgaben von Kali und Phosphorsäure mit 3,20 bzw. 3,77 dz den geringsten Effekt, während die gemeinsame Verabfolgung dieser Nährstoffe bedeutend höhere Mehrerträge – bis zu 6,63 dz – erbrachte. Die zusätzlich zur Kaliphosphatdüngung vorgenommene Kalkung hatte die Ertragsbildung kaum beeinflußt. Den höchsten Zuwachs ließ mit 12,13 dz die NPK-Düngung erkennen.

Das Ergebnis der Prüfung der Differenzen zwischen den mittleren Düngungswerten innerhalb der einzelnen Schnittzeitpunkte mittels t-Test zeigt im Vergleich zur O-Düngung, wie aus Tabelle 5 zu entnehmen ist, beim 1. Schnittzeitpunkt keine signifikante Beeinflussung durch irgendeine Düngungsform. Es ist jedoch

*) P = 5%

Tabelle 4. *Prüfung der sich beim Ertrag beider Jahre infolge der verschiedenen Schnittzeiten und Düngungsvarianten ergebenden durchschnittlichen Differenzen mittels t-Test*

Vergleich der einzelnen Schnittzeiten

Vergleich	Differenzen ±	Signifikanz (sd = 0,91)
1. zu 2.	+ 3,59 dz	* * *
2. zu 3.	+ 3,80 dz	* * *
3. zu 4.	+ 7,73 dz	* * *
4. zu 5.	+ 7,06 dz	* * *

Vergleich der einzelnen Düngungsvarianten

Vergleich	Differenzen ±	Signifikanz (sd = 1,29)
O zu K	+ 3,20 dz	*
O zu P	+ 3,77 dz	* *
O zu PK	+ 6,63 dz	* * *
O zu 2PK	+ 5,65 dz	* * *
O zu 3PK	+ 4,75 dz	* * *
O zu PKCa	+ 7,19 dz	* * *
O zu PK3Ca	+ 4,67 dz	* * *
O zu 3PK3Ca	+ 4,95 dz	* * *
O zu NPK	+12,13 dz	* * *

— = keine Sicherung
* GD für P = 5 %
* * GD für P = 1 %
* * * GD für P = 0,1 %
} bei 36 Freiheitsgraden

mit großer Wahrscheinlichkeit anzunehmen, daß die Differenz von 5,70 dz auf einen echten Einfluß der NPK-Düngung zurückzuführen ist.

Während beim 2. und 5. Schnittzeitpunkt besonders stark der signifikante Einfluß der PKCa- und NPK-Düngung hervortritt, ergibt sich für den 3. Schnittzeitpunkt nur für die PK- und NPK-Düngung ein gesicherter Mehrertrag. Besonders deutlich kommt der Einfluß der Düngung auf den Ertragszuwachs beim 4. Schnittzeitpunkt – Anfang bis Mitte Juni – zum Ausdruck, wo mit Ausnahme der PK3Ca-Düngung alle übrigen Düngungsformen zu einer signifikanten Erhöhung führten.

3. *Die chemischen Untersuchungen*

Bei der Bewertung des Heufutters finden neben der Sinnesprüfung die bei der chemischen Analyse ermittelten Gehaltswerte für Rohprotein, Rohfaser, Kalzium

Tabelle 5. *Differenzen und Signifikanz zwischen den durchschnittlichen Düngungswerten innerhalb der einzelnen Schnittzeitpunkte beider Versuchsjahre*

Vergleich	1 Schnittzeit Diff. ± dz	Signifikanz	2. Schnittzeit Diff. ± dz	Signifikanz	3 Schnittzeit Diff. ± dz	Signifikanz	4 Schnittzeit Diff ± dz	Signifikanz	5. Schnittzeit Diff. ± dz	Signifikanz
O zu K	+ 2,30	—	+ 7,00	*	− 0,65	–	+ 9,7	**	− 2,35	—
O zu P	+ 3,05	—	+ 1,75	–	+ 1,55	–	+10,15	**	+ 2,35	—
O zu PK	+ 3,35	—	+ 5,70	–	+ 5,90	*	+12,70	***	+ 5,5	–
O zu 2PK	− 0,65	—	+ 6,65	*	+ 3,10	–	+ 7,40	*	+11,75	***
O zu 3PK	+ 0,30	—	+ 3,85	–	+ 8,20	**	+ 8,15	**	+ 3,25	–
O zu PKCa	+ 1,90	—	+ 8,05	**	+ 5,25	–	+ 9,65	**	+11,1	***
O zu PK3Ca	± 0	—	+ 6 60	*	+ 1.45	–	+ 5,8	–	+ 9,5	**
O zu 3PK3Ca	− 0,75	—	+ 7,85	**	+ 2,30	–	+ 9,05	**	+ 6,3	*
O zu NPK	+ 5,70	—	+ 8,65	**	+17,0	***	+12,25	***	+ 9,05	**

Tabelle 6. *Varianztabelle mit F-Werten für die einzelnen Streuungsursachen bei Rohprotein und Rohfaser*

Streuungsursache	Rohprotein				Rohfaser			
	FG	SQ	S²	F	SQ	S²	F	$F_{tab.}$
Schnittzeit (A)	4	170,58	42,65	19,21+	429 20	107,30	100,28+	2,63
Wiederholung 1955/56 (B) . .	1	0,08	0,08	0,04–	350,82	350,82	327,87+	4,11
Düngung (C)	9	24,32	2,70	1,22–	30,85	3,43	3,21+	2,15
WW AB	4	150,02	37,51	16,90+	69,68	17,47	16,33+	5,73
WW AC	36	89,54	2,49	1,12–	94,62	2,63	2,46+	1,75
WW BC	9	30,87	3,43	1,55–	16,66	1,85	1,73–	2,85
WW ABC (Fehler)	36	80,00	2,22	—	38,72	1,07	—	—
Total	99	545,41	—	—	1030,55	—	—	—

und Phosphorsäure eine besondere Berücksichtigung. Unsere Untersuchungen beschränkten sich jedoch nicht allein auf die Ermittlung dieser Werte, sondern erstreckten sich bei dem 1955 gewonnenen Material auch auf die Gerüstbestandteile Zellulose, Pentosanen und Lignin. Eine Übersicht über den durchschnittlichen Rohprotein-, Rohfaser-, Zellulose-, Lignin- sowie Kalzium- und Phosphorsäuregehalt des Heufutters bei den verschiedenen Schnittzeiten in den Jahren 1955 und 1956 vermitteln die Abbildungen 2, 3 und 4.

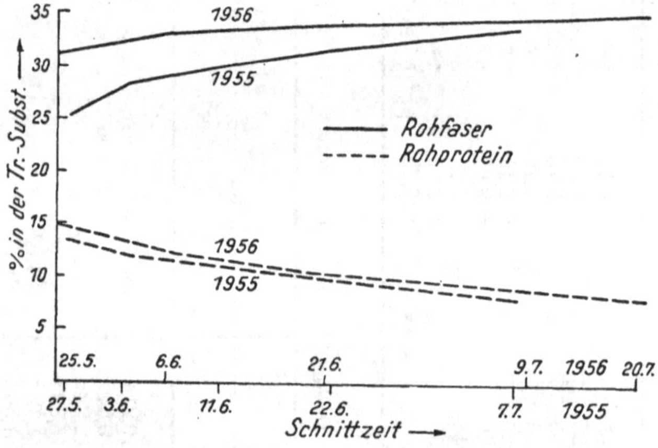

Abb. 2. Durchschnittlicher Rohprotein- und Rohfasergehalt bei verschiedenen Schnittzeiten

Wie zu erwarten war, geht die mit fortschreitender Vegetation sich ergebende Abnahme des *Rohprotein-* und Zunahme des *Rohfasergehaltes* eindeutig aus Abbildung 2 hervor. So betrug der durchschnittliche Rohproteingehalt Ende Mai beim ersten Schnitt 14,8 % (1956) und 13,45 % (1955), während er beim letzten Schnitt am 7. bzw. 20. Juli nur noch 8,25 % (1955) bzw. 8,3 % (1956) ausmachte. Für die Rohfaser lagen die durchschnittlichen Werte bei 25,3 % (1955) bzw. 31,2 % (1956) beim ersten Schnitt und mit 33,7 % (1955) bzw. 34,8 % (1956) beim letzten Schnitt. Die erheblichen Unterschiede zwischen den Rohfaserwerten der beiden Jahre während der drei ersten Schnittzeitpunkte dürften wohl auf die unterschiedliche Ertragsbildung – siehe Abbildung 1 – in diesen beiden Jahren zurückzuführen sein.

Aufschlußreich sind auch die Ergebnisse über den *Zellulose-, Pentosanen- und Ligningehalt* des 1955 geernteten Futters bei den einzelnen Schnittzeitpunkten. Hierbei zeigte sich, wie aus Abb. 3 entnommen werden kann, für die mittleren Gehaltswerte der drei Stoffe mit fortschreitender Jahreszeit eine steigende Tendenz. Diese trat am stärksten bei der Zellulose ein, die von 25,6 % beim ersten Schnitt auf 33,6 % beim fünften Schnitt anstieg, während die Pentosanen nur von 18,7 % beim ersten Schnitt auf 21,8 % beim fünften Schnitt zunahmen. Für das Lignin lagen die entsprechenden Werte bei 7,7 bzw. 11,6 %. Bemerkenswert war weiterhin die Feststellung, daß der Zellulose- und der Pentosanengehalt bis zum zweiten

Schnittermin stärker, dann aber nur noch geringfügig zunahm, wogegen sich für das Lignin eine ziemlich gleichlaufende Anreicherung während der untersuchten Vegetationsperiode bemerkbar machte.

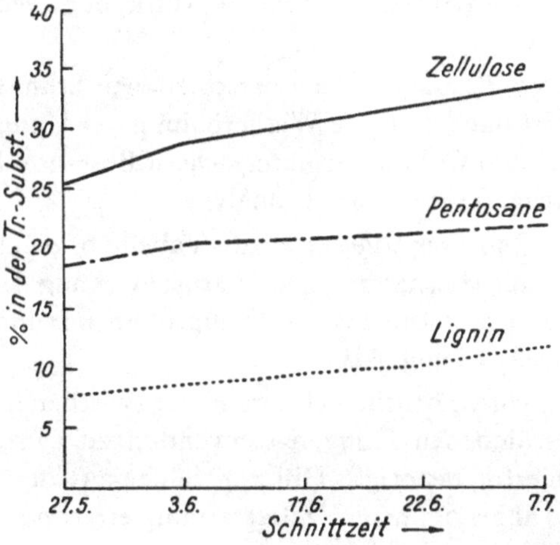

Abb. 3.

Interessant sind auch die Ergebnisse über den *Kalzium- und Phosphorsäuregehalt* (Abb. 4). Während 1955 der mittlere Kalziumgehalt beim ersten Schnitt 1,39 % betrug, dann beim dritten Schnitt etwas stärker und beim vierten und fünften Schnitt – bis auf 1,15 % – langsamer abnahm, ergab sich 1956 beim ersten Schnitt nur ein mittlerer Wert von 1,20 %, worauf beim zweiten Schnitt eine Zunahme auf durchschnittlich 1,33 %, dann aber eine stärkere Abnahme auf 1,03 und 1,06 % beim vierten und fünften Schnitt eintrat.

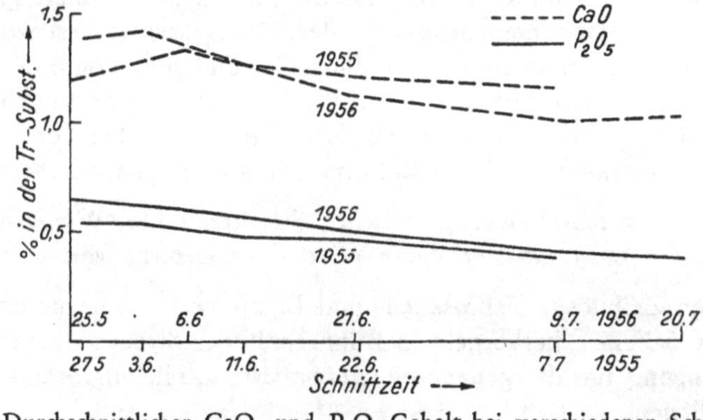

Abb. 4. Durchschnittlicher CaO- und P_2O_5-Gehalt bei verschiedenen Schnittzeiten

Eine vorwiegend in den ersten Schnittzeiten gegenläufige Tendenz zeigte sich bei den Gehaltswerten der Phosphorsäure. Sie lassen 1955 in den beiden ersten Schnittzeiten Durchschnittswerte von 0,53 % erkennen, nehmen dann bis zur vierten Schnittzeit langsam – bis auf 0,47 % – ab und erreichen bei der fünften Schnittzeit einen mittleren Wert von 0,38 %. 1956 dagegen ergeben sich für das Material des ersten bzw. des letzten Schnittes ein mittlerer Gehaltswert von 0,65 bzw. 0,38 %. Die Abnahme verlief im allgemeinen bis zum vierten Schnitt – bis auf durchschnittlich 0,41 % – ziemlich gleichmäßig stark, dann jedoch bis zum fünften Schnitt nur geringfügig.

Eine gewisse Aussage darüber, ob die verschiedenen Schnittzeitpunkte, die verschiedenen Düngungsformen oder die Wiederholung der Untersuchung 1956 einen effektiven Einfluß auf den Gehalt der untersuchten Bestandteile ausübten, erlaubt das Ergebnis der durchgeführten Varianzanalyse.

Im Gegensatz zur Rohfaser, die, wie aus Tabelle 6 zu entnehmen, bei allen Streuungsursachen – mit Ausnahme der Wechselwirkung BC – signifikante F-Werte zeigt, ergeben sich solche für das Rohprotein nur innerhalb der Schnittzeiten und der Wechselwirkung AB.

Zur Prüfung der durchschnittlichen Unterschiede zwischen den einzelnen Schnittzeiten bzw. den verschiedenen Düngungsanwendungen wurde der t-Test durchgeführt, wobei der hierfür benötigte Differenzfehler aus der dreifachen Wechselwirkung ABC als die angenommene Fehlerstreuung errechnet wurde.

Das Ergebnis dieser Prüfung (Tab. 7) gestattet die Schlußfolgerung, daß durch jede *Schnittzeitverzögerung* der *Rohfasergehalt* sich signifikant erhöhte, wogegen die Differenzen im *Rohproteingehalt* zwischen der 1. und 2., zwischen der 2. und 3. und zwischen der 4. und 5. Schnittzeit als innerhalb der normalen Schwankungen liegend zu werten sind.

Die Prüfung der Unterschiede zwischen den verschiedenen *Düngungsbehandlungen* läßt erkennen, daß das Rohprotein nur durch die einfache Phosphorsäuredüngung eine signifikante Gehaltsverbesserung erfuhr, wogegen der Rohfasergehalt durch die PK-, 2PK-, 3PK-, PK3Ca-, 3PK3Ca- und NPK-Düngung effektiv erhöht wurde. Dies ist darauf zurückzuführen, daß die vorstehenden Düngergaben die Ertragsanteile der Gräser, namentlich die der Obergräser (Wiesenschwingel) zu Lasten von Kräutern erhöhten, so z. B. durch PK-Düngung von 53 % Ertragsbeteiligung auf 62 %, durch PK3Ca auf 75 % usw. Da der arttypische Rohfasergehalt der Gräser höher ist als der von Kräutern, mußte bei der Zunahme des Grasanteiles zwangsläufig auch der Rohfasergehalt dieser Parzellenernten steigen.

Die gesicherte Wechselwirkung zwischen Schnittzeit und Wiederholung (AB) wurde infolge der nur einmal erfolgten Wiederholung nicht weiter herausgestellt.

Der bei den Zellulose-, Pentosanen- und Ligninwerten unternommene F-Test zeigt, wie aus Tabelle 8 hervorgeht, daß innerhalb der Streuungsursachen Schnittzeit und Düngung für die genannten Gerüstbestandteile insgesamt signifikante F-Werte vorliegen.

Da die Gerüstbestandteile als Streuungsursache dienten, ist die signifikante Wechselwirkung zwischen Schnittzeit und den Gerüstbestandteilen besonders hervorzuheben. Es wurden daher auch nur die Differenzen, die sich zwischen den einzelnen Gerüstbestandteilen und den verschiedenen Düngungsformen ergaben, mittels t-Test geprüft. Dabei konnten zwischen den einzelnen Düngungsformen

Tabelle 7. *Prüfung der sich beim Rohprotein und bei der Rohfaser zwischen den einzelnen Schnittzeitpunkten und Düngungsformen ergebenden Differenzen* mittels t-Test*

Vergleich der einzelnen Schnittzeiten	Rohprotein Differenzen ±	Rohprotein Signifikanz (sd 0,47)	Rohfaser Differenzen ±	Rohfaser Signifikanz (sd 0,33)	Vergleich der einzelnen Düngungsformen	Rohprotein Differenzen ±	Rohprotein Signifikanz	Rohfaser Differenzen ±	Rohfaser Signifikanz
1. zu 2.	— 0,47	—	+ 2,48	***	O zu K	+ 0,91	—	+ 0,65	—
1. zu 3.	— 0,97	*	+ 3,64	***	O zu P	+ 1,58	*	+ 0,70	—
1. zu 4.	— 2,71	***	+ 4,84	***	O zu PK	+ 0,32	—	+ 1,03	*
1. zu 5.	— 3,36	***	+ 6,03	***	O zu 2PK	— 0,23	—	+ 1,80	***
2. zu 3.	— 0,50	***	+ 1,16	**	O zu 3PK	+ 0,80	—	+ 1,59	**
2. zu 4.	— 2,24	—	+ 2,36	***	O zu PKCa	+ 0.72	—	+ 0,57	—
2. zu 5.	— 2,89	***	+ 3,55	***	O zu PK3Ca	+ 0,35	—	+ 1,69	***
3. zu 4.	— 1,74	***	+ 1,20	***	O zu 3PK3Ca	+ 0,17	—	+ 1,50	**
3. zu 5.	— 2,39	***	+ 2,39	***	O zu NPK	+ 0,64	—	+ 1,12	*
4. zu 5.	— 0,65	—	+ 1.19	***			—		

+) Die Differenzen sind aus den durchschnittlichen Gehaltswerten errechnet.

und der Zellulose bzw. den Pentosanen keine signifikanten Differenzen ermittelt werden. Lediglich beim Lignin ergab sich für die Differenzen von 1,52 und 1,74 % zwischen ungedüngt und der 3PK3Ca- und NPK-Düngung eine statistische Sicherung (sd = 0,71, GD 5% = 1,42). Dieses Ergebnis besagt, daß durch beide Düngungsformen der Ligningehalt gegenüber der Kontrolle – ungedüngt – effektiv verringert wurde.

Tabelle 8. *Varianztabelle mit F-Werten für die einzelnen Streuungsursachen bei Zellulose, Pentosanen und Lignin*

Streuungsursache	FG	SQ	S^2	F	$F_{tab.}$
Schnittzeit (A)	4	433,43	108,36	86,00*	2,52
Nährstoffe (B)	2	10712,79	5356,40	—	—
Düngung (C)	9	26,51	2,95	2,34*	2,05
WW AB	8	86,17	10,77	8,55*	2,10
WW AC	36	43,41	1,21	0,96	1,56
WW BC	18	37,56	2,09	1,66	1,80
WW ABC	63	79,34	1,26	—	—
Total	140	11419,21	—	—	—

Der für die beiden Mineralstoffe Kalzium und Phosphorsäure durchgeführte F-Test zeigte (Tabelle 9) sowohl innerhalb der Schnittzeiten als auch durch die Wiederholung signifikante Unterschiede. Innerhalb der verschiedenen Düngungsformen ergibt sich nur beim Kalzium ein schwach gesicherter F-Wert.

Tabelle 9. *Varianztabelle mit F-Werten für die einzelnen Streuungsursachen bei Kalzium und Phosphorsäure*

Streuungsursache	Kalzium				Phosphorsäure			
	FG	SQ	S^2	F	SQ	S^2	F	$F_{tab.}$
Schnittzeit (A) . .	4	1,01	0,25	12,5 *	0,6008	0,1502	107,29	2,63
Wiederholung 1955/56 (B) .	1	0,42	0,42	21,0 *	0,0174	0,174	12,43*	4,11
Düngung (C) . .	9	0,81	0,09	4,50*	0,0452	0,005	0,36	2,15
WW AB	4	0,05	0,013	0,65	0,0921	0,023	16,43*	5,73
WW AC	36	1,13	0,031	1,55	0,0363	0,001	0,71	1,75
WW BC	9	0,17	0,019	0,95	0,0714	0,0079	5,64*	2,85
WW ABC (Fehler)	36	0,72	0,02	—	0,0499	0,0014	—	—
Total	99	4,31	—	—	0,9131	—	—	—

*) P = 5%

Tabelle 10. *Prüfung der sich bei den Mineralstoffen Kalzium und Phosphorsäure zwischen den einzelnen Schnittzeitpunkten und Düngungsbehandlungen ergebenden Differenzen mittels t-Test*

Vergleich der einzelnen Schnittzeiten	Kalzium		Phosphorsäure		Vergleich der Düngungsformen	Kalzium		Phosphorsäure	
	Differenzen ±	Signifikanz sd = 0,04	Differenzen ±	Signifikanz		Differenzen ±	Signifikanz	Differenzen ±	Signifikanz
1. zu 2.	+ 0,07	—	— 0,02	—	O zu K	+0,058	—	—0,023	—
1. zu 3.	— 0,09	*	— 0,10	***	O zu P	—0,105	—	+0,029	—
1. zu 4.	— 0,18	***	— 0,15	***	O zu PK	—0,174	*	+0,023	—
1. zu 5.	— 0,19	***	— 0,21	***	O zu 2PK	—0,184	**	+0,038	*
2. zu 3.	— 0,18	***	— 0,08	***	O zu 3PK	—0,177	**	+0,036	*
2. zu 4.	— 0,25	***	— 0,13	***	O zu PKCa	— 0,145	*	—0,005	—
2. zu 5.	— 0,26	***	— 0,19	***	O zu PK3Ca	—0,125	—	+0,012	—
3. zu 4.	— 0,11	**	— 0,05	***	O zu 3PK3Ca	+0,058	—	+0,023	—
3. zu 5.	— 0,10	*	— 0,11	***	O zu NPK	—0,128	—	—0,021	—
4. zu 5.	— 0,01	—	— 0,06	***					

Die Prüfung der einzelnen Vergleichsgruppen Schnittzeitpunkte und Düngungsformen mittels t-Test (Tabelle 10) erbrachte für das Kalzium nur für die Zeit zwischen der 1. und 2. und zwischen der 4. und 5. Schnittzeit und für die Phosphorsäure nur zwischen der 1. und 2. Schnittzeit keine signifikanten Veränderungen der Gehaltswerte.

Einen signifikant negativen Einfluß übte die gleichzeitige Verabfolgung von Phosphorsäure und Kalium und die Düngung PKCa auf den Kalziumgehalt des Futters aus. Auch hierfür sind Bestandswandlungen verantwortlich, da der Kalziumgehalt der Gräser weitaus geringer ist als der der Kräuter. Die Förderung der kalkarmen Gräser bei gleichzeitiger Verdrängung der kalkreichen Kräuter mußte gegenüber der ungedüngten Versuchsfläche zu einer Verringerung des Kalkgehaltes im Heu führen. Hätte es sich um einen leguminosenwüchsigen Standort gehandelt, so wäre durch PK-Düngung der Ertragsanteil der Leguminosen und auf diese Weise der Kalziumgehalt des Heufutters gestiegen, da die Klee- und Wickenarten sehr kalkreich sind. Die Wirkungsrichtung und das Ausmaß des Einflusses der Düngung auf die Inhaltsstoffe des Wiesenfutters sind also weitgehend von der Wandelbarkeit des Pflanzenbestandes und von den Eigenschaften des ihn tragenden Standortes abhängig. Der Phosphorsäuregehalt war durch die beiden Düngungen 2PK und 3PK, wo also nur Phorsphorsäure in erhöhten Gaben gegeben wurde, signifikant verbessert.

IV. Diskussion der Ergebnisse

Wie das Resultat der vorliegenden Untersuchung zu erkennen gibt, wirkten sowohl die verschiedenen Schnittzeiten als auch die einzelnen Düngungsformen auf das geprüfte Wiesenfutter in drei verschiedenen Richtungen, und zwar einmal auf den Bestandsanteil der einzelnen Gräser, Kräuter und Leguminosen, dann auf die Höhe des Ertrages und schließlich auf den Nährstoffgehalt des gewonnenen Materials. Der unmittelbare Einfluß auf den Massenwuchs und Stoffgehalt der einzelnen Arten wird weiterhin noch durch die sich aus der Verschiebung des Artenverhältnisses ergebenden Wirkungen ergänzt, da das Ertragspotential und der arttypische Gehalt an Inhaltsstoffen der Pflanzenarten in sehr weiten Grenzen schwanken. Auf diese Weise stellt das Ernteergebnis des Grünlandes die Summe der unmittelbaren und mittelbaren Wirkungen der Behandlung dar. Angesichts dieser vielfältigen, sich zum Teil bedingenden und ergänzenden Wirkungsrichtungen müssen die Entwicklung des Pflanzenbestandes, der Ertragsbildung und die Verschiebung der einzelnen Nährstoffanteile im engsten Zusammenhang betrachtet werden.

Überblickt man die einzelnen Faktoren für sich, so ergibt sich für den *Einfluß der Schnittzeit* ein besonders ausgeprägtes Ergebnis. Bei später Schnittzeit sank die Qualität des Pflanzenbestandes durch die Zunahme der Ertragsanteile einiger minderwertiger Bestandsbildner (Tabelle 1). Da andererseits beim Hinausschieben des Schnittzeitpunktes der Heuertrag laufend anstieg (Abb. 1), ergab sich zwischen dem Heuertrag und der Heuqualität insofern eine Beziehung, als mit der Erhöhung des Ertrages eine Minderung der Futterqualität von der Wertzahl 3,35 auf 2,40 einherging. Dabei kam diese Qualitätsminderung jedoch nicht nur in der Bestandsverschiebung zum Ausdruck, sondern vor allem auch in den ermittelten Nährstoffgehaltswerten. Hierbei war sowohl eine signifikante Abnahme des Rohprotein- als auch eine signifikante Zunahme des Rohfasergehaltes festzustellen, womit die in der Literatur gemachten Angaben [2, 7, 23] sich erneut bestätigt finden.

Eine mit verspätetem Schnittzeitpunkt zunehmende Tendenz zeigen auch die Werte der Gerüstbestandteile, Zellulose, Pentosanen und Lignin. So stieg der mittlere Zellulosegehalt von 25,3 % am 27. 5. auf 28,9 % am 3. 6. und ergab am 11. 6. bzw. 22. 6. mittlere Werte von 30,2 bzw. 31,9%. Für die Pentosane zeigte sich eine Veränderung von durchschnittlich 18,7 % am 27. 5. auf 20,2 % am 3. 6. Die nachfolgenden Schnittzeiten ergaben mittlere Pentosanewerte von 20,6, 21,3 und 21,8 % und lassen damit nur noch eine geringfügige Zunahme erkennen. Ähnlich sind die Verhältnisse beim Lignin, das am 27. 5. bzw. am 3. 6. mittlere Werte von 7,7 bzw. von 8,7 % aufwies. Für die weiteren Schnittzeiten lauten die mittleren Gehaltswerte 9,4, 10,3 und 11,6%. Diese für die einzelnen Gerüstbestandteile gefundenen Ergebnisse decken sich sehr gut mit denen von PHILLIPS und Mitarbeiter [21], der sowohl für die Zellulose als auch für das Lignin fast die gleichen Werte erhielt. Auch die Erscheinung, daß beim frühen Schnitt der Zellulosegehalt etwas höher als der Rohfasergehalt liegt, während bei den späten Schnitterminen sich das umgekehrte Verhältnis zeigt (Abb. 2 und 3), konnte von diesen Forschern festgestellt werden. Der Grund für das gefundene Ergebnis dürfte darin zu suchen sein, daß die Zellulose der jungen Pflanzen – ebenso auch die Pentosanen – sich z. T. noch im Aufbau befindet, d. h. noch nicht so hoch polymerisiert ist, daß sie durch die bei der Rohfaserbestimmung angewandten Behandlungen stärker angegriffen und hydrolysiert wird, als dies im fortgeschrittenen Vegetationsstadium der Fall ist. Die Feststellung, daß zu den beiden frühen Schnittzeitpunkten ein besonderes Ansteigen des Zellulose- und Pentosanengehaltes zu erkennen war, während der Ligningehalt durch ein erhöhtes Ansteigen beim letzten Schnitt hervortritt, deckt sich mit der Theorie, daß die wachsende Graspflanze zunächst die aus Zellulose- und Hemizellulosefibrillen bestehende Zellwand aufbaut und erst später die bei der Vernetzung der einzelnen Fibrillen entstehenden Hohlräume – die Intermizellarräume – mit Lignin ausfüllt [27]. Dieses Resultat sowie die Tatsache, daß bei unter normalen Bedingungen geerntetem Heufutter ein Mindestgehalt von 9 % Rohprotein [18] gefordert wird, führen zu der Empfehlung, mit dem Schnitt auch bei Niedermoorwiesen nicht später als um die Mitte des Monats Juni zu beginnen.

Abgesehen davon, daß der *Phosphorsäure-* und *Kalziumgehalt* des Wiesenheues in gewissem Umfange durch den Witterungsverlauf beeinflußt wird, kann auf Grund der ermittelten Ergebnisse gesagt werden, daß auch der Gehalt an diesen beiden Mineralstoffen bei den zeitlich aufeinanderfolgenden Schnittzeiten eine signifikante Abnahme erfahren hat, die sich bei diesem Niedermoorwiesenheu besonders nachteilig bei der Phosphorsäure auswirkte. Berücksichtigt man in diesen Betrachtungen, die in der DDR geforderten Mindestgehaltswerte von 1% CaO und 0,48% P_2O_5 [18], so ergebe sich in bezug auf den Phosphorsäuregehalt der Hinweis, auf diesen Böden gewachsenes Wiesengras nicht später als um die

Mitte des Monats Juni zu ernten. Der Kalziumgehalt sank dagegen selbst bis 20. Juli nicht unter 1 %, so daß die Schnittzeit hierauf keinen allzu großen nachteiligen Einfluß ausübte, d. h. zumindest nicht in dem Maße, daß der geforderte Mindestgehalt unterschritten wurde.

Die von der mineralischen *Düngung* ausgegangenen Wirkungen lassen zunächst beim *Pflanzenbestand* erhebliche Qualitätssteigerungen erkennen. Dabei zeigte die NPK-Düngung die besten Ergebnisse. Sie verbesserte im Mittel der Versuchsjahre die Wertzahl des Pflanzenbestandes um 40 %. Demgegenüber wirkten die Einzelgaben von Kali und Phosphorsäure sowie auch die gemeinsame Verabfolgung von diesen Nährstoffen auf die Zusammensetzung des Pflanzenbestandes weit weniger günstig. Analog wie beim Pflanzenbestand ist das Ergebnis beim *Heuertrag*, der durch die NPK-Düngung um 57 % gegenüber der ungedüngten Teilfläche erhöht wurde. Ein Vergleich mit den Leistungen der Kaliphosphat-Düngung, die im Mittel beider Versuchsjahre eine Ertragssteigerung um 31 % erbrachte, offenbart, daß die Stickstoffgabe einen maßgeblichen Anteil an der hohen Wirksamkeit der Volldüngung hatte. Die widerspruchsvolle Erscheinung, daß auf diesem von Natur aus stickstoffreichen Niedermoorboden die N-Düngung einen so hohen Wirkungswert erreichte, ist mit einer mangelhaften Stickstoffmineralisierung zu erklären. Infolge der hohen Grundwasserhaltung in diesem unter Vorflutmangel leidendem Gebiet ist der Luftgehalt des Bodens gering und die für die N-Mineralisierung verantwortlichen aeroben Bakterien finden nicht die ihnen zusagenden Lebensbedingungen (REINCKE [22]). Außerdem ist bereits darauf hingewiesen worden, daß der Versuchsstandort nicht leguminosenwüchsig war und demzufolge die grasfördernde N-Gabe die Gesamternte nur vorteilhaft beeinflussen konnte.

Aus den Ergebnissen der *chemischen Untersuchungen* ist zu entnehmen, daß keine Art der Düngung die bei fortschreitender Wuchsdauer eintretenden stofflichen Veränderungen aufzuhalten oder zu mildern vermochte.

Auf die Gehalte an *Rohprotein* und *Rohfaser* übten die Düngungsformen nur einen mehr mittelbaren Einfluß aus. Die in der Erntesubstanz der einzelnen Düngungsvarianten ermittelten Gehaltsunterschiede entsprachen den durch die botanischen Bestandsanalysen festgestellten Verschiebungen im Artenverhältnis Auf diese Weise ist die Folgerung zulässig, daß die durch die Düngungsformen bewirkten Bestandsverschiebungen für die Gehalte der Gesamternte an Rohprotein und Rohfaser weit mehr ins Gewicht fielen als eventuelle unmittelbare stoffliche Änderungen der einzelnen Arten. Wie nachhaltig die Umformungen der Pflanzengruppenanteile sich z. B. auf den Rohproteingehalt der Heuernte zwangsläufig auswirken müssen, zeigen die von uns [13] auf dem gleichen Standort bei Einzeluntersuchungen gefundenen arttypischen Werte. Im Mittel aller Gräser ergab sich ein Rohproteingehalt von 9,1 %, im Mittel der auf dem Standort vorkommenden Kräutern ein solcher von 14,7 % in der Trockensubstanz. Ein signifikanter Effekt der N-Düngung auf den Rohproteingehalt, wie ihn NEHRING [17] an Hand einer Reihe von Versuchen aufzeigt, konnte von uns nicht festgestellt werden. Der vor allem durch die NPK-Düngung erniedrigte Ligningehalt dürfte dahingehend zu deuten sein, daß das auf diese Düngung zurückzuführende starke und schnelle Pflanzenwachstum die Verholzung und damit die Ligninbildung verzögerte.

Auch der *Kalkgehalt* wurde mehr durch die hervorgerufenen Bestandsveränderungen als durch die unmittelbare Nährstoffwirkung beeinflußt. Die Mehrzahl der Düngungsformen verringerte seinen Gehalt im Heu, da vornehmlich die Gräser gefördert wurden. Nach KLAPP [8] führen auch ertragssteigernde Maßnahmen (Düngung) zur Minderung des Kalkgehaltes, da die CaO-Aufnahme mit dem Zuwachs nicht Schritt halten kann. Selbst die Kalkung vermochte den CaO-Gehalt der Heuernte nicht zu verbessern. Es muß der Feststellung von KLAPP [8] beigepflichtet werden, daß von einer Kalkanreicherung des Heues durch Wiesenkalkung nicht viel zu erwarten ist. Über die Höhe des Kalkgehaltes im Heu entschied vornehmlich die Zusammensetzung des Pflanzenbestandes, da die Leguminosen und Kräuter im allgemeinen und einige ihrer Arten im besonderen hohe Anteile dieses Mineralstoffes besitzen und praktisch in der Gesamternte die bestimmenden Träger des Kalkgehaltes sind. Wir fanden bei der Kräutergruppe einen Kalkgehalt von 1,51 %, bei Gräsern im Mittel jedoch nur 0,80 % CaO. Die Düngung kann deshalb den Kalkgehalt im Heu nur soweit verbessern, wie sie die Zusammensetzung der Grünlandnarbe in Richtung kalkreicher Bestandsbildner zu ändern vermag. Letzteres ist auf leguminosenwüchsigen Standorten durch PK-Düngung verhältnismäßig leicht, auf anderen Grünlandflächen nur dann erreichbar, wenn wertvolle Futterkräuter vertreten sind. Obwohl die Kalkung kalkreicher Niedermoorböden normalerweise unterbleibt, sollte innerhalb dieses Versuches lediglich die mögliche Anreicherung des Heues mit CaO geprüft werden. Dabei zeigte sich die interessante Erscheinung, daß der Wiesenschwingel (Festuca pratensis) auf allen gekalkten Teilstücken trotz des kalkreichen Standortes seine Ertragsanteile gleichmäßig erhöhte. KOSS [12] konnte erst kürzlich bei vergleichenden Untersuchungen einiger Kulturgräser nachweisen, daß der Wiesenschwingel im Kalkentzug mit an der Spitze aller Gräser steht und auch den höchsten prozentualen CaO-Gehalt aufweist. Wenn weiterhin BADEN [1] feststellt, daß der in den Niedermoorbildungen von Natur vorhandene Kalk den Pflanzen wenig zugänglich ist, so ist erklärlich, daß der kalkliebende Wiesenschwingel auch auf diesem Standort für eine Kalkgabe dankbar war.

Im Gegensatz zum CaO-Anteil im Heu zeigte sich der *Phosphorsäuregehalt* unmittelbar von der Düngung abhängig. Die P_2O_5-Gaben erhöhten in der Mehrzahl der Fälle den Gehalt des Heues an diesem wichtigen Mineralstoff. Zu einer deutlichen Verringerung des P-Gehaltes führten die Einzeldüngung mit Kali und die den Massenwuchs stark fördernde zusätzliche N-Gabe.

Schließlich ist noch bemerkenswert, daß sich die Höhe der Mineralstoffgehalte von Jahr zu Jahr unterschiedlich verhielt. Abb. 4 zeigte, daß im Jahre 1955 die CaO-Gehalte durchweg höher, die P_2O_5-Gehalte dagegen niedriger lagen als im Jahre 1956. Nach NEHRING und BORCHMANN [19] werden derartige Schwankungen beim Mineralstoffgehalt der Futterpflanzen durch eine unterschiedliche Wasserversorgung verursacht. Mit zunehmender Wasserversorgung wird die Phosphorsäureaufnahme gefördert und zugleich die Kalkanreicherung vermindert. Der Witterungsverlauf während der Versuchszeit entsprach diesem Verhalten der Mineralstoffe.

Im Hinblick auf die Wechselbeziehung *Düngung-Schnittzeit* zeigten sich vor allem beim Ertrag interessante Ergebnisse. Während beim ersten Schnitt kein signifikanter Einfluß in Erscheinung trat, erwies sich die Düngung bei den übrigen Schnittzeitpunkten, insbesondere beim vierten Schnitt als maßgeblicher Faktor zur Erhöhung des Ertrages. Hierbei trat besonders die NPK-Düngung hervor, deren Wirkung am stärksten bei der dritten und vierten Schnittzeit zu beobachten war. Für die übrigen Düngungsformen ist die Feststellung von Bedeutung, daß sie – nur mit einer Ausnahme bei PK3Ca – eine mehr oder weniger große signifikante Wirkung beim vierten Schnittzeitpunkt entfalteten. Dieses Ergebnis dürfte jedoch vor allem in bezug auf eine bestimmte Schnittzeit keine allgemeine Verbindlichkeit haben, da sowohl die Höhe der Niederschläge als auch die Temperaturen in den ersten Vegetationsmonaten zu abweichenden Ergebnissen führen können. Eine ungenügende Ausnutzung der Düngerwirkung beim rechtzeitigen 1. Heuschnitt ist außerdem auch deshalb nicht zu befürchten, da die zugeführten Nährstoffe dann dem 2. Schnitt im Spätsommer im größeren Umfange zugute kommen und auf diese Weise der Jahresheuertrag kaum eine Einbuße erleidet.

V. Zusammenfassung

In einem Wiesenzuwachsversuch auf Niedermoorboden wurde der Einfluß verschiedener Schnittzeitpunkte und verschiedener Düngungsformen auf den Pflanzenbestand, den Ertrag und den Gehalt an Rohprotein, Rohfaser, Zellulose, Pentosanen, Lignin, Kalzium und Phosphorsäure untersucht.

Auf Grund der zunächst ermittelten Wertzahlen konnte festgestellt werden, daß bis ca. Mitte Juni die Qualität des *Wiesenbestandes* zunahm, danach jedoch eine erhebliche Bestandsverschlechterung eintrat. Unter den Düngungsformen hatte die NPK-Düngung den höchsten Einfluß auf die Verbesserung des Pflanzenbestandes. An zweiter Stelle rangierten die Versuchsglieder mit KPCa-Gaben.

Besonders deutlich erwies sich der Einfluß des Schnittzeitpunktes auf den *Ertrag*, da jeder zwischen den einzelnen Schnittzeiten erhaltene Mehrertrag hoch signifikant war. Desgleichen führten auch alle angewandten Düngungsformen gegenüber der ungedüngten Parzelle zu einem signifikanten Mehrertrag, wobei allerdings die NPK-Düngung mit durchschnittlich 12,13 dz/ha den höchsten Effekt zeigte.

Eine mit zunehmend verspäteter Schnittzeit sich ergebende laufende Abnahme des *Rohproteingehaltes* war eindeutig ausgeprägt und trat mit einem durchschnittlichen Wert von 1,74 % zwischen dem 3. und 4. Schnitt am stärksten hervor. Ein Einfluß der Düngung auf den Rohproteingehalt des Futters konnte nur für die einfache P-Düngung nachgewiesen werden.

Signifikant erhöht war zwischen allen Schnittzeiten der *Rohfasergehalt,* der auch durch die Düngung – insbesondere durch PKCa – gesteigert wurde.

Die Gerüstbestandteile *Zellulose, Pentosane,* und *Lignin* zeigten ebenfalls mit fortschreitender Vegetation ein Ansteigen ihrer Gehaltsanteile. Ein Einfluß der Düngung auf den Gehalt von einem der drei genannten Stoffe konnte nur beim Lignin ermittelt werden, wo die 3PK3Ca- und die NPK-Düngung zu einem niedrigen Wert führte.

Der Gehalt des Heufutters an *Kalzium* und *Phosphorsäure* erfuhr mit fortschreitender Schnittzeitverzögerung eine signifikant abnehmende Tendenz. Die geringsten Veränderungen waren zwischen der 1. und 2. sowie zwischen der 4. und 5. Schnittzeit zu beobachten. Ein Einfluß der Düngung war vor allem dahingehend ersichtlich, daß durch die 2PK- und 3PK-Düngung der Kalziumgehalt signifikant verringert und der Phosphorsäuregehalt signifikant erhöht wurde.

Eine gesicherte Wechselbeziehung zwischen bestimmten Schnittzeiten und bestimmten Düngungsformen konnte nur beim Ertrag beobachtet werden.

Herrn Prof. Dr. K. ZIMMERMANN sei an dieser Stelle für die freundliche Beratung bei der statistischen Auswertung der Ergebnisse besonders gedankt.

VI. Literaturverzeichnis

[1] BADEN, W.: Das Moorgrünland im Grünland. Das Grünland 2, 1953.

[2] BRUENNER, F.: Nährstoff- und Mineralstoffgehalt des Wiesenheus in seiner Abhängigkeit von Düngung und Pflanzenbestand. Das Grünland 3, 1952.

[3] BRUENNER, F.: Rechtzeitiger Schnitt ist die wichtigste Maßnahme zur Erzeugung guten Heues. Das Grünland 5, 1953.

[4] CRAMPTON, E. W. and L. A. MAYNARD: The relation of cellulose and lignin content to the nutritive value of animal feed. Journal of Nutrition 15, 383, 1938.

[5] GERICKE, S. und B. KURMIES: Die kolorimetrische Phosphorbestimmung mit Ammonium-Vanadat-Molybdat und ihre Anwendung in der Pflanzenanalyse. Z. Pflanzenern., Düng. u. Bodenkde., 59, 235, 1952.

[6] JAYME und SARTEN. Siehe W. LENKEIT und M. BECKER: Praktikum der Ernährungsphysiologie der Haustiere. Verlag Vandenhoeck u. Ruprecht, Göttingen 1949.

[7] KIRCHGESSNER, M.: Der Einfluß verschiedener Wachstumsstadien auf den Makro- und Mikronährstoffgehalt von Wiesengras. Landw. Forschung X, 45, 1957.

[8] KLAPP, E.: Wiesen und Weiden. Verlag Parey, Berlin-Hamburg, 2. Aufl. 1954.

[9] KLAPP, E.: Landwirtschaftliche Anwendungen der Pflanzensoziologie. Stuttgart 1949.

[10] KLAPP, E.: Leistung, Bewurzelung und Nachwuchs einer Grasnarbe unter verschieden häufiger Mahd u. Beweidung. Z. Acker- u. Pflanzenb. 93, 1951.

[11] KLAPP, E., P. BOEKER, F. KOENIG und A. STAEHLIN: Die Wertzahlen der Grünlandpflanzen. Das Grünland 5, 1953.

[12] KOSS, U.: Untersuchungen über Leistung, Mineralstoffaufnahme sowie gegenseitiges Verhalten von einigen Kulturgräsern im Gefäß- und Feldversuch. Diss. Berlin 1957.

[13] KORIATH, H.: Untersuchungen über Zusammenhänge zwischen Pflanzenbestand, Düngung, Ertrag u. Mineralstoffgehalt auf Wiesenstandorten Brandenburgs. Diss. Berlin 1957.

[14] KUERSCHNER, K. und A. HANAK: Z. Untersuchung Lebensmittel, 59, 484, 1930.

[15] MARCUSSEN: Schnittzeit, Düngung und Nährstoffgehalt bei Wiesenheu. Das Grünland 4, 1955.

[16] METGE, G.: Laboratoriumsbuch für Agrikulturchemiker. Verlag W. Knopp, Halle/S., 3. Aufl., 1948.

[17] NEHRING, K.: Pflanzenqualität, Nähr- u. Futterwert unter besonderer Berücksichtigung des Einflusses der Düngung. Landw. Forschung. 8. Sonderheft, 110, 1956.

[18] NEHRING, K.: Das Ergebnis der Heuwertuntersuchungen in der DDR. Die Deutsche Landwirtschaft 5, 239, 1957.

[19] NEHRING, K. und W. BORCHMANN: Der Einfluß verschiedener Wasserversorgung auf den Mineralstoffgehalt von Grünfutterstoffen. Z. f. Landw. Versuchs- u. Untersuchungswesen 1, 1955.

[20] NEHRING, K. u. NIEPAGE: Landw. Forschung 7, 117, 1955.

[21] PHILLIPS, T. G., J. T. SULLIVAN und Mitarbeiter: Chemical Composition of Some Forages Grasses. I. Changes with Plant Maturity. Agronomy Journal **46**, 361, 1954.

[22] REINCKE, R.: Die Bedeutung des Luftgehaltes u. des Grundwasserstandes in Niedermoorböden für die Erträge der Wiesen. Z. Pflanzenern., Düng. u. Bodenkde., 10, 1933.

[23] RICHARDS, C. R. und J. I. REID: Methoxylgrups in forage materials. Journal of Dairy Sci. 35, 597, 1952.

[24] SULLIVAN, J. V.: Cellulose and lignin in forage grasses and their digestion coefficients. J. of Animal Sci. **14**, 710, 1955.

[25] SWIFT, R. W. and R. L. COWAN: Further determination of the nutritive value of forages. J. of Animal Sci. **14**, 389, 1952.

[26] WAITE, R. and K. N. S. SASTRY: The Composition of Timothy (Phleum pratense) and some other Grasses During Seasonal Growth. The Empire Journal of Experimental Agriculture 17, 179, 1949.

[27] WALTER, H.: Grundlagen des Pflanzenlebens. Verlag Eugen Ulmer, Stuttgart 1950.

Eingegangen am 27. 12. 1958

Aus dem Institut für Agrikulturchemie und Bodenkunde der Universität Rostock
(Direktor: Prof. Dr. Dr. h. c. K. NEHRING)

K. NEHRING und I. SCHRÖDER

Untersuchungen über die Hydrolyse von Eiweißfutterstoffen

I. Allgemeiner Teil

Für die Bestimmung des Gehaltes an Aminosäuren in Eiweißfutterstoffen ist eine vorhergehende Hydrolyse eine unbedingte Notwendigkeit, da sowohl die papierchromatographischen wie mikrobiologischen Bestimmungsverfahren auf das Vorliegen der freien Aminosäuren angewiesen sind. Während bei den obenerwähnten Bestimmungsverfahren der Aminosäuren ganz erhebliche Fortschritte erzielt worden sind, befriedigen die vorliegenden Hydrolyseverfahren noch immer nicht, und ihre Durchführung stößt vielfach auf nicht unerhebliche Bedenken. Diese liegen größtenteils darin begründet, daß bei der Säurehydrolyse teils lösliche, teils unlösliche, dunkel gefärbte Substanzen auftreten, die als Humine oder Melanoidine bezeichnet werden.

Diese Nebenprodukte enthalten immer mehr oder weniger größere Mengen an Stickstoff, der zu einem Teil aus dem Eiweiß stammt und sich so der Bausteinanalyse entzieht. Diese Humine, die durch sekundäre Reaktionen gebildet werden [7, 23, 17, 1] sind als ausschlaggebend für die Verluste bei einer Hydrolyse anzusehen. Es ergibt sich also die Notwendigkeit, nach Methoden zu suchen, die eine Endspaltung erlauben, aber die Zerstörung der Aminosäuren möglichst weitgehend verhindern. Trotz aller hierauf verwendeten Arbeit ist es aber bisher nicht möglich gewesen, zu einer befriedigenden Lösung zu kommen.

Die Hydrolyse der Eiweißkörper erfolgt bereits mit geringer Geschwindigkeit in wässeriger Lösung. Durch Wasserstoff-, Hydroxylionen und Fermente kann dieser Vorgang um ein Vielfaches beschleunigt werden. Diese drei Methoden, die saure, die alkalische und die fermentative Hydrolyse haben zweifellos die größte Bedeutung. Daneben gibt es noch eine Reihe anderer Methoden, wie z. B. die Spaltung durch überhitzten Wasserdampf [29], die oxydative Spaltung mit Permanganat bzw. Wasserstoffperoxyd [6] oder die reduktive mit Natrium und Alkohol bei vorheriger Azetylierung [31]. Diese Spezialmethoden führen aber zu einer weitgehenden Veränderung der Hydrolyseprodukte, so daß sie für die Hydrolyse eines Naturstoffes keine Verwendung finden dürften.

Von den drei in Frage kommenden Methoden erscheint allgemein die saure Hydrolyse als die günstigste, da die Aminosäuren im alkalischen Gebiet noch unbeständiger sind und mit der reinen fermentativen Hydrolyse trotz der Langwierigkeit keine Endspaltung zu erzielen ist. Welche Maßnahmen können nun getroffen werden, um eine verlustlose Hydrolyse zu ermöglichen, bzw. welche Faktoren sind also von Einfluß auf die Bildung von Huminstoffen?

1. Die Zeit:

Alle Reaktionen, die durch Bildung der Huminstoffe zur Zerstörung der Aminosäuren führen, sind Zeitreaktionen. Eine Herabsetzung der Hydrolysedauer auf eine Zeit, die kürzer ist als die für die Zerstörungsreaktion erforderliche, müßte also im Idealfalle die Huminbildung quantitativ verhindern können.

Zur Abkürzung der Zeitdauer kommen zwei Möglichkeiten in Frage: Die Hydrolyse mit Zusatz von Katalysatoren und die Druckhydrolyse.

2. Die Temperatur:

Die Reaktionsgeschwindigkeit ist bekanntlich u. a. eine Funktion der Temperatur. Durch Herabsetzung der Temperatur müßte also auch die Huminbildung zurückgedrängt werden. Anderseits wird durch Herabsetzung der Temperatur auch die Stärke der Hydrolyse vermindert bzw. die Hydrolysedauer erhöht.

3. Die Konzentration:

Die Reaktionsgeschwindigkeit ist weiter eine Funktion der Konzentration der aufeinander einwirkenden Reaktionsteilnehmer. Es wurde daher z. B. durch Erhöhung der Menge der Hydrolyselösung versucht, die Konzentration so gering wie möglich zu halten.

4. Die gleichzeitige Anwesenheit der Reaktionsteilnehmer:

Es könnte versucht werden, durch Zusatz eines geeigneten Lösungsmittels während der Hydrolyse die Hydrolyseprodukte zu trennen und dadurch daran zu hindern, miteinander zu reagieren. Es wurde zu diesem Zweck ein Zusatz von Amylalkohol und Trichloräthylen untersucht.

Des weiteren könnte die Möglichkeit benutzt werden, daß die Kohlenhydrate bei der Säurehydrolyse schneller aufgespalten werden als die Proteine und nach fraktionierter Hydrolyse die Kohlenhydrate durch Extraktion abgetrennt werden. In verschiedenen Versuchsreihen wurde die Auswirkung der vorhergenannten Faktoren im einzelnen untersucht.

II. Spezieller Teil

Das Hydrolysematerial wurde mit Hilfe einer Schlagmühle bis auf 0,4 mm zerkleinert, der Stickstoff bei sämtlichen N-Bilanzversuchen nach KJELDAHL-Aufschluß im Parnas-Wagner bestimmt. Als Katalysator zum Aufschluß wurde Selenreaktionsgemisch verwandt.

Die NH_2-Bestimmung erfolgte nach van Slyke.

A. Die Normalhydrolyse

Die Hydrolyse erfolgte unter normalem Druck am Rückflußkühler mit 400 ml 5 n HCl bei einer Ölbadtemperatur von 120° C. Da hinsichtlich der Hydrolysedauer noch immer Unklarheiten bestehen, wurde zunächst noch einmal der Einfluß der Zeit auf das Ergebnis der Hydrolyse untersucht. Als Maßstab wurde die Bildung von NH_2-N (nach VAN SLYKE bestimmt) genommen. Wie aus Abb. 1 hervorgeht, ergaben sich Höchstwerte für den NH_2-Gehalt bei einer Hydrolysedauer von etwa 10–15 Stunden, Zeiten, die auch von anderen Autoren erhalten wurden [5, 10].

Geringe Abweichungen lassen sich durch unterschiedliche Bedingungen wie z. B. Säurekonzentration und Säuremenge erklären. Auf Grund dieser Ergebnisse wurde die Hydrolysedauer der Normalhydrolyse für die folgenden Untersuchungen auf 12 Stunden festgelegt.

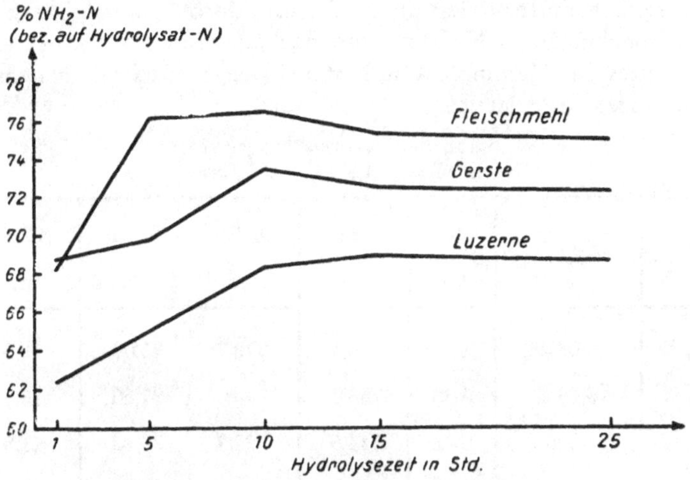

Abb. 1: Hydrolyse unter Normaldruck

Die Zerstörung der Aminosäuren und damit die Bildung an Huminstoffen ist bekanntlich in erster Linie von dem Gehalt an Kohlenhydraten abhängig; demgemäß wurden die untersuchten Stoffe in 4 Gruppen eingeteilt:

1. die proteinreichen, aber kohlenhydratarmen Futterstoffe, wie z. B. Bierhefe, Lupine und Fischmehl.

Bei diesen Futterstoffen ist der N-Verlust*) bei der Hydrolyse verhältnismäßig gering.

2. Futterstoffe mit zunehmendem Kohlenhydratgehalt, wie z. B. Senf- und Rapsextraktionsschrot, Erbse, Luzerne und Gerstenschrot. Aus den N-Werten des Huminrückstandes ist unschwer festzustellen, daß mit wachsendem Kohlenhydratgehalt der N-Verlust ansteigt.

3. proteinarme, aber rohfaserreiche Futterstoffe, wie z. B. Klee, Zuckerrübenblatt und Gerstenstroh.

Der N-Verlust ist bei letzteren Stoffen naturgemäß am größten. Der Verlust ist aber nicht allein auf die größere Huminbildung zurückzuführen, sondern auf den größeren Gehalt an Gerüstsubstanzen. Hier kann nämlich Stickstoff, der in diesem Fall z. T. aus Nichteiweißstickstoff besteht, so fest gebunden sein, daß es nicht möglich ist, ihn unter Hydrolysebedingungen in Lösung zu bringen.

4. die Kotproben mit dem Gehalt an unverdaulichen N-Verbindungen, die je nach dem Material, aus dem sie stammen, einen sehr unterschiedlichen Kohlenhydratgehalt (in der Hauptsache Zellulose) aufweisen, wie z. B. der von uns untersuchte Schweine- und Hammelkot. Sie haben daher auch einen sehr unterschiedlichen N-Gehalt im Rückstand. Im übrigen ist das unter 3 Ausgeführte zutreffend.

*) Die Angaben über N-Verluste beziehen sich immer auf den unlöslichen Huminrückstand.

In Tabelle 1 sind einige wichtige Vertreter dieser 4 Gruppen, die einer Normalhydrolyse unterworfen worden sind, mit den N-Werten des Huminrückstandes und des Hydrolysates zusammengestellt. Sie wurden später zum Vergleich mit anderen Hydrolysemethoden herangezogen. Die Tabelle zeigt deutlich, daß bei den eiweißreichen Futterstoffen die N-Verluste durch Huminbildung gering sind, jedoch mit abnehmendem N- bzw. Proteingehalt ansteigen. Ein weiterer Anstieg des N-Gehaltes im Huminrückstand ist bei den Stoffen mit hohem Gehalt an Gerüstsubstanzen festzustellen.

Tabelle 1. *Normalhydrolyse*
Ölbadtemperatur 120° C, HCl-Konz. — 5 n

Futterstoff	Einwaage (trocken) g	N-Gehalt %	Gesamt-N (eingewog.) mg	N im Hydrolysat mg	N im Hydrolysat %	N im Rückstand mg	N im Rückstand %
Bierhefe . .	9,0379	9,07	820,1	779,7	95,06	23,8	2,90
Süßlupine . . (Korn)	9,3337	8,36	780,0	760,0	97,50	13,3	1,70
Fischmehl . .	9,0863	8,18	743,5	720,7	96,93	11,9	1,60
Senfschrot . (Extraktions-)	8,3443	8,27	690,0	660,0	95,65	26,0	3,77
Rapsschrot . (Extraktions-)	8,1910	6,59	539,9	503,2	93,20	25,0	4,63
Erbse (Korn)	7,7968	4,84	377,0	361,0	96,02	14,3	3,78
Luzerne (grün)	8,8914	3,67	326,5	300,4	91,99	26.0	7,95
Gerstenschrot	8,9082	2,13	190,4	180,0	94,53	10,4	5,47
Klee (grün) .	8,8982	2,14	190,0	166,6	87,67	22,9	12,05
Zuckerrübenblatt	8,2025	1,50	122,9	110,5	89,90	10,8	8,79
Gerstenstroh .	8,9357	0,42	37,3	30,8	82,69	6,3	16,76
Schweinekot .	8,9513	3,05	273,2	223,1	81,67	25,7	9,36
Hammelkot .	8,2247	1,86	153,1	123,2	80,44	20,5	13,36

B. Hydrolyse unter Zusatz von Katalysatoren

Versuche, durch Zusatz von Zinnchlorid bei der Hydrolyse günstigere Resultate zu erzielen, gehen schon bis in das Jahr 1873 zurück[13]. In neuerer Zeit wurde diese Methode zur Verhinderung der Huminbildung wieder aufgegriffen. Es wurden von verschiedenen Autoren Reduktionsmittel vorgeschlagen, z. B. außer Zinnchlorid [15] Titan-III-chlorid [30] und Quecksilber-II-chlorid.

Die katalytische Wirkung des Zinnchlorids und damit die Möglichkeit der Herabsetzung der Hydrolysezeit wurde von E. Kofranyi [15] erkannt und im einzelnen untersucht; ein entsprechendes Verfahren wurde von ihm vorgeschlagen. Die sehr günstigen Werte des N-Gehaltes im Huminrückstand demonstrieren den Vorteil dieser katalytischen Methode bei Proteinen und Nahrungsmitteln. Auch das hellgefärbte Hydrolysat läßt auf einen sehr geringen Verlust durch Bildung von löslichen Huminen schließen. Ein Nachteil dieser Methode ist der verhältnismäßig große Adsorptionsverlust im Sulfidniederschlag, wenn man bedenkt, daß dieser vollständig die Aminosäuren betrifft.

Die Kofranyischen Versuche wurden mit reinen Proteinen und Nahrungsmitteln durchgeführt. Bei Anwendung dieser Methode auf Futterstoffe ergab sich hingegen die Notwendigkeit einer Änderung der Hydrolysebedingungen. Nach Vorversuchen zur Ermittlung der günstigsten Hydrolysezeit wurde diese auf 5 Stunden und der Zusatz von Zinnchlorid auf etwa 0,6 g pro 2 g Einwaage festgelegt.

Wie aus den Beispielen der Tabelle 2 hervorgeht, bringt diese Methode bei den untersuchten Futterstoffen keine wesentlichen Vorteile, wenn man den Adsorptionsverlust, der durch die Ausfällung der Katalysatoren entsteht, mit in Betracht zieht.

Tabelle 2. *Hydrolyse unter Zusatz von $SnCl_2$*
Hydrolysedauer: 5 Stunden
Säurekonzentration: 5 n, pro Ansatz — 0,6 g $SnCl_2$

Futterstoff	Einwaage g (tr.)	Ges.-N mg	N im Rückstand %	Verlust d. H_2S-Fällung %	Summe d. N-Verlustes %
Raps	1,8279	111,2	3,34	0,89	4,23
Gerste . . .	1,8001	34,7	3,61	0,95	4,56
Klee	1,7552	31,7	7,45	1,24	8,69

C. *Die Druckhydrolyse*

Es sind in der Literatur verschiedentlich Arbeiten über den Einfluß erhöhten Druckes auf die Hydrolysevorgänge zu finden; diese sind aber im allgemeinen von ganz anderen Gesichtspunkten aus durchgeführt worden, so daß sie für die Bausteinanalyse keine Verwendung gefunden haben[27, 12, 32, 8, 20, 2, 19, 14, 9]. Erst in letzter Zeit erschienen Arbeiten, in denen die Bedeutung der Hydrolyse bei höheren Temperaturen für die Aufspaltung der Eiweißkörper erkannt wurde[10, 11, 25] Hier sollen insbesondere die Arbeiten von K. HEINTZE[10, 11] angeführt werden, der die Beziehungen zwischen dem bei der Hydrolyse angewendeten Überdruck und der Abspaltung des Amino-N und die Empfindlichkeit einzelner Aminosäuren bei höheren Temperaturen in Gegenwart von Kohlenhydraten untersuchte.

Als diese Arbeiten uns bekannt wurden, waren unsere Untersuchungen bereits größtenteils abgeschlossen, so daß die Ergebnisse nicht mehr berücksichtigt werden konnten.

Das Ziel unserer Untersuchungen war es, durch Erhöhung der Temperatur die Hydrolysedauer so weit wie möglich zu verringern; denn gerade die Zeit hatte sich als ein sehr wesentlicher Faktor bei der Huminbildung erwiesen. Andererseits darf eine bestimmte Temperaturgrenze nicht überschritten werden, da einige Aminosäuren besonders in Gegenwart von Kohlenhydraten bei hoher Temperatur recht empfindlich sind[11].

Bei der Normalhydrolyse sind etwa 12 Stunden für die quantitative Aufspaltung der Eiweißkörper erforderlich, wenn bei etwa 120° C Ölbadtemperatur mit halbkonzentrierter HCl gearbeitet wird. Um eine Spaltung in einer halben Stunde durchzuführen, sollte nach der Reaktionsgeschwindigkeitsregel eine Temperatur von etwa 170° C erforderlich sein; das entspricht einem Druck von etwa 7 atm.

Durchführung der Druckhydrolyse:

Der verwendete Autoklave hatte einen Rauminhalt von 2 L Substanz, und 400 ml 5 n Salzsäure befanden sich in einem 800 ml Becherglas, das mit einem Uhrglas lose verschlossen war. Da durch die sich bildenden Salzsäuredämpfe der Autoklave stark angegriffen wurde, wurde später eine Art Bunsenventil verwendet. Auch Bierflaschen haben sich als geeignet erwiesen.

Als Hydrolysedauer wurde der Zeitraum von Erreichung des entsprechenden Druckes bis zum Abschluß der Erhitzung gerechnet. Die Anheiz- und Abkühldauer, die konstant gehalten wurden, blieben also unberücksichtigt. Das Öffnen des Autoklaven erfolgte durch Erreichen des Normaldruckes.

In Vorversuchen wurden Drucke von 2–10 atm. angewendet, entsprechend Temperaturen von 135–182° C.

In Tabelle 3 sind die Ergebnisse einer halbstündigen Druckhydrolyse bei 7 atm. im Vergleich zu einer 12stündigen Normalhydrolyse in ihrer Auswirkung auf den Gehalt an verschiedenen Aminosäuren angeführt.

Tabelle 3. *Einfluß der Druckhydrolyse auf den Gehalt an Aminosäuren*
Gehalt an Aminosäuren im Protein in %

Aminosäuren	Luzerne		Gerste		Erbse		Fleischmehl	
	NH	DH	NH	DH	NH	DH	NH	DH
Leucin/Iso-Leucin	11,97	12,20	11,62	14,00	12,16	12,95	12,57	13,35
Phenylalanin . .	4,20	3,90	5,39	4,97	4,70	5,62	3,70	3,76
Threonin . . .	3,84	4,82	3,98	3,41	4,22	3,90	5,70	6,09
Histidin	—	—	1,68	1,99	—	—	—	—
Tyrosin	3,69	3,93	4,84	4,73	3,81	3,40	—	—
Arginin	—	—	8,65	8,14	—	—	—	—
Lysin	4,66	4,99	3,77	3,92	7,02	7,81	—	—
Cystin	—	—	0,91	1,13	1,38	0,47	—	—
Methionin . . .	—	—	—	—	6.15	4,23	—	—
Valin	—	—	—	—	4 22	7,22	—	—

NH = Normalhydrolyse
DH = Druckhydrolyse

Die Untersuchungen erstreckten sich bei Gerste auf 4, bei der Luzerne auf 3 und bei Erbse auf 2 Parallelhydrolysate. Die angegebenen Werte stellen Mittelwerte dar. Trotz der Unvollständigkeit dieser orientierenden Untersuchungen ist ersichtlich, daß die einzelnen Aminosäuren bei diesen hohen Temperaturen eine unterschiedliche Reaktionsfähigkeit zeigen. So sind Leucin/Isoleucin und Valin recht beständig, während die übrigen Aminosäuren je nach Kohlenhydratgehalt eine verschieden große Empfindlichkeit besitzen.

Es zeigte sich ferner bei Temperaturen von über 180° C, daß besonders bei pflanzlichen Produkten diese unterschiedliche Reaktionsfähigkeit noch mehr im ungünstigen Sinne beeinflußt wurde.

Andererseits erscheint die Anwendung eines Druckes von weniger als 2 atm. nicht vertretbar, da dann wiederum längere Hydrolysezeiten erforderlich wurden. Auch die Säurekonzentration wurde aus den gleichen Gründen auf 5 n HCl erhöht.

Da für die Praxis nur ohne Schwierigkeiten technisch durchführbare Hydrolysemethoden von Wert sind und andererseits die Hydrolysedauer möglichst weit herabgesetzt werden sollte, wurde schließlich ein Druck von ca. 3,5 atm. (= Hydrolysetemperatur von 145–150° C) gewählt. Zur Festlegung der Hydrolysedauer wurde wiederum die Abhängigkeit der NH_2-N-Abspaltung von der Zeit ermittelt (Abb. 2).

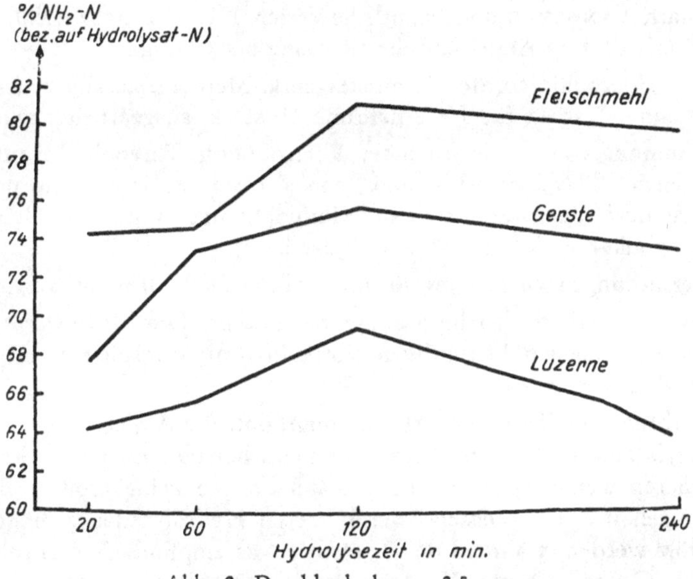

Abb. 2: Druckhydrolyse —3,5 atm

Aus dem Kurvenverlauf ist ersichtlich, daß der NH_2-N bis zu einem Maximum ansteigt, um dann wieder abzusinken, da im ersten Teil der Kurve die Freisetzung der Aminosäuren überwiegt, während bei längerer Hydrolysedauer die Zerstörung der Aminosäuren durch Huminbildung und NH_3-Abspaltung größer wird, eine Beobachtung, die durch die Tatsache bestätigt wird, daß der Anteil des Humin-N als weitgehend abhängig von der Hydrolysedauer erkannt wurde [4]. Der Verlauf einer Hydrolyse wird also im wesentlichen durch die Bildung von NH_2-N und von Humin-N charakterisiert. In Tabelle 4 wurden die bei einer 2stündigen Druckhydrolyse (145–150° C) mit 400 ml 5 n HCl erhaltenen NH_2-N- und

Humin-N-Werte und die Werte einer 12stündigen Normalhydrolyse gegenübergestellt.

Tabelle 4. *Vergleich von Normalhydrolyse (NH) und Druckhydrolyse (DH)*

	NH_2-N %		Humin-N %	
	NH	DH	NH	DH
Fleischmehl . .	76,60	81,00	1,20	0,95
Gerste	73,60	75,60	5,47	3,60
Luzerne	69,00	69.30	7,95	5,90

Die N-Werte des Huminrückstandes und die der Hydrolysate lagen in allen Fällen bei der Druckhydrolyse günstiger als bei der Normalhydrolyse.

Da bei der Bestimmung der biologischen Wertigkeit der Eiweißstoffe vornehmlich der Gehalt an essentiellen Aminosäuren interessiert, bei der NH_2-Bestimmung nach VAN SLYKE aber sämtliche freien NH_2-Gruppen erfaßt werden, wurde eine quantitative Aminosäurebestimmung notwendig.

Zur Chromatographie wurde die aufsteigende Methode herangezogen, wie sie im Oskar-Kellner-Institut für Tierernährung, Rostock, ausgearbeitet wurde [21].

Zur Bestimmung von Leucin/Isoleucin, Phenylalanin, Threonin, Histidin diente als Lösungsmittel 80 %iges n-Propanol, von Tyrosin, Arginin, Lysin und Cystin das Gemisch nach Partridge und von Methionin und Valin ein Gemisch von Pyridin : Amylalkohol : Wasser = 3,5 : 3,5 : 3.

Die Untersuchungen wurden jeweils mit zwei Parallelhydrolysaten durchgeführt. Die Mittelwerte sind in Tabelle 5 zusammengestellt. Die Mittelwerte der zum Vergleich herangezogenen 12stündigen Normalhydrolyse resultieren bis auf Raps aus 3–5 Parallelhydrolysaten.

Bei Betrachtung der Tabelle 5 erkennt man, daß die Aminosäuren Leucin/Isoleucin, Phenylalanin und Valin übereinstimmend bei fast allen fünf Stoffen auch bei der höheren Temperatur bei der Druckhydrolyse keine größere Reaktionsfähigkeit zeigen und entsprechend der kürzeren Hydrolysedauer in geringerem Maße zerstört werden, während das Tyrosin etwas empfindlicher zu sein scheint, besonders in Gegenwart von Kohlenhydraten. Das Reaktionsvermögen dieser Aminosäure ist aber ähnlich wie das von Threonin, Histidin, Arginin, Lysin, Cystin und Methionin*) unterschiedlich und ergibt bei den einzelnen Stoffen kein einheitliches Bild.

Tryptophan wurde auch bei der Druckhydrolyse in gleichem Maße zerstört.

Insgesamt kann aber festgestellt werden, daß die Druckhydrolyse unter diesen Bedingungen ein Hydrolysat liefert, das keinen ungünstigeren Gehalt an essentiellen Aminosäuren aufweist als die 12stündige Normalhydrolyse (s. Tab. 6).

---

*) Die Methioninwerte liegen insgesamt etwas zu hoch, wahrscheinlich bedingt durch Verunreinigungen im Standardpräparat.

Tabelle 5. *Vergleich zwischen Normalhydrolyse (NH) und Druckhydrolyse (DH)*
Gehalt an Aminosäuren im Protein in %

Aminosäuren	Luzerne		Gerste		Raps		Erbse		Fleischmehl	
	NH	DH	NH	DH	NH	DH	NH	DH	NH	DH
Leucin/Iso-Leucin	11,97	12,17	11,62	13,02	10,10	11,40	12,16	12,82	12,57	13,86
Phenylalanin . .	4,20	5,39	5,39	5,55	3,20	3,24	4,70	5,09	3,70	4,05
Threonin . . .	3,84	3,76	3,98	3,98	4,24	3,94	4,22	4,50	5,70	6,57
Histidin	2,69	2,95	1,68	1,69	2,62	4,13	3,50	3,29	3,83	3,49
Tyrosin	3,69	2,94	4,84	4,22	4,04	5,08	3.81	3,82	3,94	3,46
Arginin	5,83	5,80	8,65	8,57	6,46	7,50	10,55	10,02	8.36	8,28
Lysin	4,66	4,81	3,77	3,84	6,39	6,51	7,02	7,44	7,70	7,79
Cystin	1,43	1,34	0,91	0,89	0,63	0,63	1,38	1,20	0,59	0,31
Methionin . . .	3,36	2,97	4,93	4,14	3,16	3,69	6,15	6,09	3,33	3,75
Valin	4,19	4,88	5,01	5,16	4,17	4,99	4,22	6,50	4,84	5,83

Tabelle 6. *Gehalt an essentiellen Aminosäuren (Summe) in verschiedenen Eiweißfutterstoffen*

		Luzerne	Gerste	Raps	Erbse	Fleischmehl
Summe der essentiellen Aminosäuren %	NH	45,86	50,78	45,01	57,71	54,56
	DH	47,01	51,06	51,11	60,77	57,39

D. Hydrolyse mit Netzmitteln als Katalysatoren eine Methode zur Herabsetzung der Temperatur

Die Entdeckung der katalytischen Wirkung von Netzmitteln bei der Eiweißhydrolyse geht auf J. STEINHARDT[28] zurück. Er beobachtete, daß unter dem Einfluß organischer Anionen die Hydrolyse von Proteinen in Säuren von einer Konzentration 0,1 n bei 65° C wesentlich beschleunigt wird. Bei einer Hydrolyse unter diesen milden Bedingungen mußte aller Wahrscheinlichkeit nach die Zerstörung der Aminosäuren eine sehr geringfügige sein.

In diesem Zusammenhang wurden von G. SCHRAMM und J. PRIMOSIGH[26] Versuche mit Dodecansulfonsäure und Mersolat als Netzmittel und Eialbumin, Serumalbumin und Tabakmosaik-Virusprotein als Substrat durchgeführt, die aber unter anderem ergaben, daß nur eine etwa 50 %ige Spaltung der Peptidbindungen erreicht wird. Bei nachfolgender Hydrolyse mit 1 n Säure bei 65° C wurde zwar nach 40 Tagen ein Spaltungsgrad von 90 % erreicht, aber hinsichtlich der Schonung der Aminosäuren keine günstigeren Ergebnisse erhalten.

Die Versuche wurden mit Stoffen durchgeführt, die z. B. wie Eialbumin keine Gerüstsubstanzen enthalten und daher relativ leicht angreifbar sind. Da schon bei diesen Stoffen keine günstigeren Ergebnisse erzielt werden konnten als bei 130° C mit 6 n HCl, schien eine Anwendung dieser Methode auf Futterstoffe nicht angebracht; sie wurde daher nicht in den Kreis unserer Arbeiten hereingezogen.

E. Hydrolyse unter Zusatz von indifferenten Lösungsmitteln

Die Verluste durch Bildung von Humin-N sind durch die Reaktionen der durch die Hydrolyse in Freiheit gesetzten Kohlenhydrate und Aminosäuren bedingt. Gelingt es, diese beiden Komponenten durch Anwendung bestimmter Lösungsmittel zu trennen, bevor sie in Reaktion miteinander treten, müßte es möglich sein, diese Verluste herabzusetzen.

Zur Trennung der entstehenden Hydrolyseprodukte – Aminosäuren und Kohlenhydrate – wurden zum Hydrolysat Lösungsmittel gegeben, die diese sofort nach ihrer Bildung infolge der verschiedenen Löslichkeit voneinander trennen und an der weiteren Umsetzung hindern sollten.

Ein geeignetes Lösungsmittel muß folgenden Ansprüchen genügen:

1. mit halbkonzentrierter HCl nicht mischbar sein
2. Kohlenhydrate (Aminosäuren) leicht in Lösung bringen
3. Aminosäuren (Kohlenhydrate) nicht lösen
4. bei der 12stündigen Hydrolyse vollkommen indifferent sein
5. einen Siedepunkt besitzen, der möglichst nicht unter 110° C liegt.

Ein Lösungsmittel, das diesen Anforderungen voll entspricht, wurde nicht gefunden, und das mag auch der Grund sein, warum diese Methode nicht zum Erfolg führte.

Als Lösungsmittel wurden benutzt Amylalkohol zur Extraktion der Aminosäuren und Trichloraethylen zur Extraktion der niederen Kohlenhydrate.

In den Tabellen 7 und 8 sind die Ergebnisse dieser Untersuchungen zusammengestellt.

a) Normalhydrolyse mit Zusatz von 200 ml Amylalkohol zur Extraktion der Aminosäuren:

Nach 12stündiger Normalhydrolyse bildeten sich nach dem Erkalten zwei Flüssigkeitsschichten, von denen die obere, die wässerige Schicht, schwach gelb gefärbt war, während die Alkoholschicht tief schwarz und selbst in kleinen Schichtdicken fast undurchsichtig war.

Die Tabelle 7 zeigt, daß der Anteil an Humin-N sich gegenüber den bei der Normalhydrolyse erhaltenen Werten (vgl. Tab. 1) praktisch kaum geändert hat; das bedeutet, daß der Zusatz von Amylalkohol die Bildung der Humine nicht gehindert hat.

b) Normalhydrolyse mit Zusatz von 200 ml Trichloraethylen zur Extraktion der niederen Kohlenhydrate (Tab. 8):

Die nach dem Erkalten des Hydrolysats erhaltenen Flüssigkeitsschichten waren von relativ heller Farbe (schmutziggelb). Die Struktur des Rückstandes, die vollkommen erhalten blieb, und die Färbung des Hydrolysats lassen zwar darauf schließen, daß eine Zerstörung durch Huminbildung verhindert wurde, bezüglich des N-Gehaltes im Rückstand konnte aber auch hier kein günstigeres Ergebnis erhalten werden. Es lagen hier vielmehr die Stickstoffgehalte im Rückstand höher als bei der Normalhydrolyse. Dies kann auch damit im Zusammenhang stehen, daß die durch den Siedepunkt des Trichloraethylens (86° C) bedingte niedrige

Hydrolysetemperatur und selbst die 20stündige Hydrolysedauer für eine quantitative Aufspaltung nicht ausreichten.

Es wurde daher Abstand genommen, diesen Weg weiter zu verfolgen.

Tabelle 7. *N — Hydrolyse unter Zusatz von Amylalkohol*
(pro Ansatz — 200 ml Amylalkohol)

Futterstoff	Einwaage g (tr.)	Ges.-N mg	N im Rückstand mg	%
Raps	1,8917	115,1	5,8	5,06
Gerste	1,8067	34,8	2,0	5,63
Klee	1,5808	28,5	3,0	10,46

Tabelle 8. *N — Hydrolyse unter Zusatz von Trichloräthylen*

Futterstoff	Hydrolysezeit Stunden	Einwaage g (tr.)	Gesamt-N mg	N im Rückstand mg	%
Raps	10	1,6711	101,7	7,7	8,50
	20	1,9420	118,2	7,1	6,00
Gerste	10	1,9647	37,9	3,5	9,24
	20	1,8221	35,1	2,5	6,97
Klee	10	1,9352	34,9	5,6	16,03
	20	1,7319	31,3	3,9	12,32

F. Die fraktionierte Hydrolyse – eine Methode zur Vermeidung der gleichzeitigen Anwesenheit von niedermolekularen Kohlenhydraten und Aminosäuren

Bei der Säurehydrolyse von Naturstoffen verläuft bekanntlich neben der Spaltung der Proteine zu Aminosäuren eine Hydrolyse der Stärke und der Zellulose, die den Hauptteil der Kohlenhydrate in den Pflanzen ausmachen, zu Glucose einher.

Die Spaltungsgeschwindigkeit ist bei den Proteinen und den Kohlenhydraten verschieden groß, und zwar ist sie bei den ersteren wesentlich geringer, so daß die Möglichkeit bestehen müßte, unter geeigneten Bedingungen die Kohlenhydrate zu spalten, ohne die Proteine in größerem Maße anzugreifen. Nach ihrer Abtrennung müßte es möglich sein, die Endspaltung normal durchzuführen.

Die Stärke besteht zu etwa 80 % aus Amylopektin und zu 20 % aus Amylose. Beide Komponenten liegen in nativem Zustand nebeneinander vor. Es erscheint nicht zweckmäßig, in der Vorhydrolyse eine vollständige Spaltung der Stärke zu Glucose erreichen zu wollen, denn der letzteAnteil der Amylose wird erst gespalten werden, wenn anderseits die Peptide zu einem Teil in Aminosäuren zerfallen sind und dann in der Glucose des Amylopektins reagieren.

Die Unterbrechung einer Stärkehydrolyse führt zu sog. „Stärkedextrinen", die Mischungen verschiedener Abbauprodukte darstellen und bereits verschieden stark reduzierende Eigenschaften besitzen, da freie Aldehydgruppen vorhanden sind. Da bei einer Normalhydrolyse schon nach kurzer Zeit eine starke Verfärbung eintritt, liegt die Vermutung nahe, daß bereits die Stärkedextrine in der Lage sind, mit Peptiden zu reagieren.

Für die Wahl der geeigneten Vorhydrolysebedingungen war die Beachtung des eben Dargelegten von erheblicher Wichtigkeit. Es wurde daher bei den Vorhydrolysen eine möglichst niedrige Säurekonzentration und eine kurze Hydrolysedauer gewählt.

E. KOFRANYI [16] berücksichtigt die schnellere Aufspaltung der Kohlenhydrate bei der Säurehydrolyse dadurch, daß er mit 5 n Ameisensäure 8 Stunden vorhydrolysierte. Durch die Vorhydrolyse gelang es, den Verlust an Aminosäuren durch Huminbildung in großem Maße zu unterdrücken.

Durch die unvollständige Neubergfällung und die Absorption an Quecksilbersulfid entstehen aber zwei neue Verlustquellen, die zusammen mit dem N im Rückstand noch ganz beträchtliche Verlustzahlen bedingen. So beträgt der Verlust bei:

Weizenmehl	7,94 % N
Kartoffelmehl	7,13 % N
Weizenkleie	14,25 % N

Dieser Verlust würde sich bei Anwendung dieser Methode auf stark rohfaserhaltige Stoffe wie z. B. auf Grünfutterstoffe durch den großen N-Gehalt des Rückstandes und die freien Aminosäuren, die in grünen Pflanzen in beträchtlichen Mengen vorhanden sein können, noch stark erhöhen [18].

Es wurde daher bei unseren Arbeiten über die Möglichkeit der Anwendung einer fraktionierten Hydrolyse versucht, die den Verlust bedingende Neubergfällung und H_2S-Fällung zu umgehen und eine Trennnung der Kohlenhydrate und der Aminosäuren mit Hilfe der Wofatitadsorption zu erreichen. Die Vorhydrolyse wurde mit verdünnter HCl durchgeführt.

Die unlöslichen Humine bilden sich über Huminvorstufen aus den löslichen Huminen. Nach Beginn der Hydrolyse verfärbt sich die Lösung, bis sich nach einigen Stunden unlösliche schwarze Produkte abzuscheiden beginnen. Die Verfärbung geht im allgemeinen von gelb über rot nach rotbraun. Die schwarze Farbe rührt bereits von der Bildung unlöslicher Humine her, die zuerst in ganz feiner Verteilung entstehen, später zu größeren Teilchen zusammentreten. Die Verfärbung des Hydrolysats ist somit ein gewisses Kriterium für die Menge des gebildeten Humins.

Nach Vorversuchen zur Ermittlung einer geeigneten Säurekonzentration für die Vorhydrolyse erwiesen sich 0,1 n, 0,2 n und 1 n als geeignet. Die Hydrolysebedingungen waren: 10stündige Hydrolysedauer bei 120° C Ölbadtemperatur. Die Hydrolysen der Tabelle 9 geben den Einfluß der 0,1 n, 1 n und 5 n HCl auf das Hydrolysematerial wieder.

Aus ihrer Betrachtung geht hervor, daß die 5 n HCl zwar die größte Menge an N in Lösung bringt, daß aber das in „Lösungbringen" des Protein-N nicht der angewandten Säurekonzentration proportional geht. Schon 1 n HCl ist ausreichend, um annähernd die gleiche Menge N in Lösung zu bringen wie mit der 5 n HCl. Selbst 0,1 n HCl vermag bereits beträchtliche Mengen zu lösen.

Tabelle 9. *Hydrolyse mit 0,1 n, 1 n und 5 n HCl*
(Hydrolysedauer 10 Stunden)
Ölbadtemperatur 120—125°

Futterstoff	HCl-K.	Gesamt-N	N-Gehalt	N im Hydrolysat		N im Rückstand	
	n	mg	%	mg	%	mg	%
Raps	0,1	579,9	6,59	473,5	81,65	97,3	16,78
	1	593,8	6,59	546,8	92,08	46,0	7,75
	5	539,9	6,59	503,2	93,20	24,0	4,63
Gerste	0,1	190,0	2,13	141,4	74,41	40,6	21,36
	1	188,0	2,13	169,0	89,85	16,6	8,82
	5	190,4	2,13	180,0	94,53	10,4	5,47
Klee	0,1	179,7	2,14	116,5	64,80	58,7	32 65
	1	194,3	2,14	160,3	82,51	32,7	16,81
	5	190,0	2,14	166,6	87,67	22,9	12,05

Selbstverständlich liegen bei Verwendung von 0,1 und 1 n HCl in erster Linie keine Aminosäuren, sondern Peptide vor, während durch die 5 n HCl eine vollständige Spaltung bewirkt wird. Dafür sind bei Verwendung der 0,1 n HCl in wesentlich geringerem Maße Humine gebildet worden, was aus der Färbung der Hydrolysate hervorgeht.

Der größere N-Gehalt im Rückstand bei der Hydrolyse mit 0,1 n HCl ist nicht auf größere Huminbildung zurückzuführen, sondern ist bedingt durch die mangelnde Fähigkeit der 0,1 n HCl, den Protein-N vollständig in Lösung zu bringen, ist also nicht als Verlust zu werten. Es geht daraus hervor, daß die 0,1 n HCl für die Vorhydrolyse am geeignetsten ist.

Durch Variation der Hydrolysezeiten und Kombination verschiedener Vorhydrolysen kann also die Bildung von Humin-N gegenüber der Normalhydrolyse ganz wesentlich herabgesetzt werden.

Nach der ersten Vorhydrolyse wurde filtriert und mit dem Rückstand die zweite Hydrolyse durchgeführt. Nach erneuter Filtration erfolgte mit dem Rückstand die Behandlung mit 5 n HCl. Der sehr niedrige Gehalt des gesamten Rückstandes an N beweist die starke Zurückdrängung der Huminbildung mittels der fraktionierten Hydrolyse (s. Tabelle 10).

Tabelle 10. *Fraktionierte Hydrolyse mit 0,1 n, 1 n und 5 n HCl*
(Hydrolysedauer: mit 0,1 n — 1 Std.
mit 1 n — 1 Std.
mit 5 n — 10 Std.)

Futterstoffe	HCl-Konz.	Ges.-N	N-Gehalt	N im Hydrolysat		N im Rückstand		
						frakt. Hydrol.		N.-Hydr.
	n	mg	%	mg	%	mg	%	%
Raps	0,1	237,0	6,59	147,5	62,25	4,7	1,99	4,63
	1			48,7	20,49			
	5			39,5	16,58			
Gerste	0,1	78,9	2,13	40,6	51,46	1,6	2,00	5,47
	1			23,2	29,43			
	5			15,7	19,85			
Klee	0,1	75,1	2,14	33,4	44,48	5,9	7,90	12,05
	1			21,3	28,32			
	5			14,8	19,75			

Es erscheint möglich, die oben angewandten Konzentrationen in gewissem Umfang abzuändern; so wurden mit einer Vorhydrolyse durch Erhöhung der Säurekonzentration von 0,1 auf 0,2 n und der Vorhydrolysedauer auf 4 Stunden ähnliche Ergebnisse erhalten, wie aus Tabelle 11 hervorgeht.

Tabelle 11. *Fraktonierte Hydrolyse mit 0,2 n und 5 n HCl*
(Hydrolysedauer: mit 0,2 n — 4 Std.
mit 5 n — 10 Std.)
Ölbadtemperatur: 120—125°

Futterstoffe	HCl-Konz.	Gesamt-N	N im Hydrolysat		N im Rückstand	
	n	mg	mg	%	mg	%
Raps	0,2	122,8	98,7	80,40	2,4	1,95
	5		20,0	16,31		
Gerste	0,2	38,7	31,3	81,04	0,8	2,04
	5		4,9	15,40		
Klee	0,2	36,3	25,3	69,55	3,0	8,15
	5		7,7	21,23		

In den beiden Vorhydrolysaten mit 0,1 n (1 Std.) und 1 n (1 Std.) dürfte der überwiegende Teil der aufgespalteten Proteine in Form von Peptiden vorliegen, deren Neigung zur Bildung von Huminen stark herabgesetzt ist. Wir werden insgesamt *die bei dieser schonenden fraktionierten Hydrolyse erhaltenen Werte für den N-Verlust als Grenzwerte ansehen können, die man praktisch nicht wird unterschreiten können.* Die hier noch vorhandenen N-Mengen dürften größtenteils nicht aus den Proteinen stammen, sondern vornehmlich in die Gerüstsubstanzen eingelagert sein. Sie sind demgemäß eigentlich nicht als N-Verluste anzusehen, die durch die Hydrolyse verursacht sind.

Die fraktionierte Hydrolyse bietet uns also einen Weg, diese unechten „Verluste“ von den durch die verschiedenen Hydrolyseverfahren bewirkten N-Verlusten abzutrennen.
In den Vorhydrolysaten liegen anderseits die Hydrolyseprodukte der Proteine und Kohlenhydrate nebeneinander vor, so daß es nicht möglich ist, ohne größere Huminbildung normal weiterzuhydrolysieren, um die Endspaltung zu erreichen.

Ein Einengen im Vakuum verhindert zwar die Huminbildung, bewirkt aber keine Endspaltung. Es bleibt daher nur der Weg der Trennung der Aminosäuren und Peptide von den Kohlenhydraten offen.

Der Weg der Isolierung durch Fällung wurde von E. KOFRANYI gewählt und führte zu den vorher angegebenen Verlusten. Hier wurde der Versuch gemacht, mit Hilfe der Wofatitadsorption eine Trennung zu erreichen, da nur eine polare Adsorption zum Ziel führen konnte. Mit Hilfe dieser Austauschadsorption sollten die Aminosäuren und Peptide von den Kohlenhydraten in den Vorhydrolysaten getrennt werden. Nach entsprechender Vorbehandlung des Wofatits und langwierigen Vorversuchen mit Aminosäuren wurde ein Vorhydrolysat auf die Säule gegeben und der Durchlauf in zwei Fraktionen (1 und 2) aufgefangen (beide Fraktionen ca. 400 ml). Zum Schluß wurde mit etwa 1000 ml Wasser nachgewaschen (Fraktion 3). Eluiert wurde nacheinander

1. mit 500 ml 1 n HCl (Fraktion 4) und
2. mit 400 ml 2 n HCl + 5 % Phenol (Fraktion 5).

Die erhaltenen Ergebnisse finden sich in Tabelle 12.

Bei Betrachtung der N-Werte des Durchlaufes ist zunächst überraschend, daß die beiden ersten Fraktionen keinen bzw. nur geringen N enthalten, während der N-Gehalt der dritten Fraktion sehr beträchtlich ist. Wenn man aber bedenkt, daß im Vorhydrolysat erhebliche Mengen an Peptiden vorhanden sind, die wegen ihrer Größe und kleinen Ladung nicht oder nur zu einem geringen Teil in das Gitter des Wofatits eingebaut werden können [3, 24], so werden diese Ergebnisse schon leichter verständlich; denn die höheren Peptide werden vom Wofatit nur apolar adsorbiert und durch die Waschlösung zusammen mit den Kohlenhydraten wieder entfernt. Der Hauptanteil des N geht in Fraktion 4 (1 n HCl) in Lösung.

Betrachtet man die Summe der N-Werte des Rückstandes, des Durchlaufes und der Elution, so beträgt diese ähnlich wie bei einem Totalhydrolysat nur etwas über 90 % des Gesamt-N. Das heißt, daß der Rest also auf der Säule verblieben sein muß und trotz längerer Behandlung mit Säuren nicht eluierbar ist [22].

Der erhebliche N-Verlust, der bei der fraktionierten Hydrolyse durch die Unvollständigkeit der Adsorption und der Elution entsteht, verhindert also praktisch unter den von uns gewählten Bedingungen und den uns zur Verfügung stehenden Ionenaustauschern die Anwendung der Adsorptionsmethode.

Tabelle 12. *Trennung von Eiweißspaltstücken und Kohlenhydraten mit Hilfe von Wofatiten*
Vorhydrolysat: 0,2 n HCl / 4 Std.

Futterstoffe und Wofatit	Einwaage	Gesamt-N	N im Rückstand	Durchlauf in Frakt. in %			Elution mit 1 n HCl — 2 n HCl und 5% Phenol %		Gesamt-N gefunden
	g (tr.)	mg	%	Fr. I	II	III	IV	V	%
			Fr. in ml:	400	400	1000	500	400	
Raps (F)	1,8224	120,5	19,50	—	0,80	12,03	52,62	8,21	93,16
Raps (P)	1,8643	123,3	19,28	—	0,50	12,14	53,24	9,50	94,66
Gerste (F)	1,8019	38,8	18,40	—	0,94	8,35	48,65	11,30	87.64
Gerste (P)	1,7787	38,3	17,90	—	0,82	10,06	51,71	11,80	92,29
Klee (F)	1,8607	36,3	28,90	—	0,59	8,50	44,31	10,40	92,70
Klee (P)	1,8463	36,0	29,30	—	0,79	7,31	46,20	8 30	91,90

G. Fraktionierte Hydrolyse und Extraktion der niedermolekularen Kohlenhydrate durch Aceton

Der Versuch, die Kohlenhydrate in der Vorhydrolysenlösung zu entfernen, war gescheitert. Deshalb wurde versucht, eine Extraktion des Vorhydrolysats durchzuführen, nachdem es bis zur Trockne im Vakuum eingeengt worden war, um die Kohlenhydrate zu entfernen. Am geeignetsten erwies sich Aceton, da Peptide und Aminosäuren darin unlöslich sind.

Das Vorhydrolysat wurde bei etwa 30° C im Vakuum bis zur Trockne eingeengt und der gewöhnlich gelb bis braun gefärbte Rückstand mit etwa 900 ml reinem Aceton 4–5 Stunden unter Rückfluß gekocht. Die resultierende gelbliche Acetonlösung wurde sofort filtriert, abdestilliert und im Acetonrückstand RI der N bestimmt. Der Rückstand im Kolben wurde mit 5 n HCl normal weiterhydrolysiert. Der hierbei sich bildende Rückstand (in Tab. 13, RIII) wurde mit dem Rückstand, der bei der Totalhydrolyse des Rückstandes der Vorhydrolyse entstanden war (RII), vereinigt und nach dem Aufschluß der N bestimmt. Die zu den Rückständen II und III gehörenden Hydrolysate sind Hydrolysat II und III.

Da es bei diesen Versuchen in noch stärkerem Maße darauf ankam, eine möglichst große Menge Stärke zu hydrolysieren, wurde in einer Versuchsreihe die Vorhydrolysezeit von 4 auf 10 Stunden und die Konzentration auf 1 n HCl erhöht. Gearbeitet wurde bei 90° und 120° C Ölbadtemperatur.

Es wurde somit bei diesen Versuchen über die Vorhydrolyse die Hydrolysezeit, die Temperatur und die HCl-Konzentration variiert.

Bei Betrachtung des Humin-N (RII und RIII) und des N-Gehaltes der Hydrolysate ist ersichtlich, daß wesentliche Unterschiede nicht vorhanden sind. Eine 10stündige Vorhydrolyse bei 120° C (Tabelle 13, Hydr. Nr. 7, 8) und eine 4stündige bei 90° C (Hydr. Nr. 1, 2) scheinen aber weniger geeignet zu sein als eine 10stündige bei 90° C (Hydr. Nr. 3). So konnte unter der Bedingung der Hydr. Nr. 3 der N-Verlust durch Huminbildung bei Raps und Gerste in geringem, bei Klee in etwas größerem Maße gesenkt werden. Es sind aber die Unterschiede insgesamt gering.

Wie aus unseren Beobachtungen hervorgeht, scheint den größten Einfluß auf den N-Gehalt des Rückstandes und damit auf den N-Gehalt der Hydrolysate die Einengung des Hydrolysats im Vakuum und die anschließende Extraktion mit Aceton zu haben.

Schon eine Steigerung von 10–20° C, besonders am Ende der Destillation, wenn die Säurekonzentration erheblich zugenommen hat, bedingt ein starkes Anwachsen der Huminbildung, kenntlich durch die starke Verfärbung des Rückstandes. Der Rückstand soll zwar vom Wasser und der HCl weitgehendst befreit werden, darf aber keineswegs stundenlang diesen Bedingungen ausgesetzt werden, da dann ein hartes, harzähnlich aussehendes Produkt entsteht, das sehr schwierig mit Aceton zu extrahieren ist.

Ein weiterer Faktor, der N-Verluste verursachen kann, ist der Wassergehalt des Acetons. Es empfiehlt sich, stets nach der Rückgewinnung durch Destillation eine Trocknung mit Kupfersulfat vorzunehmen, da bei Anwesenheit von Wasser ebenfalls Aminosäuren in Lösung gehen können.

Tabelle 13a. *Fraktionierte Hydrolyse und Extraktion mit Aceton (Gerste)*
(pro Ansatz — 900 ml Aceton)

Nr.	Zeit in Std.	Temp. in Grad	Konz. n	Einwaage an N mg	N im Acet. R I in %	N im Rückst. R II u. III in %	N im Hydr. II in %	N im Hydr. III in %	Ges.-N d. Hydr. in %
1.	4	90	0,2	37,1	0,18	3,99	27,68	66,82	94,50
2.	4	90	1	39,7	0,67	3,61	16,74	78,53	95,27
3.	10	90	0,2	40,0	0,35	3,64	18,42	77,50	95,92
4.	10	90	1	41,9	1,10	3,91	15,48	79,10	94,58
5.	4	120	0,2	37,9	0,13	4,05	14,40	80,50	94,90
6.	4	120	1	37,3	0,94	4,20	9,98	84,52	94,50
7.	10	120	0,2	39,0	0,43	3,95	8,42	86,08	94,50
8.	10	120	1	41,0	1,04	4,40	3,73	90,87	94,60

Tabelle 13b. *Fraktionierte Hydrolyse und Extraktion mit Aceton (Raps)*
(pro Ansatz — 900 ml Aceton)

Nr.	Zeit in Std.	Temp. in Grad	Konz. n	Einwaage an N mg	N im Acet. R I in %	N im Rückst. R II u. III in %	N im Hydr. II in %	N im Hydr. III in %	Ges.-N d. Hydr. in %
1.	4	90	0,2	122,3	0,75	3,94	19,22	74,78	94,00
2.	4	90	1	124,8	1,10	4,01	17,94	76,16	94,10
3.	10	90	0,2	121,0	0,34	3,45	15,55	79,68	95,23
4.	10	90	1	125,8	0,81	3,49	10,78	83,26	94,04
5.	4	120	0,2	122,2	0,24	4,04	14,00	81,30	95,30
6.	4	120	1	124,8	0,68	3,89	9,47	85,53	95,00
7.	10	120	0,2	121,2	1,20	4,24	8,66	85,54	94,20
8.	10	120	1	125,6	1,03	4,31	5,23	88,78	94,01

III. Schlußbetrachtung

Bei jeder Säurehydrolyse von Eiweißkörpern fällt ein Hydrolyserückstand an, der noch immer N-haltig ist und dessen N-Gehalt in der Hauptsache der Bildung von Huminstoffen während der Hydrolyse zugeschrieben wird. Da sich aber dieser N-Rückstand aus dem Huminanteil und dem N der unhydrolysierbaren Gerüstsubstanz zusammensetzt, läßt sich hieraus nicht der wirkliche Umfang der eigentlichen Huminbildung erkennen, d. h., es war bisher nicht möglich, die Höhe der N-Verluste durch Huminbildung bei den verschiedenen Hydrolyseverfahren abzuschätzen und sie von dem Anteil an nicht hydrolysierbaren N-Verbindungen abzugrenzen.

Eine Lösung dieser recht wichtigen Frage sollte nun auf folgendem Wege erreicht werden:

Eine Vorhydrolyse unter milden Bedingungen mit anschließender Extraktion verhindert zwar eine Huminbildung, vermag aber nicht den hydrolysierbaren Stickstoff vollständig in Lösung zu bringen. Die Hydrolyse wiederum bringt eine Huminbildung mit sich, sofern nicht die Kohlenhydrate vorher entfernt werden. Daraus ergab sich folgender Weg für die Trennung des eigentlichen Humin-N vom N der nicht hydrolysierbaren Substanzen.

Es wurde zunächst mit 0,1 n HCl 5 Minuten vorhydrolysiert, die Lösung abfiltriert und der Rückstand erneut mit 0,1 n HCl hydrolysiert. Dieses wurde 4mal wiederholt, so daß auf diese Weise die reaktionsfähigsten Kohlenhydrate und Peptide beseitigt wurden. Es ist kaum anzunehmen, daß unter diesen Bedingungen die Kohlenhydrate mit den Aminosäuren unter Huminbildung reagiert haben; es ist auch hier keine weitere Verfärbung eingetreten. Nach der 4. „Extraktionshydrolyse" wurde die HCl-Konzentration auf 0,2 und 1 n und nach der 12. Vorhydrolyse schließlich auf 5 n erhöht und die Hydrolysezeit jeweils von 5 Minuten allmählich bis auf eine Stunde verlängert. Zum Schluß folgte eine 10stündige Normalhydrolyse. Auf diese Weise konnte eine Huminbildung weitgehend verhindert werden.

Die bei diesem Verfahren im Hydrolyserückstand verbliebenen N-Mengen sind in der folgenden Tabelle 14 angegeben:

Tabelle 14.

Futterstoff	Einwaage	Ges.-N	N im nicht hydr. Rückstand		N im Rückst. d. DH	N-Verlust d. Huminbildg.
	g (tr.)	mg	mg	%	%	%
Raps	1,8547	122,6	1,9	1,53	3,64	2,11
Gerste	1,7778	38,2	0,8	2,01	3,60	1,59
Klee	1,8604	36,3	1,9	5,11	7,61	2,50

Es ergibt sich hieraus, daß noch Mengen von ca. 1,5 % N beim Raps, bis zu 5,1 % beim Klee im Rückstand geblieben sind, die wir demgemäß als nicht hydrolysierbar ansehen müssen. Ziehen wir diese Mengen vom Hydrolysierrückstand ab, wie er z. B. beim Verfahren der Druckhydrolyse erhalten wurde, so ergibt sich hieraus eine Differenz von 1,6–2,5% N (i. M. 2,0%); dies entspricht der N-Menge, die den eigentlichen Verlust durch Huminbildung darstellt. Dies bedeutet, daß *bei dem Verfahren der Druckhydrolyse die eigentlichen Hydrolyseverluste, wie sie durch die Huminbildung verursacht sind, recht niedrig liegen* und ihnen eine besondere praktische Bedeutung wohl kaum mehr zuzumessen ist. Die Mengen von 1,5% N bei der Gerste bis zu 2,5% beim grünen Rotklee bei dieser fraktionierten Hydrolyse werden wir als nicht hydrolysierbaren N ansehen können, dem im Ernährungsstoffwechsel keine besondere Bedeutung zukommen dürfte.

Von dieser Erkenntnis ausgehend sollen die Ergebnisse betrachtet werden, die bei den verschiedenen Hydrolyseverfahren erhalten worden sind, um zu einer

Beurteilung zu kommen, welches der verschiedenen Verfahren der Eiweißhydrolyse am besten geeignet erscheint.

In Tabelle 15 sind die nach den verschiedenen Methoden erhaltenen Ergebnisse zusammengestellt.

Tabelle 15.

Hydrolysemethode	N im Hydrolysat in %			Verlust an N (a) in %		
	Raps	Gerste	Klee	Raps	Gerste	Klee
Normalhydrolyse	93,20	94,53	87,67	4,63	5,47	12,05
Zusatz von $SnCl_2$	—	—	— (b)	4,23	4,56	8,69
Druckhydrolyse	95,26	95,55	90,59	3,64	3,60	7,61
Zusatz von Lösungsmitteln .						
a) Amylalkohol	—	—	—	5,06	5,63	10,46
b) Trichloräth.	—	—	—	6,00	6,97	12,32
Fraktionierte Hydrolyse						
a) Adsorptionsm.	92,38	87,96	87,19	7,62	12,04	12,81(c)
b) Extraktionsm.	95,23	95,92	90,94	3,79	3,99	8,74

(a) Der N-Verlust durch lösliche Humine wurde nicht berücksichtigt.

(b) Der N-Gehalt wurde nicht bestimmt.

(c) Die Werte wurden errechnet aus dem Adsorptionsverlust und N-Gehalt im Rückstand nach der Totalhydrolyse ohne Berücksichtigung der Huminbildung.

Der große N-Verlust bei der fraktionierten Hydrolyse mit anschließender Trennung der Hydrolyseprodukte nach der Adsorptionsmethode ist durch die Unvollständigkeit der Adsorption und Elution bedingt. Aus diesem Grunde ist eine Verwendung dieser Methode nicht möglich.

Ebenfalls ungeeignet sind die Hydrolysemethoden mit Zusatz von indifferenten Lösungsmitteln und Katalysatoren, während bei der fraktionierten Hydrolyse mit anschließender Extraktion günstige Ergebnisse erzielt werden konnten. In der Form, in der sie in dieser Arbeit durchgeführt wurde, erscheint sie aber für die Praxis weniger geeignet zu sein, da ein großer Zeit- und Arbeitsaufwand notwendig ist.

Die besten Ergebnisse wurden mit Hilfe der Druckhydrolyse erhalten. Dieses Verfahren *hat den großen Vorteil, daß es* ohne großen Zeit- und Materialaufwand *in einem einzigen Arbeitsgang durchgeführt werden kann.* Es liefert nur ein Hydrolysat, in dem nach der Vertreibung der HCl im Vakuum ohne weiteres die Aminosäuren papierchromatographisch bestimmt werden können. Die „Verluste" an N sind gering und sind in erster Linie durch den Gehalt an nichthydrolysierbaren Substanzen bedingt.

IV. Zusammenfassung

Zur Herabsetzung der N-Verluste bei der Hydrolyse von Eiweißfutterstoffen wurde eine Reihe von Methoden untersucht bzw. ausgearbeitet. Als Kriterium für den N-Verlust diente zur Orientierung der N-Gehalt des Rückstandes.

Für die Ausarbeitung der Methoden waren die vier Faktoren, Zeit, Temperatur, Konzentration und gleichzeitige Anwesenheit der Hydrolyseprodukte, die einen Einfluß auf den N-Verlust haben, richtungweisend.

Es wurden daher die ersten drei Faktoren variiert, um die günstigsten Hydrolysebedingungen zu ermitteln und, um die gleichzeitige Anwesenheit der Hydrolyseprodukte zu verhindern, die fraktionierte Hydrolyse und die Extraktion der Hydrolyseprodukte in festem und gelöstem Zustand untersucht.

Der Schwerpunkt der Arbeit lag bei der Druckhydrolyse, da diese sich hinsichtlich der Huminbildung als am günstigsten erwiesen und für die Praxis große Vorteile hat.

Es wurden daher vergleichsweise Druck- und Normalhydrolysate von Luzerne, Gerste, Erbse, Raps und Fleischmehl untersucht und die essentiellen Aminosäuren quantitativ papierchromatographisch bestimmt.

V. Literaturverzeichnis

[1] AKABORI, SH.: B. 66, 139 (1933).

[2] CRONHEIM, K.: Biochem. Z. 222, 198 (1930).

[3] DICKEL, G. u. TITZMANN, K.: Angew. Chem. 63, 450 (1951).

[4] DIRR, K. u. SODEN, O. VON: Biochem. Z. 309/329 (1941).

[5] DUNN, M. S.: J. Amer. Chem. Soc. 47, 2565 (1925).

[6] EDLBACHER, S.: Strukturchemie der Aminosäuren und Eiweißkörper Jahrg. 1927.

[7] GORTNER, R. A.: J. Amer. chem. Soc. 37, 1630 (1915); 39, 2477 (1917).
J. biol. Chem. 26, 177 (1916).

[8] GREENBERG, D. M. a. BURK, N. F.: J. Amer. Chem. Soc. 49, 275 (1927).

[9] HALL, L. A.: Food Technol. 3, 51 (1949).

[10] HEINTZE, K.: Z. f. Lebensmittel-Unters. u. -Forsch. 100, 253 (1955).

[11] HEINTZE, K.: Z. f. Lebensmittel-Unters. u. -Forsch. 100, 463 (1955).

[12] HENRIQUES, V. u. GJALDBÄCK, J. K.: H. 67, 8 (1910).

[13] HLASIWETZ, H. u. HABERMANN, J.: A. 169, 150 (1873).

[14] KARAMBELKAR, P. V. u. a.: Arch. of Biochem. 26, 97 (1950).

[15] KOFRANYI, E.: H. 283, 14 (1948).

[16] KOFRANYI, E.: H. 287, 170 (1951).

[17] MAILLARD, L. C.: Ann. Chim. Phys. (9) 5, 1258 (1916).

[18] MEZINCESKO, C.: Bull. Acad. Med. Roum. 11, 388 (1941) zit. in: H. 289/211 (1952).

[19] NAKAJIMA, K. u. SKIDA, M.: J. Bull. Agric. Chem. Soc. Japan 17, 295 (1941).

[20] NASSET, E. S. a. GREENBERG, D. M.: J. Amer. Chem. Soc. 51, 836 (1929).

[21] NEHRING, K. u. SCHWERDTFEGER, E.: Pharmazie 9, 913—21 (1954).

22 RAUEN, H. M. u. FELIX, K.: H. 283/139 (1948).

23 ROXAS, M. L.: J. biol. Chem. 27, 71 (1916).

24 SAMUELSON, O. u. GÄRTNER, F.: Acta Chem. Scand. 5, 597 (1951).

25 SANYUN, M. A.: Amer. J. Digest. Dis. 14, 230 (1947).

26 SCHRAMM, G. u. PRIMOSIGH, J.: H. 283, 34 (1948).

27 SSADIKOW, W. S. u. ZELINSKY, N. B.: Biochem. Z. 136, 241 (1923); 136, 238 (1923); 276, 168 (1935); 278, 60 (1935).
GAWRILOW, N. J.: Biochem. Z. 182, 26 (1927).
SILAJEW, A. B.: Colloid J. (USSR) 4, 593 (1938).

28 STEINHARDT, J. u. FUGITT, C. H.: J. Res. nat. Bur. Stand. 29, 315 (1942).

29 STEUDEL, H.: Z. f. physiol. Chem. 35, 540 (1902).

30 SULLIVAN, M. X. and HEES, W. C.: J. biol. Chem. 117, 423 (1937).

31 TROENSEGAARD, N.: Z. f. physiol. Chem. 112, 86 (1921).

32 VAN SLYKE, D. D.: J. of biol. Chem. 12, 295 (1912).

Eingegangen am 17. 10. 1958

Berichtigung

In der Arbeit von W. WÖHLBIER, M. KIRCHGESSNER u. W. OELSCHLÄGER, Arch. f. Tierernährung Bd. IX, Heft 2/3 S. 194, ändern sich folgende Werte:

In Tab. 5 der Vertrauensbereich des Al-gehalts im Lößboden nicht ± 44, sondern ± 0,44 g.

In Tab. 6, statt 28 ± 8 mg, 2,8 ± 0,8 mg Kupfer.

In Tab. 7 Kupferwerte von links nach rechts: 2,3%; 2,3%; 6,7%; 11%.

ARCHIV FÜR TIERERNÄHRUNG

UNTER MITWIRKUNG VON

Prof. Dr. A. Hock, Berlin. Prof. Dr. Dr. W. Lenkeit, Göttingen.

Prof. Dr. Dr. h. c. K. Nehring, Rostock. Prof. Dr. Dr. W. Wöhlbier, Stuttgart-Hohenheim.

HERAUSGEGEBEN VON

ERNST MANGOLD

Prof. Dr. med. Dr. phil. Dr. med. vet. h. c. Dr. agr. h. c. Dr. agr. h. c.

Direktor em. des Instituts für Tierernährungslehre

der Humboldt-Universität Berlin

9. BAND

Ausgegeben am 1. OKTOBER 1959

HEFT

5

AKADEMIE-VERLAG · BERLIN

ARCH. TIERERNÄHRUNG · 9. BAND NR. 5 · S. 327–402 · BERLIN · 1. OKTOBER 1959

INHALT

Das Archiv für Tierernährung erscheint zweimonatlich in Heften zu 80 Seiten im Format 17,5 × 25 cm. Der Preis des Heftes beträgt DM 8,50. 6 Hefte werden zu einem Band vereinigt. Der Besteller muß sich zur Abnahme eines Bandes verpflichten. Die Hefte werden jeweils einzeln berechnet. Im Jahre erscheint nicht mehr als 1 Band. Bestellungen werden direkt an den Akademie-Verlag GmbH, Berlin W 1, Leipziger Straße 3–4, oder über eine wissenschaftliche Buchhandlung erbeten.

Manuskriptsendungen — zugelassen sind die vier Kongreßsprachen — sind an den Herausgeber, Herrn Prof. Dr. Ernst Mangold, Berlin N 4, Invalidenstr. 42, zu richten. Mit der Veröffentlichung geht das alleinige Verlagsrecht an das Archiv für Tierernährung über. Daher müssen Arbeiten, die bereits an anderer Stelle veröffentlicht worden sind, zurückgewiesen werden. Die Verfasser verpflichten sich, Manuskripte, die vom Archiv für Tierernährung angenommen worden sind, nicht an anderer Stelle zu veröffentlichen.

Die Verfasser erhalten von größeren wissenschaftlichen Arbeiten 50 Sonderdrucke unentgeltlich. Den Manuskripten beiliegende Zeichnungen müssen sauber, in zweifacher Größe ausgeführt sein. Wenn sie nicht voll reproduktionsfähig nach den Vorschriften des Normblattes DIN 474 eingereicht werden, ist die Beschriftung nur mit Bleistift einzutragen. Zur Herstellung von Netzätzungen sind nur einwandfreie Photographien brauchbar.

Für alle Literaturzitate sind die Vorschriften des Normblattes DIN 1502 und 1502 Beiblatt I maßgebend. Die Zitate müssen den Verfasser (mit den Anfangsbuchstaben der Vornamen), den vollständigen Titel der Arbeit und die Quelle mit Band, Seitenzahl und Erscheinungsjahr enthalten. Das Literaturverzeichnis soll alphabetisch geordnet sein.

Herausgeber und verantwortlich für den Inhalt: Prof. Dr. med. Dr. phil. Dr. med. vet. h. c. Dr. agr. h. c. Dr. agr. h. c. Ernst Mangold, Berlin N 4, Invalidenstraße 42 (Fernruf 42 49 64). Verlag: Akademie-Verlag GmbH, Berlin W 1, Leipziger Str. 3–4 (Fernruf: 22 04 41; Postscheckkonto Berlin: 350 21). Bestellnummer dieses Heftes: 1010/IX/5. Das Archiv für Tierernährung erscheint vorläufig jährlich in 1 Band zu 6 Heften. Bezugspreis je Einzelheft DM 8.50, ausschließlich Porto und Verpackung. Satz und Druck: Robert Noske, Borna (Bez. Leipzig). Veröffentlicht unter der Lizenznummer ZLN 5003 des Ministeriums für Kultur, Hauptverwaltung Verlagswesen. Printed in Germany.

Aus dem Institut für Tierernährung der Forschungsanstalt für Landwirtschaft
in Baunschweig-Völkenrode
(Direktor: Prof. Dr. K. RICHTER)

K. RICHTER und *H. J. OSLAGE*

Beiträge zum Ernährungshaushalt von Milchkühen hoher Leistung
Stoffwechselversuche an Milchkühen

5. Mitteilung: H. J. OSLAGE: Über den Verlauf der Mineralstoffbilanzen in langfristigen Versuchen während der Laktation unter dem Einfluß unterschiedlicher Versorgung.

Durch die Arbeiten von FORBES und Mitarbeiter[7, 8, 9, 10, 11, 12] ist wohl erstmalig darauf verwiesen worden, daß der Mineralstoffwechsel – zumindest hinsichtlich Ca und P – bei Milchkühen im Cyklus von Laktation und Gravidität verläuft. Mit Hilfe von Bilanzversuchen stellte er fest, daß im ersten Teil der Laktation bei den Kühen stets eine Phase mit negativer Bilanz vorlag, die auch durch Ca-Zulagen nicht ausgeglichen wurde. Mit fortschreitender Laktation und insbesondere während der Trockenzeit trat dann ein verstärkter Ansatz ein. Diese Befunde sind späterhin von verschiedenen Seiten bestätigt und erweitert worden. Für die Verhältnisse bei der Milchkuh sind hier besonders die Arbeiten von ELLENBERGER und NEWLANDER u. Mitarb.[4, 5, 21] zu erwähnen, die in wöchentlichen Bilanzperioden den gesamten Zeitraum von Laktation und Trächtigkeit untersuchten. Nach normaler Kalbung zeigten auch hier alle Kühe zunächst negative Ca- und P-Bilanzen. Mit fortschreitender Laktation und Trächtigkeit wurden die Bilanzen für beide Elemente positiv, so daß am Ende der Gravidität ganz überwiegend eine echte Reservebildung vorlag.

In neuerer Zeit wurden diese Verhältnisse des Bilanzverlaufes während Trächtigkeit und Laktation von LENKEIT und Mitarb.[3, 16, 18, 19, 25] an Sauen untersucht und berichtet. LENKEIT betont, daß die starken Abgaben zu Laktationsbeginn nicht durch die hohen Leistungen bedingt sind. Der Ablauf des Ca- und P-Haushaltes während der Laktation steht vielmehr unter dem bestimmenden Einfluß wechselnder Phasen einer Aktivierung des Knochensystems im Sinne einer Substanzabgabe sowie solcher einer verstärkten Anlagerung, deren Steuerung LENKEIT als hormonal annimmt. Dieser Zusammenhang mit dem Skelett als dem Mineralstoffdepot des Organismus wird in einer neueren Arbeit von v. d. WAL[27] durch Knochenuntersuchungen an Kühen verschiedener Laktations- und Graviditätsstufen eindeutig bestätigt. Der Umfang der Mobilisierung der Knochensubstanz wird hierbei über den physiologischen Bedarf an den Elementen hinausgehen können, wodurch die Bilanz negativ erscheint. Neben der wechselnden Mobilisierung und Auffüllung der Reserven verläuft in hierzu umgekehrter Parallelität eine unterschiedliche Ausnutzung von Ca und P im Ablauf des Laktations- und Graviditätszyklus [18, 19]. Das Ausmaß der negativen Bilanzphase zu Laktationsbeginn ist nach den Arbeiten von LENKEIT an Sauen abhängig von dem Umfang der Reservebildung insbesondere im letzten Drittel der Trächtigkeit und weitgehend unabhängig von der Milchbildung und der Versorgung während der Laktation.

Für die Verhältnisse bei der Milchkuh stehen diesen Befunden einige Arbeiten gegenüber, in denen bei reichlicher Mineralstoffzufuhr in der Laktation die negative Anfangsphase nicht eintrat, oder doch in ihrem Ausmaß gemildert wurde. Wenn auch in einigen Untersuchungen die Verhältnisse in der Zeit der Trächtigkeit nicht bekannt sind, so daß hier eine geringe Speicherung der Grund für eine gemilderte Ausscheidungsphase sein kann, so ist doch in anderen Fällen der Einfluß der Zufuhr während der Laktation deutlich.

So ist z. B. in den Arbeiten von ELLENBERGER [4, 5, 6] nach zusätzlichen Mineralstoffgaben die Ca-Retention höher bzw. die Dauer der negativen Bilanzphase verkürzt. Bei HUFFMAN [15], der eine Reihe von Bilanzversuchen in verschiedenen Stadien der Laktation durchführte, waren positive Ca- und P-Bilanzen auch bei Milchleistungen von 25—35 kg täglich nicht ungewöhnlich. Eine Zugabe von Minerlstoffpräparaten oder die Verwendung von mineralstoffreichem Leguminosenheu verminderte negative Bilanzen. Ebenso zeigten die Arbeiten von HART u. Mitarb. [13, 14], daß mit hohen Ca-Zufuhren auch bei frischmelkenden Kühen (Milchleistungen von 20—30 kg täglich) positive Ca-Bilanzen zu erreichen sind. In neuerer Zeit wurden diese Auswirkungen der Höhe der Zufuhr auch von BECKER [1] ermittelt und in mehreren Versuchen reproduziert. Er berichtet unter entsprechenden Versorgungsverhältnissen ebenfalls über ausgeglichene Ca- und P-Bilanzen bereits zu Beginn der Laktation und bei einer Milchleistung von mehr als 25 kg je Tag. Auch LENKEIT und Mitarb. [3, 18] weisen auf Grund entsprechender Versuche an Sauen darauf hin, daß die Höhe der negativen Phase durch eine der Leistung entsprechende Mineralstoffversorgung im positiven Sinne beeinflußt werden kann bzw. eine „negative Anfangsbilanz nur bei ungenügender Ca-Zufuhr beobachtet" wurde.

Durch diese Ergebnisse werden allerdings die grundsätzlichen Regulationsphasen der Retention und Mobilisation mit der Tendenz einer ansteigenden Bilanz im Laktationsverlauf nicht berührt, sondern sie sind lediglich ein Beweis für das unterschiedliche Ausmaß dieser Vorgänge als Auswirkung verschiedener endogener und exogener Faktoren.

Es ist nach den obigen Darlegungen verständlich, daß eine in zeitlich befristeten Untersuchungen ermittelte negative Bilanz nicht ohne weiteres eine ungenügende Zufuhr für diesen Zeitraum bedeuten kann. Eine sichere Aussage hierüber kann streng genommen nicht einmal aus der experimentellen Untersuchung eines Trächtigkeits- und Laktationszyklus geschehen, da die Beziehung von Ursache und Folge aus einem Zyklus nicht übersehbar wird. Es ist aus den Erscheinungen bei langdauernder Mangelernährung bekannt, daß die Mobilisierung der Knochensubstanz weit über die für eine optimale Funktion des Skeletts notwendige Dichte oder Stärke dieses Gewebes hinausgehen kann. Andererseits wird auch das Ausmaß der Ablagerung diesen Punkt überschreiten können. Eine nach einer verstärkten Retention einsetzende negative Bilanzphase wird daher nur bei Kenntnis auch der der Retention voraufliegenden Verhältnisse als eine echte „negative Überschußbilanz" (LENKEIT) anzusprechen sein.

In Anbetracht der endogen bedingten Gesetzmäßigkeiten im Ablauf des Mineralstoffhaushalts wird es für die Bedarfsbemessung wichtig sein, daß die Zufuhrhöhe und die jeweiligen Phasen des Graviditäts- und Laktationszyklus in einem gewissen Bereich in einer bestimmten Beziehung zueinander stehen bzw. aufeinander abgestimmt sein müssen. Unter der Voraussetzung, daß die aus den oben zitierten Arbeiten zu entnehmenden Hinweise eines Einflusses der Höhe der Ca- und P-Versorgung auf das Ausmaß und den Verlauf der Bilanzbewegungen zu bestätigen sind, müßte es einen optimalen Bereich der Mineralstoffzufuhr für die verschiedenen Leistungsphasen geben, der eine möglichst geringe Belastung des tierischen Regulationsapparates darstellt.

Die nachfolgend berichteten Untersuchungen sollen ein Beitrag zu dieser Frage der Auswirkung einer langfristig unterschiedlichen Höhe der Zufuhr auf den Bilanzverlauf während der Laktation sein.

Versuchsanlage

Die Untersuchungen umfassen die bilanzmäßige Kontrolle des Mineralstoffhaushalts von 2 Milchkühen über einen Zeitraum von etwa 8 Monaten. In diesen Abschnitt wurden nach längerer, kontrollierter Vorperiode in Abständen von etwa 3–4 Wochen mehrere eigentliche Versuchsperioden gelegt, in denen in üblicher Weise und Ausdehnung die Mineralstoffbilanzen ermittelt wurden[25]. Die quantitative Futterzuteilung wurde auch während der Zwischenperioden (bezeichnet als Kontrollperioden) vorgenommen, so daß für die gesamte Zeitspanne der Untersuchungen eine genaue Kontrolle der Aufnahme bzw. im Sinne der Fragestellung der Untersuchungen eine Kenntnis über die Höhe der Mineralstoffversorgung besteht.

Die Zusammensetzung des Futters war für die überwiegende Zeit der Untersuchungsdauer durch die Verhältnisse in Rübenbauwirtschaften gekennzeichnet. Soweit es bei derartigen langfristigen Versuchen mit Großvieh möglich ist, wurde versucht, die Fütterung während der Versuchsdauer weitgehend gleich zu halten. Bei Verwendung frischer Futtermittel ist dies verständlicherweise nicht völlig exakt zu erreichen, da beispielsweise verschiedene Partien einer Silage immer gewisse Abweichungen in der Zusammensetzung oder doch in ihrem Trockensubstanzgehalt aufweisen.

Die Versuchstiere, Kuh I A und Kuh II G, für die nachfolgend einige kennzeichnende Daten gegeben sind, waren beide an die Durchführung von Stoffwechselversuchen seit längerem gewöhnt.

Kuh I A:

Geboren: 15. 11. 1949, 5. Kalb am 21. 9. 1956, Milchleistung bei Laktationsbeginn: 23,9 kg.

Kuh II G:

Geboren: 30. 11. 1949, 5. Kalb am 28. 10. 1956, Milchleistung bei Laktationsbeginn: 27,4 kg.

Sie standen zur Zeit der Versuche beide im 8. Lebensjahr, waren stets regelmäßig tragend geworden und befanden sich beide in ihrer 5. Laktation. Für die Kuh I A umfaßte der Gesamtzeitraum der Versuche den 56.–293. Tag und für das Tier II G den 19.–256. Tag der Laktationsperiode.

Die Untersuchungsreihe begann mit einer mehrwöchigen Kontrollperiode der Verfütterung von frischem Zuckerrübenblatt in nachfolgend aufgeführter Weise.

1. Kontrollperiode: 16. 11. 1956–5. 12. 1956

Laktationsstadium zu Beginn: Kuh I A: 56. Tag der Laktation
Kuh II G: 19. Tag der Laktation

Tägliches Futter:

Kuh I A:		Kuh II G:
40.0 kg	Zuckerrübenblatt, frisch	40,0 kg
3,0 kg	Luzerneheu	3,0 kg
5,0 kg	Trockenschnitzel	5,0 kg
1,5 kg	Weizenkleie	2,0 kg
0,75 kg	Sojaschrot	1,0 kg
0,75 kg	Kokosschrot	1,0 kg
30 g	kohlensaurer Kalk	50 g

Milchleistung im Durchschnitt der Periode:

Kuh I A: 16,2 kg mit 3,90% Fett
Kuh II G: 25,1 kg mit 4,15% Fett

Die nachfolgende 2. Kontrollperiode stellte mit einer Verfütterung von Zuckerrübenblattsilage und Markstammkohl den Übergang zur eigentlichen gleichbleibenden Winterfütterungsperiode dar.

2. Kontrollperiode: 6. 12–28. 12.1956

Tägliches Futter:

Kuh I A:		Kuh II G:
25,0 kg	Rübenblattsilage	25,0 kg
25,0 kg	Markstammkohl	25,0 kg
3,0 kg	Luzerneheu	3,0 kg
3,0 kg	Trockenschnitzel	4,0 kg
1,0 kg	Weizenkleie	3,0 kg
1,0 kg	Sojaschrot	2,0 kg

Milchleistung im Durchschnitt der Periode:

Kuh I A: 15,05 kg mit 3,85% Fett
Kuh II G: 26,00 kg mit 4,40% Fett

In der 3. Kontrollperiode wurde – als Vorperiode zur nachfolgenden 1. Versuchsperiode – die Fütterung ganz auf die Grundlage von Zuckerrübenblattsilage gestellt, die in bewußt hohen Mengen von 50 kg je Tier und Tag gegeben wurde, ergänzt durch Luzerneheu, Trockenschnitzel und Kraftfutter in nachfolgender Weise:

3. Kontrollperiode: 29. 12. 1956–31. 1. 1957

Tägliches Futter:

Kuh IA:		Kuh IIG:
50,0 kg	Zuckerrübenblattsilage	55,0 kg
3,0 kg	Luzerneheu	3,0 kg
3,0 kg	Trockenschnitzel	4,0 kg
1,0 kg	Weizenkleie	3,0 kg
0,5 kg	Sojaschrot	1,0 kg
0,5 kg	Kokosschrot	1,0 kg
50 g	phosphorsaurer Kalk	–
–	kohlensaurer Kalk	100 g

Milchleistung im Durchschnitt der Periode:

Kuh I A: 14,20 kg mit 3,96% Fett

Kuh II G: 20,15 kg mit 4,00% Fett

Die Mineralstoffversorgung sollte während der Untersuchungen gemäß der eingangs umrissenen Fragestellung durch zusätzliche Ergänzungen unterschiedlich gehalten werden. Es war vorgesehen, bei einer nach Maßgabe der angewendeten Normen ausreichenden P-Zufuhr für beide Tiere die Ca-Versorgung so zu differenzieren, daß einmal die in früheren Arbeiten von BECKER und Mitarb. [1, 24] für diese Fütterungsverhältnisse empfohlene reichliche Ca-Zufuhr gegeben war (Kuh II G), während zum anderen die Höhe der Ca-Zufuhr im wesentlichen aus den natürlichen Futterinhaltsstoffen bestimmt wurde (Kuh I A). Es muß bemerkt werden, daß die auf Grund der Analyse der Futtermittel aufgestellten Vorkalkulationen durch unterschiedlichen Mineralstoffgehalt der Futterreste gestört wurden, so daß in der tatsächlichen Aufnahme die geplanten Differenzierungen in der Versorgungshöhe nicht immer in dem beabsichtigten Umfang vorlagen.

In der 1. Versuchsperiode vom 14. 1. 1957 bis 2. 2. 1957 war die Fütterung die gleiche, wie für die voraufgegangene 3. Kontrollperiode angegeben. Die eigentliche Analysenperiode umfaßte für die Kuh IA den 125.–134. Tag der Laktation und für die Kuh II G den 88.–97. Tag der Laktation. Das Gewicht der Tiere betrug bei Periodenbeginn 663 kg für IA und 705 kg für II G. Der Versuchsverlauf war glatt und ohne technische oder sonstige Störungen.

Im Mittel der Messungen aller Versuchstage betrugen:

für *Kuh I A:* Wasserverbrauch 40,2 l, Milchleistung 14,6 kg mit 4,0 % Fett, Harnmenge 21 724 ml, Kotmenge 38 175 g frisch = 888,2 g lufttrocken, Futterreste 1480 g lufttrocken,

für *Kuh II G:* Wasserverbrauch 60,1 l, Milchleistung 19,1 kg mit 3,95 % Fett, Harnmenge 22 157 ml, Kotmenge 47 770 g frisch = 9603 g lufttrocken, Futterreste 2729 g lufttrocken.

Die Mineralstoffgehalte der Futtermittel und Ausscheidungsprodukte sowie die N- und Mineralstoffbilanzen sind in den nachstehenden Tabellen 1 und 2 aufgeführt. Auf die Wiedergabe der sonstigen analytischen Daten und Berechnungen aus den Untersuchungen wie Nährstoffgehalt der Futtermittel und Ausscheidungen, Verdauungswert u. a. wurde aus Raumgründen verzichtet.

Tabelle 1. *N- und Mineralstoffgehalt der Futtermittel und Ausscheidungsprodukte*
(1. Versuchsperiode)

	Trocken-substanz	in % der Trockensubstanz						
		N	Ca	Mg	P	K	Na	Cl
Rübenblattsilage . .	23,71	1,94	1,169	0,176	0,216	1,289	0,334	0,647
Luzerneheu	81,07	3,08	1,660	0,170	0,412	2,730	0,259	0,638
Trockenschnitzel . .	87,76	1,60	0,948	0,205	0,105	0,397	0,099	0,071
Weizenkleie	85,47	2,48	0,156	0,431	1,737	0,987	0,088	0,089
Sojaschrot	83,25	8,58	0,297	0,191	0,834	2,064	0,088	0,115
Kokosschrot . . .	86,25	3,89	0,104	0,312	0,563	1,831	0,186	0,779
phosphorsaurer Kalk in 100 g	—	—	22,946	—	17,608	—	—	—
kohlensaurer Kalk in 100 g	—	—	37,074	0,118	0,040	—	—	—
Futterreste IA . . .	97,20	1,59	1,220	0,141	0,305	0,766	0,110	0,326
Kot IA	22,48	1,50	2,444	0,430	0,606	0,226	0,045	0,358
Futterreste IIG . .	97,50	1,42	1,548	0,140	0,176	0,564	0,124	0,343
Kot IIG	19,32	1,61	2,422	0,482	0,720	0,315	0,071	0,372
Harn IA, in 1000 ml	—	8,26	0,021	0,240	0,010	12,600	1,665	2,000
Milch IA, in 1 kg .	—	5,16	1,168	0,119	1,049	1,960	0,466	1,035
Harn IIG, in 1000 ml	—	10,08	0,042	0,431	0,10	13,910	1,519	1,870
Milch IIG, in 1 kg .	—	5,39	1,149	0,091	1,010	2,270	0,552	1,216
Wasser, in 1000 ml .	—	—	0,084	0,011	—	0,005	0,021	0,043

Tabelle 2. *N- und Mineralstoffbilanzen g je Tag* (1. Versuchsperiode)

	N	Ca	Mg	P	K	Na	Cl
			Kuh IA				
aufgenommen in Futter u. Wasser	397,84	304,23	34,63	63,55	243,77	49,69	95,73
ausgeschieden in							
Kot	128,75	209,77	36,91	52,01	19,40	3,86	30,73
Harn	179,44	0,46	5,21	0,22	273,72	36,17	43,45
Milch	75,34	17,05	1,74	15,32	28,62	6,80	15,11
zusammen	383,53	227,28	43,86	67,55	321,74	46,83	89,29
Bilanz	+14,31	-23,05	-9,23	-4,00	-77,97	+2,86	+6,44
			Kuh IIG				
aufgenommen in Futter u. Wasser	514,86	234,39	46,66	93,58	292,00	55,88	105,79
ausgeschieden in							
Kot	148,62	223,58	44,50	66,47	29,08	6,55	34,34
Harn	223,34	0,93	9,55	0,22	308,20	33,66	41,43
Milch	102,95	21,95	1,74	19,29	43,36	10,54	23,23
zusammen	474,91	246,46	55,79	85,98	380,64	50,75	99,00
Bilanz	+39,95	-12,07	-9,13	+7,60	-88,64	+5,13	+6,79

In der nachfolgenden Zwischenperiode wurden lediglich einige geringfügige Änderungen in der Ration der Kuh II G in Anpassung an die Höhe ihrer Milchleistung vorgenommen. Die Fütterung während der 4. Kontrollperiode stellte sich wie folgt:

4. Kontrollperiode: 3. 2.–7. 3. 1957

Tägliches Futter:

Kuh IA:		Kuh II G:
50,0 kg	Rübenblattsilage	50,0 kg
3,0 kg	Luzerneheu	3,0 kg
3,0 kg	Trockenschnitzel	2,0 kg
1,0 kg	Weizenkleie	3,0 kg
0,5 kg	Sojaschrot	1,0 kg
0,5 kg	Kokosschrot	1,0 kg
50 g	phosphorsaurer Kalk	–
–	kohlensaurer Kalk	100 g

Milchleistung im Durchschnitt der Periode:

Kuh I A: 14,2 kg mit 4,1 % Fett

Kuh II G: 17,3 kg mit 4,0 % Fett

Im weiteren Verlauf der Arbeiten mußte das bisher verwendete Kokosschrot gegen Erdnußschrot ausgetauscht werden und in diesem Zusammenhang vor der nächsten Versuchsperiode einige geringe Änderungen in den Anteilen der Kraftfuttermittel vorgenommen werden, um die Rationen den vorliegenden Milchleistungen anzupassen.

Die 2. *Versuchsperiode* lief vom 8. 3.–27. 3. 1957. Die eigentliche Analysenperiode vom 18. 3.–27. 3. umfaßte bei der Kuh I A den 178.–187. Tag der Laktation und bei der Kuh II G den 141.–150. Tag der Laktation. Die Gewichte betrugen 662 kg bei I A und 697 kg bei II G. Die täglichen Futterrationen hatten folgende Zusammensetzung:

Kuh I A:		Kuh II G:
50,0 kg	Rübenblattsilage	50,0 kg
2,5 kg	Luzerneheu	2,5 kg
3,0 kg	Trockenschnitzel	3,0 kg
1,0 kg	Weizenkleie	2,0 kg
0,5 kg	Sojaschrot	0,75 kg
0,5 kg	Erdnußschrot	0,75 kg
50 g	phosphorsaurer Kalk	–
–	kohlensaurer Kalk	100 g

Tabelle 3. *N- und Mineralstoffgehalt der Futtermittel und Ausscheidungsprodukte* (2. Versuchsperiode)

	Trockensubstanz	in % der Trockensubstanz						
		N	Ca	Mg	P	K	Na	Cl
Rübenblattsilage . .	16,34	1,854	1,203	0,281	0,203	1,324	0,192	0,681
Luzerneheu	79,31	3,277	1,699	0,225	0,252	3,214	0,184	0,452
Trockenschnitzel . .	86,76	1,520	0,971	0,252	0,102	0,397	0,122	0,064
Weizenkleie	85,17	2,429	0,179	0,561	1,355	0,761	0,074	0,096
Sojaschrot	83,66	8,933	0,307	0,334	0,795	2,155	0,135	0,057
Erdnußschrot . . .	87,77	7,355	0,131	0,315	0,424	0,954	0,091	0,095
phosphorsaurer Kalk in 100 g	—	—	23,848	—	18,129	—	—	—
kohlensaurer Kalk in 100 g	—	—	36,824	0,118	0,047	—	—	—
Futterreste IA . . .	95,90	1,405	1,031	0,181	0,231	0,401	0,035	0,254
Kot IA	24,08	1,557	2,465	0,490	0,585	0,157	0,029	0,236
Futterreste IIG . .	96,31	1,563	1,909	0,246	0,185	0,530	0,087	0,383
Kot IIG	21,38	1,755	2,706	0,589	0,651	0,141	0,015	0,244
Harn IA, in 1000 ml	—	6,06	0,015	0,219	0,008	9,760	0,888	1,260
Milch IA, in 1 kg .	—	5,141	1,163	0,090	0,897	1.820	0,471	1,044
Harn IIG, in 1000 ml	—	9,06	0,033	0,302	0,009	13,15	1,003	1,640
Milch IIG, in 1 kg .	—	5,034	1,043	0,096	0,922	1,520	0,550	1,156
Wasser, in 1000 ml	—	—	0,084	0,011	—	0,005	0,021	0,043

Der technische Ablauf der Versuchsperiode war ohne Störungen. Im Mittel der Messungen aller Versuchstage betrugen:

für *Kuh I A* Wasserverbrauch 26,6 l, Milchleistung 13,7 kg mit 4,0 % Fett, Harnmenge 26 069 ml, Kotmenge 26 070 g frisch = 6523 g lufttrocken, Futterreste 293,5 g lufttrocken,

für *Kuh II G:* Wasserverbrauch 30,4 l, Milchleistung 15,05 kg mit 3,76 % Fett, Harnmenge 20 706 ml, Kotmenge 28 546 g frisch = 6404 g lufttrocken, Futterreste 1065 g lufttrocken.

Der Mineralstoffgehalt der Futtermittel und Ausscheidungen sowie die Bilanzen der 2. Versuchsperiode sind in den nachstehenden Tabellen 3 und 4 wiedergegeben.

Tabelle 4. *N- und Mineralstoffbilanzen* (2. Versuchsperiode) *g je Tag*

	N	Ca	Mg	P	K	Na	Cl
			Kuh IA				
aufgenommen in Futter u. Wasser	342,39	171,87	41,32	49,38	200,91	24,57	68,18
ausgeschieden in							
Kot	97,72	154,71	30,75	36,72	9,85	1,82	14,81
Harn	157,98	0,39	5,71	0,21	254,43	23,15	32,85
Milch	70,43	15,93	1,23	12,29	24,93	6,45	14,30
zusammen	326,13	171,03	37,69	49,22	289,21	31,42	61,96
Bilanz	+16,26	+0,84	+3,63	+0,16	-88,30	-6,85	+6,22
			Kuh IIG				
aufgenommen in Futter u. Wasser	385,82	182,88	45,64	53,25	209,72	24,98	66,28
ausgeschieden in							
Kot	107,10	165,13	35,94	39,73	8,60	0,92	14,89
Harn	187,60	0,68	6,25	0,19	272,28	20,77	33,96
Milch	75,76	15,70	1,44	13,88	22,88	8,28	17,40
zusammen	370,46	181,51	43,63	53,80	303,76	29,97	66,25
Bilanz	+15,36	+1,37	+2,01	-0,55	-94,04	-4,99	+0,03

Außer einigen unwesentlichen Änderungen in der Höhe der Heu- bzw. Kraftfuttergaben konnte in der nachfolgenden 5. Kontrollperiode die zusätzliche P-Ergänzung für die Kuh I A entfallen, da, gemessen an den üblichen Maßstäben, eine Bedarfsdeckung mit dem P-Gehalt der übrigen Ration erfolgte. Im einzelnen lag folgende Fütterung vor:

5. *Kontrollperiode:* 28. 3.–18. 4. 1957

Tägliches Futter:

Kuh I A:		Kuh II G:
50,0 kg	Rübenblattsilage	50,0 kg
2,0 kg	Wiesenheu	2,0 kg
3,0 kg	Trockenschnitzel	3,0 kg
1,0 kg	Weizenkleie	2,0 kg
0,5 kg	Sojaschrot	0,5 kg
0,5 kg	Erdnußschrot	0,5 kg
50 g	kohlensaurer Kalk	150 g

Milchleistung im Durchschnitt der Periode:

Kuh I A: 13,7 kg mit 4,3 % Fett

Kuh II G: 12,7 kg mit 3,7 % Fett.

Tabelle 5. *N- und Mineralstoffgehalt der Futtermittel und Ausscheidungsprodukte* (3. Versuchsperiode)

	Trocken-substanz	in % der Trockensubstanz						
		N	Ca	Mg	P	K	Na	Cl
Rübenblattsilage . .	21,32	2,07	1,281	0,222	0,211	1,842	0,397	0,678
Wiesenheu	84,14	1,77	0,532	0,138	0,291	1,952	0,097	0,708
Trockenschnitzel . .	88,86	1,66	0,935	0,229	0,090	0,390	0,110	0,038
Weizenkleie	86,64	2,37	0,144	0,591	1,454	0,566	0,076	0,064
Sojaschrot	84,83	8,77	0,294	0,265	0,724	2,333	0,097	0,038
Erdnußschrot . . .	88,70	7,48	0,129	0,281	0,422	0,965	0,092	0,050
kohlensaurer Kalk in 100 g	—	—	36,824	0,118	0,047	—	—	—
Futterreste IA . . .	95,16	1,74	0,899	0,192	0,270	1,208	0,071	0,749
Kot IA	20,21	1,84	2,853	0,503	0,507	0,259	0,050	0,267
Futterreste II G . .	95,54	1,63	1,930	0,212	0,186	0,843	0,128	0,517
Kot II G	17,90	1,75	2,859	0,542	0,648	0,297	0,072	0,326
Harn IA, in 1000 ml	—	7,26	0,018	0,282	0,008	11,780	2,112	2,870
Milch IA, in 1 kg .	—	5,56	1,132	0,101	1,009	1,904	0,487	1,096
Harn II G, in 1000 ml	—	8,72	0,020	0,282	0,010	12,890	1,833	3,150
Milch II G, in 1 kg .	—	5,40	0,989	0,114	0,985	1,558	0,451	1,093
Wasser, in 1000 ml .	—	—	0,084	0,011	—	0.005	0,021	0,043

In der 3. *Versuchsperiode* vom 19. 4.–8. 5. 1957 blieb die Rationszusammensetzung gegenüber der vorherigen 5. Kontrollperiode unverändert bestehen. Die eigentliche Analysenperiode umfaßte für die Kuh I A bei einem Gewicht von 701 kg den 220.–229. Tag der Laktation und bei der Kuh II G – Gewicht 711 kg – den 183.–192. Tag der Laktation. Der Versuch lief technisch einwandfrei und ohne Besonderheiten ab.

Im Mittel der Messungen aller Versuchstage betrugen:

für *Kuh I A:* Wasserverbrauch 32,2 l, Milchleistung 14,5 kg mit 4 % Fett, Harnmenge 21 144 ml, Kotmenge 31 930 g frisch = 6729,5 g lufttrocken, Futterreste 1546,6 g lufttrocken,

für *Kuh II G:* Wasserverbrauch 43,3 l, Milchleistung 14,9 kg mit 3,7 % Fett, Harnmenge 20 238 ml, Kotmenge 40 355 g frisch = 7603 g lufttrocken, Futterreste 1095 g lufttrocken.

Die entsprechenden Analysenergebnisse und Bilanzen der 3. Versuchsperiode sind in den Tabellen 5 und 6 aufgeführt.

Tabelle 6. *N- und Mineralstoffbilanzen* (3. Versuchsperiode) *g je Tag*

	N	Ca	Mg	P	K	Na	Cl
				Kuh IA			
aufgenommen in Futter u. Wasser	359,99	181,38	37,16	43,38	241,07	48,00	76,48
ausgeschieden in							
Kot	118,72	184,08	32,45	32,71	16,71	3,23	17,33
Harn	153,51	0,38	5,96	0,17	249,08	44,66	60,68
Milch	80,84	16,46	1,47	14,67	27,68	7,08	15,94
zusammen	353,07	200,92	39,83	47,55	293,47	54,97	93,85
Bilanz	+6,92	-19,54	-2,72	-4,17	-52,40	-6,97	+17,37
				Kuh IIG			
aufgenommen in Futter u. Wasser	389,09	213,44	43,14	58,04	255,00	48,59	83,13
ausgeschieden in							
Kot	126,43	206,54	39,16	46,81	21,46	5,20	23,55
Harn	176,48	0,40	5,71	0,20	260,87	37,10	63,75
Milch	80,46	14,74	1,70	14,68	23,21	6,72	16,29
zusammen	383,37	221,68	46,57	61,69	305,54	49,02	103,59
Bilanz	+5,72	-8,24	-3,43	-3,65	-50,54	-0,43	+20,46

Nach Ablauf der 3. Versuchsperiode wurde die Fütterung auf Weidegras umgestellt. Während der nachfolgenden Kontrollperiode wurde das Weidegras täglich frisch geschnitten und zugewogen. Bei der unter dieser Futtergrundlage veränderten Mineralstoffzufuhr mußte insbesondere bei dem Wegfall der Kraftfuttergabe die zusätzlich gegebene Ergänzung vor allem die P-Zufuhr berücksichtigen. Der Versuchsplanung gemäß wurde die zusätzliche Mineralstoffzufuhr nur bei der Kuh II G vorgenommen.

6. Kontrollperiode: 9. 5.–7. 6. 1958

Tägliches Futter:

Kuh I A:		Kuh II G:
50,0 kg	Weidegras frisch	50,0 kg
3,0 kg	Trockenschnitzel	3,0 kg
1,5 kg	Wiesenheu	1,5 kg
–	phosphorsaurer Kalk	100 g
–	Kochsalz	50 g

Milchleistung im Durchschnitt der Periode:

Kuh I A: 11,5 kg mit 4,0 % Fett

Kuh II G: 13,1 kg mit 3,4 % Fett.

Die eigentlichen Versuchsperioden 4 und 5 wurden mit Hilfe der an anderer Stelle (2) berichteten Methode der Konservierung des Weidegrases mittels Tiefkühlung durchgeführt. Das Gras wurde an einem Tage geschnitten und durch Einfrieren für den gesamten Zeitraum der Versuche konserviert. Durch gewisse Erweiterungen in der Technik [23] gelang es, die erforderlichen Grasmengen für zwei im Abstand von 10 Tagen durchgeführte Versuchsperioden einschließlich einer 10tägigen Vorfütterungszeit auf diesem Wege bereit zu stellen..

Die *4. Versuchsperiode* lief vom 8. 6.–24. 6. 1957. Die eigentliche Analysenperiode vom 18. 6.–24. 6. umfaßte für die Kuh I A den 270.–276. Tag und für die Kuh II G den 233.–239. Tag der Laktation. Das Gewicht der Versuchstiere betrug zu Periodenbeginn 682 kg bei I A und 679 kg bei II G. Die Zusammensetzung der täglichen Rationen sowie die zusätzliche Mineralstoffergänzung waren wie folgt:

Kuh I A:		Kuh II G:
50,0 kg	Weidegras, tiefgekühlt	50,0 kg
3,0 kg	Trockenschnitzel	3,0 kg
1,5 kg	Wiesenheu	1,5 kg
–	phosphorsaurer Kalk	100 g
–	Kochsalz	50 g

Trotz außergewöhnlich hoher sommerlicher Außentemperaturen war der Versuchsverlauf glatt und ohne Störungen.

Im Mittel der Messungen aller Versuchstage betrugen:

für *Kuh I A:* Wasserverbrauch 22 l, Milchleistung 11,4 kg mit 4,4 % Fett, Harnmenge 16 938 ml, Kotmenge 22 286 g frisch = 3167,6 g lufttrocken, Futterreste 1254,4 g lufttrocken,

für *Kuh II G:* Wasserverbrauch 23 l, Milchleistung 13,7 kg mit 3,5 % Fett, Harnmenge 16 969 ml, Kotmenge 22 314 g frisch = 3276 g lufttrocken, Futterreste 1365,2 g lufttrocken.

Die Analysenergebnisse der Futtermittel und Ausscheidungen sowie die Mineralstoffbilanzen dieser Versuchsperiode sind in den nachfolgenden Tabellen 7 und 8 wiedergegeben.

Tabelle 7. *N- und Mineralstoffgehalt der Futtermittel und Ausscheidungsprodukte* (4. Versuchsperiode)

	Trocken-substanz	in % der Trockensubstanz						
		N	Ca	Mg	P	K	Na	Cl
Weidegras, tiefgek. .	16,49	2,38	0,570	0,168	0,326	2,969	0,129	1,144
Trockenschnitzel . .	91,23	1,51	0,930	0,243	0,097	0,368	0,087	0,154
Wiesenheu	86,67	1,38	0,451	0,135	0,293	1,737	0,114	1,052
phosphorsaurer Kalk in 100 g . . .	—	—	22,866	—	17,429	—	—	—
Kochsalz, in 100 g .	—	—	—	—	—	—	39,946	57,977
Futterreste I A . . .	91,36	1,91	0,722	0,210	0,305	2,118	0,089	0,951
Kot I A	12,88	2,82	1,736	0,568	0,617	0,389	0,021	0,378
Futterreste II G . . .	91,80	1,85	1,173	0,203	0,403	1,932	0,307	1,506
Kot II G	13,30	2,68	2,507	0,523	1,097	0,392	0,040	0,391
Harn I A, in 1000 ml	—	4,84	0,045	0,078	0,008	18,000	0,175	4,370
Milch I A, in 1 kg .	—	5,30	1,172	0,095	0,934	2,200	0,547	0,722
Harn II G, in 1000 ml	—	5,82	0,047	0,128	0,007	13,840	0,939	5,430
Milch II G, in 1 kg .	—	4,98	0,982	0,115	0,849	2,585	0,596	0,653
Wasser, in 1000 ml .	—	—	0,084	0,011	—	0,005	0,021	0,043

Tabelle 8. *N- und Mineralstoffbilanzen* (4. Versuchsperiode) *g je Tag*

	N	Ca	Mg	P	K	Na	Cl
				Kuh IA			
aufgenommen in Futter u. Wasser	233,61	71,89	20,09	29,84	255,28	13,94	102,26
ausgeschieden in							
Kot	80,97	49,84	16,31	17,71	11,17	0,60	10,85
Harn	81,98	0,76	1,32	0,14	304,88	2,96	74,02
Milch	60,42	13,36	1,08	10,65	25,08	6,24	8,23
zusammen	223,37	63,96	18,71	28,50	341,13	9,80	93,10
Bilanz	+10,24	+7,93	+1,38	+1,34	- 87,85	+4,14	+9,16
				Kuh IIG			
aufgenommen in Futter u. Wasser	232,31	88,41	19,97	45,72	253,35	31,10	123,32
ausgeschieden in							
Kot	79,55	74,42	15,52	32,56	11,64	1,19	11,61
Harn	98,76	0,80	2,17	0,12	234,85	15,93	92,14
Milch	68,23	13,45	1,58	11,63	35,41	8,17	8,95
zusammen	246,54	88,67	19,27	44,31	281,90	25,29	112.70
Bilanz	- 14,23	- 0,26	+0,70	+1,41	- 28,55	+5,81	+10,62

Die 5. *Versuchsperiode* vom 25. 6.–11. 7. 1957 begann mit einer 10tägigen Vorperiode. Die eigentliche Analysenperiode umfaßte den 287.–293. Tag der Laktation bei Kuh I A und bei Kuh II G den 250.–256. Tag der Laktation. Das Gewicht der Tiere hatte sich mit 689 kg bei I A und 685 kg bei II G gegenüber der voraufliegenden Periode nur geringfügig erhöht. Die Fütterung war nicht nur bezüglich des Weidegrases, sondern auch hinsichtlich der übrigen Rationsbestandteile die gleiche wie in der 4. Versuchsperiode.

Im Mittel der Messungen aller Versuchstage betrugen:

für *Kuh I A:* Wasserverbauch 23,8 l, Milchleistung 10,5 kg mit 4,5 % Fett, Harnmenge 15 575 ml, Kotmenge 21 907 g frisch = 2760,6 g lufttrocken, Futterreste 946,5 g lufttrocken,

für *Kuh II G:* Wasserverbrauch 26,1 l, Milchleistung 13,2 kg mit 3,5 % Fett, Harnmenge 16 164 ml, Kotmenge 22 829 g frisch = 3077,1 g lufttrocken, Futterreste 1196,4 g lufttrocken.

Analysenergebnisse und Bilanzen der 5. Versuchsperiode sind nachfolgend in den Tabellen 9 und 10 aufgeführt.

Tabelle 9. *N- und Mineralstoffgehalt der Futtermittel und Ausscheidungsprodukte* (5. Versuchspriode)

	Trocken-substanz	in % der Trockensubstánz						
		N	Ca	Mg	P	K	Na	Cl
Weidegras, tiefgek.	s. Analysen 4. Versuchsperiode							
Trockenschnitzel	90,10	1,69	0,930	0,241	0,095	0,407	0,104	0,064
Wiesenheu	90,35	1,64	0,487	0,153	0,232	1,763	0,176	1,126
Futterreste IA	92,30	2,32	0,802	0,179	0,272	2,110	0,116	0,973
Kot IA	11,59	3,44	1,917	0,614	0,689	0,559	0,112	0,405
Futterreste IIG	92,26	2,09	1,339	0.193	0,311	1,862	0,270	1,416
Kot IIG	12,41	2,92	2,673	0.574	0,993	0,514	0,038	0,443
Milch IA, in 1 kg	—	5,49	1,238	0,102	0,958	2,115	0,531	1,188
Harn IA, in 1000 ml	—	4,69	0,043	0,083	0,007	14,680	0,240	4,610
Milch IIG, in 1 kg	—	4,91	0,967	0,122	0,844	0,939	0,611	1,240
Harn IIG, in 1000 ml	—	5,84	0,038	0,125	0,006	16,780	0,910	5,760
Wasser, in 1000 ml	—	—	0,084	0,011	—	0,005	0,021	0,043
phosphors. Kalk, in 100 g	—	—	22,866	—	17,429	—	—	—
Kochsalz, in 100 g	—	—	—	—	—	—	39,946	57,977

Die Diskussion der Versuchsergebnisse soll im nachstehenden in der Folge der einzelnen untersuchten Elemente vorgenommen werden. Obwohl gerade beim Mineralstoffwechsel enge wechselseitige Beziehungen bestehen und eine Betrachtung der einzelnen Versuche im ganzen den physiologischen Gegebnheiten entsprechen würde, erscheint diese Aufgliederung für eine systematische Betrachtung notwendig.

Tabelle 10. *N- und Mineralstoffbilanzen* (5. Versuchsperiode) *g je Tag*

	N	Ca	Mg	P	K	Na	Cl
				Kuh IA			
aufgenommen in Futter u. Wasser	236,46	71,53	20,44	29,17	253,41	14,53	98,74
ausgeschieden in							
Kot	87,34	48,67	15,59	17,49	14,19	0,30	10,28
Harn	73,05	0,67	1,29	0,11	228,64	3,74	71,80
Milch	57,65	13,00	1,07	10,06	22,21	5,58	12,47
zusammen	218,04	62,34	17,95	27,66	265,04	9,62	94,55
Bilanz	+18,42	+9,19	+2,49	+1,51	- 11,63	+4,91	+4,19
				Kuh IIG			
aufgenommen in Futter u. Wasser	241,07	89,02	20,59	46,59	259,26	33,38	125,79
ausgeschieden in							
Kot	82,73	75,73	16,26	28,13	14,56	1,08	12,55
Harn	94,40	0,61	2,02	0,10	271,23	14,71	93,10
Milch	64,81	12,76	1,61	11,14	12,39	8,07	16,37
zusammen	241,94	89,10	19,89	39,37	298,18	23,86	122,02
Bilanz	- 0,87	- 0,08	+0,70	+7,22	- 38,92	+9.52	+3,77

Für das Ca sind Größe und Verlauf der Bilanzen sowie einige andere in diesem Zuammenhang interessierende Daten in der nachfolgenden Abb. 1 dargestellt.

Wie bei den gekennzeichneten Futterverhältnissen zu erwarten stand, war die *Ca-Aufnahme* auch bei der Kuh I A ohne besodere zusązliche Ergänzungen absolut recht hoch. Sie lag, wie aus der Abb. 1 (durchgezogene Linie) ersichtlich ist, während der gesamten Monate von November bis April etwa in der Größenordnung um 180 g Ca je Tag mit gewissen Schwankungen zwischen den einzelnen Fütterungsperioden, wie z. B. beim Übergang von der Frischblattperiode zur Rübenblattsilage sowie während dieser Zeit in Abhängigkeit des etwas schwankenden Ca- und wechselnden Trockensubstanzgehaltes der einzelnen Silagekenden Ca- und wechselnden Trockensubtanzengehaltes der einzelnen Silagepartien. Ein sehr starker Abfall in der Höhe der Ca-Aufnahme tritt beim Übergang von der Rübenblattsilage auf die Verfütterung von Weidegras ein, wo noch etwa 70–75 g Ca täglich aufgenommen wurden. Bei Gegenüberstellung mit dem nach den üblichen Normen berechneten Bedarf (gestrichelte Linie in Abb. 1) ergibt sich das für diese Fütterungsverhältnisse bekannte Bild einer absolut gesehen recht hohen und den normalerweise angenommenen Bedarf weit übersteigenden Ca-Aufnahme während der Verfütterung des Zuckerrübenblattes. In der Weidegrasperiode liegt dagegen die Ca-Zufuhr nicht mehr sehr wesentlich über den als Bedarf zu veranschlagenden Mengen.

Ein im Prinzip gleiches Bild bieten die Verhältnisse bei der Kuh II G, nur sind hier infolge der zusätzlichen Mineralstoffbeigaben die absoluten Werte noch höher. Sie liegen mit Ausnahme des ersten Abschnittes um und über 200 g und erreichen im Maximum etwa 240 g Ca. Auch während der Periode der Weidegrasverfütterung wurde die Zufuhr durch entsprechende Ergänzung um etwa 20 bis 25 g Ca täglich höher gehalten als bei der Kuh I A.

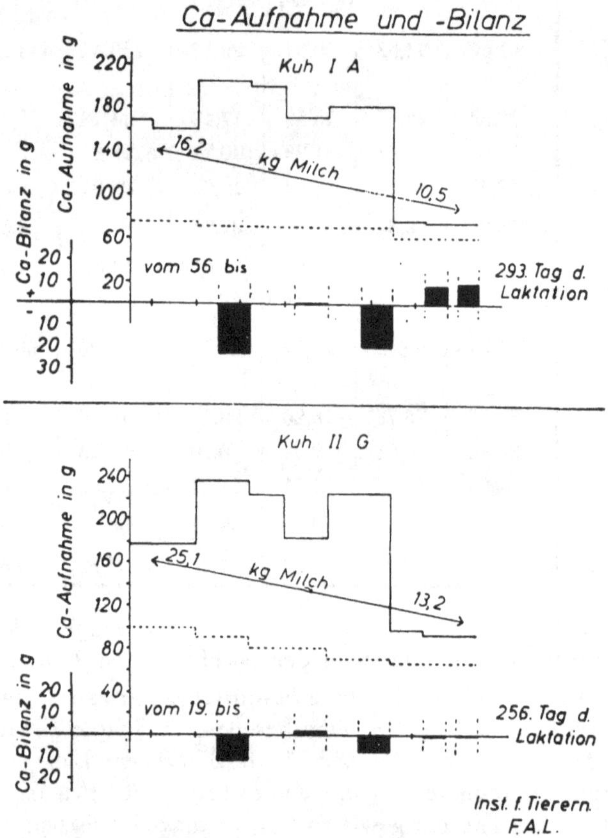

Abb. 1

Unter diesen Gegebenheiten und dem in der Abb. 1 mit Angabe der Laktationsbereiche und Milchleistungen gekennzeichneten physiologischen Zustand der Tiere zeigt sich bei bei den Versuchstieren in der großen Linie eine ansteigende Tendenz der Ca-Bilanzen mit fortschreitender Laktation. Im einzelnen ergibt sich in der 1. Versuchsperiode nach einer mehrwöchigen kontrollierten hohen Ca-Aufnahme bei bestimmender Verabfolgung von Zuckerrübenblatt bei beiden Tieren eine negative Bilanz. Diese ist auffälligerweise bei der im Laktationsstadium fortgeschritteneren Kuh I A, die zudem eine um etwa 5 kg geringere Milchleistung aufwies, mit – 23 g erheblich ausgeprägter als bei der Kuh II G, deren Ca-Bilanz – 12 g täglich aufwies. In Anbetracht der Ergebnisse aus den Arbeiten von BECKER und Mitarb. [1, 24] ist in diesem unterschiedlichen Ausmaß der negativen Bilanz, das dazu nach dem physiologischen Zustand der Tiere und ihrer Leistungshöhe eher umgekehrt erwartet worden wäre, ein Einfluß der unterschiedlich hohen Ca-Aufnahme zu sehen.

Im weiteren Verlauf der Untersuchungen ist bei einer in der Größenordnung etwa gleichbleibenden Zufuhr in der nächsten Versuchsperiode auffälligerweise bei beiden Kühen eine ausgeglichene Bilanz vorhanden, die jedoch übereinstimmend mit fortschreitender Versuchsdauer wieder deutlich negativ wird. Wie im ersten Abschnitt ist auch hier das Ausmaß der negativen Bilanz bei der Kuh I A mit – 19 g erheblich größer als bei der Kuh II G, wo es nur – 8 g beträgt.

Die Erscheinung einer wechselnden Bilanz bei einer langdauernden gleichbleibenden Zufuhr ist auch in Experimenten an Organismen, die keinen besonderen hormonellen Regulationseinflüssen (Trächtigkeit, Laktation) unterliegen [17, 18, 22], bereits mehrfach bemerkt worden, ohne daß die Ursachen hierfür immer erkannt werden konnten. Im vorliegenden Falle wird die positive Veränderung der Bilanz von der 1. zur 2. Periode sicherlich nicht mit dem fortschreitenden Laktationsstadium zu erklären sein. Man könnte eher eine gewisse Anpassung des Organismus an die unter diesen Fütterungsverhältnissen unzureichende Zufuhr ggf. durch bestimmte Änderungen der endogenen Verhältnisse vermuten. Diese kann allerdings von den Tieren nur eine gewisse Zeit aufrechterhalten werden, um dann wieder in eine nicht unerhebliche negative Bilanz umzuschlagen, für deren Ausmaß im Rahmen des Ca-Haushaltes offensichtlich die Höhe der bereits langfristig bestehenden Ca-Zufuhr mitbestimmend ist.

Mit Änderung der Futtergrundlage von Rübenblattsilage auf Weidegras fällt die Ca-Zufuhr in ihrem absoluten Ausmaß sehr erheblich ab und liegt danach besonders für die Kuh I A nur noch unwesentlich über der Höhe, die nach den gebräuchlichen Normen für die vorliegenden Milchleistungen als Bedarf angesehen wird. Gleichzeitig treten aber mit dem Wechsel der Futtrgrundlage günstigere exogene Verhältnisse für die Ca-Verwertung aus dem Futter ein.

Wie aus Abb. 1 ersichlich, zeigt sich in den beiden Versuchsperioden unter diesen Fütterungsgegebenheiten bei der Kuh I A ein wenn auch nicht übermäßig hoher, so aber doch deutlicher Ansatz, für den mit fortschreitender Laktation, d. h. innerhalb der beiden diesbezüglichen Versuchsperioden, eine gewisse ansteigende Tendenz sichtbar wird. Demgegenüber steht die Kuh II G in beiden Versuchsperioden in einer ausgeglichenen Bilanz. In Kenntnis des Ca-Stoffwechsels der voraufliegenden Monate ergibt sich aus diesen Befunden, daß die Kuh I A bei ihrem vorgeschrittenen Laktationszustand und in Anbetracht ihres negativen Ca-Haushaltes der ersten Laktationsmonate nunmehr zu einer echten Retention gelangt, während die Kuh II G mit ihrem günstigeren Verlauf des Ca-Haushaltes in der ersten Zeit dieser Laktation und in Anbetracht ihres „jüngeren" physiologischen Zustandes einer entsprechenden Retention trotz des ihr zur Verfügung stehenden reichlicheren Ca-Angebotes offensichtlich nicht bedarf.

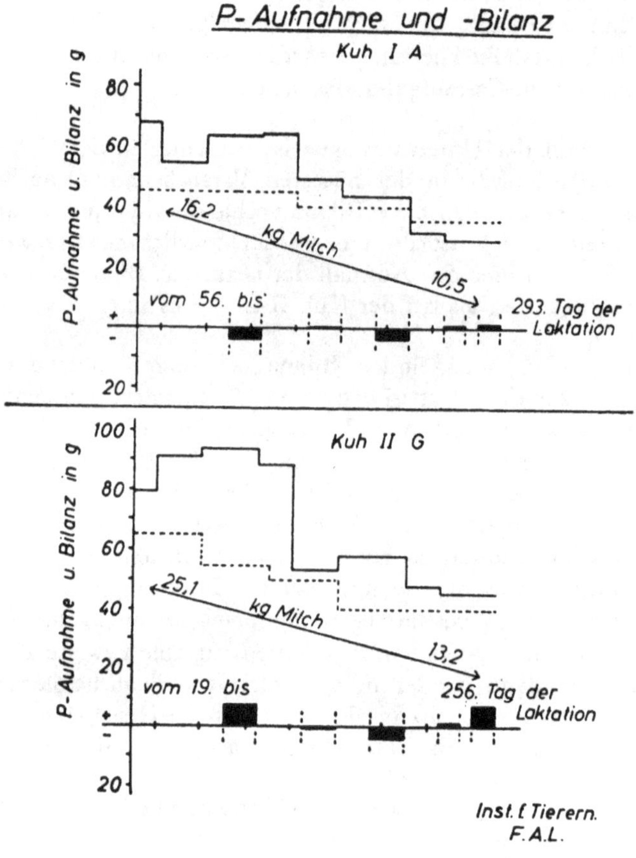

Abb. 2

Für die in obiger Abb. 2 dargestellten Verhältnisse beim *Phosphor* ist zunächst hinsichtlich der Zufuhr zu bemerken, daß diese während der Monate der Rübenblattverfütterung auch bei der Kuh I A, die nur geringe zusätzliche Ergänzungen erhielt, in ausreichender Höhe, zumindest in der Größenordnung der üblichen Bedarfsnormen, verläuft. Lediglich nach Übergang auf die Verfütterung von Weidegras wird die P-Aufnahme knapp und unterschreitet die gewünschte Höhe. Bei der Kuh II G ist die Aufnahme an P infolge der ihrer höheren Anfangsleistung entsprechenden größeren Kraftfuttermengen in der Ration in den ersten Phasen der Untersuchung recht hoch, geht dann zwar herunter, bleibt aber, gemessen an den üblichen Bedarfsnormen, immer ausreichend. Das Ca : P-Verhältnis ist erwartungsgemäß für die gesamten Monate der Rübenblattverfütterung bei beiden Tieren mit 3–4 : 1 recht weit, jedoch besagt diese Zahl unter den vorliegenden Fütterungsverhältnissen nur wenig.

Die P-Bilanz zeigt bei der Kuh I A einen ihrer Ca-Bilanz praktisch parallelen Verlauf, d. h. sie ist im ersten Teil der Laktation zu Beginn der Untersuchungen negativ, wird dann für einen begrenzten Zeitraum ausgeglichen, fällt wiederum ab, um in den beiden letzten Versuchsperioden bei der Verfütterung von Weidegras ausgeglichen zu werden, wobei eine gewisse Tendenz zum Ansatz zu erkennen ist.

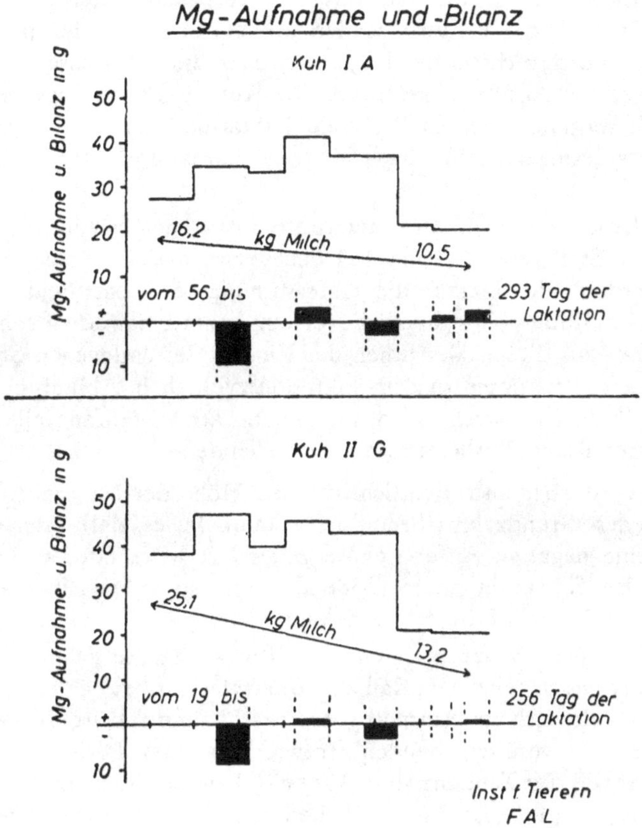

Abb. 3

Bei der Kuh II G liegt dagegen trotz der Anfangsphase ihrer Laktation und der relativ hohen Milchleistung von 20 kg zunächst eine deutlich positive P-Bilanz vor. Unter den gegebenen Umständen ist zu vermuten, daß dieser im Endergebnis der Stoffwechselvorgänge erscheinende Ansatz eine Folge der sehr hohen P-Aufnahme in diesem Zeitraum ist. Nach Rückgang der P-Zufuhr auf eine den üblichen Bedarfswerten angenäherte Größenordnung erscheint auch die P-Bilanz in ähnlicher Weise wie bei Kuh I A ausgeglichen bis leicht negativ. Mit zunehmendem Laktationszustand wird dann bei Kuh II G eine ansteigende Tendenz mit einem deutlichen Ansatz in der letzten Versuchsperiode sichtbar. Das Verhalten der P-Bilanzen in den letzten Versuchsabschnitten ist somit bei den beiden Versuchskühen gegensätzlich zu ihren Ca-Bilanzen. Während hier die Kuh I A entsprechend ihrem weiter vorgeschrittenen Laktations- und Trächtigkeitszustand sowie in sinngemäßer Folge zu ihrem Ca-Haushalt in der ersten Laktationszeit einen erwarteten Ansatz zeigte, ist für P ein solcher nur bei Kuh II G zu ermitteln. Diese Befunde drängen die Folgerung auf, daß die P-Zufuhr für die Kuh I A im entscheidenden letzten Abschnitt der Untersuchungen zu knapp war, so daß dieses Tier trotz seines aus dem vorgeschrittenen Leistungszustand und dem P-Haushalt der voraufliegenden Monate abzuleitenden physiologischen Bedarfs offensichtlich nicht in der Lage war, über die angedeutete Tendenz hinaus zu einem echten Ansatz zu gelangen. Die Kuh II G zeigt dagegen unter einer besseren P-Versorgung schon in jüngerem Laktations- und Trächtigkeitszustand und trotz ihres geringeren P-Defizits in der 1. Laktationshälfte einen sichtbaren Ansatz.

Eine abschließende und in etwa quantitative Aussagen erlaubende Betrachtung des Ca- und P-Stoffwechsels kann aus den vorstehenden Versuchen zwar nicht abgeleitet werden, da hierzu die Untersuchung der entscheidenden letzten Phasen der Gravidität sowie auch die ersten Laktationswochen fehlen. Es bestätigt sich aber aus diesen Versuchen der Einflüß der endogenen Steuerung des Mineralstoffhaushalts, unter der im laktationszyklischen Ablauf eine steigende Tendenz der Bilanzen erstrebt wird mit ggf. negativen Anfangsphasen und solchen verstärkter Retentionsbereitschaft gegen Ende.

Weiterhin wird aber auch deutlich, daß die Höhe der Mineralstoffversorgung das Ausmaß des Grundzyklus beeinflussen kann, sei es, daß unter entsprechender Zufuhr eine negative Anfangsphase gemindert wird, oder aber bei Mangel eine notwendige Retention gegen Ende der Laktation bzw. in der Gravidität nicht in erforderlichem Maße erfolgen kann.

Die in obiger Abb. 3 aufgezeigten Verhältnisse der Aufnahme und Bilanzen von *Magnesium* lassen erkennen, daß der Bilanzverlauf bei beiden Tieren sowohl in der Tendenz als auch im Ausmaß sehr übereinstimmend ist. In der negativen Anfangsphase, der vorübergehenden Entwicklung zum Positiven, dem neuerlichen Abfall sowie der Tendenz zum Ausgleich bzw. leichten Ansatz gegen Ende der Untersuchungsperiode ist eine deutliche Parallele zu dem jeweiligen Verhalten der Ca-Bilanzen der Tiere erkenntlich. Die nur teilweise Erfassung des vollen Laktations- und Graviditätszyklus gibt auch hier keinen Einblick in die weitere Entwicklung der in der Tendenz angedeuteten Ansätze während der letzten Zeit der Gravidität. Damit ist gleichzeitig eine Aussage bzw. eine Beurteilung der Versorgungshöhe für Mg erschwert. Immerhin wird aus der Darstellung erkenntlich, daß die Mg-Aufnahme nach der Änderung der Futtergrundlage von Rübenblattsilage auf Weidegras bemerkenswert abfällt und eine Größenordnung erreicht, die nach den geltenden Ansichten über den Bedarf als knapp bezeichnet werden muß. Hierbei sei darauf hingewiesen, daß die höhere Mg-Zufuhr der ersten Untersuchungsperioden zu einem sehr wesentlichen Anteil auf den in dieser Zeit verabfolgten Beifuttermitteln beruht. Auf die entsprechenden praktischen Folgerungen ist an anderer Stelle [23] bereits hingewiesen worden. Dennoch wird bei der geringen Mg-Aufnahme in den beiden letzten Versuchsperioden unter dem Einfluß der endogenen Regulationsvorgänge ein dem physiologischen Zustand der Tiere entsprechendes Endresultat in den Bilanzen sichtbar. Hierbei ist von Interesse, daß in der Verteilung der Ausscheidungen von Mg zwischen Kot und Harn – die Ausscheidungen in der Milch sind sehr konstant – eine deutliche Verringerung der Mg-Ausscheidungen im Harn in den beiden letzten Versuchsperioden zu erkennen ist. Wie im einzelnen aus den Daten der Übersichten 2, 4, 6, 8 und 10 zu entnehmen ist, geht die absolute tägliche Mg-Ausscheidung im Harn von etwa 6 g bis über 9 g im Maximum auf die Größenordnung von 1,3–2 g zurück. Es liegt die Folgerung nahe, hierin das Ergebnis endogener Regulationen bei steigenden physiologischen Bedürfnissen und begrenzter Zufuhr zu sehen.

Gegenüber den bisher diskutierten Elementen sind aus den Bilanzen von *K, Na und Cl,* die in der Tabelle 11 für die verschiedenen Versuchsperioden zusammengestellt sind, keine ähnlichen Beziehungen oder Gesetzmäßigkeiten abzuleiten.

Tabelle 11. *Aufnahme und Bilanzen von K, Na und Cl*

			1. Vers.-periode	2. Vers.-periode	3. Vers.-periode	4. Vers.-periode	5. Vers.-periode
Kuh IA	K	Aufnahme . g	243,77	200,91	241,07	253,28	253,41
		Bilanz . . g	-77,97	-88,30	-52,40	-87,85	-11,63
	Na	Aufnahme . g	49,69	24,57	48,00	13,94	14,53
		Bilanz . . g	+2,86	-6,85	-6,97	+4,14	+4,91
	Cl	Aufnahme . g	95,73	68,18	76,48	102,26	98,74
		Bilanz . . g	+6,44	+6,22	+17,37	+9,16	+4,19
Kuh IIG	K	Aufnahme . g	292,00	209,72	255,00	253,15	259,26
		Bilanz . . g	-88,64	-94,04	-50,54	-28,55	-38,92
	Na	Aufnahme . g	55,88	24,98	48,59	31,10	33,38
		Bilanz . . g	+5,13	-4,99	- 0,43	+5,81	+9,52
	Cl	Aufnahme . g	105,79	66,28	83,13	123,32	125,79
		Bilanz . . g	+6,79	+0,03	+20,46	+10,62	+3,77

Dies gilt im besonderen für das K, wo durchgehend während der gesamten Versuchsdauer stets sehr erheblich negative Bilanzen vorliegen, die mit fortschreitender Laktation gegen Ende der Versuche zwar eine gewisse Verringerung in ihrem Ausmaß zeigen, aber immer noch deutlich negativ bleiben. In gleicher Weise erscheinen die zwar kleineren, aber ebenfalls durchgehend auftretenden positiven Cl-Bilanzen selbst in Anbetracht gewisser Speicherungsmöglichkeiten des Organismus in Haut und subcutanem Gewebe überraschend. Auf die Schwierigkeiten in der Erfassung des Stoffwechselgeschehens dieser Elemente ist bereits mehrfach verwiesen worden [1, 23]. Auch sind diese Erfahrungen hinsichtlich der Bilanzen der Alkalien in speziellen Versuchen mit verschiedenen Tierarten von anderen Autoren in neuerer Zeit bestätigt worden [16]. Die diesbezüglichen Ergebnisse unserer Untersuchungen sollen daher ohne einen weiteren Kommentar lediglich mitgeteilt werden, um das Untersuchungsmaterial hierüber zu vergrößern und durch Zusammentragen von einzelnen Befunden verschiedener Stellen ggf. einer Klärung dieser Fragen zu dienen.

Zusammenfassung

In langfristigen Untersuchungen wurde der Einfluß einer unterschiedlichen Versorgungshöhe auf den Verlauf der Bilanzen der Elemente Ca, P, Mg, K, Na und Cl bei Milchkühen geprüft. Die Untersuchungsdauer umfaßte einen Zeitraum von über 8 Monaten, während dessen bei fortlaufender quantitativer Kontrolle der Mineralstoffaufnahme der Verlauf der Bilanzen in mehreren aufeinanderfolgenden Versuchsperioden ermittelt wurde. Die Fütterungsverhältnisse waren für die überwiegende Zeit der Versuchsdauer durch die Gegebenheiten in Zuckerrübenbauwirtschaften gekennzeichnet, während sie in den letzten beiden Monaten der Untersuchung auf der Grundlage von Weidegras basierten. Die letztgenannte Periode wurde mit Hilfe einer Konservierung größerer Mengen Weidegras durch Tiefkühlung ausgeführt.

Innerhalb des gesamten untersuchten Zeitabschnittes ergab sich aus den Bilanzen sowohl für Ca als auch für P in allen Fällen die Tendenz einer zunehmenden Retention bei fortschreitender Laktation und Gravidität. Der Verlauf der Bilanzen von Mg folgte in deutlicher Parallele dem jeweiligen Verhalten der Ca-Bilanzen der Tiere. Bei den Elementen K, Na und Cl waren keine ähnlichen Beziehungen oder Gesetzmäßigkeiten erkennbar.

Durch die unterschiedliche Mineralstoffversorgung bei sonst gleichen Fütterungsbedingungen wurde der Bilanzverlauf in der Art beeinflußt, daß bei reichlichem Angebot das Ausmaß der negativen Anfangsphase gemildert wurde bzw. in einem Falle (P) nicht eintrat. Andererseits konnte bei Unterschreiten einer gewissen Zufuhrhöhe trotz vorliegender Bedürfnisse auf Grund des physiologischen Zustandes und der voraufgegangenen Verhältnisse des Mineralstoffhaushaltes kein genügender Ansatz erzielt werden.

Hieraus bestätigen sich einmal die bekannte Tatsache einer regulativen Steuerung des Mineralstoffhaushalts innerhalb des Zyklus von Gravidität und Laktation sowie auch die Befunde, diese Grundtendenz durch eine entsprechende Versorgung in ihrem Ablauf beeinflussen zu können. Da für die Frage des Bedarfes ein ausgeglichener bzw. unter Berücksichtigung des physiologischen Zustandes positiver Haushalt für den Gesamtabschnitt eines Laktations- und Graviditätszyklus entscheidend ist, ergibt sich daher für die Bedarfsbemessung die Notwendigkeit, innerhalb dieses Zeitraumes ein entsprechendes Gleichgewicht zwischen dem regulativen Zustand des Tieres und der jeweiligen Versorgungslage zu schaffen. Der Umfang und die Kapazität des tierischen Regulationsapparates wird hierbei für die Versorgung in begrenzten Zeitintervallen ohne nachteilige Folgen einen beträchtlichen Spielraum gestatten. Unter physiologischen Aspekten muß jedoch eine Mineralstoffversorgung, die unter langfristiger Bedarfsdeckung den Regulationsmechanismus des Tieres möglichst wenig oder doch nicht übermäßig belastet, das Optimum darstellen.

Literaturverzeichnis

[1] BECKER, M., Archiv f. Tiereräh rung, **2**, 338—376 (1952).

[2] BECKER, M., W. OSLAGE und H. J. OSLAGE, Archiv f. Tierernährung, **7**, 170—180 (1957).

[3] BEINLICH, W., Diss. Göttingen (1953).

[4] ELLENBERGER, H. B., J. A. NEWLANDER und C. H. JONES, Vt. Agr. Expt. Sta. Bull. 331 (1931).

[5] ELLENBERGER, H. B., J. A. NEWLANDER und C. H. JONES, Vt. Agr. Expt. Sta. Bull. 342 (1932).

[6] ELLENBERGER, H. B., J. A. NEWLANDER und C. H. JONES, Vt. Agr. Expt. Sta. Bull. 558 (1950).

[7] FORBES, E. B., Pennsylv. Agric. Expt. Sta. Techn. Bull. 319 (1935).

[8] FORBES, E. B. und F. M. BEEGLE, Ohio Agr. Expt. Sta. Bull. 295 (1916).

[9] FORBES, E. B., J. O. HALVERSON und L. E. MORGAN, Ohio Agr. Expt. Sta. Bull. 330 (1918).

[10] FORBES, E. B., u. Mitarb., Ohio Agr. Expt. Sta. Bull. 308 (1917).

[11] FORBES, E. B., u. Mitarb., Ohio Agr. Expt. Sta. Bull. 363 (1922).

[12] FORBES, E. B., u. Mitarb., J. Biol. Chem., **52**, 281 (1922).

[13] HART, E. B., H. STEENBOCK und C. A. HOPPERT, J. of Biol. Chem., **48**, 33 (1921).

[14] HART, E. B. u. Mitarb., zit. nach Møllgaard, Grundzüge d. Ernährungsphysiologie der Haustiere, Parey (1931).

[15] HUFFMAN, C. G., C. S. ROBINSON, O. B. WINTER und R. E. LARSEN, J Nutrition, **2**, 471 (1939).

[16] KIRCHHOFF, W., Diss. Göttingen, 1955.

[17] KRAUT, H. und H. WACKER, Biochem. Ztschr. **318**, 495 (1948)

[18] LENKEIT, W., Wissensch. Abhandl. Deutsch. Akad. Landw. V/2, 407—426 (1954).

[19] LENKEIT, W., Tagungsber. Nr. 8, Deutsch. Akad. Landw. 19 (1957).

[20] MEIGS, E. B., W. A. TURNER, E. A. KANE u. L. A. SHINN, J. Agr. Res., **51**, 1 (1953).

[21] NEWLANDER, J. A., H. B. ELLENBERGER und C. H. JONES, Vt. Agr. Exp. Stat. Bull. 406 (1936).

[22] OSLAGE, H. J., Diss Göttingen (1951).

[23] OSLAGE, H. J. und W. OSLAGE, Archiv f. Tierernährung, **8**, 447—469 (1958).

[24] OSLAGE, W. u. M. BECKER, Archiv f. Tierernährung, **4**, 265—281 (1954).

[25] RICHTER, K. u. M. BECKER, Archiv f. Tierernährung, **2**, 232 (1952).

[26] SOEHNGEN, K. FR., Diss. Göttingen, 1956.

[27] v. d. WAL, P., Diss. Landbouwhogeschool, Wageningen, 1956.

Eingegangen am 15. 12. 1958

Aus dem Institut für Tierzuchtforschung Dummerstorf der Deutschen Akademie der Landwirtschaftswissenschaften zu Berlin
(Direktor: Prof. Dr. W. Stahl)

B. PIATKOWSKI und *E. OTTO*

Der Einfluß der Naßfütterung der Mastschweine auf Zunahmen, Verdaulichkeit und Futterverwertung sowie Schlachtleistung und -qualität

Einleitung

Mit dem Einsatz der Futterautomaten in der Schweinemast war die Einführung der Trockenfütterung verbunden. Die Tiere nehmen hierbei das Futter in trockenem Zustand ad libitum auf und decken ihren Wasserbedarf in der Mehrzahl mittels Selbsttränken. Nun wurde festgestellt, daß die Trockenfütterung im Gegensatz zur Naßfütterung einen fördernden Einfluß auf den Verlauf einer Hauterkrankung, der Parakeratose, ausübt[7, 13, 18]. Weiterhin sind bei der Trockenfütterung chronische Augenentzündungen und hartnäckiger Husten als Begleiterscheinungen bekannt. Größter Nachteil der Automatenfütterung sei jedoch, daß sie sich in der Mastendphase auf Grund der schlechten Futterverwertung und Schlachtqualität als unzweckmäßig erwiesen hat. Das Ziel verschiedener Untersuchungen war es, diesem Umstand durch eine „Verdünnung" des Futters mit Hilfe von rohfaserhaltigen Futterstoffen (Kleien, Trockengras) Rechnung zu tragen[10, 21].

Neben diesen Stoffen ist auch das Wasser in der Futtermischung ein die Futter- und Nährstoffaufnahme begrenzender Faktor[3, 14]. Aus der schwedischen Fütterungspraxis ist bekannt, daß durch einen höheren Wassergehalt im Futter den o. a. Nachteilen begegnet und eine *beachtliche Mechanisierung der Schweinefütterung* ermöglicht wird[9]. Unter der *Naßfütterung* soll ein Mischungsverhältnis von Trokkenfutter : Wasser wie 1 : 2–2,5 verstanden werden. Der Wasserbedarf des Mastschweines wird hierbei durch die Futtermischung gedeckt. Diese Art der Fütterungstechnik bedarf aber auch einer Erörterung in ernährungsphysiologischer Hinsicht. So enthält der Speichel des Schweines im Gegensatz zum Wiederkäuer das Ferment Diastase. Die Aufnahme von nassem Futter hat nach geltender Lehrmeinung eine verminderte Speichelabsonderung zur Folge, da das gründliche Einspeicheln entfällt. Auch ARCHIPOWETZ[1] gibt auf Grund von Versuchen mit Schweinen, die mit einer Speicheldrüsen- und Magenfistel versehen waren, an, daß die größte Speichelmenge mit der höchsten Aktivität bei Fütterung trockener Kraftfuttergemische abgesondert wird. Durch Naßfutter wäre folglich die Wirksamkeit der amylolytischen Phase in der Magenverdauung beeinträchtigt. Weiterhin verringert sich die Aufenthaltsdauer des Nahrungsbreies im Magen, wenn das Futter in dünnbreiigem Zustand verabreicht wird [12, 15], was in weit höherem Maße eine schlechtere Ausnutzung zur Folge hätte. Es galt daher zu prüfen, ob durch hohe Wassergaben im Futter ein Einfluß 1. auf die Verdaulichkeit, im besonderen die der Kohlenhydrate, 2. auf die Zunahme und Futterverwertung und 3. auf Schlachtleistung und -qualität vorliegt.

Versuchsmethodik und Versuchsdurchführung

Zu diesen Untersuchungen wurden 32 Läufer mit einem durchschnittlichen Gewicht von 35 kg herangezogen und unter Berücksichtigung ihrer Abstammung in 2 Versuchsreihen aufgestellt. (Versuchsreihe A bestand aus den Gruppen I und II; Versuchsreihe B aus III und IV.) Zu den Versuchen wurden Würfe verschiedener Rassen (10 DE, 8 DE x Berkshire, 4 Deutsches Sattelschwein, 6 vL x Mangalitza) herangezogen. Die Gruppen III und IV setzten sich aus DE und Kreuzungstieren (DE × Berkshire) zusammen; alle Tiere dieser letzten beiden Gruppen stammten vom selben Vatertier ab.

Die Futtermischung hatte, bis je Tier und Tag 1,5 kg verzehrte, folgende Zusammensetzung: 80% Gerste, 8% Fischmehl, 5% Sojaextraktionsschrot, 5% Erbsen und 2% Trockenhefe. Der Futterbedarf über 1,5 kg hinaus wurde in Form von Gerste gedeckt. Die verwendeten Futtermittel waren während der gesamten Versuchsdauer gleicher Herkunft und Qualität. Als Mineralstoffzusatz gelangten noch 10 g kohlensaurer Kalk und 25 mg Zink je kg Trockenfutter in die Mischung. Die einzelnen Futterstoffe wiesen den in Tabelle 1 angeführten Nährstoffgehalt auf.

Tabelle 1. *Der Rohnährstoffgehalt der verwendeten Futtermittel* (in 100 g Tr.S.)

Futtermittel	Org. Subst.	Rohprotein	Rohfett	Rohfaser	N-fr. Extr.-St.
Gerste	97,02	8,62	3,55	6,22	78,63
Fischmehl	73,64	62,03	6,51	—	5,10
Sojaextraktionsschrot	93,99	49,76	2,26	8,26	33,71
Erbsenschrot . . .	95,91	23,16	2,46	11,35	58,94
Trockenhefe	91,50	38,19	4,11	1,56	47,64

Daraus geht hervor, daß die im eigenen Betrieb geerntete Gerste einen sehr niedrigen Rohprotein- und einen erhöhten Rohfasergehalt aufweist. Das Fischmehl entspricht bis auf den Rohfettgehalt etwa der Qualität eines luftgetrockneten Dorschmehles.

Die Gruppen I und III erhielten zur schwachen Anfeuchtung des Futters – es standen keine Futterautomaten zur Verfügung – je kg Trockenfutter 1/2 l Wasser und vor dem Füttern ausreichend Tränkwasser, die Gruppen II und IV 2,5 l Wasser je kg Futter in die Mischung. Die genannten Wassermengen sowie das Tränkwasser wurden täglich genau zugemessen. Die Fütterung erfolgte um 7,30 Uhr und 17,00 Uhr. Die einzelnen Gruppen bekamen dann eine Futterzulage, wenn eine Stunde nach dem Füttern der Trog leer war. Zur Bestimmung der *Verdauungskoeffizienten* und der verdaulichen Gesamtnährstoffe diente ein Tier aus jeder Versuchsgruppe, so daß 2 Schweine der Naß- und 2 der Trockenfütterung für Ausnutzungsversuche zur Verfügung standen.

Die Vorperiode dauerte 5, die Hauptperiode 10 Tage. Der täglich anfallende Kot wurde quantitativ gesammelt. Nach gutem Durchmischen wurde der Tageskotmenge 1/10 entnommen und zur Sammelprobe gegeben, die mit Chloroform konserviert und im Eisschrank aufbewahrt wurde. Die Bestimmung der chemischen Bestandteile von Futter und Kot erfolgte nach den geltenden Analysenverfahren, lediglich die Ermittlung des Rohfasergehaltes geschah nach Scharrer-Kürschner.

Versuchsergebnisse

1. *Gewichtszunahmen und Futterverwertung*

Bei Betrachtung der durchschnittlichen täglichen Zunahmen (Tab. 2) ist festzustellen, daß die Gruppen mit Trockenfütterung um 25 bzw. 37 g günstiger liegen.

Tabelle 2. *Die durchschnittlichen täglichen Gewichtszunahmen der Gruppen I—IV*

Versuchsreihe	Gruppe	Zuwachs	Masttage	Ø tägl. Gewichtszunahme
A	I	79,6	126,3	630
	II	81,5	134,7	605
B	III	81,1	125,7	645
	IV	79,8	131,3	608

Die statistische Auswertung ergab aber keine Signifikanz für die durch die Fütterung verursachten Differenzen (vgl. Tab. 3). Der F-Wert für Rassen beträgt 3,46 und zeigt damit eine Sicherung von $P_{5\%}$ an.

Tabelle 3. *Varianztabelle mit F-Werten* (Gewichtszunahmen)

Variationsursache	SQ	FG	s^2	F-Test	
Total	13345	27			
Gruppen	782	1	782	2,25	($P_{5\%} = 4,28$)
Rassen	3595	3	1198,3	3,46	($P_{5\%} = 3,03$)
Rest	7968	23	346,4		

Die niedrigeren Zunahmen bei der Naßfütterung können einmal durch eine geringere Futteraufnahme verursacht worden sein. Auf Grund der beschriebenen Fütterungsmethodik verzehrten in der Mastendphase die Tiere der Naßfütterung täglich 3 kg, die der Vergleichsgruppen dagegen 3,4 kg. Eine weitere Ursache dürfte jedoch in der Aufnahme großer Mengen an kaltem Wasser (Versuchsbeginn 8. März) und damit in einer Beeinflussung des Wärmehaushaltes zu suchen sein. Im Futterverbrauch je 100 kg Zuwachs erbrachten die beiden Fütterungsmethoden geringe, jedoch nicht signifikante Unterschiede zugunsten der Trockenfütterung (Tab. 4).

Tabelle 4. *Der Futterverbrauch je 100 kg Zuwachs*

Versuchsreihe	Gruppen	Gerste	Fischmehl	Sojaschrot	Erbsenschrot	Trockenhefe	Insgesamt
A	I	370,94	19,19	12,00	12,00	4,73	418,86
	II	377,41	19,58	12,24	12,24	4,89	426,86
B	III	352,12	17,97	11,23	11,23	4,49	397,04
	IV	357,30	18,20	11,37	11,37	4,55	402,79

Weit größer sind die Differenzen, die durch das Tiermaterial verursacht worden sind ($P_{1\%}$) (Tab. 5).

Tabelle 5. *Varianztabelle mit F-Werten* (Futterverwertung)

Variationsursache	SQ	FG	s^2	F-Test	
Total	82 586	27			
Gruppen	100	1	100	—	($P_{5\%} = 4,28$)
Rassen	32 065	3	10 688	4,94	($P_{1\%} = 4,76$)
Rest	49 738	23	2 162		

Bis auf einen Fall wird der Futterverbrauch von 4 kg Futtermischung je kg Zuwachs stets überschritten. Werden zur Beurteilung der Futterverwertung aber die verdaulichen Gesamtnährstoffe (GN) herangezogen, so ergibt sich ein etwas günstigeres Bild (Tab. 6).

Tabelle 6. *Der Verbrauch an kg verdaulichen Gesamtnährstoffen und verdaulichem Rohprotein für 100 kg Zuwachs*

	Gr. I		Gr. II		Gr. III		Gr. IV	
	GN	v. R.	GN	v. R.	GN	v. R.	GN	v. R.
Gerste . . .	262,81	19,55	265,75	19,91	249,48	18,55	253,15	18,85
Eiweißfutter .	23,40	17,54	23,91	17,92	21,94	16,44	22,22	35,50
	286,21	37,09	289,66	37,83	271,42	34,99	275,37	35,50

Daraus mag ersichtlich sein, daß die alleinige Angabe des Trockenfutterverbrauches je 1 kg Lebendgewichtszunahme, wie sie heute allgemein üblich ist, dann einen ungenügenden Maßstab zur Beurteilung der Futterverwertung darstellt, wenn die Futterstoffe nicht von garantierter gleichmäßiger Qualität sind. Die Verwertungszahlen nach LEHMANN liegen (Tab. 6) zwischen 271,42 und 289,66 und damit unter 300.

2. *Verdaulichkeit*

Die vier Tiere, deren Nummer der Gruppe im praktischen Fütterungsversuch (Tier I und III Trockenfütterung, Tier II und IV Naßfütterung) entspricht, wurden mit ca. 70 kg eingestellt und erhielten 2,4 kg Trockenfuttermischung (vgl. S. 351). Die durchschnittliche tägliche Aufnahme und Ausscheidung von Nährstoffen ist in Tabelle 7 dargestellt.

Tabelle 7. *Nährstoffe in Futter und Kot*

	Tr. S.	Org. S.	Rohprot.	Rohfett	Rohfaser	N-fr. E.
Futter	1998,7	1911,63	268,35	72,61	121,39	1449,28
Kot Schwein I .	366,05	301,70	38,69	13,10	105,41	144,50
Kot Schwein II .	380,04	310,72	40,55	13,19	118,61	138,37
Kot Schwein III .	361,71	295,52	40,62	10,67	104,90	139,33
Kot Schwein IV .	384,40	314,09	42,43	10,60	113,17	148,29

Die daraus berechneten VK (Tab. 8) zeigen, daß die Verdaulichkeit von Rohprotein und N-fr. E. bei den Tieren I–IV recht gut übereinstimmt.

Tabelle 8. *Verdauungskoeffizienten bei Naß- und Trockenfütterung*

Tier	Fütterung	Org. Subst.	Rohprotein	Rohfett	Rohfaser	N-fr. E.-St.
I	Trocken	84 21	85,58	81,96	13,16	90,03
II	Naß	83,75	84,89	81,83	2,30	90,45
III	Trocken	84,54	84,86	85,31	13,58	90,38
IV	Naß	83,57	84,19	85,40	6,77	89,77

Während die Differenzen bei Rohfett nicht gerichtet sind, vermindert sich die Verdaulichkeit der Rohfaser durch die Naßfütterung.

Auch von anderen Tierarten (Wiederkäuer) ist bekannt, daß mit niedriger Wasserzufuhr die VK der Rohfaser ansteigen [4]. Da die Rohfaser in der Ernährung des Schweines eine untergeordnete Rolle spielt, ist diesem Ergebnis wenig Bedeutung für die praktische Schweinefütterung beizumessen. Außerdem ist oft zu beobachten, daß ohnedies bei der Verdaulichkeit der Rohfaser Differenzen zwischen den Paralleltieren auftreten.

3. *Wasserverbrauch*

Der ermittelte Wasserverbrauch pro Tag im Versuchszeitraum vom 7. 3. – 1. 7. ist in Abb. 1 dargestellt.

Hieraus wird ersichtlich, daß der tägliche Wasserverbrauch der Mastschweines mit dem Gewicht ansteigt und in der Mastendphase 4,5 l (einschl. Tränkwasser) betrug. Demgegenüber waren die Tiere der Naßfütterung gezwungen, eine Menge von 7,5 l aufzunehmen, was jedoch nicht als maximal bezeichnet werden kann, da sich der Flüssigkeitsverzehr bei der Molkenmast bis auf 18 l steigert. Der niedrige Wasserverbrauch zu Beginn der Versuchsperiode ist wahrscheinlich auf die kalte Jahreszeit zurückzuführen.

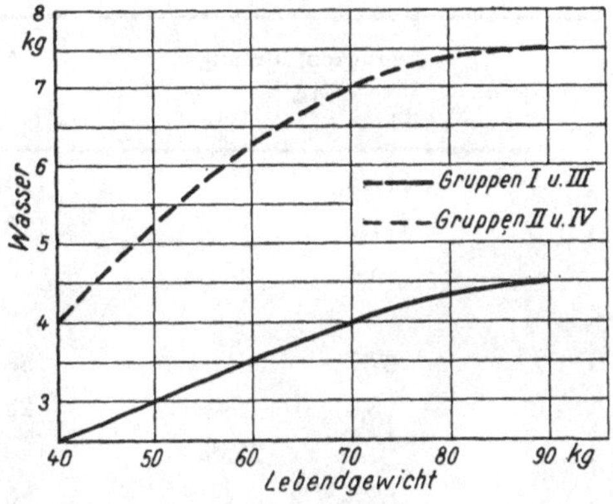

Abb. 1. Die tägliche Wasseraufnahme bei Naß- und Trockenfütterung

4. *Schlachtertrag*

Es soll nun geprüft werden, ob ein Einfluß der unterschiedlichen Fütterung auf den Schlachtwert ausgeübt wird. Die Schlachtung der Tiere erfolgte bei einem Mastendgewicht von etwa 116 kg.

a. Lebendbeurteilung

Die gleichgefütterten Gruppen I und III bzw. II und IV wurden bei der Auswertung auch im folgenden Teil zusammengefaßt. Das ist nicht nur auf Grund der gleichgerichteten Ergebnisse der Mastprüfung möglich, sondern ergibt sich auch zwangsläufig bei der varianzanalytischen Auswertung. Die Ergebnisse der subjektiven Beurteilung der lebenden Schweine sind in Tabelle 9 zusammengestellt.

Tabelle 9. *Lebendbeurteilung*

	n = (Höchstpunktzahl)	Trockenfütterung 14	Naßfütterung 14
1. a) Länge	(10)	8,4	8,5
b) Breite	(8)	6,6	6,6
c) Tiefe	(6)	5,4	5,1
2. Schinken	(10)	7,9	7,6
3. Gesamteindruck	(16)	12,5	12,5
Punktzahl gesamt	(50)	40,8	40,3

Bei Berücksichtigung der Tatsache, daß nur volle Punkte vergeben werden, die Stellen hinter dem Komma also wegfallen müßten, ist die Übereinstimmung bei den einzelnen Beurteilungspunkten vollkommen.

b. Schlachtergebnis

Die durchschnittlichen Daten der Endgewichte bis zum Kühlverlust enthält Tabelle 10.

Tabelle 10. *Durchschnittliche Gewichte*

	Trockenfütterung		Naßfütterung	
n =	14		14	
	kg	%	kg	%
Lebendgewicht	116,5		115,8	
Schlachthofgewicht . . .	111,1		110,6	
Nüchterungsverlust . . .	5,4		5,2	
„ . . .		4,63		4,50
Warmgewicht	87,7		88,1	
Schlachtverlust	23,4		22,5	
„		21,03		20,34
Kaltgewicht	85,8		86,1	
Kühlverlust	1,9		1,9	
„		2,18		2,20

Es hätte vermutet werden können, daß der Nüchterungsverlust recht unterschiedlich ist, was aber offensichtlich nicht zutrifft. Auch die prozentualen Nüchterungsverluste sind gleich. Beim Schlachtverlust treten ebenfalls keine gesicherten Differenzen auf. In der Naßfütterungsgruppe liegt er um 0,69% absolut bzw. 3,28% relativ niedriger als in der Trockenfütterungsgruppe. Auf Grund der hohen individuellen Schwankungen ist der Unterschied statistisch aber nicht zu sichern. Der Kühlverlust ist in beiden Gruppen gleich.

Beeinflußt nun die stark unterschiedliche Fütterung die Gewichte der Innereien? In Tabelle 11 sind die Werte absolut und prozentual zum Schlachthofgewicht zusammengefaßt. Die *Gewichte der wichtigeren Organe* wie Leber, Herz, Nieren, Bauchspeicheldrüse sind gleich. Der leere Dünndarm ist in der Naßfütterungsgruppe geringfügig schwerer, der Dickdarm in der Trockenfütterungsgruppe.

Die *Länge der Därme* ist bei den naßgefütterten Tieren etwas größer. Die Unterschiede innerhalb der Gruppe sind jedoch viel größer als diese nur sehr kleinen Differenzen. Die statistische Berechnung selbst bei den größten Differenzen brachte kein positives Ergebnis.

c. Schlachtbeurteilung

Die *subjektive Schlachtbeurteilung* ergibt eine gering bessere Bewertung der trockengefütterten Tiere. Jedoch würde ebenfalls wie bei der Lebendbeurteilung in Anbetracht der Tatsache, daß nur volle Punkte vergeben werden, Gleichheit bestehen (Tabelle 12).

Tabelle 11. *Durchschnittswerte für Innereien und Abfall*

	Trockenfütterung		Naßfütterung	
n =	14		14	
	g	%	g	%
Blut	3285	2,96	3316	3,00
Leber	1543	1,39	1458	1,32
Herz	358	0,32	357	0,32
Nieren	246	0,22	238	0,22
Milz	137	0,12	136	0,12
Bauchspeicheldrüse	309	0,28	273	0,25
Lunge	1761	1,58	1780	1,61
Zunge	332	0,30	406	0,37
Geschlechtsteil	482	0,43	501	0,45
Abfall	242	0,22	224	0,20
Blase leer	68	0,06	85	0,08
Galle voll	109	0,10	100	0,09
Galle leer	20	0,02	19	0,02
Magen voll	1159	1,04	1216	1,11
Magen leer	792	0,71	865	0,78
Dünndarm voll	1623	1,46	1710	1,55
Dünndarm leer	1293	1,16	1317	1,19
Dickdarm voll	2988	2,69	3078	2,78
Dickdarm leer	1794	1,61	1542	1,39
Darmfett	1896	1,71	1918	1,73
Klauen	90	0,08	88	0,08
Croupon	4464	4,02	4616	4,17
Dünndarm m	18,59		18,83	
Dickdarm m	4,99		5,09	

Tabelle 12. *Schlachtbeurteilung*

		Trockenfütterung	Naßfütterung
n =	(Höchstpunktzahl)	14	14
1. Schinken	(10)	8,5	8,1
2. Kamm und Kotelett	(10)	8,3	7,8
3. Bauch	(5)	3,9	3,9
4. Rückenspeck	(8)	7,7	7,9
5. Beschaffenheit des Fettes	(7)	7,0	7,0
6. Gesamteindruck des Fleisches	(10)	9,0	9,1
7. Fettgehalt	(10)	7,0	6,9
Punktzahl gesamt	(60)	51,4	50,7

d. Teilstückgewichte

Die entscheidende Frage ist nun, ob eine Beeinflussung der quantitativen und qualitativen Merkmale erfolgte. Um diese Frage beantworten zu können, wurde die linke Hälfte zerlegt. Die Ergebnisse der Zerlegung zeigt in absoluten und prozentualen Werten die Tabelle 13.

Tabelle 13. *Gewichte der zerlegten linken Hälfte*

n =	Trockenfütterung 14		Naßfütterung 14	
	kg	%	kg	%
Kotelett	9,304	21,54	9,202	21,21
Schinken	8,263	19,13	8,058	18,57
Blatt	6,416	14,85	6,413	14,78
Bauch	6,781	15,70	6,996	16,13
Speck	5,778	13,38	5,975	13,77
Flomen	1,730	4,00	1,943	4,48
Kopf	3,841	8,89	3,743	8,63

Die wertvollsten Stücke Kotelett, Schinken, Blatt sind bei den trockengefütterten Tieren etwas schwerer. Aber wenn auch diese 3 Teilstücke addiert werden, ergibt sich erst eine Differenz von 1%. Dagegen sind Bauch, Speck und Flomen bei Naßfütterung schwerer! Die Unterschiede sind aber, stark bedingt durch die Rassen, innerhalb der Gruppen größer als zwischen den Gruppen.

e. Schinkenzerlegung

Es wurde dann der Schinken vollständig zerlegt und die Gewichte von Fleisch, Fett, Schwarte, Knochen bestimmt. Zum Fett wurde dabei nur das leicht ablösbare Auflagefett gerechnet und nicht das intermuskulär eingelagerte Fett. Die entsprechenden Werte enhält die Tab. 14.

Tabelle 14. *Schinkenzerlegung*

n =	Trockenfütterung 14		Naßfütterung 14	
	g	%	g	%
Gesamt	8194		7990	
Fleisch	5228	63,80	4911	61,46
Fett	2004	24,46	2115	26,47
Schwarte	213	2,59	208	2,61
Knochen	750	9,15	756	9,46

Im manuell bestimmten Fleisch- und Fettanteil zeigen sich recht große Unterschiede, die weitus größer als bei den Teilstücken sind. Der Unterschied im Fettanteil beträgt absolut 2,01% bzw. prozentual 8,22%. Die Verrechnung ergibt aber, daß zwischen den Gruppen und Rassen keine gesicherten Unterschiede bestehen, wie die Tabelle 15 zeigt.

Tabelle 15. *Prozentualer Anteil des Auflagefettes Schinken*

Variationsursache	SQ	FG	s^2	P-Test	
Total	181,10	27			
Gruppen	15,56	1	15,56	3,538	$(P_{5\%} = 4{,}301)$
Geschlecht	50,91	1	50,91	11,576	$(P_{1\%} = 7{,}944)$
Rassen	17,88	3	5,96	1,355	$(P_{5\%} = 4{,}049$
Rest	96,75	22	4,398		

5. *Schlachtqualität*

a. Fettstärke und -gehalt

Bei den Teilstücken war wie o. a. ein gering höherer Anteil an Speck und Bauch in der Naßfütterungsgruppe vorhanden. Das zeigt sich nicht bei den Messungen der Rückenspeckstärke, jedoch bei der Bauchstärke, wie aus Tabelle 16 hervorgeht. Völlig gleich ist der aus dem Trockensubstanzgehalt der Schinken errechnete Gesamtfettgehalt des Schlachtkörpers und auch die Stärke des sogenannten Lendenmuskels.

Tabelle 16. *Speckstärke, Bauchstärke, Fettgehalt, Lendenmuskel*

	Trockenfütterungsgruppe		Naßfütterungsgruppe	
n =	14		14	
Rückenspeck Kamm . . . . cm	4,55		4,55	
Mitte . . . . cm	3,35		3,15	
Lende . . . . cm	3,31		3,46	
∅		3,81		3,74
Bauchstärke Brust . . . . cm	3,44		3,64	
Mitte . . . . cm	3,43		3,62	
Flanke . . . . cm	3,96		4,28	
∅		3,62		3,86
Tr.-S.-Gehalt Schinken . . . %	52,04		51,95	
Fettgehalt Schinken . . . . %	38,78		38,78	
Fettgehalt Schlachtkörper . . %	39,17		39,11	
Lendenmuskelstärke . . . . cm	6,22		6,68	

Zusammenfassend kann gesagt werden, daß mit den bisherigen Methoden nur geringe Unterschiede aufzuzeigen waren und daß die größeren statistisch nicht gesichert werden konnten.

Zur weiteren *objektiven Prüfung,* der eigentlichen Qualitätsprüfung, wurden die *M. biceps femoris, M. psoas und M. longissimus dorsi* herangezogen. Geprüft wurden objektiv die bisher subjektiv beurteilten 3 F „Farbe, Faser, Feuchtigkeit". Außerdem wurden einige Stücke gebraten und der Kotelettanschnitt abgezeichnet.

b. Wasserbindevermögen

Die durchschnittlichen Ergebnisse des *Preßversuches* sind in Tabelle 17 dargestellt.

Tabelle 17. *Preßversuch*

n	Wassergehalt %	ausgetr. Wasser cm^2	lock. Wasser %
		M. biceps femoris	
T 12	73,51	5,78	27,75
N 13	74,07	6,78	31,81
		M. psoas	
T 12	75,00	6,17	29,37
N 13	75,56	6,91	31,81
		M. long. dorsi	
T 12	72,03	4,95	24,10
N 13	71,53	5,70	27,62

Während der absolute Wassergehalt nur geringe Differenzen (0,5%) zeigt, ist das ausgetretene Wasser in der Naßfütterungsgruppe ebenso wie das daraus errechnete lockere Wasser immer höher.

Das Ergebnis der Verrechnung des ausgetretenen Wassers des *M. biceps femoris*, bei dem die größten Unterschiede vorhanden sind, enthält Tabelle 18.

Tabelle 18. *Wasserfläche M. biceps femoris*

Variationsursache	SQ	FG	s^2	F-Test	
Total	40,02	24			
Gruppen	6,16	1	6,16	5,451	($P_{5\%}$ = 4,351)
Rassen	11,23	3	3,74	3,307	($P_{5\%}$ = 3,098)
Rest	22,63	20	1,13		

Die Unterschiede zwischen den Gruppen und den Rassen sind mit 95% Wahrscheinlichkeit gesichert. Die Geschlechtervarianz kann nicht berechnet werden, da die Verteilung durch den Ausfall einiger Proben nicht mehr orthogenal ist.

Die Berechnung für die anderen Muskeln ergibt einen F-Test von 2,074 beim *M. psoas* und 2,199 beim *M. long. dorsi* (Tabelle $P_{5\%}$ = 4,351) und damit keine Sicherheit.

Die Differenzen beim locker gebundenen Wasser zwischen den Gruppen betragen absolut beim *M. biceps femoris* 4,06%, *M. psoas* 2,44% und *M. long. dorsi* 3,52%.

Die Verrechnung (Tab. 19) zeigt, daß wiederum nur beim *M. biceps femoris* signifikante Unterschiede zwischen den Gruppen und Rassen bestehen.

Die Berechnung für die anderen Muskel ergibt *M. psoas* F = 1,143, *M. long. dorsi* F = 1,985 (Tabelle $P_{5\%}$ = 4,381) und damit keine Sicherheit.

Tabelle 19. *Lockeres Wasser M. biceps femoris*

Variationsursache	SQ	FG	s^2	F-Test	
Total	586,20	23			
Gruppen	98,30	1	98,30	8,051	($P_{5\%}$ = 4,381)
Rassen	255,96	3	85,32	6,988	($P_{1\%}$ = 5,010)
Rest	231,94	19	12,21		

c. Farbe

Von den 3 Muskeln wurde weiterhin die *Farbe* bestimmt. Mit dem Pulfrich-Photometer mit Ulbrichtscher Kugel wurde gemessen und die Remissionsprozente von 10 Filtern bestimmt.

Die Remissionsgrade wurde wie üblich graphisch dargestellt. Ein Vergleich der Kurven ist aber nur sehr schwer möglich. Es wurde deshalb als Farbton das Verhältnis der Filter 4 : 9 ungefähr der Höchst- und Tiefpunkte der Kurve errechnet und außerdem eine Auswertung nach dem Auswahlordinatensystem vorgenommen und die Helligkeit bestimmt (Tab. 20).

Tabelle 20. *Helligkeit und Verhältnis Filter 4 : 9*

	Trockenfütterung		Naßfütterung	
n =	13		14	
	Helligkeit	4 : 9	Helligkeit	4 : 9
M. biceps femoris	163,92	44,88	161,82	48,47
M. psoas	150,88	39,32	151,43	42,66
M. long. dorsi	236,92	55,91	226,64	55,25

Hieraus geht hervor, daß bei der *Helligkeit* die Differenzen zwischen den Gruppen nur sehr gering sind. Die Verrechnung ergibt, daß nur bei den Rassen eine größere Varianz als die des Restes vorhanden ist. Beim hellsten Muskel *M. long. dorsi* ist die Streuung innerhalb der jeweiligen Ordnungsgruppen sogar immer größer als zwischen den Gruppen. Bei dem *Farbverhältnis* sind die Unterschiede beim *M. biceps femoris* und *M. psoas* etwas größer, doch zwischen den Gruppen nie signifikant (*M. biceps femoris* 2,96, *M. psoas* 3,26, Tab. $P_{5\%}$ = 4,32). Sowohl bei der Helligkeit als auch bei dem Farbverhältnis sind keine gesicherten Unterschiede zwischen den Gruppen vorhanden.

d. Muskelfaserstärke

Die durchschnittliche Muskelfaserstärke der 3 Muskeln ist in Tabelle 21 zusammengestellt.

Bei *M. biceps femoris* und *M. psoas* haben die Tiere der Naßfütterungsgruppe die dünneren Muskelfasern, beim *M. long. dorsi* ist es umgekehrt. Bis auf die Tiere der Naßfütterungsgruppe beim *M. long. dorsi* haben auch immer die weiblichen Tiere die stärkeren Muskelfasern. Selbst bei Zusammenfassung der drei Muskeln besteht aber keinerlei Sicherheit für die Gruppenunterschiede.

Tabelle 21. *Durchschnittliche Muskelfaserstärke in μ*

		n	*M. biceps femoris*	*M. psoas*	*M. long. dorsi*
T	♂	5	51,66	36,82	43,78
	♀	8	55,95	38,65	47,49
Ges.		13	54,29	37,95	45,91
N	♂	8	52,65	35,49	48,14
	♀	6	53,36	36,44	44,66
Ges.		14	53,03	35,90	46,66

Die Bestätigung dafür, daß die Fütterung bei diesem Material keine Beeinflussung herbeiführte, gibt die statistische Auswertung (Tab. 22).

Tabelle 22. *Muskelfaserstärke M. biceps femoris*

Variationsursache	SQ	FG	s^2	F-Test	
Total	542,60	26			
Gruppen	10,67	1	10,67	—	
Geschlecht	46,96	1	46,96	2,625	($P_{5\%}$ = 4,325)
Rassen	109,16	3	36,39	2,034	($P_{5\%}$ = 3,072)
Rest	375,81	21	17,89		

Der F-Wert beträgt beim *M. psoas* 2,142 (Tab. $P_{5\%}$ = 4,325), beim *M. long. dorsi* ist die Restvarianz wieder größer als die Gruppenvarianz.

e. Bratverlust

Wie die Verrechnung der Ergebnisse des Bratverlustes (Tab. 23) ergibt, besteht keinerlei Sicherheit bei einem der Muskeln. Bei den Schnitzeln aus dem *M. biceps femoris* und den Koteletts ist die Restvarianz wiederum größer als die Gruppenvarianz. Bei den Schnitzeln des *M. psoas* beträgt F = 2,034 und der Tabellenwert $P_{5\%}$ = 4,351, was keine statistische Sicherheit ergibt.

Tabelle 23. *Durchschnittliche Bratverluste*

	Trockenfütterung			Naßfütterung		
n =	12			14		
	% Verlust	ausgetr. Saft %	Fett %	% Verlust	ausgetr. Saft %	Fett %
M. biceps femoris . .	30,37	5,67	—	29,24	5,01	—
M. psoas	32,73	4,61	—	39,50	3,33	—
M. long. dorsi . . .	32,06	4,18	4,21	31,32	3,61	4,75

f. Rückenmessungen

Von der absoluten Größe des „Kotelettauges“ bzw. dem Verhältnis der Speckauflage über dem Kotelett zum Kotelettauge wird auf den Fleischanteil oder das Fett-Fleischverhältnis geschlossen. Die Mittelwerte der Gruppen sind in Tabelle 24 zusammengestellt.

Tabelle 24. *Messung am Trennschnitt 13./14. Rippe*

	Trockenfütterung	Naßfütterung
n =	14	14
Kotelettauge cm²	28,87	26,44
Fettauflage cm²	64,54	67,03
Quotient Fett : Fleisch . . .	2,23	2,54

Die statistische Auswertung ergibt keine Sicherheit für den gering höheren Fettanteil der naßgefütterten Tiere.

g. Kotelettmessungen

Wir haben nun noch *weitere Untersuchungen* vorgenommen. So wurde die Fläche des gesamten Koteletts, alle Muskelflächen und die Knochenfläche gemessen. Durch Subtraktion wurde die Fettfläche bestimmt (Tab. 25).

Tabelle 25. *Kotelettmessungen*

	Trockenfütterung	Naßfütterung
n =	14	14
Kotelettfläche cm²	80,49	80,54
Fläche „Kotelettauge“ cm² . .	28,87	26,44
Gesamtfleisch cm²	38,99	35,92
Knochen cm²	8,01	6,81
Fettfläche cm²	33,49	37,81
Prozentualer Anteil		
Kotelettauge . . .	35,87	32,82
Fleischfläche . . .	48,44	44,60
Knochenfläche . . .	9,95	8,46
Fettfläche	41,61	46,94

Bei gleicher Größe des Koteletts in den beiden Gruppen besteht offensichtlich in der Trockenfütterungsgruppe ein höherer Fleischanteil sowohl in der absoluten Größe des Kotelettauges als auch, da beide Koteletts gleichgroß sind, bei dem prozentualen Anteil der Gesamtfleischfläche. Die Unterschiede zwischen den Flächen der Kotelettaugen können aber nicht gesichert werden (Tab. 26).

Tabelle 26. *Prozentualer Anteil Kotelettauge*

Variationsursache	SQ	FG	s^2	F-Test	
Total	781,35	25			
Gruppen	49,10	1	49,10	1,640	($P_{5\%}$ = 4,351)
Geschlecht . . .	131,36	1	131,36	4,389	($P_{5\%}$ = 4,351)
Rassen	2,18	3	0,73	—	
Rest	598,71	20	29,93		

Die Verrechnung der Gesamtfleischfläche ergibt noch eine größere Varianz innerhalb der Ordnungsgruppen (Tab. 27).

Tabelle 27. *Prozentualer Anteil Gesamtfleisch*

Variationsursache	SQ	FG	s^2	F-Test	
Total	1734,28	25			
Gruppen	74,86	1	74,86	1,030	($P_{5\%}$ = 4,351)
Geschlecht . . .	54,36	1	54,36	—	
Rassen	152,86	3	50,95		
Rest	1452,20	20	72,61		

Die Auswertung der Fettflächen zeigt hingegen hoch gesicherte Unterschiede zwischen den Gruppen und auch den Geschlechtern (Tab. 28).

Tabelle 28. *Prozentualer Anteil Fettfläche*

Variationsursache	SQ	FG	s^2	F-Test	
Total	2351,00	25			
Gruppen	521,74	1	521,74	10,947	($P_{1\%}$ = 8,096)
Geschlecht . . .	401,89	1	401,89	8,432	($P_{1\%}$ = 8,096)
Rassen	438 33	3	146,21	3,066	($P_{5\%}$ = 3,098)
Rest	953,24	20	47,66		

Damit wäre festzustellen, daß die Qualität des Koteletts bei den naßgefütterten Tieren geringer ist. Da bei dem entscheidenden Anteil Fleisch aber keine Signifikanz besteht, müssen weitere Versuche vor Schlußfolgerungen durchgeführt werden. Bedacht werden muß ja auch, daß die Knochenfläche bei den naßgefütterten Tieren etwas kleiner ist und daß durch die Berechnung des Fettes die Unterschiede verstärkt werden.

Diskussion

Die Ergebnisse dieses Versuches zeigen, daß durch einen hohen Verdünnungsgrad des Futters (1 : 2,5) kein nachteiliger Einfluß auf tägliche Gewichtszunahme, Futterverwertung und Verdaulichkeit vorliegt.

Dies stimmt hinsichtlich des Masterfolges auch mit den von BARBER, BRAUDE und MITCHELL [2] gezeigten Resultaten überein, die ein Mischungsverhältnis von Trockenfutter zu Wasser wie 1 : 2, 1 : 2,5 und 1 : 3 verwendeten. SCHOLZ und SIEGL [19] fanden in ihren Untersuchungen, daß Naßfutter (1 : 2 bzw. 1 : 3) besser aufgenommen und zum Teil günstiger verwertet wird als Trockenfutter. Die etwas bessere Zunahme bei der Trockenfütterung im eigenen Versuch ist wohl darauf zurückzuführen, daß je kg Trockenfutter 1/2 l Wasser beigemessen wurde und die Tiere der Naßfütterung auf Grund der beschriebenen Fütterungstechnik nicht die Möglichkeit zu einer ausreichenden Nährstoffaufnahme hatten, wie in den Versuchen von SCHOLZ und SIEGL, die 3 Mahlzeiten verabfolgten.

Außerdem wird, wie bereits erwähnt, der Energiehaushalt jüngerer Tiere während der kalten Jahreszeit besonders dann belastet, wenn die entsprechenden Wassermengen in kaltem anstatt lauwarmem Zustand mit dem Trockenfutter vermischt werden. Die Naßfütterung verursacht naturgemäß durch die vermehrte Harnabgabe eine erhöhte Luftfeuchtigkeit des Stalles, was sich besonders bei niedrigen Umgebungstemperaturen negativ auf den Masterfolg auswirkt.

Die kürzere Verweildauer des Nahrungsbreies im Verdauungstrakt übt auf die *Ausnutzung der hoch verdaulichen, in der Schnellmast verwendeten Futterstoffe keinen Einfluß aus,* wie sich aus den Ergebnissen ersehen läßt.

Auch ARCHIPOWETZ [1] führt an, daß die Verdauung des Proteins im Magen durch die Trockenfütterung nicht gefördert wird. Inwieweit sich jedoch diese Feststellung auch auf schwer verdauliche Futtermittel übertragen läßt, bedarf einer weiteren Untersuchung.

Der Wasserverbrauch bei Getreidefütterung beträgt im 2. Mastabschnitt (ab 70 kg Lebendgewicht) 4–4,5 l je Tier und Tag. Auch aus anderen Arbeiten geht ein Wasserverzehr bei Trockenfütterung hervor, der sich in diesen Grenzen hält [20]. LENKEIT [14] gibt ein Verhältnis von Trockensubstanz : Wasserbedarf wie 1 : 7–8 an. Wenngleich diese Relation mehr Gültigkeit für die Sauenfütterung haben dürfte, so zeigt sie doch, daß Wasser über den Bedarf hinaus ohne weiteres verabreicht werden kann.

Neben den Aussichten auf eine Mechanisierung der Schweinefütterung durch pumpfähiges Futter, die HUCKE [9] sowie SCHOLZ und SIEGL [19] auf Grund schwedischer Erfahrungen anregen, war eine Verdünnung der Nährstoffkonzentration zur Verbesserung der Schlachtqualität zu erwägen.

Die *Ausschlachtung der Tiere* zeigt, daß durch die Verfütterung von pumpfähigem Futter keine Veränderung des Nüchterungs-, Schlacht- und Kühlverlustes erfolgt. Auch SCHOLZ und SIEGL fanden, daß beim Schlachtverlust keine Tendenz zu erkennen sei. Die Punktzahl bei der Lebendbeurteilung ist in beiden Gruppen gleich. Die Gewichte der Organe stimmen außerordentlich gut überein. SCHOLZ und SIEGL kamen zu dem Ergebnis, daß die Trockenfütterung eine intensivere Aktivität verschiedener Organe erfordert, die in den höheren Organgewichten zu erkennen sei. Das trifft hier offensichtlich nicht zu. Die gleichen Autoren versuchen weiterhin, die größere Dünndarmlänge und das höhere Dünndarmgewicht mit dem höheren Tagesfutterverzehr in Verbindung zu bringen. Im eigenen Versuch stimmen die Gewichte der Mägen und Därme und die Darmlängen gut überein, wobei zu berücksichtigen ist, daß hier nur 2 und nicht 3 Mahlzeiten verabreicht wurden.

Auch der *Darmfettanteil* ist bei dem hiesigen Versuch gleichgroß, während SCHOLZ und SIEGL eine Erhöhung bei den naßgefütterten Tieren feststellten. Die Schlachtbeurteilung brachte ebenso wie die Lebendbeurteilung eine gute Übereinstimmung der geprüften Faktoren.

Die Zerlegung einer Hälfte in die Teilstücke ergab keine Unterschiede. Das Gesamtgewicht der wertvollsten Teile, Schinken, Kotelett, Blatt ist bei den trockengefütterten Tieren nur 1% schwerer. Ensprechend höheres Gewicht besitzen Bauch, Speck und Flomen bei den naßgefütterten. Das wäre jedoch für die Mast eines Fleischschweines nachteilig! Die geringen Unterschiede waren aber nicht zu sichern.

Die mechanische *Zerlegung des Schinkens* in Fleisch, Fett, Schwarte und Knochen ergibt, daß die naßgefütterten Tiere einen leichteren Fleischkern und mehr Auflagefett aufweisen. Die Differenz des Fettanteils von 8% ist aber statistisch nicht gesichert. Im Gegensatz zu dieser Zerlegung ergibt die Bestimmung des Tr.-S.-Gehaltes des Schinkens und des Gesamtfettgehaltes eine völlige Übereinstimmung. Daraus muß geschlossen werden, daß die trockengefütterten Tiere mehr Fett intramuskulär einlagerten, denn Bauch, Speck und Flomen waren bei den naßgefütterten Tieren geringfügig schwerer. Die Rückenspeckstärke war bei den Tieren der Naßfütterung etwas niedriger, was die Feststellung von SCHOLZ und SIEGL bestätigt.

Die *Bestimmung des lockeren Wassers* erfolgte nach der Methode GRAU-HAMM [5]. Sie erbrachte beim *M. biceps femoris* die größten Unterschiede, die mit P 5% statistisch gesichert werden konnten. Die Differenzen beim *M. psoas* und *M. long. dorsi* waren nicht signifikant. SCHOLZ und SIEGL fanden beim Lendenfleisch einen um 0,8% absolut bzw. 1% relativ geringeren absoluten Wassergehalt der naßgefütterten Tiere. Beim *M. long. dorsi* trifft das bei diesem Material ebenfalls zu. Aber der Anteil an lockerem Wasser war auch bei diesem Muskel bei den naßgefütterten Schweinen höher. Es darf daher vorsichtig geschlossen werden, daß die Naßfütterung eine Erhöhung des lockeren Wassers herbeiführt. Der niedrigere absolute Wassergehalt der naßgefütterten Schweine scheint wohl damit in Zusammenhang zu stehen, daß Natrium bei erhöhtem Wasserverzehr aus der Gewebsflüssigkeit ausgespült und das Gewebe wasserärmer wird.

Zur *Bestimmung der Farbe* wurden die Remissionsgrade von 10 Filtern gemessen. KÜRBS [11] ebenso wie HEIM [8] stellten fest, daß mit diesen Messungen eine objektive Bestimmung der Farbe möglich sei. Die Darstellung der gefundenen Werte erfolgt üblich in einer Kurve. Ein Vergleich der graphischen Darstellungen ist aber kaum möglich. Für die notwendige statistische Verarbeitung wurde deshalb als Farbwert das Verhältnis der Filter 4 : 9, ungefähr der Höchst- und Tiefpunkt der Kurve bei 440μ und 660μ liegend, errechnet. Außerdem wurde eine Auswertung nach dem Auswahlordinatensystem vorgenommen. Es besteht eine weitgehende Übereinstimmung der gefundenen Werte. Die Restvarianz ist bei der

Helligkeit immer größer als die Gruppenvarianz. Beim Farbverhältnis ist außer beim *M. long. dorsi* der Test positiv, aber nicht signifikant.

Die objektive Feststellung der *Muskelfaserstärke* ergibt für keinen der 3 Muskeln eine statistische Sicherheit. Beim *M. biceps* und *M. long. dorsi* ist die Gruppenvarianz kleiner als die Restvarianz.

Nachdem vorher die Bratproben mit Pfannen und Jenaer Schüsseln durchgeführt wurden, wird jetzt mit gutem Erfolg ein Kleingrill verwendet [17].

Die Schnitzel von dem *M. biceps femoris* und die Koteletts zeigen eine sehr gute Übereinstimmung. Der größte Unterschied der Schnitzel des *M. psoas* ist nicht gesichert.

Die Feststellung der Fläche des „Kotelettauges" und des darüber liegenden Specks wird zunehmend eingeführt [6]. Die absolute Fläche ebenso wie das Verhältnis ergibt einen höheren Anteil an Fleisch bei den trockengefütterten Tieren. Die von uns neu eingeführte Ausmessung des Koteletts bestätigt dieses. Die Fleischfläche ist bei den trockengefütterten Tieren um 3,8% größer. Der Unterschied der errechneten Fettfläche ist hoch gesichert. Da für den Fleischanteil keine Signifikanz besteht, müssen weitere Versuche zeigen, ob diese Tendenz bestätigt wird.

Sollte aus wirtschaftlichen Erwägungen die Verwendung von pumpfähigem Futter eingeführt werden, so besteht auf Grund dieses Versuches dagegen kein Einwand. Bei vielen Faktoren sind keine Unterschiede vorhanden, einige statistisch nicht gesichert und andere heute noch nicht so schwerwiegend, daß dagegen gesprochen werden müßte. Eine Verbesserung der Schlachtqualität im eingangs geäußerten Sinn scheint die Naßfütterung nicht zu bewirken. Die in der Literatur angeführten sowie die eigenen Ergebnisse weisen jedoch darauf hin, daß die verbreitete Lehrmeinung, die Naßfütterung vermindere Verdaulichkeit, Zuwachs und Futterverwertung, einer Überprüfung bedarf.

Zusammenfassung

Der Versuch mit Trocken- und Naßfütterung (1 : 2,5) zeigt, daß keine signifikanten Unterschiede hinsichtlich Gewichtszunahme und Futterverwertung auftreten. Die Ausnutzung der ohnedies hoch verdaulichen Futterstoffe wird durch wasserreiche Fütterung nicht beeinflußt. Ebenso unterlagen der Schlachtwert und die Organe keiner Beeinflussung. Die Zerlegung des Schinkens ergibt einen, wenn auch nicht gesichert höheren Anteil an Fett bei den mit mehr Wasser gefütterten Tieren. Die gleiche Tendenz zeigt die Messung des Kotelettanschnittes und die Ausmessung der Kotelettflächen. Der Anteil des lockeren Wassers ist statistisch gesichert bei diesen Tieren höher. Farbe, Muskelfaserstärke und Bratverlust waren dagegen gleich.

Literaturverzeichnis

1 A. J. ARCHIPOWETZ: Der Einfluß der Kraftfuttergemische auf die Verdaulichkeit bei Schweinen. Sozialist. Tierzucht (Kiew) **1958**. 42—43. Mai. (ukrainisch).

2 BARBER, R. S., R. BRAUDE und G. K. MITCHELL: Pig Farming, **6**. Nr. 1. 25. 1958.

3 CRASEMANN, E.: Fortpflanzung, Zuchthygiene und Haustierbesamung. **4**. 39—47. 1954.

[4] FRENCH, M. H.: Empire J. exp. Agric. 24. 1828—36. 1956.

[5] GRAU, R. und R. HAMM: Z. f. Lebensmitteluntersuchung u. -forschung. 105. 6. 446—60. 1957.

[6] HARING, F.: Züchtungskunde 29. 53—75. 1957.

[7] HALLGREN, W. und O. SWAHN: Nordisk Veterinärmed. 9. 489—'04. 1957.

[8] HEIM, E.: Fleischwirtschaft 3. 111—15. 1955.

[9] HUCKE, H.: Dtsch. Landwirtschaftl. Presse 80. Nr. 37. 1957.

[10] JUCKER, H.: Schweiz. Landw. Mh. 36. 253. 1958.

[11] KÜRBS, R.: Wiss. Zeitschrift der Univ. Jena 1952/53.

[12] KRYZWANEK, FR. W.: In E. Mangold, Handbuch der Ernährung und des Stoffwechsels der landwirtschaftlichen Nutztiere. 1929. Berlin. Verlag J. Springer, Bd II. 270.

[13] KUIT, A. R.: Tijdschr. Diergeneeskunde 81. 689—704. 1956.

[14] LENKEIT, W.: Einführung in die Ernährungsphysiologie der Haustiere. 1953. Stuttgart. Verlag Ferdinand Enke.

[15] MANGOLD, E.: Die Verdauung bei den Nutztieren. 1950. Berlin. Akademie-Verlag.

[16] OTTO, E.: Die Bestimmung der quantitativen Merkmale des Schlachtkörpers der Schweine. Tierzucht 13. 301—05. 1959.

[17] OTTO, E.: Die Bratprobe als objektive Prüfmethode der Fleischqualität. Arch. Tierzucht 2. 303—14. 1959.

[18] PIATKOWSKI, B.: Der Wassergehalt im Futter und das Auftreten der Parakeratose beim Schwein. Tierzucht 13. 164—66. 1959.

[19] SCHOLZ, K. und O. SIEGL: Dtsch. Landwirtschaft 9. 492—97. 1958.

[20] SIMPSON, G. H.: Agric Gaz. New South Wales 66. 18—22. 1955.

[21] THOMKE, S.: Z. Tierphysiologie, Tierernähr., Futtermittelkunde 13. 110—26. 1958.

Eingegangen am 20. 4. 1959

Aus dem Forschungs-Institut für Tierernährung der Tschechoslowakischen Akademie der landwirtschaftlichen Wissenschaften, Brno, ČSR, Abt. für Tierernährungsphysiologie

ANT. JANČAŘIK

Bedeutung der Tiernahrung des Karpfens für die Fettverdauung

Die Fette sind wegen ihrer Wasserunlöslichkeit schwerer von Verdauungsenzymen angreifbar als andere verdauliche Nahrungsstoffe. Die enzymatische Fettspaltung geht im Verdauungstrakt vor sich in Anwesenheit eines speziellen Enzymes — der Lipase, die die Fette in ihre Bestandteile, d. h. in Glyzerin und Fettsäuren, spaltet. CLAUDE BERNARD hat schon vor hundert Jahren festgestellt, daß der Pankreassaft diese Wirkung aufweist.. Damit hat er auch den Befund von CHEVREUL (1811) bestätigt. Später bewies KÜHNE über die Fettzusammensetzung (1866), daß nur die in ihre Bestandteile zerlegten Fette in einer überwiegenden Mehrheit durch Darmwand resorbiert werden können. OTTO FRANK (1898) und ED. PFLÜGER (1900) bewiesen, daß eine wirklich enzymatische Fettspaltung im Wirbeltierdarm vor sich geht. Durch diese Entdeckungen sind die Gründe unserer Kenntnisse über die Fettverdauung festgelegt worden.

Anfangs dieses Jahrhunderts stellte GREEN (1900) sicher, daß auch die Samenextrakte der Pflanze Ricinus communis lipolytisch wirken. Er machte also darauf aufmerksam, daß die Lipasen auch pflanzlicher Herkunft sein können. Danach unterscheidet man also die Zoolipasen und Phytolipasen.

Nach einer Klassifikation von BERSIN [7] lassen sich die *Zoolipasen,* deren Wirkung der eigene Gegenstand dieser Arbeit ist, unterscheiden als

a) Pankreaslipase (Sekretionsenzym),
b) Leberesterase (Organenzym, Aliesterase),
c) Aktives Acyl und Cholinesterasen,
d) Lezithinasen.

Die sub c) und d) angeführten Lipasen bleiben außerhalb des Rahmens unserer Arbeit. Es ist bekannt, daß in der Pankreasdrüse der Wirbeltiere ein lipolytisches Enzym entsteht, dessen Fähigkeit, die Fette zu spalten, sich auch in dem Falle erhält, wenn das aus Pankreas gewonnene Präparat weder amylolytische noch proteolytische Wirkung mehr aufweist. WILLSTÄTTER stellte fest, daß dieses Enzym fast gänzlich an einen hochmolekularen unlöslichen Träger (Pheron, Apoenzym) in dem Pankreasgewebe gebunden ist. Erst durch die Autolyse macht sich das Enzym vom Träger frei und das ursprüngliche Gewebeenzym (Desmoenzym) wird zum Lyoenzym. Über die pankreatische Lipase ist bekannt, daß ihre Wirkung durch Zugabe von verschiedenen Stoffen, zum Beispiel durch Albumin mit Calciumoleat, sich bis neunzigmal erhöhen läßt. Mit Rücksicht darauf, daß dieses Enzym sich durch Thiolbindungen aktivieren und durch Schwermetalle, oxydierende Substanzen oder Halogensäuren inhibieren, beziehungsweise destruieren läßt, liegt die Voraussetzung nahe, daß die Pankreaslipase ein Redoxsystem vorstellt.

Leberlipase ist ein an die Organgewebe gebundenes Enzym. Ähnliche Lipasen sind in fast allen Wirbeltierorganen nachzuweisen, aber am meisten findet man sie in Leber, Nieren und in der Plazenta (siehe KRAUT und PANTSCHENKO-ZAUREWITZ 1932, Bioch. Zeitschrift 275 und 1936, 285). Die Blutlipase nimmt wahrscheinlich auch in der Leber ihren Ursprung. Die Wirkung dieser Lipase läßt sich durch Zugabe von Vitamin C erhöhen.

Mit Rücksicht darauf, daß die Leberlipase vielleicht in allen Wirbeltierorganen vorkommt, überrascht es nicht, daß sie auch in Magenschleimhautzellen vorhanden ist. In den Menschenmagensaft gerät sie nur bei der Magenwandzerstörung und beim Eindringen des Darm- oder Zwölffingerdarmsaftes in den Magen. Was die Magenlipase-Entstehung betrifft, sind nur sehr wenige und größtenteils auch auseinandergehende Berichte vorhanden.

Im *Fischverdauungstrakt* kommt nach den heutigen Kenntnissen von den Lipasen nur die Pankreas- oder Leberlipase in Betracht. In dieser Hinsicht sind an den Fischen noch weniger Untersuchungen unternommen worden als bei den übrigen Wirbeltieren.

HERWERDEN [17] untersuchte die Lipasen bei den Haifischen und bei manchen anderen Seefischen so, daß er eine Monobutyratlösung der Wirkung eines Magenschleimhautglyzerinextraktes unterzog und die abgespaltenen Fettsäuren durch N 0,1 KOH titrierte. POLIMANTI (1912) untersuchte die lipolytische Wirkung der Verdauungsorganextrakte von anderen Seefischen (Scyllium, Box) und stellte fest, daß die fettspaltende Wirkung des Magenschleimhautextraktes in der Richtung von Cardia zum Pylorus immer schwächer wird. PUTSCHKOW [39] führt nach den Versuchen von SULIMA (1919) an, daß in dem mit Fisteln versehenen Haifischmagen keine Lipase festgestellt wurde. POLIMANTI fand die stärkste Fettspaltung im Magen und Blinddarm des Aales.

VONK [50] konnte die lipolytische Wirkung des Pankreasextraktes bei der Fischgattung Acanthias sicherstellen. Diese Wirkung wurde durch Zugabe von Magnesiumchlorid erhöht. Es gelang ihm aber nicht, die fettverdauende Wirkung des Karpfenpankreasextraktes zu beweisen. BABKIN und BOWIE [1] stellten bei Fundulus heteroclitus fest, daß das Darmschleimhautextrakt auch Fette spaltet. BEAUVALET [5] gibt an, daß das Chloroformpankreasextrakt von manchen Seefischen „inkonstant" lipolytisch wirkte und die Leberextrakte und die Galle das Olivenöl verseifen. CHESLEY (1934) verglich die Lipasenwirkungen der Seefische verschiedener Gattungen (Scomber, Brevortia, Stesotomus, Prionotus, Spheroides, Opsanus) und stellte die niedrigste Lipasenwirkung bei Prionotus und Brevortia sicher. ISHIDA [20] wies ebenfalls Lipase im Verdauungstrakt einiger Seefische (Calatomus japonicus, Thalasoma umbrostigma) nach. SCHLOTTKE [46] stellte sicher, daß sich bei der Forelle die Lipase von höchster Wirkung in den Epithelzellen der Darmanhänge befindet. Im Mitteldarm fand er die fettspaltende Wirksamkeit sehr schwach, die schwächste aber im Schlußteil des Darmes.

BEAUVALET untersuchte in seiner zweiten Arbeit [6] die Olivenölverdauung bei den darmlosen Fischen (Cyprinidae). Er stellte fest, daß Karpfen- oder Schleienmundschleimhautextrakt bei beliebiger Wasserstoffionenkonzentration die Fette zu verdauen nicht imstande ist, wogegen die Darmextrakte von denselben Fischen Fett emulgieren und verseifen.

WUNDER [52] führt an, daß die Karpfengalle keine lipolytische Wirkung aufweist: „Die Galle ist für sich allein nicht imstande, Fett zu verdauen". Der Galle schreibt er für die Fettverdauung nur die Bedeutung zu, daß sie die Fette emulgiert und die Lipasen aktiviert, so wie das bei den höheren Wirbeltieren der Fall ist. Er gibt weiter an, daß die Verhältnisse bei den Fischen mit denen bei den phylogenetisch höheren Wirbeltieren wesentlich vergleichbar sind. Er beobachtete weiter, daß die Milch, der ein Leber- oder Pankreasextrakt mit Phenolphtalein zugegeben worden war, sich etwa nach einer Stunde entfärbte. Diesen Effekt schreibt er der aktiven Lipase zu, obwohl er auch von der Proteasenwirkung abhängen könnte, wogegen sich dieser Effekt in einem anderen Versuche nicht einstellte, wenn das Pankreas- und Leberexrakt durch reine, gerade aus der Gallenblase entnommene Galle ersetzt wurde.

BABKIN und BOWIE [1] machten auf das Vorhandensein mancher Verdauungsenzyme in der Galle des Fisches Fundulus heteroclitus aufmerksam. Ihre Angaben wurden aber von MACKAY (1929) nicht bestätigt. PUTSCHKOW [39] zieht daraus einen eindeutigen Schluß: „Es ist offensichtlich, daß BABKIN und BOWIE eine Galle mit beigemischtem Pankreassekret untersuchten." Zu seiner Ansicht bemerkt PUTSCHKOW noch die Ergebnisse von PEGEL [38]. Kürzlich veröffentlichte JANČAŘIK [25, 26], daß die Karpfengalle selbst eine beträchtliche Fähigkeit, die Fette direkt zu verdauen, besitzt. Er beschrieb weiter, daß sich eine erhöhte Fettverdauungswirkung nach der Gallenzugabe zum Karpfenpankreas- und Leberextrakt, Darmschleimhaut oder Darminhalt äußerte. Diese Erhöhung der lipolytischen Verdauung schrieb er der emulgierenden Gallenwirkung zu. Er ist auch der Meinung, daß schon in dem Anfangsdarmteile des Karpfens eine intensive Fettverdauung beginnt, an der auch die Galle durch ihre lipolytische und emulgierende Wirksamkeit teilnimmt. An die Gallenwirkung schließt dann direkt die Fettverdauung des Karpfenpankreassaftes an.

SCHLOTTKE[46] studierte das Vorkommen der Lipase im Karpfendarm, wo er sie „immer ganz deutlich" ohne Rücksicht auf die Chymusmenge und auf das Fortschreiten der Verdauung fand. Die Pankreasextrakte untersuchte er nicht. Er sprach die Meinung aus, daß die Fette unzerlegt resorbiert und erst in den Darmschleimhautzellen gespalten werden. Er suchte dies durch die Anwesenheit der Fette im Darmepithel nach der Fütterung zu beweisen. Für die Wirkung der Lipase im Karpfendarme führt er pH 7,4 als optimale raturwirkungskurven für die erwähnten fettspaltenden Lösungen angegeben.

Interessant sind die Ergebnisse, die vor nicht langer Zeit der russische Forscher PEGEL[38] veröffentlichte. Er untersuchte beim Baikalfisch Leuciscus baicalensis die fettspaltende Wirkung in der Weise, daß er durch die Mundhöhle in die Speiseröhre beziehungsweise in den folgenden Darmteil einige mit Schmalz gefüllte Glasröhrchen einschob. Sobald die Röhrchen den Darmtrakt verließen, maß er die Schmalzabnahme und daraus entschied er über die Lipasewirkung im Verdauungstrakt. Er stellte fest, daß sich auch mit dieser Methode die lipolytische Wirkung im Darmtrakte beweisen läßt. Diese Wirksamkeit schreibt er den Pankreasenzymen zu, nicht aber den Darmwandsekreten, da das Schmalz nicht in den Darmteilen verdaut wurde, die infolge eines operativen Eingriffes (so daß eine Darmfistel ähnlich der Thiry-Vellaschen Fistel entstand) ohne Pankreassaftzufluß blieb. Neuere Angaben über Fettverdauung im Darmtrakt des Karpfens enthält die Arbeit von JANČAŘIK[26], in der er sicherstellen konnte, daß die Pankreas- und Leberextrakte sowie die Extrakte der Darmschleimhaut Fett zu verdauen imstande sind. In dieser Abhandlung werden auch die Temperaturwirkungskurven für die erwähnten fettspaltenden Lösungen angegeben.

Die ersten Berichte über die Untersuchungen der *Fischnahrung als Lipasenquelle* findet man in der Arbeit von ZUNTZ und CRONHEIM[55]. Diese untersuchten außer anderen Enzymen auch den Lipaseninhalt im Crustaceenkörper, um zu beweisen, daß die Verdauungsenzyme, die im Körper der Tiere, die dem Karpfen als Nahrung dienen, für die höchste Leistung des Karpfenverdauungstraktes unentbehrlich sind. Die Untersuchungen dieser Autoren stellen aber meist nur orientierende Versuche vor, zumal die Kenntnisse über die Verdauung zu jener Zeit noch sehr primitiv waren.

SCHLOTTKE[45] fand bei der Quappe und beim Barsch eine sehr wirksame Lipase, die sich mit manchen Stoffen, zum Beispiel Atoxyl, Chinin, Strychnin, Natriumfluorid usw., in derselben Weise benahm, wie die in der Fischtierernährung festgestellten Lipasen. Dagegen benahm sich Leberlipase von Quappe (SCHLOTTKE[45]) mit diesen Stoffen ganz anders, und nach der Meinung von SCHLOTTKE macht sich diese Lipase nur im inneren Stoffwechsel geltend und wird nicht durch die Galle befreit. SCHLOTTKE führt weiter an, daß die fremde, exogene Lipase bei diesen Fischen während der mittleren Verdauungsstadien von der Darmschleimhaut absorbiert und resorbiert wird. Die Nahrungsfette werden vielleicht ungespalten resorbiert und erst in der Leber verarbeitet. Der Verfasser macht auch darauf aufmerksam, daß die bei den Raubfischen gewonnenen Angaben sich nicht auf den Karpfen übertragen lassen.

SCHLOTTKE[46, 47] stellte weiter fest, daß im Zuckmückenlarvenextrakt (Chironomus plumosus) Lipase – außer anderen Enzymen – gewöhnlich in hoher Konzentration vorkommt. Er führt an, daß sich im Darme eines Karpfens, der mit diesen Larven gefüttert wurde, eine außerordentlich hohe lipolytische Wirkung erwies, die dort nie vordem festgestellt werden konnte. Ähnlich wie in den vorigen Arbeiten versuchte er zu beweisen, daß sich es hier um eine Zuckmückenlarvenlipase handelt, indem er ihre Widerstandsfähigkeit gegen bestimmte inhibierende

Stoffe, Atoxyl, Chinin, Strychnin usw., untersuchte. Er stellte sicher, daß die Zuckmückenlipase gegen Chinin widerstandsfähiger als die Karpfenlipase ist. SCHLOTTKE ist der Meinung, daß auch die exogene Nahrungslipase sich an der Fettverdauung im Fischdarm beteiligen kann. JANČAŘIK hat in der schon erwähnten Arbeit[25] darauf aufmerksam gemacht, daß auch die Körperextrakte aus Karpfentiernahrung die Fähigkeit, Fette (Helianthöl) zu verdauen, besitzen.

In dieser Arbeit erstatten wir einen neuen Bericht über die Ergebnisse unserer *in vitro durchgeführten Untersuchungen, die die Bedeutung der Nahrung für die Karpfenverdauung betreffen.* Wir wollen verfolgen, wie die Karpfennahrung sich bei der Fettverdauung geltend macht. Bevor wir zur Beschreibung unserer Versuche übergehen, ist zu erwähnen, daß die Lipasenuntersuchungen sehr schwierig sind, wie dies auch aus der bekannten Äußerung von WOHLGEMUTH in seinem Buche: Grundriß der Fermentuntersuchungsmethoden ersichtlich ist, wo er sagt: „Trotzdem die Pankreasdrüse sehr reich an Steapsin (= Lipase) ist, macht es große Schwierigkeiten, eine gut wirksame Enzymlösung aus der Drüsensubstanz zu bekommen". Was die Fettverdauungsuntersuchungen bei Fischen betrifft, gilt noch immer die von Wunder[52] resumierte Feststellung: „Am wenigsten sind wir über die fettverdauenden Fermente bei unseren Süßwasserfischen orientiert".

Material und Methodik

An dieser Stelle sei uns gestattet, auf unsere frühere Abhandlung[24] hinzuweisen, in der eine genaue Beschreibung der Methodik angegeben ist. Hier folgen nur einige Ergänzungen, die die eigenen Versuche über die Fettverdauung betreffen. In den Orientierungsversuchen konnten wir feststellen, daß unseren Zwecken die Methode von BONDY, modifiziert von Chiray, am besten entspricht. Wir benutzten als Verdauungssubstrat das Helianthöl, das vor dem Gebrauch 30 Minuten auf 90° C erwärmt und dann auf Zimmertemperatur gekühlt wurde. Der bestimmten Ölmenge wurde 1 ml Organextraktes oder verdünnten Verdauungssaftes beigefügt. In den Kontrollversuchen war das Verfahren das gleiche, mit der Ausnahme, daß die enzymenthaltende Flüssigkeit vordem 15 Minuten bei 85° C inaktiviert wurde. Das Öl mit der bestimmten Flüssigkeit wurde in einem Kölbchen solange geschüttelt, bis eine homogene Emulsion entstand. Danach wurden die Versuchs- sowie Kontrollkölbchen eine Stunde in einem Thermostaten bei der Temperatur von 39° C gehalten. Nach dem Herausnehmen wurden alle Kölbchen schnell in einem Eisschrank gekühlt, wonach alle Proben 15 Minuten bei 85° C in einem Wasserbad inaktiviert und wieder auf Zimmertemperatur überführt wurden. Die Menge des abgespaltenen Fettes wurde durch Titrierung mit N 0,1 NaOH festgestellt. Die eigene lipolytische Wirkung wurde als Unterschied der durch Titrierung sichergestellten Fettsäurenmenge zwischen der Versuchs- und Kontrollprobe bestimmt. Aus demselben Extrakt oder aus der Verdauungssaftlösung wurden parallel immer 3 bis 4 Versuchs- und dieselbe Anzahl von Kontrollproben angesetzt. Von allen diesen 6 oder 8 Resultaten wurde für die Auswertung immer der Mittelwert als einzige Angabe in Auswertung genommen. So wurde die fettspaltende Wirkung der Karpfengalle (A), des Karpfendarminhaltes (B), des Karpfenpankreas- und Leberextraktes (C) und des Karpfendarmschleimhaut-

Tabelle 1.

	B + E		B + F		B + G		B + H	
	K	S	K	S	K	S	K	S
n	9	9	10	10	10	10	9	9
M	27,40	98,50	56,20	89,60	51,30	94,50	59,60	89,70
σ	13,10	16,20	12,40	7,30	25,50	17,40	26,90	8,30
σm	4,36	5,40	3,75	2,21	7,72	5,27	8,96	2,76
V	47,81	16,44	22,06	8,14	49,70	18,41	45,13	9,25
t	10,30		7,76		4,64		3,20	
	C + E		C + F		C + G		C + H	
	K	S	K	S	K	S	K	S
n	10	10	10	10	9	9	10	10
M	45,90	92,60	37,40	92,10	58,60	82,10	81,60	87,50
σ	8,70	7,90	17,70	6,50	15,00	8,40	12,60	11,50
σm	2,63	2,39	5,36	1,96	5,00	2,80	3,81	3,48
V	18,95	8,53	47.33	7,05	25.54	10,23	15,43	13,14
t	12,97		9,59		4,12		1,15	
	D + E		D + F		D + G		D + H	
	K	S	K	S	K	S	K	S
n	10	10	9	9	10	10	10	10
M	54,00	91,20	53,50	90,00	80,50	91,60	92,00	85,50
σ	11,80	4,70	11,00	4,60	10,30	6,60	4,70	7,40
σm	3,57	1,42	3,66	1,53	3,12	2,00	1,42	2,24
V	21,55	5,15	20,56	5,11	12,77	7,20	5,10	8,65
t	9,84		9.35		3,00		2,40	

Lipolytischer Effekt der Extraktgemische: des Karpfendarminhaltes (B), Karpfenpankreas- und Leberextraktes (C) oder des Karpfendarmschleimhautextraktes (D) mit den Karpfentiernahrungsextrakten (aus Wasserflöhen (E), Schlammröhrenwürmern (F), Regenwürmern (G) oder Mückenlarven und Puppen (H)). Die Wirkung ist in Prozent ausgedrückt, und zwar so, daß die Summe der Ausgangseffekte beider Gemischteile gleich 100(%) gesetzt wird. Die Säulen K enthalten die Angaben die Kaıpfenkörpersubstanzen betreffend, die Säulen S betreffen die Angaben über das Gemisch beider Substanzen. n — Anzahl der Versuchstiere, M — Mittelwert der lipolytischen Wirkung, σ — mittlere Abweichung, σ_m — mittlere Abweichung des Mittelwertes (der mittlere Fehler), V — Variationskoeffizient, t — die signifikante Differenz (Students Test t).

extraktes (D) teils allein, teils mit den Bestandteilen der Karpfentiernahrung, d. h. mit dem Extrakt aus Wasserflöhen (E), aus Schlammröhrenwürmern (F), aus Regenwürmern (G) und aus Larven und Puppen der Mücken untersucht. Alle Proben sind mit Extrakten im frischen Zustand durchgeführt worden. Es wurden keine aktivierenden Zugaben benutzt.

Die Ergebnisse der Versuche sind in Tabellenform und Diagrammen wiedergegeben. Bei der Auswertung wurden einfache statistische Verfahren verwendet.

Versuchsergebnisse und ihre Diskussion

Die Ergebnisse unserer Versuche betreffs der Bedeutung der Tiernahrung für die Fettverdauung bei Karpfen werden zusammenfassend in der Tabelle 1 wiedergegeben und dann in einzelnen Diagrammen (Abb. 1–12) dargestellt. Die Wirkung der endogenen, dies gilt für Karpfendarminhalt mit gewisser Beschränkung, Karpfenenzyme ist durch schraffierte Säulchenteile, die Wirkung der Karpfentiernahrungsbestandteile, der exogenen Lipasen, durch leere Säulchenteile dargestellt. Die Summe dieser beiden Wirkungen ist gleich 100% gesetzt. Die Wirkung des Gemisches der endogenen und exogenen Substanz ist durch schwarze Säulchen dargestellt. Jeder Säulchenteil zeigt den Mittelwert von drei bis vier Doppelanalysen, Versuchs- und Kontrollanalyse, d. h. jedes Säulchenpaar von 18 bis 24 Analysen insgesamt und für jedes Diagramm bis 240 Analysen.

Zuerst verfolgten wir den lipolytischen Effekt des *Gemisches vom Karpfendarminhalt mit den Tiernahrungsbestandteilen.* Aus der Tabelle ersieht man die folgende fettspaltende Wirkung einiger Gemische des Karpfendarminhaltes:

mit Extrakt von Wasserflöhen	98,5%	(27,4%)
mit Extrakt von Schlammröhrenwürmern	89,6%	(56,2%)
mit Extrakt von Regenwürmern	94,5%	(51,3%)
mit Extrakt von Mückenlarven und Puppen	89,7%	(59,6%)

In den Klammern ist immer die lipolytische Wirkung des einfachen Darminhaltes angeführt. Aus dieser Übersicht erkennt man, daß in keiner von den vier angeführten Versuchsgruppen die durchschnittliche Wirkung 100%, d. h. die Summenwirkung beider Teilwirkungen, erreichte, wenn auch in einzelnen Fällen, bei den Wasserflöhen dreimal, bei den Schlammröhrenwürmern einmal, siehe die Diagramme, die fettspaltende Wirkung des Gemisches über 100% war. Die Ausnahmefälle sind schwer zu erklären. Es läßt sich nur damit rechnen, daß im Darminhalt noch überschüssige Galle enthalten war, die sich bei der Zugabe der Tiernahrungsbestandteile geltend machte (??). Besonders ist darauf aufmerksam zu machen, daß die lipolytische Wirkung des Gemisches nie niedriger war, als die irgendwelcher Bestandteilwirkungen.

Ähnlich wie in allen anderen Fällen versuchte ich die Beweiskraft des Unterschiedes zwischen der Darminhaltwirkung einerseits und des Gemisches andererseits festzustellen. Aus der Tabelle 1 ist offensichtlich, daß die Differenzen in allen Versuchsgruppen hoch statistisch signifikant sind. Dies bedeutet, daß das Niveau der Fettverdauung im Karpfendarm durch Zugabe der Tiernahrung sich beträchtlich erhöhen läßt. Die verhältnismäßig große Erhöhung der fettspaltenden Wirksamkeit

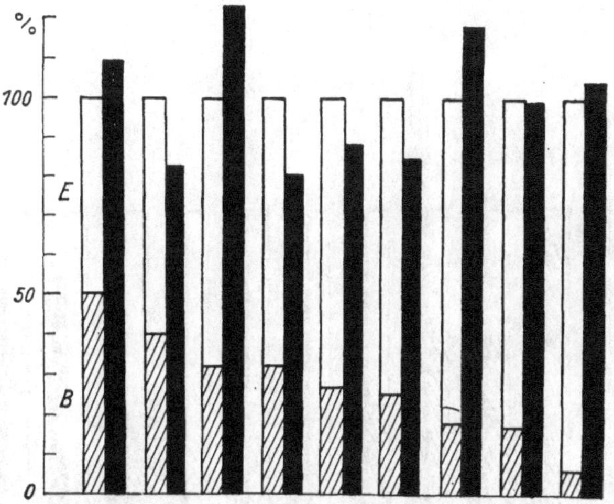

Abb. 1. Lipolytischer Effekt des Gemisches vom Karpfendarminhalt (B — schraffierter Säulenteil) mit dem Wasserflöheextrakt (E — leerer Säulenteil). Das erste Säulchen stellt bildlich den Effekt der einzelnen Gemischbestandteile dar, deren Summe gleich 100% ist. Das zweite — schwarze — Säulchen stellt den Effekt des Gemisches dar, ausgedrückt in Prozent des ersten Säulchens.

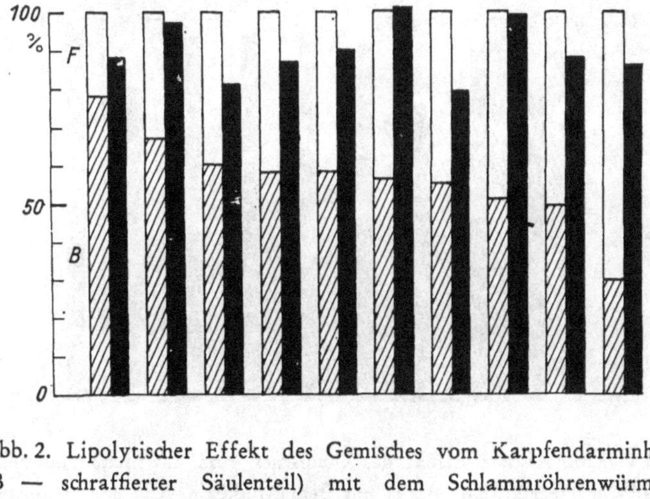

Abb. 2. Lipolytischer Effekt des Gemisches vom Karpfendarminhalt (B — schraffierter Säulenteil) mit dem Schlammröhrenwürmerextrakt (F — leerer Säulenteil). Das zweite — schwarze — Säulchen stellt den Effekt des Gemisches dar, ausgedrückt in Prozent des ersten Säulchens.

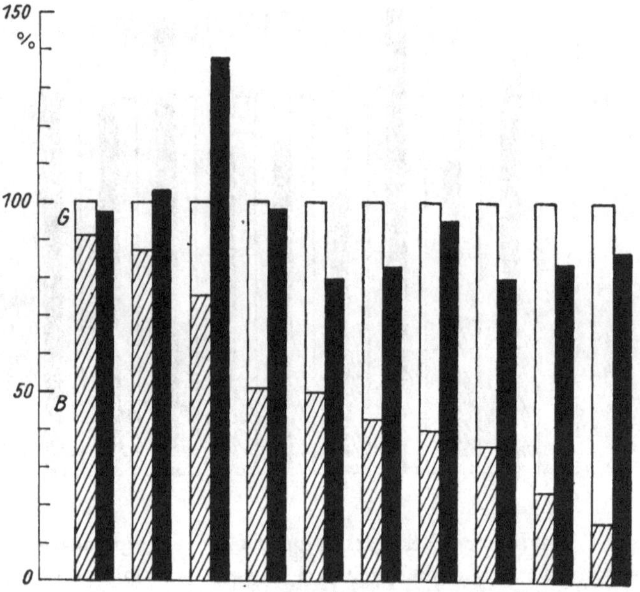

Abb. 3. Lipolytischer Effekt des Gemisches vom Karpfendarminhalt (B — schraffierter Säulenteil) mit dem Regenwürmerextrakt (G — leerer Säulenteil). Das zweite — schwarze — Säulchen stellt den Effekt des Gemisches dar, ausgedrückt in Prozent des ersten Säulchens.

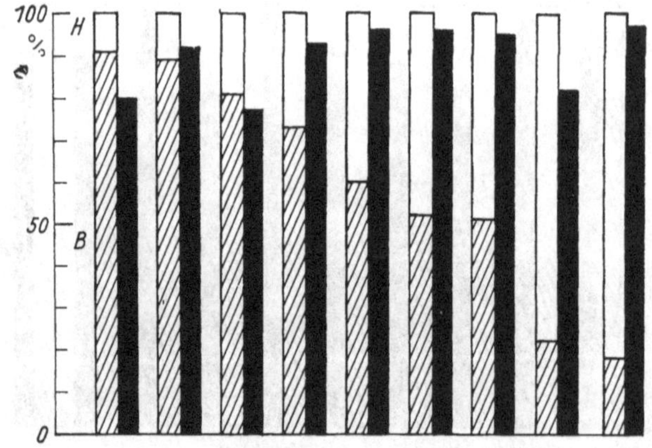

Abb. 4. Lipolytischer Effekt des Gemisches vom Karpfendarminhalt (B — schraffierter Säulenteil) mit dem Mückenlarven- und Puppenextrakt (H — leerer Säulenteil). Das zweite — schwarze — Säulchen stellt den Effekt des Gemisches dar, ausgedrückt in Prozent des ersten Säulchens.

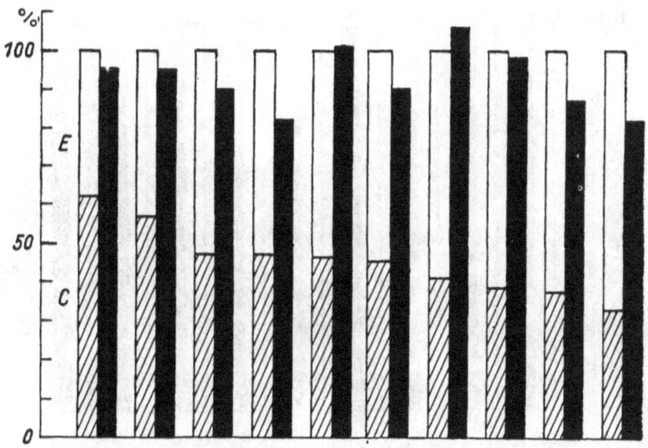

Abb. 5. Lipolytischer Effekt des Gemisches von Karpfenpankreas- und Leberextrakt (C — schraffierter Säulenteil) mit dem Wasserflöheextrakt (E — leerer Säulenteil). Das zweite — schwarze — Säulchen stellt den Effekt des Gemisches dar, ausgedrückt in Prozent des ersten Säulchens.

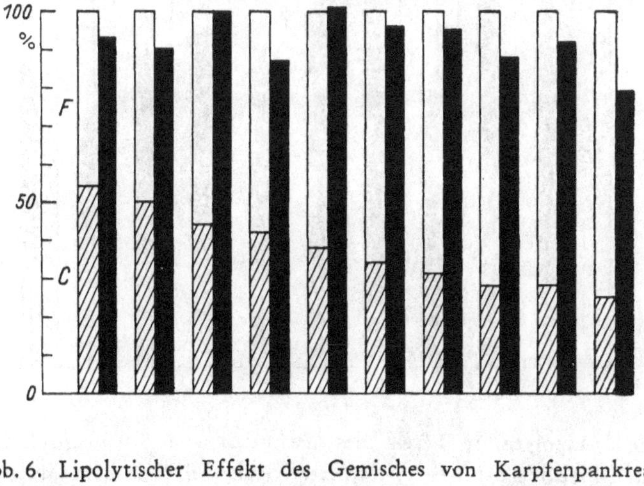

Abb. 6. Lipolytischer Effekt des Gemisches von Karpfenpankreas- und Leberextrakt (C — schraffierter Säulenteil) mit dem Schlammröhrenwürmerextrakt (F — leerer Säulenteil). Das zweite — schwarze — Säulchen stellt den Effekt des Gemisches dar, ausgedrückt in Prozent des ersten Säulchens.

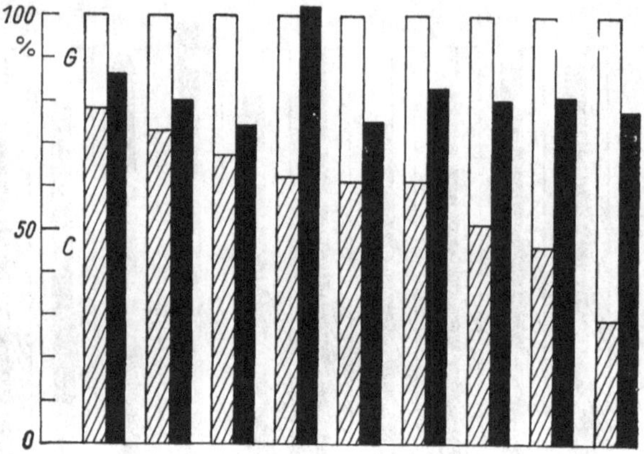

Abb. 7. Lipolytischer Effekt des Gemisches von Karpfenpankreas- und Leberextrakt (C — schraffierter Säulenteil) mit dem Regenwürmerextrakt (G — leerer Säulenteil). Das zweite — schwarze — Säulchen stellt den Effekt des Gemisches dar, ausgedrückt in Prozent des ersten Säulchens.

Abb. 8. Lipolytischer Effekt des Gemisches von Karpfenpankreas- und Leberextrakt (C — schraffierter Säulenteil) mit dem Mückenlarven- und Puppenextrakt (H — leerer Säulenteil). Das — schwarze — Säulchen stellt den Effekt des Gemisches dar, ausgedrückt in Prozent des ersten Säulchens.

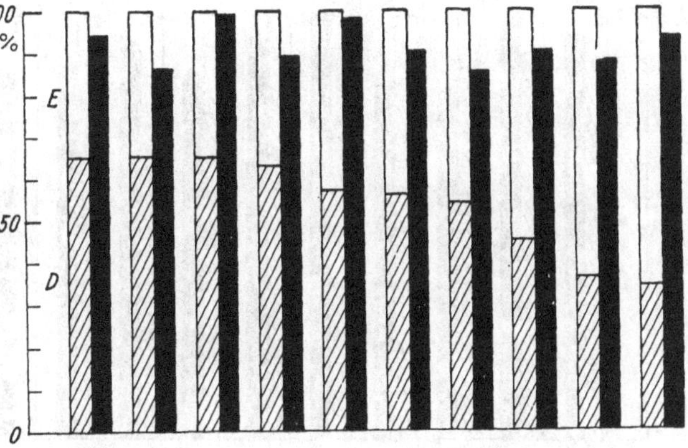

Abb. 9. Lipolytischer Effekt des Gemisches von Karpfendarmschleimhautextrakt (D — schraffierter Säulenteil) mit dem Wasserflöheextrakt (E — leerer Säulenteil). Das zweite — schwarze — Säulchen stellt den Effekt des Gemisches dar, ausgedrückt in Prozent des ersten Säulchens.

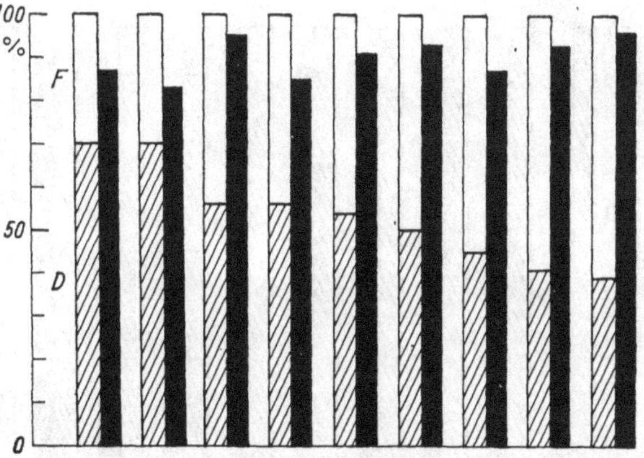

Abb. 10. Lipolytischer Effekt des Gemisches von Karpfendarmschleimhautextrakt (D — schraffierter Säulenteil) mit dem Schlammröhrenwürmerextrakt (E — leerer Säulenteil). Das zweite — schwarze Säulchen stellt den Effekt des Gemisches dar, ausgedrückt in Prozent des ersten Säulchens.

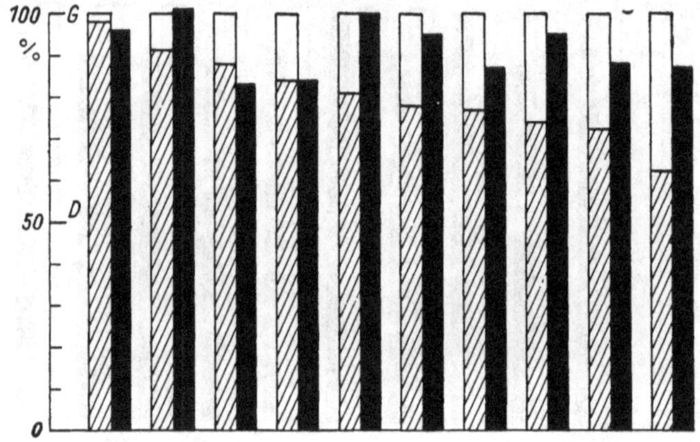

Abb. 11. Lipolytischer Effekt des Gemisches von Karpfendarmschleimhautextrakt (D — schraffierter Säulenteil) mit dem Regenwürmerextrakt (D — leerer Säulenteil). Das zweite — schwarze — Säulchen stellt den Effekt des Gemisches dar, ausgedrückt in Prozent des ersten Säulchens.

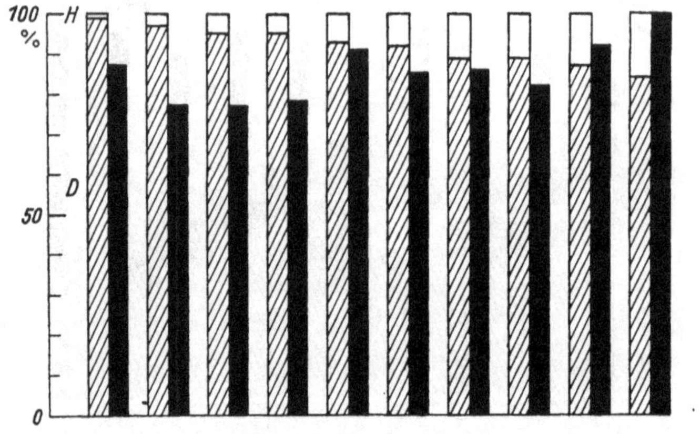

Abb. 12. Lipolytischer Effekt des Gemisches von Karpfendarmschleimhautextrakt (D — schraffierter Säulenteil) mit dem Mückenlarven- und Puppenextrakt (H — leerer Säulenteil). Das zweite — schwarze — Säulchen stellt den Effekt des Gemisches dar, ausgedrückt in Prozent des ersten Säulchens.

des Karpfendarminhaltes in unseren Versuchen würde sich vielleicht dadurch erklären lassen, daß die Fische längere Zeit in einem Behälter fast ohne Tiernahrung gehalten waren. In einigen Orientierungsversuchen mit den aus den Teichen zur Zeit der größten Tiernahrungsentfaltung frisch ausgefischten Karpfen haben wir festgestellt, daß die Fettverdauungswirkung des Darminhaltes sich durch die Zugabe von Tiernahrungsbestandteilextrakten gewöhnlich nur winzig erhöhte. Diese Tatsache halte ich für bedeutend aus rein praktischer Rücksicht; denn hier entsteht ein neuer Standpunkt, der den Bedarf der biologischen Ausgleichung im Teichwassermilieu mit der genügenden Tiernahrungszufuhr für eigene Verdauungsprozesse des Karpfens hervorhebt. Für den Teichwirt folgt daraus die Notwendigkeit, in dem Wasserbehälter ein bestimmtes Verhältnis zwischen der Größe und Anzahl der Karpfen und der Naturnahrung einzuhalten. Da die Naturnahrungsproduktion in verschiedenen Teichen ungleich ist, folgt daraus, daß nicht nur das Teichausmaß für die Anzahl der Karpfenstücke, die angesetzt werden sollen, maßgebend ist, sondern vor allem die biologischen, durch ausführliche hydrobiologische Untersuchung festgestellten Verhältnisse.

Wurde das *Karpfenpankreas- und Leberextrakt mit einigen Tiernahrungsextrakten* gemischt, so erhielten wir folgende durchschnittliche Ergebnisse:

mit Wasserflöheextrakt	92,6%	(45,9%)
mit Schlammröhrenwürmerextrakt	92,1%	(37,4%)
mit Regenwürmerextrakt	82,1%	(58,6%)
mit Mückenlarven- und Puppenextrakt	87,5%	(81,6%)

Ähnliche Zahlen ergaben sich für die Gemische des *Karpfendarmschleimhautextraktes:*

mit Wasserflöheextrakt	91,2%	(54,0%)
mit Schlammröhrenwürmerextrakt	99,0%	(53,5%)
mit Regenwürmerextrakt	91,6%	(80,5%)
mit Mückenlarven- und Puppenextrakt	85,5%	(92,0%)

In den Klammern sind wieder die lipolytischen Wirkungen der ursprünglichen (endogenen) Karpfenextrakte angegeben.

Vergleicht man die ganze fettspaltende Wirkung des Gemisches mit der Summe der einzelnen Bestandteilwirkungen, so konstatiert man in allen 8 Versuchsreihen (mit Ausnahme der letzten Versuchsreihe: Darmschleimhaut plus Mückenlarvenextrakt) übereinstimmend, daß diese immer höher ist, als eine der beiden Bestandteilwirkungen (siehe die Zahlen in Klammern). Was einzelne Versuche betrifft, kommen Fälle vor, in denen die Gemischwirkung die Wirkung von 100% erreichte oder diese winzig überschritt. Mit Rücksicht auf die zu kleine Anzahl dieser Fälle sehen wir von einer Erklärung dieser Erscheinung ab.

Die Differenzen zwischen dem Mittelwert der fettspaltenden Wirkung des endogenen Karpfenpankreas – und Leberextraktes und seinem Gemische mit den Tiernahrungsbestandteilextrakten sind mit Ausnahme des Mückenlarvenextraktes immer hoch statistisch signifikant (P immer höher als 0,01). Dasselbe gilt auch für die Gemische mit Karpfendarmschleimhautextrakt, wieder mit einziger Ausnahme des Mückenlarvenextraktes; hier ist die Beweiskraft an der Grenze der Signifikanz ($P < 0{,}05$). Aus den erwähnten Ergebnissen läßt sich der Schluß ziehen, daß auch die Wirksamkeit der Lipasen aus Karpfenpankreas- und Leberextrakt sowie aus Karpfendarmschleimhaut durch den Anteil der verschluckten Wasserflöhe, Schlammröhrenwürmer und Regenwürmer erhöht werden kann. Für das Extrakt aus den Mückenlarven und Puppen konnte dies nicht ganz einwandfrei sichergestellt werden.

Besonders muß aber auf die letzte Versuchsreihe aufmerksam gemacht werden, in der sich die *Gemischwirksamkeit* niedriger äußerte, als die des Darmschleimhautextraktes. Im Vergleich zu den übrigen Ergebnissen äußert sich hier also eine hemmende Wirkung. Mückenlarven- und Puppenextrakt besitzen allein an sich die geringste fettspaltende Wirksamkeit von allen untersuchten Substanzen. Mit der Galle (siehe JANČAŘIK [26]) verursachen sie die niedrigste Erhöhung der lipolytischen Wirkung aus allen untersuchten Substanzen. Merkwürdig ist, daß die Wirkung des Karpfenpankreas- und Leberextraktes (= 81%) nach Zugabe des Mückenlarvenextraktes (von Wirkung 19%) zu einer sehr geringen Wirkungserhöhung von 81% auf 87% gelangt. Diese Tatsachen lassen den Schluß ziehen, daß die Mückenlarven durch ihren Lipaseninhalt keinen deutlichen Anteil an der Fettverdauung beim Karpfen haben. Ihre Wirksamkeit summiert sich nicht mit der des Karpfens, im Gegenteil hemmen sie eher die Wirkung der endogenen Lipasen des Karpfens, was besonders klar für Darmschleimlipase bewiesen werden konnte. Zur Erklärung dieser Erscheinung kann vielleicht die Anwesenheit von Gewebeproteasen im Körper der Mückenlarven, vor allem aber der Mückenpuppen, als eine der Möglichkeiten angeführt werden. Diese Proteasen greifen vielleicht den eiweißartigen Träger (Apoenzym) der Lipasen an und machen so ihre fettspaltende Wirkung niedriger.

Zusammenfassung

In durchgängiger Zusammenfassung kann man aus den oben angeführten Ergebnissen unserer in vitro durchgeführten Versuche konstatieren, daß die Tiernahrungsbestandteile, den endogenen Karpfensubstanzen beigegeben, die Fähigkeit besitzen, ihre fettspaltende Wirksamkeit zu erhöhen. Diese Erhöhung überschreitet fast nie die Gesamtwirkung des endogenen und exogenen Anteils, doch läßt sich beweisen, daß die endogene lipolytische Wirksamkeit durch Zugabe der exogenen Substanz erhöht wird. Die einzige Ausnahme stellten die Extrakte aus den Mückenlarven und Puppen vor, die sogar hemmenden Einfluß ausübten.

Es wurde die Meinung ausgesprochen, daß dies im Zusammenhang mit der Anwesenheit der an der Mückenmetamorphose teilnehmenden Proteasen stehen könnte.

Literaturverzeichnis

[1] BABKIN, B. P. a. BOWIE, D. J., 1938: The digestive system and its function in Fundulus heteroclitus. Biol. Bull. 54.

[2] BACH A. N. i ENGELHARDT, V. A., 1940: Fermenti. Moskva-Leningrad.

[3] BAMANN, E. u. MYRBÄCK, K., 1941: Die Methoden der Fermentforschung I.—X. Leipzig.

[4] BAYLISS, L. E., 1931: Digestion in the Plaice (Pleuronectes platessa). I J. Marine biol. Ass. (Plymouth) 20.

[5] BEAUVALET, H., 1933a: Etude de la digestion chez les poissons sans estomac. C. r. Soc. Biol. Paris, 112, 640.

[6] BEAUVALET, H., 1933b: Physiologie de l'hépatopancréas chez quelques Téléostéens. C. r. Soc. Biol. Paris, 113, 242.

[7] BERSIN, TH., 1954: Lehrbuch der Enzymologie. Leipzig.

[8] BIEDERMANN, W., 1911: Ernährung der Fische, WINTERSTEIN: Handb. d. vergl. Physiologie 2, 1040—1115.

[9] BODROVA, N. V. i KRAJUCHIN, B. V., 1952: K metodike primenija chronitscheskich fistul na pischtschewaritelnom trakte ryb. Fiziol. zschurnal SSSR 28, 5.

[10] BUKINA, V. H., 1953: Biochimija ryb. Sbornik statej. Moskau.

[11] CARRIÉ, M., 1937: Note sur appareil digestive et la digestion de la Tanche (Tinca tinca). Bull. Soc. Zool.

[12] DECKER, F., 1887: Zur Physiologie des Fischdarmes. Festschr. Alb. Kölliker, Leipzig.

[13] DYK, V., 1946, 1958: Naše ryby (Unsere Fische). Prag.

[14] FISHER, R. A., 1948: Statistical Methods for Research Workers. London.

[15] GOLOVINSKAJA, K. A., 1954: Opyt kormlenija kapra. Trudy Wscheros. n. l. in-ta prud. ryb. ch-wa 7, 58—69.

[16] GRUB, A. V. i KRASJUKOWA, Z. V., 1949: Pischtschewaritelnyj kanal karpowych. ryb. Utschenyje zapiski LGU, ser. biol. 21.

[17] HERWERDEN, M., 1908: Zur Magenverdauung der Fische. Z. physiol. Chemie 56.

[18] HOMBURGER, L., 1877: Zur Verdauung der Fische. Centralbl. med. Wiss. 31.

[19] HOPE-SEYLER, F., 1877: Über Unterschiede im chemischen Bau der Verdauung höherer und niederer Tiere. Arch. Ges. Physiol. 14.

[20] ISHIDA, J., 1935: Distribution of the digestive system of stomachless fishes. Annot. zool. Jap. 15.

[21] INIKOFOROV, J. D., 1955: Kormowoj koefizient kapra, plotwy uklei i kransnoperki. Izd. Vsches. i. n. in-tu oz. i retsch. ryb. ch-wa 33, 155—165.

[22] IVLEV, V. S., 1955: Eksperimentalnaja ekologija pitanija ryb. Moskau.

[23] JANČAŘIK, A., 1956: Über die Verdauung des Karpfens. Arch. f. Tierernährung 6 (6), 120—138.

[24] JANČAŘIK, A., 1957a: Bedeutung der Tiernahrung des Karpfens für die Stärkeverdauung, Arch. f. Tierernährung 7 (6), 347—366.

[25] JANČAŘIK, A., 1958a: Bedeutung der Galle des Karpfens für die Eiweiß- und Fettverdauung Sborník ČSAZV (im Druck).

[26] JANČAŘIK, A., 1958b: Vierter Beitrag zur Verdauungsphysiologie des Karpfens: die Fettverdauung. Wiss. Arbeiten VUK CSAZV Brno (im Druck).

[27] KARPEWITSCH, A. P., 1936: Ob izmenii reakcie pischtschewaritelnych sokow wo wremja pischtschewarenija u morskich ryb. Zool. Zschurn. SSSR 21.

[28] KARZINKIN, G. S., 1932: K izutscheniju fiziologie pischtschewarenija ryb. Trudy limnolog. stancii v Kosine. 15.

[29] KORSCHUJEW, P. u. KOSCHTOJANC, CH., 1934: Materialien zur vergl. Physiol. der Verdauungsfermente. Zool. J. Moskau. 13.

30 KRUKENBERG, C. W. F., 1877: Versuche zur vergleichenden Physiologie der Verdauung mit besonderer Berücksichtigung der Verhältnisse bei den Fischen. Heidelberg.

31 LIPSCHÜTZ, A., 1916: Zur Frage über die Ernährung der Fische. Z. allg. Physiol. 12.

32 LUCHAU, E., 1878: Über die Magen- und Darmverdauung bei einigen Fischen. Dissert. Königsberg.

33 MALTZAN. M. VON, 1935: Zur Ernährungsbiologie und Physiologie des Karpfens. Zool. H. Abt. Physiol. 55.

34 MANN, H., 1935: Vergleichende Untersuchungen über die Verdauung einiger Süßwasserfische. SB. Ges. Naturf. Fr. Berlin.

35 MANN, H., 1956: Fütterungsversuche bei Aquarienfischen. Die Aquarien- und Terrarien-Zeitschrift 9 (7), 181—183.

36 MECHANIK, P. J., 1953: K fiziologii pischtschewarenija bezzcheludetschnych ryb. Trudy Barabinsk. otd. Wsches. N. N. inst. oz. i retsch. ryb. 6 (2), 17—29.

37 OPPENHEIMER, C., 1925: Handb. d. Biochemie des Menschen und der Tiere. Bd. V. Verdauung, Resorption, Exkretion.

38 PEGEL, W. A., 1950: Fiziologija pischtschewarenija ryb. Tomsk.

39 PUTSCHKOW, N. W., 1954: Fiziologija ryb. Moskau.

40 RAUTHER, M., 1940: Echte Fische. Teil I: Anatomie, Physiologie und Entwicklungsgeschichte. G. H. Bronn's: Klassen und Ordnungen des Tierreiches.

41 RICHET, CH., 1882: De quelques faits relatifs à la digestion chez les poissons. Arch. Physiol. et Norm. Pathol. (2), 10.

42 SCHÄPERCLAUS, W., 1953: Lehrbuch der Teichwirtschaft. Berlin.

43 SCHEUNERT, A. u. KRZYWANEK, F. W., 1925: Die Verdauung der Kaltblüter. C. Oppenheimer: Handbuch d. Biochemie V, 210—270.

44 SCHLOTTKE, E., 1937: Untersuchungen über die Verdauungsfermente der Insekten I.—III. Ztschr. f. vergl. Physiologie 24.

45 SCHLOTTKE, E., 1939: Untersuchungen über Verdauungsfermente der Quappe (Lota vulgaris). Ztschr. f. Fischerei 37.

46 SCHLOTTKE, E., 1940a: Untersuchungen über die Verdauungsfermente der Regenforelle, Trutta iridea. Ztschr. f. Fischerei 38.

47 SCHLOTTKE, E., 1940b: Untersuchungen über die Verdauungsfermente des Flußbarsches (Perca fluviatilis). Ztschr. f. Fischerei 38.

48 SULIMA, A. F., 1910: K pischtschewareniju u ryb. Russ. fysiol. Zschurnal 2.

49 SCHPET, C. J., 1953: Ekologija pitanija kapra v swjazi s razrabotkoj racionalnych metodow kormlenija. Trudy N. i. in-ta grudowogo i oz. retsch. ryb. chozjajstwa USSR, 9, 39—68.

50 VONK, H. J., 1927: Die Verdauung bei den Fischen. Zeitschr. vergl. Physiol. 8.

51 WILLIAMS, R. T., 1952: The biochemistry of fish. Bioch. Soc. Symposia 6, 205.

52 WUNDER, W., 1936: Physiologie der Süßwasserfische Mitteleuropas. Stuttgart.

53 WUNDSCH, W., 1931: Nahrung, Verdauung und Stoffwechsel der Fische. Mangold: Stoffwechsel d. landwirtschaftlichen Nutztiere III, 564—659.

54 YUNG, R. J., 1899: Recherches sur la digestion des poissons. Arch. Zool. expr. gén. (3), 7.

55 ZUNTZ, N. u. CRONHEIM, W., 1911: Die Bedeutung der Naturnahrung für Ernährung der Teichfische. Festschr. f. Emil Uhlee, Neudamm.

Eingegangen am 14. 11. 1958

Aus dem Institut für Tierernährung der Martin-Luther-Universität Halle-Wittenberg
(Dir.: Prof. Dr. A. COLUMBUS)

G. GEBHARDT und *A. COLUMBUS*

Infrarottrocknung mittes Laboranlagen für Rotkleeheumehl

Einleitung

Die künstliche Trocknung von Grünfuttermitteln steht weiterhin im Mittelpunkt des Interesses. Kann doch ein Trockengrünmehl bester Qualität als Kraftfutter eingesetzt werden und unter Umständen als Carotinträger selbst in Futtermischungen für Intensivhaltung Verwendung finden. In vorausgegangenen Untersuchungen über den Einfluß verschiedener Trocknungsmethoden auf einige Qualitätsmerkmale von Luzerneheumehl[2] wurden bisher nicht verwendete Erwärmungsverfahren, die Strahlungserwärmung durch Infrarotstrahlen sowie die Hochfrequenzerhitzung, auf ihre Anwendbarkeit geprüft. Die gute Qualität der mittels elektrischer Infrarotstrahler als auch durch Gasinfrarotstrahler erhaltenen Luzerneheumehle ließ eine Erweiterung auf Rotkleetrocknung wünschenswert erscheinen, wobei als Heizgase Methan und Propan im Gegensatz zu den Versuchen mit Stadtgas für die Beheizung der Schwankstrahler Verwendung finden sollten. Dabei lag der Gedanke einer Ausnutzung des durch Biogasanlagen erhaltenen Methans zur betriebseigenen Erzeugung hochwertiger Trockengrünmehle zugrunde. Die Mitteilung der beobachteten Ergebnisse gibt die Gelegenheit, die selbstkonstruierten labormäßigen Trocknungsanlagen, die schon für die oben genannten Luzernetrocknungsversuche benutzt worden waren, näher zu beschreiben.

Im einzelnen handelt es sich um folgende *Trocknungsmethoden,* die mit dem Frischmaterial verglichen werden konnten:

a) Trocknung im Vakuumtrockenschrank
b) Trocknung in einem Trockenschrank mit Infrarotstrahlerbestückung unter Regulierung der Schranktemperatur auf 90° C
c) Trocknung mit Hilfe von Schwank-Gasinfrarotstrahlern unter Ausnutzung der Abgaswärme.

1. Technische Durchführung der angewandten Trocknungsmethoden

a) Trocknung im Vakuumtrockenschrank

Als Vakuumtrockenschrank wurde ein von der Fa. Haase, Berlin, umgebauter Autoklav verwendet. Der Anschluß einer Wasserstrahlpumpe erfolgte seitlich oben an den durch einen Wassermantel geheizten Innenraum. Sobald der notwendige Unterdruck erreicht war, mußte seitlich unten ein Hahn gerade so weit geöffnet werden, daß das Vakuum erhalten blieb, jedoch den Trockenraum ein leichter Luftstrom durchzog. Der Wassermantel konnte über ein Kontaktthermometer bei 70° C gehalten werden.

Die Trocknungsdauer für etwa 500 g Rotklee betrug 24 Stunden.

b) Trocknung in einem Trockenschrank mit Infrarotstrahlerbestückung unter Regulierung der Schranktemperatur auf 90° C

In der Abbildung 1 wird eine Ansicht des verwendeten Trockenschrankes gegeben. Die Skizze (Abb. 2) läßt die Konstruktion erkennen.

Abb. 1. Ansicht des Elektr.-Infrarot-Trockenschrankes (Foto: Hochschulbildstelle)

Der mit Asbest ausgeschlagene Schrank aus Aluminiumblech war oben mit fünf und unten mit vier Medithermstrahlern-Infrarot-H; 220–225 V; 250 W; E 27; Cv-plattiert des VEB Berliner Glühlampenwerkes bestückt. Das Grünfutter kam auf ein Drahtsieb zwischen die Lampen. Der Abstand der Lampen konnte mittels außen angebrachter Handräder über einen Seilzug im Rahmen der Schrankabmessungen beliebig verändert werden.

Die vorliegenden Untersuchungen wurden mit den in Abb. 2 aufgezeichneten Abständen durchgeführt. Die Flächen (Drahtsieb und beide mit Lampen versehenen Aluminiumplatten) waren Quadrate (600 × 600 mm). Oben hatten die Strahler Abstände von 300 mm und waren eckenständig angeordnet, wobei sich der fünfte im Schnittpunkt der Diagonalen befand. Die vier unteren Strahler hatten einen Abstand von 200 mm und mußten seitenständig montiert werden, um eine gleichmäßige Ausleuchtung zu erzielen unter Vermeidung direkter Kontrastellung der Strahler. Diese Konstruktion war von Herrn Diplomphysiker Günther Oesterle vorgeschlagen worden.

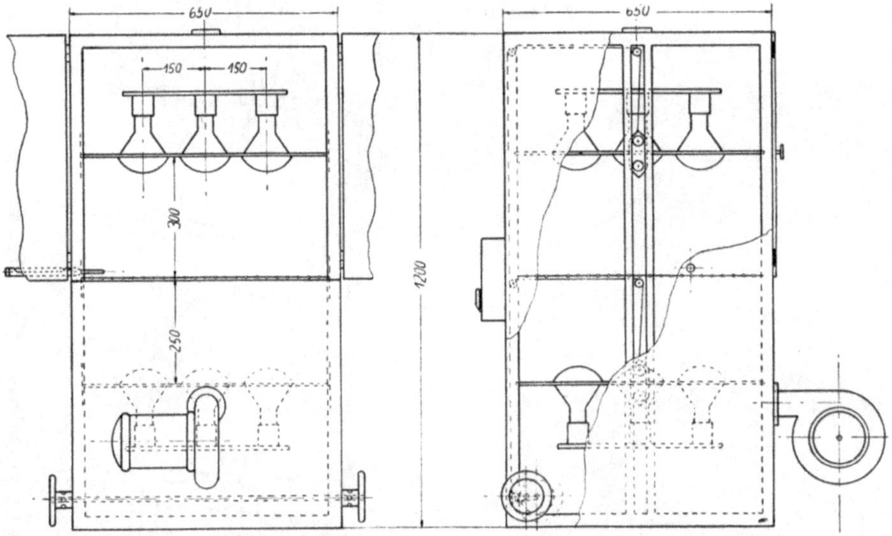

Abb. 2. Skizze zur Konstruktion des Elektr.-Infrarot-Trockenschrankes (Zeichnung: Fingas, Feinmechaniker)

Um eine Überhitzung des zu trocknenden Materials zu verhindern, ohne eine Abschaltung oder Drosselung der Strahler vornehmen zu müssen, steuerte ein gegen direkte Strahlung abgeschirmtes Kontaktthermometer einen Ventilator, der bei der eingestellten Temperatur (90° C) anlief und Kaltluft von unten nach oben durch den Schrank drückte. Die heiße Luft konnte durch eine oben angebrachte Öffnung entweichen.

Die Asbestwände waren mit glanzloser Ofenschwärze gestrichen. Die Trocknungszeiten lagen zwischen 45 und 60 Minuten.

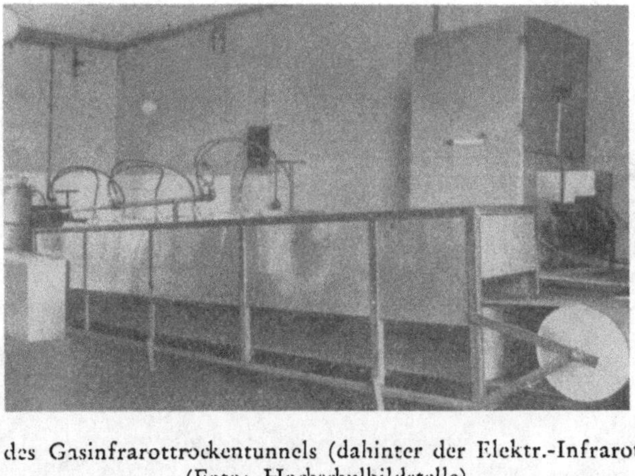

Abb. 3. Ansicht des Gasinfrarottrockentunnels (dahinter der Elektr.-Infrarot-Trockenschrank) (Foto: Hochschulbildstelle)

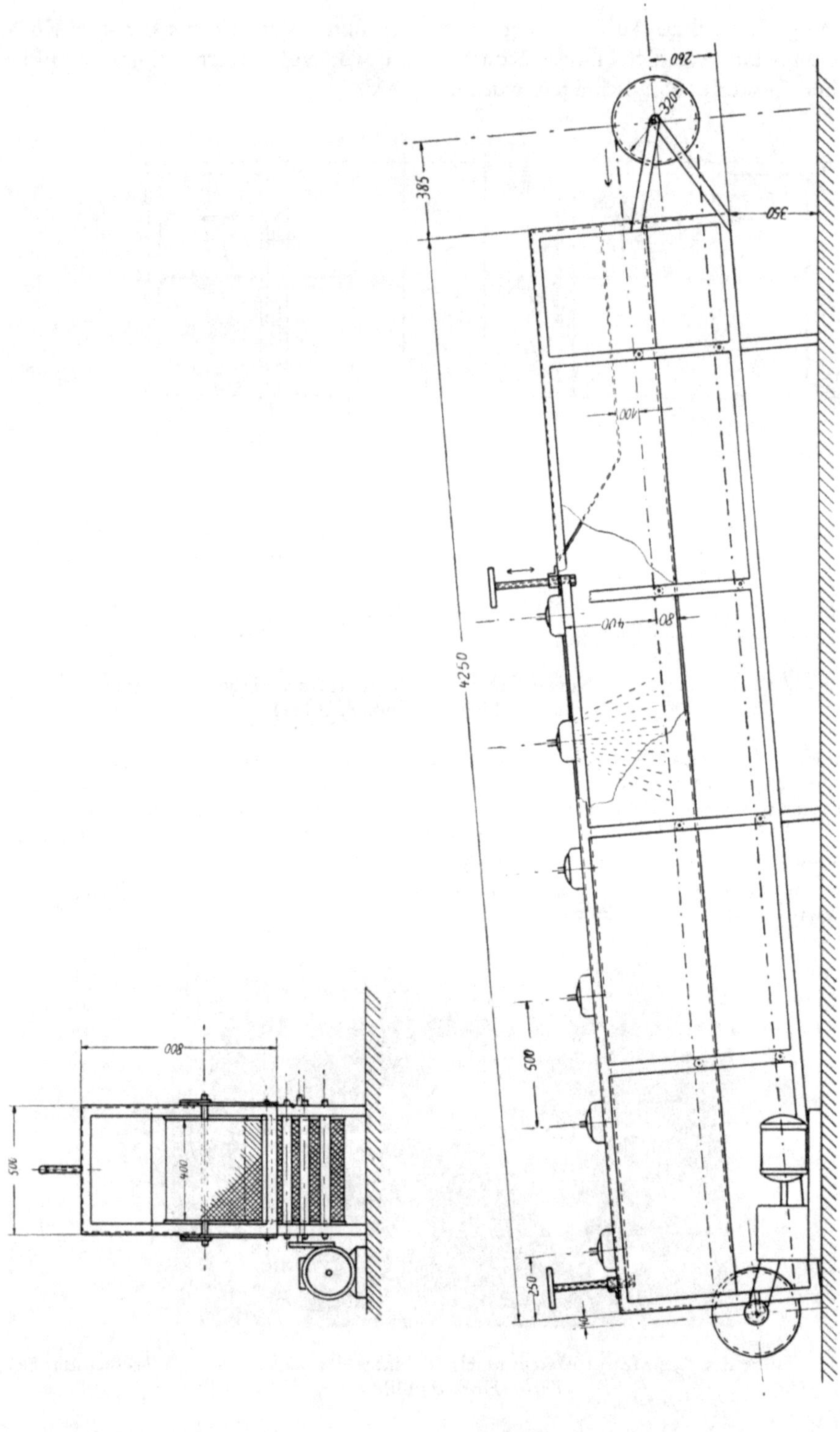

Abb. 4. Skizze zur Konstruktion des Gasinfrarottrockentunnels (Zeichnung: Fingas, Feinmechaniker)

c) Trocknung mit Hilfe von Schwank-Gasinfrarotstrahlern unter Ausnutzung der Abgaswärme

Bei den Trocknungsversuchen mit Luzerne waren Gasinfrarotstrahler Typ 541 für Leuchtgas der Fa. Schwank, Köln-Kalk, verwendet worden. Da für die vorliegenden Untersuchungen andere Gasarten benutzt werden sollten, wurden Strahler gleichen Typs für Methan und Propan eingesetzt.

Zunächst seien die technischen Einzelheiten der Labortrocknungsanlage mitgeteilt. Eine Ansicht vermittelt die Abbildung 3, die Skizze (Abb. 4) macht die Ausführung deutlich.

Ein 400 mm breites Kupfernickelband war über zwei Walzen mit einem Durchmesser von 320 mm, die in einer Achsenentfernung von 4635 mm montiert waren, als endloses Transportband gelegt.

Um den oberen Bandteil (Vorlauf) war tunnelartig eine Verkleidung aus Aluminiumblech in der Weise gelegt, daß der Blechboden zwischen Vor- und Rücklauf des Bandes geschoben war, so daß der Bandvorlauf (mit Grünfutter belegt) im Tunnel, der Bandrücklauf außerhalb des Tunnels verlief. Die Breite des Tunnels ergab sich aus der Bandbreite, die Höhe bemaß sich auf 400 mm über dem Vorlauf und 80 mm unter ihm. Vom Tunnelende her waren in dem Deckel sechs Schwank-Gasinfrarotstrahler in einem Abstand von jeweils 500 mm angebracht. Hinter dem letzten Strahler wurde zum Tunnelanfang zu eine Blechblende eingesetzt, die die Tunnelhöhe von 400 mm über dem Band allmählich auf 100 mm verringerte, so daß bei einem um 350 mm gegenüber dem Tunnelende gehobenen Anfang die heißen Abgase auf das Grünfutter vortrocknend wirken konnten. Diese Heißluftvortrocknungsstrecke war 1000 mm lang. Mit Hilfe eines Getriebes erfolgte eine kontinuierliche Bandverschiebung, die das Grünfutter in einstellbarer Zeit die Trockenanlage passieren ließ.

Für die ersten Rotkleetrocknungsversuche wurden die Strahler mit Propan geheizt. Dabei konnte eine normale Verbrennung mit einwandfrei glühenden Katalytplatten beobachtet werden. Der eingelegte, gehäckselte Rotklee trocknet gut ab, doch zeigten die feinen Blatteile eine Überhitzung an, die bei einer Durchgangszeit von 18 Minuten durch die erforderliche Trocknung von Stiel- und Blütenteilen nicht zu vermeiden war. Da die Verdaulichkeit des Rohproteins dadurch, wie noch gezeigt wird, stark absank, mußten die Versuche wiederholt werden. Offensichtlich war für diese Trocknungsart die Vegetation (2. Schnitt in der Blüte) schon zu weit fortgeschritten.

Mit dem relativ zartbleibenden 3. Schnitt wurden die Versuche mit Methanheizung weitergeführt. Trotz Variierung des Gasdruckes und der Düseneinstellung konnte ein vorschriftsmäßiges Verbrennen des Methans innerhalb der Poren der Katalytplatte nicht erreicht werden, da Fremdgasbeimischung von Seiten des Gaswerkes noch dazu in wechselnder Form nicht zu vermeiden war. Da die erzeugte Hitze wieder höher als bei Stadtgasbeheizung war, wurde das Getriebe auf eine Durchgangszeit von 9 Minuten eingestellt. Um den Trocknungsprozeß gleichmäßiger für Blätter und Stengel zu gestalten, erfolgte eine Quetschung des gehäckselten Rotklees. Trotzdem befriedigte das Ergebnis des Tierversuches mit dem an sich gut aussehenden Rotkleeheumehl nicht. Die Gründe dafür könnten in der unvollständigen Verbrennung innerhalb der Katalytplatte gesucht werden. Dadurch wird der Anteil der Abgaswärme auf Kosten der Strahlungswärme erhöht.

Zum Vergleich sei hier noch der Trockenschrank mit Gasinfrarotstrahlerbestückung ohne Ausnutzung der Abgaswärme, wie er zur Luzernetrocknung [2] benutzt wurde, aufgezeigt. In den Abbildungen 5 und 6 ist die Ansicht und die Konstruktion dargestellt.

Die Anordnung gestattete, die Infrarotstrahlung ohne Ausnutzung der Abgaswärme zur Trocknung zu verwenden. Es war ein Gasinfrarotstrahler der Fa. Schwank, Köln-Kalk, Type 541, in die Deckwand eines Trockenschrankes so eingebaut, daß die Abgase gleich entweichen konnten. Die Schranktemperatur wurde mit Hilfe eines Ventilators bei 90° C gehalten. Die Trocknungszeit betrug bei einem Strahlerabstand von 400 mm im Durchschnitt 45 Minuten. Das erhaltene Luzerneheumehl war von guter Qualität.

Abb. 5. Ansicht des Gasinfrarottrockenschrankes
(Foto: Hochschulbildstelle)

2. N-Bilanzversuche an wachsenden Albinoratten zur Bestimmung der biologischen Eiweißwertigkeit des Rotklees und der erhaltenen Rotkleeheumehle

a) N-Bilanz-Versuch mit frischem Rotklee

Im Rahmen eines Rotkleeversuchsprogrammes wurden tägliche Ertragsermittlungen dreier Sorten (Harzer Rotklee, Ostsaat, Lembkes Rotklee) durchgeführt. Entsprechend der ermittelten Erträge erfolgte eine Mischung der Sorten. Die erhaltenen Durchschnittsproben konnten über eine Einfrierung mit flüssiger Luft fein zerkleinert [2] und Trockensubstanz- sowie N-Bestimmungen eingewogen werden. Die Hauptperiode des N-Bilanz-Versuches lief vom 12. 7. 1953–18. 7. 1953. Es standen neun männliche Albinoratten der institutseigenen Zucht mit einem Durchschnittsgewicht von 100 g zur Verfügung.

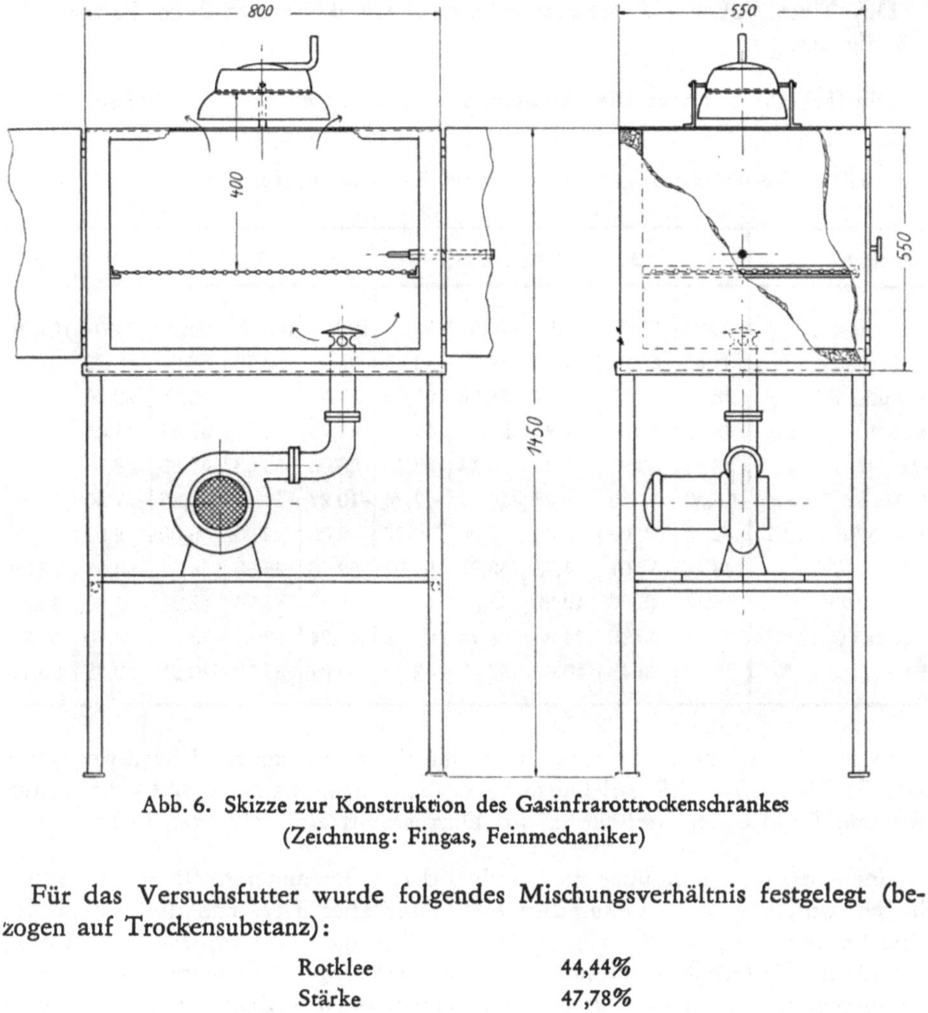

Abb. 6. Skizze zur Konstruktion des Gasinfrarottrockenschrankes
(Zeichnung: Fingas, Feinmechaniker)

Für das Versuchsfutter wurde folgendes Mischungsverhältnis festgelegt (bezogen auf Trockensubstanz):

Rotklee	44,44%
Stärke	47,78%
Zucker	4,78%
Fett	2,39%
Mineralstoffe	0,61%

Die Tiere erhielten von diesem Gemisch täglich so viel, daß durch den N-Gehalt des Rotklees der N-Erhaltungsbedarf (NEB [1]) zweimal gedeckt war. Eine Rotkleegabe, die den NEB dreifach gedeckt hätte, war nicht möglich, da die Tiere die damit verbundene höhere Futtergabe nicht konstant fraßen, der Rotkleeanteil in der Mischung ebenfalls nicht ohne nachteilige Folgen erhöht werden konnte.

Bei der genannten Futterzusammensetzung war auch bei den Veränderungen des N-Gehaltes in der Frischsubstanz des Rotklees eine gleichmäßige Trockensubstanzaufnahme, die nahe dem nach Formel [3] errechneten Wert lag, gegeben.

Die Tiere fraßen bei geringstem Verstreuen das zugewogene Futter vollständig aus.

Die Tabelle 1 bringt die erhaltenen Versuchsdaten und Ergebnisse.

Tabelle 1. *Versuchsdaten und Ergebnisse des N-Bilanzversuches mit frischem Rotklee*

Ratten Nr. . . .	1	2	3	4	5	6	7	8	9	∅
Gewicht . . . g	102,0	99,5	101,5	110,5	99,5	102,0	105,5	105,0	111,0	104,0
Tr.S.-A. . . %	84,55	85,06	84,49	82,83	84,95	85,18	83,70	83,84	82,80	
N-Aufn. . . mg	93,62	92,07	93,14	98,66	92,02	93,51	95,61	95,38	99,08	
Kot-N . . mg	48,18	50,64	47,23	50,80	41,63	47,75	52,82	49,33	48,05	
Harn-N . . mg	58,83	53,93	54,63	58,13	58,13	56,03	53,23	55,33	58,83	
N-Bilanz . mg	-13,39	-12,50	- 8,72	-10,27	- 7,74	-10,27	-10,44	- 9,28	- 7,80	
NG : NEB . . .	2,00	2,00	2,00	2,00	2,00	2,00	2,00	2,00	2,00	2,00
BW . . . %	48,54	52,07	54,73	53,81	51,97	52,76	55,98	54,88	54,93	53,30
schein. VQ . %	48,54	45,00	49,29	48,51	55,05	48,93	44,75	48,28	51,50	48,87
wahrer VQ . %	73,54	69,96	74,30	73,74	80,00	73,94	69,84	73,34	76,70	73,93
PNu . . . %	35,70	36,43	40,66	39,68	42,30	39,01	39,10	40,25	42,13	39,47

Es ergab sich demnach eine durchschnittliche biologische Eiweißwertigkeit von 53,30 ± 0,74%. Parallelversuche an Schweinen nach ZAUSCH[6] erbrachten für den Rotklee der drei Sorten im Durchschnitt eine BW von 75,3%.

Um einen Überblick über die Verdaulichkeit der anderen Nährstoffe zu erhalten, wurde noch die Gesamtfutteraufnahme aller Tiere und die Anteile der drei Rotkleesorten berechnet. Aus den pro Tag und Sorte vorliegenden Proben, die für die Futtermittelanalyse durch eine Trocknung im Vakuumtrockenschrank gesammelt worden waren, konnte eine entsprechende Mischung vorgenommen und einer Futtermittelanalyse unterzogen werden. Außerdem ließ sich der Kot der einzelnen Ratten anteilmäßig mischen und analysieren. Die Analysen ergaben folgende Zusammensetzung (bez. auf Tr.S.):

Durchschnitts-Proben	Organ. Substanz %	Rohasche %	Roh-protein %	Rohfett %	Rohfaser %	N-freie Extr.-St. %
Rotklee . .	90,78	9,22	16,47	3,68	33,48	37,15
Kot	92,74	7,26	13,71	3,12	37,40	38,51

Mit Hilfe der Analysenergebnisse konnten für das Gesamtfutter folgende Verdauungsquotienten bestimmt werden:

	VQ%
Organische Substanz	74,12
Rohprotein	50,19
Rohfett	79,39
Rohfaser	33,15
N-freie Extraktstoffe	85,18
Rohasche	59,00

Werden die zugegebenen Nährstoffe (Stärke, Zucker, Fett) und Mineralstoffe als vollständig resorbiert betrachtet, so ergaben sich für den Rotklee folgende Verdauungsquotienten:

	VQ%
Organische Substanz	38,86
Rohprotein	50,19
Rohfett	49,27
Rohfaser	33,15
N-freie Extraktstoffe	39, 55
Rohasche	52,88

b) N-Bilanz-Versuch mit frischem Rotklee und Rotkleeheumehl

Vom zweiten Schnitt wurden in der Zeit vom 24. 7. 57–3. 8. 57 bei ungünstiger Witterung täglich 7^{00} Uhr die entsprechenden Rotkleeproben geschnitten und nach den vorn geschilderten Trocknungsverfahren getrocknet. Als Heizgas der Gasinfrarot-Tunnel-Trocknung fand Propan Verwendung. Die für die Frischverfütterung vorgesehene Probe konnte nach dem bereits mitgeteilten Verfahren zubereitet werden. Da für die Verfütterung N- und Trockensubstanzbestimmungen erforderlich waren, erhielten die Tiere stets die Proben des Vortages.

Es handelte sich demnach um den Vergleich folgender Verfahren:

A Rotklee, frisch

B Rotkleeheumehl nach Gasinfrarot-Tunnel-Trocknung

C Rotkleeheumehl nach Elektr.-Infrarot-Trocknung 90° C

D Rotkleeheumehl nach Vakuumtrocknung.

Dazu standen vier Würfe mit je vier männlichen Tieren mit einem durchschnittlichen Gewicht von 95 g aus der institutseigenen Aufzucht zur Verfügung. Als Versuchsplan konnte ein lateinisches Quadrat mit folgender Verteilung dienen:

Versuchsgruppe	1	2	3	4
1. Wurf	C_1	A_5	D_9	B_{13}
2. Wurf	A_2	C_6	B_{10}	D_{14}
3. Wurf	B_3	D_7	C_{11}	A_{15}
4. Wurf	D_4	B_8	A_{12}	C_{16}

Die entsprechenden Versuchsfuttermischungen wurden nach den täglichen N- und Tr.S.-Bestimmungen für das Frischmaterial und die Rotkleeheumehle in folgender Weise bereitet:

1. Mischung mit frischem Rotklee

Rotklee (auf Tr.S. bezogen)	40,00%
Maisstärke	51,25%
Zucker	5,00%
Fett	3,00%
Mineralstoffmischung	0,75%

2. Mischungen mit den Rotkleeheumehlen

Es wurde stets so viel Heumehl in die Mischung genommen, daß die Mischung 10% Rohprotein enthielt. Dazu waren je nach dem N-Gehalt des Rotklees zwischen 40 und 45 g (Tr.S.) Heumehl notwendig. Eine Aufteilung der Differenz zu 100 g erfolgte in folgender Weise:

Maisstärke	86%
Zucker	8%
Fett	5%
Mineralstoffmischung	1%

Die Futtergabe sollte den zweifachen N-Erhaltungsbedarf decken. Der Rest zur errechenbaren Trockensubstanzaufnahme ließ sich durch N-freies Futter mit folgender Zusammensetzung ausgleichen:

Maisstärke	80%
Zucker	9%
Fett	6%
Mineralstoffmischung	5%

Die Stärke konnte in gleicher Weise wie bei dem Luzerneversuch [2] mit Vitaminen angereichert werden. Die verwendete Mineralstoffmischung war ebenfalls die gleiche (ZAUSCH [5]).

Es konnten folgende Ergebnisse erzielt werden (Tab. 2):

Zwischen den biologischen Eiweißwertigkeiten für die verschiedenen Verfahren bestehen keine gesicherten Unterschiede. Die erhaltenen Werte streuen so stark, daß mit diesem Ergebnis gerechnet werden mußte. Der Grund dafür könnte in der geringen N-Gabe (zweifacher NEB) gesucht werden. Bei geringer Eiweißversorgung variieren die gefundenen Resultate erfahrungsgemäß stärker. Die scheinbaren Verdauungsquotienten sind mit Ausnahme der für das Rotkleeheumehl nach Gasinfrarot-Tunnel-Trocknung beobachteten Werte gleichmäßig niedrig. Für die Tunneltrocknung konnten Ergebnisse nicht ausgerechnet werden, da sie negativ wären.

Die wahre Verdaulichkeit zeigt ähnliche Zusammenhänge. Das starke Absinken der Rohproteinverdaulichkeit nach der Tunneltrocknung muß auf eine Überhitzung bzw. Übertrocknung zurückgeführt werden, deren technische Ursachen bereits geschildert wurden.

Durch die Beeinträchtigung der Verdaulichkeit ist das Absinken des physiologischen Nutzwertes der Gasinfrarot-Tunnel-Trocknungs-Probe zu erklären.

Da dieses Ergebnis den Erfahrungen bei der Luzernetrocknung mit der Gasinfrarot-Tunnel-Trocknung bei Beheizung mit Stadtgas [2] widersprach, war der Unterschied einmal im zu trocknenden Material zum anderen in der verschiedenen Gasart zu suchen. Deshalb wurde der nachstehende Versuch angeschlossen.

Tabelle 2. *Versuchsdaten und Ergebnisse des N-Bilanz-Versuches mit frischem Rotklee und mit Rotkleeheumehlen*

A Rotklee, frisch

Ratten Nr.	2	5	12	15	∅
Gewicht . . . . g	102,5	90,0	101,0	91,5	96,0
Tr.S.-A. . . . %	67,36	70,49	68,63	70,13	69,15
N-Aufn. . . . mg	91,45	85,93	92,86	86,52	
Kot-N . . . . mg	65,14	53,09	64,96	63,76	
Harn-N . . . mg	60,58	56,03	53,23	47,98	
N-Bilanz . . . mg	-34,27	-23,19	-25,33	-25,22	
NG : NEB . . .	1,95	2,00	2,00	1,99	1,98
BW . . . . . %	25,50	36,68	43,59	41,30	36,77
schein. VQ . . %	28,77	38,22	27,28	26,31	30,14
wahrer VQ . . %	54,47	63,02	52,30	51,24	55,26
PNu . . . . . %	13,89	23,11	22,80	21,16	20,24

B Rotkleeheumehl nach Gasinfrarot-Tunnel-Trocknung

Ratten Nr.	3	8	10	13	∅
Gewicht . . . . g	85,5	103,0	109,5	87,5	96,5
Tr.S.-A. . . . . %	100,12	100,10	99,90	87,64	96,94
N-Aufn. . . . mg	82,87	94,37	97,77	77,54	
Kot-N . . . mg	77,37	94,52	99,03	84,76	
Harn-N . . . mg	42,02	42,02	32,22	44,48	
N-Bilanz . . mg	−36,52	−42,17	−33.48	−51,70	
NG : NEB	1,99	2,00	1,99	1,84	1,96
BW . . . . . %	19,51	21,12	66,57		35,73
schein. VQ . . . %	6,64				
wahrer VQ . . . %	31,36	24,84	23,98	17,58	24,44
PNu . . . . . %	6,12	5,24	15,97		9,11

Fortsetzung von Tabelle 2

C Rotkleeheumehl nach Elektr.-Infrarot-Trocknung 90° C

Ratten Nr.	1	6	11	16	∅
Gewicht . . . . g	77,0	100,5	90,5	88,5	89,0
Tr.S.-A. . . . . %	100,00	100,21	100,12	100,12	100,11
N-Aufn. . . . mg	77,54	92,80	86,26	85,18	
Kot-N . . . . mg	56,84	65,80	59,52	61,94	
Harn-N . . . mg	43,07	49,73	44,48	43,42	
N-Bilanz . . . mg	−22,37	−22,73	−17,74	−20,18	
NG : NEB . . . :	2,00	2,00	2,00	2,00	2,00
BW . . . . . %	41,38	47,09	52,92	50,55	47,98
schein. VQ . . . %	26,70	29,09	31,00	27,28	28,52
wahrer VQ . . . %	51,11	54,05	55,80	51,97	53,23
PNu . . . . . %	21,15	25,45	29,53	26,27	25,60

D Rotkleeheumehl nach Vakuumtrocknung

Ratten Nr.	4	7	9	14	∅
Gewicht . . . . g	105,0	87,0	89,0	95,5	94,0
Tr.S.-A. . . . . %	99,80	100,24	99,76	100,11	99,98
N-Aufn. . . . mg	94,99	84,32	85,29	89,33	
Kot-N . . . mg	68,50	50,60	51,13	62,88	
Harn-N . . . mg	60,58	44,83	46,23	45,18	
N-Bilanz . . . mg	−34,09	−11,11	−12,07	−18,73	
NG : NEB	1,99	2,00	2,00	1,99	2,00
BW . . . . . . %	27,05	56,85	55,46	53,48	48,21
schein. VQ . . . %	27,89	39,99	40,05	29,61	34,38
wahrer VQ . . . %	53,09	64,61	64,81	54,55	59,26
PNu . . . . . %	14,36	36,73	35,95	29,17	29,05

c) N-Bilanz-Versuch mit frischem Rotklee und Rotkleeheumehlen sowie eine summarische Bestimmung der Verdaulichkeitsquotienten der übrigen Rohnährstoffe

In der technischen Durchführung unterschied sich dieser Versuch nicht von dem vorangegangenen. Lediglich die Gasbeheizung der zur Gasinfrarot-Tunnel-Trocknung verwendeten Geräte wurde auf Methangas umgestellt. Methangas war noch gewählt worden, weil bei weiterer Tcchnisierung des landwirtschaftlichen Betriebes mit einem Anfall von Methangas aus Biogasanlagen gerechnet und die betriebseigene Herstellung eines wertvollen Trockengrünmehles angestrebt werden könnte.

Die Untersuchungen wurden vom 11. 9.–20. 9. 1957 mit dem dritten Rotkleeschnitt an 32 wachsenden männlichen Albinoratten durchgeführt. Die Versuchsplanung erfolgte nach den Vorschriften für Versuche in Blöcken mit zufälliger Anordnung nach LINDER ([4], S. 34 ff.). Als Blöcke können danach die Würfe gelten. Nachstehender Versuchsplan lag dabei zugrunde:

1. Wurf	C_1	D_5	A_9	B_{13}
2. Wurf	A_2	B_6	C_{10}	D_{14}
3. Wurf	B_3	C_7	D_{11}	A_{15}
4. Wurf	D_4	A_8	B_{12}	C_{16}
5. Wurf	A_{17}	B_{21}	C_{55}	D_{29}
6. Wurf	C_{18}	D_{22}	A_{26}	B_{30}
7. Wurf	B_{19}	C_{23}	D_{27}	A_{31}
8. Wurf	D_{20}	A_{24}	B_{28}	C_{32}

wobei die Indexzahlen die Rattennummern im Versuch wiedergeben und die Buchstaben wie vorn folgende Verfahren vertreten:

A Rotklee, frisch

B Rotkleeheumehl nach Gasinfrarot-Tunnel-Trocknung

C Rotkleeheumehl nach Elektr.-Infrarot-Trocknung 90° C

D Rotkleeheumehl nach Vakuumtrocknung.

Auf Grund der täglichen N- und Tr.S.-Bestimmungen für das Frischmaterial und die erhaltenen Heumehle wurde das Futter wie vorn bereitet.

Die Futtergabe sollte in dem vorliegenden N-Bilanz-Versuch mit Frischmaterial den zweifachen und mit den Rotkleeheumehlen den dreifachen N-Erhaltungsbedarf decken. Eine ebenfalls dreifache NEB-Gabe scheiterte mit frischem Rotklee an der Futteraufnahmebereitschaft der Tiere.

In der Tabelle 3 sind die entsprechenden Ergebnisse zusammengestellt:

Tabelle 3. *Versuchsdaten und Ergebnisse des N-Bilanz-Versuches mit frischem Rotklee und mit den Rotkleeheumehlen*

A Rotklee, frisch

Ratten Nr. . .	2	8	9	15	17	24	26	31
Gewicht . . g	127,0	116,0	120,5	114,5	116,0	118,5	112,0	112,5
Tr.S.-A. . . %	56,74	58,07	57,62	58,12	58,07	57,78	58,43	58,30
N-Aufn. . mg	108,15	101,87	104,81	100,67	101,69	103,10	99,22	99,48
Kot-N . . mg	57,19	49,40	56,20	51,12	53.78	54,56	52,95	52,86
Harn-N . mg	69;69	73,19	73,54	73,54	79,14	76,34	72,49	77,04
N-Bilanz . mg	−18,73	−20,72	−24,93	−23,99	−31.23	−27,80	−26,22	−30,42
NG : NEB . . .	2,00	2,00	2,00	1,99	1,99	1,99	1,99	1,99
BW . . . . %	45,15	38,72	36,46	35,40	26,86	32,04	33,08	27,24
schein. VQ . %	47,12	51,51	46,38	49,22	47,11	47,08	46,63	46.86
wahrer VQ . %	72,68	76,84	71,72	74,61	72,50	72,52	71,96	72.22
PNu . . . . %	32,82	29,75	26,15	26,41	19,47	23,24	23,81	19,67

Fortsetzung von Tabelle 3

B Rotkleeheumehl nach Gasinfrarot-Tunnel-Trocknung

Ratten Nr. . .	3	6	12	13	19	21	28	30
Gewicht . . g	125,0	119,5	121,5	107,5	107,0	122,0	116,5	103,5
Tr.S.-A. . . %	91,33	91,79	92,62	94,33	93,71	92,56	93,07	94,95
N-Aufn. . mg	160,36	152,42	156,94	144,71	142,47	156,52	151,60	141,59
Kot-N . . mg	105,08	97,62	97,88	92,70	88,96	100,18	95,13	91,47
Harn-N . mg	70,74	73,19	77,39	72,14	79,14	73,89	71,09	74,59
N-Bilanz . mg	−15,46	−18,39	−18,33	−20,13	−25,63	−17,55	−14,62	−24,47
NG : NEB . .	2,99	2,93	2,98	2,98	2,95	2,97	2,96	3,00
BW . . . . %	46,23	41,45	39,98	37,13	29,19	42,37	44,38	30,89
schein. VQ . %	34,47	35,95	37,63	35,94	37,56	36,00	37,25	35,40
wahrer VQ . %	51,50	53,27	54,66	52,78	54,60	53,12	54,33	52,12
PNu . . . . %	23,81	22,08	21,86	19,60	15,94	22,51	24,11	16,10

C Rotkleeheumehl nach Elektr.-Infrarot-Trocknung 90° C

Ratten Nr. . . .	1	7	10	16	18	23	25	32
Gewicht . . g	117,0	131,5	135,5	128,0	103,0	123,0	118,5	115,5
Tr.S.-A. . . %	93,10	84,45	91,63	87,63	94,62	90,68	93,18	92,83
N-Aufn. . mg	153,50	153,76	169,59	152,25	140,16	154,20	154,36	150,29
Kot-N . . mg	77,53	81,61	91,61	75,94	73,16	77,40	82,15	78,92
Harn-N . mg	94,20	89,65	85,45	81,95	77,04	82,65	77,04	74,94
N-Bilanz . mg	−18,23	−17,50	− 7,47	− 5,64	−10,04	− 5,85	− 4,83	− 3,57
NG : NEB . .	2,99	2,77	3,00	2,79	2,97	2,91	2,98	2,95
BW . . . . %	32,46	37,80	45,93	46,93	40,93	45,50	47,67	48,73
schein. VQ . %	49,49	46,92	45,98	50,12	47,80	49,80	46,78	47,49
wahrer VQ . %	66,42	65,38	63,10	68,38	64,63	67,30	63,77	64,60
PNu . . . . %	21,56	24,71	28,98	32,09	26,46	30,62	30,40	31,48

Fortsetzung von Tabelle 3

D Rotkleeheumehl nach Vakuumtrocknung

Ratten Nr. . . .	4	5	11	14	20	22	27	29
Gewicht . . . g	121,5	125,0	125,5	122,0	120,5	110,5	106,0	125,0
Tr.S.-A. . . . %	85,42	84,84	85,07	89,90	92,83	92,05	88,22	90,47
N-Aufn. . . mg	142,44	143,14	146,88	150,33	155,57	143,80	129,49	156,46
Kot-N. . . mg	73,64	73,64	78,68	80,46	82,64	63,98	77,75	82,62
Harn-N . . mg	78,44	87,55	94,90	85,10	85,10	90.35	81,95	78,44
N-Bilanz . mg	– 9,64	–18,05	–26,70	–15,23	–12,17	–10,53	–30,21	– 4,60
NG : NEB . . .	2,71	2,67	2,73	2,85	2,97	2,91	2,69	2,92
BW . . . . %	45,00	36,76	28,34	38,84	40,38	37,12	23,57	48,48
schein. VQ . . %	48,30	48,55	46,43	46,48	46,88	55,51	39,96	47,19
wahrer VQ . . %	67.07	67,63	65,08	64,31	63,95	72,81	58,58	64,65
PNu . . . . %	30,18	24,86	18,44	24,98	25.82	27,02	13,81	31,34

In der Tabelle 4 werden die erhaltenen Durchschnittsergebnisse gegenübergestellt.

Tabelle 4. *Durchschnittsergebnisse des N-Bilanz-Versuches*

	NG : NEB	Tr.-S.-A. %	BW %	schein. VQ %	wahrerVQ %	PNu %
Rotklee, frisch . . .	1,99	57,89	34,37	47,74	73,13	25,16
Rotkleeheumehle nach Gasinfrar.-Tunnel -Tr.	2,97	93,04	38,95	36,28	53,30	20,75
Elek.-Infr.-Tro. 90°C	2,92	91,02	43,24	48,05	65,45	28,29
Vakuumtrocknung .	2,81	88,60	37,31	47,41	65,51	24,56

Die statistische Auswertung der BW ergab nur für die Differenz zwischen frischem Rotklee und mit Elektr.-Infrarot-Trocknung erzeugtem Heumehl eine Sicherheit von P = 0,05. Für die scheinbaren und wahren Verdauungsquotienten sowie für den physiologischen Nutzwert kann eine Verschlechterung durch die Gasinfrarot-Tunnel-Trocknung gegenüber den ausgeglichenen Werten der anderen Verfahren nachgewiesen werden (P = 0,001). Auf die dafür in Frage kommenden Ursachen wurde bei der Schilderung der technischen Durchführung der Trocknung schon hingewiesen. Eine Übertrocknung kann in diesem Falle kaum stattgefunden haben, da die Trockensubstanzbestimmungen der nach den verschiedenen Verfahren getrockneten Heumehle Übereinstimmung zeigten.

Der Wert von 73,13% für die wahre Verdaulichkeit des Stickstoffes des frischen Rotklees liegt auf Grund der geringeren N-Gabe (zweifacher NEB) höher als die anderen, obwohl bei der scheinbaren Verdaulichkeit keine Differenz bestand.

Zur Überprüfung der beobachteten Rohproteinverdaulichkeiten wurden *Bestimmungen in vitro mit Pepsin-Salzsäure* durchgeführt.

Es konnten folgende Werte für die künstliche N-Verdauung gefunden werden:

Gasinfrarot-Tunnel-Trocknung	58,77%
Elektr.-Infrarot-Trocknung 90° C	71,13%
Vakuumtrocknung	75,03%

Danach ist eine Übereinstimmung mit den Tierversuchen gegeben, wenn die Werte auch allgemein etwas höher liegen.

Außerdem erschien es wünschenswert, einen Überblick über die *Verdaulichkeit der anderen Rohnährstoffe* der einzelnen Verfahren zu erhalten. Das kann nur summarisch geschehen, indem der Futterverzehr der acht zu einem Verfahren gehörigen Ratten und der Gesamtkot dieser Tiere zur Auswertung benutzt wird. Deshalb war der Kot der zusammengehörigen Tiere anteilmäßig zu mischen und einer Weender Futtermittelanalyse zu unterziehen. Ebenso wurden die täglichen Heumehlproben gemischt und analysiert. Als maßgebend für die Frischprobe konnten wie üblich die Analysenwerte nach Vakuumtrocknung gelten.

Die entsprechenden Werte finden sich in Tabelle 5.

Tabelle 5. *Futtermittelanalysenwerte der Heumehl- und Kotproben*
(auf 100 g Tr.S. bezogen)

	Organ. Subst. %	Roh-protein %	Rohfett %	Rohfaser %	N-freie Extr.-St. %	Rohasche %
Rotkleeheumehl nach Gasinfrarot-T.-Tr. . .	90,14	26,78	4,00	17,78	41,58	9,86
Elek-Infr.-Tr. 90°C . .	90,07	26,19	4,40	16,44	43,04	9,93
Vakuumtrocknung . . .	89,99	25,99	5,35	17,15	41,50	10,01
Kot:						
Rotklee, frisch	89,23	24,76	5,25	22,43	36,79	10,77
Gasinfrarot-T.-Tr. . . .	90,66	28,53	4,87	24,05	33,21	9,34
Elek-Infr.-Tr. 90°C . . .	89,97	25,11	6,19	23,18	35,49	10,03
Vakuumtrocknung . . .	90,00	24,64	7,19	23,49	34,68	10,00

Bei Berücksichtigung der zugemischten Nährstoffe (Stärke, Zucker, Fett) und Mineralstoffe sowie des zugegebenen N-freien Futters ergaben sich folgende Werte (Tabelle 6).

Von der senkenden Wirkung der Gasinfrarot-Tunnel-Trocknung auf die N-Verdaulichkeit war schon gesprochen worden. Die Verschlechterung blieb bei der Methanbeheizung in einem Bereich, in dem eine Auswertung noch möglich ist, während die Versuche mit Propanbeheizung, wie vorn gezeigt, nicht ausgewertet werden konnten, da die scheinbare Verdaulichkeit negativ gewesen ist. Es sei ebenfalls auf die Rohfaserverdaulichkeit hingewiesen, die durch die Gasinfrarot-Trocknung negativ beeinflußt scheint.

Tabelle 6. *Errechnung der Verdauungsquotienten unter Einbeziehung der N- und rohfaserfreien Zugaben*

	Tr.-S. g	Roh-asche g	Organ. Subst. g	Roh-protein g	Rohfett g	Roh-faser g	N-freie Extr.-St. g
A Rotklee, frisch							
Gesamtfutter . .	352,81	16,78	336,03	35,83	18,13	24,20	257,87
Gesamtkotmenge	75,60	8,14	67,45	18,72	3,97	16,96	27,80
verdautes Futter .	277,21	8,64	268,58	17,11	14,16	7,24	230,07
VQ %	78,57	51,49	79,93	47,75	78,10	29,92	89,22
B Rotkleeheumehl nach Gasinfrarot-Tunnel-Trocknung							
Gesamtfutter . .	556,06	24,46	531,60	52,79	25,86	35,85	417,10
Gesamtkotmenge	117,90	11,01	106,89	33,64	5,74	28,36	39,15
verdautes Futter .	438,16	13,45	424,71	19,15	20,12	7,49	377,95
VQ %	78,80	54,99	79,89	36,28	77,80	20,89	90,61
C Rotkleeheumehl nach Elektr.-Infrarot-Trocknung 90° C							
Gesamtfutter . .	568,35	25,18	543,16	53,73	27,49	33,76	428,18
Gesamtkotmenge	111,25	11,16	100,09	27,93	6,89	25,79	39,48
verdautes Futter .	457,10	14,02	443,07	25,80	20,60	7,97	388,70
VQ %	80,43	55,68	81,57	48,02	74,94	23,61	90,78
D Rotkleeheumehl nach Vakuumtrocknung							
Gesamtfutter . .	542,13	24,17	517,96	51,10	28,05	33,82	404,99
Gesamtkotmenge	108,94	10,89	98,06	26,84	7,83	25,59	37,80
verdautes Futter .	433,19	13,28	419,90	24,26	20,22	8,23	367,19
VQ %	79,90	54,94	81,07	47,48	72,09	24,33	90,67

3. Abschließende Betrachtungen

Im Gegensatz zu den Versuchen mit Luzerne [2], bei denen die Gasinfrarot-Tunnel-Trocknung mit Stadtgasbeheizung günstige Ergebnisse erbrachte, traten im Laufe der Rotkleetrocknung mit Propan- und Methanbeheizung technische Schwierigkeiten auf, die zu einem Abfall der Rohproteinverdaulichkeit des Trokkengutes führten. Die Verdaulichkeit des Stickstoffes war durch dieses Verfahren auch im Luzerneheuversuch am niedrigsten, doch blieb die Verminderung in engerem Rahmen. Die Werte der anderen Trocknungsverfahren liegen in der erwarteten Höhe. Bei einem Vergleich der Versuchsdaten der ersten Untersuchungen mit denen der zweiten (Tabelle 2 und 4) zeigten sich höhere Werte im ersten Versuch. Das kann durch die verschiedene Höhe der N-Gabe erklärt werden. Während zunächst das Zweifache des NEB gegeben wurde, war im zweiten Abschnitt der dreifache NEB gedeckt worden. Besser vergleichbar sind die Ergebnisse mit Frischmaterial, denen eine gleichbleibende N-Gabe (NG : NEB = 2,00) zugrunde lag. Die beobachteten biologischen Eiweißwertigkeiten stimmen recht gut überein, wobei jedoch die mit dem ersten Schnitt erzielten Resultate von durchschnittlich 53,30% nicht wieder zu erreichen waren.

Die summarisch für frischen Rotklee ermittelten Verdauungsquotienten der Rohnährstoffe lassen eine gute Übereinstimmung erkennen (S. 393 und Tabelle 6).

Zusammenfassung

In N-Bilanz-Versuchen an wachsenden männlichen Albinoratten wurde die biologische Eiweißwertigkeit von frischem Rotklee eines ersten, zweiten und dritten Schnittes ermittelt. Im Durchschnitt lag sie bei 53,30%, 36,77% und 34,37%. Außerdem konnten die Proben der beiden letzten Versuche nach folgenden Verfahren getrocknet und mit den Frischproben verglichen werden:

1. Gasinfrarot-Tunnel-Trocknung mit Propan und Methan
2. Elektr.-Infrarot-Trocknung 90° C
3. Vakuumtrocknung.

Während mit dem zweiten und dritten Verfahren wie erwartet gute Heumehle erzeugt wurden, kam es bei der laboratoriumsmäßigen Tunnel-Trocknung zu Komplikationen, die auf technische Schwierigkeiten im Verein mit den benutzten Gasarten zurückzuführen sind, da die Anlage mit Stadtgas betrieben, ein Luzerneheumehl von ausgezeichneter Qualität lieferte.

Die Verdaulichkeit der übrigen Rohnährstoffe konnte summarisch für die einzelnen Produkte ausgerechnet werden.

Literaturverzeichnis

[1] COLUMBUS, A.: Stickstoff-Grundumsatz und Methodik der Bestimmung der biologischen Eiweißwertigkeit nach dem N-Bilanz-Verfahren bei wachsenden Ratten. Archiv für Tierernährung 4. Beiheft, Festschrift E. Mangold, 51—82 (1954).

[2] COLUMBUS, A., GEBHARDT, G., WAGNER, J.: Der Einfluß verschiedener Trocknungsmethoden auf einige Qualitätsmerkmale von Luzerneheumehl. Ztschr. für Tierernährung und Futtermittelkunde 13. 14—32, 1958.

[3] GEBHARDT, G.: Untersuchungen über den Einfluß einiger Vitamine auf den endogenen und exogenen Eiweißumsatz an wachsenden Albinoratten. Arch. f. Tierernährung 5, 70—140, 1955.

[4] LINDER, A.: Planen und Auswerten von Versuchen. Verlag Birkhäuser, Basel 1953.

[5] ZAUSCH, M.: Der Einfluß verschiedenartiger Mineralstoffgaben auf den endogenen und exogenen Stickstoff-Stoffwechsel nach Versuchen an Albinoratten und Schweinen. Kühn-Archiv 68, 141—200, 1954.

[6] ZAUSCH, M.: Grünfutterqualität. Jahrbuch der Arbeitsgemeinschaft für Fütterungsberatung 1957/58, S. 21—23.

Eingegangen am 30. 3. 1959

ARCHIV FÜR TIERERNÄHRUNG

UNTER MITWIRKUNG VON

Prof. Dr. A. Hock, Berlin. Prof. Dr. Dr. W. Lenkeit, Göttingen.

Prof. Dr. Dr. h. c. K. Nehring, Rostock. Prof. Dr. Dr. W. Wöhlbier, Stuttgart-Hohenheim.

HERAUSGEGEBEN VON

ERNST MANGOLD

Prof. Dr. med. Dr. phil. Dr. med. vet. h. c. Dr. agr. h. c. Dr. agr. h. c.

Direktor em. des Instituts für Tierernährungslehre

der Humboldt-Universität Berlin

9. BAND

Ausgegeben am 1. DEZEMBER 1959

HEFT

6

AKADEMIE-VERLAG · BERLIN

ARCH. TIERERNAHRUNG · 9. BAND NR. 6 · S. 403–469 · BERLIN · 1. DEZEMBER 1959

INHALT

Das Archiv für Tierernährung erscheint zweimonatlich in Heften zu 80 Seiten im Format 17,5 × 25 cm. Der Preis des Heftes beträgt DM 8,50. 6 Hefte werden zu einem Band vereinigt. Der Besteller muß sich zur Abnahme eines Bandes verpflichten. Die Hefte werden jeweils einzeln berechnet. Im Jahre erscheint nicht mehr als 1 Band. Bestellungen werden direkt an den Akademie-Verlag GmbH, Berlin W 1, Leipziger Straße 3—4, oder über eine wissenschaftliche Buchhandlung erbeten.

Manuskriptsendungen — zugelassen sind die vier Kongreßsprachen — sind an den Herausgeber, Herrn Prof. Dr. Ernst Mangold, Berlin N 4, Invalidenstr. 42, zu richten. Mit der Veröffentlichung geht das alleinige Verlagsrecht an das Archiv für Tierernährung über. Daher müssen Arbeiten, die bereits an anderer Stelle veröffentlicht worden sind, zurückgewiesen werden. Die Verfasser verpflichten sich, Manuskripte, die vom Archiv für Tierernährung angenommen worden sind, nicht an anderer Stelle zu veröffentlichen.

Die Verfasser erhalten von größeren wissenschaftlichen Arbeiten 50 Sonderdrucke unentgeltlich. Den Manuskripten beiliegende Zeichnungen müssen sauber, in zweifacher Größe ausgeführt sein. Wenn sie nicht voll reproduktionsfähig nach den Vorschriften des Normblattes DIN 474 eingereicht werden, ist die Beschriftung nur mit Bleistift einzutragen. Zur Herstellung von Netzätzungen sind nur einwandfreie Photographien brauchbar.

Für alle Literaturzitate sind die Vorschriften des Normblattes DIN 1502 und 1502 Beiblatt I maßgebend. Die Zitate müssen den Verfasser (mit den Anfangsbuchstaben der Vornamen), den vollständigen Titel der Arbeit und die Quelle mit Band, Seitenzahl und Erscheinungsjahr enthalten. Das Literaturverzeichnis soll alphabetisch geordnet sein.

Herausgeber und verantwortlich für den Inhalt: Prof. Dr. med. Dr. phil. Dr. med. vet. h. c. Dr. agr. h. c. Dr. agr. h. c. Ernst Mangold, Berlin N 4, Invalidenstraße 42 (Fernruf 42 49 64). Verlag: Akademie-Verlag GmbH, Berlin W 1, Leipziger Str. 3-4 (Fernruf: 22 04 41; Postscheckkonto Berlin: 350 21). Bestellnummer dieses Bandes: 1010/IX/6. Das Archiv für Tierernährung erscheint vorläufig jährlich in 1 Band zu 6 Heften. Bezugspreis je Einzelheft DM 8.50, ausschließlich Porto und Verpackung. Satz und Druck: Robert Noske, Borna (Bez. Leipzig). Veröffentlicht unter der Lizenznummer ZLN 5003 des Ministeriums für Kultur, Hauptverwaltung Verlagswesen. Printed in Germany.

Aus der Bundesanstalt für Qualitätsforschung pflanzlicher Erzeugnisse, Geisenheim/Rhg.
(Direktor: Prof. Dr. habil. W. SCHUPHAN)

W. WEINMANN

Eine fahrbare Stoffwechselversuchs-Anlage für Ratten

In Stoffwechselversuchen an Ratten finden heute in großem Umfange Plexiglaskäfige Anwendung, da bei diesem Material Lichtzutritt und Durchsichtigkeit sowie eine leichte Materialverarbeitung gegeben sind. Die beiderseitig offenen rechteckigen Kästchen von etwa 150×200×200 mm besitzen am Rande der unteren Öffnung Vorsprünge zur Auflage der Sitzgitter. Die obere Öffnung wird durch Deckel in Form eines Blechrahmens mit übergespanntem Drahtgewebe verschlossen. Dieser Oberteil sitzt in einem passenden rechteckigen Plexiglastrichter, in dem sich noch das Kotgitter befindet. An einer Schmalseite des Käfigoberteiles liegt die Öffnung zum Ansatz des Futtergefäßes. Das Trinkgefäß wird am Deckel eingehängt.

Für die Aufstellung dieser Plexiglas-Einzelkäfige ist u. W. bisher keine geeignete Vorrichtung bekannt. In einfacher Form kann die Halterung des Käfigs nur am Trichterhals (bzw. dessen Vierkant) ansetzen. Jedoch selbst mit gut spannenden Laborklemmen kann man – wegen der kleinen Angriffsfläche der Befestigung – den notwendigen und hinsichtlich der zerbrechlichen, weit ausladenden Futtergefäße wünschenswerten Halt nicht erreichen. Ferner führen die Erschütterungen durch die Bewegungen der Tiere zu häufigem Bruch der Kittstelle zwischen Trichterhals und Trichterkörper. Natürlich ist es auch gar nicht möglich, mit Stativ und Klemmen jeden Käfig einzeln zu befestigen, da außerdem noch eine Unterstützung des Futtergefäßes notwendig ist, die an demselben Stativ befestigt sein muß, wenn nicht täglich neu „gerichtet" werden soll. Die Aufstellung von nur 40 Käfigen wäre in dieser Weise höchst unbequem und hinsichtlich des erforderlichen (temperaturkonstanten!) Raumes ungünstig.

Daher ist ein durchgehendes, eine ganze Reihe von Käfigen aufnehmendes Gestell notwendig, wie dies auch bei den Stoffwechselkäfig-Batterien nach COLUMBUS [1, 2] der Fall ist. Das erheblich höhere Gewicht der aus Hüttenglas erstellten Käfige erlaubte es, sich mit einer Halterung des Trichteroberteiles zu begnügen. Bei den Plexiglaskäfigen muß jedoch die Befestigung am Käfigoberteil und den Futtergefäßen ansetzen. Von einer derartigen Konstruktion ist es nur ein Schritt zu der im folgenden angeführten Anlage, die dann aber noch – neben großer Preiswürdigkeit – eine Reihe anderer Vorteile bietet.

Aus 20 mm Winkeleisen ist ein quaderförmiges Gestell von 1500 mm Länge, 400 mm Breite und 200 mm Höhe gefertigt (Abb. 1), dessen Bodenebene durch 25 mm breites Bandeisen in 20 Felder von 150×200 mm (von Mitte Bandeisen zu Mitte Bandeisen gemessen) aufgeteilt wird. Die senkrechten Außenwände bestehen aus Plexiglasplatten entsprechender Größe, während das Innere der Käfiganlage durch normales, billigeres Fensterglas in 20 Abteile von 150× 200×200 mm unterteilt ist. Dafür ist eine durchgehende Mittelwand von 1500×200 mm und 18 Querwände 200 mm breit und 210 mm hoch erforderlich.

Abb. 1

Die 400 mm langen seitlichen Außenwände werden durch die beiden Plexiglasfrontplatten und die Mittelplatte festgehalten. Die beiden Frontplatten und die Mittelplatte ihrerseits werden durch die eingesetzen 18 Querwände in ihrer Lage fixiert. Die Querwände schließlich stehen unten auf den entsprechenden Bandeisen und ragen oben in Einschnitte der Winkeleisen hinein (Glashöhe 210 mm, Gestellhöhe 200 mm). An jeglichem Rutschen oder auch nur Klappern werden sie durch die – in jedes einzelne Käfigabteil eingelegten – Blechrahmen gehindert. Die Blechrahmen (s. Abb. 2) haben eine horizontale Breite von 10 mm, legen sich 15 mm hoch den Glasscheiben an und sind 10 mm breit nach unten gegen das Sitzgitter abgebogen. An der Schmalseite, die der Glasmittelwand zugekehrt ist, beträgt die Abbiegung nach unten nur 5 mm, damit die Trichter beim Herausnehmen nicht daran hängen bleiben. Die Blechrahmen garantieren auch dafür, daß keinerlei Harn oder Kot von einem Abteil in das benachbarte hinüberkommt; auf Grund ihrer geringen horizontalen Breite werden sie selbst auch gar nicht beschmutzt und erfordern keine Reinigung.

Unter jedem Käfigabteil befindet sich einer der handelsüblichen Trichter aus Plexiglas. Sie stoßen mit ihrem Rand von unten gegen die Bandeisenträger. In dieser Stellung werden sie durch zwei durchgehende starke Holzleisten mit je 10 Einschnitten für den Trichterhals (und seinen Vierkant) festgehalten. Sie werden von vorne in die Einschnitte hineingeschoben und durch einen kleinen

Holzschieber gesichert (s. Abb. 3). Die Trichter können so keinerlei Kippbewegung weder seitlich noch nach vorn ausführen, und es erfolgt kein Abbrechen der Trichterhälse.

Abb. 2

In den Trichtern liegt wie üblich das Kotgitter, aber auch das Sitzgitter. Letzteres hat eine Größe, daß sein Drahtrahmen und die ersten angrenzenden sonst fast immer zu kleinen Maschenfelder von dem im Oberteil befindlichen Blechrahmen abgedeckt sind. Auf diese Weise erst ist das Durchfallen des Kotes wirklich gesichert. Die Lage des Sitzgitters im Trichter statt im Käfigoberteil – wie in den meisten bisherigen Käfigen – bedeutet eine weitere Arbeitserleichterung. Beim Auswechseln des Trichters aus seiner Halterung werden mit einem Griff auch das Sitzgitter – das ja täglich gereinigt werden muß – und das Tier herausgenommen. Für die Zeit der Reinigungsarbeit kommt das Tier in einen Einzelkäfig (der nur sehr selten verunreinigt wird) und anschließend wieder in seinen alten Käfig zurück. Es ist dies sicherer, als wenn es in den gereinigten Käfig seines Nachbarn gesetzt wird, weil dann an die tägliche Reinigung der Trichter und Drahtgitter zu hohe Anforderungen gestellt werden.

Die in den Abbildungen ersichtlichen Futtergefäße sind das Ergebnis längerer Untersuchungen und Vergleiche mit anderen z. Zt. gebräuchlichen Gefäßen. Sie sind zweiteilig und passen mit ihrer etwas aufgeweiteten horizontalen Öffnung genau über das Unterteil einer 60-mm-Petrischale. Der Abstand dieser eigentlichen Futterschale von der „Laufröhre", in der die Tiere liegen, ist so gering, daß die Tiere, ohne in die Schale einsteigen zu müssen, sie völlig leeren können. Es wurde bisher auch fast niemals ein Hineingehen mit den Pfoten beobachtet, wie wir dies bei allen anderen bisher gebräuchlichen Gefäßformen immer wieder feststellen mußten. Eine Selektion der Tiere auf „Nicht-Futterverstreuer" ist nicht erforderlich. Die Einwaage und Rückwaage des Futters, die Reinigung und die Überführung von Futterresten in Kjeldahlkolben erfolgt selbstverständlich müheloser als bei den einteiligen, meist irgendwie bauchigen Gefäßen. Ferner ist der Verschleiß an wertvollen Glasgeräten geringer, da die Laufröhren nur einmal, am Ende des Versuches, gereinigt zu werden brauchen. Die Befestigung der Laufröhren vor den Öffnungen der Plexiglasfrontplatten erfolgt durch aufgeschraubte Kehlleisten, in denen das Glas – zum Auswechseln der Schalen – mühelos auf- und abwärts bewegt werden kann.

Abb. 3

Die Trinkgefäße sitzen in Bohrungen der oberen Winkeleisen. Sie werden in der oben offenen, durch Gummistopfen zu verschließenden Form verwandt, da diese leichter zu füllen und zu reinigen sind. Sie behindern die Benutzung der Deckel nicht.

Die Deckel sind – da sie gleichzeitig für drei bzw. vier Abteile dienen – so schwer, daß sie von den Tieren nicht aufgehoben werden können Sie sind an einem über der Mittelwand verlaufenden Eisenstab mit Scharnieren befestigt. Eine Blecheinfassung ist nicht erforderlich.

Die Anordnung der Bretter für die Futtergefäße, die Harnflaschen sowie zur Halterung der Trichter ist aus den Abbildungen ersichtlich. Die Sitzgitter der Tiere befinden sich 80 cm über dem Boden und damit in guter Arbeitshöhe.

Die gesamte Anlage ist auf drehbare Gummiräder gestellt, wodurch sich weiterhin gewisse Vorteile ergeben. In dem möglichst kleinen temperaturkonstanten Raum kann man die Stoffwechselwagen dicht zusammenschieben, ohne Platz für die tägliche Versorgungsarbeit lassen zu müssen. Sie werden einzeln an den Arbeitstisch, die Waage, die Vorratsflaschen mit Spülflüssigkeit oder das Gestell mit Kjeldahlkolben herangefahren, wobei sich durch Abkürzungen der Wege Zeit- und Arbeitsersparnis ergeben.

Diese Anlage hat sich bei uns in einer Reihe von Stoffwechselversuchen gut bewährt. Zweckmäßig wäre vermutlich die Halterung der Trichter – zumindest die Sicherungsschieber und deren Führung – aus Kunststoff zu machen, da bei Holz anfangs leicht ein Verklemmen eintritt. Ferner erscheint es wünschenswert, die Sitz- und Kotgitter aus einem Kunststoffgewebe (Nylongeflecht?) zu fertigen, da bei Metall die Oberfläche immer angegriffen und damit die Reinigung erschwert wird.

Zusammenfassung

Es wird eine neuartige fahrbare Anlage für Stoffwechselversuche an Ratten beschrieben.

Literaturverzeichnis

[1] COLUMBUS, A.: Arch. f. Tierernährung **1**, 321—328, 1956.

[2] GEBHARDT, G.: Arch. f. Tierernährung **5**, 70—140, 1954.

Eingegangen am 9. 3. 1959

Aus dem Institut für Tierernährung der Martin-Luther-Universität Halle-Wittenberg
(Direktor: Prof. Dr. A. Columbus)

G. GÖBEL

Die biologische Wertigkeit verschiedener Futtermischungen nach Versuchen an wachsenden Hähnchen

Einleitung

Die durch Tierversuche gefundenen Unterschiede der biologischen Eiweißwertigkeit (BW) verschiedener Eiweißträger lassen sich auf die limitierend vorhandenen oder auch fehlenden essentiellen Aminosäuren (AS) zurückführen, wobei die Eiweißbausteine einzelner Eiweißarten ein nicht ausreichendes Verhältnis zueinander im Vergleich zu vollwertigen Proteinen aufweisen können.

Deshalb liegt die Frage nahe, den ergänzenden Wirkungsgrad für die Geflügelfütterung brauchbarer Eiweißträger näher zu untersuchen, zumal jegliche Nahrung oder Futterration ein Gemisch verschiedener Eiweißarten darstellt. MITCHELL [14] stellte bereits frühzeitig durch N-Bilanzversuche fest, daß der biologische Eiweißwert eines Gemisches aus Maiskorn und Milch höher lag als sich summarisch aus den Eiweißwertigkeiten der einzelnen Eiweißteile errechnen ließ. Er führte diese biologische Werterhöhung auf eine supplementäre Ergänzungsmöglichkeit der in der Mischung enthaltenen Proteinarten zurück. Wie LANG und RANKE [9] (s. S. 140) erwähnen, finde dieselbe eine Erklärung darin, daß das Verhältnis der essentiellen Aminosäuren in den einzelnen Eiweißträgern des Gemisches für den Organismus ungünstig sei, wohingegen die Aminosäurenzusammensetzung des gesamten Nahrungsproteins in einer günstigen Relation zum artspezifischen Eiweiß des betreffenden Tieres stehe.

So mögen einzelne isoliert untersuchte Proteine einen geringen biologischen Wert aufweisen, mehrere zusammen können eine biologisch hochwertigere Mischung ergeben. Es ist ohne weiteres anzunehmen, daß die essentiellen Aminosäuren für funktionelle oder konstruktive Zwecke im Rahmen des intermediären Stoffwechsels im jeweilig zweckgebundenen Verhältnis zueinander aufgenommen und resorbiert werden können. Bei übermäßiger wie unzureichender Zufuhr kann dieses Mengenverhältnis so gestört sein, daß die Verwertbarkeit des gesamten Nahrungseiweißes beeinträchtigt wird. Liegt die Hauptursache für die Unvollständigkeit eines Eiweißes darin, daß eine oder mehrere Aminosäuren in ungenügender Konzentration enthalten sind, erscheint der Zusatz der fehlenden Mengen der jeweiligen Aminosäuren als der einfachste Weg, diesen Mangel zu beheben.

Die Ermittlung der Höhe dieser Zusätze wird jedoch dadurch erschwert, daß bestimmte essentielle Aminosäuren teilweise durch andere nicht essentielle vertreten werden können. So ist nach KÜHNAU [7] ein Teil, etwa ein Sechstel, des in der Nahrung enthaltenen Methionins ersetzbar durch Cystin. Bei zu reichlicher Zufuhr einzelner Aminosäuren, z. B.

Glykokoll, Cystin, Phenylalanin usw., können Gewichtssturz und Schädigungen einzelner Organe eintreten. Da noch nicht ausreichend bekannt ist, welche AS-Anteile im optimalen Verhältnis zueinander je Tierart und Leistungsvermögen in der Futterration enthalten sein müssen und es andererseits kaum möglich erscheint, auf Grund des Mengenbedarfes eine Aufwertung der Geflügel-Eiweißrationen durch entsprechende AS-Beigaben vorzunehmen, liegt es jedoch nahe, durch verschiedene Kombinationen einzelner Proteinarten eine ausreichende Eiweißergänzung zu erreichen. In dieser Hinsicht bereits durchgeführte Versuche sind der Übersicht von VÖLTZ und KIRSCH [23] zu entnehmen. CHICK und SLACK [1] wiesen nach, daß eine Mischung, in der 56% des Gesamteiweißes durch Sojamehl, 34% durch Malzextrakt und 10% durch Weizenmehl dem Tier zugeführt werden, hinsichtlich ihres biologischen Wertes einer Kost gleichkommt, die Milch als einzige Eiweißquelle besitzt. LAL und RAJAGOPALON [8] untersuchten die Ergänzungswirkung folgender Mischungen:

1. Erdnußkuchen — Weizen — Hefe,
2. Erdnußkuchen — Sojamehl — Sesamölkuchen

Für die Erdnußkuchen-Weizen-Hefe-Mischung ergab sich eine BW = 57%, für die Erdnußkuchen-Sojamehl-Sesamölkuchen-Mischung eine solche von 72,5%. MYBURGH [13] gelang es, eine supplementäre Ergänzung des Getreides durch Lysin zwischen Soja und Mais zu ermitteln. Hierbei ergaben sich folgende BW%-Werte: Soja: 69,9%, Mais: 63,3%, Soja + Mais: 73,5%. Über eine Ergänzungswirkung zwischen Eiweiß aus dem Endosperm und der Aleuronschicht wurde mehrfach berichtet (CHICK, JONES und GERSDORFF, BARTONWRIGHT, MORAN, zit. [20]). Zur Deckung des Bedarfes an essentiellen Aminosäuren ist tierisches Eiweiß geeigneter als pflanzliches. Dies erklärt sich im wesentlichen aus der höheren Konzentration und dem günstigeren Mengenverhältnis der essentiellen Aminosäuren. Die Überlegenheit des tierischen Eiweißes gegenüber dem pflanzlichen in der Ernährung ist jedoch nicht allein durch ein günstigeres Aminosäurenverhältnis bedingt. Die spezifische, nicht durch einen Mehrgehalt an bestimmten Aminosäuren erklärbare nutritive Leistung der animalischen Proteine soll nach KÜHNAU [7] außerdem noch auf ihren Gehalt an AS-Bindungsformen beruhen.

Allgemein erfolgt daher die Aufwertung eines pflanzlichen Eiweißträgers durch Zusatz tierischen Eiweißes in Form von Milch, Tierkörper-, Fleisch- oder Fischmehl. MITCHELL [16] untersuchte die Ergänzungswirkung von Milch und Fleischmehl gegenüber Weizenmehl an Ratten und Schweinen. Untersuchungen von COLUMBUS [3] ergaben, daß sich bei einem 20%-igen Ersatz des Lupinenproteins durch Milchprotein ein BW-Anstieg von 44,5% auf 64,5% statt erwartungsgemäß auf 50,8% zeigte. Eine Ergänzung durch 40% Milchprotein ließ die Gesamt-BW mit 77,5% statt 57,1% sogar über die Milchprotein-BW allein hinausgehen. 60%-iger Ersatz brachte an Stelle von 63,4% die Maximal-BW mit 81%.

Über die Ergänzungswerte von Fischmehl gegenüber pflanzlichen Eiweißträgern sind außer den Untersuchungen von SCHILLER [20] systematische Ermittlungen neuerdings kaum wiedergegeben worden. SCHILLER erwähnt in diesem Zusammenhang, daß man in der Fütterung noch in der althergebrachten Weise verfahre, indem man zu pflanzlichem Eiweiß eine entsprechende Menge tierisches Eiweiß ohne Berücksichtigung der Grundfutter-Eiweißqualität zufüttere, obwohl es keinem Zweifel unterliege, daß sich die Art der Eiweißträger sehr einflußreich auf die biologische Wertigkeit von Kombinationen auswirke.

Da der Bedarf des tierischen Organismus an Aminosäuren entsprechend den physiologisch bedingten Leistungen, wie Wachstum, Milch- und Eibildung, usw., sehr verschieden sein kann, liegt es nahe festzustellen, inwieweit einzelne Futtermischungen, gemessen an ihrer biologischen Wertigkeit, für bestimmte Produktionsleistungen als ausreichend angesehen werden können.

Die vorliegenden Untersuchungen hatten deshalb zum Ziel, verschiedene Eiweißträger pflanzlicher Herkunft, Ackerbohnen und Sojaextraktionsschrot, durch

Fischmehl komplementär zu ergänzen, wofür wachsende Hähnchen als Versuchstiere herangezogen wurden. Folgende Fragen sollten behandelt werden:

Welche Gemische weisen die beste physiologische Verwertung auf?

In welchem Mischungsverhältnis kommen die Gemische hinsichtlich ihrer AS-Anteile und ihrer biologischen Wertigkeit (BW) dem Fischmehl am nächsten?

Lassen sich komplementäre oder supplementäre Ergänzungen für die einzelnen Futtermischungen erkennen?

Methodik der Versuchsdurchführung

Zur Bestimmung der biologischen Wertigkeit gelangte das nach den THOMAS-MITCHELL-Prinzipien modifizierte N-Bilanz-Verfahren zur Anwendung.

Die Berechnung der biologischen Wertigkeit erfolgte nach der Gleichung:

$$BW\% = \frac{EHN + DVN + N\text{-Bilanz}}{N\text{-Zufuhr} - Kot\text{-}N + DVN} \cdot 100$$

EHN = endogener Harn-N; DVN = Darmverlust-N; NEB = N-Erhaltungsbedarf.

Außerdem wurde zur Beurteilung der Rohproteinverwertung der von LINTZEL und RECHENBERGER [11] vorgeschlagene physiologische Nutzwert (PNu) errechnet, der wie folgt ausgedrückt wird:

$$PNu\% = \frac{NEB + N\text{-Bilanz}}{N\text{-Zufuhr}} \cdot 100$$

oder

$$PNu\% = \frac{\text{wahre Verdaulichkeit} \cdot BW}{100}$$

Er kann als Wertgröße für die Beurteilung der Rohproteinqualität einzelner Eiweißarten oder für den Vergleich derer Gemische gewählt werden.

Die Errechnung des Stickstoff-Erhaltungsbedarfes (NEB) erfolgte nach den von COLUMBUS [2, 3, 4] aufgestellten N-Grundumsatz-Prinzipien, wonach EHN, DVN und NEB in Beziehung zum Lebendgewicht stehen und zur BW-Bestimmung bei den einzelnen Tierarten als Bezugsgrößen herangezogen werden können. Dementsprechend ermittelte WETTERAU [24] folgende Gleichungen:

$$NEB = 3{,}113 \cdot G^{0{,}6656};\ DVN = 0{,}3463 \cdot G^{8261};\ EHN = 2{,}233 \cdot G^{0.6529}.$$

Tiermaterial und Tierhaltung

Für die N-Bilanzversuche wurden 50 Hähnchen der Rasse Kennfarbige Italiener im Gewicht von etwa 1100 g gewählt. Diese Versuchstiere entstammten einer anerkannten Vermehrungszucht (Züchter: W. Bekurts, Deersheim, Kreis Osterwiek) und hatten die gleichen Gewichte wie die von WETTERAU [24] verwendeten Weißen Leghorn, weshalb sich eine Wiederholung der N-Grundumsatzversuche erübrigte und das entwickelte Versuchsverfahren nebst aufgestellten EHN-,

DVN und NEB-Gleichungen benutzt werden konnte. Die Tiere wurden während der Versuche in den im hiesigen Institut entwickelten Universal-Kleintier-Stoffwechselkäfigen gehalten.

Versuchsfutter

Es gelangten verschiedene Futtermischungen hinsichtlich einer komplementären Ergänzung der darin enthaltenen Proteine zum Vergleich.

Verwendet wurden:

1. Fischmehl, bezogen aus dem Handel,
2. Sojaschrot, extrahiert, ebenfalls aus dem Handel bezogen,
3. Ackerbohnen

Bei den Ackerbohnen handelte es sich um die Sorte „Kutzlebener", die vom Universitätsversuchsgut Iden-Rohrbeck zur Verfügung gestellt wurden.

Der Rohnährstoffgehalt der einzelnen Futtermittel, der nach dem Weender-Verfahren bestimmt wurde, ist aus der Tabelle 1 ersichtlich.

Tabelle 1. *Rohnährstoffgehalt der Futtermittel in Prozenten der Trockensubstanz*

Futtermittel	Trockensubstanz	Organ. Substanz	Rohprotein	Rohfett	Rohfaser	N-freie Extr.-St.	Rohasche
Fischmehl	100	76,96	69,34	3,97	2,56	1,09	23,04
Ackerbohnen	100	95,93	30,05	1,26	9,79	54,83	4,07
Sojaschrot	100	93,81	49,52	1,52	7,09	35,68	6,19

In der Tabelle 2 wird für die einzelnen Eiweißträger der Gehalt an essentiellen Aminosäuren nach der Zusammenstellung von D. HARVEY [6] wiedergegeben.

Tabelle 2. *Gehalt des Eiweißes der Eiweißträger an essentiellen Aminosäuren*

Aminosäuren (s. Lit. 6) Tab. Nr.:	Vollei 129	Fischmehl 611	Sojaschrot 881 extrah.	Ackerbohnen 839
Valin	8,3	6,0	5,4	5,1
Leucin	8,5	8,5	5,1	7,6
Isoleucin	7,1	6,5	—	5,5
Threonin	5,6	4,1	3,8	2,6
Methionin	3,4	2,4	1,4	0,5
Cystin	2,2	—	—	1,1
Phenylalanin	5,4	4,7	5,1	3,4
Tyrosin	4,6	3,1	—	3,1
Tryptophan	1,9	0,8	1,3	0,9
Lysin	6,7	8,8	6,6	5,5
Histidin	2,7	3,1	—	2,9
Arginin	6,6	6,0	—	5,9

Sojaextraktionsschrot und Ackerbohnen wurden in grob geschroteter Form verabreicht. Das Fischmehl konnte ohne jede Behandlung verfüttert werden. Durch ausreichende Zufuhr eines N-freien Futters ließ sich der energetische Bedarf decken.

Das N-freie Futter bestand aus:

58% Getreidestärke
28% Kartoffelstärke
8% Zellstoff
4% Öl
2% Mineralstoffe [25], bestehend aus:
10% Calciumlaktat, 18% Kaliumkarbonat, 45% Dicalciumphosphat, 11% Dinatriumphosphat, 8% Magnesiumsulfat, 6% Natriumchlorid, 1% Eisenlaktat, 1% Mangansulfat.

Mengenmäßig wurden die Tagesrationen auf Gewichtsklassen und normales Wachstum eingestellt.

Bezüglich der Höhe des Proteinanteils in der Futterration mußten zwei unterschiedliche Momente gegeneinander abgewogen werden. Einmal liegt nach COLUMBUS [2,3] der Auswertungsgrad ein- und desselben Eiweißes und damit die biologische Wertigkeit umso niedriger, je höher der Eiweißanteil im Futter ist, zum anderen setzt der Wertigkeitsrückgang bei den verschiedenen Eiweißarten nicht gleich stark ein, so daß Unterschiede für die biologische Wertigkeit verschiedener Futtermischungen deutlich bei mittelhoch liegender Proteinzufuhr erfaßt werden können [2,3,4,17]. Deshalb wurde die tägliche Proteingabe (NG) je Tier auf das Dreifache des Stickstoff-Erhaltungsbedarfes (NEB) festgelegt.

Je nach Futterart wurde zur Deckung des Vitaminbedarfes und zur Regulierung des Verdauungsvorganges nach den Bedarfswerten [5] eine Vitaminzulage verabreicht.

Die Tiere, die ausschließlich Ackerbohnen, bzw. Sojaschrot als Eiweißträger verabreicht bekamen, erhielten eine tägliche Lebertrangabe von 1 cm^3.

Versuchsperioden und Fütterung

Jede Versuchsperiode unterteilte sich in eine Vorperiode und eine Hauptperiode. Unter Berücksichtigung der ermittelten Durchgangszeiten des Futters bei Hähnchen [24] wurde die Hauptperiode mit dem 6. Versuchstag begonnen.

Die Fütterung der Tiere erfolgte dreimal täglich, so daß jeweils ein Drittel der Gesamtmenge verabreicht wurde. Die Wassergabe betrug nach jeder Mahlzeit 30–40 cm^3. Es sollte dadurch dem bei einseitiger Kost leicht eintretenden Durchfall entgegengewirkt werden.

Sammlung der Exkremente

Während der Hauptperiode wurden die Exkremente mehrmals täglich auf Vinidur-Einsätzen mittels eines Spachtels gesammelt und in Glasdosen mit eingeschliffenem Deckel aufbewahrt. Nach Beendigung des Versuches wurden die Vinidur-Einsätze mit destilliertem Wasser überspült, das Spülwasser in einen Kjeldahlkolben gebracht und anschließend der N-Gehalt nach Kjeldahl bestimmt. Die täglich anfallende Kotmenge wurde bei 65° C 48 Std. getrocknet, gemahlen und in Präparatengläsern für die Analyse aufbewahrt.

Bestimmung des Kot-N und des Harn-N

Beim Geflügel werden durch die Kloake einerseits die Exkremente aus dem Darmtraktus und andererseits die Stoffwechselprodukte des Harnkanals ausgeschieden, weshalb zur Bestimmung der wahren Verdaulichkeit (wVQ) und zur Berechnung der biologischen Wertigkeit (BW) eine Trennung der Harn-N- und Kot-N-Anteile erforderlich ist. Bei der Ermittlung des physiologischen Nutzwertes (PNu) als Bestimmungsgröße des Gehaltes an verwertbarem Protein erübrigt sich diese Trennung. Da aber die BW%-Daten den unmittelbaren Vergleichsmaßstab zwischen den mittels der N-Bilanzmethodik gefundenen und den nach OSER [19] und nach MITCHELL/BLOCK [15] ermittelten Berechnungswerten darstellen, sollte auf die Bestimmung der biologischen Wertigkeit für die jeweiligen Futtergemische nicht verzichtet werden. Die Trennung des Kot-N vom Harn-N wurde nach der Methode von STOTZ [21] vorgenommen.

Bei Futtermischungen mit hohem Anteil an extrahiertem Sojaschrot — die Grenze liegt bei etwa 15%-igem Anteil des Sojaschrotes — war die Fällung des während des Analysenganges in Lösung gegangenen Eiweißes durch Phosphorwolframsäure sehr schwierig, worauf STOTZ [21] bereits hinwies.

Für die Betrachtung der Ergebnisse wurden neben den BW%-Werten die PNu%-Werte herangezogen.

Versuchsablauf und Versuchsergebnisse

Um eventuelle komplementäre Ergänzungswerte einzelner Eiweißträger bei unterschiedlichen Produktionsleistungen erkennen zu können, hielten wir die beschriebene Versuchsanordnung für zweckmäßig. Da acht Tiere wegen äußerst schlechter Futteraufnahme ausscheiden mußten, konnten von den 50 Hähnchen nur die Versuchsdaten von 42 Tieren für die Auswertung herangezogen werden. Wie bereits erwähnt, gelangte eine Kost zur Verfütterung, deren N-Anteil in der Höhe des dreifachen NEB (Stickstoff-Erhaltungsbedarf) lag. Die zugeführte N-Menge unterschied sich in ihrer Zusammensetzung, indem in steigendem Maße das Rohprotein der einzelnen Eiweißträger (Ackerbohnen, Sojaschrot) durch Fischmehleiweiß, bzw. für die Ackerbohnen/Sojaschrot-Mischung durch Sojaeiweiß ersetzt wurde und die einzelnen Gemische damit verschiedene Aminosäuren-Verhältnisse aufwiesen. Zur Deckung des energetischen Bedarfes wurde den Tieren ad libitum das N-freie Futter verabreicht. Während die Verfütterung der einzelnen Gemische keine besonderen Schwierigkeiten bereitete, traten bei alleiniger Fischmehlgabe Verdauungsstörungen ein, die Durchfall und Nachlassen der Freßlust zur Folge hatten. Auf Grund der sonst gut geformten Ausscheidungen konnte angenommen werden, daß in allen anderen Versuchen keinerlei Verdauungsstörungen vorgelegen haben.

Die Tiere wurden täglich gewogen. Sie zeigten eine gute Ausgeglichenheit im Wachstum, so daß die in den N-Bilanzversuchen ermittelten Werte innerhalb der üblichen Abweichungen lagen. Die einzelnen Versuche wurden mit mindestens zwei Tieren durchgeführt. Nachfolgend sind die einzelnen Versuchsgruppen und die verabreichten Futtermischungen angeführt (Tab. 3).

Tabelle 3. *Übersicht uber die einzelnen Versuchsgruppen*

Versuchs-gruppe	Nr. der Tiere	Anz. d. Tiere je Gruppe	Ø Gewicht in g/Tier	Futtermittel, bzw. Futtermischung
1	1—3	3	1112	Fischmehl
2	4, 5	2	1280	Ackerbohnen
3	6, 7	2	1015	Sojaschrot, extrahiert
4	8—11	4	1032	25% Fischmehl 75% Sojaschrot
5	12—15	4	1212	50% Fischmehl 50% Sojaschrot
6	16—19	4	995	75% Fischmehl 25% Sojaschrot
7	20—25	6	1160	25% Fischmehl 75% Ackerbohnen
8	26, 27	2	1175	50% Fischmehl 50% Ackerbohnen
9	28—31	4	1140	75% Fischmehl 25% Ackerbohnen
10	32—34	3	1013	25% Sojaschrot 75% Ackerbohnen
11	35—37	3	1198	50% Sojaschrot 50% Ackerbohnen
12	38, 39	2	1275	75% Sojaschrot 25% Ackerbohnen
13	40 42	3	1290	33,3% Fischmehl 33,3% Ackerbohnen 33,3% Sojaschrot

In der Übersicht 4 seien die einzelnen Versuchsdaten mitgeteilt. Der N-haltige Kostanteil bestand aus isoliert gegbenen Futtereiweißproben.

Es war beabsichtigt, das NG/NEB-Verhältnis für alle Tiere konstant auf 3,00 zu halten. Da die in dieser Höhe liegenden Fischmehlgaben wahrscheinlich wegen des Salzgehaltes nicht aufgenommen wurden, lag das N-Gabe/NEB-Verhältnis der Fischmehlration bei 1,86, 2,13 und 2,25.

Tabelle 4. *Ergebnisse der N-Bilanzversuche der einzelnen Eiweißträger (Gruppe 1—3, vergl. Tab. 3)*

Gruppe	1			2		3	
Nr.	1	2	3	4	5	6	7
Gewicht . . . . g	1185	1070	1080	1230	1330	1010	1020
Futtertrockensubstanzaufnahme . . g	42,35*)	41,75*)	44,39*)	55,12	55,12	58,76	58,76
NEB (err.) . . . g	0,3461	0,3232	0,3252	0,3547	0,3735	0,3110	0,3131
DVN (err.) . . . g	0,1198	0,1101	0,1110	0,1236	0,1319	0,1050	0,1059
NG/NEB	1,86	2,13	2,25	3,04	2,89	2,94	2,93
N-Gabe . . . . g	0,6452	0,6897	0,7325	1,0800	1,0800	0,9165	0,9165
N-Bilanz . . . . g	0,0610	0,1575	0,1346	0,1728	0,1842	0,2238	0,1799
Kot-N . . . . . g	0,1796	0,1601	0,1923	0,2650	0,2339	0,1806	0,1879
BW . . . . . %	69,54	75,26	70,61	56,20	57,02	63,60	59,08
Ø BW . . . . %		71,80		56,61		61,34	
w VQ . . . . . %	90,73	92,74	88,90	86,91	90,56	91,75	91,05
PNu . . . . . %	63,10	69,80	62,77	48,84	51,64	58,35	53,79
Ø PNu . . . . %		65,22		50,24		56,07	
s VQ . . . . . %	72,16	76,75	73 75	75,46	78,34	80,29	79,49

Es konnte daher die biologische Wertigkeit des Fischmehls nur bei dieser Höhe der N-Zufuhr ermittelt werden. WETTERAU [24] fand eine biologische Wertigkeit von 69,43% und 65,96% bei einem N-Gabe/NEB-Verhältnis von 2,17 und 2,33. Nach den durchgeführten Versuchen konnten nur die Daten von drei Tieren für die Berechnung herangezogen werden, weil schon nach drei Tagen zwei die Futteraufnahme verweigerten. Es besitzen daher die für das Fischmehl gefundenen Werte wegen der geringen Fischmehlaufnahme nur bedingte Gültigkeit.

Für die Ackerbohnen der Sorte „Kutzlebener" wurde eine BW von 56,61% gefunden, während extrahiertes Sojaschrot eine BW von 61,34% aufwies. Nach der Gleichung [24]: $BW = 81{,}94 - 6{,}28 \frac{NG}{NEB}$ ergibt sich eine BW von 63,10%, so daß sich beobachtete und berechnete BW für Sojaschrot nur geringfügig voneinander unterscheiden. In den Tabellen 5–8 sind die Versuchsdaten der Gruppen 4–13 (vergl. Tabelle 3) aufgeführt.

---

*) an Futterrest blieben folgende Mengen an Futtertrockensubstanz: 12,25 g (1), 12,85 g (2), 10,21 g (3).

Tabelle 5. *Ergebnisse der N-Bilanzversuche mit der Fischmehl/Sojaschrotmischung (Gruppe 4—6)*

Gruppe	4				5	
Nr.	8	9	10	11	12	13
Gewicht . . . . g	1000	1050	1070	1010	1280	1480
Futtertrockensubstanzaufnahme . g	68,00	68,33	68 68	68,00	55,37	56,67
NEB (err.) . . . g	0,3090	0,3192	0,3232	0,3110	0,3642	0,4009
DVN (err.) . . . g	0,1042	0,1084	0,1101	0,1050	0,1277	0,1441
NG/NEB	3,06	3,05	3,11	3,04	2,99	3,03
N-Gabe . . . . g	0,9463	0,9749	1,0047	0,9463	1,1073	1,2154
N-Bilanz . . . g	0,1479	0,1898	0,15[illegible]3	0,2436	0,1174	0,2187
Kot-N . . . . g	0,2294	0,2165	0,2445	0,2076	0,2911	0,2419
BW . . . . . %	55,64	58,72	54,75	65,73	52,13	55,44
Ø BW . . . . %	58,71					
w VQ . . . . . %	86,77	88,91	86,62	89,61	84,97	91,95
PNu . . . . . %	48,28	52,21	47,43	58,61	44,29	50,98
Ø PNu . . . . %	51,63					
s VQ . . . . . %	75,76	77,79	75,66	78,06	73,23	80,10

Fortsetzung von Tabelle 5

Gruppe	5		6			
Nr.	14	15	16	17	18	19
Gewicht . . . . g	985	1105	1025	1000	920	1035
Futtertrockensubstanzaufnahme g	66,71	67,75	61,66	61,34	61,12	61,66
NEB (err.) . . . g	0,3058	0,3302	0,3141	0,3090	0,2922	0,3161
DVN (err.) . . . g	0,1029	0,1139	0.1063	0,1042	0,0972	0,1072
NG/NEB . . .	2,96	3,04	3,05	3,10	3,09	3,03
N-Gabe . . . g	0,90[illegible]9	1,0029	0,9576	0,9576	0.9017	0,9576
N-Bilanz . . . . g	0,1201	0,1844	0,2007	0,2223	0,1497	0,2328
Kot-N . . . . g	0,1668	0,2448	0,2607	0,2582	0,2312	0,2134
BW . . . . . %	50,58	59,07	64,09	66,11	57,56	64,47
Ø BW . . . . %	54,31		63,06			
w VQ . . . %	92,95	86.87	83,87	83,92	85,14	88,91
PNu . . . . %	47,01	51,31	53,76	55,48	49,01	57,32
Ø PNu . . . . %	48,40		53,89			
s VQ . . %	81,59	75,59	72.78	73,04	74,38	77.71

Tabelle 6. *Ergebnisse der N-Bilanzversuche mit der Fischmehl/Ackerbohnenmischung (Gruppe 7—9)*

Gruppe	7					
Nr.	20	21	22	23	24	25
Gewicht . . . . g	1140	1110	1205	1115	1200	1190
Futtertrocken-substanzaufnahme g	46,57	70,83	70,93	56,08	57,48	57,48
NEB (err.) . . . g	0,3372	0,3312	0,3499	0,3322	0,3490	0,3470
DVN (err.) . . . g	0,1161	0,1135	0,1215	0,1140	0,1211	0,1203
NG/NEB . . .	3,00	2,94	2,99	3,05	3,25	3,26
N-Gabe . . . . g	1,0117	0,9751	1,0446	1,0117	1,1329	1,1329
N-Bilanz . . . . g	0,1784	0,2034	0,1060	0.1380	0,1944	0.1493
Kot-N . . . . g	0,2611	0,1970	0 2869	0,3086	0,2087	0,2897
BW . . . . . %	59,49	59,96	51,85	57,54	51,98	51,51
∅ BW . . . . %	55,39					
w VQ . . . . . %	85,67	91,34	84.17	80,76	92,27	85,05
PNu . . . . . %	50,96	54,83	43,64	46,48	47,96	43,81
∅ PNu . . . . %	47,95					
s VQ . . . . . %	74,19	79,80	72,53	69,50	81 58	74,43

Fortsetzung von Tabelle 6

Gruppe	8		9			
Nr.	26	27	28	29	30	31
Gewicht . . . . g	1130	1220	1190	1110	1070	1165
Futtertrocken-substanzaufnahme g	52,95	53 81	69,54	68,92	49.57	50,20
NEB (err.) . . . g	0,3352	0 3528	0,3470	0,3312	0.3232	0,3421
DVN (err) . . . g	0,1152	0,1228	0,1203	0,1135	0,1101	0,1181
NG/NEB	2,99	3,02	3 02	3,00	2,99	2,97
N-Gabe . . . . g	1,0012	1,0673	1.0463	0,9932	0,9656	1.0175
N-Bilanz . . . g	0,2236	0,2730	0,3234	0,4070	0,3162	0,2829
Kot-N . . . . g	0,2206	0.2401	0,2402	0,2011	0,2282	0,2295
BW . . . . . %	62,38	65,87	72.37	81,52	75.44	68,98
∅ BW . . . %	64,12		74.58			
w VQ . . . . . %	89,47	89,01	88,54	91.18	87,77	83 80
PNu . . . . . %	55,81	58,63	64,07	74.32	66,22	61,42
∅ PNu . . . . %	57,22		66,51			
s VQ . . . . %	77,97	77,50	77,04	79,75	76 37	77,41

Tabelle 7. *Ergebnisse der N-Bilanzversuche mit der Sojaschrot/Ackerbohnen-Mischung (Gruppe 10—12)*

Gruppe	10			11			12	
Nr.	32	33	34	35	36	37	38	39
Gewicht . . . . g	1150	820	1070	1290	1265	1030	1425	1130
Futtertrockensubstanzaufnahme g	55,36	49,70	61,33	55,01	55,01	50,11	57,71	55,22
NEB (err.) . . . g	0,3391	0,2710	0,3232	0,3661	0,3614	0,3151	0,3910	0,3352
DVN (err.) . . . g	0,1169	0,0894	0,1101	0,1286	0,1265	0,1067	0,1396	0,1152
NG/NEB	2,88	3,18	3,00	2,89	2,93	3,29	3,02	3,00
N-Gabe . . . . g	0,9785	0,8635	0,9696	1,0593	1,0593	1,0376	1,1799	1,0059
N-Bilanz . . . g	0,1400	0,0768	0,0975	0,1884	0,2341	0,2410	0,3484	0,2645
Kot-N . . . . g	0,2795	0,2222	0,2288	0,2720	0,2099	0,2373	0,1964	0,1937
BW . . . . . %	58,72	47,60	49,44	60,54	61,02	61,31	65,84	64,66
Ø BW . . . . %		51,92			60,96		65,25	
w VQ . . . . . %	83,38	84,62	87,76	86,46	92,13	87,41	95,19	92,20
PNu . . . . . %	48,96	40,28	43,39	52,35	56,22	53,59	62,67	59,62
Ø PNu . . . . %		44,21			54,05		61,14	
s VQ . . . . . %	71,44	74,27	76,40	74,32	80,18	77,13	83,35	80,74

(Gruppe 12 printed separately as "Fortsetzung von Tabelle 7"; the first table prints "% BW" in the row label, the continuation "Ø BW".)

Tabelle 8. *Ergebnisse der N-Bilanzversuche mit der Sojaschrot/Ackerbohnen/Fischmehl-Mischung (Gruppe 13)*

Gruppe	13		
Nr.	40	41	42
Gewicht . . . . . . g	1330	1500	1040
Futtertrocken-substanzaufnahme . . g	57,66	57,66	56,03
NEB (err.) . . . . . g	0,3735	0,4045	0,3171
DVN (err.) . . . . . g	0,1319	0,1457	0,1076
NG/NEB	3,18	2,94	3,20
N-Gabe . . . . g	1,1894	1,1894	1,0155
N-Bilanz . . . . . . g	0,3430	0,3319	0,2437
Kot-N . . . . g	0,2377	0,3090	0,2570
BW . . . . %	66,12	71,76	64,75
Ø BW . . . . %		67,54	
w VQ . . . . %	91,10	86,27	85,29
PNu . . . . %	60,24	61,91	55,22
Ø PNu . . . . . . %		59,12	
s VQ . . . . %	80,02	74,02	74,69

Statistische Auswertung und Besprechung der Ergebnisse

Um zu untersuchen, inwieweit zwischen den einzelnen, isoliert verabreichten Eiweißarten für die biologische Wertigkeit statistisch gesicherte Unterschiede vorliegen, wurden die BW%-Werte der einzelnen Futtermittel gegeneinander geprüft. Nach „Student“ [22] hat sich bei einer geringen Anzahl von Stichproben der „t-Test“ als besonders geeignet erwiesen, der es gestattet, die Differenzen von arithmetischen Mitteln auf ihre Sicherheit hin zu untersuchen.

Vereinbarungsgemäß gelten für die Sicherheitsgrenzen Werte von

P > 0,05 als ungesichert,
P = 0,05 — 0,01 als gesichert,
P = 0,01 — 0,001 als gut gesichert,
P < 0,001 als sehr gut gesichert.

Die statistische Auswertung wurde mit Hilfe des „t-Testes“ vorgenommen.

Es zeigt sich (Tab. 9), daß gesicherte Unterschiede der BW%-Werte sowohl zwischen den für Fischmehl und Ackerbohnen als auch zwischen den für Fischmehl und extrahiertes Sojaschrot gefundenen vorliegen. Eine gesicherte Differenz läßt sich für die BW%-Werte der Ackerbohnen gegenüber denjenigen des extrahierten Sojaschrotes nicht nachweisen, was jedoch wahrscheinlich auf die geringe Anzahl der für die statistische Auswertung zur Verfügung stehenden Ergebnisse (FG = 2) zurückzuführen ist. Da in vorliegendem Falle der t-Wert 2,0580 beträgt und, wie noch nachzuweisen sein wird, die Möglichkeit besteht, durch ansteigende N-Gaben des Sojaschrotes die biologische Wertigkeit der Ackerbohnen/Sojaschrot-Gemische zu erhöhen, kann ein Unterschied zwischen den BW%-Daten für Ackerbohnen und Sojaschrot bei konstantem N-Gabe/NEB-Verhältnis durchaus angenommen werden.

Tabelle 9. *Prüfung der BW-Mittelwerte*

Futter	t	FG	P
Fischmehl/Ackerbohnen	6,6376	3	0,01 — 0.001
Fischmehl/Sojaschrot	3,6597	3	0,05 — 0,01
Ackerbohnen/Sojaschrot	2,0580	2	$>$ 0,05

Eine Aufwertung der einzelnen Gemische, die durch erhöhte BW%-Werte, bzw. PNu%-Werte zum Ausdruck kommt, konnte für die Fischmehl/Ackerbohnen- bzw. Sojaschrot/Ackerbohnen-Gemische bei ansteigenden Gaben der jeweils die Ackerbohnenkost ergänzenden Proteinträger (Fischmehl, extrahiertes Sojaschrot) erreicht werden.

In welchem Maße Fischmehl das extrahierte Sojaschrot hinsichtlich seines AS-Verhältnisses zu ergänzen vermag, ließ sich nicht ermitteln, da sich die Ergebnisse der Einzeltiere stark voneinander unterschieden.

Die BW%-Werte und die PNu%-Werte ließen sich bis auf eine Ausnahme nach der allgemeinen Formel

$$Y = a + bx$$

in linearen Funktionen ausdrücken [10].

Die Prüfung der Regressionskoeffizienten der jeweils zusammengehörenden Geraden ergab folgende t-Werte:

für die biologische Wertigkeit	0,4569,	$P > 0,05$
für den physiologischen Nutzwert	1,7222,	$P > 0,05$.

Die Regressionskoeffizienten unterscheiden sich demnach nicht. Für die Fischmehl/Sojaschrot-Mischung konnte keine lineare Abhängigkeit der biologischen Wertigkeit und des physiologischen Nutzwertes von der jeweiligen Höhe der Fischmehl-N-Zufuhr festgestellt werden.

Die BW%-Mittelwerte der einzelnen Gruppen dieser Versuchsserie wurden gegeneinander geprüft (Tab. 10).

Die Prüfung der Regressionsgeraden der Fischmehl/Ackerbohnen- und der Soja-schrot/Ackerbohnen-Mischung erfolgte mit Hilfe des „t-Testes“ (Abb. 1 und 2).

Tabelle 10. *Prüfung der BW%-Mittelwerte der Fischmehl/Sojaschrot-Mischung* (s. Tab. 5)

Futtermischungen	t	FG	P
1. 25% Fischmehl, 75% Sojaschrot 50% Fischmehl, 50% Sojaschrot . . .	1,4087	6	〉 0,05
2. 25% Fischmehl, 75% Sojaschrot 75% Fischmehl, 25% Sojaschrot . . .	1,3879	6	〉 0,05
3. 50% Fischmehl, 50% Sojaschrot 75% Fischmehl, 25% Sojaschrot . . .	3,2772	6	0,05 — 0,01

Bezeichnet man den prozentualen Anteil des Fischmehl-N in der täglichen N-Gesamtration mit x, so gilt für die biologische Wertigkeit der Fischmehl/Ackerbohnen-Mischung folgende Gleichung (Abb. 1):

$BW = 50{,}94 + 0{,}2655\,x$ $x = \%$ Fischmehl der tgl. N-Gabe
$P < 0{,}001$

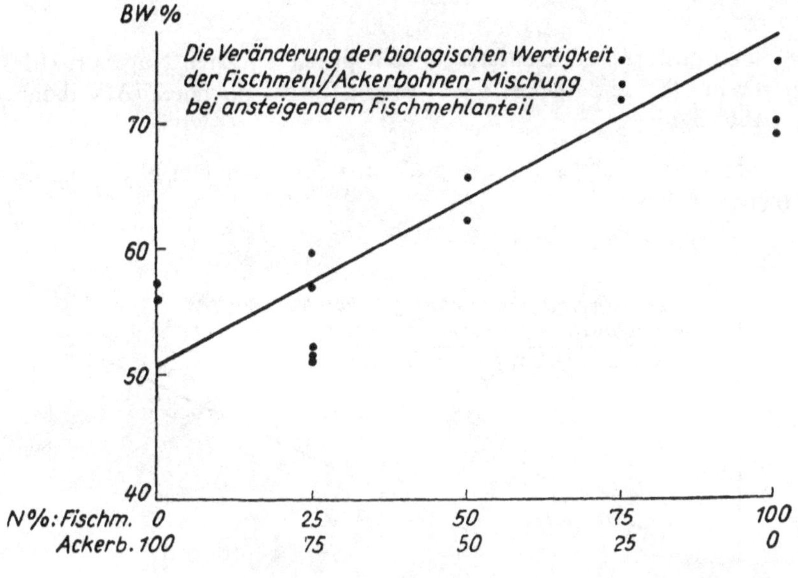

Abb. 1

Für die Sojaschrot/Ackerbohnen-Mischung gilt (Abb. 2):

$BW = 53{,}95 + 0{,}1001\,x$ $x = \%$ Soja-N der tgl. N-Gabe
$P = 0{,}05 - 0{,}01$

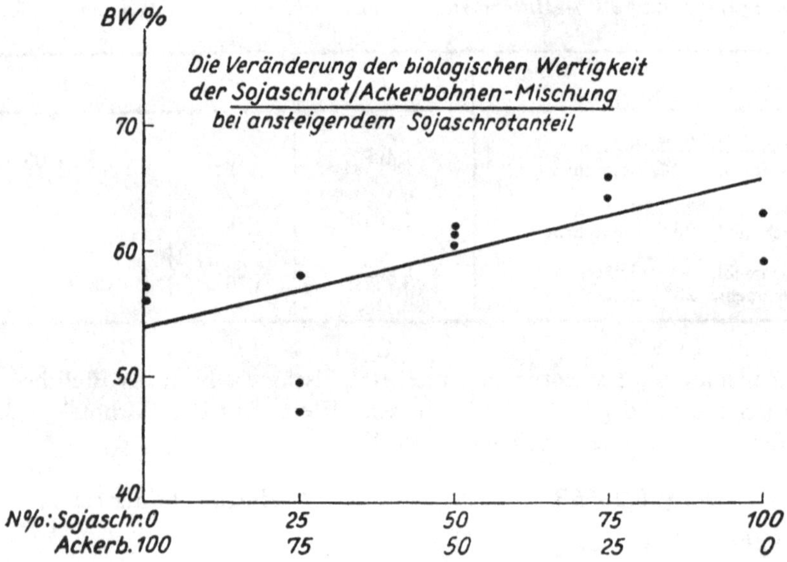

Abb. 2

Lineare Funktionen gelten ebenfalls für den physiologischen Nutzwert (PNu). Sie sind in gleicher Weise dargestellt, und es gilt für die Fischmehl/Ackerbohnen-Mischung (Abb. 3):

$PNu = 45{,}48 + 0{,}2249\,x$ $x = \%$ Fischmehl-N der tgl. Gabe

$P < 0{,}001$

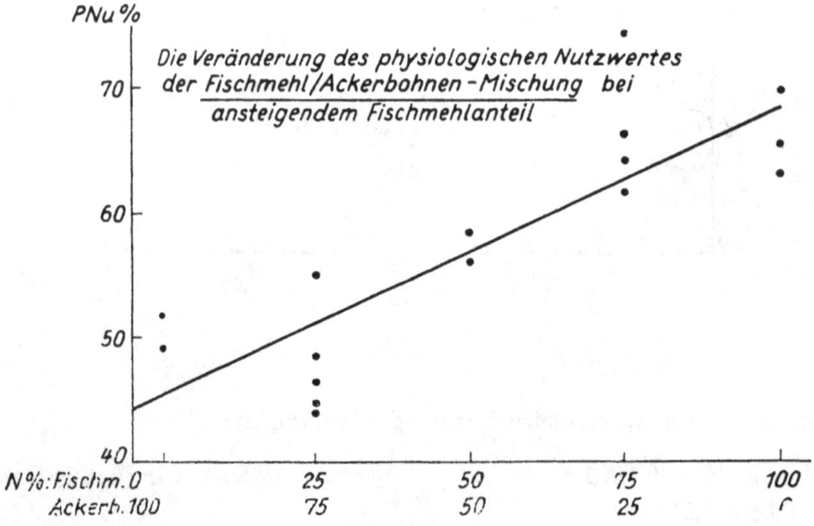

Abb. 3

Für die Sojaschrot/Ackerbohnen-Mischung gilt (Abb. 4):

$PNu = 46{,}48 + 0{,}1250\,x$ $\quad x = \%$ Soja-N der tgl. Gabe

$P = 0{,}05 - 0{,}01$

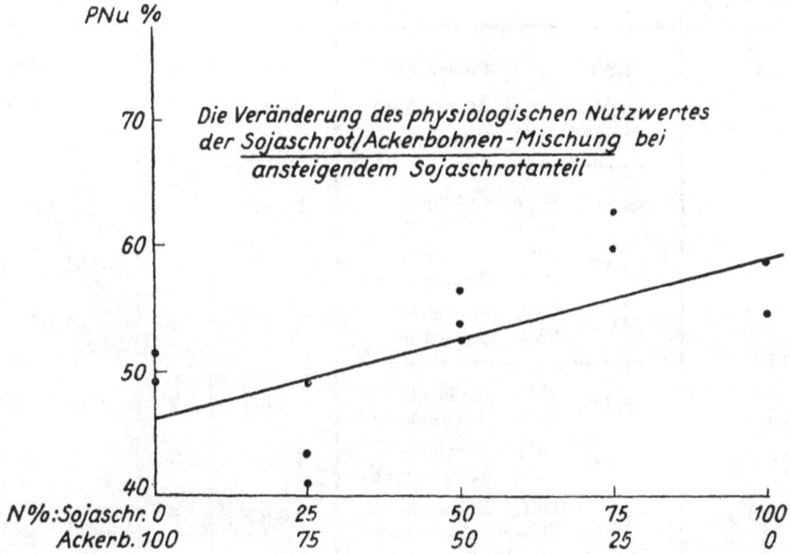

Abb. 4

Wie aus Tabelle 10 zu ersehen ist, besteht für die BW%-Werte ein signifikanter Unterschied zwischen der Mischung mit einem 50%-igen und derjenigen mit einem 75%-igen Fischmehl-N-Anteil an der Gesamt-N-Zufuhr (vergl. Tab. 3 und 5). Die BW%-Werte dieser Versuchsserie lassen erkennen, daß mit ansteigender Fischmehlzufuhr keine Erhöhung der biologischen Wertigkeit erreicht werden konnte.

Die in der Tabelle 8 angeführte Fischmehl/Ackerbohnen/Sojaschrot-Mischung weist eine biologische Wertigkeit von 67,54% auf. Sie liegt damit hinsichtlich ihrer biologischen Wertigkeit nur wenig hinter der zu 75% Fischmehl und 25% Ackerbohnen enthaltenden Mischung (BW = 74,58%), obwohl ihr Fischmehl-N-Anteil nur 33,33% beträgt.

Es liegt deshalb nahe, die BW%-Werte der Fischmehl/Ackerbohnen/Sojaschrot-Mischung mit denen aller übrigen Gruppen zu prüfen. Die Ergebnisse sind in Tabelle 11 zusammengefaßt.

Alle Futtermischungen, die für die jeweils ermittelte biologische Wertigkeit gegenüber derjenigen der Fischmehl/Sojaschrot/Ackerbohnen-Mischung einen signifikanten Unterschied aufweisen ($P < 0{,}05$) können nicht als dieser gleichwertig angesehen werden.

Tabelle 11. *Prüfung der BW%-Werte der Fischmehl/Ackerbohnen/Sojaschrot-Mischung mit den BW%-Werten aller anderen Mischungen (Tabelle 3, Gruppe 1—12)*

BW %-Wert der Fischm./Ackerb./Sojaschrot-Mischg.	Ø BW %-Werte der einzelnen Futtermischungen		t	FG	P
67,54	71,80	Fischmehl	1,5370	4	> 0,05
	56,61	Ackerbohnen	3,9245	3	0,05 — 0,01
	61,34	Sojaschrot	1,9132	3	> 0,05
	58,71	25% Fischmehl 75% Sojaschrot	2,5545	5	> 0,05
	54,31	50% Fischmehl 50% Sojaschrot	4,6229	5	0,01 — 0,001
	63,06	75% Fischmehl 25% Sojaschrot	1,5754	5	> 0,05
	55,39	25% Fischmehl 75% Ackerbohnen	4,3499	7	0,01 — 0,001
	64,12	50% Fischmehl 50% Ackerbohnen	1,1179	3	> 0,05
	74,58	75% Fischmehl 25% Ackerbohnen	2,6855	5	0,05 — 0,01
	51,92	25% Sojaschrot 75% Ackerbohnen	4,5474	4	0,05 — 0,01
	60,96	50% Sojaschrot 50% Ackerbohnen	2,9977	4	0,05 — 0,01
	65,25	75% Sojaschrot 25% Ackerbohnen	0,8186	3	> 0,05

Da zur Bestimmung der biologischen Wertigkeit des Eiweißes in den Eiweißfutterstoffen außer den Tierversuchen in den letzten Jahren[18] die Möglichkeit hinzugekommen ist, auf Grund des Gehaltes an essentiellen Aminosäuren eine Bewertung der Futtermittel vorzunehmen, soll als weiterer Maßstab für die Beurteilung der biologischen Wertigkeit der einzelnen Eiweißträger der EAA-Index nach OSER[19] berechnet werden.

Als Bezugsprotein gilt das Vollei-Protein, dessen Aminosäurenzusammensetzung in der Tabelle 2 wiedergegeben ist.

Die biologische Wertgikeit (EAA-Index, essential amino acids) errechnet sich aus:

$$\text{EAA-Index} = \sqrt[n]{\text{EPV}_1 \cdot \text{EPV}_2 \cdot \text{EPV}_3 \ldots\ldots \text{EPV}_n}$$

wobei als EPV (Ei-Protein-Verhältnis) folgender Wert gilt:

$$\text{EPV} = \frac{\text{Aminosäure im untersuchten Protein}}{\text{Aminosäure im Ei-Protein}} \cdot 100$$

Methionin + Cystin und Leucin + Isoleucin sind hierbei nur als je eine Aminosäure zu rechnen.

MITCHELL und BLOCK (zit. [3]) gehen davon aus, daß entsprechend dem Gesetz vom Minimum die in einer Futtermischung oder in einem Eiweißträger am geringsten vertretene Aminosäure den Wert der gesamten Aminosäuren bestimmt. Nach Errechnung des „maximalen Defizits" läßt sich die biologische Wertigkeit bestimmen nach der Gleichung:

$$BW = 102 - 0{,}634 \cdot \text{max. Defizit}$$

Hierfür soll ein Beispiel angeführt werden.

In Tabelle 12 ist die Errechnung der biologischen Wertigkeit nach MITCHELL/BLOCK für Ackerbohnen vorgenommen worden. Das maximale Defizit beträgt in diesem Falle – 85 (für Methionin). Hieraus ergibt sich eine biologische Wertigkeit von 48,11%. Für die übrigen Eiweißträger und Futtermischungen wurde die biologische Wertigkeit in gleicher Weise berechnet.

Tabelle 12. *Bestimmung der biologischen Wertigkeit nach* MITCHELL/BLOCK

Aminosäuren	im Vollei	in Ackerbohnen	EPV	Defizit
Arginin	6,6	5,9	89	—11
Histidin	2,7	2,9	107	+ 7
Isoleucin	7,1	5,5	77	—23
Leucin	8,5	7,6	89	—11
Lysin	6,7	5,5	81	—19
Methionin	3,4	0,5	15	—85
Phenylalanin	5,4	3,4	62	—38
Threonin	5,6	2,6	46	—54
Tryptophan	1,9	0,9	47	—53
Valin	8,3	5,1	61	—39

Eine Übersicht über die ermittelten und berechneten BW%-Werte wird in den Tabellen 13 und 14 gegeben. Neben den zu erwartenden BW%-Werten, die sich auf Grund der im Tierversuch gefundenen BW%-Daten der in der Mischung enthaltenen einzelnen Eiweißträger errechnen lassen, sind auch die nach OSER und nach MITCHELL/BLOCK gefundenen BW%-Werte angeführt.

Tabelle 13. *Die biologische Wertigkeit der einzelnen Eiweißträger*

BW %	Fischmehl	Ackerbohnen	Sojaschrot
im Tierversuch ermittelt	71,80	56,61	61,34
nach MITCHELL/BLOCK	65,23	48,11	64,59
nach OSER	74,67	62,70	73,78

Tabelle 14. *Die biologische Wertigkeit der einzelnen Futtermischungen*

BW %-Werte	25% Sojaschrot 75% Ackerbohnen	50% Sojaschrot 50% Ackerbohnen	75% Sojaschrot 25% Ackerbohnen
im Tierversuch ermittelt .	51,92	60,96	65,25
errechnet .	57,79	58,98	60,16
gef. Differenz	—5,87	+1,98	+5,09
nach MITCHELL/BLOCK . .	52,23	56,35	60,67
nach OSER	65,24	68,10	70,94

BW %-Werte	25% Fischmehl 75% Ackerbohnen	50% Fischmehl 50% Ackerbohnen	75% Fischmehl 25% Ackerbohnen
im Tierversuch ermittelt .	55,39	64,12	74,58
errechnet .	60,41	64,20	68,00
gef. Differenz	—5,02	—0,08	+6,58
nach MITCHELL/BLOCK . .	52,39	56,67	60,95
nach OSER	65,47	68,53	71,60

BW %-Werte	25% Fischmehl 75% Sojaschrot	50% Fischmehl 50% Sojaschrot	75% Fischmehl 25% Sojaschrot
im Tierversuch ermittelt .	58,71	54,31	63,06
errechnet .	63,96	66,57	69,18
gef. Differenz	—5,25	-12,26	—6,12
nach MITCHELL/BLOCK . .	64,75	64,91	65,07
nach OSER	74,00	74,22	74,44

BW %-Werte	Mischung: 33,33% Fischmehl 33,33% Sojaschrot 33,33% Ackerbohnen
im Tierversuch ermittelt .	67,54
errechnet .	63,25
gef. Differenz	+4,29
nach MITCHELL/BLOCK . .	59,31
nach OSER	70,28

Supplementäre Ergänzungen gegenüber den errechneten BW%-Werten können für folgende Futtermischungen angenommen werden:

Futtermischung	im Tierversuch ermittelt	err. BW%	gefundene Differenz
1. 75% Fischmehl 25% Ackerbohnen	74,58	68,00	6,58
2. 75% Sojaschrot 25% Ackerbohnen	65,25	60,16	5,09

Nach den N-Bilanzversuchen an wachsenden Hähnchen kann für die in unterschiedlichen Mischungsverhältnissen verabreichten Proteinträger folgendes festgestellt werden:

1. Die biologische Wertigkeit der einzelnen Mischungen steigt unter Beibehaltung eines konstanten N-Gabe/NEB-Verhältnisses für eine Fischmehl/Ackerbohnen-, bzw. Sojaschrot/Ackerbohnen-Mischung, wenn der Fischmehl- bzw. Sojaschrotanteil der Ration erhöht wird. Der Verlauf des Anstieges läßt sich durch die Gleichung einer Geraden ausdrücken.

2. Bei einer Fischmehl/Sojaschrot-Mischung kann durch Erhöhung des Fischmehlanteils nicht in jedem Falle ein Ansteigen der biologischen Wertigkeit beobachtet werden. Die Werte dieser einzelnen Mischungen liegen in den durchgeführten Versuchen zum Teil unter denjenigen des Sojaschrotes. Eine Ergänzungswirkung von Fischmehl gegenüber Sojaschrot kann nicht angenommen werden.

3. Eine bezüglich des N-Anteils zu gleichen Teilen aus Fischmehl, Ackerbohnen und Sojaschrot bestehenden Mischung wird in ihrer biologischen Wertigkeit auch von den meisten Futtermischungen, die zu 50% bzw. zu 75% Fischmehl enthalten, nicht übertroffen.

4. Die nach MITCHELL/BLOCK errechneten BW%-Werte weisen gegenüber den im Tierversuch ermittelten einen durchschnittlichen Unterschied von 6,11% auf. Nach OSER ergibt sich eine durchschnittliche Abweichung von 8,75%.

5. Die nach OSER errechneten Werte liegen meist über den im Tierversuch ermittelten BW%-Daten und übertreffen die sich nach der Berechnung von MITCHELL/BLOCK ergebenden Werte.

6. Supplementäre Ergänzungen der im Tierversuch ermittelten gegenüber den errechneten BW%-Werten können für die folgenden Futtermischungen angenommen werden:

1. 75% Fischmehl
   25% Ackerbohnen
2. 75% Fischmehl
   25% Sojaschrot.

Zusammenfassung

Im Institut für Tierernährung der Martin-Luther-Universität Halle/Wittenberg wurden N-Bilanzversuche an wachsenden Hähnchen (Kennfarbige Italiener) durchgeführt. Die Untersuchungen hatten zum Ziel, die biologische Wertigkeit verschiedener Futtermischungen zu ermitteln und eventuelle Ergänzungsmöglichkeiten der darin enthaltenen Proteine herauszustellen. Als Eiweißträger wurden Fischmehl, extrahiertes Sojaschrot und Ackerbohnen (Kutzlebener) herangezogen. Je drei verschiedene der im folgenden gegenübergestellten Mischungen wurden bei verschieden hohem Anteil der einzelnen Eiweißarten an der Gesamt-N-Zufuhr je Tier und Tag untersucht: 1. Fischmehl/Ackerbohnen; 2. Fischmehl/Sojaschrot; 3. Sojaschrot/Ackerbohnen.

Es zeigte sich, daß mit ansteigenden Fischmehl- bzw. Sojaschrotanteilen für die Mischungen, die Ackerbohnen enthielten, eine Erhöhung der biologischen Wertigkeit eintrat.

Für die BW%-Werte gelten folgende Gleichungen:

1. Fischmehl/Ackerbohnen-Mischung:
   $Y = 50{,}94 + 0{,}2655\,x$
2. Sojaschrot/Ackerbohnen-Mischung:
   $Y = 53{,}95 + 0{,}1001\,x$

$Y = BW\%$; x = Fischmehl- bzw. Sojaschrot-N-Anteil in Prozenten der Gesamt-N-Zufuhr. Für die Fischmehl/Sojaschrot-Mischung ließ sich bei Erhöhung des Fischmehl-, aber gleichzeitiger Verringerung des Sojaschrotanteils keine Erhöhung der biologischen Wertigkeit erkennen. Supplementäre Ergänzungen können für folgende Futtermischungen angenommen werden:

	BW (err)	BW (gef.)	Differenz
1. 75% Fischmehl 25% Ackerbohnen	68,00	74,58	6,58
2. 75% Sojaschrot 25% Ackerbohnen	60,16	65,25	5,09

Literaturverzeichnis

[1] CHICK, H. u. E. B. SLACK: Lancet 251, 601, 1946, zit. 20.

[2] COLUMBUS, A.: Die Variabilität der biologischen Eiweißwertigkeit unter verschiedenen Bedingungen, nach Stoffwechselversuchen an wachsenden Schweinen. Arch. f. Tierernährung 1, 36—55 u. 84—128, 1950.

[3] COLUMBUS, A.: Problematik der Methoden zur Bestimmung der biologischen Eiweißwertigkeit. Wiss. Abhandlg. d. DAL zu Berlin V/2, 327—354, 1954.

[4] COLUMBUS, A.: Stickstoff-Grundumsatz und Methodik der Bestimmung der biologischen Eiweißwertigkeit nach dem N-Bilanzverfahren bei wachsenden Ratten. Beihefte zum Arch. f. Tierern. H. 4, 1954.

[5] GEBHARDT, G.: Untersuchungen über den Einfluß einiger Vitamine auf den endogenen und exogenen Eiweißumsatz an wachsenden Albinoratten. Arch. f. Tierern. 5, 70—141, 1955.

[6] HARVEY, D.: Tables of amino acids in foods and feedingstuffs. Commonwealth Bureau of Animal Nutr. Rowett Institute, Bucksburn, Aberdeenshire, Scotland, Techn. communication Nr. 19.

[7] KÜHNAU, J.: Biochemie des Nahrungseiweißes. Angewandte Chemie **61**, 357—365, 1949.

[8] LAL, M. B. u. R. RAJAGOPALON: Studies on mutual supplementation in vegetable proteins. Ind. J. med. Res. **41**, 173—183, 1953.

[9] LANG, K. u. O. F. RANKE: Stoffwechsel und Ernährung. Springer-Verlag, Berlin 1950.

[10] LINDER, A.: Statistische Methoden für Naturwissenschaftler, Mediziner und Ingenieure. 2. Auflage, Verlag Birkhäuser, Basel 1951.

[11] LINTZEL, W. u. J. RECHENBERGER: Über den Nährwert des Roggenbrotes aus Mehlen verschiedener Ausmahlung. Die Ernährung, Beiheft, 10—20, 1942.

[12] MANGOLD, E.: Das Eiweiß in der Geflügelernährung. Beihefte zum Arch. f. Tierernährung **1**, 1951.

[13] MYBURGH, S. J.: Onderstepoort, J. Vet. Sci. **21**, 301, 1947, zit. 20.

[14] MITCHELL, H. H.: The supplementary relations among proteins. J. of Biol. Chemistry **58**, 923—929, 1924.

[15] MITCHELL, H. H. u. R. J. BLOCK: Some relationships between the amino acid contents of proteins and their nutritive values for the rat. J. of Biol. Chemistry **163**, 599—620, 1946.

[16] MITCHELL, H. H.: The biological value of the proteins and a criticism of the methods of its determination. Atti dei Convegno 7, Reale Acad. Ital. Roma 1938.

[17] NEHRING, K.: Über die Durchführung von N-Bilanzversuchen als Grundlage der Bestimmung der biologischen Wertigkeit von Eiweißstoffen. Vortrag, gehalten auf der 6. Tagung der Gesellschaft für Ernährungsphysiologie der Haustiere im April 1956 in Gießen, Auszug im Archiv für Tierernährung **6**, 1956.

[18] NEHRING, K. u. E. SCHWERDTFEGER: Die Bausteinanalyse der Futterproteine. Wissenschaftl. Abhandl. der DAL Berlin V/2, Festschrift anläßlich des 100-jährigen Bestehens der Landwirtschaftlichen Versuchsstation Leipzig-Möckern Bd. **2**, 355—371.

[19] OSER, B. L.: Method of integrating essential amino acid content in the nutritional evaluation of protein. J. Am. Dietetic Assn. **27**, 396—402, 1951.

[20] SCHILLER, K.: Über den Ergänzungswert von Eiweißträgern verschiedener Herkunft in der tierischen Ernährung. Arch. f. Tierernährung **3**, 342—359, 1953.

[21] STOTZ, H.: Ein neues Verfahren zur Bestimmung der Verdauungskoeffizienten für Rohprotein beim Geflügel. Wissenschaftliches Archiv f. Landwirtschaft, Abt. B, Arch. f. Tierernährung und Tierzucht **7**, 29—41, 1931.

[22] „STUDENT“: The probable error of a mean. Biometrica **6**, 1—25, 1908.

[23] VÖLTZ, W. u. W. KIRSCH: Der Eiweißstoffwechsel der landwirtschaftlichen Nutztiere. S. bei E. MANGOLD: Handbuch der Ernährung und des Stoffwechsels der landwirtschaftlichen Nutztiere III, 60—64, Springer-Verlag, Berlin 1931.

[24] WETTERAU, H.: Stickstoff-Grundumsatz und biologische Eiweißwertigkeit bei wachsendem Geflügel. Kühn-Archiv **68**, 202—255, 1954.

[25] ZAUSCH, M.: Der Einfluß verschiedenartiger Mineralstoffgaben auf den endogenen und exogenen Stickstoff-Stoffwechsel nach Versuchen an Albinoratten und Schweinen. Kühn-Archiv **68**, 141—201, 1954.

Eingegangen am 30. 3. 1959

Aus dem Beratungsbüro für Fütterung und Futtertechnik, Wien

A. K. HALAMA

Beeinflussung der Legetätigkeit durch antibiotische und hormonale Futtersupplementierung

Dem Gedenken Dr. Wolf Höfers, gest. 28. VIII. 1958, gewidmet

Einleitung

Die als physiologischer Prozeß hochspezialisierte Legetätigkeit ist in besonderem Maße vom Gesundheitszustand der Tiere abhängig. Geringfügige, oft ohne auffallende klinische Erscheinungen verlaufende Erkrankungen führen mitunter zu empfindlichen Störungen der Eiproduktion oder heben sie zeitweilig ganz auf. Ungünstige Umweltverhältnisse wie Haltungs- und Fütterungsfehler, extreme Witterungsverhältnisse und dgl., nehmen die Anpassungsmechanismen des tierischen Organismus stark in Anspruch. Die Lehre vom Allgemeinen Adaptationssyndrom (SELYE, 1950) stellt in den Mittelpunkt dieser Erscheinung eine der Grundeigenschaften des Lebendigen, die Anpassungsfähigkeit. Kraft dieser Eigenschaft ist das lebende Individuum in der Lage, auch unter suboptimalen Milieuverhältnissen zu überleben. Der heute in der Medizin eingebürgerte Begriff „stress" umreißt den abnormen, d. h. außergewöhnlichen Umweltsreiz (stressor) und die Antwort (reaction) des Organismus. Stressor-Einwirkung führt zur Auslösung neuro-humoraler Regulationsmechanismen; hierbei stehen Hypophyse und besonders Nebennierenrinde im Zentrum des Umstellungsgeschehens. Anstelle einer eingehenden Darstellung dieser Vorgänge und des gesamten Stress-Problems sei auf die interessante Übersicht von LAMMERS (1954) hingewiesen.

Wie schon an anderer Stelle dargelegt (HALAMA, 1958 a) können durch die Notwendigkeit, komplizierte Regulationsmechanismen zu unterhalten, die Reserven des tierischen Organismus soweit beansprucht werden, daß andere Leistungen eingeschränkt oder gänzlich eingestellt werden müssen. Solche sind in erster Linie jene, welche nicht unmittelbar der eigenen Lebenserhaltung dienen, wie z. B. die Fortpflanzungstätigkeit, im Falle des Huhnes die Legeleistung.

Die zielbewußte, ökonomisch orientierte Haustierhaltung wird natürlich derartige Umweltveränderungen nach der ungünstigen Seite hin möglichst vermeiden. Hygienische und zootechnische Maßnahmen stehen dabei im Vordergrund. Dagegen können klimatische und jahreszeitliche Veränderungen der Umwelt durch den Menschen nur teilweise ausgeglichen werden; als ideale Lösung dieses Problems erscheint die Klimakammer mit konstant gehaltenen Umwelteinflüssen. Nach einer Mitteilung WHITE-STEVENS' (1956) gingen jedoch von 100 Legehühnern, welche in einem solchen Milieu gehalten wurden und *keinerlei* Schwankungen ihrer hohen Legeleistung aufwiesen, nahezu alle Tiere im Laufe von 1–6 Jahren an Geschwulsterkrankungen zugrunde. Außerdem kommt aus wirtschaftlichen Gründen selbst bei nur ein- oder zweijähriger Haltung der Einzeltiere, wo die Verluste noch nicht so groß waren, die Verwendung einer solchen Apparatur nicht in Frage. Es gilt vielmehr, geeignete Haltungs- und Fütterungsmaßnahmen ausfindig zu machen, welche derart stress-bedingte Legeleistungsrückgänge verhindern, bzw. beheben können.

In der Literatur finden sich Berichte, wonach durch orale Zufuhr von antibiotischen Wirkstoffen in nutritiven Dosen die aus verschiedenen Gründen herabgesetzte Legetätigkeit wieder gesteigert werden konnte (z. B. ELAM et al., 1953; AMSCHLER und PAMMER, 1955; AMSCHLER et al., 1956). Im Folgenden wird über einen Feldversuch berichtet, der sich mit dieser Frage befaßte.

Die enge Verflechtung des endokrinen Systems mit Eibildung und allgemeinem Adaptationssydrom läßt auch die Frage von Interesse erscheinen, ob und in welcher Art exogene Östrogene die Legeleistung beeinflussen. Ein zweiter Versuch an in Einzelkäfigen gehaltenen Legehühnern wurde angestellt, um dieses Problem näher zu beleuchten.

Versuchsansatz und Ergebnisse

1. Versuch zur Behebung einer Legeleistungsstörung

Auf einem landwirtschaftlichen Mittelbetrieb wurden in zwei benachbarten Abteilen eines großen, luftigen Raumes je ca. 150 junge New Hampshire-Legehennen (ohne Hähne) gehalten. Die Tiere liefen auf Tiefstreu, legten in Familiennester und erhielten täglich eine (abendliche) Körnermahlzeit von 50 g pro Tier sowie Legemehl in Metallfutterautomaten zur freien Aufnahme. Letzteres enthielt ca. 20% Rohprotein, ausreichende Mengen tierisches Eiweiß, 8000 i. E. Vitamin A, 1600 i. E. Vitamin D_3 und 2 mg Riboflavin pro kg.

Die Legetätigkeit hatte im Alter von $5^1/_2$ Monaten eingesetzt und sich nach rascher Überwindung der Halsmauser in den beiden folgenden Monaten (Mitte August bis Mitte Oktober) befriedigend entwickelt (durchschnittlich etwa 40%, Eigewicht rund 55 g). Unvermittelt ließ die Legeleistung nach; die Tiere machten einen weniger lebhaften Eindruck, zeigten mattes Gefieder, Appetitmangel und gelegentlich weichen Kot. Klinische und parasitologische Untersuchungen konnten das Krankheitsbild nicht ausreichend erklären. Sorgfältige Nachforschungen ergaben keinen Anhaltspunkt für schwerwiegende Fehler in Aufzucht und Fütterung. Auch genügende Belichtung, einwandfreies Trinkwasser, Grit und Muschelgrit standen ausreichend zur Verfügung. Da das Tiefstreubett schon mehr als zwei Jahre in Verwendung stand, wurde es erneuert, Stall und Gerätschaften gründlich gereinigt und desinfiziert sowie das Trinkwasser mit einem entkeimenden Zusatz versehen. Der erhoffte höhere Eieranfall blieb jedoch aus. Offensichtlich war am Zustandekommen der beschriebenen Erscheinungen auch das jahreszeitlich bedingte feuchtkalte Wetter beteiligt. Ob es die alleinige Ursache war, soll an anderer Stelle diskutiert werden.

Aus wirtschaftlichen Gründen erschien jede Maßnahme, welche die Legeleistung positiv beeinflussen konnte, willkommen. Nach Rücksprache mit dem Tierbesitzer und behandelnden Tierarzt erhielt eine der beiden Gruppen ab Anfang Dezember eine Zulage von 35 ppm (partes pro millione, d. s. z. B. mg pro kg) Oxytetracyclin (Terramycin) zum Legemehl. Die andere Gruppe diente bei unveränderter Fütterung als Kontrolle.

Zu Beginn der Versuchsfütterung war in beiden Gruppen die Legeleistung auf rund 20% abgesunken, teilweise lag sie auch noch darunter. Nach knapp einem Monat antibiotischer Futtersupplementierung war die Legeleistung der Versuchsgruppe fast doppelt so hoch und erreichte nach einem weiteren Monat mehr als 50%. Die Kontrolltiere (ohne Antibiotikum) legten zunächst unverändert schlecht, ließen jedoch ab Mitte Februar eine geringgradige Besserung erkennen (Ende Februar mehr als 25% Legeleistung). Die Versuchsgruppe mit dem antibiotischen Futterzusatz lag aber zu diesem Zeitpunkt bereits bei knapp 60%.

Ab 1. März wurden beide Gruppen normal weitergefüttert (die Oxytetracyclinbeifütterung in der Versuchsgruppe wurde also mit Ende Februar beendet). Dabei konnte die Beobachtung gemacht werden, daß die Legeleistung nach Absetzen des Antibiotikums nicht – wie zu befürchten war – absank, sondern (der Jahreszeit entsprechend) weiter langsam anstieg. Über Verluste, Merzung, Futterverbrauch und Futterverwertung gibt Tabelle I Auskunft.

2. *Einfluß von Stilböstrol- und Antibiotikafütterung auf die Legeleistung gesunder Hühner*

Die Untersuchungen wurden in den Wintermonaten an einjährigen Kreuzungshennen (White Plymouth Rocks x New Hampshire) in Ganzmetall-Legebatterien durchgeführt. Stalltemperatur, Lüftung, Luftfeuchtigkeit und Trinkwasserversorgung entsprachen den hohen Anforderungen eines Demonstrationsbetriebes. Ein Legealleinfutter in gepreßter Form mit 18% Rohprotein, höherem Rohfasergehalt (durch Kleemehl auf ca. 8% gebracht) und Vitaminergänzung (A, D_3 und Riboflavin) wurde zur freien Aufnahme gereicht. Fünf Gruppen zu je 27 Tieren erhielten folgende Zusätze pro kg Alleinfutter:

Gruppe „DÄS I“	1 mg Diäthyl-Stilböstrol
Gruppe „DÄS VIII“	8 mg Diäthyl-Stilböstrol
Gruppe „DÄS – Terra“	1 mg Diäthyl-Stilböstrol und 10 mg Oxytetracyclin (Terramycin)
Gruppe „Terra“	10 mg Oxytetracyclin (Terramycin)
Gruppe „Kontrolle“	ohne Zusätze.

Die gesamte Beobachtungszeit beinhaltete: Zunächst 57 Tage bei normaler Fütterung, dann 80 Tage bei der angeführten unterschiedlichen Versuchsfütterung und nach Abschluß dieser Periode weitere 30 Tage wieder bei normaler Fütterung. Die tägliche Leistung wurde für jedes Huhn einzeln registriert und sämtliche Tiere vor Beginn und nach Beendigung der Beobachtungen gewogen. Weiter wurde beurteilt: Eigewicht (Stichproben), Beschaffenheit von Schale und Dotter, Zustand von Gefieder und Kot, Allgemeinverhalten und Gesundheitszustand.

Tabelle 1

	14. 11. — 2. 12.		3. 12. — 28. 2.		1. 3. — 11. 4.	
	Kontrollgruppe ohne Beifütterung	Versuchsgruppe ohne Beifütterung	Kontrollgruppe ohne Beifütterung	Versuchsgruppe 35 mg Terramycin pro kg Legemehl	Kontrollgruppe ohne Beifütterung	Versuchsgruppe ohne Beifütterung
Tierzahl	140	141	128	130	112	120
Legeleistung in %	22,4	22,1	20,0	41,7	46,1	60,7
durchschnittliches Eigewicht in g	54,8	54,6	55,2	55,1	56,8	57,0
Eierleistung pro Huhn und Tag in g	12,67	12,07	11,04	22,98	26,18	34,60
Körnerverzehr pro Huhn und Tag in g	50	50	50	50	50	50
Legemehlverzehr pro Huhn und Tag in g	71,5	70,8	68,3	74,9	77,6	81,2
Futterverbrauch pro 1 kg Eimasse						
Körner in kg	4,08	4,14	4,53	2,14	1,91	1,45
Legemehl in kg	5,84	5,86	6,16	3,25	2,97	2,38
Verluste (einschl. Merzung) in %	8,6	7,8	12,5	8,5	6,2	1,7

Die Legeleistung betrug vor Beginn der Versuchsfütterung in der Kontrollgruppe ca. 50%, in den übrigen Gruppen etwas weniger. In Anbetracht des jugendlichen Alters der Tiere und der ungünstigen Jahreszeit (Anfang Dezember) ist dies als durchschnittlich anzusehen. Mit Ausnahme der Gruppe „DÄS VIII" erreichten alle Gruppen während der Periode der Versuchsfütterung mehr als 50% Legeleistung. Ein geringer Leistungsabfall (von 46,5 auf 45%) war bei den Tieren zu beobachten, welche das mit 8 ppm Diäthyl-Stilböstrol supplementierte Alleinfutter erhielten.

Interessanterweise zeigte auch die Kontrollgruppe während dieser Zeit einen geringen Anstieg der durchschnittlichen Legeleistung (von 50 auf 53,5%). Ob dies mit der verschiedentlich beobachteten Sanierung des Stallmilieus zusammenhängt, kann nicht entschieden werden. Ein jahreszeitlicher Einfluß dürfte kaum eine Rolle spielen, da im letzten Beobachtungsabschnitt in dieser Gruppe nur 48% Leistung festgestellt wurden, obwohl inzwischen die wärmere Vorfrühlingswitterung eingetreten war und die Tageslänge beträchtlich zugenommen hatte (diese Veränderungen sind jedoch nicht signifikant).

Ähnlich wie im ersten Feldversuch stieg die Leistung der Gruppe „Terra" auch nach Absetzen der Versuchsfütterung weiter an (bis auf rund 60%), während alle anderen Gruppenleistungen sinkende Tendenz aufwiesen. Tabelle II gibt die in den einzelnen Versuchsabschnitten von den verschiedenen Gruppen gebotenen durchschnittlichen Legeleistungen in Prozenten an.

Tabelle 2

	vor	während	nach
	Versuchsfütterung		
	57 Tage	80 Tage	30 Tage
„DÄS I"	48,9 ± 17,7	57,0 ± 17,9	48,7 ± 13,3
„DÄS VIII"	46,3 ± 16,1	45,1 ± 15,9	43,0 ± 13,0
„DÄS-Terra"	43,8 ± 21,6	55,1 ± 13,9	46,7 ± 14,0
„Terra"	45,5 ± 18,9	58,4 ± 15,1	62,3 ± 9,3
„Kontrolle"	49,8 ± 15 1	53,4 ± 15,6	48,0 ± 13,0

Gegen Ende der Versuchsfütterung schien das Gewicht der von den Hühnern der Gruppe „DÄS I" und besonders „DÄS VIII" produzierten Eier nach und nach absinken. Stichprobenartige grobsinnliche Prüfungen von Eierschale und Dotter ließen keine Veränderungen erkennen.

Allgemeinverhalten und Gesundheitszustand der Tiere erschienen durch die Versuchsfütterung nicht beeinflußt. Die Hennen machten in der Regel einen gesunden, zufriedenen Eindruck (Ausnahme siehe unten); das Gefieder war nicht besonders glatt, es machte überhaupt den etwas stumpfen und leicht struppigen Eindruck, dem man bei Batteriehühnern oft begenet. Die Konsistenz des Kotes war eine mehr weiche, was aber bei Käfighaltung ebenfalls häufiger zu beobachten ist (Mangel an Bewegung?); nur in Einzelfällen kam es zur Verschmutzung der Afterfedern.

Die meisten Tiere hatten befriedigenden Appetit; lediglich die Hühner der Gruppe „DÄS VIII" (mit 8 ppm Diäthyl-Stilböstrol im Alleinfutter) ließen schon einige Tage nach Beginn der Versuchsfütterung eine geringgradige Verminderung der Freßlust erkennen. Während sonst die durchschnittliche tägliche Alleinfutteraufnahme zwischen 120 und 140 g lag, fraßen diese Tiere während der Beifütterung des Wirkstoffes nur 90–100 g und steigerten auch nach Übergang auf normales Futter (ohne Stilböstrol) nur langsam ihre Nahrungsaufnahme. Dementsprechend verloren sie während der Versuchsfütterung etwas an Gewicht und hatten am Ende der Beobachtungszeit (30 Tage nach Abschluß der Versuchsfütterung) ihr Anfangsgewicht nur teilweise wieder erreicht. Bei den Hennen der übrigen Gruppen war eine leichte Gwichtszunahme zu verzeichnen (offenbar noch Wachstum).

Diskussion

Die Wirkung der Antibiotika-Beifütterung im ersten Versuch läßt sich durch die zuerst von CATRON et al. (1952) aufgestellte „disease level"-Theorie interpretieren. Nach Ansicht von SHERWOOD und MILBY (1954) lag in Fällen, in denen eine positive Beeinflussung der Legetätigkeit durch die Antibiotika-Beifütterung beobachtet wurde, eine subklinische Infektion vor. Auch im vorliegenden Fall hatte es sich offenbar um eine solche latente, ohne besondere klinische Erscheinungen verlaufende, milde Infektion gehandelt, welche durch den zusätzlichen Stress der feuchtkalten Witterung so weit verschärft wurde, daß sie sich inhibierend auf die Eiproduktion auswirkte. Unter diesen Gesichtspunkten erscheint die Wiederherstellung normaler Legeprozente verständlich. Auf die Zusammenhänge dieser Erscheinungen mit dem Stress-Konzept wird noch zurückzukommen sein.

Nach den einschlägigen Literaturberichten wurden neben den am häufigsten eingesetzten Tetracyclinen mit gutem Erfolg vielfach Penicillin, in einem Fall Streptomycin (30 ppm, CARLSON, 1956) und in einem anderen Bacitracin (50 ppm, WARDEN,1958) bei Legehühnern angewendet. Bezüglich der Dosierung dieser Wirkstoffe lassen sich zwei Arten der Futtersupplementierung erkennen: höhere Zusätze („high level") mit 50—200 ppm und niedrigere („low level") mit 2—20 ppm Antibiotikum im *Gesamt*futter. Die meisten Autoren (z. B. BOONE et al., 1957; HEYWANG, 1957, sowie Übersicht bei LIEBSCHER, 1957) berichten von Steigerungen der Legeleistung durch höhere Fütterungsdosen. In einem Versuch von BRANION et al. (1957) erwies sich ein Zusatz von 10 ppm Chlortetracyclin (Aureomycin) zum Legealleinfutter wohl als geringfügig verbessernd, signifikante Anstiege der Eiproduktion konnten jedoch nur mit 100 ppm erzielt werden. Beachtung verdient auch ein Befund von HILBRICH (1958), welcher bei pockenkranken Hühnern mit antibiotischer Trinkwassersupplementierung (entsprechend mittleren Fütterungdosen) wohl keine eindeutige Beeinflussung des Krankheitsverlaufes, aber eine signifikante beschleunigt wiedereinsetzende Legetätigkeit beobachtete.

Weniger Befunde sprechen von positiver Beeinflussung der Legeleistung durch niedrig dosierte Fütterungsantibiotika. MOCH (1953) erzielte an einem begrenzten Versuchsmaterial mit einem Oxytetracyclin (Terramycin) enthaltenden Futterzusatz sowohl Anstiege in der Zahl als auch im Gewicht der produzierten Eier. GYLSTORFF-SASSENHOF und DORN (1956) erreichten mit normalen (niedrigen) Beigaben eines Futterzusatzes mit Chlortetracyclin (Aureomycin) Steigerungen der Legeleistung, auch wenn die lokalen Symptome einer gleichzeitig behandelten chronischen respiratorischen Erkrankung noch bestanden. In einer Übersicht von HARE und DONOVAN (1957) finden sich zahlreiche Ergebnisse von Untersuchungen amerikanischer Universitäten, in denen ebenfalls einige Fälle positiver Beeinflussung der Legeleistung durch niedrig dosierte Fütterungsantibiotika verzeichnet sind.

Rechnet man die im vorliegenden Feldversuch dem Legemehl zugesetzten 35 ppm Oxytetrayclin (Terramycin) auf das Gesamtfuter um, so ergeben sich dafür ca. 20 ppm, was einer „low level"-Supplementierung entspricht. Daß die meisten in der Literatur berichteten Fälle von antibiotisch bedingter Legeleistungsverbesserung sich auf wesentlich höhere Dosierungen beziehen, darf nicht Wunder nehmen: fast in allen diesen Fällen handelt es sich um gesunde Tiere mit intensiver Eiproduktion (60% und mehr). Eine solche weiter zu verbessern erfordert natürlich größere Eingriffe als bei extrem eingeschränkter Legetätigkeit, wie z. B. im vorliegenden ersten Feldversuch.

Gegen eine direkte Beeinflussung der Legetätigkeit durch das im Wege der Fütterung in niedrigen Dosen verabreichte Antibiotikum spricht die Tatsache, daß das erhöhte Leistungsniveau auch nach Absetzen des Wirkstoffes erhalten blieb. Unter Berücksichtigung der in der Literatur mitgeteilten Erfahrungen mit der antibiotischen Futtersupplementierung unter verschiedenen Verhältnissen scheint es sich bei den hier beobachteten Erscheinungen um Auswirkungen des antibakteriellen Effektes der Fütterungsantibiotika zu handeln.

Die weiteren, zur Erklärung des Wirkungsmechanismus dieser Wirkstoffe in nutritiven Dosierungen an anderer Stelle dargelegten möglichen Wirkungen im tierischen Organismus (HALAMA, 1958 b), wie Wachstumsfaktor-Wirkung usw., dürften hier kaum in Frage kommen.

CARLSON (1956) versuchte die höher und niedriger dosierte Antibiotikasupplementierung bei verschieden intensiver Legetätigkeit auch wirtschaftlich zu bewerten. Er beobachtete nicht nur bei „high level"-Fütterung (30—100 ppm), sondern auch in allen Fällen einer „low level"-Supplementierung einen insgesamt statistisch hoch gesicherten Anstieg der Legeprozente. Für die niedrig dosierten Zusätze ergab sich in allen Versuchen eine höhere Rentabilität, während der wirtschaftliche Vorteil der „high level"-Dosierung sehr gering oder überhaupt nicht gegeben war.

Unter diesem Blickwinkel schneidet auch der vorliegende Feldversuch sehr gut ab; die Kosten für die Antibiotika-Ergänzung des Legemehls betrugen nur den Bruchteil des Mehrwertes an Eiern in der Versuchsgruppe.

Auch im zweiten Versuch – an käfiggehaltenen Tieren – zeitigte eine niedrig dosierte Antibiotikafütterung ähnliche, wenn auch nicht so ausgeprägte Ergebnisse. 10 ppm Oxytetracyclin (Terramycin) im Alleinfutter hatten auch bei den gesunden Tieren eine Steigerung der Legeleistung von rund 40 auf über 58% hervorgerufen. Dieser Anstieg ist statistisch gesichert ($t_{[26]} = 2.19$; $P < 0.05$).

Die gleiche Antibiotikasupplementierung plus 1 ppm Diäthylstilböstrol verbesserte ebenfalls die Eiproduktion (von rund 44 auf mehr als 55%), doch ließ sich dafür keine statistisch gesicherte Aussage erstellen.

In einer weiteren Gruppe, welche kein Antibiotikum, sondern nur 1 ppm Diäthyl-Stilböstrol im Alleinfutter erhielt, ergab sich ebenfalls eine Zunahme der Leistung von rund 49 auf 57% (statistisch nicht erhärtbar); Erhöhung der Östrogensupplementierung auf 8 ppm war praktisch wirkungslos. Betrachtet man diese Ergebnisse im Vergleich mit den Leistungen der Kontrollgruppe, so erscheint die Antibiotikabeifütterung vorteilhaft; Kombination mit Stilböstrol und dieses allein in niedriger Dosierung bringt nur eine geringe Verbesserung mit sich, während höhere Östrogensupplementierung eher ungünstige Effekte zeitigt.

In der Literatur finden sich Angaben über die Ergänzung des Geflügelmastfutters mit Östrogenen (z. B. LORENZ, 1954; ROMOSER, 1956); gleiche oder ähnliche Maßnahmen bei Legehühnern werden viel spärlicher berichtet. Während DUCHAINE et al. (1957) Progesteron in Dosen von 3 und 6 mg jeden zweiten Tag mit dem Futter verabreichten, dabei jedoch keine Änderung der Legetätigkeit beobachteten, gibt es eine Reihe Angaben über die parenterale Applikation von Östrogenen bei Legehühnern. RUNGE und CHWOJNOWSKI (1955) injizierten älteren Hennen täglich 5 mg Stilböstrol intramuskulär, also eine relativ hohe Dosis, welche in der Folge zu größerer Häufigkeit von Leukose führte. Wesentlich geringere Mengen Östradiolbenzoat (25 μg) verabreichte BRENEMANN (1956) täglich an nahezu geschlechtsreife Junghennen. Offenbar durch Hemmung der Gonadotropinabgabe aus dem Hypophysenvorderlappen kam es aber zu Entwicklungsstörungen in Ovar und Eileiter. Andererseits verursachte örtliche Östrogenbehandlung Proliferation der Eileiterdrüsen (BRANT und NALBANDOV, 1956). Die Dosierung scheint also eine wesentliche Rolle zu spielen. — Diäthylstilböstrol hat bei Laboratoriumstieren auch bei *oraler* Verabreichung eine verhältnismäßig starke östrusauslösende Wirkung (CAMERON, 1949).

Leider liegen auf diesem Gebiet für Hühner keine schlüssigen Befunde vor, so daß über den Bereich der „physiologischen“ und „pharmakologischen“ Östrogendosierungen – bei oraler und parenteraler Verabreichung – keine definitiven Angaben möglich sind.

Immerhin würden die Ergebnisse des zweiten Versuches darauf hinweisen, daß die verfütterten Hormonmengen von 1 und 8 ppm Diäthyl-Stilböstrol zwei verschiedene Dosisbereichen angehören. Auch die höhere Supplementierung läßt sich aber mit den viel größeren Wirkstoffmengen, welche etwa zur Geschlechtsumstimmung (z. B. GLEICHAUF und CRETSCHMAR, 1953) oder „hormonalen Kapaunisierung“ von Hähnchen erforderlich sind, nicht vergleichen. Somit scheinen noch weitere als die angedeuteten Dosisbereiche für exogene Östrogene mit unterschiedlichem Wirkungsausfall bei Hühnern zu bestehen; deren gegenseitige Abgrenzung wird erst nach weiteren Untersuchungen möglich sein.

Die oben berichteten Beobachtungen sind schließlich noch in Zusammenhang mit der Lehre vom allgemeinen Adaptationssyndrom zu diskutieren. Für den ersten Feldversuch kann ein Stressor – die in dieser Jahreszeit herrschende Witterung – als Ursache des Legeleistungsabfalles angenommen werden. Die Behebung dieses Leistungsrückganges durch die Supplementierung des Legemehls mit 35 ppm Oxytetracyclin (Terramycin) läßt sich dahingehend interpretieren, daß diese Maßnahme einen weiteren Stressor, nämlich die präsumptive „latente Infektion“ aufhob und Leistungsreserven der Tiere für die Eibildung frei machte. Unter Umständen können auch andere Wirkungen der Fütterungsantibiotika (protein- und vitaminsparender Effekt usw.) hier zur Geltung kommen.

Schwieriger ist die Deutung der Ergebnisse des zweiten Versuches. Die Tiere boten eine den Verhältnissen angepaßte „normale“ Legeleistung. Dennoch hatte die mit 10 ppm niedrig dosierte antibiotische Alleinfutterergänzung eindeutige Verbesserung der Eiproduktion zur Folge, welche in einer Gruppe sogar statistisch gesichertes Ausmaß erreichten. Offenbar ist das, was wir als „gesund“ und „normal“ bezeichnen, bei weitem nicht wirklich gesund und normal.

FREERKSEN (1956) hat darauf hingewiesen, daß unter den gewöhnlichen Bedingungen unserer Haustierhaltung Bakterien aus den unteren (hinteren) Darmabschnitten „aufsteigen“ und im oberen Dünndarm Verdauung und Resorption ungünstig beeinflussen. Solche aufsteigenden Darmbakterien könnten im vorliegenden Fall durch die diätetische Maßnahme

„zurückgedrängt“ worden sein, woraus eine bessere Verwertung der aufgenommenen Nährstoffe resultierte.

Somit wäre also die gesamte Umwelt unserer Haustiere – im vorliegenden Fall die Legekäfige samt Stallklima usw. – in gewissem Sinne ein „Stressor“.

Die Ergebnisse der oben berichteten Stilböstrolfütterung sind nicht eindeutig genug, um eine Besprechung der möglichen Zusammenhänge zwischen exo- und endogenen Östrogenen, anderen Sexualhormonen und den Wirkstoffen des Hypophysenvorderlappens sowie der Nebennierenrinde zu ermöglichen, soll diese nicht rein spekulativ bleiben.

Aus den vorliegenden Befunden geht hervor, daß sowohl bei gestörter als auch „normaler“ Legetätigkeit durch den Einsatz niedrig dosierter Fütterungsantibiotika (10–20 ppm im Gesamtfutter) eine beträchtliche Steigerung der Eiproduktion erzielt werden kann. Dagegen lassen die bisherigen Ergebnisse der Östrogenfütterung keine endgültigen Schlüsse zu.

Zusammenfassung

Supplementierung des Legemehles mit 35 ppm Oxytetracyclin (Terramycin) in einem Feldversuch erhöhte die ohne nennenswerte Krankheitserscheinungen auf ca. 20% abgesunkene Legeleistung auf rund 60%, während eine ähnliche Kontrollgruppe erst bei Eintreten der jahreszeitlich bedingten günstigeren Witterung langsam eine Besserung zeigte. Bei käfiggehaltenen gesunden Kreuzungshennen wurde durch 10 mg des Antibiotikums pro kg Alleinfutter die Legetätigkeit in statistisch gesichertem Ausmaß verbessert. 1 mg Diäthylstilböstrol pro kg Alleinfutter führte zu einer gewissen Steigerung; die Kombination der genannten Maßnahmen brachte keinen Vorteil. 8 mg des Östrogens pro kg Alleinfutter riefen eine geringgradige Verschlechterung der Eiproduktion hervor. Im letzten Fall sanken bei Appetitverminderung auch Körper- und Eigewicht im Laufe der Versuchsperiode.

Literaturverzeichnis

AMSCHLER W., NOVAK H. & SCHWARZ M.: Bodenkultur **8**: 429 (1956).

AMSCHLER W. & PAMMER H.: Bodenkultur **7**: 1 (1955).

BOONE M.A., RICKEY D.J. & MORGAN C.L.: Poultry Sci. **36**: 1340 (1957).

BRANION H.D., HILL E.G. & JUKES H.G.: Poultry Sci. **35**: 783 (1956).

BRANT J.W.A. & NALBANDOV A.V.: Poultry Sci. **35**: 692 (1956).

BRENEMANN W.R.: Endocrinology **58**: 262 (1956).

CAMERON A.T.: Rec. Advances Endocrinol., 6th ed., Churchill, London 1949.

CARLSON C.W.: 4th ann. Res. Conf., Terre Haute, p. 45 (1956).

CATRON D.V., JENSEN A.H., HOMEYER P.G., HADDOCK H.M. & ASHTON G.J.: J. anim. Sci. **11**: 221 (1952).

DUCHAINE S.A., DRIGGERS J.G. & WARNICK A.G.: Poultry Sci. **36**: 940 (1957).

ELAM J.F., JAKOBS R.L. & COUCH J.R.: Poultry Sci. **32**: 792 (1954).

FREERKSEN E.: 1st internat. Conf. Antibiotics in Agric., Nat. Acad. Sci., Washington 1956.

GLEICHAUF R. & CRETSCHMAR M.: Arch. Geflügelk. **17**: 10 (1953).
GYLSTORFF-SASSENHOF I. & DORN P.: Tierärztl. Umschau **11**, 344 (1956).
HALAMA A.K.: Jahrestagung Kärntner Geflügelzücht., Klagenfurt 1958 a.
HALAMA A.K.: Internat. Biochem. Kongr., Wien 1958 b.
HANSON L.E., HILL E.G. & FERRIN E.F.: J. anim. Sci. 15: 180 (1956).
HARE J.H. & DONOVAN G.A.: 5th ann. Res. Conf., Terre Haute. p. 81 (1957).
HEYWANG B.W.: Poultry Sci. **36**: 871 (1957).
HILBRICH P.: Berl. Münch. tierärztl. Wschr. **71**: 253 (1958).
LAMMERS L.: Vet. Med. Nachr. **1954**: 121.
LIEBSCHER W.: Mitt. Tierhaltung **32**: 1 (1957).
LORENZ F.W.: Vitamins & Hormones **12**: 135 (1954).
MOCH R.: Dtsch. Tierärztl. Wschr. **60**: 454 (1953).
ROMOSER G.L.: Proc. Univ. Maryland, p. 39 (1956).
RUNGE S. & CHWOJNOWSKI A.: Rocz. Nauk. rol. (E) **67**: 143 (1955).
SELYE H.: Physiology and pathology of exposure to stress, Acta Inc., Montreal 1950.
SHERWOOD D.H. & MILBY T.T.: Poultry Sci. **33**: 1031 (1954).
WARDEN W.K.: Feedstuffs **30**: 76 (1958).
WHITE-STEVENS R.: Symposium Antibiotika, Wien 1956.

Eingegangen am 15. 3. 1959

Aus dem Institut für Tierzuchtforschung der DAL Berlin
(Direktor: Prof. Dr. W. Stahl)

H. STEGER, F. PÜSCHEL, K. KASDORFF

Über die Veränderungen in der Zusammensetzung verschiedener Maissorten im Verlauf ihrer Vegetation

Einleitung

Bei der zentralen Stellung des Maises als Futterpflanze erschien es uns wichtig, Kenntnisse über die wertausmachenden Inhaltstoffe während seiner Vegetation zu erlangen. Wenn auch ähnliche Arbeiten[2, 3, 4, 5, 7, 9] schon vorliegen, so sind weitere derartige Untersuchungen doch von Wichtigkeit, denn zumeist handelt es sich bei diesen Ermittlungen um Sorten, deren Anbau unter andersartigen klimatischen, regionalen und temporalen Bedingungen erfolgte. Darüber hinaus kam es uns besonders darauf an, einmal mehrere unter gleichen exogenen Bedingungen herangewachsene Maissorten möglichst umfassend auf alle für die Tierernährung wichtigen Stoffe hin zu untersuchen. Nur eine synoptische Betrachtung an einheitlichem Material kann unser Wissen vervollständigen und abrunden helfen.

Anbau, Material und Methodik

Für unsere Untersuchungen standen uns fünf in nachfolgender Aufstellung aufgeführte Maissorten zur Verfügung, die wir in der Zeit vom 10. 7. 58 bis 29. 9. 58 in dreiwöchentlichen Abständen prüften (Tab. 1).

Der Anbau erfolgte auf anlehmigem Sandboden der Bodenwertzahl SL 3D 46/46. Die Vorfrucht auf der Versuchsfläche war Kartoffel in Stalldung mit anschließender Winterfurche. Als Düngung wurden 120 kg/ha K_2O als 40er Kali, 68 kg/ha P_2O_5 als Thomasphosphat und 80 kg/ha N als schwefelsaures Ammoniak gegeben. Den Versuch legten wir am 9. 5. 1958 nach der Blockmethode in sechsfacher Wiederholung mit einer Parzellengröße von je 25 m^2 an. Die Aussaat der Körner erfolgte im Quadratverband 62,5 $\times$ 38 derart, daß nach dem Vereinzeln die bisher im Silomaisbau angestrebte Pflanzenzahl von ca. 8,5 je Quadratmeter gegeben war. Wegen der naßkalten Witterung war die Entwicklung der Saat anfangs unregelmäßig, später normal und ungehindert. Ab 10. 7. 1958 entnahmen wir fortlaufend etwa alle 20 Tage Proben zur Ermittlung der Inhaltsstoffe. Um zu einheitlichen, voll vergleichbaren Ergebnissen zu gelangen, wie sie den jeweiligen Verhältnissen in der gesamten Maispflanze tatsächlich entsprechen, entnahmen wir zum festgelegten Termin immer gegen 13.00 Uhr mehrere ganze, trockene Pflanzen von jeder Sorte. Sie wurden zerschnitten und bei 60° C im Luftumwälztrockenschrank getrocknet. Ein Teil der gesamten fein gemahlenen, gut gemischten Durchschnittsproben diente als Ausgangsmaterial unserer Untersuchungen. Zur Bestimmung der Zucker und des Carotins wurden in gleicher Weise gesonderte Proben gezogen und nur mit dem Unterschied weiter verarbeitet, daß die zerschnittenen Pflanzen sofort nach dem Abernten zur Abtötung des Fermentsystems 10 Minuten strömendem Wasserdampf ausgesetzt wurden. Wie in der Literatur empfohlen [8, 11] und früher von uns [12] berichtet, wird dadurch erreicht, daß beim Abwelken und weiteren Trocknen keine Carotin- und Zuckerverluste eintreten.

Tabelle 1. *Bonitierung der Maissorten bei der Probeentnahme zur Bestimmung der Inhaltsstoffe*

Sorte	Datum: 10. 7.	Datum: 30. 7.	Datum: 18. 8.	Datum: 7. 9.	Datum: 29. 9.
Pommern-mais	Länge 45 cm Jugendentwicklung: mittel, Pflanzen nicht besonders wüchsig.	Länge 75 cm Pflanzen beginnen mit dem Rispenschieben (sehr feuchter Boden).	Länge 160 cm Beginn der Blüte, Bildung von vielen Seitentrieben („Geizen").	Länge 170 cm 1—2 gute Kolben, Dünnmilchreife.	Länge 170 cm Beginnende Milchwachsreife. Einzelne Blätter beginnen zu vergilben.
Schindel-meiser	Länge 50 cm Jugendentwicklung: gut, Pflanzen wüchsig.	Länge 85 cm Pflanzen beginnen mit dem Rispenschieben (sehr feuchter Boden).	Länge 170 cm Beginn der Blüte, Bildung von vielen Seitentrieben („Geizen").	Länge 200 cm 1—2 gute Kolben, Dünnmilchreife.	Länge 200 cm Beginnende Milchwachsreife. Einzelne Blätter beginnen zu vergilben.
Strenzfelder Bernb. Fettmais	Länge 50 cm Jugendentwicklung: gut, Pflanzen wüchsig.	Länge 85 cm Pflanzen beginnen mit dem Rispenschieben (sehr feuchter Boden).	Länge 170 cm Beginn der Blüte, Bildung von sehr vielen Seitentrieben („Geizen").	Länge 180 cm 1—2 gute Kolben, Dünnmilchreife.	Länge 180 cm Milchwachsreife. Einzelne Blätter beginnen zu vergilben.
Mahndorfer	Länge 50 cm Jugendentwicklung: gut, Pflanzen wüchsig.	Länge 85 cm Pflanzen beginnen mit dem Rispenschieben (sehr feuchter Boden).	Länge 180 cm Beginn der Blüte, Bildung von vielen Seitentrieben („Geizen").	Länge 190 cm 1—2 gute Kolben, Dünnmilchreife.	Länge 190 cm Beginnende Milchwachsreife. Einzelne Blätter beginnen zu vergilben.
Wir 25	Länge 35 cm Jugendentwicklung: mäßig, Pflanz. scheinen noch nicht aus dem Kummerstadium heraus zu sein.	Länge 65 cm Noch vor dem Rispenschieben (sehr feuchter Boden).	Länge 160 cm Im Rispenschieben, kaum Bildung von Seitentrieben.	Länge 220 cm Meist nur 1 Kolben, volle Blüte.	Länge 220 cm Milchreife. Einzelne Blätter beginnen zu vergilben.

Ergebnisse

1. Die Nährstoffe des Maises im Verlauf seines Wachstums

Die Menge der Trockensubstanz und deren prozentuale Nähr- und Mineralstoffzusammensetzung bedingen den Wert einer Futterpflanze. Beim Mais steigt im Verlaufe der Vegetation mit gewissen sortenbedingten Unterschieden die Trockensubstanz bis zur Reife laufend an. Besonders nach Beginn der Blüte ist eine starke Zunahme zu verzeichnen. Bis zur Siloreife erreichen die frühreifen Sorten günstigere Werte als später reifende Arten, was auf eine frühere und schnellere Entwicklung der Kolben zurückzuführen ist. So sehen wir aus der Abbildung 1, daß die Species „Wir 25" im Trockensubstanzgehalt wesentlich hinter den anderen Sorten zurückbleibt. Der Bernburger Fettmais (= Strenzfelder) liegt während der gesamten Hauptwachstumsperiode stets vorn und schneidet am günstigsten ab.

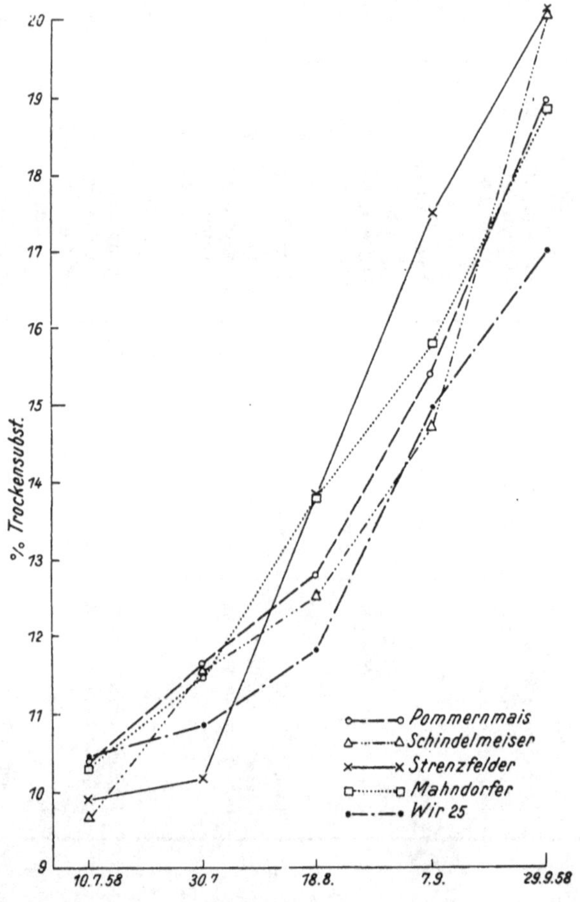

Abb. 1. Entwicklung der Trockensubstanz verschiedener Maissorten im Verlauf der Vegetation

Mit der sich ständig vermehrenden Trockensubstanz läuft der Rohnährstoffgehalt nicht parallel. Im Verlauf des Wachstums nehmen nur Zucker und N-freie Extraktstoffe stark zu. Erst nach Ausbildung der Kolben tritt ein Stop ein. In dem Maß der sich bildenden Stärke sinkt dann der Zuckergehalt langsam ab. Auf chemischem Wege fanden wir zur Zeit der beginnenden Milchreife in der Gesamtpflanze durchschnittliche Stärkegehalte von 1,4 bis 8,79%. Nennenswerte Mengen lassen sich erst in der Phase der Dünnmilchreife nachweisen. Die von NEHRING und LAUBE [9] auf rechnerischem Wege im Mais ermittelten Werte für „Stärke" lassen sich analytisch nicht stützen. An unserem Material stellten wir folgende in Tabelle 2 aufgeführten Gehalte für Zucker und Stärke fest.

Der Verlauf des Gehaltes an den einzelnen Nährstoffen in den verschiedenen Maissorten ist in den Abb. 2 bis 6 graphisch dargestellt.

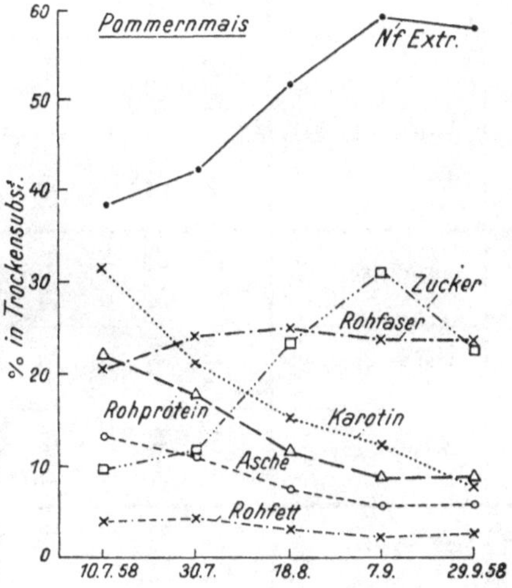

Abb. 2. Nährstoffgehalt von Pommernmais im Verlaufe der Vegetation

Wie der Gesamtzucker, so steigen auch die Werte für den direkt reduzierenden Zucker und die Saccharose im Mais nach dem Ende seines Wachstums hin an. Der prozentuale Anteil am Gesamtzucker ist zur Blütezeit für den direkt reduzierbaren Zucker am höchsten und für Rohrzucker am niedrigsten.

Im Gegensatz zu den meisten anderen Grünfutterpflanzen vermehrt sich der *Rohfasergehalt* beim Mais mit fortschreitender Entwicklung nicht. In den ganz jungen Pflanzen liegt er zwar geringfügig niedriger und erreicht etwa zur Blüte einen angedeuteten Höhepunkt. Im ganzen aber hält er sich auf annähernd gleichem Niveau, ja man kann sogar bei allen Sorten gegen Ende der Vegetation hin eine schwach fallende Tendenz registrieren. Dieselbe Feststellung ist bei den Ergebnissen von GORBATSCHEWA [2] und NEHRING und LAUBE [9] zu machen. *Roh- und Reinproteingehalt* nehmen zur Trockensubstanz eine gegenläufige Richtung ein. Sie fallen zunächst anfangs steil, dann flacher aber kontinuierlich mit zunehmendem Wachstum ab. Zwischen diesen treten keine großen Verschiebungen ein, so daß bei

Tabelle 2. *Zucker- und Stärkegehalt des Maises während der Vegetation*

In 100 g Trockensubstanz sind enthalten:

Sorte	Schnitt: 10. 7. 58			Schnitt: 30. 7 58			Schnitt: 18. 8. 58			Schnitt: 7. 9. 58				Schnitt: 29. 9. 58			
	Inv.-Zucker %	Rohrzucker %	Ges.-Zucker %	Inv.-Zucker %	Rohrzucker %	Ges.-Zucker %	Inv.-Zucker %	Rohrzucker %	Ges.-Zucker %	Inv.-Zucker %	Rohrzucker %	Ges.-Zucker %	Stärke %	Inv.-Zucker %	Rohrzucker %	Ges.-Zucker %	Stärke %
Pommernmais Ø	3,43	6,09	9,84	6 40	5 06	11,73	16,91	6,49	23,74	15,07	15,11	30,98	0,88	11,60	11,11	23,19	8,79
Schindelmeiser Ø	3,20	5,07	8,54	6,87	5,22	12,36	16,38	4,80	21,43	15,47	12,08	28,20	1 26	14.00	11,87	26.50	5 06
Strenzfelder Bernburger Fettmais Ø	2,41	4,64	7,29	6,73	4,97	11,96	13,64	5,06	18,97	14,28	16,55	31.70	0,73	10,88	11,69	23,19	7,73
Mahndorfer Ø	3,06	5,37	8,71	6,79	5,06	12,12	17,02	5,36	22,66	15,32	14,72	30,81	3,17	12,31	12,52	25,49	5.04
Wir 25 Ø	3,80	6 06	10 18	5,86	5,69	11,85	17,49	4,01	21,71	16 48	11 57	28,66	0,28	13,86	12,79	27,32	1,41

allen Sorten die Kurven weitgehend parallel verlaufen. Der sogenannte Amidstickstoffanteil beträgt 20–25% des Roheiweißes. Nach unseren Feststellungen scheint er zur Zeit der Maisblüte fast bei allen Species übereinstimmend mit 19%

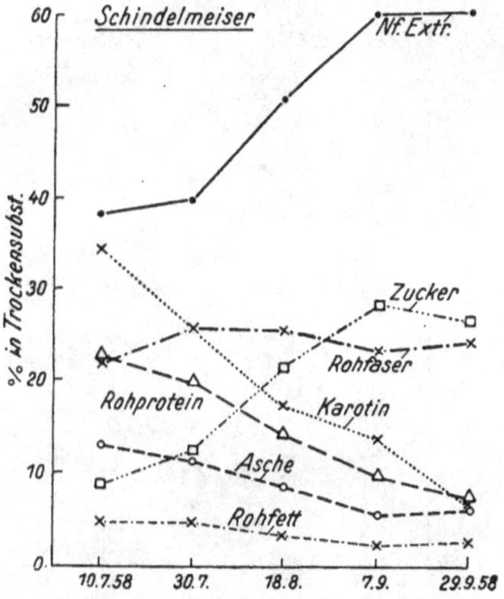

Abb. 3. Nährstoffgehalt des Schindelmeiser im Verlaufe der Vegetation

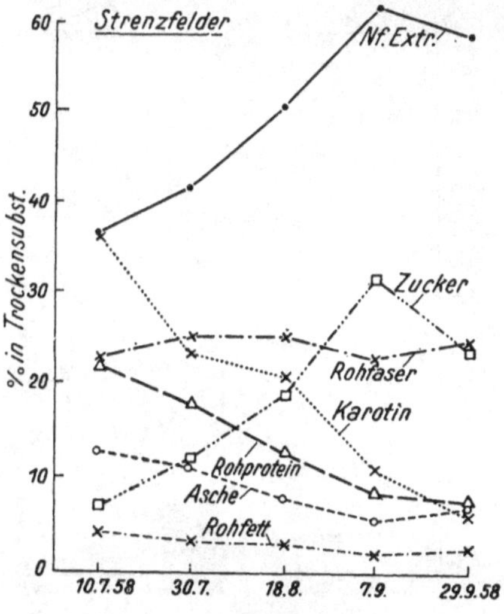

Abb. 4. Nährstoffgehalt von Strenzfelder im Verlaufe der Vegetation

sein Minimum zu haben. Ähnlich wie Eiweiß fällt auch der *Carotingehalt* mit zunehmendem Alter des Maises stark ab und beträgt zur Zeit seiner Siloreife bei allen Sorten nur noch 6 bis 8% i. T. In diesem Stadium schneidet der Pommernmais am besten ab. Nach Untersuchungen von MILOW [7] liegen die Werte bei seinem geprüften Material zur Siloernte in gleicher Höhe. *Rohfett und Roh-*

asche unterliegen im Verlaufe der Vegetation keinen bemerkenswerten Schwankungen. Es ist jedoch auch hier mit zunehmender Entwicklung des Maises eine Verminderung ihres Gehaltes festzustellen.

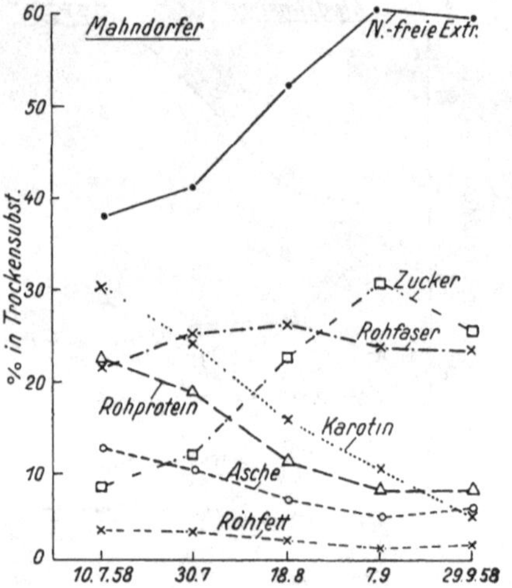

Abb. 5. Nährstoffgehalt von Mahndorfer im Verlaufe der Vegetation

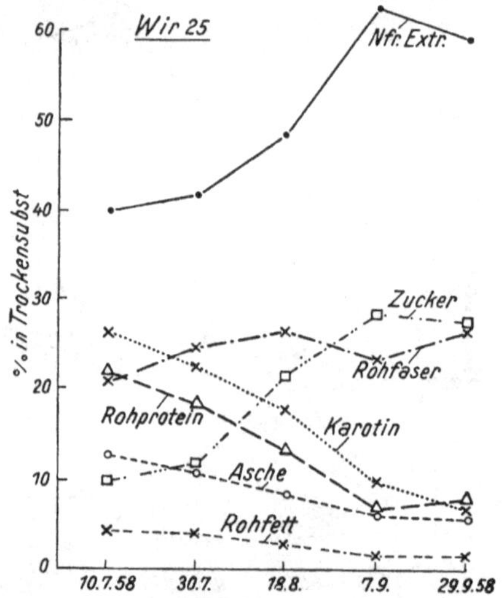

Abb. 6. Nährstoffgehalt von Wir 25 im Verlaufe der Vegetation

In den einzelnen Organen der Maispflanze ist die *Nährstoffverteilung* anders als in der gesamten Pflanze. Da zur Zeit der Silomaisernte nicht selten die Kolben und Blätter und Stengel getrennt geerntet und verwendet werden, dürften auch hier die Verhältnisse von Interesse sein. Der prozentische Anteil der am 29. 9. 58 geernteten Sorten verteilt sich wie folgt (Tab. 3).

Tabelle 3. *Anteil verschiedener Maissorten an Blättern, Stengeln und Kolben*

Sorte	Kolben dz/ha	Kolben-anteil %	Stengel dz/ha	Stengel-anteil %	Blätter dz/ha	Blattanteil %
Pommernmais	186	42,8	163	37,5	86	19,7
Schindelmeiser	186	38,9	200	41,8	92	19,3
Strenzfelder	185	40,8	180	39,7	88	19,3
Mahndorfer	207	42,7	184	37,9	94	19,4
Wir 25	176	34,2	256	49,8	82	16,0

Der Blätteranteil beträgt ziemlich einheitlich nur je die Hälfte der Stengel und Kolben. Bis auf die Sorte „Wir 25“, die einen höheren Stengelanteil besitzt, bestehen sonst keine sortenspezifischen Unterschiede. In den einzelnen Elementen der Maispflanze ist, wie Tabelle 4 zeigt, die prozentische Zusammensetzung der Nährstoffe unterschiedlich. Innerhalb der Sorten sind keine größeren Abweichungen festzustellen.

Mit vermehrter Stärkebildung steigt der Trockensubstanzgehalt der Kolben an. Die N-freien Extraktstoffe liegen hier am höchsten. Der Zuckergehalt erreicht in diesem Wachstumsabschnitt nicht die Höhe wie in den Stengeln, die – wie nicht anders zu erwarten – reich an Rohfaser und arm an Protein sind. Dagegen enthalten die Blätter wenig Zucker, viel Mineralstoffe, Roheiweiß und sehr viel Carotin. Der Amidstickstoff macht in ihnen nur 13 bis 19% des Roheiweißes aus. Bei den Stengeln hingegen sind es etwa 30%. In den Kolben scheinen die Verhältnisse so zu sein, daß er höher als in den Blättern liegt, aber mit zunehmender Reife und Stärkebildung abnimmt.

2. *Makroelementgehalt des Maises im Verlaufe des Wachstums*

Mit erhöhter Verwendung des Maises für Futterzwecke ist neben dem Nährstoffgehalt besonders sein *Mineralstoffgehalt* von großem Interesse (Tab. 5). Im Verlaufe der Vegetation nimmt bei allen Sorten der Gehalt an Kalium, Natrium, Calcium und Phosphor stetig ab. Zum gleichen Ergebnis kamen an ihrem Material auch GORBATSCHEWA und RUBINOWA [3]. Absolut gesehen liegen unsere für Calcium festgestellten Werte etwas und für Natrium bedeutend niedriger als in der zitierten Arbeit, was ohne Zweifel mit Boden und Düngung zusammenhängen dürfte. Die Relation Na : K ist demzufolge bei uns weit und nicht günstig. Wenn man auf Grund der Zusammensetzung des Knochens das optimale Verhältnis Ca : P bei 1 : 1 bis 1 : 2 annimmt und wir in den einzelnen Vegetationsstadien beim Mais ein solches von 1 : 1,6 bis 1 : 1,8 feststellten, so ist das als sehr günstig zu bewerten. Lediglich in sehr jungem Grünmais fanden wir Quotienten, die durchschnittlich über 1 : 2 lagen.

Tabelle 4. *Nährstoffzusammensetzung von Stengeln, Kolben und Blättern verschiedener Maissorten*

In 100 g Trockensubstanz sind enthalten:

Sorte	Pflanzenteil	Trock.-substanz	Asche	Roh-fett	Roh-faser	N-freie E.-Stoffe	Roh-protein	Rein-protein	dir. red. Zucker	Rohr-zucker	Ges. Zucker	Stärke	Carotin
Pommernmais	Stengel	14,49	6.40	1 00	33,96	52,58	6,06	3.58	13,92	14.47	29,15	—	2,14
	Kolben	24,82	2,77	2,58	21,24	65,46	7.95	6,59	12 18	15,15	28,13	26,58	0.81
	Blätter	17,57	10,34	3,79	30,93	41,58	13,36	11,55	6 55	4,09	10,86	—	35,36
Schindelmeiser	Stengel	18,13	5,55	1,29	30,83	59 06	3.27	2,45	15,18	17.79	33.91	—	0,96
	Kolben	—	2,93	1,89	19 12	67,92	8,14	5,76	15.50	14,52	30 78	10,70	0,37
	Blätter	—	10,28	3,33	27,60	47,39	11,40	9,94	6,86	6,07	13,25	—	25,40
Bernburger Fettmais	Stengel	16,42	6 67	1 28	31,48	56,82	3 75	2,60	12,31	19.68	33,03	—	1,55
	Kolben	24,13	2,15	2.89	20,75	65 27	8,14	6,64	12 35	14.75	27,88	25,44	0,74
	Blätter	22,38	12,14	2 75	29.62	44,03	11,46	9,39	6,20	6,27	12,80	—	25,40
Mahndorfer	Stengel	—	6,41	1,01	25,99	62,41	4,10	2,73	13,73	20,18	34.97	—	1,05
	Kolben	—	2 78	2,30	20 15	67,70	7,07	5 49	12,84	12,65	26,16	17,35	0,72
	Blätter	—	14,96	2,62	25,80	44,12	12,50	10,79	7,70	7,29	15,37	—	20,64
Wir 25	Stengel	15,11	5,87	0,76	35,94	52,56	4,87	3,14	13 89	16,98	31,76	—	0,67
	Kolben	16,94	2 90	1,22	25.11	62,13	8,64	5,65	19,46	13 21	33,36	4,09	0,60
	Blätter	19,25	10,86	3,45	31,71	38,70	15,28	12,40	4,62	5,02	9,90	—	38,66

Tabelle 5. *Makroelcmentgehalt verschiedener Maissorten im Verlaufe der Vegetation*

Jn 100 g Trockensubstanz sind enthalten:

Schnittdatum	% P	% K	% Ca	% Na	% Mg	% Cl	% S	Ca : P	Erdalk. alkalit.	Alkali-alkalit.	Gesamt-Alkalität
Pommernmais											
10. 7. 58	0,31	4,30	0,63	0,06	—	—	—	1 : 2	—	—	—
30. 7. 58	0,32	3,70	0,62	0,07	—	—	—	1 : 1,9	—	—	—
18. 8. 58	0,29	2,27	0.49	0 03	—	—	—	1 : 1,7	—	—	—
7. 9. 58	0,26	1,59	0,32	0,03	—	—	—	1 1 25	—	—	—
29. 9. 58	0,25	1,37	0,44	0,02	—	—	—	1 : 1,75	—	—	—
Schindelmeiser											
10. 7. 58	0,30	4,31	0,70	0.03	—	—	—	1 : 2,3	—	—	—
30. 7. 58	0,34	3,55	0.62	0,05	—	—	—	1 : 1,8	—	—	—
18. 8, 58	0,29	3,14	0,55	0.03	—	—	—	1 · 1,9	—	—	—
7. 9. 58	0,23	1,29	0,46	0.03	—	—	—	1 : 2 0	—	—	—
29. 9. 58	0,24	1.50	0,40	0,04	—	—	—	1 : 1,65	—	—	—
Bernburger Fettmais											
10 7. 58	0,31	4,38	0.73	0,04	—	—	—	1 : 2,4	—	—	—
30. 7. 58	0,35	3,97	0,63	0,06	—	—	—	1 : 1,8	—	—	—
18. 8. 58	0,30	2,34	0.51	0,05	—	—	—	1 : 1,7	—	—	—
7. 9 58	0.25	1,27	0.41	0,02	—	—	—	1 . 1,6	—	—	—
29. 9. 58	0,25	1,43	0,43	0,03	—	—	—	1 : 1,7	—	—	—
Mahndorfer											
10. 7 58	0,29	4,29	0,60	0,08	0,06	1.32	0,46	1 : 2.1	+ 68.2	+ 472,8	+ 541
30. 7. 58	0,33	3,61	0,56	0,03	0 08	0 85	0,44	1 · 1,7	+ 26,1	+ 422.2	+ 448,3
18 8. 53	0,25	2,25	0 50	0,04	0,1	0,66	0 34	1 : 2,0	+ 89,9	+ 194,7	+ 284,6
7. 9. 58	0,24	1,53	0,37	0 04	—	—	—	1 : 1,5	—	—	—
29. 9. 58	0,23	1,50	0,40	0,04	0 06	0,38	0 32	1 : 1,7	+ 26,5	+ 94,3	+ 120,8
Wir 25											
10. 7 58	0,32	4,19	0 60	0,04	—	—	—	1 : 2.1	—	—	—
30 7 58	0,31	3,67	0,53	0,06	—	—	—	1 : 1,7	—	—	—
18. 8 58	0,30	2,79	0,47	0,03	—	—	—	1 : 1,6	—	—	—
7. 9. 58	0,19	1,82	0,32	0 03	—	—	—	1 : 1.7	—	—	—
29. 9. 58	0,21	1,33	0,35	0,03	—	—	—	1 : 1,7	—	—	—

Wie wir bei der Sorte „Mahndorfer" sehen, nimmt auch der Chlor- und Schwefelgehalt mit zunehmender Reife ab. Infolge des Überschusses an alkalischen Elementen ist das Säure-Basenverhältnis nicht ausgeglichen und ganz besonders zu Beginn des Wachstums stark nach der alkalischen Seite hin verschoben. Die Erdalkalialkalität ist besser ausgeglichen, wenngleich auch für Magnesium höhere Gehalte recht wünschenswert wären.

Wie beim Nährstoffgehalt der einzelnen Organe unserer untersuchten Maissorten sind Mengen und Verteilung der Mineralstoffe in ihnen ebenfalls unterschiedlich. Innerhalb der verschiedenen Sorten liegen kaum nennenswerte Abweichungen vor. Es soll deshalb genügen, die Verhältnisse für die Sorte „Mahndorfer" zur Zeit ihrer Siloreife darzulegen (Tab. 6).

Tabelle 6. *Makroelementgehalt des Maises in Kolben, Stengel und Blatt zur Siloreife bei der Sorte „Mahndorfer", Schnittzeit: 29. 9. 1958*

	% P	% K	% Ca	% Na	% Mg	% Cl	% S	Ca : P	Erdalk. alkalit.	Alkali-alkalit.	Ges.-Alkalit.
Stengel	0,14	1,59	0,34	0,04	0,06	0,62	0,26	1 : 2,4	+ 83,6	+ 87	+ 170,6
Kolben	0,27	0,76	0,16	0,02	0,06	0,13	0,28	1 : 0,6	— 132,0	— 8,7	— 140,3
Blatt	0,35	1,52	0,79	0,06	0,09	0,35	0,41	1 : 2,25	+ 129,0	+ 60,7	+ 190,1
Durchschnitt	0,23	1,50	0,40	0,04	0,06	0,38	0,32	1 : 1,7	+ 26,5	+ 94,3	+ 120,8

Wir sehen auch hier, die Blätter sind bei weitem am mineralstoffreichsten, während Stengel und besonders Kolben dagegen zurückstehen. In den Stengeln sind vor allem die sauren Bestandteile, Cl und S, vertreten. Der Cl-Gehalt liegt fast doppelt so hoch wie in den anderen Teilen der Pflanze. Die sonst mineralstoffarmen Kolben beinhalten verhältnismäßig viel Phosphor und Schwefel und wenig Erdalkalien und Alkalien, was zur Folge hat, daß das Säure-Basenverhältnis im Gegensatz zu den anderen Pflanzenteilen nach der sauren Seite hin verschoben ist. Die Relation Ca : P beträgt nur 1 : 0,6. Bei Stengeln, Blättern und Gesamtpflanzendurchschnitt ist das Verhältnis ganz wesentlich weiter. Wenn auch sicher in den heranreifenden Körnern ein beträchtlicher Teil dieses Phosphors als Phytin-P vorliegt (nach BECKER sind es in den ausgereiften Maiskörnern ca. 60% des Gesamt-P), so ist bei einer einseitigen Verfütterung darauf zu achten, das Vorwalten des Phosphors durch entsprechende Zufütterung von Kalk zu kompensieren.

3. *Der Spurenelementgehalt des Maises im Verlaufe seines Wachstums*

Neben dem Makroelementgehalt besitzt besonders der *Mikroelementgehalt* im Futter große Bedeutung für die Tiergesundheit. Im Hinblick auf den entscheidenden Anteil des Maises in der Futtergrundlage unserer Rinder erschien es wichtig, auch diese Seite bei unseren Untersuchungen zu berücksichtigen. Uns interessierte in diesem Zusammenhang, ob bei ausreichenden Mengen von Spurenelementen im Boden der Anbaufläche die Maispflanze in der Lage ist, soviel aufzunehmen, daß damit eine ausreichende Versorgung unserer landwirtschaftlichen Nutztiere sichergestellt ist. Diese Frage muß mit „Ja" beantwortet werden, um es gleich vorweg zu nehmen. Durch mehrere Bodenprobenuntersuchungen stellten wir fest, daß die Anbaufläche ausreichend und ziemlich einheitlich mit Mikroelementen versorgt war. In 100 g des lufttrockenen Bodens fanden wir folgende durchschnittlichen Gehalte: Mangan 28,9 mg%, Kupfer 0,23 mg%, Zink 1,47 mg%, Kobalt 90 Gamma % und Molybdän 11,2 Gamma %. Eine zusätzliche Düngung außer der oben angegebenen erfolgte nicht. Innerhalb der einzelnen Sorten fanden wir keine augenscheinlichen Unterschiede im Spurenelementgehalt. Die Kurven deckten sich untereinander sehr weitgehend und verlaufen ohne nennenswerte Abweichungen. Um nicht durch allzuviel Tabellen und Kurven die Arbeit unübersichtlich zu gestalten, sollen deshalb nur die Verhältnisse bei der Sorte „Mahndorfer" dargestellt werden (Tab. 7).

Tabelle 7. Spurenelementgehalt im Verlauf der Vegetation und in Kolben, Stengeln und Blättern beim Mais

In 100 g Trockensubstanz sind enthalten:

Schnittdatum	Sorte und Pflanzenteil	mg % Mn	mg % Fe	mg % Cu	mg % Zn	Gamma % Co	Gamma % Mo
11. 7. 58	Mahndorfer ∅	10,5	30,3	0,84	2,37	2,9	9,4
1. 8. 58	Mahndorfer ∅	9,3	29,7	1,09	4,22	4,0	18,0
20. 8. 58	Mahndorfer ∅	6,9	34,7	0,81	2,82	4,4	9,8
9. 9. 58	Mahndorfer ∅	5,8	19,1	0,71	3,12	—	—
2. 10. 58	Mahndorfer ∅	6,0	24,7	0,55	3,16	4,9	23,00
2. 10. 58	„ Stengel	3,9	—	0,4	0.58	1,1	14,2
2. 10. 58	„ Kolben	2,5	—	0,35	1,85	1,0	9,5
2. 10. 58	„ Blatt	11,9	—	0,68	2,25	21.8	59,4

Mit zunehmender Reife nehmen die Werte für Mangan und Kupfer ab. Lediglich im Stadium der üppigen Blattentwicklung zu Beginn des Wachstums steigt der Kupfergehalt bei allen 5 geprüften Sorten einheitlich an. Kobalt und Molybdän nehmen dagegen im Verlauf der Vegetation zu. Beim Zinkgehalt zeigen sich hier wie bei allen anderen Sorten wenig richtungweisende Tendenzen. Die Hauptlokalisation dieser Mikroelemente ist in den Blättern zu suchen. In den Stengeln finden sich wesentlich geringere Mengen. Die Kolben sind nicht nur mit Makro-, sondern auch mit Spurenelementen am mäßigsten versorgt. Die Zinkarmut der Stengel verdient es, besonders herausgestellt zu werden.

4. *Essentieller Aminosäuregehalt des Maises im Verlauf seines Wachstums*

Wenn auch die Versorgung unserer wiederkäuenden Säugetiere mit *essentiellen Aminosäuren* insofern von untergeordneter Bedeutung ist, als sie durch ihre Pansenflora in der Lage sind, aus anderen Stickstoffsubstanzen ihren hauptsächlichen Bedarf daran zu decken, so ist dennoch die Kenntnis über die Zusammensetzung des Eiweißes der Maispflanze von Interesse. Die Hydrolyse und papierchromatographische Bestimmung der Aminosäuren wurde nach NEHRING und SCHWERDTFEGER [10] sowie nach methodischen Angaben von FISCHER und DÖRFEL [1] sowie MC FARREN [6] durchgeführt. Zur Berechnung des prozentischen Gehaltes des Eiweißes an Aminosäuren wurden alle Werte auf Rohprotein (N = 16%) bezogen. Die bei den kohlenhydratreichen Ausgangsstoffen durch die Hydrolyse eingetretenen Verluste und in der Methodik enthaltenen Fehlerbreiten lassen absolute Angaben nicht erwarten. Wir fanden im Verlaufe der Vegetation und zur Zeit der Siloreife in Blatt, Stengel und Kolben folgende, in Tabelle 8 aufgeführte Ergebnisse.

Tabelle 8. *Gehalt an essentiellen Aminosäuren im Verlauf der Vegetation beim Mais sowie in Blatt, Kolben und Stengel*

In 100 g Rohprotein sind enthalten: *)

Schnittzeit	10. 7. 58	30. 7. 58	18. 8. 58	29. 9. 58			
Pflanzenteil	Mahndorfer Ø	Mahndorfer Ø	Mahndorfer Ø	Mahndorfer Ø	Stengel	Kolben	Blatt
Arginin	10,3	9,7	8,4	7,6	6,5	7,3	11,0
Histidin	0,88	1,1	0,99	1,2	0,8	0,91	1,5
Lysin	3,86	3,78	4,00	3,60	3,00	3,60	3,8
Phenylalanin	3,92	3,74	3,9	3,9	3,5	4,00	5,0
Tyrosin	2,85	3,32	2,7	3,4	2,7	3,1	3,65
Tryptophan	0,6	0,6	1,08	1,1	1,5	0,2	1,2
Methionin	3,2	2,34	2,3	1,92	1,8	2,1	2,0
Cystin	1,02	0,93	0,78	0,78	0,82	0,78	1,5
Threonin	4,2	4,6	5,1	4,2	4,0	4,00	5,00
Valin	10,0	5,93	8,05	6,1	5,5	5,9	6,25
Leucin / Isoleucin	13,0	13,60	10,2	13,5	9,00	12,8	16,30
EAA n. OSER*)	73,7	69,1	73,4	70,4	61,9	56,1	82,4
Biol. Wertigkeit n. MITCHELL y = −15,7 +1,098*)	65,2	60,2	64,8	61,6	52,2	45,9	74,2

Mit zunehmender Reife des Maises zeigte sich nicht nur ein Abfall im prozentischen Rohproteingehalt, auch bei einigen Aminosäuren war eine Verminderung festzustellen. Für Arginin, Histidin und Lysin kommt GORBATSCHEWA [4] zu ähnlichen Ergebnissen. Die von ihr angegebenen Werte liegen etwa in gleicher Größenordnung. Den Gehalt an Arginin stellten wir etwas höher und für Histidin etwas tiefer fest. Der essentielle Aminosäureindex schwankt im Verlaufe des Wachstums nur wenig und bewegt sich etwa in gleicher Höhe wie bei den anderen

*) Die aufgeführten Werte sind Mittelwerte aus je 3 Hydrolysaten.

Grünfuttererzeugnissen. Bei einem Vergleich des Eiweißes von Blatt, Stengel und Kolben zeigt sich auch hier das Blatteiweiß dem von Stengel und Kolben überlegen. Der Tryptophangehalt im reifenden Kolben liegt außerordentlich niedrig. Sein Eiweiß ist nicht zuletzt deshalb von minderem biologischen Wert.

Zusammenfassung

5 verschiedene Sorten (Pommernmais, Schindelmeiser, Strenzfelder, Mahndorfer und Wir 25) wurden unter gleichen Bedingungen angebaut und im Verlaufe der Vegetation vom 10. 7. 58 bis 29. 9. 58 in 20-tägigem Abstand auf Trockensubstanz, Nährstoffe, Carotin, Zucker sowie Makro- und Mikroelemente und essentielle Aminosäuren untersucht. Die aus den Tabellen und Abbildungen ersichtlichen Ergebnisse wurden besprochen.

Literaturverzeichnis

[1] FISCHER, F. G. und H. DÖRFEL: Biochem. Z. **324** (1953), 544.

[2] GORBATSCHEWA, A. P.: Vestn. sel'choz nauki Moskwa **3** (1958), 34—41.

[3] GORBATSCHEWA, A. P. und S. S. RUTINOWA: Sowjetwissenschaft (Naturw. Beiträge) **12** (1958), 1338—43.

[4] GORBATSCHEWA, A. P.: Ber. Allunionslandw. **22**, (1957), Nr. 7, 3—10.

[5] KURELEC, N.: Ung. Agr. Rundschau, **3** (1958).

[6] MC FARREN, E. F.: Analyst. Chemist. **23** (1951), 168.

[7] MILOW, W. M.: Tierzucht (russ.) **19** (1957), 881—882.

[8] MITSCHELL, N. L. und H. KING: Analyst. Chemist. **20** (1948), 637.

[9] NEHRING, K. und W. LAUBE: Die Deutsche Landwirtschaft **10** (1959), 136—140.

[10] NEHRING, K. und SCHWERDTFEGER: Pharmazie **11** (1954), 913.

[11] QUADNBUSH, F. W.: Journ. of A. o. A. C. **38** (1955), 685; ref. Landw. Forschung **9** (1956), 62.

[12] STEGER, H.: Tierzucht **11** (1957), 132.

Eingegangen am 20. 4. 1959

Aus der Landwirtschaftlichen Versuchsstation Blösien der VEB Leuna-Werke
„Walter Ulbricht“

H. WETTERAU

Versuche zur Steigerung des Stickstoffgehaltes von Maissilage durch Harnstoffzusatz. Der Wert solcher ergänzten Silage für Wiederkäuer nach N-Bilanz- und Verdaulichkeitsversuchen mit Hammeln

Zahlreiche pflanzenzüchterische und pflanzenbauliche Untersuchungen haben den Nachweis erbracht, daß der Silomais auch in unseren Produktionszonen ausreichende Nährstofferträge bei nahezu vollmechanischer Pflege und Ernte bringen kann. Damit gewinnt der Silomaisanbau an Bedeutung und seine Ausweitung erscheint gerechtfertigt. Das anfallende Gärfutter ist jedoch eiweißarm und bedarf einer sinnvollen Ergänzung durch geeignete eiweißreiche Kraftfuttergemische, da in Perioden reiner Maissilage-Fütterung mit der üblichen Beifütterung von 3 bis 4 kg Heu und einer Kraftfuttergabe von 1 bis 2 kg nur etwa zwei Drittel des Eiweißbedarfes für eine Milchleistung von 10 bis 12 Litern gedeckt werden.

Aus diesem Grunde wurden von WETTERAU und HOLZSCHUH[9] Versuche mit Milchkühen durchgeführt, die eine Möglichkeit der Ergänzung von Futterrationen mit reinem Maissilage-Grundfutter durch Amidschnitzel (im Vergleich zu Sojaschrot) aufzeigten, wenn bei Maissilage-Fütterung die zur vollen Leistungsfähigkeit der Tiere notwendigen natürlichen pflanzlichen Eiweißkonzntrate nicht oder in unzureichender Menge zur Verfügung stehen.

Es sind nun schon Versuche unternommen worden, von vornherein den Gehalt eiweißarmer Futterpflanzen an verwertbarem Rohprotein zu erhöhen. So zeigte sich bei später Stickstoffdüngung oder nach Blattdüngung mit wäßrigen Lösungen von Harnstoff oder anderen stickstoffhaltigen Verbindungen, daß nach der Aufnahme von Harnstoff durch die Blätter eine über die Wachstumsanregung hinausgehende signifikante Veränderung im Nährwert der Pflanzen auftritt, was sich in erhöhten Verdauungs- und Verwertungsgraden der Nährstoffe widerspiegelt (BELASCO[1]; FERGUSON[3]). Ähnliche Ergebnisse wurden auch gewonnen, wenn wäßrige Harnstofflösungen später über Heu gesprüht und dieses dann getrocknet wurde (MARKLEY[6]) oder Harnstoff-Melasse auf Rauhfutterstoffe gespritzt wurde.

Es lag daher auch nahe, den Stickstoffgehalt extrem einweißarmer Grünfutterpflanzen durch Zusatz von Harnstoff schon bei ihrer Einsilierung zu erhöhen. Versuche von MEANS[7] mit Hirse und von BENTLEY, KLOSTERMAN und ENGLE[2] mit Mais erbrachten den Nachweis, daß Harnstoff in einer Menge von etwa 5 bis 10 kg je Tonne Grünmasse mit Erfolg dem Futter zugesetzt werden und daß damit der Stickstoffgehalt der Silage um mehr als 50% gesteigert werden kann.

Diese Ergebnisse gaben die Anregung zu Untersuchungen, die folgende Fragen klären sollten:

1. Wird bei einem Harnstoffzusatz von 5 kg je Tonne gehäckselten Silomaises in flüssiger oder fester Form die Qualität des Gärfutters ungünstig beeinflußt?
2. Sind Unterschiede in den N-Bilanzen oder in der Verdaulichkeit der Nährstoffe zwischen reinem Silomais und solchem mit Harnstoffzusatz nachweisbar?
3. Wie groß ist die Auswirkung auf die Höhe der biologischen Eiweißwertigkeit des harnstoffergänzten Maisgärfutters?

Versuchsmethodik

Für diese Untersuchungen wurde ein Hybridmais (Hybrid 13, HZ, 1522 F vom Institut für Pflanzenzüchtung der Deutschen Akademie der Landwirtschaftswissenschaften in Bernburg) benutzt, der auf unseren Versuchsflächen angebaut und im Stadium der Milch-Wachsreife am 23. 9. 1958 geerntet und nach dem Häckseln am 24. 9. 1958 ensiliert worden ist. Der Mais entstammte einem Düngungsversuch, der zuerst völlig geerntet werden mußte, ehe eine Variante davon zur Silierung gelangen konnte. Dadurch kam es zu einem gewissen Anwelken. Es standen runde Versuchssilos mit 0,85 m Durchmesser, 1,10 m Höhe und einem Fassungsvermögen von rund 0,6 m^3 zur Verfügung; das Füllgewicht jeden Behälters betrug 300 kg.

Während des Füllens, das gleichzeitig mit genau abgewogenen Mengen in jedem der 3 Behälter erfolgte, wurden die berechneten Harnstoffmengen in die Behälter II und III mit eingebracht und untergemischt. Es enthielt demnach der Behälter I nur reinen gehäckselten Mais, während sich im Behälter II Mais mit einem Zusatz von flüssigem Harnstoff (50%ige Lösung) entsprechend einer Gabe von 5 kg Harnstoff je Tonne Füllmasse und im Behälter III Mais mit einem Zusatz von festem Harnstoff im gleichen Mengenverhältnis befand. Das Frischgut wurde fest eingetreten. Nach Beendigung der Füllung sind die Versuchssilos durch Kunststoffplanen luftdicht abgeschlossen und mit Lehm bedeckt worden. Bei der Einbringung in die Behälter erfolgten laufende Probeentnahmen für die Analysen.

In den ersten Märztagen 1959 wurde Behälter I (mit reiner Maissilage) geöffnet und das Futter einer Analyse unterzogen. Gleichzeitig erfolgte die Vorfütterung der Versuchstiere, die nach 14tägiger Vorperiode einem *N-Bilanz- und Verdaulichkeitsversuch* unterworfen wurden. Anschließend an diesen ersten Versuch begann die Vorperiode (10 Tage) für den zweiten Versuch, in welchem das Maisgärfutter mit flüssigem Harnstoffzusatz aus dem Behälter II zur Verfütterung gelangte. Nach 5tägiger Umstellung auf den Silomais mit festem Harnstoffzusatz aus dem Behälter III schloß sich endlich der dritte Versuch an, der ebenfalls wie die beiden vorhergehenden über 10 Versuchstage ausgedehnt wurde.

Die Versuchstiere standen in einem nahezu temperaturkonstanten Raum in neu entwickelten Stoffwechselboxen. Täglich wurde dreimal gefüttert und zu jeder Fütterung frische Maissilage den Behältern entnommen. Nebenbei sind laufende Probeentnahmen zur analytischen Beurteilung der Gärfutterproben vorgenommen worden.

Die Nährstoffanalysen erfolgten nach der Weender Futtermittelanalyse, während der Gehalt an wertbestimmenden organischen Säuren nach der Methode von LEPPER-WIEGNER festgestellt wurde. Die Beurteilung geschah nach dem 40-Punkte-Schlüssel von FLIEG.

Während der N-Bilanzversuche wurden auch die Verdauungsquotienten der einzelnen Silagearten ermittelt. Die *biologische Wertigkeit* des Eiweißes ließ sich durch Verwendung der Werte von RITZMAN und COLOVOS [8] für den endogenen Harn-Stickstoff (EHN) (1,231 g je m^2 Oberfläche oder 0,0333 mal Gewicht in kg) und der Angaben von HARRIS und MITCHELL [5] für den Darmverluststickstoff (DVN) (0,555 g je 100 g verzehrter Trockensubstanz) errechnen.

Chemische Beurteilung der Proben

In den folgenden Tabellen 1–3 sind die Daten angegeben, die zu Beginn des Versuches vom Mais und während der Tierversuche von der Maissilage durch die laufenden analytischen Kontrollen gewonnen wurden. Die arabischen Zahlen (1, 2, 3) hinter den Behälterzahlen (I, II, III) geben den Ort der Probenahme an, d. h. 1 bedeutet oberes Drittel, 2 die Mitte und 3 unteres Drittel des Behälters.

Tabelle 1. *Nährstoffgehalt des Silomaises und der Maissilagen* (in Prozent der Trockensubstanz)

	Tr.-Subst.	Roh-asche	Org. Subst.	Roh-protein	Roh-fett	Roh-faser	N-freie Extr.-St.
Silomais (Feld 5) frisch	30,21	1,44	28,77	2,52	0,80	6,51	18,94
Maissilage I/1	29,38	2,25	27,13	2,34	0,83	6,62	17,34
I/2	28,07	2,24	25,83	2,30	0,76	8,33	14,44
I/3	28,97	1,82	27,15	2,16	0,81	6,62	17,56
II/1	28,41	1,94	26,47	3,58	0,80	6,71	15,38
II/2	29,86	1,96	27,90	3,56	1,00	6,26	17,08
II/3	31,27	1,85	29,42	4,09	1,09	6,19	18,05
III/1	26,73	2,15	24,58	3,23	0,57	7,45	13,33
III/2	26,02	2,30	23,72	3,59	0,60	6,50	13,03
III/3	35,43	2,07	33,36	4,32	1,09	8,67	19,28
Ø Behälter I	28,77	2,10	26,67	2,27	0,80	7,19	16,41
Ø Behälter II	29,85	1,92	27,93	3,74	0,96	6,39	16,84
Ø Behälter III	29,39	2,17	27,22	3,71	0,75	7,54	15,22

Der hohe Trockensubstanzgehalt erklärt sich aus dem guten Reifezustand, einem hohen Kolbenanteil und nicht zuletzt aus der Tatsache, daß die Silierung erst 1 Tag nach der Ernte durchgeführt werden konnte. Diese Zeit war jedoch nötig, um die gewünschten und erforderlichen Angaben für einen Düngungsversuch zu gewinnen, für den der Mais auch benutzt worden war. Es kam dadurch zu einem gewissen Anwelken. Der zur Silierung gelangende Mais entstammte den Wiederholungen einer mit 93 kg N/ha gedüngten Variante.

Tabelle 2. *Nährstoffgehalt des Silomaises und der Maissilagen*
(in Prozent der Frischsubstanz)

	Tr.-Subst.	Roh-asche	Org. Subst.	Roh-protein	Roh-fett	Roh-faser	N-freie Extr.-St.
Silomais (Feld 5) frisch	100,00	4,77	95,23	8,34	2,65	21,55	62,59
Maissilage I/1	100,00	7,66	92,34	7,96	2,82	22,53	59,03
I/2	100,00	7,98	92,02	8,19	2,71	29,68	51,44
I/3	100,00	6,28	93,72	7,46	2,80	22,85	60,61
II/1	100,00	6,83	93,17	12,60	2,82	23,62	54,13
II/2	100,00	6,56	93,44	11,92	3,35	20,96	57,21
II/3	100,00	5,92	94,08	13,08	3,48	19,80	57,72
III/1	100,00	8,04	91,96	12,08	2,13	27,87	49,88
III/2	100,00	8,84	91,16	13,80	2,30	24,98	50,08
III/3	100,00	5,84	94,16	12,19	3,08	24,47	54,42
Ø Behälter I	100,00	7,30	92,70	7,89	2,78	24,99	57,04
Ø Behälter II	100,00	6,43	93,57	12,53	3,22	21,41	56,41
Ø Behälter III	100,00	7,38	92,62	12,62	2,55	25,65	51,80

Tabelle 3. *Analytische Beurteilung der Gärfutterproben auf Grund ihres Gehaltes an wertbestimmenden organischen Säuren*

	pH-Wert	% E	% B	% M	in der Ges.-Säure % E	in der Ges.-Säure % B	in der Ges.-Säure % M	Punkte	Bewertung
Maissilage I/1	4,08	2,56	0,00	2,20	63,58	0,00	36,42	24	befried.
I/2	4,02	1,80	0 00	2,12	56,02	0,00	43,98	28	gut
I/3	4,00	0,74	0,00	2,05	35,13	0,00	64,87	35	sehr gut
II/1	4,28	2,13	0,00	2,08	60,57	0,00	39,43	24	befried.
II/2	4,18	1,65	0,00	2,20	52,95	0,00	47,05	28	gut
II/3	4,09	1,74	0,00	1,98	56,86	0,00	43,13	28	gut
III/1	4,43	2,18	0,00	2,00	62,05	0,00	37,95	24	befried.
III/2	4,15	1,78	0,00	2,26	54,16	0,00	45,84	28	gut
III/3	4,12	1,88	0,00	2,22	55,96	0,00	44,04	28	gut
Ø Behälter I	4,03	1,70	0,00	2,12	54,61	0,00	45,39	28	gut
Ø Behälter II	4,18	1,84	0,00	2,07	57,14	0,00	42,86	28	gut
Ø Behälter III	4,23	1,95	0,00	2,16	57,52	0,00	42,48	28	gut

Bei der *Beurteilung unserer Maisproben und Maissilage-Analysen* fällt zuerst der hohe Trockensubstanzgehalt auf, für den eine Erklärung zu geben bereits versucht worden ist. Das Anwelken hat jedoch keinen nachteiligen Einfluß auf den Gärprozeß und die Qualität der Silage gehabt, wie den Angaben der Tabellen 1 bis 3 entnommen werden kann. Die Verholzung der Stengel war teilweise jedoch schon weit fortgeschritten, was während des zweiten und dritten N-Bilanzversuches durch Futterreste, vor allem beim Hammel 4, zum Ausdruck kam. Der Anteil an Milchsäure (% M) in der Gesamtsäure nahm in den Behältern allgemein nach unten hin zu. Umgekehrt verhielt sich der Anteil der Essigsäure (% E), während Buttersäure (% B) in keinem Falle nachgewiesen werden konnte. Das gesamte Gärfutter war nach Farbe, angenehm aromatischem Geruch und Zustand als gut zu bezeichnen.

Nährstoffmäßig betrachtet kam es beim Rohfett zu keiner Veränderung gegenüber der Ausgangssubstanz, während bei den N-freien Extraktstoffen eine gewisse Abnahme erfolgte und der Gehalt an Rohprotein durch die Zugabe von Harnstoff in flüssiger bzw. fester Form in den Behältern II und III eine Steigerung erfuhr. Diese Erhöhung betrug in der Trockensubstanz etwa 59%. Im übrigen zeigt ein Vergleich der Gehaltswerte in der Frischsubstanz und der in der Maissilage (I) nur geringe Unterschiede; die Silierungsverluste waren also relativ gering..

Zwischen dem Mais und der reinen Maissilage war, bezogen auf die Trockensubstanz, ein Rückgang im Stickstoffgehalt um 0,7% N eingetreten. Das bedeutet einen Verlust von 5,4%. Der Stickstoffgehalt der Maissilage aus den Behältern II und III liegt jedoch um 59,5% über dem des reinen Maisgärfutters aus dem Behälter I und übersteigt den des frischen Silomaises um 50%. Bis auf einen geringen Verlust (2,6%) war der Harnstoff-Stickstoff im ergänzten Gärfutter II und III nachzuweisen, was in Übereinstimmung mit den Arbeiten von BENTLEY, KLOSTERMAN und ENGLE [2] steht. Der Stickstoff liegt dabei im Gärfutter hauptsächlich als Ammoniumsalz der organischen Säuren vor, die allgemein im Gärfutter anzutreffen sind.

Aus den Angaben der Tabelle 3 kann kein nachteiliger Einfluß der Harnstoffzugabe auf die Qualität des erzeugten Gärfutters abgeleitet werden.

Dabei ist von uns versucht worden, durch möglichst viele Bestimmungen eine große Zahl von Einzelwerten zu erhalten, um so sichere Angaben machen zu können. Die Werte der Tabelle 3 stellen deshalb nicht nur den Durchschnitt von 2 Doppelbestimmungen dar, sondern es sind von uns jeweils 4 Doppelbestimmungen durchgeführt und bei entsprechender Übereinstimmung zu einem Wert zusammengefaßt worden. Um möglichst verlustfrei zu arbeiten und Säureverluste bei maschineller Zerkleinerung zu vermeiden, sind alle Proben von Hand zerkleinert worden. Der Zerkleinerungsgrad hing naturgemäß vom Verholzungsgrad der Proben ab und bedingte einen Teil der Schwankungen innerhalb der Analysen.

N-Bilanz- und Verdaulichkeitsversuche

Für diese Untersuchungen standen uns 2 wachsende Hammel (Zwillinge) mit 35 bzw. 30 kg Anfangsgewicht und 41 bzw. 39 kg Endgewicht zur Verfügung. Die Unterbringung geschah in Stoffwechselboxen, die ein quantitatives Sammeln der Ausscheidungen ermöglichten. Gefüttert wurden, wie schon an anderer Stelle berichtet, 3 mal täglich 1000 g Gärfutter. Diese Menge wurde anfangs ohne Reste verzehrt, im 2. Versuch blieben jedoch beim Hammel 4 und im 3. Versuch bei beiden Hammeln Futterreste. Diese sind trotz weiterer Zerkleinerung nicht mehr aufgenommen worden. Sie wurden deshalb gesammelt. getrocknet, analysiert und bei den späteren Berechnungen berücksichtigt.

Den Silomais vor der Silierung auf seine Verdaulichkeit zu untersuchen war unterlassen worden, da er in diesem Zustand nur zögernd von unseren Tieren aufgenommen wurde und über die notwendige Versuchszeit nicht ohne allzu große analytische Veränderungen zur Verfütterung gestanden hätte. Ein Vergleich mit dem späteren Gärfutter wäre eventuell von Interesse gewesen.

Die *Bilanzversuche* (Tab. 4) mit reinem Mais (I) und solchem, der zusammen mit einem gewissen Harnstoffzusatz den Gärprozeß durchlaufen hat (II und III), zeigen bei den N-Bilanzen günstigere Ergebnisse in den Harnstoff-Mais-Versuchen. Dort betrug die Bilanz + 2,91 g N im Versuch 2 (Mais mit flüssigem Harnstoff siliert) bzw. + 2,88 g N im Versuch 3 (mit festem Harnstoffzusatz) gegenüber + 1,63 g N bei Maissilage ohne Zusatz. Damit wurde bei den harnstoffergänzten Maissilagen eine Erhöhung der positiven N-Bilanz um durchschnittlich 1,26 g N erreicht.

Tabelle 4. *N-Bilanzversuche mit Maissilage*

	Maissilage		Mais (mit Harnstofflsg.)		Mais (mit festem Harnstoff sil.)	
	Hammel 3	Hammel 4	Hammel 3	Hammel 4	Hammel 3	Hammel 4
Gewicht . . . . . kg	36	31	40	38	40	38
Tr.-Subst.-Aufn. . . g	863,1	863,1	895,5	815,2	862,3	810,7
N-Gabe . . . . . g	10,900	10,900	17.952	16,669	17,414	16,659
Harn-N . . . . . g	4,400	4,260	9,600	9,230	9,243	9,080
Kot-N . . . . . . g	5,045	4,842	5,475	4,504	5,536	4,464
Ges. N-Ausscheidung g	9,445	9,102	15,075	13,734	14,779	13,544
N-Bilanz . . . . . g	1,455	1,798	2,877	2,935	2,635	3,115
EHN . . . . . . g	1,199	1,032	1,332	1,265	1,332	1,265
DVN . . . . g	4,790	4,790	4,970	4,524	4,786	4,499
biol. Wertigkeit . . %	69,93	70,15	52,70	52,27	52,53	53,19
wVQ . . . . . . %	97,66	99,52	97,02	100.12	95,69	100,21
PNu . . . . %	68,29	69,81	51,13	52,33	50,26	53,30
phys. nutzb. Protein . %	1,55	1,58	1,91	1,96	1,86	1,98

Die Erhöhung des Stickstoffgehaltes des Gärfutters durch Harnstoffeinschluß ging einher mit einer Abnahme des biologischen Eiweißwertes der so ergänzten Silage von durchschnittlich 70% auf 53% (Tab. 4). Es wurde deshalb trotz gleicher „wahrer Verdaulichkeit" (wVQ%) infolge abnehmender physiologischer Nutzwerte (PNu; nach LINTZEL-RECHENBERGER) im Gehalt an physiologisch nutzbarem Protein nur eine Steigerung um etwa 23%, nämlich von 1,56% im reinen Maisgärfutter auf 1,93% in der harnstoffergänzten Maissilage gefunden. Das be-

Tabelle 5. *Berechnung der Verdauungsquotienten der Nährstoffe reiner Maissilage und solcher, die zusammen mit Harnstoff siliert wurde* (nach Versuchen mit Hammeln)

	Tr.-Subst.	Roh-asche	Org. Subst.	Roh-protein	Roh-fett	Roh-faser	N freie Extr.-St.
Versuch 1: reine Maissilage							
Hammel 3:							
3000 g Maissilage .	863,10	63,00	800,10	68,10	24,00	215,70	492,30
388,3 g Frischkot .	255,04	42,56	212,48	31.53	3,53	60,42	116,99
verdaut in % . . .	70,45	32,44	73,44	53,70	85,29	71,99	76,24
Hammel 4:							
3000 g Maissilage .	863 10	63,00	800,10	68,10	24,00	215,70	492,30
321.6 g Frischkot .	209.10	37,63	171,48	30,26	4,31	57,57	79,34
verdaut in % . . .	75,77	40,27	78,57	55,56	82,04	73,31	83,70
Versuch 2: Mais + Harnstofflösung							
Hammel 3:							
3000 g Maissilage .	895,50	67,20	828,30	112,20	28,80	191,70	495,60
379,8 g Frischkot .	260,47	43,41	217,06	34,22	3.99	58,22	120,62
verdaut in % . . .	70,91	35,40	73,79	69,50	86,14	69,63	75,66
Hammel 4:							
3000 g Maissilage .	895,50	67,20	828,30	112,20	28,20	191,70	495,60
219,0 g Futterrest .	80,35	5,69	74,66	8,02	0,94	29,92	35,78
aufgenommen . . .	815,15	61.51	753,64	104,18	27,86	161,78	459,82
286,1 g Frischkot .	203,16	40,65	162,50	28,15	3,66	39,34	91,35
verdaut in % . . .	75,08	33,91	78,44	72,98	86.86	75,68	80,13
Versuch 3: Mais + Harnstoff (fest)							
Hammel 3:							
3000 g Maissilage .	881,70	65,10	816,60	111,30	22,50	226,20	456,60
21,9 g Futterrest .	19,40	2,04	17,37	2,46	0,35	2,40	12,16
aufgenommen . . .	862.30	63,06	799,23	108,84	22,15	223,80	444,44
372,0 g Frischkot .	243,10	42,44	200,66	34 60	4,02	57,14	104,90
verdaut in %	71,81	32,70	74,89	68,21	81,85	74,47	76,40
Hammel 4:							
3000 g Maissilage .	881,70	65,10	816,60	111,30	22,50	226,20	456,60
172,5 g Futterrest .	81,38	7,45	73,93	7,18	0,84	27,55	38,36
aufgenommen . . .	800,32	57,65	742,67	104,12	21,66	198,65	418,24
287,9 g Frischkot .	194,13	39,67	154,46	27,90	3,34	41,72	81,50
verdaut in % . . .	75,74	31,19	79,20	73,20	84,58	78,54	80,51

deutet, daß im Falle einer Erhöhung des Stickstoffgehaltes von Maissilage durch Harnstoffzusatz mit einer späteren nutzbaren Verwertung des Harnstoff-Stickstoffes zu etwa 40% gerechnet werden darf.

Tabelle 6. *Die durchschnittlichen Verdauungsquotienten und der Gehalt an verdaulichem Rohprotein von Maissilage ohne und mit Harnstoffzusatz* (nach Versuchen mit Hammeln)

	Maissilage (rein) I	Maissilage (+ Harnst.-lösung) II	Maissilage (+ festem Harnstoff) III	Maissilage (+ Harnstoff) Durchschnitt II und III
Trockensubstanz . . %	73,1	73,0	73,8	73,4
Org. Substanz . . . %	76,0	76,1	77,0	76,6
Rohprotein . . . . . %	54,6	71,4	70,7	71,0
Rohfett . . . . . . %	83,7	86,5	83,2	84,8
Rohfaser . . . . . %	72,6	72,7	76,5	74,6
N-freie Extraktstoffe . %	79,9	77,9	78,5	78,2
100 Teile Futtermittel enthalten:				
verd. Rohprotein . . .	1,24			2,64
Stärkewert	18,05			18,97

Die Einzelwerte der beiden Tiere (Tab. 5 u. 6) zeigen in allen Versuchen eine befriedigende Übereinstimmung, wobei Hammel 4 in jedem Falle etwas besser verdaute. Interessant erscheint ferner das Ergebnis, daß abgesehen vom Rohprotein keine signifikante Veränderung der Verdauungsquotienten der anderen Nährstoffe durch den Harnstoffzusatz nachgewiesen werden konnte, denn die geringfügige Verbesserung der VQ für Rohfaser sowie die Abnahme bei den N-freien Extraktstoffen liegt noch innerhalb der Schwankungsbreite.

Die *Verdaulichkeit des Rohproteins* erhöhte sich nach Harnstoffzusatz von 55% auf 71%. Dadurch stieg der Gehalt an verdaulichem Rohprotein von 1,24% in der reinen Maissilage auf durchschnittlich 2,64% in der harnstoffergänzten Silage. Das bedeutet eine Steigerung um 110%. Die Erhöhung des Stickstoffgehaltes der Maissilage ging auf Kosten der N-freien Extraktstoffe, so daß trotz verdoppelten Gehaltes an verdaulichem Rohprotein der gleiche Stärkewert erreicht wird. Das Eiweiß-Stärkewert-Verhältnis des Maisgärfutters verengte sich jedoch nach Harnstoffzusatz von 1 : 14,6 auf 1 : 7,2, womit wieder ein Nährstoffverhältnis erreicht wird, welches die grüne Maispflanze etwa kurz vor der Blüte besitzt.

Dieses Gärfutter mit einem durch Harnstoffzusatz erhöhten Gehalt an verdaulichem Rohprotein kann vorteilhaft in der Wiederkäuerfütterung eingesetzt werden, wie den Arbeiten von BENTLEY und Mitarb. [2] und MODJANOW und Mitarb. [11] zu entnehmen ist. Dabei scheint es nach unseren Untersuchungen gleichgültig zu sein, ob die Zulage in Form von festem Harnstoff oder einer Harnstofflösung erfolgt.

Zusammenfassung

Es wurde der Frage nachgegangen, ob ein Zusatz von 5 kg Harnstoff in fester oder flüssiger Form je Tonne gehäckseltem Silomais beim Einsäuern einen qualitätsvermindernden Einfluß auf das spätere Gärfutter haben würde und welchen Wert diese Silage nach N-Bilanz- und Verdaulichkeitsversuchen mit wachsenden Hammeln besitzt.

Den Ergebnissen dieses Versuches nach erfuhr die Qualität der Silage keine analytisch feststellbare Wertminderung; auch bestand keine geschmackliche Ablehnung durch die Tiere.

Mit der Erhöhung des Stickstoffgehaltes und der positiven N-Bilanzen erfolgte eine Abnahme des biologischen Eiweißwertes der Mais(+ Harnstoff)-Silagen von 70% auf 53%.

In den Verdaulichkeitsversuchen konnte nur beim Rohprotein ein eindeutiger positiver Einfluß nachgewiesen werden. Die Verbesserung der Rohproteinverdaulichkeit von 55% auf 71% bei der harnstoffergänzten Silage ergab im Zusammenwirken mit einer Erhöhung der Stickstoff-Gehaltswerte eine Verdoppelung des Gehaltes an verdaulichem Rohprotein.

Durch den Zusatz von bestimmten Harnstoffmengen in fester oder flüssiger Form zum eiweißarmen Grünfutter beim Einsäuern besteht demnach die Möglichkeit, den Gehalt des späteren Gärfutters an verdaulichem Rohprotein ohne Beeinträchtigung der Silagequalität wesentlich zu erhöhen. Ein solches proteinreiches Gärfutter kann mit gutem ökonomischen Effekt in der Wiederkäuerfütterung eingesetzt werden.

Literaturverzeichnis

[1] BELASCO, I. J., M. F. GRIBBINS und D. W. KOLTERMAN: The response of rumen microorganisms to pasture grasses and prickly pear cactus following foliar application of urea. J.Anim. Sci., **17**, 209—217, 1958.

[2] BENTLEY, O. G., E. W. KLOSTERMAN und P. ENGLE: The use of urea to increase the crude protein content of corn silage for fattening steers. Ohio Agr. Exp. Stat. Res. Bull. *No.* **766**, 20, 1955.

[3] FERGUSON, W. J.: Effect of late nitrogenous topdressing on the digestibility of hay. J. Agr. Sci., **38**, 33, 1948.

[4] GALLUP, W. D., L. S. POPE u. C. K. WHITEHAIR: Rations factors affecting the utilization of urea nitrogen by lambs. J. Anim. Sci. **11**, 621, 1952.

[5] HARRIS, L. E. und H. H. MITCHELL: The value of urea in the synthesis of protein in the paunch of the ruminant. I. In maitainence. II. In growth. J. Nutr. **22**, 167, 1941.

[6] MARKLEY, R. A., J. L. CASON und B. R. BAUMGARDT: Effect on nitrogen fertilization or urea supplementation upon the digestibility of grass hays. J. Dairy Sci., **42**, 144, 1959.

[7] MEANS, R. H.: Urea added to sorghum silage increases value. Miss. Farm Res. (Miss. Stat.) **8**, Nr. 5, 7, 1945.

[7a] MODJANOW, A. W., A. G. KOSMANISCHWILI und JE. W. KISSELJOW: Harnstoff und Ammonsulfat als Quelle zur Anreicherung von Maissilage. (Tierzucht) **20**, Nr. 7, 20—26, 1958.

[8] RITZMAN, E. G. und N. F. COLOVOS: Surface areas of sheep. N. H. Agr. Exp. Stat. Circ. **30**, 8, 1930.

[9] WETTERAU, H. und W. HOLZSCHUH: Zweckmäßige Ergänzung der Maissilage durch Amidschnitzel. Jb. Arbeitsgem. f. Fütterungsberatung **2**, 1959 (z. Zt. im Druck).

Eingegangen am 10. 7. 1959

Aus den Abteilungen Biologische Chemie und Ernährungsphysiologie des Institutes für Tierzuchtforschung Dummerstorf der Deutschen Akademie der Landwirtschaftswissenschaften zu Berlin
(Direktor: Prof. Dr. Dr. h. c. W. STAHL)

H. STEGER und *B. PIATKOWSKI*

Der Nährstoffgehalt und die Verdaulichkeit von Seidenraupenpuppenschrot in Versuchen an Silberfüchsen und Nerzen

Als Rückstand bei der Gewinnung von Naturseide fallen die Puppen des Seidenspinners (Bombyx mori) an, die getrocknet in geschroteter Form als Eiweißbeifutter für Pelztiere Verwendung finden. So berichtet PERELDIK [10], daß 30% des Fleischanteiles in der Ration durch Seidenraupenpuppenschrot (SRP) ersetzt werden können, betont aber gleichzeitig, daß über seinen Nährstoffgehalt wenig bekannt ist. Auch in der Versuchsstation für Pelztierforschung unseres Institutes bewirkte die Beifütterung von SRP einen günstigen Einfluß auf die Gesundheit und Fruchtbarkeit der Nerze und Silberfüchse. Unsere Untersuchungen verfolgten daher das Ziel, die chemische Zusammensetzung und die Verdaulichkeit von SRP in Versuchen an Nerzen und Silberfüchsen zu prüfen.

I. Chemische Zusammensetzung

SRP besitzt nach der aufgeführten Analyse (Tab. 1) 22,9% Rohfett und 54,85% Rohprotein. Es stellt also nach diesem Befund ein sehr wertvolles Futtermittel dar. Etwa 76% des Roheiweißes wurde als Reineiweiß festgestellt.

Tabelle 1. *Nährstoff- und Mineralstoffgehalt von SRP in %*

Tr.-Substanz	92,57	Rohfett	22,90	Kalzium	0,225
Org. Substanz	88,20	Rohfaser	4,31	Kalium	1,07
Roheiweiß	54,85	N-fr. E.	6,04	Natrium	0,03
Reineiweiß	41,55	Rohasche	4,47	Phosphor	0,81

Die Kenntnisse der näheren chemischen Zusammensetzung der beiden Hauptnährstoffe Fett und Eiweiß sind für die Fütterung und die Beurteilung des Schrotes von besonderer Wichtigkeit. Je nach Behandlung der aus den Kokons herausgelösten, abgetöteten und getrockneten Puppen des Seidenspinners werden gerade diese Nährstoffe besonders beeinflußt werden. Der uns zur Untersuchung vorliegende SRP war ziemlich braun gefärbt, geruchlich aber vollkommen einwandfrei.

Das aus ihm mit Äther extrahierte *Rohfett* löste sich ohne Rückstand in Petrolbenzin und stellte ein dünnflüssiges, klares, braunes, nußartig riechendes Öl mit verhältnismäßig niedrigem spez. Gewicht und tiefem Erstarrungspunkt dar.

Tabelle 2. *Chemisch-physikalische Konstanten des Öles*

Spez. Gewicht 20/20 . . . . . 0,90 338

Refraktion (n_{20}^{D}) . 1 4760 = 76 SK. T.

Erstarrungspunkt: tiefer als −22° C

Säuregrad	50,8	Glycerin	8,95%
Säurezahl	28,6	Unverseifbares	1,89%
Verseifungszahl	192,4	Gesamtfettsäuren	90,8 %
Esterzahl	163,8	Feste Fettsäuren n. TWITSCHELL	18,52%
Reichert-Meißl-Zahl	0,8	Flüssige „ „ „	72,28%
Hehnerzahl	92,74	Gesättigte Fettsäuren n. BERTRAM	20,7
Jodzahl n. KAUFMANN	136,00	Ungesättigte „ „ „	70,1
Rhodanzahl n. KAUFMANN	81,6		

Phosphatid ber. als Lecithin . . . . . . 2,12% = 0,084% P.

Wie ersichtlich (Tab. 2), ist der Gehalt des Öles an freien Fettsäuren beträchtlich. Aus dem Glyceringehalt kann man schließen, daß sie normalerweise auch im Fett der unbehandelten Puppen in gleicher Höhe vorhanden sind. Das Unverseifbare, welches praktisch keine Sterine enthält, liegt im Vergleich zum Körperfett warmblütiger Tiere hoch. Neben einem gelben carotinoiden Farbstoff, der eine positive Carr-Price-Reaktion gibt, enthält es noch 5 weitere Bestandteile. Über die nähere Untersuchung wird gesondert berichtet werden. Das Öl enthält über 2% Phosphatide, was ernährungsphysiologisch sicher von Bedeutung sein dürfte.

Die aus dem Öl gewonnenen *Gesamtfettsäuren* hatten die in Tab. 3 aufgeführten Konstanten.

Tabelle 3. *Konstanten der Gesamtfettsäuren*

Gesamtfettsäuren	90,8%	Jodzahl	0,7%
Neutralisationszahl	182,4	Flüssige Fettsäuren n. TWITSCHELL	79,6
Mittleres Molekulargewicht der Fettsäuren	308	Neutralisationszahl	170
		Mittl. Molgewicht der flüssigen FS	330
Jodzahl n. KAUFMANN	144,3	Jodzahl n. KAUFMANN	182
Rhodanzahl n. KAUFMANN	88,0	Rhodanzahl n. KAUFMANN	109,1
Feste Fettsäuren n. TWITSCHELL	20,4	Gesättigte Fettsäuren n. BERTRAM	22,8
Neutralisationszahl	216,8	Jodzahl	5,1
Mittleres Molekulargewicht	260	Ungesättigte Fettsäuren n. BERTRAM	77,2

Das mittlere Molekulargewicht der Gesamtfettsäuren und besonders das der flüssigen Fettsäuren liegt sehr hoch, zumal mit Hilfe der Papierchromatographie nur Palmitinsäure, Öl-, Linol- und Linolensäure nachgewiesen werden konnten. Es muß daraus geschlossen werden, daß ein Teil der ungesättigten Fettsäuren mehr oder minder stark polymerisiert im Puppenschrot vorzuliegen scheint. Eine Berechnung der einzelnen ungesättigten Fettsäuren aus Glycerinrest, UV, JZ,

RhZ und gesättigten Fettsäuren des Öles nach den von KAUFMANN [5] entwickelten Formeln führt deshalb zu keinen verläßlichen Resultaten.

Mit Hilfe der fraktionierten Kristallisation ließ sich zeigen, daß die gesättigten Fettsäuren des Öles fast ausschließlich (zu ca. 99%) aus reiner Palmitinsäure bestehen. Schmelzpunkte der FS und der Pb- und Ag-Salze sowie NZ und Pb- und Ag-Gehalte der daraus hergestellten fettsauren Salze bestätigten dieses Ergebnis. Auf Grund dieses Befundes und der Feststellungen mehrfacher quantitativer papierchromatographischer Untersuchungen der flüssigen Fettsäuren dürfte die Fettsäurezusammensetzung des Öles etwa wie folgt anzunehmen sein:

Gesättigte Fettsäuren: 20,7% = Palmitinsäure
Ölsäure: ca. 13,0%
Linolsäure: ca. 35%
Linolensäure: ca. 20%
Polymerisierte Fettsäuren: ca. 5%.

Infolge des hohen Gehaltes an mehrfach ungesättigten Fettsäuren ist der ernährungsphysiologische Wert dieses Öles sicher recht günstig einzuschätzen.

Neben der chemischen Zusammensetzung des Öles ist die Bausteinanalyse des Eiweißes von Wichtigkeit. Die *Bestimmung der Aminosäuren* wurde mit Hilfe der quantitativen Papierchromatographie durchgeführt. Wir bedienten uns der Arbeitsweise von FISCHER und DÖRFEL [3] sowie von BACKER und KAHN [1] unter Verwendung von gepufferten Papieren (MC. FARREN [6]). Die Hydrolyse des entfetteten Schrotes erfolgte in zugeschmolzener Ampulle mit 6 n HCl über 24 Std. bei 105° entsprechend einem von ZAHN [12] beschriebenen Verfahren. Um Tryptophanverluste bei der Hydrolyse möglichst zu vermeiden, wurde zur Bestimmung dieser Aminosäure die Hydrolyse im alkalischen Milieu vorgenommen. Dieses geschah nach BACKER und KAHN [1] mit Bariumhydroxyd in geschlossener Ampulle bei 105° C über 24 Std. Zur quantitativen Erfassung der auf dem Papier erzeugten Ninhydrinfärbungen wurden diese nach WIELAND und KAWERAU [11] in die entsprechenden Kupferkomplexe überführt, mit Methanol extrahiert und die roten Farblösungen im Stufo mit Filter S 50 gegen Vergleichsaminosäuregemische gemessen. Die mengenmäßige Angabe der einzelnen Aminosäuren wurde auf 100 g des im SRP enthaltenen Rohproteins bezogen. Die erhaltenen Ergebnisse sind in Tab. 4 aufgeführt.

Tabelle 4. *Aminosäuren (g) in 100 g Rohprotein des SRP (N = 16,0%)*

Alanin	7,4	Cystin	0,45	Tyrosin	3,0
Glykokoll	5,2	Valin	4,7	Tryptophan	0,57
Serin	4,1	Leucin / Isoleucin	8,0	Lysin	2,54
Glutaminsäure	11,7	Threonin	5,6	Histidin	3,2
Asparaginsäure	12,0	Methionin	1,8	Arginin	7,8
Prolin	3,1	Phenylalanin	1 8		

Nach OSER [9] würde sich daraus ein EAA (essential amino acid)-Index bezogen auf Volleiprotein von 61,3 berechnen. Die limitierenden Aminosäuren sind

Phenylalanin, Lysin, Tryptophan, Methionin, Leucin, Isoleucin und Valin, während Arginin, Histidin und Threonin vorherrschen. Nach MITCHELL [7] läßt sich die biologische Wertigkeit aus einer von ihm aufgestellten Regressionsgleichung

$$y = -15{,}7 + 1{,}098\,x$$

wobei y die biologische Wertigkeit und x den EAA-Index bedeuten, berechnen. Danach beträgt diese für das Eiweiß des Seidenraupenpuppenschrotes nur 51,6% des Volleiproteins.

Bezieht man die Berechnung des EAA vom Eiweiß der Seidenraupenpuppen auf die bei Muskeleiweiß von Säugetieren gefundenen Werte [5], so kommt man zu günstigeren Resultaten.

Es ergibt sich daraus ein EAA-Index von 68,8–83,8 und eine biologische Wertigkeit von 59,9–76,3%. Bei Verfütterung an fleischfressende Tiere dürfte dieser Vergleich angemessener sein. Aber auch hier ist festzustellen, daß das Eiweiß der Seidenraupenpuppen kein vollwertiger Ersatz für hochwertiges Eiweißfutter ist.

II. Die Verdaulichkeit von SRP

In *Verdaulichkeitsversuchen an Nerzen* sollte zunächst festgestellt werden, inwieweit SRP als Ersatz von Fleisch in einem Mischfutter geeignet ist. Die an 3 Rüden ($^1/_2$ Jahr alt) verabfolgte Diät wies folgende Zusammensetzung auf: 25% SRP, 25% Fischmehl, 20% Trockenhefe, 13% Zerealien, 8% Weizenkleber, 5% Sojaextraktionsschrot, 2% Luzernegrünmehl, 2% Mineralstoffmischung und 10 cm^3 Blut.

DieTiere der Vergleichsgruppe erhielten anstelle von SRP eine äquivalente Menge (auf Trockensubstanz berechnet) Rindfleisch. Das Futter wurde restlos verzehrt. Der Versuch verlief ohne Störungen. Der täglich anfallende Kot wurde in einer unter dem Käfig angebrachten Kotwanne gesammelt. Die Trennung von Kot und Harn war zufriedenstellend. Die Vorversuchsperiode dauerte 4, die Hauptperiode 10 Tage. Der täglich anfallende Kot wurde quantitativ gesammelt, mit Chloroform konserviert und im Kühlschrank aufbewahrt. Für die beiden Rationen konnte die in der Tabelle 5 aufgeführte Verdaulichkeit ermittelt werden.

Daraus geht hervor, daß die VK des Rohproteins im SRP im Vergleich zum Fleisch weit niedriger sind. Aber auch die Werte für Rohfett und N.-f. E. + Rohfaser liegen um 10% niedriger. Lediglich beim Rohfett ist die Verminderung von 7–8% am geringsten, was durch die günstige chemische Zusammensetzung des Fettes, wie es die Untersuchung der Fettsäuren ergab, erklärt werden kann. Wenngleich die Gewichtsfeststellungen (Tier I–VI: – 65 g, – 35 g, – 80 g, + 5 g, + 25 g, + 15 g) innerhalb 10 tägiger Versuchsperiode nur als Anhaltspunkte zu werten sind, so bestätigen sie doch die geringere biologische Wichtigkeit des Eiweißes. Es wurde daher geprüft, wie hoch der Gehalt an verdaulichen Nährstoffen im SRP ist und ob Silberfüchse diesen Futterstoff gegebenenfalls besser auszunutzen vermögen als Nerze.

Als Versuchstiere dienten 4 männliche *Silberfüchse* und 5 männliche *Nerze* (Standard), die Frühjahrswürfen entstammten und zum Zeitpunkt der Versuchsdurchführung (1. Oktober) ca. $^1/_2$ Jahr alt waren.

Tabelle 5. *Verdaulichkeit von Mischfutterrationen bei Nerzen in %*

Ration	Tier	Org.-Subst.	Rohprotein	Rohfett	N-fr. E. + Rohfaser*)
SRP	I	58,47	63,46	75,19	40,21
	II	56,53	60,81	74,03	42,74
	III	58,99	61,70	75,40	42,67
	∅	57,80	61,99	74,89	41,87
Rindfleisch	IV	63,76	77,98	82,63	51,83
	V	63,70	78,16	83,19	51,17
	VI	64,51	78,46	83,20	53,26
	∅	63,99	78,20	83,00	52,07

Im Grundfutterversuch wurden je Silberfuchs 400 g und je Nerz 200 g Pferdefleisch verabreicht (Tab. 6). Im Differenzversuch gelangten an Stelle von 200 g Fleisch beim Fuchs bzw. 100 g Fleisch beim Nerz 60 bzw. 30 g SRP in die Ration. Die Versuchstiere verzehrten die angegebenen Futtermengen quantitativ.

Die Vorperiode dauerte auf Grund der kürzeren Durchgangszeit des Futters durch den Verdauungskanal 3 Tage, die Hauptperiode 5 Tage.

Die erzielten VK für Fleisch stimmen bei den Füchsen sehr gut überein, bei den Nerzen sind die Schwankungen zwischen den Tieren etwas größer; die errechneten Standardfehler für die Verdaulichkeit der organischen Substanz betragen z. B. ± 0,02 bzw. ± 1,36.

Tabelle 6. *Verdaulichkeit von Pferdefleisch in %*

	Tr.-S.	Org.-S.	Rohprot.	Rohfett	N-fr. E.
Silberfuchs . . .	94,17	94,58	95,20	88,65	90,37
Nerz	87,75	87,99	89,49	81,68	74,00

Die Verdaulichkeit von Pferdefleisch sinkt bei den Nerzen im Vergleich zu den Füchsen um ca. 6–7%. Weit größere Differenzen sind beim SRP festzustellen. Während der Fuchs diesen Futterstoff fast ebenso auszunutzen vermag wie Fleisch, ergibt sich beim Nerz eine weit größere Verminderung (Tab. 7). So liegen die VK der organischen Substanz beim letzten um 20% niedriger.

Die größte Differenz zwischen beiden Tierarten tritt mit 25% beim Rohprotein, die kleinste beim Rohfett auf.

*) N-fr. E. und Rohfaser wurden wegen des geringen Anteils an der Ration zusammengefaßt.

Tabelle 7. *Die Verdaulichkeit des SRP in %*

		Tr.-S.	Org.-S.	Rohprot.	Rohfett	N-fr. E.
Fuchs	I	91,94	92,65	94,36	97,78	68,90
	II	92,97	93,55	94,86	97,63	75,14
	III	93,95	94,45	95,04	98,07	76,40
	IV	91,53	92,32	94,06	97,48	73.14
	∅	92 59	93,24	94,57	97,74	73,39
Nerz	I	74,13	75,15	70,50	89,35	64,00
	II	73,65	73,75	71,62	86,95	56,52
	III	72,56	73,16	69,83	87,55	57,62
	IV	71,10	71,51	67,15	85,83	63,62
	V	71,70	72.52	68.25	89,09	52,22
	∅	72,62	73,22	69,47	87,75	58,79

Werden die durchschnittlichen VK für die Berechnung der verdaulichen Nährstoffe zugrundegelegt, so ergeben sich für 100 g luftgetrocknetes SRP die in Tabelle 8 aufgeführten Werte.

Tabelle 8. *Verdauliche Nährstoffe (g) in 100 g lufttrockenem SRP*

	Füchse	Nerze		Füchse	Nerze
Org.-Substanz . . .	82,76	64,50	Rohfett	22,38	20,09
Rohprotein	51,87	38,10	Rohfaser / N-fr. E. .	7,59	6,08

Auch hier zeigt sich wiederum, daß das Fett in hochverdaulicher Form vorliegt, nicht aber das Rohprotein. Wird zur Ermittlung der verdaulichen Gesamtnährstoffe (GN) der Fettanteil mit 2,3 multipliziert, so enthalten 100 g SRP für Füchse 110,9 GN, für Nerze 90,4 g GN.

III. Zusammenfassung

Die Versuche zeigen, daß SRP von den beiden Edelpelztierarten sehr unterschiedlich verdaut wird. Die große Differenz wird insbesondere durch das schwer aufschließbare und biologisch nicht so hochwertige Rohprotein hervorgerufen, das der Silberfuchs besser auszunutzen vermag.

Die chemisch ermittelte biologische Wertigkeit des Eiweißes und auch die Gewichtsentwicklung der Tiere weisen darauf hin, daß SRP Fleisch in der Ration nicht ersetzen kann. Der hohe Fettgehalt läßt es nicht ratsam erscheinen, große SRP-Gaben zu verabreichen, da bei der eintretenden Verfettung der Tiere die Fellqualität leidet [10]. Auch Versuche an Mastschweinen zeigen besonders im letzten Mastabschnitt eine nachteilige Wirkung auf die Fettqualität [4].

Die große Bedeutung dieses Futterstoffes ist auf Grund des hohen Lecithin- und Argeningehaltes in einer günstigen Wirkung auf die Fruchtbarkeit zu sehen. Es kann daher empfohlen werden, SRP in kleinen Gaben an Zuchttiere zu verabreichen.

IV. Literaturverzeichnis

[1] BACKER, B. D. und N. A. KAHN: Journ. Science Food Agric. 8. 217. (1957).

[2] DUNN, M. S., M. N. CAMIEN, R. B. MALIN, E. A. MURPHY and PH. S. REINER: Univ. Calif. Publ. Physiol. 8. 293. (1949).

[3] FISCHER, F. G. und H. DÖRFEL: Biochem. Ztschr. **324**. 544. (1953).

[4] HANACEK, S., N. MASEK und J. TYLECEK: Sbornik ceskolov. Akad. zemedelskych Ved., Zivocisna Vyroba **2**. 30. 671—88. (1957).

[5] KAUFMANN, H. P.: Ber. Dtsch. Chem. Ges. **70**. (1937) und Fette und Seifen **45**. 616. (1938).

[6] Mc. FARREN, E. F.: Anal. Chemist. **23**. 168. (1951).

[7] Zit. nach NEHRING, K. u. E. SCHWERDTFEGER: Pharmazie **9**. 913. (1954).

[8] NESENI, R. und B. PIATKOWSKI: Arch. Tierernährung **8**. 296—308. (1958).

[9] OSER, B. L.: J. Americ. dietet. Assoc. **27**. 396. (1951).

[10] PERELDIK. N. SCH.: Die Fütterung der Pelztiere (russisch). 1945. Moskau.

[11] WIELAND, TH. und E. KAWERAU: Natur **158**. 77. (1951).

[12] ZAHN, H.: Textilpraxis (1951) 127. Zitiert nach F. CRAMER: Papierchromatographie. 3. Aufl. 1954. Verlag Chemie.

Eingegangen am 13. 6. 1959

Kolibri 360 GmbH
Ferdinand-Jühlke-Straße 7
99095 Erfurt, Deutschland
produktsicherheit@kolibri360.de